Friedrich Adolf Trendelenburg

Naturrecht auf dem grunde der ethik

Friedrich Adolf Trendelenburg

Naturrecht auf dem grunde der ethik

ISBN/EAN: 9783741158322

Hergestellt in Europa, USA, Kanada, Australien, Japan

Cover: Foto ©Andreas Hilbeck / pixelio.de

Manufactured and distributed by brebook publishing software
(www.brebook.com)

Friedrich Adolf Trendelenburg

Naturrecht auf dem grunde der ethik

NATURRECHT

AUF DEM GRUNDE DER ETHIK.

NATURRECHT

AUF DEM GRUNDE DER ETHIK.

„Denn es nähren sich alle menschlichen Gesetze von dem Einen göttlichen.“

Heraklit.

ADOLF TRENDELENBURG.

Indessen sind auch diejenigen, welche das Recht niemals aus dem Verbande der Ethik haben lösen wollen, darüber nicht einig, in welchem Sinne und in welchem Verhältniss das Recht zur Ethik gehöre.

Der Verfasser versuchte seinen eigenen Weg, den Weg, welchen ihm in den Principien wie in der Methode seine „logischen Untersuchungen" wiesen.

Im ersten Theile der gegenwärtigen Schrift ist er bemüht, durch Zergliederung und Kritik das Princip des Rechtes zu finden und darzuthun, und im zweiten das gefundene und dargethane Princip in den Rechtsordnungen — vom Rechte des Eigenthums bis zum Völkerrechte — darzustellen und durchzuführen. Beide Theile sollen einander tragen und bestätigen, wie Untersuchung und Anwendung.

Es musste im Sinne der „logischen Untersuchungen" die Aufgabe sein, das Recht ethisch, und das Ethische organisch, und das Organische ideal im Realen aufzufassen. Wäre dies gelungen, so dürfte der Entwurf die Hoffnung haben, sich als ein Glied in ein grösseres Gedankensystem der Menschheit einzufügen, in welchem die Philosophie eine Zukunft haben wird, weil sie darin — mit Ausnahme der vergänglichen Ansätze zum sprunghaften Philosophiren auf eigene Hand — seit Plato und Aristoteles ihre grosse fortgesetzte Vergangenheit hat.

Die Begrenzung dessen, was in den Entwurf aufzunehmen sei, um in engem Raum ein Ganzes zu beschreiben, hatte eigenthümliche Schwierigkeiten. Im zweiten Theil, der Darstellung der Rechtsverhältnisse aus dem Princip, war es nöthig, so weit aus dem Allgemeinen in das Besondere und Geschichtliche einzugehen, als genügte, um zu zeigen, dass darin die Principien, welche der erste Theil nachwies, in der Entwickelung leben, und um die Gliederung des Rechtes in den ihr zum Grunde liegenden Gedanken zur Anschauung und Uebersicht zu bringen. Der Verfasser begab sich einer weitern Fortsetzung ins Besondere, welche in eine philosophische Betrachtung der Rechtsgeschichte würde geführt haben, überzeugt, dass die Durchbildung der

Grundgedanken sich leicht ergiebt, wenn anders das Dargestellte richtig ist. Ueberdies suchen die Anmerkungen für die Geschichte der Begriffe Andeutungen zu geben.

Im ersten Theil, der Untersuchung der Principien, war die Beschränkung schwer, aber knappe Kürze nöthig. Sollte das Naturrecht auf dem G r u n d e *der Ethik nicht zu einer Ethik auswachsen, so war es geboten, nur das aus ihr aufzunehmen, was streng der Begriff des Rechtes erforderte, das Uebrige der Ethik aber in der Fernsicht zu halten und den grössern Zusammenhang nur mit einigen Strichen zu bezeichnen.*

In diesem ersten Theile musste eine vollständigere Betrachtung der Principien auch auf die Logik des Rechtes führen, deren Erkenntniss ebensosehr für die Auffassung des Ursprungs als für die Anwendung des Rechtes wichtig und fruchtbar ist. In den bisherigen Behandlungen der Rechtsphilosophie wird diese Seite kaum berührt und dieser Mangel ist in ihnen eine fühlbare Lücke.

Für die letzten Principien und für die logische Einsicht war es nöthig, auf die „logischen Untersuchungen" zurückzuweisen. Wenn diese schon seit mehreren Jahren vergriffen sind, so kann es nun des Verfassers nächste Sorge sein, sie vermehrt und ergänzt wieder aufzulegen.

Es bleibt dann noch übrig, in „ethischen Untersuchungen", von welchen diese Rechtsphilosophie ein praktischer Ausläufer ist, die psychologischen und ethischen Grundgedanken, welche hier angedeutet oder vorausgesetzt sind, so auszuführen, dass sie in d e r *Helle und Kraft erscheinen, deren sie fähig sind. Es ist eine alte und immer junge Aufgabe, welche zu keiner Zeit in der Wissenschaft ruhen darf, die Grundlagen, auf welchen Sitte und Recht stehen, von welchen Werth und Unwerth des Lebens abhängen, aus dem Schwanken der Meinungen und Strebungen in eine festere Lage zu bringen. Wenn der Verfasser zu dieser edeln, weithin reichenden Aufgabe der Philosophie seinen Beitrag zu geben wünscht, so wird die Erfüllung seines Wunsches dadurch bedingt sein, ob ihm in den Jahren des sich neigenden Lebens eine gesammeltere Musse beschieden sei, als in den beiden letzten Jahrzehnden wissenschaftliche und unwissenschaftliche Geschäfte ihm gönnten.*

Möchte in einer Zeit, in welcher die Welthändel so laufen, dass man an die Wahrheit der alten Fabeln vom Wolf und Lamm und von Reineke Fuchs leichter glauben lernt, als an ein Recht auf dem Grunde der Ethik, das vorliegende Buch dazu mitwirken können, jene Zuversicht zu den ewigen Gründen des Rechtes, welche das deutsche Volk schon öfters mit dem Blute seiner Söhne bezeugt hat, in festerer und festerer Erkenntniss zu begründen.

Berlin, den 10. April 1860.

A. Trendelenburg.

ÜBERSICHT.

§. 1—4. EINLEITUNG. Aufgabe und Ort des Naturrechts im System. Was es voraussetze.

ERSTER THEIL.

Untersuchung des Princips.

§. 5—6. Die Idee des Rechts. Analytischer Gang, um sie zu finden. Ethische physische, logische Seite des Rechts.

A. *Ethische Seite des Rechts.*

§. 7—15. Ob sich der Begriff des Rechts ohne ethische Begründung bestimmen lasse. §. 9. Das Recht als Macht des Stärkern. §. 10. Das Recht als Macht aus der Furcht Aller vor Allen, Vertrag um der Sicherheit willen. Hobbes. §. 11. Das Recht als Mittel der durch Eintracht zu verstärkenden Macht. Spinoza. §. 12. Das Recht durch Vertrag als jeweiliger Wille des Volkes (der Mehrheit). Rousseau. §. 13. Das Recht als Inbegriff der Bedingungen, wodurch es geschehen kann, dass die Freiheit der Willkür eines Jeden mit Jedermanns Freiheit nach einem allgemeinen Gesetze zusammen bestehe. Kant. § 14. Ungenügender Versuch, das Legale und Moralische zu scheiden. Chr. Thomasius. Kant §. 15. Das Recht aus der Ethik. Plato. Aristoteles. Neuere.

§. 16—41. Ethisches Princip. §. 16. Gang. §. 17. Voraussetzungen aus der Metaphysik u. Psychologie. §. 18. Drei mögliche Weltanschauungen. Nur die organische kann Grundlage der Ethik sein. §. 19. Charakter des Organischen im Ethischen. §. 20. Gang für die Untersuchung des ethischen Princips nach dem Inhalt.

a) Das ethische Princip aus dem Einzelnen. §. 21. Systeme der Lust und Systeme der Thätigkeit. §. 22. Warum die Lust für sich nicht ethisches Princip sein kann. §. 23. Allgemeines Wohlsein als sittliches Princip. §. 24. Die Moral des wohlverstandenen Interesse. §. 25. Selbsterhaltung. Hobbes. Spinoza. §. 26. Selbstvervollkommnung. Chr. Wolf.

b) aus dem Ganzen §. 27. *salut public.*

c) Vereinigung des Einzelnen und Ganzen. §. 28. §. 29. Harmonie der selbstischen und geselligen Neigungen. §. 30. Das allgemeine Mitgefühl.

c) *Das Regiment (Obrigkeit).*

d) *Die Staatsverfassung.*

Berichtigung.

S. 364 Z. 12 v. u. lies: taktischen, nicht faktischen.

EINLEITUNG.

§ 1. Die Philosophie ist bestimmt, aus dem Ganzen der menschlichen Erkenntniss die Principien der Wissenschaften zu erörtern; und die Philosophie des Rechts vollzicht diese Aufgabe in einem besondern Kreise. Denn nicht minder als die übrigen Wissenschaften, welche die blinde Thatsache aufhellen wollen, hat die Wissenschaft des positiven Rechts das Bedürfniss, dass ihre Gründe in den idealen Ursprung zurückgeführt und vertieft werden. Wie Thatsache und Grund für die Erkenntniss überhaupt beide wesentliche Bedeutung haben, so stellen positive Rechtswissenschaft und Naturrecht zwei wesentliche Richtungen des forschenden Geistes dar. Wenn die positive Rechtswissenschaft die thatsächlichen Rechtsordnungen lehrt, so hat das Naturrecht die Aufgabe, das Recht in dem letzten Ursprunge zu erkennen und aus dieser Quelle die Vielheit der Rechte so herzuleiten, dass sie von der sich gliedernden Einheit eines innern Gedankens durchdrungen erscheinen. Die Gründe der positiven Rechtswissenschaft sind geschichtlich gebunden; aber in der Vergleichung eines nationalen Rechtssystems mit einem andern weisen sie selbst auf eine freiere Erkenntniss des Allgemeinen hin. Alles Besondere ist in sich verdichtet und verwickelt, und wird im letzten Grunde nur dadurch erkannt, dass es in seine Elemente zerlegt und so in das Allgemeine und Einfache zurückgeführt, oder, was dasselbe ist, als aus diesem abgeleitet, dargestellt wird. Der sich begierig im unendlichen Stoff ausdehnende Geist fordert, zum Herrschen berufen, mit gleicher Gewalt eine Zusammenziehung in das Einfache und Allgemeine; denn diese Quelle der Nothwendigkeit giebt erst die Bürgschaft der Berechtigung. Eine solche doppelte Bewegung offenbart sich in aller Wissenschaft und darum auch in der Wissenschaft des Rechts. Sollte auf diesem zwiefachen Wege ein Zwiespalt zwischen den Ergebnissen der positiven Rechtswissenschaft und des Naturrechts erscheinen, so würde der Widerspruch auf einen Fehler hinweisen, der entweder im Naturrecht, oder im positiven Recht, oder in beiden läge. Ein solcher Widerspruch ist kein Zeugniss gegen die nothwendige Aufgabe der Wissenschaft, sondern ein Antrieb zu einer berichtigenden Untersuchung und einer harmonischeren Vollendung. Eine Gefahr bringt der Widerspruch nicht; denn das positive Recht hat die Macht für sich; es herrscht, es gilt.

Anm. Wenn das positive Recht von der Satzung der Macht (θέσις) seinen Namen hat, so geht der Name des Naturrechts, wie dies die Anschauung des Aristoteles und der Stoiker ist, in die Natur (φύσις) zurück, inwiefern diese in der Vernunft (λόγος) wurzelt und ihre Gesetze daher vernünftig sind. *Aristot. eth. Nic.* V, 10. p. 1134 b 19. vgl. *rhetor.* I, 13. p. 1373 b 6. *Cicero* (*de republ.* III. S. III, 11) setzt in diesem Sinne dem *ius civile* das *ius naturale* entgegen. Inwiefern das Naturrecht als das allgemeine bei den verschiedensten Völkern gilt oder gelten sollte, heisst es in den römischen Rechtsbüchern, in welchen *ius naturale* aus dem natürlichen Instinct, z. B. der Geschlechtsgemeinschaft, entspringt (*dig.* I, 1, l. 3. 4.), *ius gentium. Institut. Iust.* I, 2, 2. *Quod naturalis ratio apud omnes homines constituit, id apud omnes gentes peraeque custoditur vocaturque ius gentium quasi quo iure omnes utantur.*

§ 2. Es ist die Aufgabe der Logik, wenn sie im weitern Sinne gefasst wird, den Grund zu einem genetischen Systeme der Wissenschaften zu legen, also zu einem solchen, welches im Gegensatz gegen eine äussere Eintheilung der Wissenschaften aus dem im Werden aufgefassten Wesen eine Gliederung sucht.[1] Es fragt sich, wo in dem Entwurfe eines solchen Systems das Naturrecht liege. Bei einer nähern Untersuchung, welche hier nicht wiederholt wird, stellen die den Wissenschaften inneliegenden (immanenten) Principien Stufen dar, so dass die vorangehende die folgende möglich macht und die folgende die vorangehende voraussetzt. Auf die erste Stufe des mathematischen Gebietes, aus der constructiven Bewegung entspringend, welche die Grundlage der Nothwendigkeit in Figur und Zahl darstellt, folgt die zweite, das Gebiet der materiellen Kräfte, wesentlich durch die Formen des Mathematischen zugänglich, die physikalische Stufe. In beiden herrscht die wirkende Ursache. Ueber sie und auf ihrem Grunde erhebt sich das Gebiet des Lebendigen, des Organischen, durch die den blinden Kräften entgegengesetzte innere Zweckmässigkeit bedingt. Endlich erscheint als die letzte Stufe die Menschenwelt, von den frühern Sphären getragen, die ethische Stufe. Diesen Stufen der Dinge entsprechen die Disciplinen der Wissenschaft im genetischen Systeme,[2] und hiernach bestimmt sich nun der Ort des Naturrechts, welches ein Theil der im weitern Sinne aufgefassten Ethik ist und, wie sich zeigen wird, im Recht eine ethische Verrichtung erkennt.

§ 3. Durch diese Stellung sind die Grundlagen bedingt, welche das Naturrecht aus den vorangehenden philosophischen Disciplinen voraussetzen muss. Mit der Ethik fordert es zunächst als Ergebniss der Metaphysik die Grundansicht des Ganzen und zwar im Gegensatz gegen eine mechanische die organische Weltanschauung[3] (vgl. §. 17). Sodann bedarf es aus der Psychologie, welche den Höhenpunkt in der Erkenntniss des organischen Lebens und den Uebergang zur

1) Logische Untersuchungen 1840. II. S. 311.

2) Die angegebenen Stufen hat der Verf. in den „logischen Untersuchungen“ bezeichnet und wird sie in der zweiten Auflage, welche er vorbereitet, als die Grundgliederung der Wissenschaft noch ausführlicher darthun. Vgl. des Verf. Historische Beiträge zur Philosophie I. 1846 in der Kategorienlehre S. 365 ff.

3) Logische Untersuchungen II. S. 353 ff.

Wissenschaft der Ethik bildet, einer Auffassung des eigenthümlich menschlichen Wesens und des Vorganges, in welchem sich dieses vollzieht (vgl. §. 17). Endlich verlangt es, um die Methode des Rechts in der Bildung und Anwendung zu begreifen, von der Logik die **Methodenlehre** (vgl. §. 71 ff.).[1]

§. 4. Der Begriff eines Wesens drückt das Bildungsgesetz einer Substanz aus und ist das Princip für die Wirkungen und Gegenwirkungen, welche von der Substanz ausgehen.[2] Daher ist es im Naturrecht die erste Aufgabe, auf der Grundlage der bezeichneten Voraussetzungen dieses Princip des Rechts zu finden. Aus diesem allgemeinen und sich selbst gleichen Ursprunge des Rechts als Grund ergeben sich die Rechte als Folgen; und es ist daher die zweite Aufgabe, die Gestaltung der Rechtssphären als Gliederung des Einen Begriffs zu begreifen. Wie weit auch die einzelnen Darstellungen des Naturrechts von diesem Ziel entfernt sein mögen, sie streben alle dahin. Wir suchen ein Allgemeines als einfachen Ausdruck des Verwickelten, nicht um das Mannigfaltige, in welchem sich innerhalb der Einheit das Leben des Besonderen bewegt, durch eine einförmige Einheit auszulöschen, sondern vielmehr um es mit dem Bewusstsein seines Ursprungs zu durchleuchten. Hiernach ergeben sich zwei Theile des Naturrechts, der erste, eine Untersuchung des Princips, zergliedernder (analytischer) Art, der zweite, ein Entwurf der Rechtsverhältnisse aus dem Princip, entwickelnder (synthetischer) Natur.

---

1) Logische Untersuchungen II. S. 208 ff.

2) Logische Untersuchungen 1840. II. S. 150 ff. S. 284 ff.

ERSTER THEIL.

Untersuchung des Princips.

§. 5. In der organischen Weltbetrachtung wird der Begriff, wenn er die letzte Bestimmung des innern Zweckes in sich aufnimmt, zur Idee.[1] In diesem Sinne handelt es sich um die Idee des positiven Rechts, d. h. um den ursprünglichen Gedanken, der als Grund und innerer Zweck das positive Recht bestimmt oder bestimmen soll. Das positive Recht erscheint in verschiedenen Rechtsgemeinschaften verschieden; und es ist eine historische Untersuchung, welche Idee, oder eigentlich welche Stufe der Idee den einzelnen Gesetzgebungen, z. B. der jüdischen, der römischen, zum Grunde liegt; aber eine philosophische, welche Idee überhaupt bestimmt ist, allen gemeinsam zum Grunde zu liegen. In der Idee wird der Grundgedanke des Ganzen, der sich in den Theilen vollzieht, oder, was dasselbe ist, das sich in den verzweigten Rechten organisirende Princip des Rechts gesucht.

§. 6. Da die Idee das letzte Band aller Nothwendigkeit ist, so sind in der analytischen Betrachtung des Rechts alle Seiten seiner Nothwendigkeit aufzusuchen und in die Idee zurückzuführen. Wie nun überhaupt nach einer alten Eintheilung

1) Logische Untersuchungen II. S. 359 ff.

der menschlichen Erkenntniss in Logik, Physik und Ethik die logische, physische und ethische Nothwendigkeit unterschieden wird, so ergeben sich an jedem Gesetz dieselben drei Seiten der Nothwendigkeit. Nur wenden wir billig ihre Ordnung um. Denn im Recht, dem Erzeugniss des ethischen Lebens, sucht die ethische Nothwendigkeit in der physischen ihr Mittel. Da nämlich die physische Nothwendigkeit die Nothwendigkeit der frühern Stufen, die mathematische, die physikalische, die organische in sich begreift, bietet sie sich überhaupt der höhern Stufe zur Verwirklichung als Bedingung dar und breitet sich ihr gleichsam als Substrat hin. Indessen darf man die physische Nothwendigkeit des Gesetzes nicht missverstehen. Wo etwas physisch Nothwendiges, wie z. B. im Erbrecht der Tod, bei Fristen Tages- und Jahreszeiten, Motiv eines Gesetzes wird, da ist das physisch Nothwendige schon in die ethische Betrachtung aufgenommen und wird daher nicht mehr der physischen, sondern als ein Element der ethischen Nothwendigkeit des Gesetzes zugerechnet. Ebenso wenig verstehen wir diejenige Wirkung im Realen, welche Zweck des Gesetzes ist, z. B. die kriegerische Macht als Wirkung einer Wehrverfassung, unter der physischen Nothwendigkeit, da sie dem ethischen Motiv angehört. Am Gesetz ist die physische Seite der Nothwendigkeit der unmittelbare Zwang als Mittel des Ethischen, die Gewalt, durch welche es sich im Leben durchsetzt. Die logische Nothwendigkeit, welche sich zur physischen und ethischen wie das Modale zum Realen verhält, spiegelt beide am menschlichen Gedanken wieder und offenbart sich in der Erkenntniss und der Darstellung derselben.

An jedem Gesetz wird man die dreifache Seite der Nothwendigkeit anschauen können. Man nehme z. B. aus dem Privatrecht der zwölf Tafeln das Gesetz (Cic. d. off. I, 12): *adversus hostem aeterna auctoritas esto*, und es tritt darin die ausschliessende Kraft des nationalen Rechts als ethisches Motiv hervor; die Verjährung im Besitzstand soll nur im eigenen Staate gelten und kein Fremder soll sich durch dies heimische Recht bereichern. Beim

Fremden ist die *rei vindicatio* immer möglich. Ohne Verjährung wird er gezwungen, das fremde Eigenthum herauszugeben. Der Zwang, die physische Seite, dient der ethischen Absicht. In der Bestimmtheit und Kürze des Gesetzes, in dem Umfang der Begriffe *hostis* und *auctoritas*, durch welchen die Anwendung bedingt ist, zeigt sich die logische Seite. Oder man wähle aus dem Strafrecht der zwölf Tafeln das Gesetz: *Si membrum rupit, ni cum eo pacit, talio esto* (Festus, vergl. Gellius XX, 1, 14). Der strenge Schutz der Glieder, der Antrieb zur Sühne und Versöhnung *(ni cum eo pacit)*, das Recht noch roh neben der Rache, Absicht und Unvorsicht noch nicht unterscheidend, bilden die ethische Seite, der Zwang der Strafe und die Macht der Drohung in der Erregung der Furcht die physische, endlich der verständliche Inhalt der Begriffe *(membrum, rumpere, talio)* und der folgerechte Zug vom Gesetz zum einzelnen Fall die logische Seite in der Nothwendigkeit des Gesetzes. Die ethische Seite offenbart sich in diesen Beispielen als die bestimmende Nothwendigkeit, welche die entsprechende physische Folge und den entsprechenden logischen Ausdruck nach sich zieht. Was auf diese Weise an den einzelnen Gesetzen ersichtlich wird, erweitert sich leicht zu der Einsicht, dass am Recht überhaupt diese dreifache Seite der Nothwendigkeit zu betrachten ist. Wenn daher in der gäng und gäben Behandlung das Naturrecht, welches doch die Principien erörtern will, die am Recht eigenthümliche logische Seite fast überschlägt, so ist das ein offenbarer Mangel.

Nach diesen Bemerkungen wird am Gesetz, oder am Recht überhaupt, zuerst die ethische Nothwendigkeit, was das Gesetz will und soll, aufzufassen sein, darauf die physische, welche der ethischen als Mittel dient, die Kraft des Gesetzes als eines zwingenden, und endlich die logische, welche das Gesetz in der Erkenntniss darstellt und daher die Methode in der Bildung und Anwendung sammt dem adaequaten Ausdruck des Gesetzes befasst. Die ethische Seite ist der Geist des Gesetzes und die physische sein Arm; die logische kann von einer Seite sein Mund heissen.

So ergeben sich für die folgende Untersuchung die ersten beherrschenden Gesichtspunkte, indem es die Aufgabe wird, zuerst die ethische (§. 7 bis §. 51), dann die physische (§. 52 bis §. 70), endlich die logische Nothwendigkeit des Rechts (§. 71 bis §. 83) zu erörtern und auf die Idee zurückzuführen.

A. Ethische Seite des Rechts.

§. 7. Es liegt im Gange des analytischen (regressiven) Verfahrens, von den äussern Thatsachen des Rechts auszugehen und darin die Spuren aufzusuchen, welche zu der zum Grunde liegenden Idee hinführen. Auf diesem Wege werden sich nach einander einzelne wesentliche Seiten darbieten, welche in der Geschichte des Naturrechts nicht selten für das ganze Wesen sind gehalten worden, bis es gelingen wird, aus den wesentlichen einzelnen Seiten zum umfassenden Wesen, das durch sie durchgeht, zu gelangen. Indem die philosophische Betrachtung, welche im Rechte schon mehr als zwei Jahrtausende alt ist, an ihm nach und nach verschiedene Seiten versucht und ausgebildet hat, mit Energie einzelne Standorte und ihre beschränkten Gesichtspunkte behauptend: so vertreten philosophische Theorien mit geschichtlicher Bedeutung die wichtigsten Stadien der Untersuchung. Sie können daher auf dem zum Princip rückschreitenden Wege zu Punkten dienen, bei welchen die Betrachtung anhält und verweilt; es wird möglich sein, an den wesentlichsten Stellen die philosophische Erörterung zugleich in historischen Erscheinungen zu befestigen. Eine solche Verbindung der analytischen Untersuchung mit historischer Betrachtung, wie sie im Folgenden beabsichtigt wird, ist geeignet, durch Thatsachen vor vager und durch Kritik vor beschränkter Speculation zu bewahren. Nur darf man bei diesem Verfahren nicht erwarten, dass die Folge der nach und nach in der analytischen Untersuchung hervortretenden Seiten dem Zeitfaden in den geschichtlichen Theorien entspreche. Die Theorien des Rechts und des Staates sind selten reine Erzeugnisse der Wissenschaft, sondern meistens spinnt und webt sich in ihnen ein rege empfundenes Bedürfniss des Lebens zu einer idealen Nothwendigkeit aus. Daher treten die Theorien nicht in logischer Abfolge nach einander hervor. Nicht selten sind Ansichten mit einander verwandt, oder wiederholen einander, wenn sie auch um Jahrtausende von einander entfernt liegen. Dem Griechen Thrasymachus und den übrigen griechischen Sophisten begegnen Philosophen vor der französischen Revolution, dem Phaleas, dessen Theorie Aristoteles uns aufbewahrt hat, die Communisten unseres Jahrhunderts, der Vertragstheorie, welche schon Aristoteles in der Politik berührt, Rousseau's *contrat social*, dem Aristoteles Leibnizens Lehre. Es wird uns nur darauf ankommen, in gedrängter Kürze die für jede Seite der Betrachtung hervorragenden Vertreter zu bezeichnen, indem wir uns jeder historischen Ausführung enthalten müssen.

§. 8. Die Betrachtung verfolgt vorzugsweise nur die äussere Erscheinung der Thatsache, so lange sie das Recht ohne ethische Begründung auffasst. Eine Reihe von geschichtlichen Erklärungen des Rechts hat in dieser Trennung vom Ethischen ihren gemeinsamen Charakter. Man sieht in den sich scheidenden Principien einen Fortschritt, damit das Recht selbstständig wie auf eigener Basis stehe. In unvermischter Gestalt soll es desto klarer erscheinen. Es fragt sich daher zunächst (§. 9—14), ob solche Bestimmungen, welche das Recht für sich und ohne das Gute, das Legale für sich und ohne das Moralische begreifen wollen, genügen, oder, wenn sie mangelhaft sein sollten, auf welche Ergänzung sie hinweisen.

§. 9. In der bezeichneten Richtung geht die Ansicht am weitesten, welche an dem Recht nur das Aeusserlichste, den Zwang, wahrnimmt und das positive Recht, da es eine zwingende Macht besitzt, für die Macht des Stärkern erklärt. Sie folgt der thatsächlichen Gewalt und gründet das Recht in der Usurpation. Nach diesem Begriffe würde das Recht in sich selbst für Jedermann den Antrieb, der Stärkere zu werden, also eine ewige Sollicitation zum Kriege, einen Anreiz zum Unrecht enthalten. Die nackte Macht kann nicht das Recht sein. Nach dem allgemeinen Bewusstsein widerspricht selbst das Recht der Macht. So heisst es (Jes. 1): „Trachtet nach dem Recht, helfet den Verdrückten."

Anm. Vgl. die Ausführungen Plato's gegen den Sophisten Thrasymachos im Staate (Buch I. p. 338 ff.). Man mag vergleichen Karl Ludwig von Haller in der Restauration der Staatswissenschaft, oder Theorie des natürlich geselligen Zustandes, der Chimäre des künstlich bürgerlichen entgegengesetzt. 6 Bde. 1820 ff.: „Der Grund des Rechts sei die kräftig ergriffene Macht und die Betrachtung Anderer, dass diese Macht ihnen nützlich werden könne." In dem letzten Satz liegt indessen schon die Bewegung zu einem andern Princip; und Haller lässt weiter die Macht durch die Pflicht und durch christliche Gedanken sich beschränken. Insofern ist seine Lehre kein reiner Ausdruck der thatsächlichen Gewalt.

§. 10. Freilich wäre das Recht ohne Macht Ohnmacht, und die Macht ist eine wesentliche Seite des Rechts. Es kommt daher darauf an, den berechtigenden Inhalt der Macht zu finden, d. h. diejenigen Bestimmungen, welche die Macht zum Recht erheben.

Zuerst suchen wir im Folgenden diese Bestimmungen in den wirkenden Ursachen der menschlichen Natur, unabhängig von ethischen Gesetzen.

Wenn man von der Thatsache des Rechts ausgehend den Zustand der Rechtsherrschaft mit dem rechtlosen vergleicht, so zeigt sich in jenem Sicherheit durch höhere Macht und Vertrauen der Einzelnen, in diesem Selbstvertheidigung der Einzelnen nach allen Seiten, gegenseitiges Misstrauen und gegenseitige Furcht. Es ist der Furcht, dem mächtigsten Affect der Menschen, eigen, dass sie in jedem Augenblick das Gefühl des Selbstvertrauens erschütternd, ohne Ruhe in der Gegenwart, ohne Zuversicht zur Zukunft von sich los will und das Streben nach einem entgegengesetzten Zustande weckt. Die Furcht, mit dem Triebe der Selbsterhaltung nach Sicherheit trachtend, gründet eine Macht, deren Inhalt Schutz zur Selbsterhaltung der Einzelnen ist, und diese Macht heisst Recht.

Diese Seite am Recht hat Hobbes, der die Unsicherheit revolutionärer Zeit erfuhr und mitten in einem rechtlosen Zustande seines Landes seine Theorie ersann, am schärfsten ausgebildet. In materialistischem Sinne erkannte er nichts an, als den Körper und die Bewegung, und eben deswegen nichts Ethisches. Gut und böse, lehrte er, haben für sich schlechthin keine Bedeutung und es giebt kein gemeinsames Gesetz des Guten und Bösen. Nichts ist an sich gut, nichts an sich böse. Diebstahl, Mord, Ehebruch u. s. w. sind bloss nach bürgerlichem Rechte Verbrechen. Die Selbsterhaltung ist das Fundament des natürlichen Rechts, und indem sie ringsum in Gefahr kommt, wird zur Abhülfe das Recht erzeugt. In dem Naturzustande, in welchem Alle ein Recht an Alles haben, und Jeder nach dem Recht seiner Begierden zugreift, herrscht ein Krieg Aller gegen Alle, in welchem Gewalt und Schwäche entscheiden, aber nie die Furcht aufhört. Die unbegrenzte Furcht Aller vor Allen ist der Beweggrund, und die Selbsterhaltung der Zweck eines Grundvertrages zur Unterwerfung Aller unter Einen Willen, welchem unbeschränkte Macht *(imperium absolutum)* zusteht, damit er durch den äussersten Nachdruck der Furcht, die er einflösst, die Menschen beherrsche. Erst durch diese Gewalt werden Verträge möglich, welche im Naturzustande keine Gewähr der Erfüllung haben; in ihr liegt der Ursprung des Rechts.

In dieser Ansicht stehen die Einzelnen neben Einzelnen atomistisch, nur einander abwehrend; denn die Menschen haben keinen geselligen Trieb und durch die Macht der blinden Furcht ist mechanisch der Rechtsverein gebildet und gebunden. Alles Recht ist nur ein äusserliches Mittel, damit der Krieg Aller gegen Alle aufhöre und kein neuer ausbreche. Die Furcht, der Beweggrund des ganzen Vorganges, ist Schwäche. Ueberdies ist der Naturzustand sammt dem Urvertrag eine Fiktion; denn die Familie, ausser welcher die Menschen nicht zu denken sind, ist schon ein Staat im Kleinen. Das Recht, eine Macht zur Sicherheit, kann nur soviel Werth haben, als der Inhalt, den es sichert, aber dieser ist zunächst bei Hobbes nichts als die Begierden der Menschen. Denn Tugenden, wie Dankbarkeit, Mitleid, Billigkeit, giebt es nur, damit nicht der Krieg Aller gegen Alle drohe. So ist denn das Recht eine Assecuranz der Begierden, und der Einsatz, um daran Theil zu haben, der Gehorsam. Was endlich die unbegrenzte Herrschaft, das *imperium absolutum*, betrifft, so hat diese Lehre nur soviel bindende Kraft, als Jeder Furcht hat. Ein bischen Herzhaftigkeit mehr, und der Grundvertrag, der geschlossen wird, fällt, wie bei Rousseau geschehen, entgegengesetzt aus.

Hiernach begründen gegenseitige Furcht und der Trieb der Selbsterhaltung und der auf beide gegründete indirekte Beweis, dass sonst ein Krieg Aller gegen Alle entstehen würde, das Recht noch nicht.

Anm. Thomas Hobbes, in seinem Buche *de cive* 1646 und im Leviathan 1651, besonders Cap. 14.

§. 11. Wenn das Recht darum gegründet wird, damit kein Krieg Aller gegen Alle entstehe und die Menschen in ewiger Furcht halte, so ist der Grund noch negativ gefasst. Unter derselben Voraussetzung der Selbsterhaltung liegt die positive Betrachtung nahe, welche das Recht aus der Richtung auf Eintracht hervorgehen lässt und den menschlichen Bedingungen der Eintracht nachspürend, durch diese der Macht den Inhalt des Rechts giebt.

Spinoza hat diese Betrachtungen ausgeführt. Die Macht der Dinge ist keine andere, als der Substanz (Gottes) ewige Macht, deren Theile (Modi) sie sind. Wie die Substanz (Gott) auf Alles ein Recht hat, weil sie über Alles eine Macht hat: so hat auch jedes Ding nach der Natur so viel Recht, als es Macht hat zu sein. Die wirkende Ursache, welche Spinoza allein anerkennt, ist, auf den Einzelnen bezogen und in ihm zusammengefasst, seine Macht. Indem Jeder in seinem Sein zu beharren strebt, welches das letzte, Alles bestimmende Naturgesetz des Menschen ist, trachtet er, diese Macht zu mehren und Alles, was sie mindert, abzuweisen. Seine Macht ist sein Recht, und Macht und Recht erstrecken sich gleich weit, ebenso sehr im bürgerlichen, als im Naturzustande. Aber die Macht wächst durch die Vereinigung. Wenn zwei übereinkommen und ihre Kräfte verbinden, so vermögen sie zusammen mehr, und haben folglich mehr Recht auf die Natur, als jeder von beiden allein, und je Mehrere ihre Verbindungen vereinigen, desto mehr Recht haben sie Alle. Daher können die Menschen, um ihr Sein zu behaupten, nichts Besseres wünschen, als eine solche Uebereinstimmung Aller in Allem, dass Aller Geister und Leiber gleichsam Einen Geist und Einen Leib bilden und Alle zusammen nach dem gemeinsamen Nutzen Aller streben. Was Eintracht erzeugt, erzeugt grössere Macht und ist das, was zur Gerechtigkeit, Billigkeit und Sittlichkeit gehört. Es folgt daraus, dass vernünftige Menschen, d. h. solche, welche vernünftig ihren Nutzen suchen, nicht für sich selbst begehren, was sie nicht auch Andern wünschen, und dass sie eben deswegen gerecht, treu und rechtschaffen sind. Die Selbsterhaltung und der eigene Nutzen bleiben hierbei die Grundlage. Hiernach will Spinoza nur die Macht, aber das Recht zu dem Ende, damit durch Eintracht die Macht wachse. Er will in der gemeinsamen Macht Aller die grösste Macht der Einzelnen und darin liegt ihm der Grund des Rechts.

In dieser Auffassung ist zwar das Recht für die Eigenmacht äusserlich zweckmässig. Aber ihm wohnt kein anderer Grund bei, als dieser Nutzen, und es hat nur so lange Kraft, als dieser von ihm gehofft wird. Das Recht wird von Spinoza durch das Mittelglied der Eintracht, für welche es als Bedingung gefordert wird, auf die Macht berechnet und auf dieser Berechnung beruht ihm seine unverbrüchliche Geltung. Indessen die Berechnung kann anders ausfallen, wie z. B. von demselben Standpunkt der Macht Machiavell in seinem Fürsten anders rechnet und im Unrecht, in List und Gewalt, ein sicheres Mittel zur Macht sieht. Wenn das Recht nur zu einer Folge des Zweckes wird, die Macht zu mehren, nur zu einem Bindemittel der Vereinigung, weil es einträchtig macht: so führt doch die Consequenz dieses Begriffs über ihn selbst hinaus. Denn die Beurtheilung, was wahrhaft und dauernd Eintracht hervorbringe, ist nur aus den innern Verhältnissen der menschlichen Natur möglich, in welchen die Quelle dessen liegt, was an und für sich gerecht ist. Wirklich zieht auch den Spinoza der Begriff der Macht und der Vereinigung ins Ethische hinein. Denn die Leidenschaften stellen ihm nicht die Macht, sondern die Ohnmacht des Geistes dar; und wir müssen in Andern die Leidenschaften dämpfen, weil Leidenschaften Leidenschaften erregen und daher durch Entzweiung die Macht theilen.

Anm. Spinoza, *tractatus theologico politicus* 1670. c. 16. *tractatus politicus* (unvollendet hinterlassen) c. 2. *ethic.* 1677. IV, 15. ff. Vgl. des Verfassers Abhandlung über Spinoza's Grundgedanken und dessen Erfolg in den historischen Beiträgen zur Philosophie II, 1855. S. 63 ff. Hobbes und Spinoza, obwol von verschiedenen metaphysischen Principien ausgehend, berühren sich in ihrer politischen Ansicht vom Recht und Staat, aber Spinoza ist folgerichtiger und tiefer. Eine Vergleichung beider ist belehrend. Zu ihr dient Spinoza *epist.* 50. 1674.

§. 12. Da die Macht Wille ist und das Recht Allen gemeinsam, so lässt sich ferner der Inhalt, der die Macht zum Recht erheben soll, aus dem jeweiligen Willen der vereinigten Einzelnen bestimmen.

Aus einem solchen Ursprung der freien Uebereinkunft leitet J. J. Rousseau das Recht ab. Aus einem an sich guten, aber ungeselligen Naturzustande treten die Menschen durch einen einstimmigen Urvertrag in die bürgerliche Gesellschaft, um das Eigenthum zu schützen. Die Mitglieder des Volkes, von Natur gleich, unterwerfen darin durch freiwillige Uebereinkunft ihren Einzelwillen (*volonté de tous*) dem allgemeinen Willen (*volonté générale*). So wird das Volk, an sich souverän, in seinem durch Stimmenmehrheit addirten jeweiligen Willen Quelle des Rechts.

In dieser Theorie sind der Naturzustand und die Gleichheit der Menschen Voraussetzungen wider die Erfahrung. Der Vertrag ist weder historisch noch philosophisch betrachtet der letzte Ursprung des Rechts. Nur unter der Gewähr des Staates möglich, wird er in dieser demokratischen Theorie, wie bei Hobbes in der absolutistischen, vor den Staat gesetzt, um den Staat erst zu begründen. Obwol er nur eine einzelne Form des Rechts für die Gemeinschaft zweier Willen mit freiem oder zufälligem Inhalt ist, soll er vielmehr die allgemeine Form des Rechts und zwar für dessen nothwendigen Inhalt werden. Ein Vertrag kann sein und auch nicht sein; aber das Recht muss sein. Ebenso widerspricht die Annahme einer entscheidenden Stimmenmehrheit der vorausgesetzten Uebereinkunft des Willens Aller. Wenn man auf den Erfolg sieht, so wird das Recht in dieser Ansicht dem Wandel der Begierden, welche sich Willen nennen, preisgegeben; und es würde nur äusserlich und auf Umwegen, indem namentlich die Begierden der Einen die Begierden der Andern beschränkten, aber nicht aus innerer Vernunft, sich ein verständiger und bleibender Inhalt bilden können.

Anm. *Jean Jacques Rousseau, du contrat social ou principes du droit publique.* 1762.

§ 13. Im Gegensatz gegen das wandelnde Besondere der vielen Willen, welches sich in der Stimmenmehrheit nur in den Schein eines Allgemeinen kleidet, fordern wir das Allgemeine als Wesen der Vernunft für denjenigen Inhalt, welcher die Macht zum Recht erhebt.

Auf ein solches Allgemeine ist Kant gerichtet und er bestimmt es auf seine Weise. Recht ist nach ihm der Inbegriff der Bedingungen, durch welche es geschehen kann, dass die Freiheit der Willkür eines Jeden mit Jedermanns Freiheit nach einem allgemeinen Gesetze zusammen bestehe. Wenn nun ein gewisser Gebrauch der Freiheit, führt Kant fort, selbst ein Hinderniss der Freiheit nach allgemeinen Gesetzen ist, d. h. wenn er unrecht ist, so stimmt der diesem Gebrauch entgegengesetzte Zwang als Verhinderung eines Hindernisses der Freiheit mit der Freiheit nach allgemeinen Gesetzen zusammen, d. h. dieser Zwang ist recht. Es ist daher mit dem Rechte die Befugniss verknüpft, den, der ihm Abbruch thut, zu zwingen.

Der Vorzug dieses Rechtsbegriffes liegt im Allgemeinen; aber sein Mangel in dem nur äusserlich aufgefassten Allgemeinen. Es ist das Allgemeine noch nicht als das Allgemeine des menschlichen Wesens bestimmt, sondern nur formal, abgesehen von jeder Materie der Willkür, als das Allgemeine, wodurch es möglich werden soll, dass Willkür mit Willkür zusammen sei. Ein Inhalt kommt ihm nur durch diesen äussern Zweck zu, und zwar nach der Analogie der Möglichkeit freier Bewegungen der Körper in einem und demselben Raume. Auch durch die Freiheit, welche selbst nur als Willkür und daher inhaltsleer genommen ist, hat das Allgemeine keinen Inhalt. Der Zwang, der dem Rechte zugesprochen wird, fliesst nur aus der äussern Nothwendigkeit der gegenseitigen Einschränkung, indem gleichsam in demselben Raum die Willkür des Einen mit der Willkür des Andern zusammen bestehen soll. Ueberhaupt enthüllt der Begriff mehr ein negatives Kriterium des Rechts (ich messe daran, was unrecht ist), als ein von innen erzeugendes Princip.

Anm. Immanuel Kant, metaphysische Anfangsgründe der Rechtslehre, 1797, 2. Auflage 1798 besonders §. c. S. XXXII ff. Zur Kritik Kants vgl. des Verfassers Vortrag: die sittliche Idee des Rechts 1849 S. 4 ff.

§. 14. In diesen Betrachtungen ist das Recht von dem äusserlichen Begriff der nackten Macht bis in die Macht eines solchen Allgemeinen zurückgeführt, durch welches die Willkür des Einen neben der Willkür des Andern bestehen soll. Aber während in allen das Recht ohne das Sittliche als ein von demselben unabhängiges Wesen gefasst wird, als Macht des Stärkern, als Bedingung zu furchtloser Sicherheit, als Bedingung zu grösserer Macht durch Eintracht, als Wille der Mehrheit, genügt keine dieser Bestimmungen. Die Versuche, der Macht äusserliche Bestimmungen zu leihen, damit sie zum Recht werde, stufen sich zwar unter einander ab; indessen weisen alle — und zwar jeder auf seine Weise — auf einen Grund des Rechts hin, welcher aus der innern Bestimmung des ganzen Menschen und damit aus der Ethik stammt. Namentlich seit Chr. Thomasius werden Recht und Moral geschieden oder einander entgegengesetzt und zwar bei Chr. Thomasius wie die negative Pflicht, Andere nicht zu verletzen, und die positive, ihnen zu thun, was man sich selbst wünscht, wie das *forum externum* und *forum internum*, so dass die Rechtspflichten erzwingbar, die moralischen nicht erzwingbar seien. Im vorigen Jahrhundert wird daher von den Rechtslehrern in dem Begriff der Gerechtigkeit, inwiefern er in die Rechtswissenschaft gehöre, die Uebereinstimmung der äussern Handlungen mit dem Gesetz hervorgehoben, während die alten römischen Rechtslehrer anders verfahren und im Gegentheil sagen: *iustitia est constans et perpetua voluntas ius suum cuique tribuendi* (*Digest.* I, 1, 10 aus Ulpian). Kant führte denselben Unterschied durch, indem die ethische Gesetzgebung diejenige sei, welche nicht äusserlich sein könne, weil sie die Idee der Pflicht als Triebfeder fordere, also Gesinnung, die durchaus ins Innere falle; hingegen die juridische Gesetzgebung ohne Rücksicht auf die Triebfeder nur Uebereinstimmung der äussern Handlung mit dem Gesetze wolle und mit dem Recht die Befugniss zu zwingen verbunden sei. J. G. Fichte besteht vor Allem darauf, dass der Rechtsbegriff nichts mit dem Sittengesetz gemein habe. Auf dem Gebiete des Naturrechts habe der gute Wille nichts zu thun, das Recht müsse sich erzwingen lassen, wenn auch kein Mensch einen guten Willen hätte, und darauf gehe eben die Wissenschaft des Rechts aus, eine solche Ordnung der Dinge zu entwerfen. Physische Gewalt, und sie allein, gebe ihm auf diesem Gebiete die Sanction.

Es mag diese Polemik gegen jedes Element im Recht, welches nicht erzwingbar ist, einen guten Anlass haben; denn man hat in den Glaubenstribunalen über Gesinnungen und Motive zu Gericht gesessen, welche nicht in die Rechtsordnungen gehören; und dagegen ist das Streben begründet, dem Menschen das rein Innere als ein freies Gebiet zu bewahren. Allein daraus folgt noch nicht, dass in der juristischen Betrachtung durchweg die äussere Handlung von der Gesinnung, ihrem innern Grunde, müsse getrennt werden, oder dass das Rechtsgesetz keinen ethischen Grund und keinen ethischen Zweck habe. Die Unterscheidung von Innerem und Aeusserem scheint zwar leicht zu sein, aber sie reicht doch nicht weit, wenn z. B. Kant das Rechtsgesetz so formulirt: Handle äusserlich so, dass der freie Gebrauch deiner Willkür mit der Freiheit von Jedermann nach einem allgemeinen Gesetze zusammen bestehen könne; denn das Aeussere, das aus dem Innern hervorgeht, wird nur dann in Wahrheit diesem Allgemeinen entsprechen, wenn auch das Innere, die Gesinnung, mit ihm übereinstimmt. Sonst wird alsbald der Zwiespalt zwischen Innerem und Aeusserem auch der Uebereinstimmung der äussern Handlung mit dem Gesetz Eintrag thun. Wenn Alle ungern ein Gesetz vollziehen, so wird das allgemeine Ungern zu einer Macht wider das Gesetz. Es kann dem Gesetzgeber die blosse Gesetzlichkeit nicht genügen; denn wenn das Gesetz nicht in die Gesinnung der Bürger aufgenommen wird und aus ihr Kräfte zieht, so ist es gebrechlich wie Holz, welches keine Säfte mehr hat. Es wird in jedem Falle übertreten oder umgangen werden, in welchem es mit etwas, was in den Bürgern mehr Leben hat, in Widerstreit geräth, wie z. B. das allgemeine Gesetz der vereinigten Staaten, keinem entlaufenen Sklaven Vorschub zu leisten, in den nördlichen Staaten Nordamerika's an der entgegengesetzten Ueberzeugung scheitert. Erst wenn ein Gesetz Sitte wird, also in der Gesinnung des Volkes wurzelt, erreicht es sein Ziel. Vorher und bis dahin wirkt es nur äusserlich und wird leicht wieder abgeworfen.

Wer den Rechtsbegriff vom Sittlichen trennt, hält sich insbesondere an Einer Wahrnehmung. Der Begriff der Pflicht, sagt Fichte, der aus dem Sittengesetz hervorgeht, ist dem des Rechts in den meisten Merkmalen geradezu entgegengesetzt. Das Sittengesetz gebietet kategorisch die Pflicht; das Rechtsgesetz erlaubt nur, aber gebietet nie, dass man sein Recht ausübe. Ja, das Sittengesetz verbietet sehr oft die Ausübung eines Rechts, das dann doch, nach dem Geständniss aller Welt, darum nicht aufhört, ein Recht zu sein. Das Recht dazu hatte er wol, urtheilt man dann, aber er hätte sich desselben hier nicht bedienen sollen (wie z. B. etwa Jemand das juristische Recht hat, eine Schuld von einem Verarmten beizutreiben, aber moralisch die Pflicht hätte, sie ihm zu erlassen, oder ihm Frist zu geben). Läge dem Recht das Sittengesetz zum Grunde, schliesst Fichte weiter, so wäre ein und eben dasselbe Princip mit sich selbst uneins und gäbe zugleich in demselben Falle dasselbe Recht, das es zugleich in demselben Falle aufhöbe. Dieser vermeintliche Widerspruch löst sich, wenn man bemerkt, was in dem angeführten Falle die Bedeutung der Pflicht und des Rechtes ist. Die Pflicht ist das sittlich Nothwendige, wo das Recht, als das Erlaubte, nur das sittlich Mögliche ausspricht. Daher ist die Pflicht enger, das Recht weiter. Aber hierin liegt nicht, dass das Recht, die weitere Möglichkeit, als eine allgemeine, nicht selbst sittlich nothwendig sei und einen sittlichen Zweck in sich trage, wie z. B. in dem aus der Sphäre des Eigenthums angeführten Falle das Recht darin seine sittliche Bedeutung hat, dass es allgemein Treu und Glauben im Vertrage schützt und die freie individuelle Sittlichkeit (den eigenen Entschluss nach der Eigenthümlichkeit des Falles zu nehmen oder zu erlassen) möglich macht. Im Rechte des Eigenthums scheint das Gesetz, das den Eigenthümer mit der Sache, als einem erworbenen Werkzeug, schalten und walten lässt, am wenigsten nach der Pflicht zu fragen und doch fragt es auch darnach; je mehr man mit dem Recht in die Verhältnisse des Verkehrs, der Familie, der Gemeinde, des Staats eintritt, desto mehr sind darin die Rechte durch Pflichten bedingt und um der Pflichten willen da. Deshalb ist die Trennung des Naturrechts und der Ethik nur durch eine oberflächliche Ansicht des Eigenthumsrechts und eine noch oberflächlichere Erweiterung dieses Begriffs über die andern Rechtssphären gehalten. Schon das bürgerliche Recht, das in einer Fahrlässigkeit bei anvertrautem Gut Ersatz befiehlt, misst die *culpa*, wie z. B. das römische Recht ausdrücklich thut, an dem Gegentheil, nämlich an der Gesinnung eines guten Hausvaters bei eigener Verwaltung. Im Strafrecht, selbst schon im bürgerlichen Rechte, so weit es z. B. über Beleidigungen erkennt, hebt sich der gemachte Gegensatz von Gesetzlichkeit und Sittlichkeit thatsächlich auf; denn Absicht, Vorsatz und Gesinnung, als das Innere der äussern Handlung, sind darin wesentliche Erwägungen. Der Zwang, der mit dem Recht verbunden ist, fordert daher eine tiefere Berechtigung, als die von Kant bezeichnete, welche in ihm nur die Verhinderung des Hindernisses der Freiheit nach allgemeinen Gesetzen, also nur eine äusserliche Wegräumung, sieht. Endlich stützt sich in der Rechtspflege das Recht auf die Gesinnung, z. B. auf die Wahrhaftigkeit im Eide der Zeugen, auf das Gewissen der Geschwornen, auf die Unparteilichkeit des Richters.

So muss denn die Scheidung des Legalen und Moralischen, des Gesetzlichen und Sittlichen, welche zu äusserlicher Gesetzespünktlichkeit der Pharisäer führt, aufgegeben werden. Die falsche Selbstständigkeit des Juristischen, welche als ein Fortschritt der Wissenschaft galt, hat nicht nur das Recht in der Theorie verzerrt, sondern auch im Leben das Recht seiner Würde entkleidet, die Vorstellungen von einem Mechanismus des Rechts befördert und die Rechtsbegriffe entseelt.

Anm. Chr. Thomasius, Grundlehren des Natur- und Völkerrechts. 1709.

Kant, metaphysische Anfangsgründe der Rechtswissenschaft 1797. 2. Auflage 1798. Einl. S. XVI ff.

Johann Gottlieb Fichte, Grundlage des Naturrechts nach Principien der Wissenschaftslehre 1796 S. 51 ff.

Es ist eine Consequenz der Kantischen Ansicht, wenn der Begriff Unrecht für den ursprünglichen und positiven, der ihm entgegengesetzte des Rechts für den abgeleiteten und negativen erklärt wird. Der Begriff Unrecht soll die Beschaffenheit der Handlung eines Individuums bezeichnen, in welcher es die Bejahung des in seinem Leibe erscheinenden Willens so weit ausdehnt, dass solche zur Verneinung des in fremden Leibern erscheinenden Willens wird. Der Einbruch in die Grenzen des fremden Willens ist hiernach Unrecht und der Begriff Recht enthält blos die Negation des Unrechts und ihm wird jede Handlung subsumirt, welche nicht Verneinung des fremden Willens zur stärkern Bejahung des eignen ist. A. Schopenhauer, die Welt als Wille und Vorstellung. 3. Aufl. 1859. I. S. 400. Wenn man indessen fragt, woran die „stärkere" Bejahung des eigenen Willens gemessen wird, so macht sich doch der positive Begriff des Rechts fühlbar.

§. 15. Nach diesen Ergebnissen steht der Begriff des Rechts in wesentlichem und innerem Verhältniss zu dem Inhalt des Sittlichen, und die philosophische Rechtslehre ist nur auf der Grundlage der Ethik möglich. Die Trennung des Juridischen und Ethischen, des Legalen und Moralischen ist modern;

Plato und Aristoteles behandeln beides in dem Gedanken der Einheit.

Anm. Plato in der Politie.

Aristoteles in der Ethik (besonders *ethic. Nicom.* Buch V) und der Politik, welche mit der Ethik aus Einem Geiste stammt.

Leibnizens Naturrecht steht noch in aristotelischer Einheit mit der Ethik. S. über Leibnizens Naturrecht des Verfassers historische Beiträge zur Philosophie II. S. 240 ff. S. 257 ff.

Unter den Neuern führen auf verschiedene Weise das Naturrecht in die Ethik zurück

Karl Chr. Fr. Krause, Abriss des Systemes der Philosophie des Rechtes oder des Naturrechtes. 1828, und ihm folgend

Dr. H. Ahrens, die Rechtsphilosophie oder das Naturrecht auf philosophisch anthropologischer Grundlage. 1839. 4. Aufl. 1852.

Röder, Grundzüge des Naturrechts und der Rechtsphilosophie 1846. u. a. sodann

Friedrich Julius Stahl, die Philosophie des Rechts. 1830 ff. 3 Bde. 2. Aufl. 1847 ff. in theologischer Richtung und mit entschiedener Wirkung auf die Zeitgenossen gegen die Dialektik der unpersönlichen Weltvernunft und deren Consequenzen im Recht.

Frdr. Schleiermacher, Entwurf eines Systems der Sittenlehre. Aus dem handschriftlichen Nachlasse von Alex. Schweizer. 1835.

Dr. Joh. Ulrich Wirth, System der speculativen Ethik 1. u. 2. Bd. 1841. 1842.

Heinrich Moritz Chalybäus, System der speculativen Ethik oder Philosophie der Familie, des Staats und der religiösen Sitte. 1850. 2 Bde.

Imm. Fichte, System der Ethik. Erster kritischer Theil 1850. Zweiter darstellender Theil in zwei Abtheilungen 1850. u. s.

Hegel hat, dialektisch verfahrend, in seinen Grundlinien der Philosophie des Rechts oder Naturrecht und Staatswissenschaft im Grundrisse (1820, herausgegeben von Eduard Gans 1833) das abstrakte Recht vor die Moralität und beide vor das concrete Recht (Familie, bürgerliche Gesellschaft, Staat) gestellt und in demselben geeinigt.

§. 16. Das Wesen des Rechts weist in das Gebiet des Sittlichen zurück. Es ist daher im Folgenden (§. 17—41) zunächst das ethische Princip zu bestimmen, um dann aus demselben und innerhalb des Sittlichen die Idee des Rechts zu finden.

§. 17. Wenn es die Aufgabe ist, das Princip des Sittlichen zu suchen, so bieten die vorangehenden Wissenschaften, in welchen genetisch die Keime für die Ethik liegen müssen, zwei Anhaltspunkte dar, die organische Weltanschauung und die psychologische Entwickelung des menschlichen Wesens. Es müssen aus der Metaphysik die letzte Idee, welche sich in die Ethik hinein verzweigt, und aus der Psychologie die Einsicht in das Wesen des Menschen und in die realen Bedingungen der Verwirklichung desselben die Untersuchung des ethischen Princips leiten. Daher ist es nöthig, im Verlauf beide zu berühren, was freilich hier gleichsam nur auf Borg geschehen kann, und in einigen Zügen sich über beide zu verständigen. Zunächst über jene, später über diese (§. 35).

§. 18. Die Weltanschauung ist der metaphysische Grundgedanke, der, consequent mit sich selbst, die besondern Erkenntnisse zum Ganzen einigt und Uebereinstimmung mit sich fordert. Was ihm widerspricht, wird von ihm zurückgewiesen. Es muss sich daher die Ethik und mit ihr das Naturrecht so formen, wie es der als wahr erkannten und zum Grunde gelegten Weltanschauung gemäss ist.

Wenn nun die letzte Aufgabe der Metaphysik darauf gerichtet ist, den weitesten Gegensatz, den es giebt, die blinde Kraft und den bewussten Gedanken, zur Einigung zu bringen, und wenn das Verhältniss dieser beiden Glieder nur auf dreifache Weise gedacht werden kann, und zwar so, dass entweder die blinde Kraft als das Ursprüngliche vor dem bewussten Gedanken steht und diesen als sein Erzeugniss sich unterordnet, oder so, dass der bewusste Gedanke als das Ursprüngliche vor der blinden Kraft steht und diese regiert, oder endlich so, dass beide, real dieselben und nur in unserm Verstande verschieden, nichts als verschiedene Ausdrücke desselben Wesens sind und unter sich in keinem Causalzusammenhang stehen: so kann es nur drei wesentlich verschiedene Weltanschauungen geben, die erste die Anschauung der durchgeführten wirkenden Ursache *(causa efficiens)*, die physikalische oder mechanische Weltanschauung, die zweite die Anschauung des durchgeführten innern Zweckes *(causa finalis)*, die organische oder teleologische Weltanschauung, die dritte die durchgeführte Indifferenz der wirkenden Ursache und des Zweckes.

Diese Weltanschauungen können nach ihren Urhebern im weitern Sinne Demokritismus, Platonismus und Spinozismus genannt werden; sie erschöpfen die Möglichkeiten in der Auffassung des metaphysischen Grundverhältnisses.

Werden diese Weltanschauungen zur Totalität ausgebildet, so widersprechen sie einander und der Kampf derselben erneuert sich immer wieder, wie der Kampf letzter Hypothesen.

Die Logik und Metaphysik entscheidet sich nach unserer Ansicht für die organische Weltanschauung und sucht diese zu begründen. Für den vorliegenden Zweck mag darüber Folgendes genügen.

Die Ansicht der Indifferenz (der Spinozismus) geht, da sie den Zweck nicht anerkennt noch anerkennen darf und nur die wirkende Ursache (blinde Kraft) zur Erklärung übrig behält, in die Weltanschauung der wirkenden Ursache (Demokritismus) zurück; sie misslingt, da sie den grössten Unterschied, die blinde Kraft und den bewussten Gedanken, im Ursprung verwischt und doch im Fortgang gebraucht.

In der mechanischen Weltanschauung (der Weltanschauung der blinden Kräfte) giebt es nur Physik, keine Ethik. Denn es giebt keinen geistigen Grund des Daseins, kein individuelles Leben mit eigenem Mittelpunkt. Niemand lobt oder tadelt eine Kraft der Natur. Hiernach ist das ethische Princip nur in der organischen Weltanschauung zu suchen.

Die organische Weltanschauung stützt sich zunächst auf die grosse Thatsache des Lebendigen, als auf eine ideale Thatsache der Natur, welche dem Schein der nackten Kräfte das Gegengewicht hält. Ohne den Gedanken im Grunde der Dinge ist diese weite Sphäre des Lebens unverständlich. Das Mechanische (das Physikalische, Chemische) ist in ihr berechtigt, ja gefordert, aber nicht umgekehrt.

Wo sich die teleologische Betrachtung ins Absolute erhebt, wird das im Theil aus dem innern Zweck stammende Soll (z. B.

der Mensch soll denken, das Auge soll sehen) zum Willen. Was das Will im Unbedingten ist, das ist das Soll im Bedingten, und erst der Mensch verwandelt das Soll wiederum in ein Will, wenn er will, was er soll, wenn er will, was Gott will.

Anm. Vgl. „über den Grundunterschied der philosophischen Systeme" in des Vfs. Historischen Beiträgen zur Philosophie. II. 1855. S. 1 ff.

Logische Untersuchungen 1840. II. S. 353 ff. Vgl. II. S. 1 ff. Der Zweck und das Organische. Das Christenthum als Oekonomie des Heils setzt eine organische Weltanschauung voraus (ἐν ἀρχῇ ἦν ὁ λόγος) und verträgt sich mit den beiden andern nicht.

§. 19. Es ist das Eigenthümliche des Organischen, dass das Ganze, in einem ursprünglichen Gedanken gegründet, vor den Theilen und in den Theilen sei und der innern Bestimmung gemäss sich in sich und in den Theilen vollende. Wie nun die frühere Stufe in der spätern als Grundlage sich fortsetzt, so bleibt das Organische im Ethischen (§. 2). Der Charakter eines nach innerem Zweck sich gliedernden, entwickelnden, vollendenden Ganzen bleibt im Sittlichen, obwol er sich darin auf eigenthümliche Weise ausbildet und ausprägt. Was ihm widerspricht, kann nicht für das Princip der Ethik oder als eine Folge derselben gelten. Als Beispiel aus der Natur diene die Entwickelung der Pflanze aus dem Samen nach dem Typus ihrer Art, im Ethischen die Entwickelung des Staats aus der Einheit der Macht, welche sich zum Schutz menschlicher Zwecke wendet.

§. 20. Auf diese Weise ist zunächst die Form bezeichnet, in welcher sich das ethische Leben darstellen und entwickeln muss. Wenn es sich nun ferner darum handelt, den Inhalt, den das Princip hat, zu bestimmen: so wird es möglich sein, diesen entweder in dem Einzelnen als solchem (§. 21 — 26), oder in der sittlichen Gemeinschaft als solcher (§. 27), oder in der Verbindung von beiden (§. 28 — 35) zu suchen. In dieser dreifachen Beziehung sind die wichtigsten Bestimmungen, welche sich von dem Wesen des Sittlichen fassen lassen, von einzelnen Systemen geschichtlich vertreten, und die philosophische Betrachtung bewegt sich am sichersten, indem sie diese historischen Spuren beachtet (vgl. §. 7).

§. 21. Der Mensch bietet schon als Einzelner betrachtet verschiedene Seiten dar, welche geeignet sind, in den Mittelpunkt gestellt, als Princip alles Uebrige an sich zu ziehen und nach sich zu bestimmen, von der blinden Lust, welche durch die Empfindung einleuchtende Gewalt hat, bis zu universellen Thätigkeiten, welche unmittelbar in die Welt der Menschen und der Dinge führen. Wenn die ethische Betrachtung von der Lust beginnt, so erhebt sie sich von selbst zu allgemeineren Thätigkeiten, ohne welche es zwar lebhafte thierische Lust, aber nicht die eigenthümlich menschliche giebt. Daher kann man nur im Allgemeinen in den ethischen Lehren, welche von dem Individuum ausgehen, Systeme der Lust (§. 22. §. 23) und Systeme der Thätigkeit (§. 24—26) unterscheiden.

§. 22. Als der eigenste Zweck des Einzelnen, das Einzelste im Einzelnen, erscheint die Lust, in welcher das Eigenleben an sich selbst einer Steigerung seines Wesens inne wird, der Selbstgenuss des Daseins.

Dies Princip, die Triebfeder der Menge, hat sich theoretisch zur Moral des Hedonismus ausgebildet (Aristipp, Epikur) und wie es selbst atomistisch ist, steht es mit materialistischer und mechanischer Weltanschauung in folgerichtigem Zusammenhang. Die Lust ist ein allgemeiner Name, und die besondern Arten der Empfindung sind so eigenthümlich und so verschieden, z. B. der Kitzel der Zunge und das Wohlgefallen des Ohrs, die Lust des Geschlechtstriebes und die Freude am Denken, dass man sie kaum unter das Zeichen Eines Namens fassen würde, wenn sie nicht darin etwas Gemeinsames hätten, dass sie mit der Selbsterhaltung in der nächsten Beziehung stehen. In der Lust empfinden wir das Eigenleben an ihm selbst erhalten oder erhöht; wir empfinden es, ohne es zu denken, daher nur im Augenblick, nur im Punkt, nur im Theil, ohne Zusammenhang, nur an zerstreuten Seiten unseres Daseins. In diesem Gegensatz der Empfindung gegen das Denken liegt ihre ethische

Gefahr. An sich betrachtet ist die Lust, momentan und individuell, bunt und unruhig wie sie ist, nicht geeignet, das Princip des Sittlichen zu sein, das als solches bleibend und allgemein, sich selbst gleich und sich selbst treu sein muss. Wird die Lust zum Princip gemacht, so wird der blinde, unstete Wechsel von Lust und Begierde, die ewige Abhängigkeit des Menschen zur Herrschaft erhoben. „In der Begierde schmacht' ich nach Genuss, und im Genuss verschmacht' ich nach Begierde." Die verständige Berechnung des Lebens zur möglich grössten Summe von Lust hilft diesem Mangel nicht ab. Die Lust ist zunächst der blinde Reiz des thierischen Lebens und als solcher abstumpfend und aufreibend. Wo sie Princip ist, treten die geistigen Kräfte, bestimmt, die Natur in ihren Dienst zu nehmen, vielmehr in den Dienst der Natur. Wenn der Genuss um des Genusses und die Lust um der Lust willen gesucht und das erfindende, unterscheidende Denken nur dazu verwandt wird, um den Stachel des Genusses zu schärfen und den Reiz der Lust zu steigern, so entsteht der ausgesuchte Sinnengenuss und die abgefeimte Wollust, welche den Menschen in sich selbst verkehren. Wo solche niedere Lust Princip ist, wird der Mensch nicht Mensch und der Wille nicht Wille, denn ihm fehlt die Einheit und Kraft. Todesfurcht und Schwäche begleiten die Maxime der Lust, und Untergang folgt den in Lust versunkenen Völkern. Man kann zwar die Lust höher greifen. Der feinere Hedonismus ladet uns zu einem mit Geist gewürzten Gastmahl des Lebens ein; man kann solche Genüsse erstreben, welcher der Mensch nur in seiner geistigen Natur fähig ist. Aber es hilft doch nicht. Der Mensch bleibt dennoch ein g e n i e s s e n d e s Thier und darin allein besteht dann der artbildende Unterschied seines Wesens; denn z. B. das reissende Thier geniesst nicht, es verschlingt seinen Raub. Des Lebens höchste Anschauung ist nun der Genuss. Die Cultur verfeinert die Genüsse. Der Mensch gräbt nach Gold, um sich in Putz zu geniessen; er erfindet den Spiegel, um seine Gestalt zu geniessen; er erfindet das Ceremoniell, um die Abspiegelung seiner Macht zu geniessen; er scharrt Geld zusammen, um die Vorstellung mannigfaltiger

Möglichkeit von Genüssen zu geniessen; er geniesst selbst in der Harmonie der Kunst sein Auge, sein Ohr, und in den Wissenschaften die Kraft seiner Gedanken. Wo nun dieser Genuss die Moral wird, da herrscht die Moral des Geldes, für welches Genüsse käuflich sind, da ist Entäusserung an die Reize der Dinge statt der Hoheit und Einheit des geistigen und sittlichen Menschen; und der Wille beharrt im Selbstischen. Hiernach kann die Lust, obwol die mächtigste Springfeder des Eigenlebens, nicht Princip sein und sie muss anderswo stehen als im Mittelpunkte. Welche Stellung ihr zukomme, muss sich später zeigen. Wird die Lust nur dann menschlich, wenn sie ungesucht aus eigenthümlich menschlichen Thätigkeiten, welche das Eigenleben steigern, entspringt: so weist in diesem Zusammenhang die Lust von sich selbst weg und auf die allgemeinen Thätigkeiten und ihre Abstufung und Unterordnung hin. Unter dieser Voraussetzung ergiebt sich, dass in der Lust die Folge statt des Grundes zum Princip gemacht ist.

§. 23. Statt der Lust des einzelnen Eigenlebens kann in höherer Steigerung die Lust aller in der Gemeinschaft vereinigten Einzelnen zum Princip des Sittlichen gemacht werden. Dann bildet sich das Princip der Lust, wie in einzelnen socialistischen Lehren, zum System des allgemeinen Wohlseins aus. In dieser Auffassung wird zwar der Einzelne durch das Allgemeine disciplinirt, weil nicht seine Lust, sondern die Lust Aller erstrebt wird. Aber der letzte Beweggrund bleibt doch für den Einzelnen wie für das Ganze die sich selbst suchende Lust und das Geistige bleibt im Dienst des Materiellen.

§. 24. In der Selbstliebe, welche sich zur Moral des wohlverstandenen Interesse ausgebildet hat, ist ebenfalls Lust und Unlust das letzte Bewegende; die Selbstliebe gleicht sich — platter oder edler — mit der Selbstliebe Anderer im allgemeinen Nutzen aus. Die Moral der wohlverstandenen Selbstliebe, eine Utilisirung des Eigennutzes, reicht immer nur so weit, als der Glaube an den eigenen Vortheil und der Verstand desselben reicht. Die Energie des Eigennutzes, nachhaltiger und klüger als der Schwung der Begeisterung, verständig berechnet und für Andere ausgebeutet, ist die Stärke dieser im Verkehr des Lebens geltenden Moral; aber ihr höchstes Erzeugniss an ethischer Gesinnung ist die Miethlingsliebe (der Miethling, der nicht Hirte ist, dess die Schafe nicht eigen sind, fleucht, wenn er den Wolf kommen sieht, denn er ist ein Miethling, Joh. x, 12); der Wille bleibt im Selbstischen stecken. Wenn man in das Interesse des Selbst einen idealen Sinn hineinlegt, so hat dieser einen andern Ursprung als das Princip. Der Eudämonismus des vorigen Jahrhunderts hat im Wesentlichen, wenn auch mit sympathischen Gefühlen versetzt, diese Natur der Selbstliebe zu seinem Grunde.

Anm. Vgl. Helvetius z. B. *de l'homme*. 1776 *sect.* 4. c. 4 ff. *Système de la nature ou des loix du monde physique et du monde moral.* 1770. Friedrich der Grosse, *essai sur l'amour propre envisagé comme principe de morale.* 1770.
Dann der deutsche Eudämonismus, vgl. Feder, praktische Philosophie. 4. Aufl. 1776. Schlosser, über Shaftesbury von der Tugend. Basel 1785.

§. 25. Man erhebt sich über die lebhafte, aber blinde Triebfeder der Lust und Unlust und fasst das Princip allgemeiner, wenn man in der Selbsterhaltung, dem auf die Erhaltung des Eigenlebens überhaupt gerichteten Bestreben, den Ursprung des Sittlichen findet. So führt Hobbes alle Tugenden, z. B. Gerechtigkeit, Dankbarkeit, Mitleid, auf den negativen Grund zurück, weil ohne sie ein Krieg Aller gegen Alle, in welchem die Selbsterhaltung gefährdet wäre, ausbrechen würde. Die Furcht vor Vernichtung ist darin das letzte Bewegende der Tugend und das Selbst, das sich erhält, ist ohne idealen Gehalt nur wie eine physische Kraft gedacht, welche sich sucht und sich wehrt (§. 10). Spinoza handhabt dasselbe Princip tiefer, indem er durch psychologische Einsicht aus dem Begriff der Macht heraus der Selbsterhaltung einen vernünftigen Inhalt zu geben bemüht ist. Denn die Leidenschaften des Menschen, obwol sich als Macht gebahrend, sind Minderung der Macht *(impotentia)* und widersprechen der Selbsterhaltung. Die Vernunft (das *intelligere*) ist die eigentliche Macht, indem sie uns von den leidenden Zuständen befreit und unter den Menschen eine Eintracht schafft, welche die Eigenmacht mehrt (§. 11). In dieser Bewegung zieht das Princip einen reichern Inhalt, als es für sich hat, in sich hinein; und es gewinnt die Selbsterhaltung eine höhere Bedeutung, welche jedoch nun nicht mehr aus ihr selbst, dem nackten Triebe des Eigenlebens, sondern aus dem allgemeinen und vernünftigen Wesen des Menschen stammt, und nur aus ihm verstanden wird.

Anm. Hobbes *de cive* 1646, vgl. namentlich c. 3.

Spinoza *ethica* 1677, besonders Buch IV und V, auch *tractatus theologico politicus* 1670, besonders c. 16. Schon alle Peripatetiker und die Stoiker sprechen die Selbsterhaltung als ein Gesetz des menschlichen Wesens aus; aber im Zusammenhang mit dem innern Zwecke gestaltet sich die Lehre anders.

§. 26. Alle bisherigen Ansichten — Lust, Selbstliebe, Selbsterhaltung — von dem Einzelnen als solchem als von einer gegebenen einzelnen Kraft ausgehend, hängen mit mechanischen Weltanschauungen zusammen und widersprechen der organischen Auffassung, welche im Princip eine Idee oder einen Plan fordert. Wenn sich indessen die Selbsterhaltung zur Selbstvervollkommnung steigert und erweitert, so setzt das Vollkommene, das erstrebt wird, das Mass innerer Zwecke voraus und dieser höchste Ausdruck eines subjektiven Princips gehört daher eigentlich einer organischen Weltanschauung an. Indessen genügt die Selbstvervollkommnung als ethisches Princip schon insofern nicht, als sie, wie bei Chr. Wolf, um die eigene Absicht zu erreichen, der Vervollkommnung Anderer bedarf, und sie entbehrt eines reinen Beweggrundes, indem sie die Vollkommenheit der übrigen Welt nur zum Mittel der eigenen macht.

Anm. Christian Wolf, vernünftige Gedanken von der Menschen Thun und Lassen. 1720.

§. 27. Wenn man die Reihe der dem Einzelnen als solchem entnommenen Principe überblickt, so suchen sie von Stufe zu Stufe (Lust, Selbsterhaltung, Selbstvervollkommnung) das Subjektive wesenhafter zu fassen und heben dadurch in sich selbst das nur Subjektive mehr und mehr auf. Zugleich führen sie, um zum eigenen Ziel zu gelangen, das Objektive, das sie zunächst ausschlossen, — allgemeine Lust, allgemeinen Nutzen, Vervollkommnung Anderer — auf Umwegen ein. Es liegt daher der Gedanke nahe, auf der dem Einzelnen entgegengesetzten Seite, in der Gemeinschaft eines sittlichen Ganzen als solchen das Princip zu suchen. *Salus publica suprema lex esto*, so könnte ein solcher Grundsatz heissen. Aber dies alte Wort schliesst im ursprünglichen Sinne nicht die allgemeine *salus privata* aus, sondern trägt sie vielmehr in sich. Wird im Gegensatz gegen die Einzelnen als solche die öffentliche Wohlfahrt dergestalt zum Princip erhoben, dass sie herrisch die Interessen der Einzelnen nur nach sich modelt oder vernichtet, wie in der revolutionären Moral, dass zum Besten der öffentlichen Wohlfahrt alles rechtmässig werde, so wird sie nur zum Vorwand der Selbstsucht, um die Rechte Einzelner für vermeintliche Rechte des Ganzen zu unterdrücken. Die Gemeinschaft des Ganzen verliert ihr sittliches Mass, wenn sie nicht dahin geht, dasselbe Menschliche im Einzelnen anzuerkennen und zu verwirklichen, das sie in sich zur Geltung bringt, und umgekehrt dasselbe Menschliche in sich zu verwirklichen, das sie im Einzelnen anerkennt.

Es ist ein merkwürdiges Kennzeichen des unbestimmten schwankenden Grundes, dass die Moral der Selbstliebe in Helvetius durch einige Zwischenglieder zu dem entgegengesetzten Ende kommt: *tout devient légitime pour le salut public.*

§. 28. Nach den bisherigen Ergebnissen ist weder der Einzelne als solcher, noch das Ganze als solches das Mass des ethischen Gesetzes. Die Richtung auf den Einzelnen (Selbstliebe, Selbsterhaltung) wird nur insofern sittlich sein, als sie die Richtung auf das Ganze in sich schliesst, und die Richtung auf das Ganze und Allgemeine ist nur insofern wahr, als sie die Richtung auf den Einzelnen und das Eigene in sich aufzunehmen vermag. Es entsteht hiernach die Aufgabe, diese erkannte Vereinigung des Eigenen und Allgemeinen, des Einzelnen und Ganzen näher zu bestimmen.

§. 29. Diese Vereinigung erscheint zunächst in der individuellsten Form, in der Form des Gefühls, inwiefern die Lust an der Harmonie der selbstischen und geselligen Neigungen als das Wesen des Sittlichen aufgefasst wird.

Wenn dieser Gegensatz der selbstischen und geselligen Neigungen angenommen wird, so muss anerkannt werden, dass ein solches Princip ihrer Einheit den Widerklang der beiden als nothwendig bezeichneten (§. 28.), auf das Ganze und auf das Eigene gerichteten Bestrebungen an der Stimmung unserer Empfindungen kund giebt und dem Gemüth anspricht. Aber wie alle Neigungen aus unsicherem Grunde stammen und selbst in Laune überfliessen, so wird auch die Harmonie der selbstischen und geselligen Neigungen dem Urtheil des Begriffs unzugänglich. Nur in unbestimmter Empfindung auffassbar, ist sie zu einem Princip nicht geeignet.

Anm. Shaftesbury *inquiry concerning virtue and merit.* 1699.

§. 30. Ueber die selbstische Lust und Unlust geht mit einer Richtung aufs Objektive das Mitgefühl hinaus. Die Natur des Menschen ist fähig, mit jedes Andern Gefühlen mitzuempfinden und in dieser Uebereinstimmung Lust zu haben. Es erweitert sich darin das Gefühl des Einzelnen und wird, obwol individuell, selbst allgemein, wenn der Standpunkt für die Betrachtung der eigenen Handlung in dem Andern, zuletzt in dem allgemeinen Gefühl der Menschen genommen und darnach gefragt wird, inwiefern Andere mit ihr sympathisiren können.

Solche Gedanken bildete Adam Smith aus. Wenn die Gefühle eines Andern solche sind, wie sie in uns durch dieselben Gegenstände würden erregt werden, so billigen wir sie als sittlich richtig. Um diese Uebereinstimmung zu erreichen, wird es für den, der Lust oder Unlust empfindet, nothwendig, den Ausdruck des Gefühls bis zu dem Punkt herabzustimmen, bis zu welchem der Nächste sein Mitgefühl steigern kann, worauf sich alle die hohen Tugenden der Selbstverleugnung und Selbstbeherrschung gründen, und es ist für den Nächsten ebenso nothwendig, sein Mitgefühl so nahe als er kann zu der gleichen

Fläche des ursprünglichen Gefühls zu erheben. Mitgefühl mit der Dankbarkeit derer, welche durch gute Handlungen Wohlthaten empfangen haben, macht uns geneigt, die Wohlthäter als Belohnung verdienend anzusehen, und bildet den Sinn des Verdienstes, wie Mitgefühl mit dem Unwillen derer, welche durch Verbrechen verletzt sind, uns dazu führt, die Thäter als der Strafe werth anzusehen, und dies bildet den Sinn der Schuld. Diese Gefühle fordern nicht nur wohlthuende Handlungen, sondern auch wohlwollende Beweggründe für dieselben, indem sie beim Verdienste aus einem direkten Mitgefühl mit der guten Absicht des Wohlthäters und einem indirekten Mitgefühl mit denen, welche die Wohlthat empfangen, zusammengesetzt sind. Im andern Falle verhalten sich die Gefühle entgegengesetzt. Unsere sittlichen Gefühle in Bezug auf uns selbst stammen aus denen, welche Andere in Bezug auf uns haben. Wir setzen uns selbst als die Zuschauer unseres eigenen Verhaltens und suchen uns vorzustellen, welche Wirkung es in dieser Beleuchtung in uns hervorbringen würde. Der Sinn der Pflicht erhebt sich, wenn wir uns selbst an die Stelle Anderer setzen und uns ihre Gefühle in Bezug auf unser Benehmen aneignen. In völliger Einsamkeit würde es keine Selbstbilligung geben. Die Regeln der Sittlichkeit sind ein Inbegriff dieser Gefühle und leisten oft gute Dienste, wenn der Selbstbetrug der Leidenschaft uns sonst verborgen hätte, dass unser Seelenzustand mit demjenigen nicht übereinstimmt, was unter den Umständen von unparteiischen Nächsten kann angeeignet und gebilligt werden. Von dieser Seite lernen wir unsern Geist über augenblickliche und örtliche Ansprüche erheben und unsern Blick auf die sichersten Anzeichen der allgemeinen und dauernden Gefühle der Menschen richten.

Wollte man aus dieser fein erdachten Theorie ein Sittengesetz formuliren, so würde es etwa heissen: Handle so, dass Andere mit dir sympathisiren können. In dieser Auffassung ist Eine psychologische Quelle unserer Gefühle zum Grunde des ganzen Sittlichen gemacht. Unser Eigenleben strebt danach, sich in der Vorstellung und dem Urtheil Anderer wiederzufinden und zu bejahen, weil es sich selbst dadurch getragen und befestigt fühlt und sich in Andern widerspiegelnd Lust empfindet. Nach dieser Seite erweitert sich das Gefühl des Einzelnen und nimmt, obwol individuell, eine Richtung auf Andere in sich auf. Diese Eigenthümlichkeit unsers Wesens ist benutzt, um eine sittliche Norm zu gewinnen. Der unparteiische, unbetroffene Zuschauer drückt in seinem Gefühl der Billigung oder Missbilligung ein allgemeines Gefühl aus, da er der Verwickelung der trübenden, persönlichen Affecte enthoben und insofern sein Gefühl vom Besondern und Zufälligen rein ist. Es ist anzuerkennen, dass das Allgemeine, das sonst nur im Gedanken vorhanden ist, nun in der Empfindung erscheint. Aber die Abspiegelung eines sittlichen Verhältnisses in einem Dritten, dem beurtheilenden Zuschauer, die Abklärung unserer Gefühle an den unparteiischen Gefühlen Anderer, bleibt immer ein Umweg der Erkenntniss und kann nur zur Bestätigung oder Verwerfung dienen. Die fremde Sympathie ist also eine Probe, aber nicht ein Princip des Sittlichen. Von dem sittlichen Willen wird hier eigentlich verlangt, dass er sich nach fremder Sympathie richte, obwol in ihm das eigene und direkte Mitgefühl viel mächtiger wirkt. Das ursprüngliche Mitgefühl ist ein wesentlicher Antrieb, die Seele aus selbstsüchtiger Befangenheit zu allgemeiner Gesinnung zu erweitern. Z. B. die Erzählung vom barmherzigen Samariter beschämt die stolze Gleichgültigkeit des Vorurtheils und belebt das Menschengefühl. In der Abschaffung des Menschenopfers siegt das Mitgefühl mit dem blutigen Tod eines Menschen über wilden Aberglauben und blinde Furcht. In dem Kampf gegen die Berechtigung der Sklaverei überwindet das Mitgefühl mit dem Unterdrückten und Misshandelten den Stolz und Eigennutz. Das Mitgefühl mit dem besiegten Feinde verwandelt Hass in Grossmuth. Das Mitleid, über die selbstsüchtigen Affecte siegend, legt zartere Empfindungen in uns an. Während im natürlichen Menschen die Mitfreude leicht durch den Neid gedämpft wird, entspringt in ihm das Mitleid freier und reiner. So bedingt der Fortschritt des Mitgefühls selbst den Fortschritt des Menschlichen in der Weltgeschichte. Dies ursprüngliche Mitgefühl wirkt zwar in dem beobachtenden Zuschauer mit, aber es wirkt abgeschwächter. In jener Norm wird der sittliche Impuls nicht aus dem ursprünglichen Mitgefühl, sondern aus dem Mitgefühl mit dem Mitgefühl des Zuschauers entnommen. Dieser Umweg entfernt von der ersten lebendigen Quelle sittlicher Empfindungen. Ueberdies fragt sich, wer der unparteiische Zuschauer sei. Die menschlichen Verhältnisse haben Entfernungen und mit den Entfernungen nimmt das Mitgefühl ab und mit der Näherung die Unparteilichkeit. Daher wird die der Sympathie Anderer entnommene sittliche Regel unverlässig und selbst gefährlich. Durch dasselbe Princip, durch welches wir uns aus dem Urtheil Anderer zurückempfangen, kann, je nachdem die Kreise sich enger ziehen, Familiengeist und Standesvorurtheil statt des allgemein Menschlichen über unsern Willen Herr werden. So lange endlich die Sympathie als Gefühl das Princip ist, bleibt die Norm, weil subjektiv, unbestimmt und wandelbar. Im Gefühl und Mitgefühl fehlt noch dem Willen der Gedanke, um stark, und die volle Erhebung über das Eigene, um rein zu sein. Der Wille ist in dieser Verflechtung noch nicht zu seinem eigenen Wesen gekommen. Wenn man hingegen fragt, worin der Grund der allgemeinen Sympathie liege, so geht die Antwort in objektive Beziehungen des menschlichen Wesens, wie z. B. in die ursprüngliche Bestimmung der Menschen für einander, in die Gleichartigkeit der menschlichen Natur zurück. Dadurch thut sich eine andere Richtung auf, in welcher das Princip des Sittlichen zu suchen ist und die allgemeine Sympathie, welche wir nicht aus der Sache, sondern aus dem Urtheil Anderer schöpfen, nur als Folge erscheinen wird.

Anm. Adam Smith, *the theory of moral sentiments.* 1759.

§. 31. Das Allgemeine, das immer ein Erzeugniss des Gedankens ist, erscheint im Gefühl nur nebenbei, wie im Widerschein der Wirkung, und zwar nur, indem das Eigenleben durch einen Bezug des Allgemeinen auf sich oder auf Andere steigt oder sinkt und sich in diesem Steigen oder Sinken ergreift.

Daher wird sich das Allgemeine für das ethische Princip auf adäquatere Weise, als im Gefühl, geltend machen müssen. Das Allgemeine ist selbst dergestalt das Wesen der Vernunft, dass es als solches und in der Bedeutung, in welcher es der Nothwendigkeit gleich steht, aus der von aussen kommenden und insofern zufälligen Erfahrung nicht begriffen wird. Das vernünftige Handeln wird sich daher als ein allgemeines darstellen. Diese Form der Allgemeinheit macht Kant zum Grundgedanken der Ethik, indem er die Maxime unsers Handelns, den subjektiven Grundsatz, um sie in ihrem ethischen Werthe zu erkennen, dem Richterspruch des Allgemeinen unterwirft. Sein kategorischer Imperativ lautet: „Handle so, dass die Maxime deines Willens jederzeit zugleich als Princip einer allgemeinen Gesetzgebung gelten könne." Ein solcher Grundsatz verwirft jedes Besondere, das nicht zugleich allgemein sein kann, und also jede Willkür und Selbstsucht; und das als Bestimmungsgrund des Handelns durchgeführte Allgemeine verwirft jede andere Triebfeder als die Vorstellung des Gesetzes; dadurch wird der grosse Begriff des reinen Willens erzeugt.

Die Bedeutung dieser ethischen Anschauung liegt in der Strenge des Allgemeinen, in welchem das selbstsüchtige Besondere und damit der Trieb des Bösen abgethan wird. Aber bei Kant ist das Allgemeine noch mangelhaft gefasst; es ist nur ein Allgemeines der Form und steht der empirisch erkannten Materie des Wollens nur äusserlich gegenüber; es ist kein Allgemeines, welches das Besondere in sich enthielte und aus sich entwickelte; daher enthält es auch keinen Ort für das Eigenthümliche im menschlichen Handeln; es will nur das allgemein Vernünftige, aber nicht das Menschliche in seiner Besonderheit; es weiss so wenig von der menschlichen Natur, dass es den innersten Punkt der menschlichen Individualität, das Gefühl der Lust und Unlust, schlechthin von sich weist; es ist nur ein formal Allgemeines, zu welchem der Stoff von aussen kommt, kein gestaltendes Allgemeines einer Idee. Der kategorische Imperativ ist nicht das prägnante Princip des Sittlichen, sondern nur der uniforme Ausdruck eines Kriteriums.

Anm. Kant, Grundlegung zur Metaphysik der Sitten. 1785. Kritik der praktischen Vernunft. 1788.

§. 32. Wenn es sich darum handelt, das Allgemeine, das in uniformer Nacktheit, wie bei Kant, noch nicht das eigentliche Princip des Sittlichen sein kann, in Unterschieden näher zu bestimmen, ohne sie aus der Materie des Handelns zu entlehnen: so kann dies dadurch geschehn, dass man das Allgemeine als das Einstimmige in dem Verhältniss der in dem Handeln nothwendigen Elemente auffasst und ihm dadurch den Begriff der Harmonie giebt. Herbart findet in diesem ästhetischen Charakter den Grund für die Evidenz der sittlichen Begriffe und entwirft in dieser Richtung seine fünf praktischen Ideen als solche Formbegriffe, welche harmonische und disharmonische Verhältnisse der Begehrungen beherrschen, indem sie Beifallen oder Missfallen absolut aussprechen. Es entsteht nach ihm die Idee der innern Freiheit, wenn der Einsicht der Wille entspricht und beide einmüthig bejahen und einmüthig verneinen; die Idee der Vollkommenheit, wenn in den Strebungen die Grössenverhältnisse in Einklang stehen; die Idee des Wohlwollens, wenn an und für sich und ohne andere Motive der eigene Wille mit dem vorgestellten fremden übereinstimmt; die Idee des Rechts, wenn die Einstimmung mehrerer Willen als Regel gedacht wird, die dem Streit vorbeuge; und endlich die Idee der Billigkeit als die Idee der gebührenden Vergeltung, damit nicht die That als Störerin missfalle. Diese ursprünglichen Ideen bilden zusammen das Wesen des Sittlichen. Unter der Voraussetzung, dass mehrere Vernunftwesen sich in eine Einheit concentriren und als eins angesehen werden können, wie sich diese Voraussetzung im Staate verwirklicht, entspringt aus der Idee des Rechts die Rechtsgesellschaft, aus der Idee der Billigkeit das Lohnsystem, aus der Idee des Wohlwollens das Verwaltungssystem, aus der Idee der Vollkommenheit das Cultursystem, aus der Idee der inneren Freiheit die beseelte Gesellschaft, deren

Wesen gemeinschaftliche Folgsamkeit gegen gemeinschaftliche Einsicht ist.

Allerdings ist das Harmonische der Charakter in der Erscheinung des Sittlichen und das Gute wird in dieser Vollendung der Erscheinung zum Schönen. Aber es fragt sich, ob der Formbegriff als solcher, die Einstimmung in den Verhältnissen der Strebungen, das Gute zum Guten mache, so dass aus der durchgeführten Form des Harmonischen das ganze und volle Wesen des Sittlichen gewonnen werden könne. Als ästhetisches Element liegt das Harmonische im Verhältniss der Erscheinung zur Anschauung und ist daher wie die Erscheinung überhaupt nicht Ursache, sondern Wirkung, die Folge eines tiefer liegenden Grundes. Soll das Gute wirklich das Schöne sein, soll es nicht hinter dem Schönen der organischen Natur, welches die Erscheinung einstimmiger Zwecke und Mittel ist, soll es nicht hinter dem Schönen der Kunst, welchem eine Idee zum Grunde liegt, zurückstehen: so muss im Sittlichen die Form der Harmonie aus dem Inhalt der Idee entspringen, aber nicht umgekehrt der Inhalt der Idee aus der Form der Harmonie. Indem man das Harmonische, die nothwendige Form in der sich vollendenden Erscheinung des Sittlichen, zum innern Wesen und zum Princip macht, verwechselt man das erst als Folge sich ergebende Merkmal (das *consecutivum*) mit dem ursprünglichen Wesen (dem *constitutivum*). Nach der Analogie des Schönen in der Natur und Kunst weist das Harmonische als allgemeine Form des Sittlichen auf reale, zum Grunde liegende Zwecke hin.

Anm. Johann Friedrich Herbart, allgemeine praktische Philosophie. 1808.

Vgl. noch über die besondern Schwierigkeiten der einzelnen praktischen Ideen Herbarts des Vfs. Abhandlung: „Herbarts praktische Philosophie und die Ethik der Alten“ in den Denkschriften der k. Akademie der Wissenschaften. 1856.

§. 33. Die Betrachtung des Allgemeinen geht in diesem Zusammenhang in die innern Zwecke zurück, um das Princip zu bestimmen. Nach der organischen Weltanschauung ruht das Wesen der Dinge in einem schöpferischen Gedanken;

und es kann daher das ethische Princip so gefasst werden, die Dinge nach der göttlichen Bestimmung zu nehmen und zu behandeln. Ein Ansatz zu diesem Princip liegt bei den Stoikern, welche in der Natur die Vernunft erkannten, aber die Uebereinstimmung des Lebens mit der Natur mehr nach der subjektiven Seite ausführten. Nach der objektiven Seite sah Clarke das Sittliche darin, jedes Ding nach dessen eigener Natur und nach dem Verhältniss zur menschlichen zu behandeln *(fitness of things)*, indem die Einrichtung der Dinge auf die Harmonie des Weltganzen gerichtet ist. Dieser Gedanke, obzwar in seinem allgemeinen Grunde richtig, ist für das Mass des ethischen Princips zu weit, für welches in erster Linie nicht die innere Zweckmässigkeit der uns fremden und schwer erkennbaren äusseren Dinge das Bestimmende sein kann. Zunächst wird es sich vielmehr darum handeln, dass das allgemeine menschliche Wesen in seiner innern Bestimmung begriffen werde.

Anm. Samuel Clarke, der Schüler Newtons, *discourse concerning the unchangeable obligations of natural religion*. 1708.

§. 34. Wie die Betrachtung des Princips, so weit es aus dem Einzelnen genommen werden konnte, zuletzt in die Idee des menschlichen Wesens führte (§. 25. 26): so führt die Betrachtung des Allgemeinen ebendahin (§. 33. vgl. §. 19). Es kann dem Menschen keine andere Aufgabe gegeben sein, als die Idee seines Wesens zu erfüllen; der Mensch kann keine andere fassen und keine andere anerkennen; eine Aufgabe, welche der Idee seines Wesens widerspräche, würde an ihm abgleiten, oder müsste, wie das Böse, von ihm zurückgestossen werden. Alle grossen objektiven Systeme der Ethik fassen daher den Gesichtspunkt, den Menschen als Menschen zu verwirklichen. So namentlich im Alterthum Plato und Aristoteles. Plato's Ethik ist der Staat. Aber sein Staat will insofern der vollendete Mensch sein, ein Mensch im Grossen, als sich in ihm die im Wesen des Menschen gegebenen psychologischen Richtungen ausleben und zwar in der Unterordnung unter eine harmonische Einheit. Aristoteles geht zwar in der Ethik von dem Gesichtspunkt der menschlichen

Eudaimonie aus, aber sie erfüllt sich ihm nur in der Vollendung der dem Menschen als Menschen eigenthümlichen Thätigkeiten. In diesem Sinne geht er, um die Tugend zu entwerfen, in die dem Menschen eigenthümliche Verrichtung ein. Wie Auge und Hand und Fuss und überhaupt jedes Glied ihre eigenthümliche Verrichtung haben, so habe der Mensch überhaupt eine allgemeine Verrichtung, welche in der Thätigkeit und den Beziehungen der Vernunft liege.

Wenn diese Anschauung der Alten einfach und wahr ist, so wird mit dem tiefer und tiefer erfassten Menschen auch eine tiefere Aufgabe der Ethik hervortreten. In Plato und Aristoteles erscheint namentlich nach dem Standpunkt der alten Zeit gegen das Menschliche in dem sich vollendenden Staat das Menschliche im Einzelnen gedrückt und nur in einer kleinen Zahl Bevorzugter verwirklicht.

Anm. Aristoteles *eth. Nicomach.* I, 6. II, 5. *τὸ ἀνθρώπου ἔργον.* In der organischen Weltansicht, in welcher Alles nach dem ursprünglichen in der Welt sich gliedernden Plan Werkzeug einer Aufgabe, Organ einer Verrichtung ist, ergiebt sich dies Princip folgerecht. Aber es ist merkwürdig, wie selbst Spinoza, der organischen Betrachtung feind, zu einem verwandten Ausdruck gelangt. *eth.* IV, *defin.* 8. *Virtus, quatenus ad hominem refertur, est ipsa hominis essentia seu natura, quatenus potestatem habet, quaedam efficiendi quae* per solas ipsius naturae leges *possunt intelligi.*

§. 35. Nach dieser Erörterung handelt es sich darum, die Idee des Menschen zu bestimmen; was in die Psychologie zurückführt (§. 17). In allen Dingen ist das Specifische das Princip, der artbildende Unterschied, der das Gemeinsame ausbildet, die Quelle der wesentlichen und eigenthümlichen Thätigkeiten. Daher wird es nöthig sein, das Organische, als das Gemeinsame, durch das, was auf dem Grunde desselben den Menschen zum Menschen macht, zu bestimmen, und von dem Organischen der Natur das sich darüber erhebende menschliche Wesen zu unterscheiden.

Im Organischen der Natur erscheint ein innerer Gedanke als der Trieb zum Dasein und ebenso im Menschen zunächst ein Begehren als sein Grundwesen. Dort ist der Gedanke sich selbst verborgen, höchstens blind empfunden; im Menschen gelangt er zum Selbstbewusstsein. Die Wechselwirkung des Denkens mit dem Begehren und der Empfindung, das bewusste Allgemeine in seiner Wirkung auf die blinden Regungen des Besondern bildet das menschlich Eigenthümliche. Indem das Allgemeine zur Herrschaft aufsteigt und nach und nach die Richtungen des Eigenlebens durchdringt, so dass der Gedanke das Begehren und Empfinden erhebt und wiederum das Begehren und Empfinden den Gedanken treibt und belebt, wird die sinnliche Wahrnehmung und die egoistische Ideenassociation zur Erkenntniss des Wesens, das blinde Begehren zum Willen, die Empfindung zum Gefühl, die Thätigkeit des Instinkts zum Handeln und Bilden. Während das Organische in der Natur von dem ihm selbst fremden Gedanken gebunden ist, so erscheint das Ethische, indem der Mensch den schöpferischen Gedanken seines Wesens erkennt und will, als das freigewordene Organische.

Der Einzelne würde für sich allein im blind Organischen beharren, und jene Erhebung und Befreiung ist für die Einzelnen nur in der Gemeinschaft möglich.

Die Gemeinschaft hingegen ist die Darstellung dessen, was in der Idee des Menschen liegt, aber aus dem vereinzelten Menschen nimmer herauskäme, in einem bleibenden, sich fortsetzenden und erneuernden Ganzen. Diese Aufgabe verschlingt sich in die Geschichte, in die Gemeinschaft der sich einander folgenden Geschlechter. Die wachsende Verwirklichung der Idee des Menschen ist der Impuls der Weltgeschichte — und der einzelne Mensch ethisirt sich nur in diesem grossen Zusammenhang. Der Mensch ist insofern ein geschichtliches Wesen, als der Einzelne an dem objektiven Menschen ein Glied wird, an der Gliederung des historischen Staates, und zuletzt an der in der Geschichte sich entwickelnden Substanz der Menschheit.

Wenn einst Aristoteles die Bestimmung des Menschen mit dem Ausdruck des politischen Wesens (*ζῶον πολιτικόν*), des Wesens im

Staat, bezeichnete, so fasste er darin den Menschen als das Wesen der Gemeinschaft in der Gegenwart seines Lebens auf. Nur im Staat entwickelt der Mensch seine menschliche Natur. Aber es genügt dieser Begriff noch nicht. Der Mensch ist ein historisches Wesen, ein Wesen der Gemeinschaft in der Geschichte, in der geistigen Substanz einer Geschichte geboren, auferzogen, von ihr genährt und wiederum sie fortsetzend, weiterführend, ein lebendiges Glied von der Vergangenheit zur Zukunft, immer in einem grossen Uebergange thätig. Denn der einzelne Mensch ist allenthalben durch das bedingt, was hinter ihm liegt, durch die vorangegangenen Geschlechter der Familie, in welcher er geboren wird, durch die Geschichte seines Volkes, in dessen Zustände er eintritt, durch die gegebene Religion, die an ihm arbeitet, durch den Erwerb der Erfahrungen, an denen er Theil nimmt, durch die gemachten Erfindungen, deren Früchte er geniesst. Dies historische Material ist stets darauf aus, mit der Gewalt seiner Eindrücke und Einflüsse den einzelnen Menschen zu formen, aber die ethische Aufgabe des Einzelnen bleibt, im Anfang der Dinge wie mitten im Lauf der Geschichte, in beschränkten wie in grossen Verhältnissen, immer die Eine, an dem gegebenen Stoff das in der Idee sich immer gleiche menschliche Wesen auszuleben und ihm die edle Form desselben aufzuprägen.

Nicht selten wird das Menschliche als Princip des Ethischen in dem Sinne angegriffen, als ob es, in sich selbst gegründet und durch sich selbst verlaufend, die Beziehungen zu dem Ursprung aus Gott ausschlösse. Aber wenn die Idee des Menschen als das Treibende im Leben des Einzelnen und der Geschichte gesucht wird, so weist der Begriff der Idee, des schaffenden göttlichen Gedankens, einen solchen engen Einwurf zurück. Das Princip hat nichts mit dem beschränkten, getrübten Bilde des Menschen gemein, welches die Einzelnen in ihrer Vereinzelung fassen. Es ist der Mensch im grossen Stil gemeint, im Stil der göttlichen Idee, welche ihre Züge der Weltgeschichte einzeichnet.

Von der philosophischen Seite kann es kein anderes Princip der Ethik geben, als das menschliche Wesen an sich d. h. das menschliche Wesen in der Tiefe seiner Idee und im Reichthum seiner historischen Entwickelung. Beides gehört zusammen. Denn das nur Historische würde blind und das nur Ideale leer; und der richtige Fortschritt geschieht darin, dass das Historische den Antheil an der Idee und die Idee den Zusammenhang mit der Geschichte erstrebt.

Alle andern Principien einer Ethik, so weit sie eine Wahrheit haben, tragen entweder nur einseitig ein Stück des Ganzen in sich und treffen daher das Sittliche nur in beschränktem Umfang, oder sie sind höher als das Menschliche genommen, wie z. B. Principien eines geoffenbarten Göttlichen, und müssen dann auf Umwegen die Vermittelung mit dem Menschlichen suchen, obwol sie doch nur an dem bezeichneten Punkte des idealen Menschenwesens ihren Eingang finden können.

§. 30. Die Idee des Menschen ist hiernach eine Idee der Gemeinschaft. *Unus homo, nullus homo.* Wo der Einzelne als Glied gedacht ist, da ist der Leib, in welchem und für welchen das Glied sein Leben hat, das ideale Prius, und bildet den Inhalt des ursprünglichen Gedankens (§. 19). Inwiefern in dem Einzelnen der Anlage und Bestimmung nach derselbe Inhalt liegt, als in der verwirklichenden Gemeinschaft des Ganzen, bindet dieselbe Idee, die Idee des menschlichen Wesens, beide.

Die Eine Idee scheidet sich in viele Ideen, der Eine innere Zweck in viele Zwecke, welche ihm als Mittel untergeordnet sind, wie z. B. in die Idee des Erkennens und die Idee des Bildens und Handelns, jene auf die Aufnahme und Ergründung der Dinge gerichtet und sich nach den verschiedenen Gegenständen wiederum unterscheidend, diese theils auf die Erweiterung der Organe und die Gestaltung des Lebens, theils auf die Darstellung menschlicher Empfindungen zur Vertiefung der Auffassung gerichtet. Da das Denken in seiner Wechselwirkung mit den übrigen Thätigkeiten das Wesen des Menschen ausmacht, aber das Denken in sich und seinen Gegenständen unendlich ist: so geht die menschliche Aufgabe über die vereinzelte endliche Kraft hinaus und schafft sich daher in den vielen Einzelnen und ihrer Gemeinschaft ihre Werkzeuge. So wird der Einzelne Organ der Idee, das Ganze ethischer Organismus.

In diesem Zusammenhang zeigt sich, dass von Seiten des Einzelnen angesehen das ethische Bedürfniss Verstärkung, von Seiten des Ganzen die ethische Form Gliederung ist. Es liegt in dem Begriff der Verstärkung die Förderung der Einzelnen durch Einzelne und für Einzelne, in dem Begriff der Gliederung der darin sich vollziehende Zweck des Allgemeinen und Ganzen. Von dem Einzelnen aus erscheint die ethische Entwickelung als Vermehrung der menschlichen Macht überhaupt, von dem Ganzen her als die fortschreitende Verwirklichung eines göttlichen Gedankens, des idealen Menschen. Verstärkung und Gliederung müssen zusammenfallen, um ethisch zu sein, und in dieser Einheit kann der Vorgang der sittlichen Entwickelung Ergänzung heissen. Keine Verstärkung ist sittlich, welche der Gliederung widerspricht, und keine Gliederung, welche jede Verstärkung ausschliesst. Wo der Trieb der Verstärkung allein herrscht, da herrschen die Begierden unter dem Namen der Interessen und er läuft zuletzt nur auf eine Ausbeutung der Menschen durch Menschen hinaus. Die Selbsterhaltung, welche in der Verstärkung sich befriedigt, wird sittlich, indem sie sich in der Gliederung dem Ganzen unterwirft und dadurch erst den Sinn der Ergänzung wahrhaft vollzieht; und die Gliederung des Ganzen ist erst dann wahrhaft Gliederung, wenn sie der selbstthätigen Erweiterung und Erhaltung der Einzelnen den richtigen Spielraum und den richtigen Anreiz gewährt.

Durch alle ethische Gemeinschaft geht das Gesetz durch, dass Verstärkung der Einzelnen und Gliederung des Ganzen Hand in Hand gehen müssen, und es gilt in der Familie wie in der Gemeinde, in Vereinen wie im Staate. Die Verstärkung ist Jedem verständlich; denn in ihr wirkt der Grundtrieb des Menschen, der Trieb nach Selbstbehauptung und Selbsterweiterung; sie ist das Nächste in Bezug auf uns. Aber die Gliederung, welche wir nur fassen, wenn wir uns in das Ganze versetzen, verbirgt sich dem vom Eigenen befangenen Blick; sie ist das Ziel, und als solches das Erste nach der Bestimmung der Natur. Allenthalben sehen wir ein Streben des Individuums, des Standes, des Volkes nach Macht, aber erst da wird die Macht ethisch, wo sie eine menschliche Idee verwirklicht.

Eine verwandte Wahrnehmung mag uns noch denselben ethischen Zug erläutern. Die Entstehung der ethischen Güter knüpft sich an die nächsten Bedürfnisse an und ihr erster Ansatz ist die Selbsterhaltung; aber sie vollenden sich nur, indem sie einen innern Zweck in sich ausbilden, mit welchem sie einem höhern Ganzen dienen, indem sie sich in sich gliedern und selbst Glied einer umfassenden Gliederung werden. Die Erkenntniss z. B., zunächst im Dienst der Selbsterhaltung, geht vom Nothbehelf der Praxis aus, aber bringt nach und nach ein eigenes theoretisches Leben in der sich gliedernden und die Erkenntnisse um eigene Mittelpunkte gruppirenden Wissenschaft hervor, und vollzieht in dieser Richtung eine wesentliche Seite an der grossen Idee des Menschen, welcher sie dient. Die Erfindung, das edele Metall zum Gelde zu verwenden, stützt sich auf Eitelkeit und Luxus, auf die nichtige Lust hervorzuglänzen; denn darauf beruht der allgemeine Gebrauch, darauf das Edele, das man dem Silber und Golde beilegt. Aber Silber und Gold erhalten unter dieser Bedingung eine neue und eigene Bedeutung. Sie werden allgemeines Tauschmittel, die beliebteste Waare, und dadurch als Mittel, die Kräfte der Menschen mannigfaltig zu verbinden und zu scheiden, ein Hebel der Cultur. Die menschlichen Einrichtungen entstehen aus dem Selbstischen, aber sie bestehen nur dann sittlich und entwickeln sich nur dann, wenn sie sich ins Allgemeine erheben lassen und aus dem Allgemeinen den Werth ihres Wirkens hernehmen. Von der Ehe wie vom Staat sagt Aristoteles: sie entstehen des Lebens wegen, aber sie bestehen um des vollkommenen Lebens willen. In der zeitlichen Geschichte aller ethischen Güter stellt sich dasselbe dar. Das vollkommene Leben, das Ziel der Idee, macht sie zu Gliedern und gliedert sie selbst.

§. 37. Wenn nun gefragt wird, wie der Mensch das adäquate Organ seiner Idee werde, so kommen dabei mehrere Momente in Betracht.

Die Idee erfüllt sich im einzelnen Menschen nicht wie ein Naturgesetz, etwa wie der Blutumlauf sich vollzieht, sondern in beständigem Kampf. Denn der Einzelne als Einzelner folgt im Widerspruch mit der Idee dem Trieb des Creatürlichen, das nur sich will, und nur zum eigenen Centrum gezogen, das Allgemeine höchstens für seinen Vortheil sucht. Das Begehren, die Grundthätigkeit der Seele, durch die Unlust des Mangels gestachelt, will die Selbsterhaltung und Selbsterweiterung; die Lust in der Befriedigung bejaht und verstärkt dieselbe Begierde bis zur Uebermacht; das Begehren des Eigenlebens erzeugt die Vorstellungen oder bestimmt die Richtung der empfangenen Eindrücke dergestalt, dass sie ihm als Mittel dienen; und aus den egoistisch gewordenen Vorstellungen nährt sich wachsend die Kraft des Begehrens. Das vernunftlose Leben, damit es die Basis des vernünftigen werde, entwickelt sich vor dem vernünftigen; es kommt die lebhafte Lust des vernunftlosen (z. B. des vegetativen) Lebens vor der ruhigern Lust des vernünftigen zur Empfindung und lenkt und treibt die Seele, dass sie in der niedern Lust beharre. Nach diesem Naturgesetz entstehen Furcht und Hoffnung, die Affecte und Leidenschaften sammt und sonders, und sind die unerbittliche Selbstsucht des sich selbst überlassenen natürlichen Menschen, der Alles in sich zieht, um nur sich zu erweitern, und Alles abstösst, um nur sich zu behaupten. Schon Plato beschreibt (Tim. p. 69) die leidenden Bewegungen, die er in sich trägt; sie sind, sagt er, furchtbar und voll Zwang, zuerst Lust, der grösste Köder zum Bösen, dann Unlust, die Flucht des Guten, dann wieder Verwegenheit und Furcht, zwei sinnlose Rathgeber, Zorn, schwer zu besänftigen, Hoffnung, durch blinde Empfindung und Alles wagende Liebe leicht verlockt.

Die Befreiung von diesem Zwange des Eigenlebens die Erhebung des natürlichen zum geistigen Menschen ist eine That des Willens, welche ihre Bedingungen in der Gemeinschaft hat. Denn erst in der Gemeinschaft wird das Nothwendige erkannt und praktisch mächtig; erst in der Gemeinschaft wird die Zucht möglich, welche die Vernünftigen an den noch nicht Vernünftigen üben; in der Gemeinschaft wird die Lust des Eigenlebens am Fremden und Vernünftigen unterstützt, und das Mitgefühl so belebt, dass es das Eigengefühl einschränkt oder besiegt; überhaupt wird die Zubereitung des Organs für den ethischen Organismus erst in der Gemeinschaft möglich. Zuerst gehen im natürlichen Menschen die Vorstellungen vom Begehren aus, bis zuletzt umgekehrt im geistigen Menschen die berichtigten Vorstellungen den Willen bestimmen und nun der gereinigte Wille die Vorstellungen berichtigt. Die Hingabe und Befestigung des Eigenwillens an den Willen der Vernunft ist das Wesen und die Sache der Gesinnung. Sie hat ihre Triebfeder und ihren Gegenstand aus einer Quelle, welche, das Eigenleben bestimmend, über dem Eigenleben liegt. So ist der gute Wille das Gute im engern Sinne."

In dieser Erhebung des Menschen aus dem Selbstischen ins Gute wirkt das erkannte Nothwendige und Allgemeine und es ist in ihr die Wahrheit vorausgesetzt. Der Einzelne ist ferner als Organ der Idee Werkzeug besonderer Zwecke. Wenn nun die Handlungen dem Begriffe dieses Besondern entsprechen, was zunächst Sache der Erkenntniss ist, so kommt ihnen in dieser Richtigkeit und Angemessenheit das Wahre im engern Sinne zu.

Endlich vollendet sich das Organ in der Ausführung und Darstellung. Wenn das Gute der Gesinnung und das Wahre des Begriffs sich dergestalt in der Handlung des Organs verwirklicht, dass die Erscheinung, dem Wesen der Sache genügend, zugleich die Gesetze der Anschauung befriedigt, und beides in solcher Harmonie, dass das Wesen auf die angeschaute Erscheinung und die Anschauung auf ihr Wesen hinweisen: so ist die Handlung des Organs schön und das Organ, zu solchen Handlungen angelegt und fähig, erscheint selbst als schön.

Das Gute im Sinne des Vollkommenen umfasst hiernach das Gute der Gesinnung, das Wahre des Begriffs und das Schöne der Darstellung. In diesen drei Richtungen, welche ungetrennt die Eine Idee ausmachen, offenbart sich das adäquate Organ; und die Elemente, welche, in sich selbst harmonisch, sich in allem Sittlichen für einander harmonisch stimmen müssen, sind Gesinnung, Einsicht und Darstellung.

Die Gesinnung, welche das Eigenleben über sich hinausführt und mit dem Allgemeinen, ja mit dem Göttlichen in Uebereinstimmung bringt, ist durch den Einklang dieser Gegensätze in sich selbst harmonisch. Die richtige Einsicht ist, wie alle Wahrheit, das in sich einstimmige Gegentheil des Widerspruchs. Endlich muss die Darstellung, welche die Erscheinung mit der Anschauung verknüpft, nicht bloss mit dem Grunde der Erscheinung, dem Guten und Wahren in Gesinnung und Einsicht, sondern auch mit den Gesetzen der Anschauung, dem Organ der Erscheinung, übereinstimmen und wird dadurch in sich selbst harmonisch. Indem sich die Harmonie der Gesinnung (der gute Wille) und die Harmonie des Begriffs (das Wahre) und die Harmonie der Erscheinung mit der Anschauung (das Schöne im nächsten Sinne der Sprache) einander zu Einer Erscheinung durchdringen und vollenden, in welcher nun der Mensch alle Seiten seines geistigen Wesens, sein Wollen und sein Denken und sein Anschauen, harmonisch angesprochen fühlt und wie hinausgewendet erblickt, erfüllt sich das Gute der Idee dergestalt, dass es auf dem Grunde des Wahren im vollen Sinne schön wird. Was hierin ideal als Uebereinstimmung und Harmonie erscheint, ist real gegenseitige Stärkung und Förderung. Das Eine entspricht dem Andern. So offenbart sich, wo das Gute wirklich wird, die Tiefe und die Macht der Idee. Wenn seit J. H. Jacobi die Ideen des Guten, Wahren und Schönen so oft wie getrennt nebeneinander genannt werden, so zeigt sich vielmehr, dass die Idee des Guten und wie sie im Sinne der Vollendung alle umfasst.

Nach allen diesen Richtungen hin, in welchen die Harmonie zu Tage kommen soll, wirken die Leidenschaften entgegengesetzt; sie verhindern oder zerreissen jeden Einklang, der über den augenblicklichen Trieb des Eigenlebens hinausgeht. Sie halten den Willen wie einen Sklaven an sich gebunden; sie verkehren in selbstischen Spiegelbildern alle Erkenntniss; sie verzerren die edle Erscheinung des Lebens, indem sie ihr hässliches Innere im Aeussern kund geben. So sind sie die eigentlichen Despoten und die klügsten Sophisten unsers Wesens. Daher ist die Psychologie der Leidenschaften (vgl. Spinoza *ethic.* III. und IV) für die Ethik die wichtigste Erkenntniss; denn die Leidenschaften gehorchen ihren eignen Gesetzen und werden uns nur durch ihre Gesetze gehorsam.

Die Affecte, welche das Gemüth aus dem Gleichgewicht setzen, sind eine Energie des innern Lebens und heissen doch trotz ihrer Spannung, welche sogar in einen Sturm ausbrechen kann, Leidenschaften, leidende Zustände. Wirklich sind sie keine Macht, sondern eine Ohnmacht des Geistes *(impotentia)*. Die Leidenschaft überkommt den Willen; sie thut, was er nicht will; sie entäussert ihn und entfremdet ihn sich selbst. Dessenungeachtet sind die Affecte dem empfindenden Selbst nothwendig. Ohne das persönliche Selbst hinter sich zu haben, würde das Gute matt und schal; ohne die tragende, für das Gute empfindende Person würde es selbstlos. Es fragt sich daher, wie sich beides einige, das Selbst mit seinen Affecten und das Gute mit seiner Harmonie. Wenn alle Affecte aus dem Begehren der Selbsterhaltung entspringen, aber dieser Trieb daran sein Mass hat, was das Selbst als sein Selbst fühlt, also was es sich aneignet, worin es sich hineinlegt, kurz, was es als sein empfindet: so entspringt daraus die Möglichkeit von Affecten, welche den Inhalt des Guten zu ihrem empfundenen Mittelpunkt haben. So ist der Zorn eine Gegenwirkung des verletzten Selbstgefühls an sich masslos und ungerecht, weil das blinde Selbstgefühl nur sich selbst kennt; aber wenn das Selbst, für das Gute empfindend, in der eigenen Empfindung das Gute angegriffen fühlt, so wird der Zorn edel. Der Affekt leiht dann dem Guten Kraft und das Gute mässigt ihn von selbst. Wer nicht über das Böse zürnen kann, empfindet das Gute nicht lebhaft. Die Eifersucht wird, wenn der Preis im Sittlichen liegt, Wetteifer. Die Furcht wird im Guten Vorsicht. Wessen Selbst so mit dem Guten eins geworden ist, dass er für das Gute fürchtet, der hat auch den Muth des Guten, welcher die Furcht mässigt. Der Neid, die Unlust des bei wachsender Macht eines Andern überholten Selbstgefühls, ist schwächlich und nagt am eigenen Leben; aber wenn die Gerechtigkeit des Verdienstes das Mass für das Selbstgefühl wird und Zorn sich beimischt, so tritt an die Stelle des Neides sittlicher Unwille. Das Mitleid trägt, edler gefasst, einen Keim des Wohlwollens in sich. So wird den Affekten eine sittliche Seele eingehaucht und statt als Leidenschaften den Willen aus sich herauszusetzen, werden sie seine Triebkraft im Guten. Diese Umwandlung und Erhebung geschieht durch das Gesetz der Affekte selbst, indem sie einem Höhern unterthan werden. Sie folgen alle dem Begehren, zunächst zwar dem blinden in der Selbsterhaltung, aber ebenso der Gesinnung; denn Gesinnung ist Begehren des Allgemeinen im Eigenen und des Eigenen im Allgemeinen; und in der Erhebung des natürlichen Menschen in den geistigen wird, was in den Affekten jene Harmonie des Guten bedrohte, vielmehr in dieselbe als eine Kraft aufgenommen.

Dieselben sittlichen Ideen (§. 35. §. 37 Anfang) vollenden die sittliche Gemeinschaft und den einzelnen Menschen als sittliches Ganze in sich, dasselbe Gute der Gesinnung, dasselbe Wahre des Begriffs, dasselbe Schöne der Darstellung, dieselbe Harmonie dieser harmonisch gestimmten Thätigkeiten. Aber in jeder sittlichen Gemeinschaft und in jedem einzelnen Menschen findet sich ein anderes und eigenthümliches Substrat, um sich zu verwirklichen, eigenthümliche innere und äussere Bedingungen, ein gegebenes Mass des geistigen Vermögens, eine gegebene Vereinigung der verschiedenen Kräfte zu einer besondern Begabung, gegebene enge oder weite Verhältnisse, eine ärmere oder reichere Ausstattung, fördernde oder hemmende Zustände. In diesem mannigfaltigen Material ist es immer die Eine Aufgabe, in dem Gegebenen das Menschliche in der vollendetsten Form, welche möglich ist, auszuprägen. Darin offenbart sich die Macht des Eigenthümlichen, welches auf dem Grunde des Allgemeinen die Vollendung des Menschlichen ist; denn der Mensch ist kein Exemplar der Gattung.

Freilich ist das Individuelle, gerade weil es individuell ist, schwer im Begriff zu bestimmen, und man muss zunächst abscheiden, was es nicht ist. Oft gilt das Zufällige und Mangelhafte, das dem Individuum anklebt oder von ihm ausgeht, als das Individuelle, aber ein solches ist ethisch nicht berechtigt. Ferner erscheint wol das unmittelbar Natürliche und noch nicht menschlich Durchgebildete als das Individuelle; aber ein solches rohes Stück des natürlichen Menschen ist nicht das Individuelle im ethischen Sinne. Endlich sieht man oft das Gepräge der Umstände, der äussern Mächte, welches einem Manne aufgedrückt wird, als das Individuelle an; aber das Passive kann nicht das sittlich Individuelle sein. Wenn dagegen der Mensch auch das Zufällige in den ethischen Dienst nimmt, wenn er einen gegebenen Mangel so anerkennt, dass er innerhalb der Beschränkung das Menschliche nach Möglichkeit erreicht, wenn er, dem Künstler gleich, der innerhalb des architektonisch gegebenen, oft ungünstig verschobenen Raumes anmuthige Gestalten darzustellen weiss, auch in die schmalen Grenzen der ihm zufallenden Verhältnisse Menschliches fasst, das ihm gehört und keinem Andern, wenn er nicht der Stoff der Umstände wird, sondern sie formt und in die eigene Aufgabe einbildet: so giebt sich darin das Eigenthümliche kund, die freie Vollendung des Eigenen zur Darstellung des Sittlichen. Es ist eine ursprüngliche Richtung des das Mannigfaltige bildenden und immer das Menschliche ausprägenden Wesens. Denn die mathematische Formel eines Sittengesetzes und der Schematismus des Allgemeinen droht zu uniformiren, aber das ethisch Lebendige gestaltet es im Eigenen bis zum künstlerischen Spiel. Wenn die

Wissenschaft, immer mit dem Allgemeinen verkehrend, das Eigenthümliche abstreift, so bringt die Kunst den menschlichen Sinn desselben zur Empfindung, in der Idylle wie im Heldengedicht, im Genrebilde wie im historischen Gemälde. Das Menschliche erscheint darin vom Niedlichen und still Befriedigten bis zum Grossen und Erhabenen eigenthümlich; und ohne das Eigenthümliche wird das Leben flach und gemein.

Die individuelle Sittlichkeit hat den Sinn, dass der Mensch etwas für sich sei und für sich habe und im Eigenen frei sei. Das Eigenthümliche des grossen Ganzen, z. B. des Staates, beruht zuletzt auf den im Sinne des Allgemeinen eigenthümlich gestaltenden Einzelnen.

Wenn das sittlich Individuelle mit dem Begriff schwer zu begrenzen ist, weil im Begriff das Allgemeine in das Eigenthümliche vordringt: so wird es praktisch daran gemessen, dass immer in den sittlichen Gütern und Thätigkeiten ein Element steckt oder übrig bleibt, das im allgemeinen Tauschwerth (im Gelde) nicht darstellbar ist, z. B. der Werth der Liebe, mit der etwas geschieht, das sogenannte *pretium affectionis* im Eigenthum.

§. 38. Indem der Einzelne, wie jedes ethische Ganze, Organ der Idee wird, wird er Werkzeug des göttlichen Willens. Daher geht der Begriff der Gesinnung, die Erhebung des Willens über das Selbstische zum Göttlichen und im Göttlichen, in die Religion zurück. Jede Religion ergreift als positive die göttliche Idee im Factum der Geschichte und wirkt auf die sittliche Gesinnung beschränkend oder belebend, je nach ihrem eigenthümlichen Geist. Die Philosophie hat eine universellere Aufgabe als die Untersuchung der Religionsstiftungen und die Befestigung und Auslegung eines historischen Factums. Daher ist ihre ethische Idee das Menschliche und noch nicht das Christliche. Es gab eine Ethik im Judenthum — Mose und die Propheten und das Buch der Weisheit bezeugen es — vor dem Christenthum; es gab eine Ethik im Heidenthum, über das Heidenthum erhaben, zu einem reinen schönen Geiste aufstrebend, vor dem Christenthum; Sokrates und Plato, Aristoteles und die Stoiker bekunden es und ein alter Blutzeuge der christlichen Wahrheit nennt solche Philosophen, wie Sokrates, Christen vor Christo; es kann eine Ethik im Islam geben, lauterern und grössern Geistes als es selbst, weil auch in seinem Gebiet das Menschliche durchbricht; wenn dies nicht die arabischen Philosophen zeigten, so zeigten es die Dichter des Orients. Die Philosophie als Philosophie würde ihren universellen Beruf versäumen, wenn sie es aufgäbe, auf das Allgemeine zu bestehen, welches des Menschen Wesen ist. Je mehr es ihr gelingt, darin das Urbild herauszuheben, das nicht menschlichen, sondern göttlichen Ursprungs ist: desto mehr wird sie, wie eine vorwärtstreibende Betrachtung (ein λόγος προτρεπτικός im Sinne der Kirchenväter), auf eine Vollendung des Menschlichen hinführen, welche der Christ im Christenthum sucht. Wenn man hingegen in der Philosophie bei der Untersuchung des Princips Theologisches und Philosophisches zusammengiesst, so kann nur eine verwaschene Mischgestalt entstehen. Die philosophischen Darstellungen müssen eine klassische reine Zeichnung, aber keine blendende romantische Farbe anstreben; denn die Philosophie kann nur die Grundstriche ziehen. Wenn man aber das Menschliche in der Philosophie mit dem Christlichen in der Theologie befehdet, so vergisst man, dass der alte Name des Christenmenschen die allgemeine Grundlage und die eigenthümliche Ausbildung derselben richtig bezeichnet. Nach logischen Gesetzen darf der allgemeinen Grundlage das, was darauf gebauet ist, so wenig widersprechen, als der artbildende Unterschied dem Allgemeinen der Gattung. Der Bau würde sonst zu fallen drohen. In dem rechten Allgemeinen wird der Keim zum artbildenden Unterschiede, im Menschlichen der Keim zum Christlichen liegen. Das Christenthum ist so weit der Mittelpunkt und die Zukunft der Weltgeschichte, als in ihm der Menschheit die Idee des Göttlichen und Menschlichen zumal erschienen ist und immer wieder erscheint.

Zur Vergleichung der dargestellten Grundansicht mit dem positiv Christlichen mag folgende Bemerkung dienen. Der Gedanke des sich in der sittlichen Aufgabe der Weltgeschichte objektivirenden Menschen als einer göttlichen Idee, welcher, auf den Staat beschränkt, in einem Vorblick zuerst in Plato's Politie erschienen, hat im Christenthum den concretern Ausdruck des durch die Geschlechter der Menschen wachsenden Leibes Christi und seiner Glieder. Die Einfügung des Gliedes in diesen Leib geschieht im Glauben an Christum dadurch, dass der Mensch, der Christum lieb hat und ihn anzieht, aus dem Geist „von Neuem geboren" wird; sie geschieht durch die Erhebung aus dem „fleischlich" in das „geistlich" Gesinntsein (vgl. §. 37). Die grosse Kraft praktischer Belebung quillt bei dieser Betrachtungsweise aus der historisch angeschauten und in der persönlichen Empfindung der Erlösung ergriffenen Idee. Während jedoch die christlichen Urkunden in diese Erneuerung des Herzens das ganze Gewicht werfen und vornehmlich das Gute der Gesinnung hervorheben, welches das Ewige ist und kein Reich von dieser Welt: überlassen sie meistentheils die Durchführung in den Stoff des Besondern, die Einbildung in das Weltliche (das Wahre des Begriffs und das Schöne der Darstellung §. 37) der weitern durch christlichen Geist erfüllten Betrachtung. Die philosophische Aufgabe ist auch in dieser Richtung universeller und geht namentlich in die bezeichneten offen gelassenen Seiten ein.

§. 39. Im Zusammenhang mit dem religiösen Elemente in der Ethik und zwar mit der Selbstverantwortung vor Gott hat sich der Begriff des Gewissens gebildet. Die Bezeugungen des Gewissens sind in den innern Regungen des Menschen so alt als die menschliche Geschichte und vor den eigentlich positiven Religionen, in Kain z. B. wie in Orestes, sichtbar. Aber der Begriff des Gewissens als solchen in seiner Einheit und mit dem eigenen Namen eines Vermögens ausgeprägt, findet sich erst spät und weder bei Plato und Aristoteles noch in der Bibel vor dem Buche der Weisheit. Erst bei den Stoikern und den Aposteln erscheint das Gewissen und in beiden im Zusammenhang mit dem Begriff Gottes. Parallel mit der christlichen Freiheit gewinnt der Begriff an Macht und Würde. Wie er auf allgemein menschlichem Boden entstanden ist, so ist es nöthig. den Werth, den er als ethisches Princip haben kann, durch einen Einblick in die psychologische Entwickelung zu bestimmen.

Wenn man eine Einsicht in die Entstehung des Gewissens sucht, so ist es zweckmässig, zunächst seine Erscheinung als rügende, strafende Macht zu beachten; denn in dieser Gestalt spricht es am entschiedensten. Unsere Vorstellungen sammt und sonders und der Zug, den sie nehmen, stammen zumal auf dem praktischen Gebiete aus dem Begehren, das sie mit der regen und nachhaltigen Kraft des Bedürfens als Waffen und Werkzeuge seines Willens hervortreibt, bewegt und richtet. Das böse Begehren, man denke beispielsweise an den Rachedürstigen, den Ehrgeizigen, macht daher die Vorstellungen des Handelnden einseitig und hält sie besessen; seine Energie ist dadurch mitbedingt, dass es nichts Anderes sieht noch sehen will, als seinen selbstsüchtigen Zweck und die Mittel und Wege, zu ihm zu gelangen; mitten in den lebhaftesten Vorstellungen und mitten in erfinderischen Anschlägen ist es blind, bis es sich gesättigt und seine Lust gebüsst hat. Die vollbrachte That ist unfehlbar ein Wendepunkt der Ideenassociationen; denn es hat nun ein anderer Gedankengang Raum, der früher vor der Alles füllenden, Alles aufregenden Begierde nicht aufkommen konnte. Die durch sie über das Mass hinaufgetriebenen Vorstellungen sinken nun von selbst; ihre lebhaften Bilder erbleichen vor der nackten Wirklichkeit. Die vorgespiegelte Befriedigung ist nicht erreicht. Wenn der Leidenschaft ein Opfer gefallen ist, so erregt sein Schicksal dem Thäter selbst menschliches Mitgefühl. Diese Antriebe zu Gedanken, welche den früheren scharf widersprechen, stammen aus der That selbst, welche, wenn auch lautlos in der Vergangenheit liegend, nun doch ihren Urheber im eigensten Innern anschreiet.* Es kommen äussere Beziehungen hinzu, Beziehungen, welche oft die erste Anregung geben. Der Mensch, der nun einmal will, dass Andere ihn mit Lust betrachten, fragt sich, wie seine That und er in ihr Andern erscheine, und beschämt sich, da er sich in ihrem Spiegel sieht. Von diesen Seiten regen sich nach dem Gesetze unserer Affekte und unserer Ideenassociation Gegengedanken, welche wie eine Kraft gegen die Vorstellung des vollbrachten Bösen wirken, und, wenn sie könnten, es rückgängig machen möchten. Von anderer Seite entspringen nach der Nothwendigkeit des Eigenlebens, das sich in seiner Vergangenheit erhalten will, Gedanken, welche die That vertreten. So zeigt die Unruhe von Gedanken, die einander verklagen und entschuldigen, den Widerspruch eines und desselben Gemüthes mit sich selbst, welcher die Lust der Gegenwart und die Lust an der Vergangenheit in sich entzweiet und bis zur Selbstverachtung fortgehen kann, ein Stück des bösen Gewissens. Die Seele fühlt die Schuld als Last und es ist ihr, als könne sie in alle Ewigkeit hin der Last nicht ledig werden. Macbeth sagt: „Kann wohl des grossen Meergotts Ocean dies Blut von meiner Hand rein waschen? Nein, weit eher kann diese meine Hand mit Purpur die unermesslichen Gewässer färben und Grün in Roth verwandeln.“ Wenn dieser ganze Vorgang in grellen Beispielen des Bösen, wie in Rachgier, Zorn, Blutschuld, leicht bemerkt wird: so entgeht seine Consequenz, wo immer das Böse auftritt, dem tiefer in das Verborgene dringenden Blicke nirgends. In dem feiner gestimmten Gemüth rächt sich auch die böse Verletzung zarterer Verhältnisse in ähnlichen immer wiederkehrenden Misslauten. Gute Handlungen, in sich harmonisch, können, wenn sie als vollbracht angeschauet werden, keinen geheimen Widerspruch wecken. Die bleibende Zustimmung der eigenen Vorstellungen vermag in eigenthümlicher Lust den Frieden des Gemüthes zu erhöhen und selbst im Widerspruch mit der Welt zu bewahren.

In diesem Vorgang ist die Einwirkung fremder Meinung, aus welcher der natürliche Mensch in uns die Lust am eigenen Wesen zurückempfangen will, mitbezeichnet. Es hat Psychologen gegeben, welche die ganze Erscheinung des Gewissens aus der Lust und Unlust an dem Echo der fremden Meinung haben begreifen wollen. „Unsere sittlichen Gefühle in Bezug auf uns selbst," sagt Adam Smith, „stammen aus denen, welche Andere in Bezug auf uns haben. Wir müssen unser eigenes Benehmen, ehe wir es beurtheilen können, mit fremden Augen ansehen. In völliger Einsamkeit würde es keine Selbstbilligung geben" (vgl. §. 30). Wenn auf diese Weise das Gewissen nichts Anderes wäre als Lust oder Unlust, welche aus dem fremden Urtheil durch Bestätigung oder Widerspruch in uns zurückgeworfen wird, so wäre es das abhängigste Wesen. Es kann dieser Widerschein aus fremder Meinung mitwirken; er kann anregen, aber die eigentliche Sache ist er so wenig, dass es vielmehr Pflicht des Gewissens ist, ihn selbst zu beurtheilen und nach dieser Beurtheilung auszuschliessen oder aufzunehmen; ja es kann Pflicht des Gewissens sein, mit dem fremden Urtheil in bewussten Gegensatz zu treten. In dieser Selbstgewissheit hat es seine einsame in sich gegründete Grösse.

Wenn man nun diese äussere Anregung aus fremder Meinung als etwas, was nur in zweiter Linie gelten kann, abscheidet: so bleibt in dem oben beschriebenen Vorgang ein innerer Antrieb übrig, der das eigentliche Wesen des Gewissens bildet. Die Begierden, beschränkt und begrenzt, sind einzelne besondere Seiten des menschlichen Wesens, und das böse Gewissen ist in den Vorstellungen und in den daraus hervorgehenden Empfindungen der Lust und Unlust die Rückwirkung des ganzen Menschen gegen den selbstsüchtigen Theil. Die Zustimmung des ganzen Menschen zu der That des Theils, welche mit ihm harmonisch blieb und insofern selbst aus dem Ganzen stammt, erklärt sich noch leichter. Was man warnendes Gewissen genannt hat, beruht auf demselben Grunde. Die Vorstellungen, welche aus dem ganzen Menschen stammen, thun gegen die Vorstellungen des selbstsüchtigen Theils, ehe er sich durchsetzt, Einsage. Hiernach ist das Gewissen in den Vorstellungen und Empfindungen die Rückwirkung oder Vorwirkung des ganzen Menschen gegen die Theile, und als solche ist das Gewissen die den Willen bewahrende Macht. Weil der ganze Mensch in der Idee gegründet ist und seine Idee ihren

Ursprung in Gott hat, geht die Empfindung des Gewissens durch den eigenen Zug ihres Wesens in das Verhältniss zum Göttlichen zurück. In diesem Sinne ist das Gewissen die göttliche Stimme in uns und das Gewissen tief inwendig und unbestochen sucht die Ehre bei Gott und nicht bei den Menschen. Im Gewissen ist der Mensch auf sich selbst und seinen Gott gestellt; er denkt selbst, er fühlt selbst; aber was er denkt und was er fühlt, denkt er nicht als seine Willkür und fühlt er nicht als sein Belieben, sondern als das für den Willen Nothwendige. Darum fasst sich der Mensch in seinem Gewissen in seine tiefste Einheit; und wo das Gewissen nicht anerkannt wird, gilt der Mensch nur als Maschine.

Die Sprache hat treffende Bilder, mit welchen sie die Zustände der in tiefe Affekte endenden Selbstbeurtheilung bezeichnet. Sie spricht vom betäubten Gewissen; eigentlich gesprochen ist es der Zustand, in welchem die alte oder eine neue Begierde, die alte oder eine neue Leidenschaft den innern Menschen dergestalt in sich aufschlürft, dass in ihm eine Ideenassociation von der entgegengesetzten Seite, ein den ganzen Menschen vertretender Gedanke nicht aufkommt oder ohnmächtig vorübergeht. Dem schlafenden Gewissen, das einen ähnlichen Sinn hat, stellt die Sprache das erwachte gegenüber; eigentlich gesprochen ist es der Zustand, in welchem nach eingetretener Ruhe gegen den einseitigen befangenen Theil entweder der ganze Mensch oder eine andere Seite des Menschen, als die, welche eben herrschte, bessere Vorstellungen hervortreibt und zur Macht erhebt.

Wenn die Entstehung des Gewissens in den natürlichen Anknüpfungen und dem geistigen Ursprung richtig beschrieben ist, so erhellt, dass das Gewissen im Menschen kein fertiges Organ mit bestimmtem gegebenen Inhalt ist, sondern sich mitten in den Beziehungen des Lebens und in den individuellen Erlebnissen entwickelt. Obwol die Idee des ganzen Menschen, welche den letzten Grund des Gewissens bildet, ewig und in Allen dieselbe ist, so hängt es doch von vielen subjektiven und im innern Leben wandelbaren Dingen ab, wie weit wirklich der ganze Mensch im Gewissen thätig ist. Die Einsicht in das werdende Gewissen giebt uns zugleich Anweisung, auf welchem Wege wir das Gewissen wecken und schärfen, berichtigen und vertiefen, anregen und behüten müssen, damit es eine helle und reine Gottesstimme werde. Denn an und für sich ist es der individuellen Trübung und Täuschung ausgesetzt. Stolz und Ueberschätzung, dem natürlichen Menschen nothwendig, fliessen vielfach in das ein, was gutes Gewissen heisst, und Menschenfurcht kann sich als böses Gewissen darstellen. Zwang und Drang der Begierden kann als das sittlich Nothwendige und Freie erscheinen. Daher hat das Urtheil über die eigene Handlung nur, so weit es von der aus dem Selbstischen in das Gute erhobenen Gesinnung bestimmt ist, ein Recht auf den Namen des Gewissens.

Nach diesen Erörterungen vollendet zwar das Gewissen die subjektive Seite des Sittlichen, aber es eignet sich zum Princip eines ethischen Systems nicht. Im Gefühl der Lust und Unlust sich ankündigend und in seinen Bewegungen mit Lust und Unlust immer verschmolzen, bedarf es einer Gewähr in der objektiven Erkenntniss. Sonst liegt die Selbsttäuschung nahe, welche das nur Individuelle für das Allgemeine und das Allgemeine für nur Individuelles hält. Ohne Vernunft wäre das Gewissen blind und unklar, und ohne Gewissen die Vernunft kalt und matt. Beide fordern einander.

§. 40. Nachdem die sich in das Besondere gliedernde Idee des Menschlichen, welche sich nur in der Gemeinschaft vollbringt (§. 34 ff.), bezeichnet worden, ist es am Ort, die ethische Gemeinschaft als Organismus hervorzuheben und darin den ethischen Organismus von dem Organismus der Natur zu unterscheiden. In dem ethischen Ganzen, dessen Organe für seine besonderen Zwecke, dessen Glieder Menschen sind, trägt, mitten in den Unterschieden der Thätigkeit, noch das letzte Organ dieselbe allgemeine Bestimmung in sich, für welche das Ganze da ist. Das Ganze hat nur Werth, indem es dasselbe Wesen, welches den Einzelnen zum Menschen macht, in sich ausprägt, und umgekehrt. Das grosse Ganze der ethischen Gemeinschaft bildet für seine vielgliedrigen Verrichtungen kleinere Ganze, für untergeordnete Zwecke organisch sich gestaltend; aber die Organe an diesen Organen sind zuletzt Menschen, deren Wesen nicht blindes Empfinden und blindes Begehren, sondern durch den Gedanken Selbstbewusstsein und Wille ist.

Es ist der Charakter des organischen Ganzen, dass seine Idee vor den Theilen ist und die Theile für die Zwecke seines Lebens ausbildet und dass nicht umgekehrt die Theile, vor der Gemeinschaft selbstständig, das Ganze aus ihrer Macht zusammensetzen. Denselben über die Theile übergreifenden Charakter hat die ethische Gemeinschaft, wenn sie z. B. für die Regierung, für die Rechtspflege, für die Vertheidigung Einrichtungen schafft, welche ohne sie keinen Bestand haben, auf ähnliche Weise, wie Hand und Fuss, Auge und Ohr, als Theile besondere Zwecke des Lebens ausführend, vom Leibe losgelöst, vergehen. Aber der Unterschied beider Arten von Organismen liegt in den letzten Elementen. In den Organismen der Natur scheiden sie aus dem Organischen ins Chemische und gehen in die ungestaltete Natur, in die Masse zurück. Aber die letzten Elemente des ethischen Ganzen sind Individuen, nicht selbstlos wie die Theile eines belebten Wesens in der Natur, sondern in eigenem Mittelpunkt gegründet, dergestalt dem Ganzen in der Idee ebenbürtig, dass es zweifelhaft sein kann, ob das Individuum am Ganzen, oder das Ganze am Individuum sein Vorbild hat. Das Ganze ist eine Gesellschaftsbildung, eine Vereinsbildung höherer Ordnung, als die Naturwissenschaft in dem aus Individuen von Sprossen oder Zellen geeinigten Bau der Pflanzen und Thiere annimmt. Die Individuen, die letzten Elemente des sittlichen Organismus, wie das Ganze zu sittlicher Entwickelung berufen, sind in diesem Selbstzweck des menschlichen Daseins von nothwendiger Bedeutung und fordern eben darum von den Individuen neben ihnen und von dem Ganzen über ihnen A c h t u n g, deren Wesen es ist, weder Furcht noch Neigung zu sein, sondern welche in dem denkenden Menschen da entsteht, wo auf dem Gebiete der Freiheit Nothwendigkeit anerkannt wird. Wenn man die Anerkennung, wo immer sie erscheint, auf ihren Grund zurückführt, so beruht sie auf dem zwingenden Gesetz des eigenen Wesens, das zugleich Gesetz des fremden ist.

Indem auf diese Weise Ganzes und Individuen in ihrer ideellen Bestimmung einander nahe gerückt sind, ist ihr wirkliches gegenseitiges Verhalten schwierig. Die Einzelnen, in sich selbst Ganze und daher ihr Eigenes suchend, sind ausschliessender Natur, spröde gegen das Ganze, ungefügig im Eigenwillen. Deshalb bedarf es eines eigenthümlichen Bandes, welches sie dem Ganzen dergestalt aneignet, dass sie gleich den Organen des Leibes keinen widerstehenden Willen gegen den Willen des Ganzen haben. Das äusserlichste Band ist die Macht des Ganzen, welche, im ethischen Sinn den Zwang verwendend, selbst den lähmenden Affekt der Furcht, den sie als starkes Gegengewicht gegen die Gelüste des Eigenwillens erregt, für die Zwecke des Ganzen ergiebig macht. Innerlicher liegen die verknüpfenden Interessen, der in einander greifende Eigennutz der Einzelnen, aber sie halten nur Stand, so lange das Individuum bei ihnen seine Rechnung findet. Das verschmolzene Wollen des Ganzen und der Einzelnen stammt in letzter Quelle auf dem Grunde gemeinsamer Sprache, durch welche eine Verständigung bis in die leisesten Empfindungen möglich wird, aus der gemeinsamen Gesinnung, aus der gegenseitigen Förderung des Menschen im Menschen. Erst wo die sittlichen Ideen das letzte Band sind, werden dauernd die Glieder in Einem Geiste zu Einem Leibe geeinigt.

Was immer an Ereignissen und Verhältnissen zu diesem sittlichen Bande erzieht, hat in der Entwickelung hervorragenden Werth. So hat Alles, was die nothwendige und heilsame Macht des Ganzen zur Empfindung bringt, eine disciplinirende Kraft und ist für alle Rechtsbildung von Bedeutung. Dahin gehört die natürliche und sittliche Einheit der Familie, in welcher der Einzelne, seine Abhängigkeit fühlend, aufwächst, dann die Noth des Krieges, da sich das angegriffene Ganze nur durch die Hingabe und den Gehorsam der Einzelnen behauptet.

Inwiefern die Elemente des ethischen Organismus Individuen in relativer Selbstständigkeit sind, ist sein Wesen in einem noch höhern Sinn Gliederung, als es schon das Wesen des Organischen in der Natur ist. In der ethischen Gemeinschaft ist nichts, das nicht zugleich Theil und Ganzes sein könnte und sein sollte, Theil für die Zwecke eines höhern Ganzen und Ganzes in sich. Aus diesem Grunde arbeitet sie in ihrer Entwickelung darauf hin, in Zusammenfügung und Trennung den Austausch und die Uebereinstimmung beider Funktionen zu erleichtern und zu erhöhen.

So trägt nothwendig alles Ethische, in kleineren oder grösseren Kreisen sich organisch gestaltend, eine doppelte Richtung in sich, die Richtung auf das Allgemeine als Ganzes und die Richtung auf den Einzelnen als Ganzes. Wo dieser Gegensatz zusammenstösst, ist ethischer Kampf, und wo er vernünftig ausgeglichen wird, d. h. in einer solchen Art, in welcher sowol der Mensch im Ganzen als der Mensch im Einzelnen am meisten Mensch wird oder Mensch bleibt, ist ethischer Sieg und dauernder Friede. Aller Fortschritt hat sein Mass an dem werdenden Menschlichen, sei es in der weitern Verbreitung über die Masse, sei es in der Steigerung seiner Kraft. Aber dieses Menschliche ist keine mechanisirte Cultur, weder im Ganzen noch im Einzelnen, sondern es ruht auf fester Gesinnung, beweglicher Erkenntniss und eigenthümlicher Darstellung (§. 37).

In diesem Zusammenhang bilden sich an der sittlichen Thätigkeit des Menschen zwei entgegengesetzte Seiten, die eine der ethischen Gemeinschaft zugekehrt, auf das Allgemeine gerichtet, die andere die individuelle Sittlichkeit, inwiefern der Mensch ein sittliches Ganzes in sich ist, die Vollendung des eigenen Lebens nach Massgabe des Eigenen.

Wir nennen den Menschen P e r s o n, inwiefern er die Bestimmung zur individuellen Sittlichkeit in sich trägt und darin selbst Zweck wird.

§. 41. Nachdem die Verwirklichung des idealen Menschen im grossen Menschen der Gemeinschaft und im individuellen des Einzelnen als das ethische Princip bestimmt worden, so ist es von Werth, von hier aus zur Vergleichung und Begrenzung auf die früher betrachteten und als einseitig erkannten Principe (§. 22—33) zurückzublicken. Als einseitig tragen sie Eine Seite des Richtigen in sich und sind mit diesem Theil des Wahren, der ihnen eigen ist, in das umfassende Princip einzuordnen. Zu diesem Behuf geht die Betrachtung am besten von den höhern zu den niedern Principien rückwärts. Der Zweck der Sache (Clarke) wird in der organischen Weltansicht dem innern Zweck des Menschen nicht widersprechen können, vielmehr demselben, wenn dieser der höhere ist, dienen. Das Sittliche, nur in den harmonischen Verhältnissen aufgefasst (Herbart), ergiebt sich als Folge innerer Zwecke; denn die erscheinende Idee wird das Schöne (§. 37). Das formal Allgemeine, welches nur in äusserlicher Beziehung zum Besondern steht (Kant), hat sich in dem Allgemeinen des eigenthümlich Menschlichen ergänzt. Das Mitgefühl (Adam Smith), in welchem der Mensch das Fremde zum Eigenen macht und in der Meinung Anderer als ein Mitgefühl für sich begehrt, gehört als ein mächtiger Impuls in der Objektivirung des Menschen der subjektiven Seite des Princips an. Das Ganze, im *salut public* tyrannisch, erhält sich im höhern Sinne seines Wesens, indem es die Glieder an und für sich als sittliche Ganze anerkennt. Die Selbstvervollkommnung (Chr. Wolf), die Selbsterhaltung (Spinoza) ist im sittlichen Sinne Selbstvervollkommnung und Selbsterhaltung des Gliedes im sittlichen Ganzen und wird von dieser Seite beschränkt und mit grösserem Inhalt erfüllt. Das Interesse der Selbstliebe und des wohlverstandenen Nutzens (Helvetius), an sich unbestimmt und ins Gemeine sinkend, erhält das sichere und höhere sittliche Mass. Selbst die Lust (Hedonismus), die schon darum nie ethisches Princip sein kann, weil sie nur in die Eine Richtung des Sittlichen, in das Individuelle fällt, hat in der sittlichen Eudaimonie (Aristoteles) ihre zwar untergeordnete, aber berechtigte Stelle.

Zwei Bemerkungen mögen zur Begründung des Angedeuteten dienen.

Kant würde dagegen Einsage thun, das formal Allgemeine durch das Allgemeine des eigenthümlich Menschlichen zu ersetzen. Denn er verlangt ausdrücklich[1], dass man es sich nicht in den Sinn kommen lasse, die Realität des sittlichen Princips aus der besondern Eigenschaft der menschlichen Natur ableiten zu wollen. Pflicht solle praktisch unbedingte Nothwendigkeit der Handlung sein; sie müsse daher *a priori* stammen; Alles, was empirisch sei, sei als Zuthat zum Princip der Sittlichkeit der Lauterkeit der Sitten nachtheilig, an welcher der eigentliche und über allen Preis erhabene Werth eines schlechterdings guten Willens eben darin bestehe, dass das Princip der Handlung von allen Einflüssen zufälliger Gründe, die nur Erfahrung an die Hand geben könne, frei sei. Die Empirie der besondern menschlichen Natur gefährde jene Erhabenheit des Gebotes, nach welcher es gelte, wenn auch aller unser Hang, Neigung und Natureinrichtung dawider wäre. Kant, der die Formel eines unbedingten Gesetzes sucht, verschmäht eben darum die Fülle der nur durch Erfahrung erkannten menschlichen Natur. Indem er über den Menschen hinausgriff und mit seinem Imperativ nicht bloss den Menschen, sondern die vernünftigen Wesen überhaupt treffen wollte, eine das Ziel überfliegende Aufgabe, verfehlte er das menschlich Eigenthümliche. Sein Allgemeines ist eine wesentliche und nothwendige Seite. Aber es ist in einem Princip wohl gewahrt, in welchem nicht die empirische, zufällige Natur dieses oder jenes Menschen, sondern die der menschlichen Natur inwohnende Idee an die Spitze tritt, und in welchem mit dem Denken, welches das Empfinden und Begehren durchdringen soll, eben das Allgemeine zur Herrschaft gelangt. Der reine Wille, Kants heller Leitstern, wird da nicht verdunkelt, wo der Beweggrund des Begehrens aus dem Selbstischen in die Idee, welche das Unbedingte in der Entwickelung ist, verlegt wird.

1) Metaphysik der Sitten in der Ausg. von Rosenkranz VIII. S. 52 ff.

Die zweite Bemerkung betrifft die Lust, welche weder in das Princip aufgenommen werden kann, ohne den reinen Willen zu trüben, noch ausgestossen werden darf, weil dies der menschlichen Natur widerspräche. Die richtige psychologische Erkenntniss löst die Schwierigkeit. Die inneren Zwecke bestimmen an und für sich die menschlichen Thätigkeiten, aber ihnen folgt, wenn sie erreicht werden, die menschliche Lust. Die inneren Zwecke sind das Erste und die Lust nur das Nachfolgende. Nur die inneren Zwecke, in welchen die Idee des Menschlichen, der Grund unsers Daseins, zu uns spricht, dürfen den Beweggrund und den Inhalt des reinen Willens ausmachen. Aber wenn die Thätigkeit, welche sie vollzieht, gelingt, springt die Lust hervor, und nur dann in voller Reinheit, wenn nicht die Lust, sondern das Wesen gesucht wurde. Sie ist nicht der Zweck, aber erscheint nothwendig, wenn die Person mit der Aufgabe der Idee eins geworden ist, als das Zeichen des Eigenlebens, das sich im Guten gemehrt fühlt. Die Unterordnung der Kräfte unter den letzten Zweck unsers Wesens hört dadurch auf innerer Zwang zu sein und wird fröhliche Freiheit. So lange die unbedingte Pflicht zwar anerkannt und gethan, aber ungern gethan wird, bleibt in der Gesinnung ein starrer Rest, der in dem Guten nicht aufgeht. Dem System menschlicher Zwecke entspricht eine Harmonie eigenthümlich menschlicher Lust, wenn jene Zwecke um ihrer selbst willen in sittlicher Reinheit erstrebt sind. Aristoteles[1] thut den richtigen Blick in den Zusammenhang. Der Mensch, wie er sein soll, schauet um zu schauen, denkt um zu denken, handelt gerecht, tapfer, um gerecht und tapfer zu handeln. Der innere Zweck der Sache, und nichts Anderes, ist sein Beweggrund. Aber indem es ihm gelingt zu schauen, zu denken, gerecht und tapfer zu handeln: springt zu dieser Vollendung der Sache wie eine hinzukommende Vollendung die Lust hervor. Ohne eine Thätigkeit giebt es keine Lust und die Lust vollendet die Thätigkeit, aber nicht als das inwohnende

1) Aristoteles *ethic. Nicomach.* X. 1—5.

Princip, sondern als ein hinzutretender Höhenpunkt. Das Gegentheil der Lust, Unlust an der Thätigkeit, verdirbt ihr Wesen, während die eigenthümliche Lust sie fördert und schärft. Hiernach schliesst die Gesinnung so wenig die Lust aus, dass es ein Zeichen der Gesinnung wird, ein Zeichen der ohne Rückstand in das Gute hineingelegten Seele, über das Gute Lust zu empfinden. In dieser Oekonomie der Natur widerspricht die Lust nicht dem reinen Willen, sondern sie bezeugt ihn.

§. 42. Das Böse ist Selbstsucht des Theils, welche im Widerspruch mit der Idee im Naturgrunde beharrt (§. 37) oder in den Naturgrund zurückweicht. Das Sollicitirende darin ist die Lust des Theils, der sich will und sich erweitert, als wäre er das Ganze, und das Leben des Ganzen in sich ableitet oder an sich reisst. Das Böse ist der Widerpart des Guten, an dem das Gute sich selbst findet und ewig spannt.

Wie das menschlich Eigenthümliche, was der Mensch als solcher sein soll, den Begriff des Guten bestimmt, so ist auch das Böse, der Widerspruch mit der Idee, ein dem Menschen Eigenthümliches, aber als das, was nicht sein soll. Z. B. die Leidenschaft, eine Selbstsucht des erregten Theils, ist dem Menschen eigenthümlich, inwiefern sie durch die Mitwirkung des Denkens, aber in der Umkehr der innern Bestimmung desselben, entspringt. Unwahr, inwiefern sie das richtige Mass der Vorstellung verliert und sich von falschen Vorstellungen nährt, setzt sie den Menschen, um ihre Lust zu büssen, aus dem Besitz seiner selbst und wird dann seine Schwäche *(impotentia)*. Eigenwillig in der Gesinnung, unwahr in den Vorstellungen, ist sie in der Erscheinung hässlich, das gerade Gegentheil der Erhebung aus dem Selbstischen ins Gute (§. 37).

Anm. Was im Sinne des Bösen dem Menschen eigenthümlich und ihm allein zukommt, bezeichnet Plinius (h. n. VII, 5) mit den Worten: *Uni animantium luctus est datus, uni luxuria et quidem innumerabilibus modis ac per singula membra, uni ambitio, uni avaritia, uni immensa vivendi cupido, uni superstitio* u. s. w.

§. 43. In der dem Guten sich hingebenden oder widerstrebenden Gesinnung wird Freiheit des Willens vorausgesetzt. Der formale Begriff der Freiheit, auch anders handeln zu können, wird in der Lehre der Indeterministen (Indifferentisten) für jeden Augenblick des Wollens in Anspruch genommen und allein geltend gemacht. Von ihnen wird die Freiheit auf dieselbe Weise wie der Zufall und Ungrund als das, was auch anders sein kann, erklärt. Es liegt vielmehr im Wesen des Menschen, dass seine Freiheit durch Gründe des Gedankens determinirt sein will; und es offenbart sich darin seine Selbstthätigkeit. Daher ist es keine Unfreiheit, sondern die Erfüllung des menschlichen Wesens, wenn der denkende Mensch durch die Idee, d. h. durch den bestimmenden göttlichen Gedanken im Grunde der Dinge, bestimmt wird. Derjenige Determinismus hingegen, welcher die Causalität durch die Acte des menschlichen Willens dergestalt durchführt, dass er die eigene Handlung in die Wirkung fremder Ursachen und daher auch das Böse in Naturnothwendigkeit verwandelt, widerspricht der Ethik, welche, um möglich zu sein, den Satz voraussetzt: „Du kannst Mensch sein, weil du Mensch sein sollst." Soweit ein solcher Determinismus als gedankenleerer Mechanismus auftritt, hat er in der organischen Weltansicht keine Stelle. Durch das dem Denken zugängliche Allgemeine wird dem Willen ein Spielraum gegen das Besondere gegeben, welches dem Allgemeinen gegenüber immer in mehrfacher Gestalt erscheint, und insoweit wird Freiheit der Wahl möglich gemacht. Der Sieg über den Zwang des Eigenlebens und seine Lust ist die Gewähr der sittlichen Freiheit, die sich dergestalt im Guten befestigt, dass sie — gegen den Begriff der formalen Freiheit — nicht anders handeln kann[1]. Mit der Nothwendigkeit geeinigt, ist sie, ihren innern Zweck erreichend, die ethische Freiheit im realen Sinne. Ihr Gegentheil ist die Willkür, die unwahre Freiheit, welche scheinbar ungebunden ist, indem sie die unendliche Möglichkeit, anders

1) Augustinus, *enchir. ad Laurent.* c. 105. *Multo quippe liberius erit arbitrium, quod omnino non poterit servire.*

zu können, als sie soll, vor sich hat und in Anspruch nimmt, in Wahrheit aber durch die Gewalt des engen Eigenlebens gezwungen wird. Daher ist alles Böse seiner Natur nach herrisch und niederträchtig, despotisch und sklavisch in Einem Zuge, das Eine durch die triumphirende Uebermacht des Theils über das Ganze, das Andere, indem nun das Edlere im Menschen, alles Sinnen und alles Denken, dem Unedlen, dem usurpirenden Theile die Füsse küsst. In den einzelnen Lastern erscheint dies Herrische und Sklavische in eigenthümlicher Verschlingung und nach verschiedenen Seiten. Es ist Aufgabe der Ethik, dies ins Licht zu setzen, damit die innere Hässlichkeit des Bösen desto offenbarer werde.

Anm. Die Lehre von der intelligibeln Freiheit (Plato, Kant, Schelling) löst den Conflict der Freiheit und Nothwendigkeit nicht, da die ewige (intelligibele) That, welche durch das zeitliche Leben bestimmend durchgehen soll, in sich selbst grundlos wird und in ihr die Freiheit des zeitlichen Lebens, auf welche es der Ethik ankommt, verschwindet. Vgl. „Nothwendigkeit und Freiheit in der griechischen Philosophie“ in des Vfs. historischen Beiträgen zur Philosophie II. 1855. S. 112 ff.

§. 44. Die Wissenschaft der Ethik entwirft gewöhnlich ihre idealen Gestalten nach drei Richtungen, welche sich auf folgende Weise auffassen lassen. Wenn die Ethik darauf ausgeht, die sittliche Idee — die Idee des menschlichen Wesens — in ihrer Ganzheit und ihrer Gliederung zu verwirklichen und ihrer Verwirklichung Bestand zu geben, wenn sie den idealen Menschen dergestalt universell objektivirt, dass darin der Einzelne seine Idee individuell erreicht: so befassen wir diesen Gedanken der verwirklichten Idee als eines sittlichen Organismus unter dem Namen des höchsten Gutes, und die Veranstaltungen, welche ihr als Organe untergeordnet sind, nennen wir ethische Güter. Eine so umfassende sittliche Gemeinschaft, wie der Staat ist, erfüllt den Gedanken eines solchen höchsten Gutes annähernd. Die Verwirklichung kann nur durch Thätigkeiten geschehen, welche die Einzelnen im Sinne der sittlichen Idee üben, und solche Thätigkeiten, allgemein bestimmt, heissen Tugenden. Inwiefern die sittliche Idee bereits verwirklicht worden und fort und fort verwirklicht wird und nun der Organismus mit seinen allgemeinen und die Gliederungen mit ihren besonderen Zwecken, um sich zu erhalten, die Thätigkeiten der Einzelnen bestimmen und binden: so erzeugen die gegebenen sittlichen Verhältnisse mit diesen Forderungen an die Einzelnen Pflichten. Neben und in dem Bereich der gebietenden Pflicht bleibt für die Tugend der individuellen Sittlichkeit der Spielraum des Erlaubten. In dem höchsten Gut, dem gegliederten Ganzen des sittlichen Organismus, in den Tugenden, den Thätigkeiten im Sinne der sittlichen Idee, und in den Pflichten, den Forderungen mit bestimmtem Inhalt für das Sittliche, das bereits verwirklicht ist oder sich eben verwirklicht, stellt sich eine und dieselbe sittliche Idee nach verschiedenen Seiten dar.

Die Tugenden erscheinen theils als frei hervorbringende Thätigkeiten, wenn sie aus sich die sittliche Idee ursprünglich verwirklichen (vor den Pflichten), theils als gebunden durch die gegebenen Verhältnisse (in den Pflichten). Ihre Grundformen lassen sich zwar im Allgemeinen so darstellen, dass die organischen Kategorien durch das eigenthümliche Wesen des Sittlichen (die specifische Differenz) in ethische erhoben werden[1], aber genetisch nur in den psychologischen Bedingungen ihrer Entstehung.

In denjenigen Auffassungen der Ethik, welche ein formales Princip, sei es wie Kant die Form des Allgemeinen, sei es wie Herbart die Form der Harmonie in den Verhältnissen des Willens, zum Grunde legen, wird gegen die Tugend- und Pflichtenlehre, in welchen der reine Wille, durch das Princip bestimmt, zu Tage tritt, die Güterlehre zurückgedrängt. Man fürchtet, dass der reine Wille an den Gütern als empirisch gegebenen Gegenständen sich entäussere und die Lauterkeit seiner Beweggründe trübe. Diese Furcht ist nichtig, wenn anders die Güter ethische Güter sind, von innern Zwecken der Idee bestimmt, also nicht von dem, was zufällig ist, sondern von dem,

1) Logische Untersuchungen. 1840. II. S. 87 f.

was sein soll, vom sittlichen Willen hervorgebracht und vom sittlichen Willen zu erhalten. Ohne Betrachtung der ethischen Güter, z. B. der Familie, der Kirche, des Staates, wird die Ethik leer; und in dem Masse, als sie das Wirkliche will, muss sie die ethischen Güter begreifen, die objektiven Gestalten, an welchen der Wille reift und aus dem Selbstischen ins Grosse und Ganze sich erhebt.

Wenn man in der Pflicht nur das den Willen Verbindende anschauet, sei es nun, dass der Ursprung der Verbindlichkeit im Gesetz oder im Gewissen erscheine, so kann in diesem weitern Sinne jede Tugend als Pflicht dargestellt werden; und man kann z. B. von der Pflicht der Tapferkeit, von der Pflicht der Gerechtigkeit sprechen, indem man sie als ein Gefordertes auffasst. So stellte Kant die Pflicht, welche der lautere Wille um des Gesetzes willen will, an die Spitze der Ethik, während Plato und Aristoteles in der Ethik die um des Guten willen thätigen Tugenden ausführten. Wenn Kant mitten in nüchterner Kritik die Pflicht apostrophirt: „Pflicht! du erhabener grosser Name, der du nichts Beliebtes, was Einschmeichelung bei sich führt, in dir fassest": so redet Aristoteles in einem Paean die Tugend an: „Tugend, mühevoll dem sterblichen Geschlecht, dem Leben die edelste Jagd." Im Grunde meinen beide dasselbe und sie schauen es nur von anderer Seite an. In diesem allgemeinen Sinne haben Pflicht und Tugend ungefähr denselben Bereich, obwol der Gesichtspunkt verschieden ist. Liebespflichten haben keinen andern Inhalt als die Liebe, nur dass man in den Liebespflichten als gefordert anschauet, was man in der Liebe frei gewährt. In der Pflicht herrscht die unbedingte Forderung des Guten, in der Tugend die freie vom Guten getriebene Kraft.

In engerer Bedeutung entstehen Pflichten mit der Mannigfaltigkeit der ethischen Güter. Gegebene sittliche Verhältnisse, welche ethische Güter oder Seiten ethischer Güter sind, fordern mit der ihnen inwohnenden Nothwendigkeit Thätigkeiten, um sich zu erhalten oder sich zu fördern. In diesem Sinne sprechen wir von Pflichten gegen die Eltern, gegen das Vaterland. Es ist die Erhaltung und Erweiterung gegebener sittlicher Verhältnisse, gegebener sittlicher Güter, das Thema aller Pflichten, und selbst wenn die Ethik von Pflichten gegen uns selbst spricht, so ist ihr ganzer Inhalt, z. B. in der Pflicht der Vervollkommnung, nichts Anderes, als die concrete Selbsterhaltung, aber dem blinden Triebe enthoben und ethisch gefasst. Wo wir für dieses Streben den Ausdruck Pflicht gegen uns selbst gebrauchen, stellen wir uns uns selbst entgegen, und inwiefern wir uns als Person einen Werth an sich beilegen, schiebt sich uns die verwandte Anschauung eines ethischen Gutes unter. Die Pflichten sind hiernach durch die inneren Zwecke gegebener sittlicher Verhältnisse bedingt, und die zur Erhaltung oder Förderung eines ethischen Gutes geforderte Thätigkeit, die Thätigkeit im Sinne eines ethischen Gutes erscheint als Pflicht im engeren Sinne. Die Richtung auf das Besondere, dem wir zu dienen haben, nimmt der Sprachgebrauch immer in die Vorstellung der Pflicht auf. Wo die sittliche Nothwendigkeit zur Freiheit wird, wo die Achtung vor der Pflicht zur Liebe, da wird die Pflicht Tugend, Familienpflicht zur Familientugend, die Pflicht der Unterthanen zur nationalen Tugend; denn in der Tugend spricht der Mensch sein eigenes freudiges: „ich will," wo in der Pflicht noch das fremde, kalte: „du sollst" zu ihm redet.

Hiernach setzt das ethische Gut die menschliche Thätigkeit im Sinne der Idee voraus, die schaffende, beseelende Tugend; und mit seinen inneren Zwecken fordert es, um sich zu erhalten und zu entwickeln, in den Pflichten besondere Thätigkeiten.

§. 45. Es fragt sich nun, wie sich in diese Grundgestalten der Ethik das Recht einreihe. Um den sichern Begriff nicht zu verfehlen, unterscheiden wir zunächst zwei Bedeutungen des Wortes, indem wir andere auf sich beruhen lassen, z. B. wenn das Recht den allgemeinen Sinn der Gerechtigkeit annimmt, wie in dem Ausdruck: das Recht kränken, oder den Sinn des Gerichtes, wie in dem Ausdruck: den Weg Rechtens betreten, obwol auch in diese Bezeichnungen allgemeine Vorstellungen hineinspielen. Das Recht bedeutet zuerst objektiv die Bestimmungen der Gesetze, vornehmlich in ihrer Einheit gedacht, wie z. B. in den Ausdrücken römisches, lübsches Recht. Wenn hingegen einer Person ein Recht beigelegt wird als ein ihr durch das Gesetz zustehendes Vermögen, wie z. B. in den Ausdrücken das Recht des Bürgers, die Rechte des Gesandten u. s. w.: so hat es eine subjektive Bedeutung, inwiefern die Person Träger sittlicher Verhältnisse ist. Aus dem Recht in der ersten Bedeutung fliessen diese Rechte als einzelne Folgen. Wird daher nach der Idee des Rechts gefragt, nach dem Gedanken, aus welchem überhaupt die Bestimmungen der Gesetze entspringen sollen: so ist zunächst das Recht in dem ersten Sinne gemeint, und es muss sich ergeben, wie daraus das Recht in der zweiten Bedeutung herstammt.

Aus demselben Geiste, aus welchem die Pflichten entstehen, die gegebenen sittlichen Verhältnisse, die ethischen Güter erhaltend und mehrend, entsteht das Recht, die äusseren Bedingungen für die Verwirklichung des Sittlichen mit der Macht des Ganzen wahrend. Indem das Recht bald verbietet, um die der Erhaltung oder Verwirklichung des Sittlichen widersprechenden Thätigkeiten auszuschliessen, bald gebietet, um die nothwendigen Leistungen zu bestimmen, so hat das schützende, erhaltende Recht den umfassenden Zweck des sittlichen Ganzen und die darin gegründeten inneren Zwecke der Gliederung zu seinem Gegenstand und seinem Mass. Wie in dem sich entwickelnden Leben eines Organismus die Erhaltung nicht ohne Erneuerung und Erweiterung geschieht, so ist in dem erhaltenden Recht die Möglichkeit der Weiterbildung im Sinne der inneren Zwecke eingeschlossen. Das Gesetz strebt die eigene Absicht der sittlichen Verhältnisse zu begreifen und ordnet die äusseren Bedingungen, unter welchen sie gedeihen sollen, Pflichten und Rechte des Menschen bestimmend. Das Recht, durch beide hindurchgehend, wahrt den inneren Zweck. Die ordnende Gerechtigkeit kann schöpferisch erscheinen; genau genommen geht sie nur dem schöpferischen Leben nach, um darin die äusseren Bedingungen des Sittlichen zu hüten.

In der Entstehung der sittlichen Verhältnisse lassen sich zwei Richtungen unterscheiden. Bald liegt die hervorbringende Kraft auf der Seite des Einzelnen, der eine Verstärkung sucht, wie z. B. im Eigenthum, oder mehrerer Einzelner, wie z. B. im Vertrag, bald liegt sie im Ganzen als solchem, im Centrum, welches seine Macht mehrt, wie z. B. in den Gewalten des Staates. An und für sich zeigen sich darin Strebungen der Selbsterhaltung, aber sie werden sittlich, indem sie an der sittlichen Idee eine Function übernehmen (§. 36), und das Recht ist bedacht, diese Function zu wahren. Z. B. wenn das Eigenthum ein Werkzeug des Willens ist, gleichsam eine Fortsetzung der Organe unseres Leibes, so wahrt das Recht in diesem Sinne den unbedingten Willen des Eigenthümers in dem Werkzeug, so weit nicht andere anerkannte Zwecke Einsage thun.

Das Recht setzt zwingend seinen Willen durch. Da die Glieder als Glieder und die Menschen als sittlich Handelnde ihren Bestand nur im Ganzen haben, so stammt der Zwang des Rechts aus der sittlichen Macht des Ganzen gegen die Glieder und hat sein Mass in dem Zweck des Sittlichen. Wie schon das mechanische Ganze einen Zwang über seine Theile übt, so kann das ethische desselben nicht entbehren; aber dort ist er rein äusserlich, hier ethisch bedingt. Der Zwang wird nur so weit die Freiheit beschränken, als es die inneren Zwecke fordern; er hat eine Mässigung und Zurückhaltung in sich, welche der mechanische Druck nicht kennt.

Die Rechte in der subjektiven Bedeutung, die Befugnisse der Personen, sofern sie Träger sittlicher Verhältnisse sind, gründen sich auf denselben inneren Zwecken des Sittlichen, aus welchen die Pflichten entspringen. Rechte und Pflichten gehen aus der Idee zumal hervor. Rechte begleiten die Pflicht, wenn ohne die Rechte die Erfüllung der Pflicht nicht möglich ist. Dieser Zusammenhang tritt da am anschaulichsten hervor, wo die Gliederung des Ganzen und nicht umgekehrt die Verstärkung des Einzelnen das zunächst Bestimmende ist. Denn wenn noch im Eigenthum, in dessen Bildung der Einzelne thätig ist, das

Recht des Eigenthümers fast wie von Pflicht entbunden zu sein scheint, weil es zunächst ein Verhältniss zur Sache und nicht zur Person ist: so sicht man schon im Vertrag die Rechte durch gleiche Pflichten bedingt; und in der Gliederung des Staates sind die Personen, z. B. der Bürger, der Richter, der Gesandte, um der Pflichten willen und für die Pflichten mit eigenthümlichen Rechten ausgestattet. In den höchsten Sphären, z. B. im Regenten, werden dergestalt Rechte und Pflichten eins, dass das Recht auszuüben Pflicht wird. Die einzelnen Organe des Staates würden, wenn sie ihr Recht aufgäben, nicht ihr Recht, sondern das Recht des Staates fahren lassen.

Indessen darf man zweierlei nicht übersehen. Zuerst wäre es eine falsche Anschauung, wollte man im Privatrecht des Eigenthums die Rechte vor die Pflichten stellen, weil in diesem Kreise das Recht der freien Verfügung nach grösstem Belieben schaltet und waltet. Das Recht des Eigenthums geht auch da aus Pflichten hervor, aus der Pflicht des *iustus titulus*, aus der Pflicht des rechtmässigen Erwerbes, aus der Pflicht der Leistung in Betreff der auf dem Eigenthum liegenden Lasten, bei Erbschaften aus der Pflicht der Acceptation zur rechten Zeit und unter den gehörigen Formen, aus der Erfüllung der mit der Erbschaft verknüpften Verbindlichkeiten u. s. w. Sodann bemerkt man leicht, dass auch in den höchsten Verhältnissen des Staatsrechts Rechte insofern über die Pflichten überschiessen, als der Berechtigte sie ausüben oder ruhen lassen kann, wie z. B. das Begnadigungsrecht des Regenten dieser Art ist. In diesem Ueberschuss des rechtlichen Vermögens liegt durchweg derselbe ethische Sinn, der Spielraum für das Individuelle; denn erst im Eigenthümlichen, in welchem die Umstände und das Unvorgesehene ihr Recht empfangen, vollendet sich das Handeln. In der Freiheit der Eigenthumsrechte giebt sich der Zweck der individuellen Sittlichkeit kund, in welcher der Mensch sich selbst als ein sittliches Ganzes in sich darstellt und vollendet.

Man kann nicht durchweg sagen, dass die Rechte aus der Pflichten entspringen, sondern Rechte und Pflichten gehen aus der Idee des innern Zweckes gemeinsam hervor. Wie hätte sonst z. B. der Unmündige Rechte, ohne Pflichten erfüllen zu können? Aus jeder Pflicht fliesst Ein Recht, das Recht die Pflicht erfüllen zu dürfen, mit derselben logischen Kraft, wie aus dem Nothwendigen das Mögliche folgt.

Wo das Recht Pflichten fordert und erzwingt, z. B. Abgaben, erzwingt es immer nur äussere Leistungen, nur äussere Bedingungen; aber es muss selbst mehr wünschen als eine äussere Leistung, wie z. B. der erzwingbaren Kriegspflicht eine fechtende Maschine nicht genügt. Die Pflichten, um deren willen die Rechte ertheilt und mit zwingender Kraft ausgerüstet werden, vollenden sich nur im freien Sittlichen, im sittlich Eigenthümlichen. Wenn die Rechtspflicht erzwingbar ist, indem ein Anderer oder das Ganze sie als sein Recht fordert: so geht die Gewissenspflicht, obwol unerzwingbar, insofern ihr parallel, als dabei eine stille Forderung aus dem innern Sinne der gegebenen sittlichen Verhältnisse vorausgesetzt wird.

Das Recht bestimmt die Rechte und Pflichten und hat darin die inneren Zwecke der Gliederung zum Mass. Wenn aus ihrer Abstufung folgt, dass die Leistungen, je nach der Bedeutung der Zwecke und dem Grade der Vollendung, einen verschiedenen Werth in sich haben, so ergiebt sich nothwendig eine Ungleichheit der Rechte; aber durch die Ungleichheit geht Eine Gleichheit durch, die Gleichheit der Proportion zwischen Pflichten und Rechten, zwischen Leistungen und Gegenleistungen nach innerem Masse.

Es ist wichtig zu erkennen, was das Recht nicht bestimmen könne und nicht bestimmen dürfe. Indem es der Gemeinschaft zugewandt ist, enthält es sich im Allgemeinen alles dessen, was der individuellen Sittlichkeit angehört (§. 37), sei es für Einzelne allein, z. B. solcher Bestimmungen, welche die Verwendung des Eigenthums normiren, oder für Mehrere zugleich, z. B. solcher Bestimmungen, welche in die Freundschaft, in die Wahl bei Concurrenz von Arbeitern eingreifen möchten. Aber es ist schwer, diesen allgemeinen Begriff scharf zu beschränken; allenthalben fliessen die Grenzen über; allenthalben erblickt sich, wenn Ganzes und Glieder innig verwachsen, das Individuum im Ganzen und das Ganze im Individuum. Z. B. ist die Freigebigkeit eine Tugend der individuellen Sittlichkeit, durch die Gesinnung und die Mittel des Freigebigen bedingt; aber die Verschwendung fällt schon unter das Recht, das, die inneren Zwecke der Familie wahrend, den Credit des Verschwenders beschränkt und ihm etwa einen Tutor sucht. Es gehört der Weisheit des Gesetzes an, das Individuelle zu scheuen und zu schonen; denn die Vollendung des Eigenthümlichen, welche nur in freier Lust und fröhlicher Freiheit geschehen kann, ist nicht bloss die Schönheit, sondern auch die Stärke der sittlichen Gemeinschaft. Ein solches Individuelles, zunächst im Einzelnen ersichtlich, wiederholt sich in der Familie, in der Corporation, in dem Beamten und hat allenthalben den Werth einer sittlichen Befriedigung in sich. Daher ziehe das Recht scharfe Grenzlinien, welche einzuhalten sind, und gebe das Gebiet, das innerhalb derselben fällt, der individuellen Sittlichkeit zu freiem Spielraum. Auf diese Weise wird sich in den Familien, in den Körperschaften ein inneres und eigenes Recht bilden, von dem grossen gemeinsamen eingehegt, aber innerhalb dieser Schranken aus dem Eigenen hervorwachsend.

Da die ethische Gemeinschaft allenthalben theils Individuen als Ganze in sich, theils Ganze aus der Verbindung von Individuen darstellt, so hat das Recht den Trieb, insbesondere den Formen der Einigung und Trennung nachzugehen, wie es z. B. in den Verträgen, in der Schliessung und Lösung der Ehe, in der mannigfaltigen Weise der Betheiligung an Gesellschaften, in der Aufnahme in eine Gemeinde und in der Entlassung thut; und indem das Recht diese Functionen der Einheit und Zerlegung erleichtert oder sichert, wirkt es ebenso für die Macht des Ganzen, als für die Freiheit der Einzelnen zu ethischer Befriedigung und zur Erfüllung des Lebens mit menschlichem Inhalt. Allenthalben liegt, wo Menschen sich einigen oder scheiden sollen, der Streit nahe; er schläft nur und ist leicht geweckt. Denn Jeder will die für sich vortheilhafteste Einigung und Scheidung. Daher bedarf es für die Acte der Verbindung und Trennung scharfer Bestimmungen; Grenzen im Raum, Fristen in der Zeit, das Mass im Tauschmittel gewinnen dadurch im Recht vorwiegende Bedeutung, und die Strenge eines mathematischen Elements prägt sich nothwendig in seinem Charakter aus. Es bedarf namentlich scharfer Bestimmungen, von welchem Zeitpunkt her das Band des Rechts *(vinculum iuris)* sich knüpfe oder löse, z. B. bei einem Vertrag, beim Eintritt in eine Gesellschaft, in ein Amt und wiederum beim Austritt. Wo die Grenzlinien unbestimmt bleiben, wird das Recht, statt Streit zu verhüten, Streit erzeugen. Aber die Bestimmungen sind nicht willkürlich, sondern gehen aus dem innern Zweck hervor und werden durch diesen Ursprung nothwendig. Je mehr sie aus ihm entnommen werden oder mit ihm in Zusammenhang treten, desto mehr verwandelt sich im Recht das Belieben in Nothwendiges, Satzung in Gesetz.

Indem das Recht die inneren Zwecke des Sittlichen wahrt, dem Eingriff wehrt und allenthalben Grenzen zieht, hat es in diesem erhaltenden Charakter vorwiegend eine negative, repulsive Thätigkeit; aber wie alle Verneinung in der Kraft einer Bejahung wurzeln muss, so liegt hinter ihr als positiver Ursprung die volle Energie des Sittlichen.

§. 46. Nach dieser Erörterung ist das Recht im sittlichen Ganzen der Inbegriff derjenigen allgemeinen Bestimmungen des Handelns, durch welche es geschieht, dass das sittliche Ganze und seine Gliederung sich erhalten und weiter bilden kann. Die äussere Allgemeinheit der geltenden Rechtsbestimmungen folgt aus der inneren Allgemeinheit der sittlichen Zwecke, für deren Bestand das Recht da ist. Alles Recht, sofern es Recht und nicht Unrecht ist, fliesst aus dem Trieb, ein sittliches Dasein zu erhalten. In der Ethik einer immanenten Teleologie ergiebt sich dieser Begriff des Rechts und kein anderer.

Wenn oben (§. 10 ff.) gefragt wurde, welcher Inhalt die

nackte Macht zum Recht erhebe: so ist diese Frage durch die Selbsterhaltung des Ganzen und seiner innern Zwecke beantwortet. Bei Vergleichung der früher geprüften Rechtsansichten (§. 9—14) lässt sich nunmehr das Verhältniss bezeichnen, das sie zum wahren Begriff in sich haben.

Wenn Hobbes (§. 10) das Recht als äusserliches Mittel für furchtlose Sicherheit, Spinoza (§. 11) für die durch Eintracht zu mehrende Macht ansah: so ist in dem gefundenen Begriff die Sicherheit und die gemeinsame Macht nicht das ursprüngliche Wesen, aber eine zufallende Eigenschaft; denn nichts einigt mehr und nichts sichert mehr, als die Erhaltung und Förderung der innern Zwecke, welche den Menschen zum Menschen machen. Wenn Kant (§. 13) vom Recht die Bedingungen forderte, durch welche es geschehe, dass die Freiheit des Einen mit der Freiheit des Andern nach allgemeinen Gesetzen bestehen könne: so war dieser Begriff, obzwar wichtig durch die Bestimmung des Allgemeinen, in seinem Wesen nur formal und eigentlich nur ein negatives Kennzeichen; aber er erfüllt sich durch die positive Hinweisung auf das Sittliche, für dessen Wahrung der Rechtsbegriff in den äussern Bedingungen arbeitet. Rousseau (§. 12) setzt an die Stelle der innern Zustimmung, welche nach dem vernünftigen Wesen des Menschen da erfolgen muss, wo das Recht im Nothwendigen gegründet ist, die äussere Zustimmung von addirten Willenserklärungen zu einem Vertrag über das Recht. Dieser zufällige wandelbare Ursprung läuft dem nothwendigen und unwandelbaren schnurstracks entgegen.

Will man sich noch in einem Beispiel anschaulich machen, dass im Gegensatz gegen den Vertrag die Nothwendigkeit der innern Zwecke das Recht bestimmt: so vergleiche man im Seerecht die strengen Gesetze, welche auf dem Schiffe gelten. Das fahrende Schiff ist wie ein kleiner ringsum bedrohter Staat; und wie im Staat, so entstehen auf dem Schiffe die Gesetze aus der Natur der Sache. Unabhängig von dem Vertrag mit den Rhedern gelten die Gesetze unter der Mannschaft. Für die

Selbsterhaltung des Ganzen wird der unbedingte Gehorsam gegen den Befehl des Schiffers und selbst des Schiffers gegen den Lootsen gefordert. Eine thätliche Beleidigung des Capitäns wird im ältern Seerecht wie Hochverrath mit dem Tode belegt. Für die Selbsterhaltung des Ganzen ist Desertion der Matrosen, zeitweiliges Verlassen des Schiffes, selbst Fahrlässigkeit schwer verpönt. Zur Rettung des Ganzen werden die Güter preisgegeben und über Bord geworfen, ähnlich wie in der Expropriation das Ganze dem Eigenen vorangeht. Die Pflichten und Rechte des Schiffers, wie der Matrosen, sind nach dem innern Zwecke ihres Geschäfts für das Ganze abgemessen. Die befugte Gewalt des Schiffers über die Leute und selbst über die Mitreisenden, die Rechte des Capitäns beruhen auf seinen Pflichten und sind ihm um seiner Pflichten willen beigelegt. Seine Rechte fliessen aus der Idee seines Wesens, inwiefern in ihm die das Ganze erhaltende Einsicht und der erhaltende Wille angeschauet werden, also aus derselben Idee, welche seine Pflichten bestimmt. Es erscheinen nicht erst um der Rechte willen die Pflichten, sondern um der Pflichten willen das Recht. Genau genommen sind seine Pflichten und Rechte aus derselben Idee zugleich und zumal entsprungen. Dem Rechte des Capitäns zu unbedingtem Befehl steht seine Pflicht, sich nöthigenfalls für das Ganze aufzuopfern, zur Seite. Im Schiffbruch, so weist ihn seine Pflicht an, ist er auf dem sinkenden Wrack der letzte Mann. Wenn das Seerecht der verschiedenen Nationen in den Grundzügen übereinstimmt, so hängt diese Erscheinung nicht bloss äusserlich davon ab, dass sich in dem Handel, welcher die Nationen verbindet, das Recht von selbst zu einem allgemeinen ausgleicht, sondern auch innerlich von der Einfachheit der zum Grunde liegenden identischen Verhältnisse. Wie man in dem kleinen Staate des Schiffes das Recht aus dem Ganzen, welches sich in den Theilen und die Theile in sich erhält, hervorgehen sieht, so geschieht dasselbe in dem Recht des grossen Staates und aller sich zum Ganzen abschliessenden Kreise.

§. 47. In dem Recht sind die inneren Zwecke des Sittlichen die bewegenden Kräfte; und ihr Begehren nach Selbstbehauptung und Selbsterweiterung treibt die zähe und scharfe Consequenz der Rechtsbegriffe hervor. In der Gliederung des Ganzen stehen die inneren Zwecke in harmonischer Uebereinstimmung: Aber so lange das Recht mit seinen Ansprüchen in einzelnen besondern Kreisen beharrt, in welchen der ihnen inwohnende Zweck allein regiert, und so lange diese Zwecke nur neben einander stehen und jeder für sich das Seine sucht: so lange ist ein Widerstreit unter ihnen möglich, ja unvermeidlich. Die Schlichtung eines solchen lässt sich meistens auf verschiedene Weise denken, und die positive Entscheidung hat an diesen Kreuzungspunkten zweier Rechtsideen ihre Stelle. Je weniger sie aus einseitiger Vorliebe für Einen Zweck, je mehr sie aus der Idee des umfassenden Ganzen und der aus ihr entspringenden Gliederung erfolgt, desto mehr entspricht sie dem innern Gedanken der Sache.

Es ist nützlich, zunächst sich einen solchen Zusammenstoss in einzelnen Beispielen klar zu machen. Zu dem Ende erinnere man sich aus dem römischen Recht an die Frage, wie es gehalten werden müsse, wenn fremdes Material, z. B. ein fremder Balken, in ein Haus hinein gebaut worden ist (*instit.* II, 1, 29), oder wer Eigenthümer sei, wenn Jemand aus fremdem Metall ein Gefäss gemacht hat (*instit.* II, 1, 25). Es treten darin zwei Ansprüche hervor, der eine, aus dem Eigenthumsrecht des Materials, der andere, aus der vielleicht höhern Bedeutung der Arbeit entspringend. Oder man erinnere sich an die Frage, ob der Sohn, in der *patria potestas* stehend, die Kriegsbeute, wie sonst Alles, seinem Vater erwerbe; wobei das strenge Recht der väterlichen Gewalt und der Staatszweck des Krieges, der die Tapferkeit begünstigt, in Widerstreit gerathen und der letzte, siegend, das *peculium castrense* erzeugt (*digest.* XLIX, 17, 11); oder man erinnere sich an den Fall, wenn ein Sohn, in gebundener Abhängigkeit von der väterlichen Gewalt, zu einem regierenden Amt berufen wurde (Gell. II, 2. *instit.* I, 12, 4) und nun Familienpflichten und Staatspflichten zusammenstossen konnten. Oder man erinnere sich der möglichen Ansprüche zweier Familien an das Eigenthum in der Mitgift und der daraus entstehenden Bestimmungen (vgl. unt. §. 135); oder der Frage, wie weit die Klage gegen den Dritten gestattet sein soll, wenn er in gutem Glauben Besitzer fremden Eigenthums geworden, wobei der Zweck des strengen Eigenthums und der Zweck des sichern Verkehrs in Handel und Wandel feindlich zusammentreffen (vgl. unt. §. 95). Oder man erinnere sich endlich an den im neuern Verkehr sich mehrenden Fall der Expropriation, in welchem das ausschliessende Recht des Eigenthümers auf die Sache und ein wesentlicher Zweck des Ganzen, z. B. des Staates bei Eisenbahnen, einander widerstreben. Was in diesen einfachen Beispielen des Privatrechts zu Tage tritt, wird, je höher die Sphären des Rechts steigen, desto schwieriger und verwickelter, z. B. in Beziehungen des Staatsrechts, wenn etwa Zwecke der Kirche und des Staates zusammenstossen und Concordate hervorbringen. Es kommt darauf an, sich in die Motive solcher Zwecke hineinzudenken und im Sinne des Ganzen die Lösung zu verstehen. Die streitenden Zwecke sind wie Parteien und nicht selten von Parteien vertreten, und im Zusammentreffen spannen und schärfen sich die Rechtsbegriffe. Der eigenthümliche Geist der positiven Gesetzgebungen offenbart sich an solchen Kreuzungspunkten in der Entscheidung oder Ausgleichung. Im Inbegriff des Rechts muss sich die Uebereinstimmung des Ganzen mit sich selbst wiederspiegeln; aber das Recht beginnt nicht mit dem System, sondern dringt erst spät dazu durch.

Je weiter der Gegenstand des Rechts von ursprünglichen sittlichen Zwecken entfernt liegt, und je mehr er deshalb, an diesen gemessen, als zufällig erscheint: desto zweifelhafter wird die Rechtsbestimmung, desto mehr Controversen erheben sich, indem man von verschiedenen Seiten versucht, das Entfernte und Entfremdete mit sittlichen Zwecken in Verbindung zu setzen. Dies zeigt sich z. B. in Bestimmungen des Erbrechts, wenn es über die nächsten Beziehungen der Familie hinaus in entfernte Verwandtschaftsgrade verläuft; in den Bestimmungen über Erwerbung durch Alluvionen, wenn nach römischem Recht (*instit.* II, 1, 20. *dig.* XLI, 1, 7) Anschwemmungen dem anliegenden Grundstück und dessen Eigenthümer, aber nach einigen deutschen Partikularrechten dem Fiscus zuwachsen; in den Bestimmungen über das Eigenthumsrecht an einem auf eigenem Grund und Boden gefundenen Schatz, wenn es nach römischem Recht (*instit.* II, 1, 39) dem Finder, aber nach dem Sachsenspiegel (I, 35) der königlichen Gewalt zusteht. Erst in solchen dem sittlichen Leben entfremdeten Verhältnissen hat die äusserliche Definition des Rechts, welche Herbart giebt, — es sei die Einstimmung zweier Willen als Regel gedacht, damit kein Streit entstehe, ihre Wahrheit.

§. 48. Die bezeichnete Idee des Rechts erscheint in der historischen Rechtsbildung als ein still wirkender Trieb, unbewusst im Gewohnheitsrecht, bewusster in der Gesetzgebung, und zwar in dieser früh als ein Bestreben, die herrschende Macht der Verhältnisse im Sinne des Ganzen zu bestimmen und zu befestigen.

Das Gewohnheitsrecht, die ursprüngliche Rechtsbildung, entsteht aus dem gemeinsamen Gefühl der innern Zwecke, welche in der einfachen Natur der Verhältnisse liegen und daher als die Forderung derselben stillschweigend anerkannt werden. Weil dies Gefühl, mitten in der Erfahrung und dem Leben der Rechtsverhältnisse entsprungen und in der Gemeinschaft bestätigt, nicht selten die Sache schärfer trifft, als der hin und her überlegende Verstand der Gesetzgebung, und weil dabei die Anerkennung, von Vater auf Sohn vererbt und befestigt, nicht selten innerlicher und stärker ist, als bei der Macht des äussern Befehls: so hat das Gewohnheitsrecht — insbesondere in einfachen Verhältnissen des Lebens — einen hohen sittlichen Werth. Die Gesetzgebung trägt bestimmte Zwecke der sittlichen Gemeinschaft offenbarer, aber leicht einseitig in sich. Wo nun die besondern Rechte im Grundstock die verfassten Gewohnheitsrechte darstellen, verdienen sie dieselbe Beachtung. Ueberhaupt pflegen die besondern Gesetze tiefer in die Natur des Ortes, des Landes einzugehen und die innern Zwecke eigenthümlicher zu fassen. So wesentlich das Allgemeine ist, um ein Band der Einheit zu knüpfen, so tödtend wirkt es, wenn es in uniformer Regel dem Mannigfaltigen keinen Spielraum lässt.

Wenn man die geschichtlichen Gestalten des Rechts mit dem ethischen Begriffe desselben vergleicht, so darf man das Sittliche, das sich im Recht erhält, nicht absolut und nach späterer Ansicht beurtheilen, sondern nur nach dem jeweiligen Bewusstsein der sittlichen Entwickelungsstufe. In diesem Sinne ist das Recht, nach seinen innern Motiven aufgefasst, ein Ausdruck der nationalen Sittlichkeit, wie namentlich in einfachen und folgerechten Gesetzgebungen, z. B. im mosaischen Recht, der sittliche Grundgedanke, der sich nach den verschiedensten Richtungen der Gesetze behauptet, deutlich hervortritt. Das Recht, in seinem sittlichen Zwecke immer dasselbe und immer gegen den Eingriff derselben selbstsüchtigen Begierden gerichtet und insofern zu allen Zeiten mit sich übereinstimmend, äussert sich nach den Culturstufen, in welchen es zur Geltung kommt, verschieden und erweitert sich nach den Erfindungen, durch welche die menschliche Gemeinschaft die Werkzeuge ihrer Zwecke erhöht und mehrt. Man vergleiche z. B. das Recht der nomadischen, der ackerbautreibenden und der handelnden Völker und die Erfindungen des Geldes und der Schrift in ihren Wirkungen auf die Ausbildung des Rechts in seinen Gegenständen und seinen Formen. Ganze Theile unseres Rechts fussen auf ihre Basis oder sind nur durch die Combination beider möglich, wie z. B. das Wechselrecht. So wird das Recht, in seiner Quelle eins und dasselbe, mit den Entwickelungen der Geschichte verzweigt und mannigfaltig.

Wenn nun das Recht seinem Begriffe nach das verwirklichte Sittliche behauptet und bewahrt, so ist es in seinem innersten Wesen erhaltend und die Rechtswissenschaft ist nothwendig historisch; dagegen in der Frage, was sittlich sei, was also zu bewahren und auszubilden, wird sie philosophisch, ethisch; und in dieser Beziehung muss sie, was an den gegebenen Gesetzen und den vorausgesetzten Zuständen der Sitte nur bedingt gerecht ist, von dem schlechthin Gerechten, das über aller Voraussetzung steht, unterscheiden; und die Gesetzgebung soll Hand in Hand mit der Sitte das bedingt Gerechte dem schlechthin Gerechten entgegenführen.

Das bedingt Gerechte dehnen wir bis dahin aus, wo der innere Zweck, obwol an sich ohne Wandel, nach den Zeitumständen, um sich Mittel zu schaffen, wandelbare Gesetze hervorbringt, wo also das geltende Recht zwar nicht von dem sittlichen Gedanken, als dem innersten Triebe, geschieden ist, aber derselbe sich, wie in morphologischer Entwickelung, Organe schafft, welche nach dem Wandel der Zeitumstände wechseln können.

Livius sagt (XXXIV. 6) in einer Rede für die Aufhebung der *lex Oppia* gegen den Luxusschmuck der Frauen: *Quas tempora aliqua desiderarunt leges, mortales (ut ita dicam) et temporibus ipsis mutabiles esse video. Quae in pace latae sunt, plerumque bellum abrogat; quae in bello, pax; ut in navis administratione alia in secundam, alia in adversam tempestatem usui sunt.*

Das Recht ist seinem innersten Begriff nach erhaltender Natur; aber seine erhaltende Kraft schreitet mit der Entwickelung des Sittlichen fort. Zwar verschmäht die rationale Ansicht vom Recht nicht selten die historische und die historische umgekehrt die rationale. Doch herrscht zwischen beiden nur aus Einseitigkeit Feindschaft. Denn der Mensch ist ein historisches Wesen und dadurch Bürger der Geschichte; er lebt sein menschliches Leben nur als ein Leben der Gattung, nur als ein Glied der Geschichte, eingewurzelt in dem Boden einer geistigen Arbeit, welche die auf einander folgenden Geschlechter aufnehmen und fortsetzen. Darin liegt sein Eigenthümliches und darum ist nach allen Seiten die geschichtliche Betrachtung wichtig. Indessen macht die rein historische Ansicht allenthalben und auch im Recht nur das Daseiende als ein Vergangenes geltend und will das Daseiende mit dem Anspruch der Vergangenheit nur physisch fortsetzen. Die nackt rationale Ansicht will umgekehrt nur das Recht der Idee, ohne nach dem Daseienden zu fragen. Jene wird starr, diese luftig. Die tiefere philosophische Auffassung besteht darin, auf jeder historischen Stufe je nach dem Stand der Entwickelung das Rationale aufzufassen und auf der letzten durch die inwohnende Idee auf die weitere Ausbildung hinzuweisen. In diesem Sinne muss die historische Ansicht des Rechts in die rationale und die rationale in die historische aufgenommen werden.

Anm. Es mag dienlich sein, sich es an einem Beispiel der Rechtsgeschichte zur Anschauung zu bringen, wie ein Recht auf der sittlichen Auffassung eines innern Zweckes ruht und auf dessen Wahrung bedacht ist, aber von der Entwickelungsstufe der Zeit bedingt wird. Dazu eignet sich unter andern das deutsche Lehnrecht zur Zeit des Sachsenspiegels[1]. Damals durchdringt Ein Gedanke das in Ebenmass gehaltene Ganze, da zu jener Zeit das Lehnrecht in frischer Mannskraft dasteht und noch nicht über seine Tage gelangt ist; es ist der Gedanke, welcher Gut gegen Diensttreue leiht, die Diensttreue im Ritterbürtigen voraussetzt und in den edlen Tugenden der Tapferkeit und Gerechtigkeit, in Heerfahrt und Hoffahrt, übt, welcher das gegenseitige Band der Treue zwischen Herrn und Mann in einem unverbrauchbaren Gute bleibend knüpft und die Unterordnung des ritterlichen Gehorsams, der Mannen unter die Herren, der Herren unter den Oberherrn in fester Verzweigung über das Land erstreckt, welcher den edeln und offenen Geist des Persönlichen auch in den Formen und Grundsätzen des Lehnsgerichtes und selbst darin ausprägt, dass in den Handlungen kein Vertreten des Leiblichen und Mündlichen durch die sich vom Persönlichen loslösende Schrift Geltung hat. Auf diesen Gedanken, auf die Wahrung der gegenseitigen ritterlichen Lehnspflicht beziehen sich alle Gestaltungen dieses Rechts. Wo der Gedanke in Widerstreit mit höhern Zwecken erscheint, wie z. B. wenn in dem Lehnsgericht der Richter nicht bloss gegen den Lehnsherrn, sondern auch gegen die höchste Gerichtsgewalt verpflichtet ist, da weiss an solchen Kreuzungspunkten (§. 47) das Recht die richtige Beschränkung zu treffen.[2]

So anziehend das Ethische ist, welches dem Lehnrecht in dieser Zeit

1) Vgl. Homeyer's schöne Darstellung im System des Lehnrechts der sächsischen Rechtsbücher. 1844 und besonders in der Schlussbetrachtung S. 627 ff.

2) Vgl. Homeyer S. 541. S. 546.

zum Grunde liegt, so wird doch an demselben Beispiel anschaulich, wie viel darin von der Entwickelungsstufe der Zeit abhängt. Die Beschränkung der Diensttreue auf den Heerschild, auf Blut und Geschlecht, ist an sich nicht nothwendig. Da der Staat wächst und mehr an sich nimmt, was sein ist, da der oberste Kriegsherr die Heeresverfassung bis zum letzten Mann in seine unmittelbare Hand nimmt und dadurch prompter macht, da der Staat das Recht allgemeiner pflegt und die Mannengerichte in seine ordentlichen Gerichte untergehen lässt, da die Ordnung der Gesellschaft sicherer wird und der Herr dem Mann weniger leisten kann als sonst: sterben dem Lehnrecht von selbst die natürlichen Wurzeln ab. Nun wird die Diensttreue nur als Abhängigkeit und die persönliche Abhängigkeit als ein unangemessener Kauf- oder Miethspreis für die Sache, nun wird das ganze Verhältniss als eine Schwächung der Persönlichkeit und als eine Schwächung des Eigenthums gefühlt; das Letzte insbesondere, wo sich eine unberechenbare Abgabe durch das Laudemium eingemischt. So wurde aus dem Lehnrecht etwas Anderes, als es ursprünglich gewesen, und seitdem stand sein Untergang bevor.

§. 49. Die Macht des Rechts ist die Macht des sittlichen Ganzen und daher darf nur das von diesem Ganzen anerkannte (sanctionirte) Recht, das *förmliche* (formale) Recht als Recht gelten. Das Gewohnheitsrecht, in unbestrittenem Herkommen gültig, trägt seine Anerkennung in sich selbst; das Gesetz ist durch seine öffentliche Form besiegelt; das Urtheil wird durch den zuständigen Richter kund gethan und dadurch beglaubigt. Abgesehen von allem Inhalt bildet die Anerkennung des Rechts, inwiefern es nur als offenkundiger Ausfluss seines gesetzmässigen Ursprungs sittliche Macht ist, die Idee des förmlichen Rechts, welches, „eine Grundfeste der Freiheit," den sichern Boden der Gemeinschaft und die Stetigkeit der sittlichen Entwickelung bedingt. Unter demselben Schutz des förmlichen Rechts stehen die darin gegründeten *erworbenen* Rechte (*iura quaesita*). Das förmliche Recht der Gesetze und die erworbenen Rechte der Einzelnen stehen und fallen mit einander. Verletzungen des förmlichen Rechts sind, im Einzelnen vorkommend, Willkür, und, im Grossen vollzogen, Kennzeichen der Revolution. Wo dasselbe den rechten Inhalt nicht hat, ist es die Aufgabe, den rechten Inhalt so zur Anerkennung zu bringen, dass er zum förmlichen Recht werde, und dafür bildet das Recht selbst Organe. Aber nur das förmliche Recht gilt.

Wenn nicht schon überhaupt aus dem Begriff des Gesetzes, das zum Willen spricht, und deshalb auch erst da eine Wirkung ansprechen darf, wo es dem Willen bekannt sein kann, so folgt auch aus dem Begriff des förmlichen Rechts, dass ein Gesetz keine rückwirkende Kraft haben dürfe. Es ist eine sittliche Wirkung des Rechts, dass es der individuellen Freiheit festen Halt bietet, indem es für die Entwürfe und Berechnungen, für die Handlungen und Erwartungen, ohne welche es keine menschliche Gestaltung der Zukunft giebt, sichere Punkte gewährt, welche unter der Bürgschaft des Ganzen stehen. Wenn dem Gesetz eine rückwirkende Kraft gegeben wird, so stört man diese heilsame Wirkung und verwirrt den Glauben an das Recht, welches in einem solchen Falle, statt Wort zu halten, täuschen würde.

Um das förmliche Recht zu wahren, ist es eine richtige Regel, besondere Gesetze, wenn sie nicht mehr gelten sollen, auch besonders und ausdrücklich, nicht bloss durch einen allgemeinen Strich und ohne namentliche Nennung, aufzuheben. Sollen z. B. durch einen allgemeinen Verfassungsparagraphen Gesetze ungültig werden, so muss man die dadurch betroffenen Gesetze namhaft machen. Ein anderes Verfahren erzeugt im Volke unsichere Vorstellungen vom Recht und in den Gerichten zwiespältige Anwendung.

Anm. Das formale Recht, *ius formale*, heisst nicht formal, wie etwa die formale Logik, im Gegensatz gegen die Materie seines Inhalts, sondern ist förmliches Recht, indem förmlich z. B. noch bei Justus Möser[1] die äusserliche Form des wirklichen Rechts im Gegensatz gegen das bloss gedachte bezeichnet. In demselben Sinne sagt man „formale" Worte einer öffentlichen Schrift (*verba concepta*).

§. 50. Nachdem der Begriff des Rechts bestimmt ist, wird er von selbst das Mass des Unrechts. Im Allgemeinen heisst unrecht, was an sich oder in seinen Folgen der Erhaltung des

---

1) F. H. Jakobi's Werke II. S. 366.

Sittlichen, dem sittlichen Bestande und seiner Thätigkeit, widerstreitet, und im positiven Sinne, was die Gesetze, welche diesen Bestand wahren, verletzt. Nach dem eigenthümlichen Verhalten des Ethischen kann entweder die Gesinnung mit ihrer Richtung dem Rechte widersprechen, oder die Handlung mit ihrem Inhalt, oder beide zusammen. Wenn in dem ersten Falle aus der widersprechenden Gesinnung keine widerstrebende Handlung gefolgt ist, so bleibt das Unrecht ideell und ist äusserlich unerkennbar. Dann liegt es ausserhalb des Rechtsgebietes im engern Sinne. Im zweiten Falle wird vorausgesetzt, dass zwar die Gesinnung des Handelnden das Recht will, aber die Handlung mit dem Inhalt ihres Zweckes oder ihrer Wirkung dem Recht widerspricht. Diese Art des Unrechts, insbesondere im bürgerlichen Rechtsstreit vorkommend, heisst ungewolltes Unrecht[1] (nach Hegels Ausdruck unbefangenes Unrecht). Im dritten Falle, dem böswilligen Unrecht, bricht die Selbstsucht des Bösen (§. 42) hervor und kann sich, die Rechtsordnung verkehrend, bis zum Verbrechen steigern. Der Handelnde kann darin durch seine bleibende Gesinnung zur Quelle sich wiederholenden Unrechts werden. Bei der Gegenwirkung des Rechts gegen das Unrecht ist diese Unterscheidung nöthig.

Wie jede Verwirklichung einer Idee durch Werkzeuge und Mittel hindurch muss, welche ihr falsche Seitenwirkungen geben können: so kann auch das Recht in seiner Verwirklichung, besonders in seinen Formen, Seitenwirkungen haben, denen es vorbauen muss, um nicht selbst Unrecht zu erzeugen.

Wenn der Rechtsgang absichtlich zu dem Versuch benutzt wird, um Recht in Unrecht zu verkehren, Unschuldige zu behelligen und das Recht zu überlisten: so entsteht das Unrecht der Chikane, sei sie nun gegen die Person oder gegen das Recht gekehrt *(calumnia, praevaricatio)*. Die Chikane hat ihr böses Wesen in der Kunst, mit Wissen und Wollen die Form des Rechts feindlich gegen den Inhalt zu kehren und die

---

1) ἁμάρτημα ἀκούσιον, Demosthenes, ähnlich Aristoteles.

schützende Form in eine schädliche und belästigende zu verwandeln. Wenn ferner die Formen, welche das Recht erfindet und vorschreibt, um den Inhalt eines Willens zu wahren, unter unvorgesehenen Umständen, weil ihre Erfüllung nicht möglich oder nur halb möglich war, den Inhalt vielmehr gefährden: so entsteht durch das strikte Recht ein Unrecht. Das Recht, das in der Form seine Stärke besitzt, hat auch in den Formen seine Achillesferse. Jene Art des Unrechts gehört unter das böswillige, diese ist das ungewollte Unrecht des Rechts selbst, und das Recht sucht ihm durch Institutionen der Billigkeit (§. 83) abzuhelfen.

§. 51. In dem Vorangehenden ist der Begriff des Rechts erklärt worden. Zu dieser Bestimmung des Inhalts bildet die Eintheilung des Umfangs die ergänzende Seite. Nach dem Unterschiede des gemeinsamen Ganzen, in welchem Alle ihren Bestand haben, und der Einzelnen in ihrem Verhältnisse zu einander hat man früh das Recht in öffentliches Recht und Privatrecht eingetheilt; und man hat dann später, wie z. B. Kant that, das öffentliche Recht in Völkerrecht und inneres Staatsrecht geschieden und in Letzteres auch das Strafrecht aufgenommen. Da indessen das Ganze in den Rechten der Glieder betheiligt ist, so sind die Grenzen zwischen dem öffentlichen Recht und Privatrecht, namentlich zwischen dem Strafrecht und bürgerlichen Recht, veränderlich und auch nach den verschiedenen Gesetzgebungen verschieden aufgefasst worden. Das öffentliche Recht umschliesst das Privatrecht, inwiefern aus dem Ganzen als solchem das Recht fliesst (§. 40. 45. 46.), und der Zusammenhang beider ist daher viel enger, als ihn Baco mit den Worten beschreibt: *ius privatum sub tutela iuris publici latet*[1]. Ein Eintheilungsgrund nach den Materien, welche die Rechtssphäre bilden, kann sich erst aus dem construktiven Entwurf der Rechtsverhältnisse ergeben (§. 84 ff.), dem wir nicht vorgreifen.

1) *De augmentis scient.* VIII. *aphorism.* 3.

Historisch ist für die Eintheilung des Rechts die Eintheilung der Gerechtigkeit bei **Aristoteles** von übergreifender Bedeutung gewesen; denn noch **Leibniz** legt sie zum Grunde[1]. Indem Aristoteles den Begriff der Gerechtigkeit im engern Sinne auf das Wesen einer Proportion zurückführt *(eth. Nic.* V, 4 ff.), theilt er sie, je nach der darin ersichtlichen geometrischen oder arithmetischen Proportion, in die vertheilende und ausgleichende Gerechtigkeit *(iustitia distributiva* und *correctiva*[2]*)* ein, von denen jene nach dem Mass des Verdienstes Ehre oder Macht oder Güter vertheilt, diese nach der Differenz im Verkehr das Zuviel und Zuwenig, den Gewinn und die Einbusse ausgleicht. Nach dem ganzen Zusammenhang wird jene die politische Gerechtigkeit, indem der Staat die Leistungen im Sinne seiner Verfassung misst, und diese die Gerechtigkeit des Richters für den Verkehr. Die Eintheilung lässt sich daher der Eintheilung in *ius publicum* und *ius privatum* zur Seite stellen. Wenn dabei das Strafrecht der ausgleichenden Gerechtigkeit des Verkehrs zugewiesen wird, so zeigt die ganze Stelle des Aristoteles ein Vorbild zu der Lehre der römischen Juristen von der *obligatio ex delicto;* aber weder die Ansicht, das strafbare Unrecht nur wie eine Privatsache des Verkehrs zu betrachten, wird Stich halten, noch wird sich das Strafrecht auf eine blosse Ausgleichung des Zuviel und Zuwenig beschränken lassen. Was das arithmetisch Proportionale als das Wesen der ausgleichenden Gerechtigkeit im Verkehr betrifft, so hat es da seine Stelle, wo der Vertrag die Norm des Rechtsgeschäftes ist und das, was geleistet werden soll, als einen Massstab des Zuviel und Zuwenig enthält. Wenn man aber weiter zurückgeht und fragt, ob an sich die Bestimmungen des Vertrages gerecht sind, handelt es sich um ein gemeinsames Mass des Werthes in den Leistungen und Gegenleistungen, wodurch eine geometrische Proportion erzeugt wird (vgl. *Arist. eth. Nic.* V, 8). Als das

---

1) Vgl. die Vorrede des *codex iuris gentium diplomatici* 1693.

2) *τὸ δίκαιον τὸ διανεμητικόν* und *τὸ ἐν τοῖς συναλλάγμασι διορθωτικόν*.

Wesen des ursprünglich Gerechten wird daher durchweg das geometrisch Proportionale (τὸ κατ' ἀξίαν) zu bezeichnen sein. Die arithmetische Proportion in der ausgleichenden Gerechtigkeit dient nur dazu, dies herzustellen. In der That ist in der Gliederung des Staates die beständige Proportion zwischen Pflichten und Rechten der Grundgedanke der Gerechtigkeit und dieselbe Proportion zwischen Arbeit und Erwerb wäre im Privatverkehr zu erstreben; aber der Marktpreis macht den Exponenten so wandelbar, dass dadurch eine fortwährende Ungleichheit entsteht.

Anm. Ulpian *dig.* I, 1, 4. *Publicum ius est, quod ad statum rei Romanae spectat, privatum quod ad singulorum utilitatem.*

B. Physische Seite des Rechts. Der Zwang.

§. 52. Wir bezeichneten den Zwang als die physische Seite am Gesetz (§. 6); denn sie ist die wirkende Ursache, welche das Gesetz, um sich durchzusetzen, in seine Hand nimmt.

Ehe wir diese besondere Weise betrachten, wie das Recht die physische Macht verwendet, um ethische zu gewinnen, wird es nützlich sein, die Bedingungen allgemein aufzufassen, durch welche ein Gesetz sich befestigen kann. Ausser dem Zwang, über welchen das Gesetz verfügt, ausser der Strafe für die Uebertretung giebt es noch andere den Willen bewegende Gewalten, welche einem Gesetz zur Seite stehen können und es gleichsam bestätigen.

Wenn ein Gesetz den Bedingungen der Natur dergestalt entspricht, dass die Uebertretung sich in ihren eigenen Folgen durch die Natur straft, wie Ehegesetze, Agrargesetze, Altersbestimmungen z. B. für die Mündigkeit, solche Seiten enthalten, welche mit der Natur übereinstimmend sich selbst tragen: so sind dies physische Wurzeln des Gesetzes. Schon die unmittelbaren Folgen der Uebertretung, die nicht erst durch die Vermittelung des Gesetzes aus der Verletzung entspringen, witzigen den Uebertreter.

Es giebt ferner Befestigungen des Rechts in psychologischen Gesetzen. Dahin gehört namentlich die Kraft der Gewohnheit, auf der nothwendigen und mächtigen Ideenassociation beruhend, welche unsern Vorstellungen den nächsten Weg anweist. Es wurzelt darin die geschichtliche Macht alter Gesetze, die Macht des Gewohnheitsrechtes wenigstens zu einem Theil, zum andern Theil freilich in dem Umstande, dass sich die wirklichen Verhältnisse solchen alten Gesetzen nun einmal angepasst haben. Oft setzt sich diese Macht der Gewöhnung über den Bestand der Gesetze hinaus fort, eine in sich starke Sitte bildend, wie es z. B. bei Aufhebung des Adels in der französischen Revolution geschah.

Eine dritte Befestigung, vom Psychologischen ins Ethische übergehend, liegt in der öffentlichen Meinung. Es ist der menschlichen Seele eigen, dass sie Lust empfinden will, indem sie weiss, dass Andere sie mit Lust betrachten und dass sie sich insofern in dem Urtheil der Andern erhöht, oder im umgekehrten Falle niedergedrückt empfindet. Daraus entspringt die Macht des fremden Urtheils, der öffentlichen Meinung. Unterstützt wird diese Wirkung durch den Einfluss, mit welchem sich das fremde Urtheil im Umgange oder im Verkehr auch durch äussere Vortheile oder Nachtheile fühlbar macht. Wo das Gesetz von der öffentlichen Meinung gut geheissen wird, hat es an ihr eine starke Gewähr; wo es ihr widerspricht, kann es ihr bei aller äusseren Macht unterliegen, wie es z. B. nicht selten in der corsischen Sitte der Blutrache, in der germanischen des Zweikampfes, unter Umständen bei politischen Verbrechen geschieht.

Endlich sucht das Gesetz eine Befestigung im Glauben oder Aberglauben. Die Religion als Gefühl ist Affekt des Menschen mit dem mächtigsten Inhalt der Empfindung; sie ist in ihrer Macht über das Gemüth als Aberglaube Furcht und Hoffnung, vom Zufall erregt, nach dem Gesetz der Ideenassociation die Seele beherrschend, als Glaube Furcht und Hoffnung, von göttlichen Gedanken getrieben; in beiden Fällen wird sie von religiöser Gemeinschaft getragen und gekräftigt. Wo daher das Gesetz sich mit Glauben oder Aberglauben zu verschmelzen weiss, kann es eine Gewalt gewinnen, welche selbst die Liebe zum Leben übertrifft. Wie der heidnische Aberglaube sich in's Recht eingemischt, zeigt sich bei den Griechen wie bei den Römern, insbesondere bei den letzten. Man vergleiche z. B. die *res sanctae*. Wo der Sachsenspiegel die Tage der Woche bezeichnet, welche steten Frieden haben sollen, weiht er sie mit Erinnerungen an die heilige Geschichte (II, §. 66). Am nächsten steht die religiöse Idee dem Strafrecht, und das sakrale Element wird namentlich in der ältesten Periode des römischen Strafrechts hervorgehoben (vgl. z. B. *Liv.* II, 8). Die theokratische Gesetzgebung der Juden macht ihre Gebote in die Furcht des Herrn, der Himmel und Erde gemacht hat, die muhamedanische in Fanatismus. So behütet das in der Uebertretung bedrohte religiöse Gefühl das Gesetz.

Von diesen den Willen bewegenden Mächten kann das Gesetz unterstützt, aber auch befeindet werden. Ohne Frage wird es am stärksten sein, wenn es von allen diesen Seiten her eine Zustimmung erfährt. Aber es kann eine Aufgabe des Gesetzes werden, zunächst einzelnen derselben zu widersprechen, um sie im Fortgang zu sich herüber zu ziehen. Physischen Gesetzen, wo sie es wirklich sind, unterwirft sich auch das Ethische, wenn auch mit dem Bestreben, sie zu seiner Grundlage zu machen, und selbst der Tod wird zu ethischen Institutionen der Vorsicht (Testament, Versicherungen) die Veranlassung. Ein Widerstreit des Rechts mit einem wirklichen physischen Gesetze wird auf die Dauer nicht bestehen können. Die Befestigung des Gesetzes in der Gewöhnung kann nicht entscheiden. Das neue Gesetz muss sie im Bewusstsein des Bessern durchschneiden und ihren Widerstand zu besiegen hoffen. Ferner ist es Beruf des Gesetzes, der irre geleiteten öffentlichen Meinung entgegen zu treten und die Sanction des Aberglaubens zu verschmähen. Nur der sittliche Geist des Gesetzes wird diesen vielfachen Kampf dergestalt bestehen können, dass er am Ende die bessere Gewöhnung und die öffentliche Meinung sich verbündet und die höchste und die tiefste Bestätigung im Gewissen findet, in welchem die Zuversicht zum Göttlichen wohnt.

Und durch welches Mittel besiegt das Gesetz diesen Widerstand sammt dem Eigennutz und der Selbstsucht, welche ihm immer widerstreben? Zunächst durch die Furcht, dieselbe, welche im Aberglauben kopflos macht und in der Menschenfurcht tyrannisch wirkt, die nun aber im Dienst des Gerechten steht.

Die Furcht ist in dem Menschen, dessen Grundtrieb die Selbsterhaltung ist, der allgemeinste und gewisseste aller Affekte. Zwar wird sie gemeiniglich mit der Hoffnung auf Eine Linie gestellt und beide sind insofern menschliche Grundaffekte, als sie sich durch das vorschauende Denken aus der unmittelbaren Gegenwart in die Zukunft erstrecken. Beide bestimmen den Willen und sind die letzten, oft verborgenen Hebel der Entschlüsse. Auch wird die Hoffnung bisweilen vom Gesetz verwandt, aber sie gestaltet sich, wenn auch einmal allgemein, immer wieder so individuell, dass im Wettstreit der Menschen meistens die Hoffnung des Einen wider die Hoffnung des Andern ist. Daher ist die Furcht allgemeiner, wie z. B. in der belagerten Festung, in der brennenden Stadt, bei drohendem Kriege. Alle fürchten dieselbe Minderung des Daseins, aber sie wünschen sich und hoffen Verschiedenes und einander Entgegengesetztes. Zugleich ist die Furcht sicherer. Durch Hoffnung lässt sich der Schwache verlocken, aber durch Furcht selbst der Starke brechen. So geschieht es sogar in Einrichtungen des Privatrechts, dass die Furcht ergiebig gemacht wird. Z. B. im Wechselrecht wird der gesteigerte persönliche Credit, die Zuverlässigkeit der promten Zahlung zuletzt durch den Verlass auf Furcht bedingt. Ich traue dir, weil ich weiss, du fürchtest die Haft. Das Strafrecht gründet auf Furcht den Gehorsam.

Diese Furcht ist der Zaum und der Zügel, welche allein im Stande sind, den natürlichen Menschen, der nach dem Triebe des Eigenlebens zum Bösen zwingt (§. 37), zu bändigen und zu lenken. **Aristoteles**, der die neue, sich einschmeichelnde Lehre, dass der Mensch von Natur gut sei, nicht kennt, nennt den Menschen, von Gesetz und Gericht geschieden, das verruchteste und wildeste Geschöpf (*polit.* I, 2. p. 1253 a. 31).

Epiktet sagt: wenn du gut sein willst, so glaube zuerst, dass du böse bist. Augustin und Kant, Machiavell und Friederich der Grosse, sonst in ihren Anschauungen himmelweit verschieden, die Weltweisen und die Weltklugen, kommen darin überein, dass der Mensch von Natur böse ist. Darum muss die Furcht ihn ziehen, und für den Zweck, Menschen zu regieren, gilt das Wort des Spinoza: „der Haufe schreckt, wenn er sich nicht fürchtet" *(terret vulgus, nisi metuat)*.

Durch die beschränkende Furcht nöthigt das Gesetz zunächst die Einzelnen von aussen, bestimmte Grenzen in den Gang des Vorstellens und Begehrens aufzunehmen und sich nur innerhalb derselben zu bewegen, bis der Geist, zuerst von aussen gewöhnt, sich mit der eigenen Vernunft in die innere Vernunft der Sache hineinfindet und hineinlebt und nun aus sich will, was das Gesetz will. Das Recht verhält sich mit seinen äusseren Mitteln ethisch, wie sich logisch der indirekte Beweis verhält. Indem dieser darthut, dass das Mögliche, was sich anders als das Wahre verhalten möchte, vielmehr wenn es in die Consequenz des Wirklichen tritt, unmöglich ist: strebt das Recht mit seinen Mitteln des Zwanges dahin, dass das Freie, was sich anders als das Sittliche verhalten möchte, vielmehr wenn es in die Consequenz des Wirklichen tritt, als unfrei empfunden werde. Wie der indirekte Beweis, obwol in seinem Verlauf nur negativ, um des Positiven und Wahren willen da ist: so ist auch der Zwang des Gesetzes, obwol in seinem Verlauf nur einschränkend, doch um des Freien und Guten willen da, welches er schützt und umhegt.

Aber dazwischen liegt eine andere Möglichkeit. Es wird zwar die Uebertretung des Gesetzes vermieden, aber das Gute nicht gethan, sondern nebenher ein Ausweg gesucht, oder es wird gar eigennützig mit der Strafe abgerechnet, und in solchen Fällen ist der indirekte Beweis nicht streng.

Wenn wir fragen, wie ein Gesetz wirken werde, so fragen wir zunächst, wie sich nach den gegebenen Umständen der natürliche Mensch mit seinen Begierden und seinem Eigennutz mit ihm ausgleichen oder sich mit ihm abfinden werde. Zu dem Ende ist es nöthig, immer den Punkt in's Auge zu fassen, an welchem der Zwang des Gesetzes mit seinem Mass und seinen Mitteln und die Selbsterhaltung der Einzelnen mit ihren Bestrebungen und erfinderischen Listen einander treffen. Beispiele mögen dies erläutern. Wenn auf Wucher Geldstrafen gesetzt sind, so rechnet der Eigennutz mit ihnen ab. Um durch die unentdeckten und straflos bleibenden Fälle die Geldbusse der bestraften aufzuwägen, steigert der Wucherer seine Wucherzinsen und die Strafe wird ohnmächtig. Aehnlich berechnet sich der Eigennutz gegen Zollgesetze. Der Schmuggler kennt keinen Erwerb und daher auch keine Sparsamkeit; wie ein Räuber lebt er leidenschaftlich vom Augenblick, im Kampf um Freiheit und Leben. Ist der Zoll hoch, so lohnt sich das Handwerk; ist er mässig, so kommt es zu kurz. Die Gesetze mit ihren Strafen sind wie die hohen Ufer, zwischen welchen sich der Fluss oft in mäandrischen Krümmungen durchwindet, wenn er sie nicht überfluthen kann. Das Begehren des Eigenlebens schiebt sich zwischen den Grenzen der Gesetze, gewandt sich krümmend, hin, aber übersteigt sie, wenn es sich im Vortheil glaubt. Die Einzelnen streben beständig, den Gesetzen den grössten Vortheil abzugewinnen, oder sich so zu ihnen zu stellen, dass sie den kleinsten Nachtheil haben. Diejenigen Gesetze werden daher die besten sein, welche die Grenzen so ziehen, dass sie mit den Grenzen des Sittlichen zusammenfallen, in welche dann das Eigenleben sich stillschweigend und zuletzt gern hineingewöhnt. Indem die Gesetze die Grenzlinien bezeichnen, innerhalb welcher sich die Thätigkeiten und Bewegungen der Einzelnen halten, geben sie dem Leben eine Form, aber zuerst nur äusserlich. Denn die eigentliche Form des Lebens gestaltet sich durch die sittlichen Bestrebungen innerhalb dieser Grenzlinien und die Gesetze entstehen aus dem sittlichen Triebe, das schon Gestaltete zu behüten.

Durch die unfehlbare Consequenz der Strafe hat das Recht Macht und in der Macht beruht jene Hoheit des Gesetzes, dass es sich, obwol es ebenso für das Ganze als für den Einzelnen da ist, doch ohne den Einzelnen vollzieht und selbst trotz des Einzelnen durchsetzt.

So hilft das Recht in dem Sinne einer indirekten Gewöhnung den Menschen in das Gute der Gesinnung erheben. Während es die Feigheit im Kriegsrecht ächtet, die Zügellosigkeit in Ehegesetzen hemmt, den Zorn in seinen ungerechten Ausbrüchen züchtigt, die Lüge in ihren selbstsüchtigen Aeusserungen, wie z. B. in Schmähungen und in Verbrechen wie in Betrug und Meineid, bestraft, die Habsucht in der Ungerechtigkeit zurückweist und selbst die Verschwendung creditlos macht: spricht doch in diesen negativen Richtungen der positive, tapfere und keusche, gemässigte und wahrhafte, gerechte und erhaltende Geist, den die Gemeinschaft fordert und als ihren Geist bezeugt. Es bleiben immer Fehler, welchen das Gesetz nicht entgegentreten kann; es sind die Fehler der individuellen Sittlichkeit, deren Pflege dem Einzelnen als solchem anheimfällt. Aber ohne diese thatsächliche Kundgebung der Gesetze gegen das Unsittliche brächte es die Erziehung nicht weit, und ohne die Erziehung bleibt umgekehrt die Gesetzgebung auf halbem Wege. Denn der gute Wille wird nicht geboren, sondern erworben; er wird den Begierden abgewonnen und abgekämpft. Der vernünftige Gedanke als Gedanke vermag dies nicht allein zu leisten; für sich erscheint er wie ein flüchtiges Zeichen am Himmel und muss den Begierden und Affekten, den irdischen Mächten weichen, bis es ihm in standhaftem Kampf gelingt, sich aus ihnen eine Macht zu schaffen. Die Erziehung geht darauf hin, dass der Mensch für die Vernunft, den an sich kalten Gedanken, den sie denken lehrt, auch empfinden lerne; und die allgemeine Furcht vor dem Gesetz schafft in jedem Einzelnen der Vernunft Raum, dass sie sich befestigen könne.

Das zwingende Recht erscheint, wie alle physische Wirkung, unmittelbar nur im Einzelnen und vollzieht sich nur am einzelnen Menschen, hat aber als Beispiel, als ein Fall, der die mächtige Regel zur Anschauung bringt, für die Gemeinschaft eine allgemeine Wirkung, und diese mittelbare Wirkung übertrifft an ethischer Kraft die unmittelbare, welche in dem einzelnen Falle und an dem einzelnen Menschen geschieht; denn das Gesetz muss die allgemeine Erwartung beherrschen.

Es ist die positive Bedeutung der Einschränkung und Mässigung, welche das Gesetz übt, dass im Einzelnen und im Ganzen soviel als möglich solche Kraft frei werde, welche schafft und die menschlichen Zwecke fördert. Wenn es einmal im Sprichwort heisst: *homo homini lupus*, und dann wieder *homo homini Deus*, so ist es die sittliche Aufgabe des Strafrechtes, jenen Wehrwolf in der Gemeinschaft zu befehden, um dadurch das Göttliche, das der Mensch dem Menschen bieten kann, möglich und frei zu machen.

So verfährt das Recht in seiner physischen Seite, wie alle Erziehung, deterministisch gegen den natürlichen Menschen, um dadurch im Einzelnen und in der Gemeinschaft den geistigen Menschen von den Hindernissen zu befreien und seine Entwickelung vorzubereiten. Aus der ethischen Macht der Gemeinschaft entsprungen, wirkt der Zwang des Rechts für den ethischen Geist derselben. Von allem vernünftigen Recht gilt daher im weiteren Sinne das Wort, dass das Gesetz der „Zuchtmeister auf Christus," auf die Zeit der Freiheit sei. Brief an die Römer XIII, 3. „Willst du dich nicht fürchten vor der Obrigkeit, so thue Gutes."

Die sittliche Mündigkeit eines Einzelnen hat die innere Achtung vor Pflicht und Recht zum Kennzeichen. Der Affekt der Achtung ist ein ethischer Affekt, in welchem Lust an der Anschauung des Sittlichen mit der Gesinnung des Gehorsams verschmilzt. Es liegt in der Achtung vor dem Gesetz, wenn sie an der Selbstliebe gemessen wird, der sie Abbruch thut, ein Zug von Furcht; wenn aber an der Lust über die höhere Bestimmung, eine Neigung. Indem die Lust die Furcht der Selbstliebe überwindet, ist die Achtung die höhere Stimmung. Die Wirkung des Gesetzes auf die Furcht vor der Uebertretung ist nur der negative Anfang, wodurch die Selbstliebe zur Unterwerfung genöthigt wird; wenn aber in dem Gesetz Macht und

Vernunft sich einigen, so bereitet sie die freie Anerkennung der Achtung vor.

Tiefer als die Achtung vor dem vernünftigen, greift die Ehrfurcht vor dem erhabenen Gesetz. Wo die Macht Furcht einflösst, aber dem Gehorsamen Liebe entlockt, wo das strenge Gesetz weise und das weise strenge ist, entspringt die sittliche Empfindung der Ehrfurcht, in welcher sich die gebundene Furcht zu freiem Vertrauen wendet. Das Gesetz hat im Volke die kräftigste sittliche Wirkung, wo es diese Ehrfurcht fördert, welche im letzten Grunde dem Göttlichen gilt.

Anm. Kant, Kritik der praktischen Vernunft. 1788. S. 126 ff., bes. S. 137 über die Achtung vor dem moralischen Gesetze. S. 142: „Die Achtung vor dem Gesetz ist das Bewusstsein einer freien Unterwerfung des Willens unter das Gesetz, doch als mit einem unvermeidlichen Zwange, der allen Neigungen, aber nur durch eigene Vernunft angethan wird, verbunden."

§. 53. Aus dem ethischen Zweck des Rechts stammt seine physische Gewalt (§. 45), wie überhaupt in allem Organischen dem vom inneren Zweck bestimmten Ganzen die zusammenhaltende Kraft beiwohnt (§. 19). Der Begriff des zwingenden Rechts ist in dem gemeinsamen Ganzen, inwiefern er das im Ganzen und in den Gliedern verwirklichte Sittliche vertritt, gegründet. Im Bewusstsein der im Ganzen erfüllten realen Freiheit (§. 43) wird der Zwang nur gegen die Willkür als die unwahre Freiheit geltend gemacht und zwar nach dem Mass der inneren Zwecke, welche zu wahren sind. Der Zwang, gegen das Unrecht gekehrt, hat nach den Stufen des Unrechts (§. 50) im bürgerlichen Rechtsstreit und im Strafrecht verschiedene Bedeutung.

Es ist die atomistische Ansicht von der Gemeinschaft, welche das Recht zur Strafe ursprünglich in dem verletzten Einzelnen sucht und erst auf Umwegen, wie z. B. durch Uebertragung mittelst eines Vertrages, dem Ganzen zuspricht (Chr. Wolf), oder welche etwa nach Analogie einer Conventionalstrafe die Strafe überhaupt durch einen Vertrag regulirt: „wenn ich dies thue, will ich dies leiden" (*Beccaria dei delitti e delle pene* 1764. vgl. §. 12). Man kann solche Verträge, welche es nie gegeben hat, auf sich beruhen lassen.

Vergebens leitet man das zwingende Recht von dem verletzten Einzelnen, aus der Leidenschaft des natürlichen Menschen ab, wenn auch beide das gemein haben, dass sie sich gegen die verletzende Gesinnung kehren. Die Vertheidigung ist noch keine Bestrafung. Es ist das Zeichen des im Volke fortschreitenden Sittlichen und des zu kräftigerem Selbstbewusstsein durchdringenden allgemeinen Rechts, dass das Gesetz die Reste der Selbsthülfe zurückdrängt, wie z. B. wenn es die Blutrache bekämpft, oder die Gewalt aufhebt, welche noch im römischen Recht dem verletzten Ehemann gegen den Ehebrecher zusteht, oder die Befugniss tilgt, welche noch im Anfang des sechszehnten Jahrhunderts Rechtens ist, einen Schuldner wegen „kundlicher, redlicher oder unlogenbarer" Schuld, sowie wegen Zinsen eigenmächtig zu pfänden. Nur in beschränktem Masse wird der Schutz der Selbsthülfe, wie z. B. im Retentionsrecht, als eine Abwehr des thatsächlichen Eingriffs zuzugestehen sein, um dem Berechtigten den Vortheil des faktischen Besitzes nicht zu kürzen. Wenn es nothwendig ist, der Selbsthülfe zu entsagen, so liegt der Grund nicht darin, weil der Schutz durch Eigenmacht unvollkommen und unzureichend ist, und weil namentlich die Selbsthülfe das Recht dem zufälligen Umstande preisgäbe, ob auf der Seite des Verletzten die Uebermacht sei oder nicht[1]. Vielmehr beruht der Ursprung des realen Rechts in der Macht des sich selbst erhaltenden sittlichen Ganzen (§. 45. 46), und daher giebt es auch nur in dem über den Einzelnen stehenden Ganzen einen adäquaten Zwang. Nur wo das Recht an gemeinsamer Macht verliert, tritt von selbst die unheimliche, ungleiche Selbsthülfe an die Stelle des Allen gleichen Rechts und entwöhnt die Gemüther der Vorstellung des Rechts überhaupt. Die Macht ist an sich nicht Recht, aber das Recht muss Macht sein, wenn es überhaupt anderswo als in der schwebenden Idee ein Recht geben soll.

Wenn es auffallen mag, dass neuerdings in der Geschichte

1) Puchta, Pandekten. 7. Aufl. 1853. §. 80. S. 121.

des römischen Rechts durch gelehrte Vermuthung eine erste Periode, eigentlich die vorrömische, erschlossen ist[1], in welcher der thatkräftige subjektive Wille herrscht und das Recht schützt und verwirklicht, welche durch das System der Selbsthülfe, also durch das Gegentheil der Rechtsidee bezeichnet wird: so steht doch selbst in dieser Darstellung das allgemeine Recht im Hintergrunde, es liegt in der Anerkennung der Uebrigen, welche die sogenannte Selbsthülfe gewähren lassen, ja unterstützen; es liegt in der durch die *testes* gesuchten Garantie. Eine solche Gestaltung des Rechts, wie die vermuthete, wird als der Uebergang von vereinzelter Selbsthülfe zum allgemeinen Recht, dem Gegentheil der Selbsthülfe, anzusehen sein.

Wie alle Erkenntniss, so hebt auch die ethische Bildung mit dem an, was uns zunächst liegt, was dem Einzelnen für sich einleuchtet; und es ist gleichsam eine Arbeit der Idee, welche vom entgegengesetzten Punkte, von dem was an sich recht ist, ausgeht, allmählich im Bewusstsein durchzudringen und ihre Macht durchzusetzen. Die Selbsthülfe nun, welche der Rache verwandt ist, leuchtet dem Zorn, wie sein eigenes Gesetz, ein und es gehört Klugheit und Zeit dazu, sie vielmehr dem Gesetz des Ganzen zu unterwerfen. Daher sehen wir in der Geschichte des Strafrechts Zwischenbildungen, welche bestimmt sind, von Rache und Selbsthülfe zum Recht überzuführen, welche aber noch an sie anknüpfen und ihnen bis zu einem gewissen Punkte genugthun; es sind Versuche, den natürlichen Menschen zu berücksichtigen und auf diese Weise über sich selbst hinwegzuheben. Aus dem mosaischen Gesetze gehören hierher die Bestimmungen über den Bluträcher (Goel. 4. Mos. XXXV), in welchen ein Uebergang von der Familienrache zur Macht des Gesetzes hervortritt. Bei den alten Deutschen wird nach *Tacit. German.* (c. 21) der Todtschlag durch eine bestimmte Zahl von Hausvieh gesühnt und der Familie durch diesen anschaulichen

---

1) Rudolf Ihering, Geist des römischen Rechts auf den verschiedenen Stufen seiner Entwickelung. 1. Th. Lpz. 1852. S. 103 ff.

Ersatz der eingebüssten Familienkraft genuggethan. Es schliesst sich daran das spätere Wehrgeld an, welches dem Verletzten gezahlt wurde. Der Ersatz der Selbstrache ist im Strafrecht ebenso ursprünglich als die Abschreckung. Es hat insbesondere das priesterliche Element in den alten Religionen und die Kirche im Christenthum das Verdienst, gegen die Selbstrache einen Schutz des Verbrechers zu übernehmen. Aber erst starke Fürsten setzen gegen die Selbsthülfe die Macht des Rechtes durch. Erst spät gelingt es ihnen, dem immer wieder ausbrechenden Fehderecht des Mittelalters zu steuern und gegen die Selbsthülfe ein bleibendes Gegengewicht einzusetzen.

§. 54. Im bürgerlichen Rechtsstreit wird vorausgesetzt, dass die Parteien, uneinig, was Rechtens sei, an sich beide das Recht wollen. In diesem Falle ist die Handlung, welche dem Recht widerstreitet, nicht in dem Willen des Handelnden, sondern mit ihrem Zweck und Inhalt als Sache unrecht. Daher genügt der Richterspruch, der das Recht wahrt; und der Zwang tritt, wenn er nöthig ist, nur so weit ein, dass das Richtige als Sache geschehe. In der Vollstreckung des Urtheils einigt sich die Macht mit dem Recht, und das Sittliche, das im Recht anerkannt ist, wird erhalten.

§. 55. In dem Strafrecht richtet sich das zwingende Recht nicht bloss gegen die Handlung mit ihrem das Recht verletzenden Inhalt als äussere Thatsache, sondern wesentlich gegen den Willen als den eigentlichen Ursprung des Unrechts (§. 50), inwiefern er sich in der Handlung geltend macht.

Der Wille weiss die rechtswidrige Handlung als sein und sich in ihr causal. Schuld ist daher die Causalität des bewussten rechtsverletzenden Willens. Wo bewusstes Denken, ohne welches es keinen Willen im eigentlichen Sinne giebt, noch nicht ist, wie im Kinde, oder nicht mehr ist, wie im Wahnsinnigen, wo eine Erkenntniss des Rechts innerlich unmöglich ist, giebt es auch keine Schuld.

Das zurechnende Recht fasst den Willen, indem es ihn von

den äusseren Umständen, als wären sie letzter Grund, loslöst und auf sich stellt, bei seinem innersten Wesen, bei der Selbstbestimmung, deren er durch sein Denken fähig ist (§. 43). Indem dem Willen Freiheit zugemuthet wird, erwirbt er sie. Die Verantwortlichkeit der Einzelnen vor dem Recht hat eine ethische Wirkung. Still und sicher schwebt über Allen die Möglichkeit, sich über Thun und Lassen vor dem Gesetz verantworten zu müssen, und schärft in Jedem die Selbstbesinnung und Aufmerksamkeit auf sich selbst.

Der Begriff der Schuld im juristischen Sinne vereinigt mit der Causalität den bewussten Willen derselben. Wo der Wille in einer Richtung sich bewegt, in welcher er nicht causal sein kann, wie z. B. in der möglichen Absicht zu zaubern: da kann auch keine Schuld im juristischen Sinne sein. Daher ist das Recht nüchtern, um die wirkliche Causalität zu erkennen, und es tritt dem Aberglauben entgegen, dessen Wesen es ist, von Affekten getrieben, Zufall und Causalität zu associiren. Sonst würde das Recht, wie es z. B. in Hexenprocessen geschehen ist, dem eine Schuld andichtenden Neid und Hass, der bösen Leidenschaft und dumpfer Unwissenheit dienstbar werden; statt scharfer Unterscheidung des ursachlichen Zusammenhangs würde zufahrender Affekt, in geheimnissvollen Glauben sich hüllend, im Recht entscheiden, wie z. B. wenn der böse Blick, wie bei Wilden, für die Ursache von Unheil und Krankheiten und also für Schuld gilt, oder wenn, wie in den zwölf Tafeln, Früchte von dem Felde des Nachbarn durch Zauber auf den eigenen Acker herübergezogen werden, oder wenn es, wie in der römischen Kaiserzeit, für staatsgefährlich gilt, sich bei Sterndeutern nach der Gesundheit oder Lebensdauer des herrschenden Kaisers zu erkundigen, oder wenn in kaum vergangenen christlichen Zeiten die Verbindung und gar buhlerische Verbindung der Hexe mit dem Teufel Gegenstand der Anklage wird, oder im bürgerlichen Recht noch zu Anfang des vorigen Jahrhunderts die Frage streitig ist, ob einer einem Andern wegen Furcht vor Gespenstern die Hausmiethe wieder aufsagen könne[1]. Das Recht wirkt ethisch, wenn es mit klassischer Klarheit in besonnener Erkenntniss der menschlichen Ursachen vorangeht und romantischen Aberglauben durchkreuzt. Denn so lange fürchtende und hoffende Menschen geboren werden, ersteht Aberglaube immer von Neuem.

§. 56. Das Recht zur Strafe wohnt der sittlichen Gemeinschaft als einem Ganzen (z. B. dem Staate) bei, wie überhaupt das Recht mit seiner zusammenhaltenden, wahrenden Macht erst durch das Ganze möglich wird. Nur das Ganze steht über den Parteien; und in diesem Sinne kann erst das Ganze wahrhaft gerecht sein. Wenn das Ethische da beginnt, wo der Theil sich dem Ganzen unterordnet, so ist die nothwendige Forderung des Rechts, dass Jedermann der Rache und Selbsthülfe entsage, eine ethische Forderung, welche das Unheil der Leidenschaft in dem Gemüth des Einzelnen und den Krieg der Leidenschaften in der Gemeinschaft des Ganzen beschränkt; ihr Erfolg ist der Anfang einer Selbstüberwindung. Die zwingende Selbsterhaltung des Rechts geht nur in der Nothwehr so weit auf den Einzelnen zurück, als die gegenwärtige Gefahr des Unrechts augenblickliche Abwehr fordert. Wenn eine rechtswidrige Veränderung eines rechtlichen Zustandes, z. B. des Besitzes, versucht wird, so ist die augenblickliche Selbstvertheidigung berechtigt; denn sobald ein neuer Zustand eingetreten, so hat er Rechte, z. B. den Besitz. Die Nothwehr ist weder Strafe noch Rache, sondern in der gegenwärtigen Gefahr Selbsterhaltung gegen das Unrecht oder Pflicht der Erhaltung Anderer gegen dasselbe, als Recht vom Ganzen anerkannt. Der Begriff der Nothwehr ist in seinen Grenzen schwer. Denn sowol die Frage, was gegenwärtige Gefahr sei, als was augenblickliche Abwehr fordere oder entschuldige, eröffnet einen breiten Spielraum. Wo die Gefahr beginne, damit die Nothwehr nicht zu spät komme, wo die Vertheidigung aufhören müsse, damit sie nicht selbst Unrecht werde, was den unvermeidlichen Affekten in der ab-

1) S. die juristische Entscheidung des Christian Thomasius 1712.

gedrungenen Nothwehr zu Gute zu halten, muss in solcher Weise bestimmt werden, dass weder dem Verbrecher Vorschub geleistet, noch der Verbrecher den Leidenschaften überantwortet werde und die Nothwehr in Selbsthülfe und Rache entarte.

§. 57. Diejenigen Ansichten, welche das Recht vom Sittlichen scheiden und den Ursprung des Rechts vor das Sittliche stellen, versuchen die Strafe in demselben Sinne zu denken. Die äusserlichste Auffassung will nur handgreifliche **Abschreckung** als sicherste Verhinderung des Unrechts, ohne dass sie den Zwang durch die Furcht, welcher Eine Seite des Strafrechts bildet, den inneren Zwecken des Sittlichen als Mittel anpasste und unterordnete (§. 52). Sie misstrauet der Vernunft im Menschen und verrechnet sich doch in ihrem psychologischen Mittel der Androhung. Denn die verbrecherische Begierde ist kurzsichtig und überlistet den Verstand mit der Vorspiegelung, das Verbrechen werde gelingen und nicht entdeckt werden.

In der Absicht der Abschreckung liegt an und für sich kein Mass der Strafe. Das terroristische römische Strafrecht giebt dazu Beispiele, z. B. c. 2. C. **Theod.** *de cursu publico* VIII, 5, wo ein Polizeivergehen (Ueberhetzung der Pferde in den Staatsposten) mit Deportationsstrafe belegt wird.[1]

Kant, in seinem Begriff des Rechts auf die Freiheit der Einzelnen nach allgemeinen Gesetzen gerichtet (§. 13), sieht das Unrecht als ein Hinderniss einer solchen Freiheit an, und daher den Zwang, der diesem Hinderniss widersteht und mithin eine Verhinderung jenes Hindernisses ist, als recht, als zusammenstimmend mit der Freiheit der Einzelnen nach allgemeinen Gesetzen. Diese Ableitung entspricht einem Rechtsbegriffe, welcher das Recht nur nach der Analogie einer möglich grössten Bewegung, wenn sich physische Kräfte in demselben gegebenen Raume behaupten und beschränken, also nur mechanisch begreift. Ueberdies führt Verhinderung eines Hindernisses mehr auf polizei-

1) Franz v. **Holtzendorff**, die Deportationsstrafe im römischen Alterthum hinsichtlich ihrer Entstehung und rechtsgeschichtlichen Entwickelung dargestellt. 1859. S. 148.

liche Vorbeugung (Prävention), als auf Strafe durch das Recht, d. h. auf die Zurücktreibung des bösen Willens (Repression), welche doch im Strafrecht Thatsache ist.

Hegel hat die Strafe als eine logische Consequenz des Verbrechens dargestellt. Der Wille des Verbrechers, welcher Verletzung sei, mache sich als der Wille eines vernünftigen Wesens zu einem Allgemeinen, unter welches also der Verbrecher als unter sein Recht subsumirt werden dürfe; es sei daher die Verletzung des Verletzenden, die Negation des negirenden Willens das Recht, das aus seiner Handlung als seine eigene Ehre mit dem Masse der Wiedervergeltung fliesse. Diese Theorie ist eigentlich nur eine Dialektik gegen den Verbrecher aus seinem eigenen Willen, eine Ueberführung aus seiner eigenen Selbstsucht; aber das allgemeine, Allen gleiche Recht und die Norm seines Masses muss anderswo wurzeln, als in einer aus dem partikularen Willen des Verbrechers gezogenen Consequenz. Das Recht als solches wird positivere Motive haben, als die dem Unrecht aufgenöthigte Logik. Es würde noch immer die Frage bleiben, ob das Recht als solches die Verletzung mit Verletzung erwiedern dürfe oder erwiedern solle.

Unter Hegels Einfluss hat sich der Begriff der Strafe berichtigt und von der objektiven und sittlichen Seite ergänzt. Die gesetzwidrige Handlung ist darnach die an sich nichtige und in der Strafe vollzieht der Staat die Manifestation ihrer Nichtigkeit. So ist sie Negation der Negation. Der verbrecherische Wille wird als das Nichtige was er ist gesetzt, und zwar in dem Umfang und in der Intensität, in welchen er solches Nichtige ist. Da nun das Verbrechen wesentlich Produkt der subjektiven Innerlichkeit ist, so wird es in Wahrheit nur aufgehoben, wenn die Gesinnung aufgehoben wird. Daher muss die Strafe die Absicht enthalten, von dem Verbrecher selbst und von Anderen, in welchen die Geneigtheit zu ähnlichen Verbrechen obwaltet, als eine gerechte Züchtigung empfunden zu werden und dadurch Abschreckung und Besserung zu bewirken. Dieses Bestreben ist aber gegenüber dem freien Subjekte nur so weit gerecht, als es selbst in seiner Handlung seine Subjektivität entäussert hat. Nur so weit darf ihm vom Staat die Nichtigkeit seines Willens aufgewiesen werden. In dieser Auffassung ist trotz der dialektischen Formulirung das Logische ethisch geworden, was da nicht möglich war, wo, wie in Hegels Rechtsphilosophie, das Verbrechen und die Strafe vor der Moralität und der Sittlichkeit behandelt wird.

Anm. Kant, metaphysische Anfangsgründe der Rechtswissenschaft. 1797. 2. Aufl. 1798. XXXV. §. D.

Hegel, Grundlinien der Philosophie des Rechts oder Naturrecht und Staatswissenschaft im Grundrisse. 1821. §. 100.

E. R. Köstlin, neue Revision der Grundbegriffe des Criminalrechts. 1845.

§. 58. Da das geschehene Unrecht, das die Macht des Rechts durchbrochen hat, nicht ungeschehen werden kann, so stellt sich das Recht durch die Strafe wenigstens ideell in seiner Macht her und behauptet durch diesen Zwang die allgemeine Anerkennung. Ohne die Strafe würde die Selbstsucht des Bösen zum Ziel kommen und gelten. Da das Unrecht in seinem Ursprung und seiner Wirkung verschiedene Seiten hat, so muss das Recht, um sich wiederherzustellen, nothwendig in der Strafe diese verschiedenen Beziehungen zusammengreifen und vereinigen, und zwar die Beziehung auf den Thäter, ferner die Beziehung auf die Person, welche durch das Unrecht gekränkt ist, und endlich die Beziehung auf die Gemeinschaft. Die Strafe ist in ihrem inneren Zweck Macht des Rechts über den Thäter, Macht des Rechts für den Gekränkten und Macht des Rechts in der Gemeinschaft.

Schon aus dem Begriff des förmlichen Rechtes (§. 49) folgt: *nulla poena sine lege.*

§. 59. Die zweite Seite mag zuerst berührt werden. Dass der Straffällige dem durch sein Unrecht böswillig Beschädigten zu Schadenersatz, so weit ein solcher möglich, verpflichtet ist, kann nicht zur Strafe gerechnet werden. Inwiefern indessen der am Recht Gekränkte eine Verletzung erfährt, welche über das Gebiet des äussern Ersatzes hinausgeht, scheint es nach der gewöhnlichen Empfindung, als ob ihm eine besondere Genugthuung gebühre. Was mit diesem Namen bezeichnet wird, ist Abfindung eines noch nicht geläuterten Gefühls, einer noch unberuhigten Leidenschaft. Mit dem sich vertiefenden sittlichen Gefühl tritt daher diese Auffassung, als ob die Strafe eine besondere Genugthuung für den Gekränkten sein solle, in den Hintergrund; und es ist eine edlere Voraussetzung, dass die besondere Genugthuung des am Recht Gekränkten in der durch die Strafe bezweckten allgemeinen Wiederherstellung des Rechts aufgehe.

Die Ablösung der Rache durch die Strafe mag noch in den Anfängen des Strafrechts erkannt werden, wie z. B. die Ablösung der Blutrache in Gesetzen über Mord, die Ablösung der Rache bei ehelicher Untreue in Ehegesetzen. Der Zustand der Sitte zeigt sich dabei in dem werdenden Gesetz. Wenn die Strafgesetze in ihren Anfängen blutiger sind und leichter den Tod verhängen, so mag auch darin der Affekt der Verletzten mitwirken; denn der Zorn unterscheidet nicht und die Rache, einerlei worüber entstanden, sättigt sich erst in der Vernichtung ihres Gegenstandes.

§. 60. Das Recht, welches in dem Verbrecher den Menschen sieht, muss auch strafend in ihm den Denkenden und Wollenden ins Auge fassen. Daher ist die Strafe, die Rückwirkung gegen das Unrecht, dahin gerichtet, dass der Thäter, der das Recht böswillig durchbrochen hat, sie als nothwendige Folge seiner Schuld, als v e r d i e n t e Strafe einsehen, und, inwiefern seine Auflehnung wider das Recht auch durch die Macht des Rechts über ihn gebrochen wird, sie als Abbüssung seines Unrechts und der göttlichen Ordnung gegenüber als Sühne empfinden könne. In diesen Beziehungen ist die Strafe das Recht des Thäters und keine Verletzung, sondern eine Anerkennung seiner Persönlichkeit. Diese Seite der Strafe ist zwar durch die unerzwingbare freie Auffassung des Thäters unbedingt; aber wäre die Strafe die Aufhebung einer Ungerechtigkeit durch eine andere, so wäre sie unmöglich. Gerecht kann ihm nur diejenige Strafe erscheinen, welche aus der Natur seiner eigenen That auf der einen und der Bestimmung des von ihm verletzten Gesetzes auf der andern Seite nothwendig entspringt. Erst in der Gesinnung des Thäters wird das Unrecht an der Wurzel angefasst und ihre Besserung ist der Sieg des Rechts über den ihm feindlichen Willen; daher wird man in die Strafe, je mehr sie den Thäter ins Auge fassen kann, den Zweck der Besserung einschliessen. Ohne dies macht man die Veranstaltungen des Strafrechts zur Maschine.

Da Umlernen schwieriger ist als neu lernen und ungeachtet augenblicklicher Reue ein Umlernen der Begierden und ein Umlernen des den Begierden beispringenden eingewöhnten Gedankenzuges das Schwierigste von Allem: so ist die Besserung, wenn auch einsam begonnen, in der Dauer und Durchführung nur dann zu hoffen, wenn die Gemeinschaft den Verbrecher nach verbüsster Strafe, statt ihn aufzugeben und sich selbst zu überlassen, kirchlich und bürgerlich unterstützt. Diese Aufgabe ist, je schwerer zu lösen, desto dringender. Der entlassene Sträfling hat das Weh der Strafe hinter sich, aber grössere Noth vor sich, wenn er die Lebensbedingung in der bürgerlichen Gesellschaft, das Vertrauen, nirgends findet und wie verstossen der alten Versuchung verfällt.

Unterstützung der Besserung ist erst das Gegentheil jener Rache im rohen Anfang des Rechts, deren kalter Hohn noch in den alten Namen der Strafen durchblickt, wie z. B. im Pranger (nach der wahrscheinlichen Ableitung), im Willkomm und Abschied der Zuchthäuser, oder gar in den Namen der Marterwerkzeuge, z. B. der eisernen Jungfrau, der *mater dolorosa*.

Wenn nach der allgemeinen Vorstellung die Strafe, eine Sühne des Unrechts, die Gemeinschaft mit dem Thäter aussöhnt, so liegt der ethische Werth dieses Gedankens in der durch die vollzogene Strafe wiederhergestellten Macht des Rechts. Psychologisch wirkt darin unbemerkt ein Vorgang unserer Affekte mit, indem das eintretende Mitleid mit dem die Strafe Leidenden die frühere Empfindung des Hasses gegen den Thäter mindert oder tilgt, und dadurch eine ruhigere Empfindung, eine innere Ausgleichung, analog dem Gefühl der Aussöhnung, hervorbringt. Die Strafe kann indessen die eigentliche Versöhnung nur in der Richtung auf Besserung erzielen.

Anm. Im Sinne der das Unrecht der Seele heilenden Strafe zeigt schon Plato (Gorgias p. 478), dass wir den nach dem Gesetz Gezüchtigten für glücklicher halten müssen, als den, der nicht gezüchtigt wird.

§. 61. Obwol die Strafe nicht als Ersatz der Rache oder gar als desto sicherere Rache angesehen werden darf, so entsteht doch, wenn die Strafe ausbleibt, der Reiz zur Rache, die sich nun sogar für einen Ersatz des Rechts hält. Das allgemeine Rechtsgefühl, welches von der Rache des Gekränkten schon als ein allgemeines Gefühl verschieden ist, fordert die Strafe des böswilligen Unrechts. Das gelingende Verbrechen stachelt die Selbstsucht und den bösen Willen Anderer in heimlicher Lust auf. Das böse Beispiel verliert erst dann seine anreizende Kraft, wenn es, durch die Strafe in sich gebrochen, in das Gegentheil des Anreizes ausläuft, oder, in dem psychologischen Vorgang der gewöhnlichen Ideenassociation aufgefasst, wenn die Vorspiegelungen der Lust, die sich an das Beispiel hoffnungerregend knüpfen, durch den Eindruck der Unlust und der Furcht ein Gegengewicht erhalten. Das böswillige Unrecht entsteht selten für sich und ohne Zusammenhang, vielmehr hat es seine Vorbedingungen in den verzweigten nährenden Vorstellungen der Gemeinschaft; und von dem böswilligen Unrecht in allen seinen Gestalten liegt ein gleichartiger Keim in jedem Menschen. Nach diesen Seiten offenbart sich die Strafe des böswilligen Unrechts auch für die Gemeinschaft als die Wiederherstellung der Macht im Recht, und es ist ihr daher wesentlich, dass sie den Charakter des Offenkundigen habe.

§. 62. Die Strafe ist eine durch das Gesetz auferlegte Minderung des persönlichen Daseins mit dem erklärten Zweck, gegen ein gethanes Unrecht gegenzuwirken. Diese begleitende Vorstellung giebt jener realen Minderung den empfindlichsten Stachel. In diesem Sinne will auch die Geldbusse dem persönlichen Dasein empfindlich sein. Es wird das Mass und die Weise der

Strafe, da die Rücksicht auf den am Recht Gekränkten in die Rücksicht auf die Gemeinschaft aufgenommen ist (§. 59), theils aus der That, gegen welche das Recht gegenwirkt, theils aus dem Zusammenhang derselben mit dem gemeinsamen Leben zu bestimmen sein.

§. 63. Die äusserlichste Abmessung der Strafe nach der That selbst ist die Wiedervergeltung, eigentlich die roheste Form, den Verbrecher zur vollen Empfindung seines Unrechts zu bringen. „Auge um Auge, Zahn um Zahn.“ Es können, wenn auch die Handlungen nach aussen gleich sind, Unterschiede in ihren inneren Verhältnissen liegen, und zwar nach der Seite des Willens, nach der Seite der Ausführung und nach der Seite der verletzten Zwecke. Durch diese Unterschiede sind nothwendig in der Strafe als angemessener Gegenwirkung Unterschiede bedingt.

§. 64. Die Strafe ist gegen den Willen gerichtet, sei es gegen den eingreifenden oder aussetzenden Willen. Daher kann es da, wo der Wille, d. h. das vom Denken bestimmte Begehren, unmöglich ist, keine Strafe als solche geben, wie z. B. gegen eine That im Wahnsinn, oder da, wo der Mensch mit seinen Gliedern ohne sein Zuthun in die Uebermacht äusserer physischer Ursachen gerathen ist. Bei der Strafe ist es daher eine Vorfrage, ob es bei der That einen Willen gegeben habe oder habe geben können. Hat der Thäter einen Willen haben können, wo er ihn nicht hatte: so ist die Zumuthung gerecht, dass er ihn habe haben sollen. Da der Wille das Denken als seinen bestimmenden Factor voraussetzt, so geht die Frage weiter rückwärts dahin, ob der Thäter vor seiner That und für seine That und bei seiner That gedacht habe und habe denken können. Die volle Verneinung dieser Fragen schliesst die Zurechnung und mit der Zurechnung die Strafe als solche aus. Das Unrecht aus unvermeidlichem Irrthum ist kein gewolltes Unrecht.

Der Wille hat zur Handlung verschiedene Beziehungen, welche sich in den Begriffen des Vorsatzes und der Absicht, der Triebfeder und des Beweggrundes ausdrücken.

Vorsatz und Absicht werden im weiteren Sinne miteinander verwechselt, aber im engeren unterschieden. Während der Vorsatz auf die einzelne Handlung geht und den bewussten Willensact an dem einzelnen Punkte bezeichnet, wo er in der Sinnenwelt causal wird, geht die Absicht auf den Erfolg, auf die Wirkung als allgemeinen Zweck des Willens. Der Gegenstand der Absicht ist eine hervorzubringende Wirkung, der Gegenstand des Vorsatzes die Causalität, wobei es unbestimmt bleiben kann, ob die daraus folgende Wirkung gewollt oder nicht gewollt ist. Die Absicht erzeugt den Vorsatz als Mittel, wenn der causale Zusammenhang zwischen einer Handlung und der gewollten Wirkung eingesehen ist.

Aber wenn man den Vorgang im Willen weiter verfolgt, so hat die Absicht, der Zweck im Einzelnen, eine allgemeine Quelle; ihr Ursprung geht in die Triebfeder und den Beweggrund zurück. Beide begegnen einander in der Sprache und werden miteinander vertauscht; sie können indessen so unterschieden werden, dass die allgemeine Triebfeder in den gegebenen Umständen ihren Beweggrund findet und daher der Beweggrund im Concreten der Triebfeder entspricht. Die Triebfeder als subjektiver Bestimmungsgrund verknüpft den Willen mit dem treibenden Affekte des Eigenlebens, sei dieser nun der Affekt des natürlichen Menschen, wie Neid, Zorn, Rachedurst, oder schon sittlich geworden, wie Liebe zur Pflicht, Achtung vor dem Gesetz.

Im Vorsatz handelt es sich darum, ob die Handlung als einzelne gewollt ist, in der Absicht darum, ob die Wirkung, welche in der Handlung unter das Allgemeine der Rechtsbeurtheilung fällt, Zweck des Willens gewesen, in der Triebfeder darum, wie sich das Eigenleben in der Handlung befriedigen wollte, und im Beweggrunde, welche Auffassung der Umstände die Triebfeder in Bewegung setzte. Wo z. B. Rache die Triebfeder ist und in einer vermeintlich erlittenen Verletzung der Beweggrund liegt, kann die Absicht entstehen, den Beleidiger aus dem Wege zu räumen, und im Willen den Vorsatz zeitigen, dieses Mittel zu diesem Zwecke anzuwenden.

Wenn eine Handlung sittlich beurtheilt wird, so ist die Schuld da am grössten, wo von der Triebfeder bis zum Vorsatz Eine böse folgerichtige Kette fortgeht, wo der bösen Triebfeder der die Umstände erfassende Beweggrund und dem bösen Beweggrund die freche Absicht, und der Absicht der entschlossene Vorsatz entspricht, wo also die strenge Consequenz, der zusammengefügte Plan, der die Hindernisse überwindende Gedanke und die festgehaltene Durchführung die beharrliche Arbeit des Bösen kund geben. Wenn hingegen in dem Zusammenhang von Triebfeder, Beweggrund, Absicht und Vorsatz die Consequenz durchbrochen ist oder gar Glieder fehlen, mindert sich die Schuld.

Für die juristische Beurtheilung tritt gegen die ethische eine Beschränkung ein. Wie das Gesetz keine Triebfeder, keinen Affekt befehlen und erzwingen kann, weil sie dem freien eigenen Innern des Menschen angehören: so kann es auch den Affekt für sich, die Triebfeder für sich allein nicht zum Gegenstand der Strafe machen. Während ferner die Wirkung in die Erscheinung fällt, ziehen sich Vorsatz, Absicht, Beweggrund, Triebfeder immer tiefer in das verschlossene Innere zurück und werden immer schwieriger zu beurtheilen; denn selbst das Bekenntniss des Thäters reicht nicht aus, wenn es, ob wahrhaft, zu prüfen ist. Daher hält sich die juristische Beurtheilung an den Momenten, welche verhältnissmässig die erkennbarsten sind, an Vorsatz und Absicht, welche die einzelne Handlung mit ihrer Wirkung vollständig an den Thäter binden oder von ihm ablösen. Triebfeder und Beweggrund können indessen in zweiter Linie in Betracht kommen, um die Absicht festzustellen oder zu wägen. Soll z. B. Leichtsinn ein Milderungsgrund der Strafe sein, so wird er wesentlich dadurch erkannt werden, dass eine böse Triebfeder und ein böser Beweggrund fehlen.

Wenn sich im Unrecht Vorsatz und Absicht so vereinigen, dass die Verletzung des Rechts, welche nach aussen geschieht, nach innen ihnen entspricht, wenn sie so gewollt wurde, wie sie herauskam: so ist die Schuld voll *(dolus)*. Die Absicht ist darin die böse Seele des Vorsatzes. Wenn der Vorsatz der einzelnen Handlung da ist, aber die Absicht ihrer Wirkung fehlt (*culpa*, vermeidlicher Irrthum, Versehen): so vermindert sich mit der Schuld der Grund zur Gegenwirkung. Wenn endlich der Thäter sein böswilliges Unrecht wiederholt und in der Wiederholung den bösen Willen als bleibende Quelle des Unrechts darthut, so vermehrt sich mit der Schuld der Grund der Gegenwirkung.

Der Begriff der Absicht ist schwer zu begrenzen, da sie nicht beobachtet, sondern nur erschlossen werden kann. Es ist im Leben nichts gewöhnlicher, als die Wirkung einer Handlung, zumal wenn sie vorhergesehen werden konnte, auch für die gewollte Wirkung, für die Absicht zu erklären, obwol erst die individuelle Lage des Falles zu einem solchen Urtheil berechtigt. Ferner fragt es sich, da die Wirkung jeder Handlung eine unbestimmte Weite hat und selbst zur Ursache werdend unbegrenzt fortläuft, innerhalb welcher Grenzen die Wirkung Absicht gewesen, was also in die Absicht einzurechnen und was von ihr auszuschliessen sei. An jeder Handlung wird man Wirkung und Seitenwirkung, eigentliche Wirkung und Wirkung nebenbei (*per accidens*) unterscheiden müssen und nicht ohne ausdrücklichen Beweis im Einzelnen die Seitenwirkung der Absicht zurechnen dürfen. Man muss die entferntere Wirkung nicht mit der nächsten, die unvorhergesehene nicht mit der vorhergesehenen, die zufallende nicht mit der wesentlichen verwechseln.

Das Strafrecht sucht die verschiedenen Grade des Vorsatzes und der Absicht, sowie der Verbindung beider abzustufen (*dolus determinatus, indeterminatus, alternativus, eventualis, culpa*), damit sich die Strafe dem Grade anpasse, in welchem durch die That des Unrechts das Sittliche und dessen Anerkennung befehdet ist.

Im bürgerlichen Recht wird für die Bestimmung des Schadenersatzes auch das V e r s e h e n abgestuft (*culpa lata, levis, levissima*). Das römische Recht misst darin mit praktischem Takt den Mangel der Sorgfalt im Fremden nach der Analogie der Sorge für das Eigene, nach dem Verhalten eines guten Hausvaters, da im

Eigenen das Ethische durch die Selbsterhaltung die Spannung eines natürlichen Triebes erreicht. Wenn an die Vernachlässigung der Pflicht für das Fremde ein Mass angelegt wird, das aus der Sorgfalt und Liebe für das Eigene stammt: so blickt schon im Juristischen, das sich gegen die Uebertretung wendet, die positive ethische Forderung durch, dass sich die Pflicht für das Fremde erst dann voll erfüllt, wenn der Handelnde ein „guter" Verwalter und nicht mehr ein blosser Miethling ist. An dem leichter empfundenen und einleuchtenderen eigenen Verhältniss wird für das entferntere ein Mass gesucht, auf ähnliche Weise, wie im alten deutschen Recht für die Lehnstreue ein Vorbild in dem ursprünglicheren Bande der Sippe liegt und daher an diesem Beispiel gemessen wird, was der Lehnstreue gemäss ist oder widerspricht.¹

§. 65. In Bezug auf die Ausführung unterscheidet sich der Versuch des Unrechts und die vollendete That. Erst diese hat die volle reale Wirkung des Unrechts; und es lässt sich denken, dass in jenem noch eine Beschränkung des Unrechts oder eine theilweise Zurücknahme durch den Willen des Thäters möglich ist. Daher wird sich nach diesem Gesichtspunkt die Gegenwirkung des Rechts gegen das Unrecht abstufen.

§. 66. Obwol in dem sittlichen Gemeinwesen, wenn es in der Idee gedacht wird, alle inneren Zwecke von dem Einen und letzten Zwecke gebunden und durchdrungen sind: so unterscheiden sie sich doch für das sittliche Bewusstsein nach dem Grade der einleuchtenden Nothwendigkeit, durch welche ausser dem positiven Gebote sich die sittliche Gesinnung verpflichtet erachtet. Diese Nothwendigkeit bestimmter Zwecke lässt sich im einzelnen Falle darnach messen, wie weit bei allgemeiner Verletzung derselben das Sittliche überhaupt noch möglich sein würde. Es wird sich daher die Gegenwirkung des Rechts gegen das Unrecht auch nach dem Wesen der Zwecke, welche sie zu wahren hat, abstufen und abmessen. Dem Unterschiede des strafbaren Unrechts in Uebertretung, Vergehen und Verbrechen, welcher dem in der Sprache ausgedrückten sittlichen

Bewusstsein gemäss ist, liegt theils der Unterschied der inneren Zwecke, welche verletzt sind, theils der Unterschied der sich im Unrecht offenbarenden Gesinnung zum Grunde. Die Vermischung zweier Gesichtspunkte (§. 64. 66), indem bald die Hoheit der zu wahrenden Zwecke, wie im Hochverrath, bald die Verworfenheit der Gesinnung, wie in der Unzucht, zum vorwiegenden Mass des Verbrechens genommen wird, macht es schwierig, Verbrechen und Vergehen scharf gegen einander zu begrenzen. Will man statt dessen die Höhe der angedrohten Strafe zum Theilungsgrunde machen, so begeht man, wissenschaftlich genommen, ein Hysteronproteron und setzt die Folge an die Stelle des Grundes oder Wesens.

Nur unter der Voraussetzung, dass die Strafe sittliche Zwecke schirme, giebt es für sie ein gerechtes Mass. Wo hingegen die Gesetze mit ihrer erhaltenden Natur darauf ausgehen, sittliche Missverhältnisse zu schützen und zu befestigen, da haben sie einen beständigen Kampf gegen menschliches Widerstreben zu führen und greifen, um desselben Herr zu werden, nothwendig zu unmenschlichen Mitteln des Schreckens und der Furcht. Daher z. B. die grausamen Strafen in der Sklavengesetzgebung aller Zeiten, wie in Rom (die scheinbare Begründung *Tacit. annal.* XIV, 42 ff.), in Nordamerika. So erkennt man noch in der Verzerrung den eigentlichen Begriff des Rechts als einer Selbsterhaltung des Sittlichen.

Freilich kann das sittliche Mass für die inneren Zwecke nach den Zeiten und dem Zusammenhang der Geschichte wechseln. Bald wird es nach und nach tiefer aufgefasst, bald giebt es dem Sittenverderbniss nach. Es ist ein weiter Abstand von der Steinigung für das Holzlesen am Sabbath (4. Mos. XV, 32 ff.) bis zur Polizeistrafe für eine Uebertretung der Art in heutiger Zeit. Anwerbung für fremden Kriegsdienst ist heute strafbar, und war früher in Deutschland und noch vor Kurzem in der Schweiz gestattet, ja die Befugniss galt für Freiheit. Auf Ehebruch stand früher der Tod.

§. 67. Das Mass der Strafe hat ferner eine nothwendige

Beziehung zu der Gemeinschaft des Lebens, aus dessen Mitte das böswillige Unrecht hervorgegangen ist. Wenn sich die Empfindlichkeit, auf welche die Strafe als Minderung des persönlichen Daseins gerichtet ist, mit der Cultur oder der allgemeinen Sittlichkeit im geistigen Sinne steigert, z. B. nach der Seite des Ehrgefühls: so können die handgreiflichen Strafen, z. B. körperliche Züchtigung, in Strafen verwandelt werden, welche mittelbarer, aber nicht weniger nachhaltig, einen psychologischen Zwang üben. Ferner verzweigen und verwandeln sich die Verbrechen durch die Cultur. Wenn die gegebenen Zustände die Neigung zu gewissen Verbrechen nähren, z. B. zum Betrug, zum Meineid, zur Auflehnung wider die Obrigkeit: so steigt nothwendig von selbst auf der einen Seite die sittliche Zumuthung an die Kraft des Einzelnen, der Versuchung und Ansteckung zu widerstehen, und es bedarf auf der anderen Seite eines eindringlichen Gegendruckes, um auf die Gemeinschaft zu wirken. In solchem Falle wird daher die Strafe sich schärfen müssen. Denn es kommt Alles darauf an, dass das Sittliche in der Sitte erhalten bleibe; und die Strenge zu rechter Zeit wirkt dazu mit. *Deest remedii locus, ubi, quae vitia fuerunt, mores fiunt* (Seneca). Es liegt hierin kein Unrecht gegen den Thäter, wenn in dieser Beziehung die Strafe nach äusseren Gesichtspunkten abgeschätzt und ein constantes Mass in der an und für sich aufgefassten That nicht gefunden wird. Denn die That selbst hat in ihrem Ursprung und in ihren Wirkungen diese Beziehung zur Gemeinschaft.

Aus der Seite, welche das Verbrechen der Gemeinschaft zukehrt, fliesst auch die Möglichkeit, dass Verbrechen verjähren dürfen, und zwar leichtere früher, schwerere später. Die Gegenwirkung kann da zurücktreten, wo der Anreiz des Beispiels, der in dem unbestraften Unrecht liegt, erloschen oder doch im Erlöschen begriffen ist. Zugleich mag vorausgesezt werden, bis sich das Gegentheil durch neue Uebertretungen kundgiebt, dass der böse Wille, der sonst die Strafe nothwendig macht, sein Widerstreben gegen das Gesetz aufgegeben habe.

§. 68. Wie die Strafe bei verzweigter Schuld sich nicht an den nächsten Theil allein halten darf, sondern sie in Allen verfolgen muss, welche sie mit tragen, ja den Anstifter, der die eigentliche Ursache ist, nicht selten Bestechung geübt und sich selbst in feige Heimlichkeit versteckt hat, schwerer treffen mag, als den Thäter: so hat sie auf der anderen Seite sich zu hüten, den Zusammenhang einer von Hass getriebenen Vorstellung, welche z. B. mit dem Schuldigen die Angehörigen in trübe Schatten stellt, für einen causalen Zusammenhang zu nehmen. Das Strafrecht hat oft, um die Abschreckung zu steigern, die Strafe auf Andere, als die schuldigen Thäter, z. B. auf die Familie, die Kinder, ausgedehnt. In der Confiscation der Güter, soweit diese nicht zum Schadenersatz dienen müssen, herrscht ein ähnlicher Gesichtspunkt. Indessen wirkt das Strafrecht, das weder Krieg ist, der unschädlich machen will, noch Rache, welche der blinden Ideenassociation folgt, nur dann in sittlicher Hoheit, wenn es den Schuldigen besonnen ausscheidet und keine Unschuldigen haften lässt.

Anm. Es hat Zeit bedurft, bis dies Rechtsbewusstsein durchdrang. Es entspricht dem ethischen Charakter des mosaischen Rechts, wenn es gebietet (5. Mos. XXIV, 16): „Die Väter sollen nicht für die Kinder, noch die Kinder für die Väter sterben, sondern ein Jeglicher soll für seine Sünde sterben," und noch allgemeiner (Hesekiel XVIII, 20): „Der Sohn soll nicht tragen die Missethat des Vaters und der Vater soll nicht tragen die Missethat des Sohnes" (vgl. 2. Kön. XIV, 6). Bei den Griechen finden sich in den Gesetzen ausdrückliche Beispiele des Gegentheils. So heisst es in einem attischen Volksbeschluss (ungefähr Ol. 96) bei Ausführung einer Kolonie nach Brea in Thracien: wer diesen Beschluss aufheben oder ändern wolle, der solle mit seinen Kindern ehrlos sein. (Boeckh hat in den Monatsberichten der k. Akademie der Wissenschaften 1853, S. 160 f. parallele Fälle angeführt.) Die Drohung soll abschrecken und die blosse Abschreckung läuft immer Gefahr, ungerecht zu sein. Wie die Leidenschaft nicht unterscheidet, sondern in ihren Hass zieht, was dem Gehassten nahe steht: so sieht man das Recht in leidenschaftlich erregten Zeiten in Maximen des Hasses und der Rache zurückfallen.

§. 69. Wenn man in den Strafarten die Motive vergleicht, aus welchen sie hervorgingen: so sieht man in ihnen, wie in aller sittlichen Entwickelung, die Beweggründe erst nach und nach sich von dem Selbstischen und dem Nächsten ablösen und erst nach und nach einen Gesichtspunkt gewinnen, welcher den weiten Blick des Ganzen kundgiebt.

Wo ununterschiedlich Auge um Auge, Zahn um Zahn, Leben um Leben gilt, wo in der Strafe das Handgreifliche herrscht, die leibliche Pein, die körperliche Züchtigung, Verstümmelung der Glieder: steht die Strafe, die Wiedervergeltung bezweckend, noch der Rache nahe. An die Wiedervergeltung, welche auf das Geschehene sieht, schliesst sich die Abschreckung an, welche zugleich die Zukunft ins Auge fasst. Man glaubt mit grausamen Strafen am meisten abzuschrecken; und in der Todesstrafe, welche die Phantasie der Menschen grausig ergreift, verbreitet sich die Furcht vor dem rächenden Gesetz am kräftigsten und in die weitesten Kreise. Aber die Achtung vor der menschlichen Person tritt der Wiedervergeltung, sowie der Abschreckung um jeden Preis, allmählich entgegen.

Wenn Geldstrafen als Wehrgeld aufkommen, so stehen sie als eine Art Schadenersatz doch noch der Wiedervergeltung nahe, und einseitig bezwecken sie vornehmlich die Abfindung des Rachegefühls in den Beschädigten (§. 59).

Aus dem Bezug auf die Gemeinschaft sind die Ehrenstrafen hervorgegangen. Die Gemeinschaft, in dem Richterspruch vertreten, urtheilt über den sittlichen Werth des Menschen für die Gemeinschaft. Sie entzieht politische Rechte, welche sie nur unter Voraussetzung des Gehorsams gegen die Gesetze gegeben hatte, oder sie mindert durch Ausschliessung von öffentlichen Thätigkeiten, durch Aberkennung von Zeichen der Gemeinschaft die Meinung der Genossen, in der sich Jeder so wiederzuspiegeln strebt, dass er sein Bild besser oder doch nicht schlechter aus ihr zurückempfange. Diese Strafe will dem Schuldigen psychologisch empfindlich werden; denn erst spät wird der Verbrecher so abgestumpft und verworfen, dass er nach Ehre nichts mehr fragt; und abschreckend hält sie den Andern im Verkehr gegenwärtig, wie empfindlich das verletzte Gesetz auch innerlich treffen kann. Ein für immer aus der öffentlichen Meinung Verstossener (*infamis*, *ἄτιμος*) ist wie ausser Umlauf gesetzte Münze, welche keiner nimmt. Mit der verminderten oder vernichteten Ehre vermindern oder vernichten sich ihm die Bedingungen zu einem sich befriedigenden Leben. Indem der Kirchenbann aus der Kirche ausstösst, welche dem Gläubigen die Gemeinschaft mit Gott und alles Seelenheil vermittelt, verwundet er den wirklich Gläubigen in der innersten Seele und trifft zugleich die bürgerliche Meinung. Wiedervergeltung und Abschreckung sind noch die vorwiegenden Beweggründe dieser Strafarten.

Gleichzeitig tritt in den Verbannungen, Deportationen, vervielfachten Todesstrafen ein anderer Beweggrund hervor. Die bürgerliche Gesellschaft fürchtet die bestraften Verbrecher, wie z. B. den politisch Schuldigen oder den rückfälligen Dieb. Daher sucht man sie zu entfernen. Transportationen mildern die alte Härte der die Verbrecher wegräumenden Todesstrafe. Sicherung der bürgerlichen Gesellschaft wird zum Gesichtspunkt der Strafe. Wenn die Absicht der Abschreckung mit dem Anreiz zum Bösen einen zweifelhaften Kampf besteht und erfolglos unterliegt, so kehrt sich nun das Verhältniss um. Die Gemeinschaft, welche schrecken wollte, erschrickt vor dem ungeschreckten Verbrecher. Daher hilft sich die vereitelte Abschreckungstheorie mit dem in die Strafe aufgenommenen Zweck, die bürgerliche Gesellschaft zu sichern. In demselben Sinne werden gestrafte Verbrecher auf Zeit oder überhaupt unter polizeiliche Aufsicht gestellt.

In allen diesen Richtungen herrscht noch allein der Gesichtspunkt des verletzten Einzelnen, des verletzten Ganzen. Die Strafen werden zunächst äusserlich verhängt und äusserlich vollzogen; und es kümmert Niemanden, was dabei in der Seele des Gestraften vorgehe.

Es war besonders das Verdienst der Kirche, umgekehrt in dem Leid die innere Busse und Besserung hervorzuheben und in der Strafe die Einkehr in sich selbst, die Umkehr vom Bösen zu bezwecken. Während die Kirche nach aussen, wie in der Inquisition, noch hart und herrisch strafte, war dies der Sinn ihrer Strafen im Innern, z. B. der Büssungen, der geistlichen Exercitien. Die Strafe will sich nun, wenn auch gewaltsam, einen Zugang zum Willen bahnen, und daher wird es Aufgabe, nicht den Menschen wie ein Thier durch Schlag und Stoss zu determiniren, sondern in einer solchen Weise, welche menschliche Selbstbesinnung gestatte. Aus dieser Richtung ist die Strafe der Freiheitsentziehung hervorgegangen, namentlich die einsame Haft, welche den Gedanken der Schuld wach und gegenwärtig halten soll. Es ist ein peinlicher Zustand, in welchem der Mensch auf Einen Gedanken zurückgeworfen wird und von ihm nicht los kann, weil ihm die Mannigfaltigkeit der Gegenstände, der Umgang des Gesprächs fehlt, weil ihn Alles auf den Grund der Haft zurückweist. Es ist die Freiheitsentziehung die faktisch empfundene Unmöglichkeit, das Versehen, das Vergehen, das Verbrechen, die Leidenschaft zurückzuthun. Je mehr durch die Cultur die geistige Empfindlichkeit wächst, je mehr der Werth der Freiheit gefühlt wird, desto mehr ist es möglich, diesen psychologischen Zwang an die Stelle handgreiflicher, z. B. körperlicher Strafen zu setzen.

In dem Gesichtspunkt der Besserung reicht die Kirche dem Staate die Hand. Aber es bedarf mehr. Soll die Besserung im Leben Bestand haben, so muss bei der Rückkehr in die bürgerliche Gesellschaft der begonnenen, aber noch nicht erprobten Umkehr der Gesinnung eine Verminderung der Anreize und Versuchungen zum Bösen, welche in der hoffnungslosen Noth liegen, entgegenkommen. Sonst wird die Noth, welche Eisen bricht, auch die zarten Ansätze des Guten brechen. Es kommt zunächst darauf an, schon in der Gefangenschaft die Ueberführung in die bürgerliche Gesellschaft durch Unterweisung in nützlicher Thätigkeit, durch Gewöhnung zur Arbeit vorzubereiten. Die als Leid auferlegten Strafen werden auf diese Weise zur Förderung verwandt. Die Strafe soll die kranken

Glieder heilen und als gesunde dem bürgerlichen Leben zurückgeben. Die Aufgabe ist gross und schwierig (§. 60).

Die beiden Zwecke, den Verbrecher zu bessern und die Gesellschaft zu sichern, haben in neuerer Zeit auf die Verbrecherkolonien geführt, und diese sind, wie z. B. in Australien, zu einem Hebel der Cultur geworden, welche die Erde dem Menschengeist unterthan macht. Sie sind da nur eine gleissnerische Menschlichkeit, wo sie dazu dienen, um die Verstossenen dem Klima zum Raube vorzuwerfen, aber haben da einen grossen Sinn, wo sie im unwirthbaren Lande menschliches Leben gründen helfen. Die Erfahrung Englands hat gelehrt, dass Verbrecherkolonien nur richtig wirken, wo sie die Aufgabe haben, ein unbewohntes Land zu kolonisiren, und auch da nur so lange an ihrer Stelle sind, als nicht neben ihnen eine grössere Menge freier Einwohner erwächst. Es ist ein grosser Gedanke, die Feinde der menschlichen Gesellschaft zum culturhistorischen Factor zu machen und auf solche Weise noch dem Bösen das Gute abzugewinnen; aber die Ausführung beschränkt sich durch die Gelegenheit und bedarf vielseitiger Erwägung und staatsmännischer Umsicht, um nicht in der Sorge für die Verbrecher neue Gefahren zu schaffen[1]. Nur ein Staat mit weitem Blick und grossen Mitteln kann in dieser Weise strafen und die Strafe hat sich nun am meisten von dem anfänglichen Zustand entfernt, der noch Züge des verletzten selbstischen Affektes in sich trug.

Durch den Beweggrund der Besserung beschränken sich die Mittel der Strafe. So z. B. würde eine lebenslängliche untilgbare Bescholtenheit die Wiedereinreihung in die bürgerliche Gesellschaft fast unmöglich machen und den Anreiz zu neuen Verbrechen vermehren. Wenn Gesetzgebungen es als eine Strafe aufgenommen haben, dass einem Verbrecher die Fähig-

---

1) Dr. Franz von Holtzendorff, die Deportation als Strafmittel in alter und neuer Zeit und die Verbrecherkolonien der Engländer und Franzosen in ihrer geschichtlichen und criminal politischen Bedeutung. 1859 — namentlich S. 354.

keit abgesprochen werde, Grundeigenthum zu erwerben, so ist das unweise; denn man nimmt dem Verbrecher, was man ihm, wenn man es könnte, geben sollte, die Möglichkeit eines Erwerbes, der an die bürgerliche Gesellschaft fesselt und mit ihren Gesetzen befreundet.

Wenn die Beweggründe der Strafarten menschlicher werden, so darf doch die Strafe nicht aufhören Strafe zu sein. Ohne dass das Gesetz gefürchtet wird, ist seine Macht nicht hergestellt. Diejenige Strafe würde ihrem inneren Zweck am meisten entsprechen, welche geeignet wäre, am meisten zu schrecken und am meisten zu bessern. Indessen thut das Eine leicht dem Andern Abbruch; und es ist die Aufgabe des Strafrechts, darauf zu sehen, dass beides sich einige.

Seit die körperlichen Strafen zurücktreten, sind die Geldbussen, kleinere oder grössere, und die Freiheitsstrafen, kürzere oder längere, mildere oder schärfere, das allgemeine Mittel geworden, in welchem die der Schuld proportionale Strafe ausgedrückt wird.

Gegen Geldstrafen wird mit Recht die Ungleichheit eingewandt, da sie dem Armen empfindlicher ist als dem Reichen. Indessen wird bei geringeren Geldbussen, wie für Uebertretungen polizeilicher Vorschriften, weniger der Verlust an Geld das Empfindliche sein, als der darin enthaltene öffentliche Ausdruck der auferlegten Strafe (§. 62), der durch die Einzahlung anerkannt werden muss. Grössere Geldstrafen werden da am Orte sein, wo es darauf ankommt, bei Verbrechen der Gewinnsucht, z. B. Betrug, eine andere Strafe, z. B. Gefängniss, Ehrenstrafe, auch für den Reichen empfindlich zu steigern, da sie die gemeine Gesinnung gerade an dem Theile ihres Wesens empfindlich fassen, durch welchen sie bestimmt wurde, das Verbrechen zu begehen. Durch die Geldstrafe kommt die Gewinnsucht zum geraden Gegentheil ihres Gelüstes. Daher verfolgte auch wol das alte römische Recht selbst den Diebstahl mit einer *actio in duplum* oder *quadruplum*.

Schon Plato hat es im Gorgias (p. 525 b.) an dem, der

richtig gestraft werde, als ein Ziel der Strafe bezeichnet, dass er entweder besser werde und gesunde oder Andern zum Beispiel diene, damit sie, sehend was er leide, sich fürchten und besser werden — und wie lange hat es gewährt, ehe sich der Zweck der Besserung neben dem Zweck der Abschreckung eine wirkliche Rücksicht erkämpfte!

Die unvermeidliche Ungleichheit des Strafrechts, welche darin liegt, dass das Gesetz allgemein nach den allgemeinen sittlichen Verhältnissen und nach der allgemeinen Empfindlichkeit die Strafe bestimmt, aber jedes Unrecht individuell geschieht und aus der individuellen Lebenslage heraus, und dass die Empfindlichkeit dessen, der gestraft wird, individuell ist, kann nur durch den Spielraum, welcher der individuellen Beurtheilung des Richters gelassen wird, und durch die Möglichkeit der Begnadigung annähernd ausgeglichen werden.

§. 70. Da es viele Weisen giebt, durch Zwang die Empfindung des persönlichen Daseins zu mindern, so ist unter der Voraussetzung, dass dem innern Zwecke der Strafe Genüge geschieht, diejenige Art und Weise der Strafe vorzuziehen, welche dem Menschen im Verbrecher, also dem sich besinnenden, in sich gehenden Gedanken Spielraum lässt und nicht bloss schreckt, sondern auch bessert. Bei der Todesstrafe weicht dieser Gesichtspunkt zurück und darin liegt der erheblichste Einwurf gegen dieselbe. Die Frage nach dem Recht der Todesstrafe zerlegt sich in mehrere, und zwar, wenn lebengefährdende Verbrechen, z. B. Mord, Aufruhr, Sklavenhandel, zu ahnden sind, hauptsächlich in folgende: 1) Hat der Mörder ein Recht an sein Leben, so dass er die Erhaltung desselben fordern könnte? Inwiefern derjenige, auf welchen ein Anfall geschah, das Recht der Nothwehr und daher der Tödtung des Mörders hatte, muss diese Frage verneint werden. 2) Hat das Gemeinwesen (der Staat) das Recht, das Todesurtheil auszusprechen? Das Recht der Nothwehr ging vom Ganzen aus und geht auf das Ganze zurück (§. 56). In andern Fällen, z. B. im Aufruhr, ist der Staat selbst im Stande der Nothwehr. 3) Hat der Staat die Pflicht, sich dieses Rechtes gegen den Mörder zu begeben? Alle Furcht (§. 52) hat ihre letzte Spannung in der Furcht vor der Vernichtung. Wenn es der Zustand der Gemeinschaft erfordert, mit dieser letzten Spannung auf die Gemüther zu wirken, wie unter andern in Zeiten sittlicher Auflösung, in der Mannszucht während des Krieges: so wird das Recht des im Verbrechen verwirkten Lebens nicht schonen können. Wenn im Leben der Gemeinschaft der schadhaften, sympathischen Stoffe viele sind, so muss der Gegendruck, um sie zu bezwingen, desto ernsthafter sein. In dieser Rücksicht nach aussen liegt keine Ungerechtigkeit gegen den Verbrecher; denn das Beispiel seiner That ist sein (§. 68). Es ist eine falsche Humanität, um des Verbrechers willen durch schlaffe Strafen die Verbrechen zu fördern. Im Kriegsrecht, wie z. B. bei Verrath, wird die Todesstrafe unvermeidlich sein, und es widerspricht dem Begriff, dies als Nothwehr zu erklären. Es ist indessen die Aufgabe der sittlich strebenden Gemeinschaft, dass mit dem abnehmenden Verbrechen die Todesstrafe entbehrlich werde; jede verhängte Todesstrafe mahnt sie an ihre tiefsten Schülden. Es ist immer ein Nothstand des Rechts, einen Menschen preisgeben zu müssen. Ueberdies ist bei der Todesstrafe ein möglicher Irrthum des Rechts unwiderruflich und eine Ausgleichung desselben unmöglich. Daher ist es weise, die Todesstrafe einzuschränken und zu erlassen, wo es geht. Aber wenn man die Todesstrafe durch ein Gesetz abschafft, so wird dem Verbrecher ein Recht auf sein Leben zugesprochen, das er nicht mehr hat, und die Begriffe vom Recht, welche auf das Proportionale gewiesen sind, verwirren sich.

C. *Logische Seite des Rechts.* (*Methode des Rechts.*)

§. 71. Die ethische Seite des Rechts bestimmt die physische. Die logische soll beiden entsprechen (§. 6), wie das Denken dem Sein, mag es nun das Bildungsgesetz der Dinge suchen oder unter das gefundene die Dinge begreifen. Aehnlich wie in den Naturwissenschaften bewegt sich die Urtheilskraft im Recht nach zwei Seiten, indem sie theils in der Mannigfaltigkeit der menschlichen Strebungen und Handlungen den innern Gedanken der Gliederung mit dem, was aus ihm folgt, also die Norm des Allgemeinen, auffindet (reflektirend), wie die Gesetzgebung thut, theils die Strebungen und Handlungen unterscheidet und unter die gegebenen Normen subsumirt (bestimmend), wie des Richters Geschäft ist. Die reflektirende Urtheilskraft findet auf dem Gebiete des Rechts aus dem innern Zwecke auch die Normen für das, was nicht sein soll. Hiernach ist die logische Seite des Rechts zuerst in der Entstehung und dann in der Anwendung des Gesetzes zu verfolgen.

Anm. Kants Unterscheidung der reflektirenden und bestimmenden Urtheilskraft trifft, wie man auch über den Namen und die weitern Voraussetzungen Kants denke, eine wesentliche Seite im Vorgang des Erkennens. Kants Kritik der Urtheilskraft. 1790. S. XXII ff.

a. Logische Seite in der Entstehung des Rechts.

§. 72. Das Recht bildet sich aus der Auffassung der innern Zwecke des Ganzen und der Gliederung, welche zu wahren sind, sei es mehr unbewusst und durch stillschweigende Anerkennung im Gewohnheitsrecht, oder bewusster und planmässiger in der Gesetzgebung. Indem auf diesem Wege der Rechtsbildung von dem Ursprung ausgegangen wird, ist die darin sich offenbarende logische Methode synthetischer Natur. Dem Verfahren, welches aus dem Sinn der sittlichen Verhältnisse heraus das Recht bildet, das sie wahren soll, geht bedächtig die Betrachtung zur Seite, welche Folgen eintreten werden, wenn das Gesetz mit dem Triebe des sich in seinen Vortheilen erhaltenden Eigenlebens zusammentrifft, und was umgekehrt erfolgen würde, wenn das Gesetz seine Bestimmungen anders fasste. Jene vorausschauende, falsche Seitenwirkungen abwehrende und diese die Nothwendigkeit indirekt erprobende Betrachtung sichern warnend oder bestätigend den ursprünglichen schöpferischen Entwurf. Auch diese beiden Verfahren sind synthetischer Art. Inwiefern die inneren Zwecke der Gliederung in sich übereinstimmen, um ein Ganzes zu bilden, oder die etwa widerstreitenden Zwecke sich innerhalb des Ganzen ausgleichen: wird auch das erhaltende Recht, als eine unmittelbare Folge dieser Zwecke, eine Richtung auf eine Einheit haben, welche sich die Vielheit unterordnet, eine Richtung auf ein System, welches das logische Gegenbild des seine Bewegungen in bestimmten Grenzen behauptenden sittlichen Organismus sein wird. Eine gruppenweise Zusammenstellung von Rechtsmaterien ist noch kein System, obschon sie sich oft genug mit diesem Namen nennt.

Das positive Recht eines Volkes wird je nach der nationalen Besonderheit und der Entwickelungsstufe desselben das Ganze des Rechts und die darin begriffenen Theile in einem eigenthümlichen Sinne darstellen. Jedes subsidiarische Recht, aus einer fremden Gesetzgebung herbeigezogen, um eine Lücke des Rechts zu füllen, bringt die Gefahr, ausser einer logischen Inconsequenz eine Ungleichheit im nationalen Bewusstsein des Rechts zu erzeugen und als eine Störung in der eigenen Entwickelung zu wirken.

§. 73. Das Recht wird nur aus dem bestimmt, was der innere Zweck eines sittlichen Verhältnisses, und zwar in Uebereinstimmung mit dem Ganzen, zu seiner Wahrung fordert. Wer es im letzten Grunde finden will, kann es nur aus diesem Zusammenhang schöpfen. Wenn indessen die Grundverhältnisse schon in Grundnormen des Rechts gefasst sind, so erweitert sich das Recht und ergänzt das Fehlende nach der Analogie derselben. In der Geschichte des Rechts erscheint die Analogie vielfach als die weiterbildende Kraft, und in der Anwendung, z. B. in der Berufung auf ein Präcedens, bald als Begründung bald als Einrede. Es ist daher wichtig, diesen Schluss in seiner Stärke und in seiner Schwäche zu erkennen.

In der Analogie wird von Einem nebengeordneten Falle auf den anderen oder von Einer Art auf die andere geschlossen, indem vorausgesetzt wird, dass in dem ersten Falle das den anderen normirende Allgemeine angeschaut werde. Die Analogie ist falsch, wenn entweder die Fälle oder Arten nicht nebengeordnet sind oder wenn sie zwar nebengeordnet sind, aber die aus dem ersten Fall hervorgehobene und übertragene Norm nicht das Allgemeine, sondern vielmehr das Eigenthümliche (die specifische Differenz) des ersten Falles ist. Denn dann ist nicht das Verbindende getroffen, sondern vielmehr das Scheidende statt des Verbindenden ergriffen. Wenn man die Analogie — in ihrer ersten Bedeutung — als Proportion, als Gleichstellung zweier qualitativen Verhältnisse ansieht, so lassen sich die eben bezeichneten beiden Punkte dahin zusammenfassen, dass der Schluss der Analogie nur dann zutrifft, wenn der Exponent beider Verhältnisse — in der Anwendung auf das Recht der innere Zweck der Sache — derselbe ist. Weil die Analogie, so lange sie nur Analogie ist, immer von Fall zu Fall arbeitet, ohne durch einen strengen klar gedachten Obersatz gebunden zu sein, oder weil sie, so lange sie eine Analogie ist, den gleichen Exponenten mehr voraussetzt als erkennt: so wird sie unsicher und geräth z. B. bei Fortbildung eines Gesetzes, wenn der aus Analogie gezogene Fall nach einer andern Seite zu einer neuen Analogie dient, in's Unbestimmte. Daher bedarf das Verfahren der Analogie immer einer wachsamen Ergänzung durch die übrigen Methoden. Ein Fall der Ausnahme kann an sich keine Analogie bilden, da das Beispiel (das Analogon) vielmehr ein Fall ist, welcher die Regel in sich tragen muss.

Aus dem Gesagten ergiebt sich zugleich, wie einander entgegengesetzte Parteien den Schluss der Analogie verschieden behandeln werden. Wer ihn für seine Sache geltend macht, wird das Gemeinsame zwischen dem eigenen Fall und dem Beispiel betonen und so ausführen, dass das, was er erschliessen will, als in causaler Abhängigkeit von diesem Gemeinsamen erscheint. Umgekehrt wird der Widerlegende das Verschiedene hervorheben und die Verneinung, die er geltend macht, in causaler Abhängigkeit von dem Verschiedenen halten.

Anm. Vgl. Logische Untersuchungen II, S. 263 ff. 362 ff. Als Beispiel eines juristischen und zwar mehrgliedrigen Schlusses der Analogie bietet sich dar: *Cic. top. c.* 10 *Sunt enim similitudines, quae ex pluribus collationibus perveniunt, quo volunt, hoc modo: Si tutor fidem praestare debet, si socius, si, cui mandaris, si, qui fiduciam acceperit: debet etiam procurator.*

Man erkennt die das Recht fortbildende Analogie beispielsweise noch in den Namen des römischen Rechts, wie in den *obligationes quasi ex contractu* (*institut.* III, 28), in der *accusatio quasi publica* gegen den *tutor suspectus* (*instit.* I, 26, 3). Vgl. andere Fälle *institut.* II, 11, 6. III, 28, 6. IV, 5 u. s. w. Ausserdem giebt es viele Beispiele der Fortbildung durch Analogie im römischen Recht, z. B. in der Entstehung der *actio utilis*, *dig.* VII, 1, 17 §. 3 — *utilem actionem exemplo Aquiliae*, ferner *dig.* XXVII, 10, 1, *dig.* XXXVII, 12, 1 u. s. w. Beispiele einer zweifelhaften Analogie finden sich z. B. *institut.* II, 1, 33 vgl. 30, ferner *dig.* XVI, 1, 1, vgl. §. 4, wenn versucht ist, den Begriff der Intercession auf den Fall der Schenkung zu übertragen.

Wenn in den Evangelien nur der Ehebruch als Scheidungsgrund anerkannt wird und die Reformatoren böswillige Verlassung ihm gleichstellen: so ist das im Grunde der Sache eine Erweiterung des Rechts durch Analogie. Die böswillige Verlassung hat die Untreue der Gesinnung mit dem Ehebruch gemein und lässt in den gewöhnlichsten Fällen wirklichen Ehebruch vermuthen. Der Bezug auf die positive Vorschrift 1. Cor. 7, 15 reicht nicht aus. Wenn nun weiter die böswillige Verlassung die Basis neuer Analogien wird, so ist dahin zu sehen, dass sich nicht allmählich der ursprüngliche Grund verliere, was in fortgehenden Vergleichungen unvermerkt geschehen kann. Fügen hingegen spätere Gesetzgebungen andere Scheidungsgründe hinzu, als wäre die Ehe ein blosses Vertragsverhältniss: so ist die Analogie verlassen, und es herrscht dann darin der neue Gesichtspunkt eines synthetischen Verfahrens.

Im deutschen Recht ist das Lehnrecht, welches ursprünglich Gut gegen Diensttreue gab und den Kriegsdienst der Ritterbürtigen voraussetzte, durch Analogie erweitert und über den ursprünglichen und eigentlichen Kreis hinaus zur Begründung bäuerlicher Nutzungsrechte in den Erbleihen angewandt worden.

Die sogenannten Fictionen des Rechts gehören ebenfalls hieher. Sie fassen etwas, das nach vorwiegenden inneren Gründen unter einen Rechtstitel fallen könnte oder fallen sollte, aber wirklich nicht fällt, unter die Analogie desselben. Man vgl. z. B. die sogenannte *fictio legis Corneliae* in Bezug auf den Tod eines kriegsgefangenen römischen Bürgers, den sogenannten *fictus possessor*, die im Gesandtschaftsrechte angenommene Fiction der Exterritorialität.

Falsche Analogien ergeben sich da im Grossen, wo fremdes Recht eingeführt und daher den heimischen Instituten fremde Normen angepasst und aufgezwängt werden, wie z. B. der deutschen Erbpacht die römische Emphyteusis, der deutschen Weise in der Schmälerung bürgerlicher Rechte die römische *infamia*, dem der neueren Zeit eigenthümlichen Verlagsrecht die römische Kategorie *eines* Innominatvertrages oder selbst der Miethe. Es ist eine falsche politische Analogie, wenn seit Montesquieu ohne Unterscheidung der geschichtlichen Verhältnisse, z. B. ohne die geschichtlichen Vorbedingungen eines unabhängigen Adels, ohne die Durchbildung selbstständiger Corporationen, ja sogar nach einer Auflösung der sonst vorhandenen Gliederungen in die Atome der Einzelnen, die englische Verfassung gleich einem Paradigma in der Grammatik, gegen welches die Ausnahmen kaum aufkommen, als Muster für alle Staaten gilt. Der logische Fehler zieht ethisch Kränkung des Eigenthümlichen, Störung einer sicheren eigenen Rechtsbildung und Verdunkelung eines klaren Rechtsverständnisses im Volke nach sich.

Als eine Ausnahme, in welcher die *ratio iuris*, der den Rechtsverhältnissen gemeinsame Exponent, nicht erscheinen kann, ist im römischen Recht das *ius singulare* anzusehen. Dig. I, 3, 16. *ius singulare est quod contra tenorem rationis propter aliquam utilitatem auctoritate constituentium introductum est.* Auf ein solches kann keine weiterbildende Analogie gegründet werden. Dig. 1, 3, 14. *Quod vero contra rationem iuris receptum est, non est producendum ad consequentias.*

Wenn ein wesentlicher Zweck sich im Laufe der Zeit verschiedene Organe erzeugt, wie z. B. derselbe Zweck, dass durch öffentliche Beglaubigung das Tauschmittel allgemein gelte, zuerst Metallgeld, dann Papiergeld hervorbrachte: so wird sich das Gesetz, welches den Zweck in dem Einen Mittel wahrt, z. B. im gemünzten Gelde, auf das später erfundene Mittel, z. B. das Papiergeld, erweitern. In dieser übertragenden Ausdehnung, welche die neuen Verhältnisse des erfindenden Lebens der Einheit des Rechts und des Rechtsbewusstseins unterwirft, ist die Analogie thätig, aber es handelt sich darum, das durch die Analogie aus der Einen Art des Mittels gefundene Allgemeine in den besonderen Stoff der neuen anderen Art einzubilden, wie z. B. die Mittel und Wege der Verfälschung und des Betrugs bei gemünztem Gelde andere sind, als bei Papiergeld. Darin ist der artbildende Unterschied thätig.

Die Einsicht in die Natur der Analogie ist für das juristische Gebiet sehr wichtig. Aber die Abhandlung von Nettelbladt *de decisione casuum secundum analogiam* 1751, obwol gute juristische Begrenzungen enthaltend, ist im Logischen schwach, sowol was die Definition, als was die Anwendung betrifft: z. B. kommt §. 40 die Sache so heraus, als ob die Gegenanalogie eines andern Falles nur aus der Schwäche des Gesetzgebers herrühre, während sie vielmehr in der logischen Auffassung und in der inneren Ungewissheit des Schlusses der Analogie ihren Grund hat.

§. 74. Da das Recht innere Zwecke in der Gemeinschaft wahren will, so muss das Zeichen seines Willens bestimmt und scharf sein, damit der Gehorsam der Absicht entspreche, und wo er nicht entspricht, das Gesetz angemessen gegenwirke. Es hat nun die Bestimmtheit des Begriffs in der Definition ihr letztes Mass; und daher ist die Definition für das Recht von grosser Wichtigkeit. Genau genommen ist sie im peinlichen und bürgerlichen Recht, in der Verfassung und im Vertrag die logische Macht, welche die Bestimmungen für das, was zu leisten, so wie für das, was zu leiden, mit unumgänglicher Consequenz nach sich zieht.

Die Definition wirkt im Recht theils als Namenerklärung, theils als Sacherklärung. Wo es sich darum handelt, dem Zeichen des Wortes (dem in Rechtsverhältnissen angewandten Terminus) den richtigen Sinn zu sichern und es vor wirklicher Zweideutigkeit oder verdrehender Auslegung zu bewahren, ist die Nominaldefinition (auch bisweilen Verbalerklärung genannt), welche dem Worte seinen Werth verbürgt und das Band der Association zwischen der Vorstellung des Zeichens und der Vorstellung der Sache schützt, an ihrer Stelle. In der Wissenschaft vollendet sich die Sacherklärung in der genetischen Definition, in welcher das Wesen im Werden erkannt wird; und alle Deutlichkeit d. h. die Unterscheidung der Theilvorstellungen, welche einen Begriff ausmachen, stammt zuletzt aus dem erkannten Bildungsgesetz der Sache. Indessen kann es für das allgemeine Verständniss des Gesetzes rathsamer sein, den deutlichen und abgemessenen Begriff der Rechtsverhältnisse in der Form der gewöhnlichen Realdefinition zu geben, welche das Wesen nicht erst in den Grund zurückführt, sondern die Merkmale ruhend in der unmittelbaren Folge des Grundes auffasst. Bisweilen wird es sogar den praktischen Zwecken dienlich sein, wenn die Definition, auf anschauliche und fassliche Bestimmungen bedacht, statt der Erklärung des Wesens nur ein solches eigenthümliches Merkmal giebt, welches dem Begriff, um den es sich handelt, ausschliesslich angehört (nach den Ausdrücken der Logik ein *consecutivum proprium* statt des *constitutivum).* Die logischen Gesetze der adäquaten Definition, welche namentlich eine Angabe des nächst höhern Allgemeinen und des artbildenden Unterschiedes fordern, sind im Recht streng zu beobachten. Denn wenn die Definition zu weit ist, so zieht sie Verhältnisse und Handlungen, welche das Gesetz ausschliessen wollte, in ihre Consequenzen hinein. Wenn sie dagegen zu eng ist, so lässt sie Verhältnisse und Handlungen durchschlüpfen, welche das Gesetz nach seinem Zweck begreifen wollte. Wo das Allgemeine und der artbildende Unterschied einander erregen und zusammenwirken, liegt die Quelle des einem Rechtsbegriff Eigenthümlichen und daher auch das eigentliche Princip einer Deduktion im Recht.

Man zieht die Definition gewöhnlich auf ein Allgemeines, welches viele besondere Fälle unter sich begreift. Indessen wird in einer Verfassung und einem Contrakt der Gegenstand, auf welchen sie gehen, wenn derselbe der Zahl nach auch nur Einer ist, dennoch definirt. Der Zweck und die Grundzüge z. B. des gemeinsamen Geschäfts werden in einem solchen Fall bestimmt, und innerhalb dieser Grenzen (der wesentlichen Merkmale) bleibt ein Spielraum für das Besondere des Einzelnen (die zufälligen Merkmale).

Weil die Definition die Basis unzähliger Subsumtionen wird und den Kreis in der Anwendung des Gesetzes auf die Thatsachen entweder enger schliesst oder weiter öffnet, so hat sie die folgenreichste Bedeutung. Wenn die Definitionen in den Wissenschaften zunächst Grenzbestimmungen der Vorstellungen sind, was der Name bezeichnet: so werden sie im Recht alsbald zu Grenzbestimmungen der Dinge und der Verhältnisse und haben eine gestaltende Kraft. Der alte Ausspruch unter den Regeln des Rechts (dig L, 17, 202): *omnis definitio in iure civili periculosa; parum est enim ut non subverti posset*, bezeichnet die Schwierigkeit, die fliessenden Verhältnisse des Lebens in den scharf begrenzten Begriff ihrer Bildungsgesetze zu fassen, aber thut der Anerkennung ihrer durchgehenden Nothwendigkeit keinen Eintrag. Die richtigen Definitionen sind die logischen Hüter aller Rechtssicherheit, die Grenzwächter der Rechtsbestimmungen.

Der dem Recht nothwendigen Bestimmtheit des Begriffs entspricht allein der einfache und eigentliche Ausdruck; und da das Gesetz Ausdruck des Willens ist, so soll die Sprache des Gesetzes ernst und würdig sein, wie der ethische Wille in seiner über Begierden und Leidenschaften erhobenen Grösse, kurz und klar, wie der kräftige Wille, und Allen verständlich als die Sprache des Allgemeinen. Der Stil des Gesetzes kann nur auf diese Weise dem Wesen der Sache genügen und nur so im Einklang mit der Ethik und Logik des Gesetzes in einer das Volk erziehenden Kraft wirken.

Anm. Den Bedarf von Nominaldefinitionen im Recht belegt ein Buch, wie *de verborum significatione*, welches, das Verständniss der Zeichen und den Umfang der *termini* regelnd, sich wesentlich in dieser Richtung bewegt. Es beginnt z. B. (dig. L, 16, 1) *Verbum hoc, si quis, tam masculos quam feminas complectitur.* Das Zeichen des Masculinums könnte den Buchstäbler verführen, den allgemeinen Sinn zu beschränken.

Durch gute Realdefinitionen zeichnet sich früh das römische Recht aus; und man sieht dort allenthalben das Streben nach scharfer Umgrenzung der Begriffe. Als Beispiel diene die Erörterung über die Definition von *morbus* und *vitium* zu dem Edikt der Aedilen. *Aiunt aediles: Qui mancipia vendunt, certiores faciunt emptores, quid morbi vitiive cuique sit.* dig. XXI, 1, 1. Man vergleiche ferner beispielsweise die schwierigen Grenzlinien zwischen *dolus* und *culpa* (§. 64).

Um wahrzunehmen, wie sich in der Definition das ethische Motiv und die praktischen Folgen verengern oder erweitern, vergleiche man die engere Erklärung von *adulterium* im römischen, die weitere im canonischen Recht.

Die bloss negative Definition wird durch Unbestimmtheit unzuträglich, wie davon die Erklärung des *stellionatus* (dig. XLVII, 20, 3) ein Beispiel giebt. Der Conditionalis, der Modus des Möglichen, welcher das Mögliche schon als unwirklich bezeichnet, passt nicht in die Definition des Gesetzes, wie z. B. wenn die Beschädigung eines Mensehen, welche gefährlich geworden oder gefährlich *hätte* werden *können*, mit Strafe bedroht wird; denn das Gesetz soll das Wirkliche mit dem Nothwendigen messen und nicht zu willkürlichen Vermuthungen des Möglichen anleiten.

Die eigenthümlichen Merkmale (*propria*), welche, wenn sie nicht der artbildende Unterschied selbst sind, aus der Wirkung desselben fliessen, gehören dergestalt dem Wesen ausschliesslich an, dass ihre Erscheinung nie zu einer andern Quelle führt. Daher können sie im *praktischen* Gebrauch an die Stelle von Definitionen treten. Der Sachsenspiegel (I, 5) zieht da, wo er sagt, wer Priester sei, selbst das äussere Merkmal der Tonsur hinein. Es ist ein äusserliches, aber eigenthümliches Merkmal, wenn ein Strafgesetzbuch Verbrechen, Vergehen und Uebertretung lediglich nach dem Mass der Strafe unterscheidet, mit welchem sie bedroht werden. „Eine Handlung, welche die Gesetze mit der Todesstrafe, mit Zuchthausstrafe oder mit Einschliessung von mehr als fünf Jahren bedrohen, ist ein Verbrechen. Eine Handlung, welche die Gesetze mit Einschliessung bis zu fünf Jahren, mit Gefängnissstrafe von mehr als sechs Wochen oder mit Geldbusse von mehr als funfzig Thalern bedrohen, ist ein Vergehen. Eine Handlung, welche die Gesetze mit Gefängnissstrafe bis zu sechs Wochen oder mit Geldbusse bis zu funfzig Thaler bedrohen, ist eine Uebertretung.“ Wissenschaftlich betrachtet ist eine solche Erklärung ein Hysteronproteron. Denn was aus dem innern Begriffe gefolgt ist (die Strafe), wird zum Wesen des Begriffs selbst (des Grundes der Strafe) gemacht. In demselben Masse indessen, als die wissenschaftliche Bestimmung dieser Begriffe schwierig ist (§. 66) und es in der Handhabung des Rechts auf feste Handhaben der Begriffe ankommt, mag unter der Voraussetzung eines gegebenen Systems von Strafbestimmungen das wissenschaftliche Hysteronproteron ein guter praktischer Griff sein. Wenn der Wucher (§. 108) nach der Ueberschreitung des zulässigen Zinsfusses gemessen wird, so ist das eigenthümliche Merkmal ein äusserlicher und vielleicht ungenügender Ersatz für die schwer anwendbare eigentliche Definition der Sache.

Der Stil der Gesetze muss in unserm deutschen Vaterlande zur antiken Einfachheit und Schärfe zurückkehren, welche durch die byzantinische Ueberarbeitung des römischen Rechts, durch die Umständlichkeit des Kanzleistils und auch durch das Flickwerk der Amendements, mit dem sich die berathenden Versammlungen an den Gesetzen versuchen, unserm Bewusstsein abhanden gekommen ist.

Der Stil der 12 Tafeln und zum Theil der mosaischen Gesetze ist knappe Kürze. Der Prolog von Gründen ist bei Gesetzen ein Missgriff und meistens nicht ohne den Schein des Schwächlichen. Seneca ep. 94.

Non probo quod Platonis legibus adiecta principia sunt. Legem enim brevem esse oportet, quo facilius ab imperitis teneatur, velut emissa divinitus vox sit. Iubeat, non disputet — — non disco, sed pareo. In der Anerkennung von Gründen ist Meinungsverschiedenheit möglich; im Gehorsam wird Einigkeit gefordert.

Die Formeln und Symbole des alten römischen Rechts und die symbolischen Handlungen des alten deutschen, feierlich, anschaulich, bestimmt, sind erloschen. Aber das Bedürfniss, das sie hervorbrachte, dauert in anderer Gestalt fort. Klare und scharfe, würdige und ruhige Sprache der Gesetze und der Gerichtshöfe ist ein Gut und ein Schmuck einer Nation. Es ist eine Aufgabe der Gegenwart, dass das Gefühl des Richtigen und Klaren, welches wir unsern deutschen Klassikern verdanken, aus der schwerfälligen, weitschweifigen, mit Latein gemengten Sprache der Rechtspflege eine dem Geist der Sache angemessene deutsche Rechtssprache schaffe. Schon hat die Lösung begonnen, und wir sehen darin eine grosse Seitenwirkung unserer Klassiker und des Studiums des deutschen Rechts, aber das Gute ist noch nicht durchgedrungen. Jeder praktische Jurist muss zu diesem Gemeingut den Beitrag seines Geistes geben und nicht die gelehrte Zunftsprache gleich einem Geheimniss der Kaste höher setzen, als die Sprache des gesammten Volkes, für dessen Rechtsbegriffe und Rechtsordnung er arbeitet. Das Streben nach Würde, dem eine alt überkommene Sprache wohl anstände, hat in der juristischen Kanzleisprache zu pedantischer Grandezza, zum Stil der Allongeperücken geführt, zu welchem bisweilen die unverständliche Sprache eines angenommenen Affekts komisch contrastirt. Zunächst gilt es, dass das Gesetz deutsch rede; denn an die Sprache des Gesetzes lehnt sich von selbst die Sprache der Gerichtshöfe an.

Das deutliche Deutsch ist unter Anderm dadurch verdunkelt, dass man unbestimmten und zweideutigen grammatischen Formen eine Art wissenschaftlicher Erklärung zugegeben hat. So spricht man von activem und passivem Wahlrecht und meint das Recht zu wählen und sich wählen zu lassen, das Recht des Wählens und der Wählbarkeit. In diesem Ausdruck verwirrt sich auch insofern der Begriff, als das passive Wahlrecht mehr bedeutet als das active und gemeiniglich das active in sich schliesst, während sonst doch umgekehrt dem Passiven das Active vorgeht. Aehnlich spricht man von activer und passiver Bestechung und meint das Verbrechen zu bestechen und sich bestechen zu lassen. Das Repräsentationsrecht bezeichnet sehr dunkel die Rechtsbestimmung, dass die Kinder den verstorbenen Vater, der erbberechtigt wäre, darstellen und ihnen die Erbschaft, welche ihm gehören würde, anfällt. Wörter, wie eventuell, respective, dem Volke unverständlich, verhüllen im unbestimmten Ausdrucke verschiedene Vorstellungen, welche deutsch je nach dem Zusammenhang verschieden ausgedrückt werden.

§. 75. Aus ethischen und logischen Gründen muss das Gesetz zwar in den Grundzügen vollständig sein, aber eine Casuistik vermeiden, welche die Unendlichkeit der besondern Fälle specificiren und erschöpfen will; aus ethischen Gründen, damit das Gebiet des Erlaubten für die individuelle Sittlichkeit nicht verkümmert (§. 42) und das Gesetz selbst nicht kleinlich werde; aus logischen Gründen, damit das Gesetz nicht durch die Last des Besondern unfassbar werde und der grosse Sinn des Allgemeinen zersplittere.

Dagegen ist es ein anderes Extrem, wenn das Gesetz das Besondere, das wesentlich ist, in ein unterschiedsloses Allgemeines verflüchtigt und dadurch die eigenthümliche Natur der Dinge, z. B. im Strafrecht die eigenthümlichen Motive der Verbrechen, wie gleichgültig verwischt, wie z. B. wenn das Duell nur unter Tödtung oder Beschädigung des Andern an seinen Gliedern, oder wenn die Veruntreuung in einem Depeschendiebstahl nur unter das Allgemeine eines gewöhnlichen Diebstahls kann untergebracht werden. In solchen falschen Verallgemeinerungen liegt auf der einen Seite die Möglichkeit, dass die Handlung, die gefasst werden sollte, dem Gesetze entschlüpft, wie z. B. im letzten Falle; denn der Diebstahl fordert meistens die Verwendung des entwandten Gutes zum eigenen Vortheil als ein bestimmendes Merkmal, welches sich indessen im Depeschendiebstahl möglicher Weise nicht findet. Auf der andern Seite wird, insbesondere innerhalb des Strafrechts, die sittliche Wirkung abgeschwächt; denn wenn das Gesetz die Sache nicht beim rechten Namen nennt und im Wesen ihres Begriffs angreift, so entwöhnt sich die Vorstellung im Volke der eigenthümlichen sittlichen Schätzung. Der Unwerth einer Handlung wird nun nach Anleitung des geltenden Gesetzes am unrechten Orte gesucht.

Es gehört zu einer falschen Richtung auf Artbestimmung, wenn das Gesetz, das bestimmen muss, was nicht geschehen soll, bestimmt, was erlaubt sei, z. B. wie weit es erlaubt sei, die väterliche Gewalt oder das Hausrecht zu gebrauchen. Eine solche ausdrückliche Erklärung des Erlaubten ist gefährlich, da dann nicht selten als ein Recht genommen wird, was nur unmöglich ist zu verbieten.

Um vor kleinlichen und endlosen Untersuchungen zu behüten, sind der Logik des Rechts die Präsumtionen eigenthümlich, Voraussetzungen an äussere Bestimmungen geknüpft, welche so lange gelten, bis das Gegentheil bewiesen ist. So kann es vielleicht geschehen sein, dass der Besitz nicht ehrlich erworben wurde; aber es gilt die Präsumtion von Treu und Glauben im Verkehr. Es ist möglich, dass ein Mensch in einem vom Gesetz angenommenen Alter noch nicht zurechnungsfähig oder in einem bestimmten Alter (dem Alter der Volljährigkeit) noch nicht für die Verwaltung seines Vermögens reif sei; aber es gilt die Präsumtion. Wo solche zumuthende Voraussetzungen auf Sitte und Sittlichkeit beruhen, haben sie selbst ethischen Werth und das Leben streckt sich nach ihnen. Von der logischen Seite fördern sie leichte und rasche Anwendbarkeit, indem fassliche und anschauliche Merkmale an die Stelle des schwer zu ergründenden Wesens treten. Zwar können sie trügen und das Recht verkehren, aber sie haben die Fähigkeit in sich, sich berichtigen zu lassen, da das Gegentheil offen bleibt. Die Präsumtionen vermuthen in dem, was gewöhnlich geschieht, das Nothwendige, wenn sie z. B. das Bekenntniss der Schuld für Wahrheit nehmen, denn nach dem Gesetz der Selbsterhaltung wendet Jeder Nachtheil von sich ab.

b. Logische Seite in der Anwendung des Gesetzes.

§. 76. In der Anwendung des Gesetzes, wie eine solche z. B. der Anwalt und Richter übt, stellt das logische Verfahren einen Syllogismus dar, in welchem das geltende Gesetz den Obersatz und der betreffende Fall den Inhalt des Untersatzes bildet, so dass das Urtheil als Schlusssatz hervorgeht. Das geltende Gesetz steht an sich fest; aber es kann sein Verständniss und dadurch das Gebiet seiner Anwendung zweifelhaft sein. Dann geht der Anwendung die Interpretation vorher, die Begrenzung des Obersatzes in der Begriffsbestimmung. Da der betreffende Fall auf die Gründe seines Rechts oder Unrechts zurückgeführt werden soll, so muss er in seinem Begriffe erkannt werden, damit er dadurch sich selbst als ein Besonderes unter das Allgemeine eines Gesetzes unterordne oder von demselben ausschliesse. Während das Gesetz (der Obersatz) als ein Gedanke gegeben ist, muss der Fall des Lebens, an sich eine blinde Thatsache, erst nach der Seite des Rechts in den Gedanken verwandelt werden, der ihm als sein Wesen zum Grunde liegt. Damit beschäftigt sich das analytische Verfahren in der Bestimmung des Falles.

Wie das geltende Gesetz, so kann im bürgerlichen Rechtsstreit der Vertrag, wenn er als das Bildungsgesetz eines Rechtsverhältnisses anerkannt ist, zum Grunde des Obersatzes im juristischen Syllogismus werden.

§. 77. Der unvermeidliche Mangel des Ausdrucks und das bewegliche Leben, welches neue im Gesetz unvorgesehene Fälle erzeugt, machen die **Interpretation** des Gesetzes nöthig, um das geltende Gesetz mit seinem eigentlichen Sinn und durch denselben den Umfang der Anwendung mit dem Gesetz in Uebereinstimmung zu bringen. Sie verfährt entweder formal, wenn sie aus grammatischen Gründen und logischen Gesichtspunkten der Form den Sinn des Gesetzes feststellt, oder real, indem sie aus der Absicht des Gesetzes und dem innern Grunde, also aus der Vernunft der Sache *(ratio legis)* das Gebiet der Anwendung bestimmt. Die ausdehnende (extensive) Auslegung folgt dabei namentlich der Analogie, welche Vorsicht erfordert (§. 73). Die beschränkende (restrictive) Auslegung darf von dem durch die Zeit weggefallenen Grunde des Gesetzes auf den Wegfall des Gesetzes nicht schliessen (§. 49). Ueberhaupt ist es die Gefahr der Interpretation, die Idee des formalen Rechts (§. 49) zu kränken und das Recht unsicher zu machen. Zu den Gegenmitteln dieser Gefahr gehört die Auerkennung einer Auslegung durch den Gerichtsgebrauch, so dass eine Interpretation formales Recht wird.

In der ausdehnenden und einschränkenden Auslegung ist die richtige Erfassung der *ratio legis* der Nerv der Sache. Nur in ihrem Geiste darf sich das Gesetz fortbilden oder selbst beschränken. Aber obwol dem Gesetze innewohnend und als die inwendige Einheit sich in den einzelnen Bestimmungen hervorbringend, ist die *ratio legis* doch nicht immer so greiflich, dass sie nicht, ähnlich dem in den Naturerscheinungen hypothetisch erfassten Grunde, streitig werden könnte. Die *ratio legis* unterliegt daher, wo sie nicht gegeben ist, derselben logischen Behandlung wie die Hypothese. Dabei hat man sich zu hüten, dass ein logischer und formaler Grund, im Zusammenhang des consequenten Rechts entstanden, dem ursprünglichen ethischen vorgesetzt werde.

Die reale Interpretation heisst gewöhnlich bei den Rechtslehrern die logische im Sinne einer Logik der Sache und der logischen wird dann die grammatische entgegengesetzt, was mit dem Wesen des Verhältnisses und dem philosophischen Sprachgebrauch nicht ganz stimmt. Formales und Reales, Ausdruck und Sache scheiden sich auch hier nicht. Die formale Interpretation wird vielfach in der realen ihren Stützpunkt suchen müssen.

Anm. Als ein Beispiel der ausdehnenden Erklärung, das schon vom äussern Forum des Rechts in das innere des Gewissens hinüberweist, mag Luthers Erklärung des Dekalogus angeführt werden. Z. B. „Du sollst nicht tödten". „Wir sollen Gott fürchten und lieben" (Ausdehnung nach der Seite des Beweggrundes). „dass wir unserm Nächsten an seinem Leibe keinen Schaden noch Leid thun" (Ausdehnung auf die ganze Richtung, von welcher die Worte des Gebots nur den Endpunkt bezeichnen), „sondern ihm helfen und fördern in allen Leibesnöthen" (Ausdehnung in die Verwandelung des Verbots zum Gebot). Es ist in diesem Beispiel die sittliche Bewegung, die vom äussern Gesetze ausgeht, anschaulich. Wer sich in den vollen Sinn des Gesetzes hineinlebt, wird von ihr nothwendig in dieser Richtung ergriffen. Zugleich aber zeigt das Beispiel einer ethischen Erklärung, wie die strenge juristische Auslegung nicht verfahren dürfe.

Als ein Beispiel, wie die juristische Erklärung geneigt ist, der formalen und logischen Seite gegen den ethischen Grund den Vorzug zu geben, mag die Bestimmung über den Tutor dienen: *institut.* I, 22, 3. *dig.* XXVI, 8, 1. *tutor auctor fieri in rem suam non potest.* Als die *ratio* dieses Rechtssatzes wird gewöhnlich angeführt, z. B. bei Vinnius, Heineccius, dass Mündel und Vormund für Eine Person gelten und daher zwischen ihnen ein Rechtsgeschäft unmöglich sei; es würde sich sonst der Widerspruch zutragen können, dass in einer und derselben Sache dieselbe Person Kläger und Beklagter wäre. Die Consequenz ist nicht zu verkennen. Aber schon die zugelassene Ausnahme (dig. XXVI, 8, 1) zeigt, dass der ursprüngliche Grund anderswo liegt und vielmehr in ethischen Beziehungen zu suchen ist. In dem Verhältniss zwischen Vormund und Mündel, einem Verhältniss des Vertrauens, sollen nicht, wie im Handel und Wandel, die Interessen einander feindlich treffen und der Eigennutz soll verhütet werden.

§. 78. Nachdem in dem Syllogismus, welchen die Anwendung des Rechts darstellt, der Obersatz, die gesetzliche Bestimmung, feststeht, handelt es sich um die Subsumtion im Untersatz. Sein Inhalt ist der Fall (die Handlung, die Thatsache), auf dessen Beurtheilung es ankommt. Durch die ihm inwohnende besondere Natur stellt er sich entweder in Uebereinstimmung oder in Widerspruch mit dem allgemeinen Recht. Daher ist nach dieser Seite die Art des Falles *(species facti)* zu bestimmen, damit er in dieser Bestimmtheit sich unter sein Allgemeines unterordne und von Fremdem ausschliesse, was in einem bejahenden oder verneinenden Syllogismus geschieht. Im Gegensatz gegen die Synthesis in der Gesetzesbildung hat in diesem wichtigsten Akte der Anwendung das analytische Verfahren seine Stelle, die Erforschung und Zergliederung des Falles, um ihn auf sein Princip zurückzuführen, und zwar im Strafrecht bis in die innersten Motive des Vorsatzes und der Absicht (§. 64). Der Syllogismus der Schule geht meistens vom Obersatz als dem Allgemeinen aus, der Syllogismus des Lebens von dem die Betrachtung des Rechts in Bewegung setzenden einzelnen Fall (dem Unterbegriff, *terminus minor*), so dass dann das analytisch ermittelte Prädikat des Unterbegriffs zum Mittelbegriff wird, indem es entweder bejahend einen Begriff des Gesetzes mit seinen Folgen (dem Oberbegriff) nach sich zieht oder verneinend von sich weist, und zwar geschieht jenes in Schlüssen der ersten, dieses in Schlüssen der ersten und zweiten Figur.

Der Indicienbeweis im Strafrecht gehört dem analytischen Verfahren an. Bestimmt, den Grund und das Wesen einer Thatsache festzustellen, z. B. den Thäter zu finden und zu überführen, bewegt er sich in den Erscheinungen als Wirkungen, welche sich möglicher Weise aus der Vereinigung verschiedener Bedingungen erklären lassen. Wenige Merkmale sind so specifisch, dass sie ausschliessend Einem Subjekte angehören und daher keine andere Möglichkeit übrig lassen. Im Bewusstsein dieser Unbestimmtheit sucht der Forschende verschiedene Möglichkeiten zu entwerfen, welche sich allenfalls zur Erklärung des Gegebenen denken lassen, um nach und nach diejenigen Combinationen auszuschliessen, welche sich nach dem näher erkannten Zusammenhange als unmöglich ergeben, und den Kreis des Möglichen enger und enger zu ziehen, bis er nur das Wirkliche enthält. Die Erprobung des Falschen führt auf Spuren des Wahren und die ausgeschlossenen Möglichkeiten beweisen, dass Anderes nicht sein kann. Diese indirekte Methode, umsichtig angelegt und scharfsinnig durchgeführt, dient wesentlich zum Suchen und Sichten. Mit dem Ergebniss des Indicienbeweises verhält es sich ähnlich wie in den Theorien der Naturwissenschaften, welche für die Phänomene (die Thatsachen) nach den Spuren ihrer Erscheinung den Grund ersinnen. Der logische Werth des Ergebnisses und der grössere oder mindere Grad der Gewissheit muss nach den allgemeinen logischen Gesetzen der Hypothese beurtheilt werden.

Anm. Vgl. Logische Untersuchungen 1840. II. S. 298 ff. S. 309 ff.

Die logische Theorie der Zeichen (Indicien) findet sich in Bezug auf den modalen Werth derselben kurz und bündig zuerst bei *Aristot. rhetor.* I, 2, *p.* 1357 a 33, und was dort unterschieden ist, lässt sich ohne Schwierigkeit auf die Gesetze des Schliessens in den drei syllogistischen Figuren zurückführen.

§. 70. Aus dem Syllogismus geht die Conclusion, das Urtheil aussprechend, vermittelt durch Obersatz und Untersatz, als die Consequenz des Rechts hervor. Wie in allen Syllogismen, liegt dabei das Band der Nothwendigkeit (die Copula des Schlusses) im Mittelbegriff (*terminus medius*), der den Fall mit dem Gesetz verknüpft, sei nun die Verknüpfung bejahender oder verneinender Natur. Daher bewegt sich die logische Frage, namentlich im Rechtsstreit, um den Mittelbegriff des Schlusses. Wer die Conclusion abwenden will, wie z. B. der Vertheidiger, kann entweder den Terminus medius verneinen, wie in den Einreden geschieht, oder in dem betreffenden Falle für die Subsumtion unter das Gesetz einen anderen Terminus medius aufsuchen. Jede der Parteien streitet für den ihr günstigsten Terminus medius.

Nirgends wird die Logik so praktisch, so empfindlich als im Recht; der Kaufmann verliert im Rechtsstreit sein Vermögen, die Thür des Gefängnisses schliesst sich hinter dem Uebertreter des Gesetzes und das Fallbeil fällt auf den Hals des Mörders — in Kraft der Definition und des Terminus medius.

Die Entscheidung über einen Rechtsfall läuft zuletzt in die Conclusion eines einfachen Syllogismus, das Urtheil, aus. Inwiefern indessen Obersatz und Untersatz, um sich zu rechtfertigen, der Vorschlüsse bedürfen, bildet sich durch diese Prosyllogismen hindurch bis zum letzten Schluss, dem ‚eigentlichen Ziel (dem Episyllogismus der vorangehenden), die ganze Darstellung der juristischen Nothwendigkeit, die Deduktion.

Dem direkten Beweise tritt in der Anwendung wie in der Bildung des Rechts der indirekte zur Seite, welcher die Unmöglichkeit des Gegentheils darthut. Ohne von innen zu begründen, hat er im Recht eine durch die Folgen vor dem Gegentheil des Richtigen warnende Kraft und ist der logische Ausdruck der juristischen Vorsicht.

Die Syllogismen im Recht werden, wenn in der Form oder im Inhalt ein Versehen begangen ist, zu juristischen Paralogismen, und wenn die Fehlschlüsse, um zu täuschen, bewusst und absichtlich herbeigeführt sind, zu juristischen Sophismen, welche den Rechtsgelehrten zum *rabula* machen.

Insbesondere sind willkürliche Definitionen, um dem Terminus medius des Gesetzes zu entgehen, Metaphern statt des eigentlichen Ausdrucks, Fiktionen statt des wirklichen thatsächlichen Verhältnisses, scheinbare Analogien, *petitiones principii*, oft durch die Rhetorik der Affekte verdeckt, die Fehler in den juristischen Paralogismen und Sophismen.

Nach obigen Erläuterungen wird sich die logische Bildung des Juristen insbesondere in der distinkten Artikulation seiner Begriffe und in der Fähigkeit kundgeben, in den Gesetzen das Allgemeine zu erkennen und dasselbe in seiner Wirkung bis in die kleinsten Verzweigungen zu verfolgen und umgekehrt zergliedernd den concretesten Fall durch alle Mittelglieder in das bestimmende Allgemeine zurückzuführen.

Der Jurist hat in seiner logischen Bildung die Consequenz der scharfen Distinktionen, welche in's Spitze und Kleinliche führen kann, mit der festen Auffassung des Grundgedankens, der über die Distinktionen, wie das Ganze über die Theilung, übergreifen soll, zu vereinigen, damit nicht der Scharfsinn des Anwendenden mit dem Charakter des Gesetzes durchgehe.

Wenn der Jurist sich nicht gewöhnt, in der Sache zuerst das innere Motiv des Rechts zu erblicken und aus diesem heraus das Gesetz, das zur Anwendung kommen muss, zu finden: so geschieht es nicht selten, dass er zuerst die Allgemeinheiten des Gesetzes im Kopfe hat und unter die, welche ihm am meisten passt oder am ersten einfällt, die Sache unterbringt. Dann verfehlt er den inneren Sinn und misst äusserlich den Fall nach einer Regel, statt innerlich aus dem Fall die ihm nothwendige Regel des gegebenen Gesetzes zu finden. Er zerrt nach dem Allgemeinen, das er im Kopfe hat, den Fall, statt aus dem Fall das ihm eingeborene und ihn regierende Allgemeine herauszuheben.

Die schlagende Anwendung des Gesetzes im Einzelnen und die lebendige Durchdringung des Rechts als eines Ganzen sind durch die Auffassung der inneren ethischen Motive wesentlich bedingt.

Anm. Als Beispiel für die Zurückweisung des Terminus medius diene folgender Fall. Das Strafgesetz verpönt Aufreizung zum Hass eines Standes im Staat. Ist es als eine Aufreizung gegen einen Stand anzusehen, wenn in einer Zeitung eine Partei, zu welcher vorzugsweise ein Stand, z. B. der Adel, gehört, angegriffen und der Verachtung preisgegeben wird? Indem von der einen Seite, um eine Gleichheit der Begriffe zu erreichen, ausgeführt wird, dass in den wirklich gegebenen Verhältnissen Partei und Stand zusammenfallen und mit der Partei der Stand gemeint sei: wird von der anderen Seite der Unterschied des Wesens zwischen Partei und Stand geltend gemacht, damit beide Begriffe einander abstossen und die Subsumtion dadurch unmöglich werde. Als Beispiel, wie ein mittlerer Terminus medius gesucht wird, diene die Frage: Ist die Fälschung, welche in einem nachgemachten Theaterbillet vorliegt, Fälschung einer öffentlichen Urkunde oder gewöhnlicher Betrug? Bei der Entscheidung wird es auf den Begriff der öffentlichen Urkunde ankommen.

Jer. Bentham hat in seinem Werk „Taktik der gesetzgebenden Versammlungen" (zuerst franz. von Dumont herausgegeben 1817) und zwar im zweiten Theil die politischen Sophismen und im Anhang die anarchischen Trugschlüsse belehrend behandelt.

§. 80. Nachdem in der Anwendung des Gesetzes die logische Verrichtung der Definition und Subsumtion beschrieben worden, ist es wichtig, eine besondere ethische Wirkung derselben nicht zu übersehen. Wenn der Richter erst in jedem einzelnen Falle in dem Sinne das Recht finden müsste, dass er unmittelbar ohne ein bereits vorhandenes Gesetz, gleichsam ohne einen erst nothwendig vermittelnden Terminus medius, den vorgelegten Fall zu beurtheilen, also den Angeklagten lediglich aus der concreten Betrachtung zu verdammen oder freizusprechen hätte: so würden unfehlbar unwesentliche Beziehungen des Falles in der Entscheidung ebenso mächtig mitwirken, als das Wesen der Sache, und namentlich würden allzu leicht der Eindruck auf die Leidenschaft, Liebe und Hass des Richters, überhaupt statt der Sache das Persönliche, sei es offen oder verdeckt, die Triebfedern des Urtheils werden. Indem das Gesetz zwischen den Fall und das Urtheil, zwischen die Person und die Verurtheilung oder Freisprechung einen nothwendigen Mittelbegriff zwischenlegt, welcher fordert, dass ihm, als dem allein berechtigten Mass, genügt werde: gewinnen logische

Thätigkeiten, Definition und Subsumtion, über die bald verkleinernden bald vergrössernden Vorstellungen des Eindrucks, über die Vorspiegelungen der Leidenschaft die Oberhand. Aus der persönlichen Frage wird eine sachliche; über das Unwesentliche, das sich, obwol in verworrener Unklarheit, zur Geltung drängte, erhebt sich in scharfen Umrissen das Wesentliche. Die Thätigkeiten des Verstandes, welche gefordert werden, wirken schon an sich auf die leidenden Zustände der Seele zertheilend. Inwiefern die logische Subsumtion zugleich eine ethische Unterordnung ist, hat sie sogar eine erziehende Kraft.

Anm. Wenn Plato, die gesunde Sitte im Auge habend, wenige Gesetze wollte und es als das Zeichen einer verdorbenen Stadt ansah, wenn es darin viele Aerzte und viele Gesetze gäbe: so forderte dagegen Aristoteles, eine von den Leidenschaften unberührte Rechtspflege bezweckend, dass die Gesetze, so viel als nur möglich, allgemein bestimmen (*polit.* III, 15. 16, *vgl. rhetor.* I, 1). Nachdem er das richtige Königthum als den Wächter des Gesetzes bezeichnet hat, sagt er im Sinne desselben: „wer da verlangt, dass das Gesetz herrsche, verlangt, dass der Gott und die Vernunft allein herrschen; wer hingegen verlangt, dass ein Mensch herrsche, setzt auch ein Thier hinzu; denn die Begierde ist thierisch, und die Leidenschaft besticht auch die besten Männer, wenn sie herrschen. Das Gesetz ist Vernunft ohne Begierde." (*pol.* III, 16, *p.* 1287 *a* 28).

§. 81. Das Verfahren des Rechtsganges (das Prozessverfahren), dazu bestimmt, im einzelnen Fall das Recht zu finden, stellt in seinen Formen und Stadien die Methode der Untersuchung und Entscheidung sachlich dar. Wie nun überhaupt jede Methode theils logisch durch die Natur des Gegenstandes bestimmt ist, theils psychologisch durch den Zweck, die im Denken der Auffindung der Wahrheit entgegenstehenden Hindernisse, z. B. Vorurtheile, Leidenschaften, wegzuräumen: so hat auch die Methode im Prozessverfahren eine solche logische und psychologische, objektive und subjektive Seite. Der Prozess soll die Wahrheit der Thatsache zu Tage fördern, den verdunkelten Begriff des Rechts erklären und sein Bewusstsein schärfen. Dabei gehen von logischen Zwecken die umfassenden Beweismittel aus, welche im peinlichen Prozess sich im Untersuchungsverfahren, in der Klage und Vertheidigung, im bürgerlichen Rechtsstreit aber in Klage und Einrede (*postulatio* und *exceptio, replicatio* und *duplicatio*) darstellen und sich durch den Eid bis zur persönlichsten Befestigung im religiösen Gewissen erstrecken; aus psychologischen Rücksichten stammen hingegen alle Veranstaltungen, die Wahrheit gegen Furcht oder Hoffnung der Menschen zu schützen, in den Parteien oder dem Beklagten die wahrhafte Aussage zu fördern und den Richter vor Parteilichkeit und Uebereilung, sowie vor Einschüchterung und Bestechung, also vor den bösen Einwirkungen von Liebe und Hass, von Furcht und Hoffnung zu behüten. Da in der Methode des Prozesses die Wahrheit nicht, wie in der Natur, willenlosen Erscheinungen durch Beobachtung und Versuch abzufragen, sondern von der Selbstsucht der Menschen, von ihren Begierden und Leidenschaften, und besonders von dem mächtigsten Affekte, der Furcht, abzulösen ist: so muss das Verfahren sowol in der allgemeinen Anlage, als auch in der besondern Anwendung, wie z. B. eine solche der Untersuchungsrichter übt, von psychologischer Klugheit geleitet sein. Das Psychologische und Ethische geht dabei Hand in Hand. Denn psychologische Mittel, die ethisch verwerflich sind, z. B. Tortur, Häufung von Eiden, unedle Ueberlistung, sind auch psychologisch zweifelhaft, zumal wenn man ihre Wirkung nicht bloss im einzelnen Fall, sondern im Grossen betrachtet. Dass in dem Prozessverfahren der innere Zweck, Wahrheit in der Thatsache und Richtigkeit im Recht, durchweg auf eine dem Sinn des Wahren und Richtigen entsprechende Weise verfolgt werde, und zwar sowol von den persönlichen Organen des Rechts, dem Richter und Anwalt, als in den einzelnen Formen und Handlungen desselben, das bildet die sittliche Würde seiner Erscheinung und bedingt die Wirkung auf das Gefühl des Rechts im Volk.

Die Tortur ist, abgesehen von ihrer tyrannischen Grausamkeit, ein merkwürdiges Beispiel eines logischen Widerspruchs, der sich durch Vorurtheil und Leidenschaft der Inquirenten, welche Verneinen für Läugnen nehmen und Läugnen als Lügen unbewiesen strafen, Jahrhunderte lang fortgesetzt hat. Denn das Geständniss eines Schuldigen hat nur darum den Glauben der Wahrheit, weil nach dem Gesetz der Selbsterhaltung, dem fundamentalsten, das es in der Psychologie giebt, vorausgesetzt werden muss, dass Niemand gegen sich zeugen werde, um sich der Schande und Strafe auszusetzen. Aber in der Tortur bedroht man diese Selbsterhaltung mit der äussersten Furcht und hebt dadurch die logische Grundlage des Geständnisses auf; man bringt den Willen und den Verstand in eine solche Lage, dass man nicht mehr wissen kann, ob der Gemarterte noch Wahrheit aussagen könne und wolle.

Im bürgerlichen Prozess, wo es sich nicht darum handelt, eine Schuld, einen Bruch des Gesetzes zu entdecken und zu tilgen, sondern wo Parteien gegen Parteien stehen, beschränken ethische Rücksichten das logische und psychologische Verfahren, das sonst angewandt wird, um die Wahrheit an den Tag zu bringen. Denn der Richter darf nicht parteiisch erscheinen und nicht mit unberufenen Untersuchungen den Streit, statt ihn zu schlichten, aufrühren und hartnäckig machen (vgl. §. 191).

§. 82. Es sind noch Verfahren hervorzuheben, welche der Entstehung und der Anwendung des Gesetzes gemeinsam sind. Die Rechtsbildung, so wie die Rechtspflege, wird in den nothwendigen Mitteln ihrer Organe nicht selten auf einen Weg geführt, welcher an und für sich der strengen aus der festen Betrachtung des Ganzen stammenden Einheit nicht entspricht. Wenn in der Gesetzgebung für die Zwecke vielseitiger Betrachtung und vielseitiger Theilnahme berathende und beschliessende Körper gebildet werden müssen, wie z. B. Senate, Parlamente, Ausschüsse oder bei der Anwendung des Rechts Gerichtshöfe: so entsteht eine eigenthümliche logische Aufgabe, die mannigfaltigsten Einsichten für den besten Beschluss, dessen dieselben in ihrer Verbindung fähig sind, zu Einem Willen zu vereinigen und darnach den Willen, der in der Versammlung verhältnissmässig die grösste Gemeinschaft zu seiner Grundlage hat, zum reinen Ausdruck zu bringen. Die Methode bei Abstimmungen (die Leiterin der „collektiven Weisheit") bewegt sich nach dieser Richtung. Sie will in gesetzgebenden Versammlungen dem besten Beschluss, dessen sie als Ganze fähig sind, den Halt und die Kraft eines möglichst vereinigten, fest verwachsenen Willens geben. Das aufsammelnde, zusammenlesende Verfahren hat in Abstimmungen bei der einfachen Antwort auf Eine Frage durch Ja oder Nein mit der Induktion, und bei der Wahl zwischen mehreren Vorschlägen mit der Anlage eines indirekten Beweises in einem mehrgliedrigen disjunktiven Urtheile Verwandtschaft. Wo um des gemeinsamen Ganzen willen eine Ausgleichung der Stimmen zu Einem Beschluss erstrebt wird, kommt es bei dem Entwurf des disjunktiven Urtheils wesentlich auf eine solche Abstufung und Reihenfolge an, dass bei der Abstimmung für jeden der Stimmenden über das, was er in erster Linie will, früher entschieden wird, als über das, was er in zweiter und dritter Linie zuzugeben geneigt ist, dass also in der Anordnung der Fragen jeder die Möglichkeit findet, zunächst die eigentliche Willensmeinung zur Geltung zu bringen, und erst, wenn diese nicht durchgeht, zu möglichen Zugeständnissen zu schreiten. Soll das Ergebniss der reine und richtige Ausdruck der in der Gemeinschaft vorhandenen Einsicht sein, so muss ausser dieser logischen Aufgabe die Gemeinschaft und in ihr jeder Einzelne Sorge tragen, dass Begierden und Stimmungen, Furcht und Hoffnungen ausgeschlossen seien und in innerer Freiheit des Gemüths ein sicheres Urtheil möglich werde. Diese psychologische und ethische Aufgabe muss jener logischen zur Seite gehen. Die Unterordnung unter den Willen der Mehrheit als unter den Willen des Ganzen beruht wesentlich auf der Voraussetzung, dass in ihm die relativ beste Einsicht, deren das Ganze als Ganzes fähig ist, zu Tage gekommen sei; woraus die ethische Bedeutung jenes logischen Verfahrens erhellt, obwol dasselbe nur an seinem Theil jene schwierige Voraussetzung erfüllen hilft.

Wie die Induktion, so verfällt die Entscheidung nach Stimmenmehrheit der Wahrscheinlichkeitsrechnung[1] und die „collektive Weisheit" offenbart darin ihre Schwäche. Die Wahrscheinlichkeit, dass eine Versammlung das Richtigste und Beste durch Stimmenmehrheit finde, wächst nicht mit der Zahl der Mitglieder, es sei denn, dass Alle als gleich einsichtig, als gleich charakterfest gesetzt werden könnten; sondern sie nimmt um so viel ab, als in der grösseren Zahl die minder Einsichtigen und Schwankenden zunehmen. Daher wohnt der sichere Erfolg der Wahrheit nur in solchen Versammlungen, in welchen die Zahl der Mitglieder nicht grösser ist als die Zahl der Einsichtigen, sondern wo sie so bestimmt und gemessen wird, dass auf dem Grund des Allgemeinen die vielen besondern Seiten eines Gegenstandes, z. B. der Gesetzgebung, erfahren und sicher vertreten sind.[2]

Es ist Aufgabe der Geschäftsordnung, welche die ethischen und logischen Vorbedingungen einer richtigen Abstimmung sichern muss, die Minderheit in den Mitteln, durch welche sie dem Ausdruck ihrer Ansicht die nöthige Rücksicht schaffen kann, zu schützen und die Ehre der unterliegenden Minderheit zu wahren. Sonst wird die Mehrheit zur Despotin der Versammlung. Wo die Parteien ihr eigenes Bestes und das Beste des Ganzen richtig verstehen, streiten sie alle für die strenge Beachtung der über den Parteien stehenden Geschäftsordnung, welche nicht selten die Wahrheit schirmte und den künftigen Sieg der Vernunft möglich machte. Eingedenk der logischen Mängel, welche selbst die beste Methode der Abstimmung hat, kürzt sie nirgends das Ansehen der Minderheit.

Mitten in die strenge Logik des Rechts fällt ein Mittel der Entscheidung, das eigentlich das Gegentheil aller Logik ist, mitten in das Rechtssystem, das ein System des Willens ist, ein Mittel, das jeden Willen ausschliesst — nämlich das Loos, als ein Mittel da zu scheiden, wo die Interessen der Menschen

---

1) Condorcet *essai sur l'application de l'analyse à la probabilité des décisions rendues à la pluralité des voix. Paris* 1785.

2) Vgl. des Vfs. Abhandlung: über die Methode bei Abstimmungen 1850.

zusammengerathen sind und nicht aus einander können, weil es keinen Willen giebt, der das Recht hätte über ihnen zu stehen.

In das höhere Alterthum hinaufreichend, trägt das Loos zunächst die Vorstellung der göttlichen Entscheidung in sich. In der Ilias beten die Achaier, wenn sie losen, für das, was sie wünschen, zum Zeus (III, 320. VII, 179). In Athen wurden die Aemter im Tempel des Theseus ausgelost und Plato überlässt die Wahl der Priester dem Loos, um sie dem göttlichen Willen anheim zu geben *(legg. VI, p. 759 b)*. Die alten Deutschen beten zu den Göttern, ehe sie losen *(Tac. Germ. c. 10)*. *Prov.* XVI, 33. „Loos wird geworfen in den Schooss; aber es fället, wie der Herr will.“ Im Mittelalter erscheint selbst im Criminalrecht das Loos als Gottesurtheil. Wie zur Wahl eines Apostels *(act. 1)* das Loos unter Anrufung des Herzenskündigers geworfen wird, so findet sich noch heute der Gebrauch des Looses in dieser Richtung, wie z. B. bei den Herrnhutern. Auch Luther sagt: „weil man im Loos nicht stimmet, welchem er's geben soll, sondern stellet's frei dahin auf Gottes Berath.“ Wäre das Loos ein Gottesurtheil, so müsste es viel öfter angewandt werden. Das Loos ist seinem Begriff nach das von menschlicher Einsicht Unvorgesehene. Man schliesst zwar die menschliche Kenntniss des Zusammenhanges zwischen Ursache und Erfolg aus, aber dadurch nicht die natürliche Causalität selbst, so dass nun der göttliche Wille entschiede. Daher hat sich im Recht die Ansicht des Looses als eines Gottesurtheils nicht halten können. Kaiser Rudolf II. sagt in einer Instruktion vom J. 1606[1], ob's nicht dahin zu bringen, dass ein von ihm bezeichneter Streit „einem unverdächtigen Loose anvertraut werde und was somit das Glück gebe, jeder Theil damit begnügt sei.“ Das unverdächtige Loos ist nichts als ein gemachter Zufall, und wollte man von ihm Weisheit fordern, so forderte man vom Blinden ein Gesicht; und man muss des

---

1) Homeyer über das germanische Losen. Monatsbericht der Akademie der Wissenschaften 1853. S. 762.

Spruchs eingedenk sein: „du sollst Gott, deinen Herrn, nicht versuchen", wenn man sorglos oder tollkühn dem Loose überlässt, was zu finden oder zu bestimmen Sache des Verstandes, oder Sache der Zuneigung ist. Im Recht scheidet man sonst durch Entscheidung, im Loos entscheidet man durch blosse Scheidung.

Aus dem Gesagten folgt, wo das Loos nicht angewandt werden dürfe. Niemand darf im bürgerlichen Streit gezwungen werden, sein Recht dem Loose anzuvertrauen, und nie darf im Gericht das Loos, das nicht unterscheiden kann, über Schuld und Unschuld entscheiden.

Dennoch können die menschlichen Dinge des Looses, dieser Wahl ohne Wahl, nicht entrathen. Sein Gebrauch beruht auf der Voraussetzung schlechthin gleicher Ansprüche, zwischen welchen eben wegen der Gleichheit keine Wahl nach Gründen möglich ist. Der blinde Zufall, ohne Liebe und ohne Hass entscheidend, verhütet Leidenschaften (Neid, Missgunst, Klage über Parteilichkeit). Niemand kann dem Loose zürnen. *Prov.* XVIII, 18. „Das Loos stillet den Hader und scheidet zwischen den Mächtigen." Bei der Voraussetzung gleicher Verpflichtung, wenn nicht Alle zu ihrer Erfüllung berufen werden, wie z. B. bei der Aushebung zum Heere, ist das Loos an seiner Stelle. Auch bei gleicher Last der Schuld, wenn die Bestrafung Aller unmöglich ist, hat man das Loos angewandt; aber Jeder fühlt dabei die Ungleichheit, die darin liegt, dass das Loos begnadige, und statt des Gefühls der Gerechtigkeit regt sich nun das Mitleid mit dem Opfer des Looses. Im Sinne gleicher Ansprüche liebt die Demokratie, welche Allen, Gleichen und Ungleichen, gleiche Rechte ertheilt, das Loos. Sie begiebt sich des Verstandes in den Wahlen und lässt sich vom Zufall des Looses regieren, um nur das Selbstgefühl der Gleichheit zu behaupten. Es wurde dem Sokrates als eine Schuld zugerechnet, dass er diejenige Verfassung, welche die Regierenden nach dem Loose wähle, eine Verfassung von Verrückten nannte. Wo eine Einrichtung den Gebrauch des Looses in Masse fordert, steckt in ihr immer ein Mangel. Bei der Wahl von Geschworenen als Richtern ist der Gebrauch des Looses kaum vermeidlich, theils um den Einfluss der Regierung, welcher die Geschworenen abhängig macht, theils um die Volkswahl, welche die Geschworenen in die Hand politischer Parteien legt, auszuschliessen, — es sei denn, dass man die Geschworengerichte aus bleibenden Richtern bilde, deren Standesbildung und Standesgewissen gegen beide Gefahren vielleicht die beste Gewähr giebt.

Die Gleichgültigkeit des Looses wird in den Dienst der Unparteilichkeit genommen. So bedarf z. B. eine zahlreiche Versammlung, wie etwa im Abgeordnetenhause, für ihre Geschäfte einer Gliederung in Abtheilungen, namentlich um Wahlen von Ausschüssen aus ihrer Mitte möglich zu machen. Es ist nun monarchisch, wenn ein Landtagsmarschall, vom Fürsten bestellt, diese Abtheilungen bildet, was jedoch der Unabhängigkeit der Körperschaft zu widersprechen scheint. Die entgegengesetzte Weise, die Abtheilungen durch Auslosung entstehen zu lassen, ist demokratisch. Misstrauisch gegen jede Wahl, als sei sie nothwendig parteiisch, vertraut sie lieber dem kopflosen Zufall, welchem denn auch oft das Ergebniss entspricht. Die Abtheilungen werden zusammengewürfelt. Während es wichtig wäre, dass sich in ihnen Erfahrung und Kenntniss und Fähigkeit, je nach den besondern Richtungen, möglichst gleich vertheilte, indem sie zu den Ausschüssen für die besondern Fragen und Geschäfte gleiche Beiträge liefern sollen: kann es geschehen, dass in Einer Abtheilung die Fähigkeiten einer, in der andern die Fähigkeiten einer andern Art sich häufen. Dadurch werden unvermeidlich die Ausschüsse, die wichtigen Vorbereiter der Beschlüsse, schlechter zusammengesetzt, als in der Anlage der Versammlung liegt, indem in einigen Abtheilungen brauchbare Männer zurückbleiben, aus andern mittelmässige hervorgehen, weil keine für diese oder jene Angelegenheit befähigten darin sind. Die Arbeitskräfte verbinden sich also nicht in der Weise, wie sie sich, um das Beste zu leisten, verbinden könnten, wäre nicht in der ersten Bildung der Abtheilungen das zutappende Loos zur Grundlage ihrer spätern Wahlen gemacht. Diese Demokratie des Looses mit ihrer falschen Gleichmacherei gehört in der

Anlage politischer Versammlungen dem Alles beherrschenden Misstrauen an und entspringt aus keinem sittlichen Grunde. Zwischen dem absolutistischen und demokratischen Extrem giebt es eine vernünftige Mitte. Das Haus wähle sorgsam den rechten Mann, den Mann des allgemeinen Vertrauens, zum leitenden Haupt und vertraue dann für die Wahl der Ausschüsse seinem Verstande und seinem Gewissen mehr, als den Parteibestrebungen in zusammengewürfelten Abtheilungen. Ueberdies wird, wenn dem Präsidenten etwa auf eingeforderte Vorschläge die Wahl der Ausschüsse zusteht, der Uebelstand vermieden werden, dass gute Köpfe der Minderheit, welche in den Abtheilungen durch die Mehrheit ausser Thätigkeit gesetzt werden, von den Ausschüssen, für welche sie für die vielseitige Behandlung wichtig wären, ausgeschlossen werden und dadurch oft die ergiebigsten begabtesten Kräfte der Versammlung brach liegen.

§. 83. Zum Schluss ergiebt sich aus dem logischen Verhältniss des Gesetzes der ethische Begriff der Billigkeit. Ihr Ursprung liegt in der Ergänzung eines Mangels, welcher dem Gesetz als einem Allgemeinen anhängt oder zufällt. Die Vorsicht des Gesetzes, die vorkommenden Fälle des Lebens berücksichtigend, kann in der Bestimmung des Allgemeinen die eigenthümliche Gestaltung der mannigfaltig und neu nachwachsenden besondern Fälle nicht erreichen. Ferner bleibt der Ausdruck des Allgemeinen hinter der Absicht der Bestimmtheit leicht zurück. Daher geschieht es nicht selten, dass nach dem strengen Worte etwas unter das Gesetz fällt, was nach dem Sinne anders bestimmt werden sollte. In diesem Widerstreit ist gegen die Gerechtigkeit des Buchstabens vielmehr die Billigkeit die Gerechtigkeit des wirklichen Sinnes. Nach alter aristotelischer Definition ist sie die Berichtigung des gesetzlich Gerechten, inwiefern dasselbe durch das Allgemeine des Gesetzes mangelhaft ist. In der auf diese Weise bestimmten Billigkeit bleibt das positive Gesetz mit den Anzeichen seiner Absicht die Norm. Die Billigkeit, bald das zu eng, bald das zu weit gefasste Gesetz ergänzend, unterliegt dabei den Gefahren der ausdehnenden und beschränkenden Auslegung (§. 78). Wenn die Billigkeit in abstrakterer Bedeutung darauf geht, gegen den Sinn des positiven Gesetzes die Vernunft des natürlichen Rechts geltend zu machen, so verlässt sie die Anwendung des förmlichen Rechts (§. 49) und streift in die Betrachtungen der Gesetzgebung hinüber.

Aus der ethischen Nothwendigkeit des Billigen gehen, inwiefern das Recht das Sittliche nach der individuellen Seite wahrt, Rechtsbildungen hervor, wie Begnadigung, Dispensation, *restitutio in integrum* u. s. w. Die Gnade *(clementia)* wird nicht selten dem Recht *(iustitia)* und der Billigkeit *(aequitas)* entgegengesetzt und dadurch zur Willkür des Mächtigen gemacht. Das Begnadigungsrecht, im sittlichen Sinne gefasst, bedeutet individuelle Berichtigung des tödtenden Buchstaben und ist die allgemeine Wohlthat einer lebendigen Gerechtigkeit.

Da das, was von individueller Berichtigung des Gesetzes gesagt ist, auch vom Vertrage gilt, dem freiwillig zwischen den Betheiligten aufgerichteten Gesetze, nur mit dem Unterschiede, dass die beiden Parteien, als die Gesetzgeber, es werden selbst zu berichtigen, oder die Berichtigung eines Dritten anzuerkennen haben: entspringt aus derselben Quelle die Nothwendigkeit der Schiedsmänner, *arbitri*, „Teidingsleute". (Vgl. §. 50 Schluss.)

Wenn die Ungerechtigkeit aus drei Quellen stammt, aus selbstsüchtiger Gewalt, aus boshafter Verstrickung durch den Vorwand des Gesetzes und aus der Herbigkeit des Gesetzes selbst[1]: so richtet sich gegen die selbstsüchtige Gewalt der Inhalt jedes guten Gesetzes, gegen die boshafte Verstrickung die über dem Sinne des Gesetzes und der Formen wachende Interpretation, und gegen die ungewollte Herbigkeit des Gesetzes selbst die Institute der Billigkeit.

Anm. Die Billigkeit entspringt da, wo das alte römische Sprichwort gilt: *summum ius, summa iniuria (summum ius, summa crux)*. „Enge Recht, weit Unrecht", „allzu scharf wird schärtig" heisst es bei Luther:

1) Nach Baco *de augmentis scientiarum* VIII, 3. *Triplex est iniustitiae fons, vis mera, illaqueatio malitiosa praetextu legis et acerbitas ipsius legis.*

an die Pfarrherrn wider den Wucher zu predigen 1540. Wie in der Rechtsbildung dem streng Gerechten gegenüber das Billige mitwirkt, zeigt unter Andern die consequente Entstehung des *ius praetorium* den 12 Tafeln gegenüber.' Mit Grund haben die juristischen Erklärer zu der Definition des prätorischen Rechts in den Pandekten aus Papinian (*digest.* 1, 1, 7) die klassische philosophische Begriffserörterung des Billigen aus Aristoteles (*eth. Nic.* V, 14, *p.* 1137 *a* 31, besonders *b* 12. vgl. *rhet.* I, 13, *p.* 1374 *a* 24 *ff.*) herbeigezogen. Hugo Grotius hat den aristotelischen Begriff in seiner Schrift *de aequitate indulgentia et facilitate* ausgeführt (hinter den Ausgaben des 1625 zuerst erschienenen Werks *de iure belli ac pacis libri tres*).

Weil das Handeln, in welchem die Gerechtigkeit erscheint, immer ein Einzelnes ist und im Einzelnen sich bewegt, so ist früh die Ungleichheit zwischen dem allgemeinen Gesetz und dem individuell Gerechten gefühlt. Schon Plato hat daher an einer Stelle des Staatsmannes (*p.* 294 *sq. St.*) im Gegensatz gegen das starre Gesetz, welches das Mannigfaltige und Wechselnde des Lebens mit rücksichtsloser Einfachheit behandelt, den mit Weisheit königlichen Mann als die Norm des eigentlich Gerechten bezeichnet. Luther sagt in der Schrift von der weltlichen Obrigkeit: „darum muss ein Fürst das Recht ja fast in seiner Hand haben als das Schwert und mit eigener Vernunft messen, wann und wo das Recht der Strenge nach zu gebrauchen oder zu lindern sei, also dass die Vernunft allezeit über das Recht regiere und als das oberste Recht und Meister alles Rechts bleibe." Leibniz bindet in demselben Sinn die Gerechtigkeit an den *vir bonus. Iustitia est habitus (seu status confirmatus) viri boni;* und setzt hinzu: *Sapienter ICti Romani legibus indefinibilia remittunt toties ad arbitrium boni viri, quemadmodum Aristoteles in Ethicis omnia regulis non comprehendenda ad arbitrium prudentis, ὡς ἂν ὁ φρόνιμος ὁρίσειεν* (vgl. *eth. Nicom.* II, 6, *p.* 1107 *a* 1). S. Leibnizens *definitio iustitiae universalis* in des Vfs. historischen Beiträgen zur Philosophie II. S. 265 ff. Der nach dem strengen Gesetz gemessenen Gerechtigkeit gegenüber liegt der Grund der Billigkeit in dem bezeichneten Verhältnisse.

ZWEITER THEIL.

Entwurf der Rechtsverhältnisse aus dem Princip.

---

§. 84. Nachdem das Princip des Rechts untersucht ist, entsteht die Aufgabe, das Besondere aus dem Allgemeinen zu entwerfen (§. 4). Weil nun das Recht da eintritt, wo sittliche Verhältnisse geworden sind, um sie in ihrem inneren Zweck zu wahren: so kann nur mit der Verwirklichung der sittlichen Idee (§. 34. 35) das Recht erkannt werden. Das Allgemeine versenkt sich darin von selbst in das empirisch Besondere, das bald von Bedingungen der Natur, wie vom Klima, von der Menschenrace, bald von den Bedingungen der Geschichte, von den ausbildenden Erfindungen, überhaupt von dem Zustande der Gesittung abhängt (§. 48). Es kann daher dem Naturrecht nur obliegen, das Allgemeine im Besondern so weit zu entwerfen, als es aus den constanten Elementen im Rechte, nämlich aus der ethischen Idee und dem psychologischen Wesen des Menschen, hervorgeht und insofern als das Bleibende und sich selbst Gleiche das in den verschiedenen Formen der Verwirklichung durchgehende Mass bildet, und zugleich nachzuweisen, wie bei der Verzweigung der Verhältnisse dennoch in den besondern Sphären und in dem sich verändernden empirischen Material derselbe ideale Grund das Recht gestaltet. Es wird aus der Idee der sittlichen Verhältnisse das Recht, das sie wahrt (das Recht in objektiver Bedeutung), und wenn die Idee in den Personen ihre besondern Organe hat, das Recht, das diesen zusteht (das Recht in subjektiver Bedeutung) (§. 45), abzuleiten sein. Da die Gesichtspunkte für den das Recht herstellenden Zwang, falls es verletzt ist, aus demselben Ursprung als das Recht stammen: so lässt sich in einer genetischen Darstellung das Strafrecht nicht als ein besonderes zusammenfassen und für sich abscheiden, wie es nach äusserer Zweckmässigkeit sonst geschieht, sondern es muss sich an die Bestimmung der verschiedenen Rechtsverhältnisse als eine Folge anschliessen. Wo die inneren Zwecke das besondere Recht hervorbringen, da müssen auch das Unrecht, das in diese Zwecke eingreift, und die Gegenwirkung des Rechts gegen das Unrecht ihr Mass haben. Daher schlingt sich, genetisch gefasst, das Strafrecht durch alle Sphären durch.

Wie der analytische Theil gegebene Gesetze, gegebenes Recht voraussetzte, um ihren ethischen Ursprung zu finden und überhaupt das bewegende Princip herauszuheben: so scheidet auch der synthetische Theil sich nicht dergestalt vom Gegebenen, dass er es unternähme, aus dem gefundenen Princip allein die weit verzweigten, dicht verwachsenen Bestimmungen des Rechts zu entwerfen. Ein solches Unterfangen würde das Wesen der Entwickelung verkennen, da jedes Princip, dem Samen gleich, welcher sich ewig in sich verschliesst, bis er den äussern Bedingungen seines Keimens und Wachsens zurückgegeben wird, solcher anregenden Elemente von aussen bedarf, welche seiner Natur gemäss sind. Insofern bedarf die Synthesis empirischer Bedingungen und entschlägt sich bloss apriorischer Constructionen. Es kommt darauf an, durch den Entwurf das Princip des Allgemeinen in seiner Macht über das Besondere und in seiner durch das Concrete sich durchziehenden Verbreitung zu erkennen.

Die philosophische Auffassung, welche im Recht die Wahrung der äussern Bedingungen zum Sittlichen sucht, soll dahin führen, das positive Recht jeder Zeit und jeder Culturstufe aus der Idee des Sittlichen zu verstehen, welche dieser Zeit und dieser Culturstufe aufgegangen ist, und das Recht der Gegenwart aus der sittlichen Idee, welche in ihr erstrebt wird. In der Geschichte des Rechts selbst sehen wir die ethische Idee sich zu grösserer Vollendung herausarbeiten, und eine Philosophie des geschichtlichen Rechts wird diesen Trieb aufzufassen haben.

Ihre einzelnen Stufen haben alle ihr letztes Mass in dem Einen Sittlichen, in dem, was die einzelnen Menschen und was den Staat zum Menschen macht. Es dauert lange, ehe die in der Menschheit zuerst gleichsam träumende Idee zum hellen Bewusstsein erwacht und allmählich das Leben läutert und gestaltet.

§. 85. Alles Recht steht organisch und ethisch auf der Voraussetzung eines Ganzen in der Gemeinschaft (§. 19. 36). Aus diesem Ganzen bildet sich die Gliederung, während die Einzelnen für sich nach Verstärkung streben (§. 36). Wenn wir daher in dem folgenden Entwurf für den Zweck eines sichern Anfangs und einer klaren Uebersicht die Rechtsverhältnisse der Einzelnen zuerst behandeln: so muss festgehalten werden, dass sie für sich eine blosse Vorstellung sind und vielmehr Alles, was sie sind und haben, nur in dem umfassenden Ganzen sind und haben, welches die Macht mit dem Recht und das Recht mit der Macht vereinigt. Das ursprüngliche Ganze, in welchem sich sogleich Haupt und Glieder scheiden, und welches daher die erste Quelle von Rechtsverhältnissen wird, ist die Familie. Familien ergänzen sich zu Gemeinden, Gemeinden zu Staaten, Staaten zu Staatensystemen. Wo es sich vom Rechte handelt, ist die Unterordnung unter die Macht eines solchen Ganzen stillschweigende Bedingung. Es liesse sich hiernach eine genetische Behandlung des Rechts denken, welche mit der Familie als einer uranfänglichen Rechtsgemeinschaft anhübe. Da indessen der letzte Träger des Rechts (das einfachste Rechtssubjekt) der Einzelne ist, so dürfte die Uebersicht es rathsam machen, mit diesem Einfachen zu beginnen und unter der Voraussetzung eines unterordnenden Ganzen die Rechtsverhältnisse der Einzelnen voranzuschicken und von ihnen aus die grösseren Ganzen zu gewinnen.

A. *Rechtsverhältnisse Einzelner.*

a. *Person.*

§. 86. Aus dem allgemeinen Begriff des Menschen hat sich für den Träger des Rechts *(subiectum iuris)* der besondere Begriff der Person ausgebildet. Der Einzelne als rechtsfähig heisst Person; wobei das Recht in der subjektiven Bedeutung (§. 45) genommen wird, in welcher es den Anspruch an die Verpflichtung Anderer oder des Ganzen in sich schliesst, demjenigen, welcher das Recht hat, etwas zu leisten oder zu gestatten (ihn gewähren zu lassen). In diesem Sinne sind alle Rechte persönlich und zwar auch da, wo sie zunächst an der Sache, z. B. an dem Eigenthum eines Gutes, haften. Im ethischen Sinne bildet die Bestimmung zur individuellen Sittlichkeit die Idee der Person (§. 35 §. 37;) und da es Personen nur in der Gemeinschaft geben kann, — denn nur im Gegensatz gegen das Du bildet sich das Ich, — so wahrt überhaupt das Recht (im objektiven Sinne) die Bedingungen für diese Idee der Person. Die Rechte der Person, welche in den Verpflichtungen der Andern oder des Ganzen anerkannt werden, z. B. die Rechte der Person im Eigenthum, im Vertrag, beruhen, sofern wir sie in den ethischen Grund zurückführen, auf dieser Bestimmung zur individuellen Sittlichkeit. Die Bedingungen zu ihrer Verwirklichung in der Gemeinschaft sind theils durch das Gesetz verbürgt, theils als das Erlaubte (§. 44) innerhalb der Gesetze geschützt. Diese Rechte gehen daher durch alle Sphären der Gemeinschaft hindurch und werden darin concret. Es besteht in ihnen die Freiheit der Person.

Anm. *Persona* weist in seiner eigentlichen Bedeutung auf das Besondere und Individuelle hin, das sich in der allgemeinen menschlichen Physiognomie als das Bleibende ausprägt, und bezeichnet in übertragener Bedeutung, wie z. B. bei den Rhetoren, zuerst die unterscheidenden Beziehungen des Einzelnen von andern Einzelnen und von sich als Ganzes gedacht (*ut Hector ad Priamum persona filii est, ad Astyanactem persona patris, ad Andromachen persona mariti, ad Paridem persona fratris, ad Sarpedonem amici, ad Achillem inimici*). Hieraus entspringt die Bedeutung der unterscheidenden Rechtsbeziehung. *Persona est homo statu civili praeditus* und der Sklave ist keine Person. Da in den Rechten der Person der ausschliessende Wille erscheint, so bildet sich aus dieser allgemeinen Beziehung der weitere Sprachgebrauch. *Persona est, cuius aliqua voluntas est. Seu cuius datur cogitatio, affectus, voluptas, dolor*, definirt Leibniz. In verwandtem Sinne wird das Wort in der Theologie angewandt (*personae distinctae* in der Trinität, in den Engeln), später in der Philosophie (z. B. in der pantheistischen Hypothese der unpersönlichen Vernunft). Seit Kant in der Moral den vernünftigen Willen zum Mittelpunkt machte, steigert sich die Bedeutung der Person in der Ethik. Ihm ist die Persönlichkeit die Würde der Menschheit. Vgl. Metaphysik der Sitten 1797. s. B. S. 140. Die psychologische Erörterung, welche dahin gehen muss, die Person als bewusste Potenz einer Causalität zu begreifen, bleibt hier mit Absicht ausgeschlossen.

§. 87. Als Person steht der Einzelne nicht für sich, sondern im sittlichen Ganzen. Nach dem Begriff des Organismus überhaupt sind die Glieder unter einander und mit dem Ganzen sich gegenseitig Zweck und Mittel, und schon aus diesem allgemeinen Begriff folgt, wenn er auf das sittliche Ganze angewandt wird, dass durchweg die Rechte durch Pflichten bedingt sind. In den Rechten, die der Einzelne hat, sieht er sich relativ als Zweck anerkannt und in den Pflichten, die ihm obliegen, sich und seine Leistungen als Mittel bestimmt. Nach dem Begriff des sittlichen Organismus steigert und beschränkt sich diese Wechselbeziehung dadurch eigenthümlich, dass das Glied, wie das Ganze, die Bestimmung des Menschlichen (§. 35 ff.) in sich hat, und zwar das Glied die Bestimmung zur individuellen Sittlichkeit, vermöge welcher das Glied im Ganzen, obwol Mittel desselben, eine Person bleibt und nie schlechtweg Sache werden darf. Es ist ferner das Eigenthümliche des Organischen, dass das Ganze vor den Theilen ist und die Theile nur im Ganzen entstehen und bestehen. Daher ist die Erhaltung des Ganzen die Voraussetzung für den Theil und es fliesst daraus die Pflicht der Hingabe an das Ganze und das Recht des Ganzen an dem Theil, z. B. das Recht des Staates an der Person im Kriege. Die Rechte der Person und die Rechte des Ganzen sind nur in wechselseitiger Beschränkung da (§. 40).

Es ist von grosser Wichtigkeit, zu erkennen, dass aus der Idee des Ganzen Rechte und Pflichten zumal entspringen, und daher Rechte und Pflichten allenthalben in durchgängigem Ebenmass einander entsprechen müssen. Wenn das Wechselseitige von Ganzem und Theilen, das im Begriff jedes Organismus liegt, ins Ethische erhoben wird, so ergiebt sich sogleich diese einfache Erkenntniss, auf deren fester Anwendung die Sittlichkeit jedes Berufs, jeder Gemeinschaft und selbst die Glückseligkeit und Dauer der Staaten beruht. In jedem Augenblick sucht die Selbstsucht bald in den Aemtern und Ständen, bald in der Vertheilung der Steuern oder der Macht und Ehre die gegenseitig bedingte Einheit, die ewige Proportion von Pflichten und Rechten zu lösen, und selbstsüchtig sucht in jedem Verhältniss der natürliche Mensch sich selbst mehr Rechte und den Andern mehr Pflichten zuzuschreiben und zuzuschieben. Wer Pflichten hat, vergisst nicht leicht seiner Rechte, aber wer Rechte geniesst, weigert sich nicht selten der Pflichten. Wo die Ausgleichung von Pflichten und Rechten nicht mehr erstrebt oder wo sie ungestraft gebrochen wird, da wird das Grundverhältniss der proportionalen Gerechtigkeit verletzt und es werden stillschweigend Keime zu Umwälzungen gelegt.

§. 88. In den sogenannten angeborenen Rechten (Menschenrechten, Urrechten) denkt man gewöhnlich eine unbestimmte Summe von Forderungen, welche dahin gehen, dass dem Einzelnen Bedingungen der Entwickelung gewährt oder nicht verkümmert werden, namentlich das Recht der Unantastbarkeit des Lebens und Leibes, das Recht persönlicher Freiheit, das Recht bürgerlicher und politischer Freiheit (Gleichheit vor dem Gesetz), das Recht der Geistesfreiheit, das Recht auf Ehre (also das Recht, keine beschimpfenden Strafen zu erleiden), ja sogar das Recht auf Lebensunterhalt und Musse.

Die Vorstellung solcher Urrechte hat einen idealen Werth, indem sie auf ein Ziel hinweisen, welches die Gemeinschaft in Verbindung mit der Selbstthätigkeit der Einzelnen erreichen soll, und dem Ganzen das Ziel seines Rechts und seiner Fürsorge vorhalten.

Aber der Begriff und die Begründung der Urrechte ist meistens unklar.

Gewöhnlich meint man, dass die angeborenen Rechte aus dem unveräusserlichen Begriff der Person als solcher fliessen. Indessen ist dem nicht so. Denn weder aus der Idee der einzelnen Menschen allein, noch aus der Idee des Ganzen (des Staates) allein können Rechte entspringen, da sich in allen Rechten die Richtung auf den Einzelnen und die Richtung auf das Ganze einander ausgleichen müssen (§. 30. §. 40. §. 46).

Indem man sich auf angeborene Rechte beruft, vergisst man gewöhnlich das Correlat angeborener Pflichten, und doch würde der eine Begriff nothwendig zu dem andern gehören. Wenn man nie von angeborenen Pflichten reden hört, so verräth sich darin schon eine Schwäche in der Vorstellung angeborener Rechte. Man stellt sich in ihnen mit der Betrachtung nur in den Einen Pol, in das fordernde Individuum, und vergisst den andern, das sittliche Ganze, worin es allein erst Rechte giebt (§. 45. 47). Wer den Anspruch angeborener Rechte erhebt, muss zuerst das Ganze, in welchem er ihn geltend macht, anerkennen, und darin bindet ihn das förmliche (wirkliche) Recht, der Inhalt des Rechts, den das Ganze in seiner positiven Gestalt gewährt (§. 49).

Man kann sagen, es werde dem Menschen das Recht angeboren, dass ihm kein Unrecht geschehe, und dieser negative Sinn der Urrechte leuchtet von selbst ein. Aber es fragt sich dann, was das Unrecht sei. Wenn sich nun das Unrecht nur an dem bejahenden Begriff des Rechts messen lässt, so dreht man sich auf diesem Wege im Kreise. Doch muss anerkannt werden, dass das Urrecht, welches gewaltthätiges Unrecht verneint, eine grössere Klarheit in sich trägt, als Urrechte mit dem positiven Anspruch auf grosse Leistungen. So liegt z. B. zwischen dem Urrecht, welches sich der Sklavschaft, dem absoluten Hemmniss alles Menschlichen, entgegenwirft, und dem behaupteten angeborenen Recht auf Musse ein grosser Unterschied.

Je künstlicher durch die Cultur die Voraussetzungen des gemeinsamen Lebens geworden sind, je weiter der nothwendige Erwerb sich von dem entfernt, was der nackte Mensch, ununterrichtet und ununterwiesen, für sich erreichen kann: desto mehr steigen die Pflichten des Ganzen, den Einzelnen in dieser Richtung zu unterstützen, damit er selbstthätig wirken könne. Indessen was erweislich der Staat nicht leisten kann (z. B. den Lebensunterhalt und die Musse aller Einzelnen), kann auch nicht angeborenes Recht der Einzelnen sein. Wenn es das Princip ist, dass das Recht das Sittliche wahre, die Bedingungen, dass der Mensch zum Menschen werden könne: so liegt darin im Gegensatz gegen träge angeborene Rechte die Forderung der Selbstthätigkeit. Der Inhalt der Urrechte ist so weit unrecht, als sie den Wetteifer selbstthätiger Kräfte abstumpfen.

Ueberdies vergisst man, indem man die angeborenen Rechte betont, dass die Familie und nicht der Staat als solcher die Geburtsstätte des Einzelnen ist. Was man in der Familie wünschen möchte, darf man nicht ohne Weiteres vom Staat fordern.

Indem es hiernach gerathen ist, die unbestimmten Urrechte auf sich beruhen zu lassen, muss sich das Richtige, was in ihnen ist, in der weitern Entwickelung, welche den Zusammenhang zwischen dem Ganzen und den Einzelnen auffasst, von selbst ergeben.

Anm. Für die Geschichte des Begriffs darf noch Folgendes bemerkt werden. Es ist der Begriff der angeborenen Rechte in derselben Zeit entstanden, in welcher alles Recht auf Vertrag zurückgeführt wurde. Der Widerspruch, der darin liegt, verbirgt sich nicht. Das angeborene Recht ruft die Nothwendigkeit der innern Idee an, wo der Ursprung des Rechts aus Vertrag nur die Uebereinkunft zulässt. Dem Kinde, das eine Gegenleistung weder versprechen noch gewähren kann, wird ein Recht angeboren. Nur insofern ist zwischen der Theorie vom Ursprung des Rechts aus dem Vertrag und der Lehre der angeborenen Rechte eine Uebereinstimmung, als in beiden sich die Forderungen der Einzelnen im Gegensatz gegen das bestimmende Ganze in der höchsten Steigerung darstellen.

Es ist auch in dieser Richtung der Unterschied des Modernen vom Antiken lehrreich. Was die moderne Ethik als Inhalt angeborener Rechte geltend macht, wie sie neuerdings z. B. die Urrechte auch als Recht auf Lebensunterhalt und Musse formulirt hat, das erscheint z. B. im Kriton des Plato (p. 50) als eine Wohlthat, welche dem Einzelnen erwiesen wird und ihn zu Dank und Gehorsam gegen den Staat verpflichtet. Sokrates lässt sich dort mitten in der Empfindung der Ungerechtigkeit, die er erlitten, von den Gesetzen des Staates erinnern, dass sie ihn geboren und ernährt, erzogen und alles Schönen theilhaftig gemacht haben, — und Sokrates will daher die Gesetze, seine Wohlthäter, nicht verletzen, indem er sich durch die Flucht dem Vollzug des Todesurtheils entzöge. Ohne Frage ist diese alte Auffassung der Pietät ethischer, als die Rechtsforderung der Neuern. Wenn dem Staat gegenüber der Einzelne durch die Thatsache seiner Geburt, d. h. ohne sein Zuthun, in das Recht auf Lebensunterhalt und Musse eintritt, so wird er, Unmögliches begehrend, unverschämt.

§. 69. Die Anerkennung der **Einzelnen als Personen**, inwiefern sie ethisch zu individueller Sittlichkeit und juristisch zu Trägern der diese individuelle Sittlichkeit wahrenden Rechte bestimmt sind, enthält Anerkennung des Willens im Rechte. Da die Bedingungen seiner Entwickelung da liegen, wo er selbst noch nicht erscheint, wie z. B. im Kinde, im Embryo: so wahrt das Recht in demselben Masse, als es sich der sittlichen Consequenzen bewusst geworden ist, diese Bedingungen um der Person als eines sittlichen Ganzen willen. Von hier aus gehen die Richtungen des Rechts, schon den Menschenembryo gegen die Mutter, das Kind gegen die Verletzungen der Eltern zu wahren, sowie das Dasein der Personen, damit sich ihre Rechte nicht veräussern, von der Geburt bis zum Tode an sichere Kennzeichen zu knüpfen. Der Name einer Person, dessen Identität vom Recht gewahrt wird, drückt die mit sich identische Person aus, inwiefern durch das individuelle Leben das Selbstbewusstsein als ein und dasselbe hindurchgeht; er hilft also einen Begriff wahren, der erst den Menschen rechts-

11*

fähig, weil zurechnungsfähig, und noch für Vergangenes verantwortlich macht, einen Begriff von tief ethischer Bedeutung.

Der ethische Begriff der Person hat sich ohne Zweifel im allgemeinen Bewusstsein durch das Christenthum vertieft. Den Einfluss desselben in die Gesetzgebung sieht man nicht bloss in den veränderten Begriffen des Rechts über Sklaven, sondern in einem hervorragenden Beispiel namentlich auch in der veränderten Auffassung der väterlichen Gewalt im justinianeischen Rechte. Selbst Aristoteles (*polit.* VII, 16. p. 1335 b 19) lässt noch im Staate unter Beschränkungen Kinderaussetzung zu, indem er ein Gesetz will, welches unter den Neugeborenen verkrüppelte aufzuerziehen verbietet. Die 12 Tafeln verordnen Aehnliches.

Dieser Begriff der Persönlichkeit greift sogar rückwärts in das Mitgefühl für die Thiere, also in eine Sphäre, in welcher es noch keine Person giebt, aber eine Verwandtschaft mit der Person darum gefühlt wird, weil schon in den Thieren ein Element da ist, welches die Grundlage der menschlichen Person wird. Wenn das Bewusstsein der Person mit dem Bewusstsein des Ich in Wechselbeziehung steht, aber ein Ich erst da entspringt, wo der Gedanke die Selbstempfindung durchdringt, so dass immer das Ich die Empfindung von Lust und Unlust als einen innern Kern bewahrt: so tritt uns diese erste Bedingung des Persönlichen, die Selbstempfindung, schon wie ein Stück Persönliches, im Thier entgegen. Darin liegt, wie es scheint, der eigentliche Grund, wenn das Gesetz die Thierquälerei verbietet. Die Achtung vor der menschlichen Person kann wenigstens nicht in der Empfindung wurzeln, so lange das Thier roher Misshandlung ausgesetzt wird. Ueberdies liegt in dem Verbot eine richtige Werthschätzung der Sympathie als einer sittlichen Bewegung (§. 30). Wollte man nur verbieten, dass die Thierquälerei öffentlich geschehe, so würde man auf halbem Wege stehen bleiben und das Unrecht lediglich in die Verletzung der Mitempfindung Anderer setzen. *Proverb.* XII, 10.

„Der Gerechte erbarmet sich seines Viehes; aber das Herz der Gottlosen ist unbarmherzig."

§. 90. Wenn man die Person, abgelöst von den Verhältnissen und Sachen, in welchen sie ihre Rechte hat, schlechtweg für sich betrachtet: so ist ihr Wille zunächst nur Wille im Werkzeug ihres Leibes. Daraus geht das Recht der Person auf Leib und Leben (auf die Unversehrtheit ihres leiblichen Daseins) hervor. Das Recht wahrt den „Frieden", die Vorbedingung alles Sittlichen in der Gemeinschaft, und straft daher seinen Bruch in den Verbrechen wider das Leben des Andern, in Verletzungen seines Leibes und seiner Glieder, in den Verbrechen wider die persönliche Freiheit. Das Strafrecht unterscheidet darin die Verbrechen und Vergehen theils nach dem Grade des *dolus* (Mord, Todtschlag, §. 64), theils nach dem Umfang und der Bedeutung der verletzten sittlichen Zwecke (§. 66).

Anm. „Frieden" s. Sachsenspiegel II, 67.

§. 91. Die Person erscheint nirgends für sich, fertig und nackt, wie wol in abstrakter und atomistischer Betrachtung, sondern immer im Zusammenhang eines grössern Ganzen als Glied rechtlicher Verhältnisse, z. B. als Kind der Familie, als Landeskind. Indem das Recht die Person nach diesen Richtungen schützt und diese Beziehungen in den Unmündigen wahrt, fasst es sich selbst bis in die Individuen im Sinne des Organischen, welches in der sittlichen Entwickelung zugleich historisch ist (§. 35). Die Verletzungen dieser Beziehungen, z. B. durch Unterschiebung oder Verwechselung von Kindern, werden unter den Verbrechen in Bezug auf den Personenstand begriffen.

Dem gegen die Verletzungen schützenden Recht liegt in allen diesen Beziehungen innere Achtung vor der Person, die Anerkennung der Person in ihrem Selbstzweck als das Ziel zum Grunde, für welches das Gesetz erzieht. So allgemein gehalten ist zwar diese Achtung vor der Person nur noch die Achtung vor dem potentiellen Menschen, vor dem Keime seiner Bestimmung, vor der Person überhaupt. In erfüllterem Sinne ist in dem Wechselverkehr von Pflichten und Rechten die gegenseitige Achtung die rechte Gesinnung. Denn der Begriff der Achtung vor Personen beruht immer auf dem Bewusstsein einer Pflicht, welche uns der Andere, der sie erfüllt, wie ein Beispiel vorhält.[1] Wo daher gegenseitige Achtung ist, da ist Pflichterfüllung eine vorangehende Bedingung und williges Zugeständniss der aus der Pflicht entspringenden Rechte eine Folge.

§. 92. Die Rechte der Person setzen die Pflichten gegen das Ganze, das sie schützt, voraus. Wenn daher unter dieser Bedingung das Gesetz die Unversehrtheit des persönlichen Daseins wahrt, so wird es geschehen können, dass, wo jene Voraussetzung verletzt ist, in der Strafe, der durch das Gesetz aufzuerlegenden Minderung des persönlichen Daseins, diese Rechte dem Gesetze verfallen. Es wird sich dann nur fragen, ob und wie weit und in welcher Weise nach den übrigen sittlichen Rücksichten diese Rechte in der Strafe zu entziehen sind (vgl. §. 70). Das alte Strafrecht hat in der Strafe an Hals und Hand, an Haut und Haar sich der sittlichen Bedenken, welche selbst da noch das Verfahren einschränken, wo Rechte und Schutz durch das Verbrechen verwirkt werden, mehr entschlagen, als die allgemeine Achtung vor der Person zulässt.

b. Eigenthum.

§. 93. Das **Eigenthum** hilft die Idee der individuellen Sittlichkeit weiter vollziehen.

Schon die Selbsterhaltung treibt dazu, die Sache als Mittel zu ergreifen, und die selbstlose Sache hat als solche gegen die Person kein Recht. Zwischen Person und Sache ist, wie Leibniz es auffasst, ursprünglich, ehe die Sache einen Herrn hat, beständiger Krieg. Ein Löwe z. B. darf einen Menschen zerreissen und ein Berg den Menschen im Sturz erschlagen; denn weder der Löwe noch der Berg hat Verstand. Dagegen darf

1) Kant, Kritik der praktischen Vernunft S. 207. Anm. nach Rosenkranz Ausgabe der Werke.

der Mensch den Löwen bändigen und den Berg durchbrechen. Der Sieg der Person über die Sache und die Herrschaft über die gleichsam gefangene Sache machen den Besitz aus, der, anerkannt, Eigenthum wird. Die höhere menschliche That ist die Anbildung der Sachen zu dauernden Werkzeugen des Willens. Die Sachen werden in der Hand der Menschen durch Zwecke beseelt und stellen nun, als ob sie aufhören sollten, selbstlos zu sein, Bestimmungen des menschlichen Willens dar. Wie in den Gliedern, so herrscht im Eigenthum als den erweiterten Organen des Leibes der Wille mit ausschliessender Kraft. Von dieser Seite gehen die Bedingungen zur Rechtsbildung von den Einzelnen aus. Indessen würde für sich allein der Einzelne angebildete Werkzeuge nur so weit zu Eigenthum haben, als er sie physisch besässe, mit seiner physischen Macht darin gegenwärtig; er hätte sie nur momentan, nur beschränkt, indem er genöthigt wäre, im ewigen Kriege der Selbsterhaltung seine anbildende Kraft zu schwächen und die ruhige Benutzung der Sache einzubüssen. Erst die Anerkennung des Ganzen, also das Gesetz, giebt dem Willen in der Sache Bestand und verbürgt ihm über sie die allgemeine Verfügung. Erst dadurch wird das Eigenthum Eigenthum und nähert sich der Natur der Organe, welchen der Wille und zwar innerhalb ihrer Sphäre allgemein einwohnt. Von dieser Seite gehen die Bedingungen zur Rechtsbildung im Eigenthum bestätigend und beschränkend von der Gemeinschaft des Ganzen aus.

Die geistige Kraft bildet die Sachen zu Werkzeugen und das Recht erhält sie dem Willen.

Im Eigenthum ist der Begriff des Organs auf äussere und abtrennbare Sachen, inwiefern sie Werkzeuge des Willens werden, ausgedehnt. Wenn Eigenthum mancher Art, z. B. ein Acker, Nahrungsmittel, nicht so direkt, wie etwa Handwerkszeug, Kleidung, wenn unbewegliches Eigenthum nicht so leicht und einfach, wie bewegliches, als Erweiterung und Verstärkung der leiblichen Organe erscheint: so hat es dennoch für den Willen und für die Durchdringung mit Zwecken des Willens ein gleiches Verhältniss. Der alten Sprache ist diese Anschauung nicht fremd. Sie bezeichnet z. B. die gerichtliche Auflassung von Grundeigenthum (den feierlichen Akt der Uebertragung und Annahme vor Gericht) durch Einkleidung in den Besitz (*vestitura*, *investitura*) im Gegensatz der Auskleidung im Veräussern.

Es ist wichtig, das Sittliche im Eigenthum zu erkennen, damit, was zunächst Verstärkung des Einzelnen ist, zugleich als Gliederung des Ganzen erkannt werde. Wenn das Eigenthum die Organe des Leibes erweitert, so setzen sich in ihm dieselben innern Zwecke fort. Es gehört ferner zur ethischen Wirkung, dass der Mensch im Eigenthum Vergangenheit und Zukunft hat und durch die von dem Ganzen verbürgte Sicherheit über den atomistischen Augenblick hinaus Pläne entwerfen und Entschlüsse fassen kann. Ohne die Berechtigung des Eigenthums würde er die Allgemeinheit seines Wesens nicht ausleben können. Im Eigenthum wird logische und ethische Consequenz des Willens vorausgesetzt, geübt und anerkannt.

Indem das Eigenthum, zunächst ein Werkzeug des Einzelnen, ebenso den sittlichen Zwecken der Familie, der Körperschaft, des Staates dient, so trägt auch von dieser Seite das Eigenthum, in welchem zunächst der Einzelne Verstärkung sucht, zu einer Gliederung des Ganzen bei.

Es kann geschehen, dass in der Rechtsanschauung des Eigenthums in einzelnen Völkern das Moment des einzelnen die Selbsterweiterung behauptenden Willens, in andern das Moment des Allgemeinen in der Anerkennung des Ganzen vorwiegt. In den Ausdrücken des römischen Rechts erscheint zunächst der zugreifende Wille mit dem Trieb der Selbstbehauptung (*mancipium*, *vindicatio*, *dominium*, *servitus*); herrisch hält er fest, was er hat, und herrscht unbedingt mit abstossender Gewalt gegen jede fremde Bestimmung. Hier scheint es, als ob alles Recht zum Eigenthum nur vom Einzelnen ausgehe, und als ob hier Rechte seien, wie durch eigene Gewalt allein gegründet, ohne Pflichten. Aber es scheint nur so. Mittelbar oder unmittelbar beruht alles Eigenthum zugleich auf dem Willen des Staates, was am deutlichsten am Grundeigenthum hervortritt. In Rom rührt dasselbe von der Ausweisung einzelner Stücke Landes aus der gemeinen Mark her. Wo der Grundbesitz aus Eroberung stammt, thut sich immer ein ähnliches Verhältniss kund. Im Mittelalter wird der Kaiser als Quelle alles rechtlichen Besitzes angesehen und darin die sittliche Gewährung des Eigenthums angeschauet.[1]

Indem alle Art des über die Erde verbreiteten Eigenthums als specificirtes Werkzeug des menschlichen Willens und menschlicher Zwecke erscheint, erhält darin die Welt der Sachen eine sittliche Bestimmung, deren äussere Bedingungen das Recht wahrt.

Ein Organ ist um so vollkommener, je mehr es in seiner Natur die Richtung zum Allgemeinen und zum Besondern vereinigt, wie z. B. das Auge und die Hand solche allgemeine und zugleich individuelle Organe sind, allgemein durch den Umfang ihrer Kraft und der Zwecke, welchen sie dienen, individuell durch die Genauigkeit im Einzelnen und durch die Fähigkeit, sich dem Besondern anzupassen. Durch die Erfindung des Geldes hat nun die Gemeinschaft dem Eigenthum diese doppelte Seite des vollkommenen Organs gegeben, indem das Eigenthum, das durch die Gestaltung zu einem bestimmten Zwecke individuell ist, durch die Verwerthung mittelst des Geldes und den dadurch möglichen Umsatz eines Werkzeugs in andere eine allgemeine Natur in sich aufnimmt. Zugleich wird zum grossen Theile durch diese Erhebung des Eigenthums in einen allgemeinen Werth Erwerb möglich gemacht.

Nach dieser Erörterung sind Occupation der noch nicht occupirten Sache und Anbildung zum Werkzeug des Willens der Grund, welchen ursprünglich das Eigenthumsrecht in seinen Folgen dauernd macht. Die Occupation von Grund und Boden, welche die Bedingung andern Eigenthums ist, geschieht in den Anfängen der Geschichte durch das Volk, also durch die Ge-

1) Ranke, deutsche Geschichte im Zeitalter der Reformation 1839. I. S. 52 ff.

meinschaft des Ganzen und namentlich durch die Uebermacht des Ganzen in der Eroberung, welche sittlich wird, indem sie Rechte gründet und schützt. Die Occupation geschieht selten von Einzelnen allein. Es ist eine Folge aus diesem Verhältniss, welches aller Ausbildung des Eigenthums zum Grunde liegt, dass nach der Auffassung einiger Gesetzgebungen die herrenlosen Sachen *(res nullius)* dem Staate gehören, während andere sie dem Besitznehmenden (dem Occupirenden) zusprechen. In jener Bestimmung lässt sich der innere Zweck der ursprünglichen alles Eigenthum der Einzelnen bedingenden Macht erkennen, in dieser der innere Zweck, die Selbstthätigkeit der Einzelnen zu schützen und zu heben. Das positive Recht entscheidet an diesem Kreuzungspunkte oder sucht eine Ausgleichung beider Zwecke.

In den ausgebildeten Verhältnissen tritt an die Stelle der Occupation und Anbildung der **Erwerb**, in welchem die produktive Kraft auf materiellem oder geistigem Gebiete die Analogie mit der Anbildung behauptet. Im Erwerb und Eigenthum steckt Arbeit, und das Recht wahrt im Eigenthum dies sittliche Moment, indem es die gethane Arbeit und ihre Vortheile schützt.

Anm. Jene ursprüngliche Weise der Aneignung ist auch originärer Erwerb, diese abgeleitete (Erwerb im Sinne des bürgerlichen Lebens) derivativer genannt worden.

Hugo Grotius (*de iure belli ac pacis* 1625. vgl. II, 2, 2) hat eine *communio bonorum primaeva* angenommen und das Eigenthum aus Theilung oder Occupation erklärt, indem zur Theilung ein ausdrücklicher, zur Occupation ein stillschweigender Vertrag vorausgesetzt wird. Hobbes (Leviathan c. 24) leitet dagegen alles Eigenthum in letzter Quelle aus dem unbedingten Willen der Staatsgewalt ab. Die Theorie des Vertrages, wie des unbedingten Staatswillens, entbehrt eines innern Grundes, welcher erst beide berechtigen und befestigen würde. Denn sonst stellte sich ohne Schwierigkeit ein Vertrag gegen den andern, und ein Belieben der Staatsgewalt gegen ein anderes. Tiefer greift Locke (*on civil government* II, §. 25 ff.), der jedem Arbeiter das Recht zuspricht, das Erzeugniss seiner Arbeit zu haben und aufzusparen.

Kant suchte in dem Begriff des Eigenthums den geistigen Ursprung auf, welcher nicht aus der Erfahrung stammt, vielmehr der Erfahrung das Gesetz giebt. Am Eigenthum unterschied er die Seite des empirischen und intelligibeln Besitzes, indem dieser über die physische Inhabung hinausgehe und darin bestehe, dass ich das Meine, obwol ich nicht Inhaber des Gegenstandes bin, doch in Gewalt habe. Der Begriff des Eigenthums ist auf diese Weise von den Bedingungen des empirischen Besitzes in Raum und Zeit losgelöst und Kant sieht in diesem Charakter des Allgemeinen das ursprünglich Vernünftige, dessen Verwirklichung nur im bürgerlichen Zustand möglich sei. Metaphysische Anfangsgründe der Rechtswissenschaft 1798. §. 4. S. 58 ff.

Jeremias Bentham, Grundsätze der Civil- und Criminalgesetzgebung, zuerst von **Dumont** französisch herausgegeben, deutsch bearbeitet von Fr. E. **Beneke**. 1830. c. 7. S. 277: „Das Eigenthum ist nichts Anderes, als die Grundlage zu einer **Erwartung**, zur Erwartung, dass man gewisse Vortheile werde ziehen können von einer Sache, von welcher man sagt, dass man sie besitze, in Folge der Verhältnisse, in denen man schon jetzt zu ihr steht. Es giebt kein Bild und überhaupt kein sichtbares Merkmal, um das Verhältniss auszudrücken, in welchem das Eigenthum begründet ist. Dies ist ganz einfach daraus abzuleiten, dass dasselbe überhaupt nicht materieller, sondern geistiger Natur ist. Es gehört ganz und gar dem Gedanken an.“

Wenn man in der positiven Rechtslehre den Begriff des Eigenthums in „die unmittelbare (?) Unterwerfung einer Sache unter die Herrschaft einer Person“ setzt, so erklärt man nur durch die Analogie eines persönlichen Verhältnisses das sachliche und verfehlt das Eigentliche. Das intelligibele Moment, welches Kant hervorhob, ist darin versteckt worden, aber liegt darin.

§. 94. Aus der vorangehenden Auffassung des Begriffs ergeben sich wesentliche **Folgerungen**.

Da in dem Masse, als der Umfang des Eigenthums wächst, die Kraft des Eigenthümers sich dadurch verstärkt, dass die Anerkennung des Ganzen das Eigenthum sichert, so wächst in demselben Masse seine Verpflichtung gegen das Ganze, in welches er durch das Eigenthum mit dem Triebe der Selbsterhaltung zugleich fester und fester einwurzelt.

Es liegt ferner im Begriff des Eigenthums als angebildeten Werkzeugs, dass es begrenzt und dadurch fähig sei, umfasst oder gehandhabt zu werden. Daher scheiden Sachen, welche ihrer Natur nach unbegrenzt und unbegrenzbar sind, wie die Luft, das Weltmeer, aus dem Umfang des Eigenthums aus.[1]

In dem Begriff des Eigenthums als angebildeten Organs liegt ferner, dass es, wie die Person, geschützt werde, und zwar auch bei denen, bei welchen, wie bei Kindern, Verrückten, der gegenwärtige Wille fehlt (vgl. §. 89).

Da es sich im Eigenthum wesentlich um Anerkennung handelt, so muss sich der Wille im Eigenthum, sei es durch Gebrauch, sei es durch Zeichen (Symbole), kundgeben. Weggeworfen Gut (*res derelicta*) verfällt fremder Occupation.

§. 95. Aus dem Begriff des Eigenthums, wenn es volles Eigenthum ist, folgt das Recht der Entäusserung. Die Person giebt das Werkzeug auf, das sie sich angebildet hat, und zieht den Willen, den sie hineingelegt hat, aus der Sache zurück. Wenn dagegen ihr Eigenthum ohne ihren Willen in fremder Hand ist, so verfolgt sie es mit dem Gesetz; und wo sie ihr Gut findet, spricht sie es an (*rei vindicatio*). Ohne dieses Recht wäre das Eigenthum nur physischer Besitz und es entbehrte jener intelligibeln Seite allgemeiner Macht (§. 93 Anm.). Aus dem *ius in re* folgt die *actio in rem* gegen den unrichtigen Besitzer.

Unter Besitz wird der thatsächliche Zustand der Gewalt verstanden, welche über eine Sache in der Absicht des Eigenthums ausgeübt wird. Besitzen unterscheidet sich von Innehaben durch die Aneignung (*animus sibi habendi*). Der Besitz, gegen die Ansprüche des Eigenthums weichend, hat dennoch das Recht gegen heimliche oder gewaltthätige Wegnahme in sich. Auch den unrechtmässigen Besitzer schützt das consequent ausgebildete Recht gegen gewaltthätige Entsetzung oder heimliche Entwendung und zwar selbst ohne Rücksicht auf ein besseres Recht dessen, der die Gewalt oder List übt. Diese Berechtigung eines selbst unrechtmässigen Besitzes ergiebt sich als nothwendig, wenn man betrachtet, was ohne sie für die Rechtsgemeinschaft entstehen würde; denn Eigenmacht, Selbsthülfe,

---

1) Hugo Grotius *mare liberum* 1609.

Verdunkelung der Thatsachen für das Eigenthumsrecht wären die Folgen. Schwieriger und streitiger ist der innere Grund der Sache, welcher im Begriff des Besitzes aufgesucht werden muss. Von Seiten der Person sind im Besitz wesentliche Bedingungen zum Eigenthum vollzogen. Der Besitzende hat die Sache inne und giebt den Willen kund, sie als bleibendes Werkzeug mit seiner Person zu vereinigen. Diese Anfänge eines möglichen Eigenthums haben gegen Eingriffe ein inneres Recht. Das Gesetz wahrt daher in dem Besitz potentielles Eigenthum, bis bewiesen ist, dass Bedingungen dem Besitz fehlen, welche hinzutreten müssen, um den Begriff des Eigenthums zu erfüllen. Durch diesen Schutz des Besitzes schärft zugleich das Gesetz die Wachsamkeit der Eigenthümer, sich im Besitz zu erhalten, und fördert dadurch den inneren Zweck des Eigenthumsrechtes.

Aus dem Begriff des Eigenthums folgt unbeschränkter Anspruch an die Sache, die Eigenthum ist, in welcher Hand sie sich auch finde. Für diesen Begriff giebt es nur den Einen Zweck, dass das Gut seinem Herrn folge. Indessen tritt dieser Consequenz ein anderer wesentlicher Zweck entgegen. Das Vertrauen, die sittliche Bedingung des Verkehrs, fordert, dass ein Besitz, welcher in gutem Glauben erworben ist, nicht zu Schaden komme und der redliche Besitzer nicht für den guten Glauben büsse. In der positiven Gesetzgebung werden daher die beiden zusammentreffenden Zwecke, welche zu wahren sind, nämlich der Wille im Eigenthum und guter Glaube im Verkehr, gegen einander ausgeglichen, und das positive Recht, z. B. das römische und deutsche, trifft nach der verschiedenen Auffassung beider Zwecke, je nachdem ihm die Strenge des Eigenthums oder das Vertrauen im Verkehr schwerer wiegt, an diesem Kreuzungspunkt zum Theil verschiedene Bestimmungen (§. 47).

§. 96. Die selbstlose Sache hat kein Recht gegen die Person, aber das Selbst der Person darf nicht Sache und darum nicht Eigenthum werden. Wo es Sklaven giebt, ist der Begriff der Person noch kein sittliches Merkmal des Menschen, sondern nur ein aristokratisches Privilegium. Diese Einschränkung des Eigenthums auf die Sache folgt aus dem Princip des Sittlichen (§. 35), sowie aus dem Begriff des sittlichen Organismus (vgl. §. 87). Wo die Sklaverei, welche Personen zu Sachen macht, ihren vollen Begriff verwirklicht, wahrt das Recht dem Sklaven kein Eigenthum, keine Ehe, keine Kinder, keinen Willen an irgend etwas. Die Sklaven sind aller Gegenstände beraubt, woran der Mensch menschlich wird. Das Unrecht der Sklaverei rächt sich an denen, welche es üben. Die Sitte leidet Schaden; denn es ist in sich verderblich, einen Menschen als Sache zu behandeln. Wo Sklaverei ist, werden die Freien hartherzig und selbstsüchtig, unkeusch und üppig, launisch und despotisch. Menschenhandel macht die Kaufenden und Verkaufenden schlecht und Sklavenhändler und Sklavenzüchter zu Unmenschen. Ueberdies sind in einem Sklavenstaate die Keime zu einem inneren Kriege zwischen zwei Theilen der Gesellschaft immer gelegt.

Aus dem Triebe nach Macht wächst die Sklaverei hervor und es ist dem Menschen ein süsses Gefühl unbedingter Ueberlegenheit und es schmeichelt seinem Stolz, einen Menschen, ein Geschöpf seines Gleichen, zum willenlosen Werkzeug des eigenen Willens zu machen. Wo Sklaverei herrscht, ist sie das Beispiel eines Instituts, in welchem das Streben nach Verstärkung, von dem Einzelnen ausgehend, und die Gliederung des Ganzen, welche in allem Sittlichen harmonisch stimmen müssen (§. 36), einander widersprechen. Daher fehlt die Bedingung zur richtigen Rechtsbildung. Wo dennoch das Gesetz die Aufgabe hat, die Sklaverei, als wären sittliche Zwecke darin, zu wahren, erreicht es dies nur durch neues Unrecht, durch eine grausame Härte, in welcher das Recht zu einem Krieg gegen die Menschheit wird (§. 66). Das Gesetz muss ein Interdikt auf Alles legen, was den Menschen im Sklaven erheben und fördern könnte; es muss ihn von Religion und Cultur absperren und dem Hausthier nahe halten; denn das Christenthum macht den inneren Menschen frei und die Cultur giebt die Macht eines Gebildeten. Will umgekehrt das Gesetz die Sklaverei mildern, so führt es entweder zur Aufhebung oder seine Absicht wird vereitelt, zumal die Uebermacht des Herrn den Sklaven leicht verhindern kann, das Recht gegen ihn anzusprechen.

Anm. Es ist die Sklaverei ein Faktum der Geschichte, bald in der Eroberung durch Unterwerfung entstanden und dann selbst als eine Milderung des vernichtenden Kriegsrechts angesehen, bald auf Menschenraub und Menschenhandel oder Verschuldung gegründet. Erst spät ist die Ueberzeugung vom Unrecht der Sklaverei durchgedrungen und hat der Kampf gegen sie im Recht begonnen. Im Anfang, wo es Sklaverei ringsum gab, waren die aus tieferem Gefühl des Menschenwerthes hie und da auftauchenden Bedenken gegen die eingewohnte Selbstsucht ohnmächtige und verlorene Gedanken. Aristoteles suchte sogar (*polit.* I, 4) für die allgemein vorgefundene Sklaverei einen innern Grund in dem Unterschiede der menschlichen Natur. Aber seine Betrachtungen führen nur darauf, dass es Menschen giebt, welchen es besser ist, zu dienen und fremder Vernunft zu gehorchen, als zu befehlen; aber sie beweisen doch nicht, dass es ihnen fromme, besessen zu werden. Wenn Aristoteles das Letzte erschliesst, folgert er aus seinen Sätzen zu viel. In den Stoikern (z. B. Seneca *ep.* 31. 47. *d. benefic.* III. 18. vgl. indessen schon Philemon bei Stobaeus *florileg.* 62, 28 und in andern Fragmenten) regt sich das Gefühl für den freien Menschen im Sklaven lebhafter, und bemächtigt sich selbst der Rechtslehrer. Wenn das mosaische Gesetz zwar die Kinder Israel, weil Gott sie befreiet hat, vor dauernder Knechtschaft schützt, aber Heiden den Juden zum Eigenthum zuspricht und solche Sklaven nur vor Misshandlung zu behüten sucht und ihnen Sabbatruhe gewährt (2. Mos. XXI. 3. Mos. XXV. vgl. Jerem. II, 14. XXXIV, 9): so bemerkt Philo, in welchem sich stoische Einflüsse nachweisen lassen, zu der letzten Bestimmung, dass es mehr bedürfe; denn das Gesetz schaffe auch dem Vieh Sabbatruhe und doch seien die Knechte von Natur Freie: kein Mensch sei von Natur Sklave (Philo *de septenario* §. 7. vgl. *de special. legibus* §. 25). Ulpian, der römische Jurist, hilft sich mit der Unterscheidung des positiven und natürlichen Rechts und erkennt an, dass nach letzterem alle Menschen frei und gleich sind (digest. I, 1, 4, dann L, 17, 32. *quod attinet ad ius civile servi pro nullis habentur, non tamen et iure naturali; quia quod ad ius naturale attinet, omnes homines aequales sunt*). In den Institutionen (I, 3, 2) heisst es ausdrücklich: *servitus autem est constitutio iuris gentium, qua quis dominio alieno contra naturam subiicitur.* Diese Anerkennung führt aber nur zu Milderung der Gesetze über die Sklaven und zu Begünstigung der Freilassung. Ebendahin wirkte die christliche Kirche; aber der Rechtsbegriff der *servitus* blieb und wurde in seiner Wurzel nicht angegriffen. Die Rechtslehrer äussern Bedenken, wie es im Sachsenspiegel III, 42, 3 heisst: „da man das Recht erst setzte, da war kein Dienstmann und alle Leute waren frei, als unsere Vordern in dieses Land kamen." „In meinem Sinn kann ich es nicht begreifen nach der Wahrheit, dass Jemand des Andern sein solle" — und in einem alten Zusatz §. 6 „nach rechter Wahrheit so hat Eigenschaft (Leibeigenschaft) ihren Beginn von Zwang und Gefangennehmung und unrechter Gewalt, die man von Alters her in unrechte Gewohnheit gezogen hat und nun für Recht haben will". Noch die Bulle des Papstes Paul III. vom 30. Aug. 1535 fordert alle Fürsten auf, den König von England und seine Unterthanen zur Rückkehr unter den päpstlichen Gehorsam zu zwingen, ihre Güter wegzunehmen und ihre Personen zu Sklaven zu machen (*Bullarium Romanum ed. Luxemburg*. 1742. *tom*. 1, *p*. 710). Es ist eine Schande der Christenheit, dass in den nächsten Jahrhunderten Menschenraub und Menschenhandel und die Greuel der Sklaverei in grösserer Ausdehnung betrieben wurden, als je da gewesen. Erst im Bereich der protestantischen Bildung gelangen seit der Mitte des vorigen Jahrhunderts die preiswürdigen Anstrengungen, praktisch den Rechtsbegriff der Sklaverei zu erschüttern. Mit der beginnenden Abschaffung derselben begann der hartnäckige politische Kampf, der noch heute nicht ausgefochten ist und die vereinigten Staaten Nord-Amerikas zerspaltet.

Wenn die Sklaverei, wie angedeutet wurde, die freie Bevölkerung mit verdirbt und die Sitte in Laster taucht, welche nichts weniger als produktiv sind: so erklärt sich's leicht, dass Sklavenstaaten gegen freie in Arbeit und geistiger Kraft, in Wohlfahrt und Blüte zurückbleiben. Der Freie, der des Ertrages seiner Arbeit selbst froh wird, schafft mit Kopf und Hand mehr, als der Sklave. Aber dieser Umstand, der in dem Vergleich der nördlichen und südlichen Staaten Nord-Amerikas mit schlagenden Thatsachen dargethan wurde, ist immer etwas Nachfolgendes und nicht das ursprünglich Entscheidende. Mag es ein Segen des Guten sein, wenn es zugleich das Nützliche ist, das Gute wird seiner Würde beraubt, wo es nur das Nützliche ist und nur um des Nutzens willen gewollt wird. Man muss sich hüten, den ethischen Grund des Rechts in eine Geldfrage zu verwandeln und ein Gesetz bloss zu Geld anzuschlagen. Die Moral der Statistik wird sonst nur die eigenliebige Moral der wohlverstandenen Interessen (§. 24). Uebrigens spielt in der modernen Sklavenfrage ein nationalökonomisches Interesse die grösste Rolle. Auf dem Markte fragt man nur, wer Zucker, Kaffee und Baumwolle am wohlfeilsten producire, und fragt nicht nach der Barbarei, welche wie Blut an dem Produkte klebt. Schutzzölle für die freie und gegen die Sklavenarbeit sollten eine Sache der vereinigten Menschheit sein. Es gilt, die Idee: kein Menschenraub, kein Menschenhandel! gegen den wohlfeileren Genuss unseres Geschmacks zu wahren und gegen den Marktpreis, der die Sitte macht, aufrecht zu halten.

Es ist dem faktischen Zustand der Sklaverei, dem faktischen Stolz der weissen Race und den faktischen Wünschen der Sklavenhalter gemäss, die ethische Frage in eine physische und die Menschenfrage in eine Racenfrage zu verwandeln, indem man behauptet, den Schwarzen mangele die moralische und intellektuelle Begabung, und darum seien sie gleichsam nur zum Substrat der Civilisation, zum Sklavenstande, bestimmt. Allerdings setzt der Begriff der Person, welcher im Sklaven gekränkt wird, ein Begehren voraus, das fähig ist, sich durch Denken zum Willen zu entwickeln. Aber nur der Hochmuth der Weissen behauptet, dass die Neger zu denken und zu wollen unfähig seien, und es ist der forschenden Wissenschaft und der muthigen Mission würdig, dies Vorurtheil wegzuräumen. Kürzlich hat Th. W a i t z in einer eingehenden Untersuchung nachgewiesen, dass es keinen s p e c i f i s c h e n Unterschied der Menschenracen in Rücksicht ihres geistigen Lebens giebt. Anthropologie der Naturvölker I. S. 368 ff. S. 393.

Das faktische Sklavenrecht, das bald den Zwang roher Gewalt festhält, als wäre Uebermacht an sich ein sittliches Dasein, bald auf der gewaltsamen Basis Unsittliches zu mindern und Sittliches möglich zu machen sich bemüht, ist für den allgemeinen Begriff des Rechts belehrend. Die Aufgabe, die Sklaverei da abzuschaffen, wo sie mit dem Besitz verwachsen ist, und zwar so abzuschaffen, dass man das förmliche Recht achtet (§. 49), für das auf Grund des geltenden Rechts erworbene Eigenthum entschädigt und den Sklaven in der Freiheit die Fähigkeit einer bessern Zukunft sichert, gehört zu den grössten Aufgaben staatsmännischer Klugheit und ausgleichender Gerechtigkeit.

§. 97. Mögliche Einschränkungen am Eigenthum, welche Einschränkungen des Willens und der Verfügung sind, folgen aus dem Princip, das dem Eigenthum zum Grunde liegt, ohne Schwierigkeit. Inwiefern z. B. das Eigenthum aus der Anbildung einer Sache zum Werkzeug des Willens entspringt, so schliesst nach dem innern Zweck das Eigenthum den Gebrauch ein. Da jedoch die Sache abtrennbar ist und nicht, wie das Glied des Leibes, unlöslich: so ist dadurch die Möglichkeit eines neuen Rechtsverhältnisses gegeben. Der Eigenthümer kann nämlich den Gebrauch so allgemein halten, dass er vielmehr den besondern Gebrauch einem Andern überlässt. Es entspringt daraus der Niessbrauch (*ususfructus*) solcher Sachen, welche sich nicht im Gebrauch verzehren, das Nutzungsrecht an fremden Sachen, wobei vorausgesetzt wird, dass die Sache als Ganzes und in ihren wesentlichen Funktionen erhalten werde (*salva rerum substantia*). Was dabei die Substanz der Sache ausmache und was hingegen zum Gebrauch zu rechnen sei, lässt sich allein aus der specifischen Natur der zum Niessbrauch überlassenen Sache, z. B. eines Ackers oder eines Waldes, eines Hauses oder eines Capitals, beurtheilen und das Recht sucht in den Gegenständen des Verkehrs diese oft zweifelhafte Grenze zu bestimmen. Die Erhaltung des Wesens lässt sich dabei nicht mit der Erhaltung des Werthes gleich setzen, da die Werthbestimmung nicht das Eigenthümliche der Sache trifft, sondern sie nur nach dem Tausch im Verkehr, überhaupt nach der Vergleichung mit andern Sachen und andern Bedürfnissen misst.

Aus der theoretischen Schwierigkeit, das *salva rerum substantia* allgemein zu definiren, geht die praktische Schätzung hervor: es sei Niessbrauch die Befugniss, eine fremde Sache nach der Art eines guten Hauswirths zu nutzen.

Der Niessbrauch ist wesentlich an Bedingungen, z. B. der Dauer, gebunden. Niessbrauch, der zum Eigenthümer nicht zurückkehren könnte, würde das Eigenthumsrecht nach der wesentlichsten Seite entäussern. In dem Niessbrauch haben an derselben Sache zwei Willen Theil und das Recht sucht aus dem inneren Zweck, der dieser Doppelheit zum Grunde liegt, den Conflikt zu verhüten. Dies Verhältniss wird da noch schwieriger, wo, wie im Lehnrecht, der Niessbrauch in eine Art Eigenthum erhoben wird und nun gleichsam zwei Willen (der Wille des Obereigenthümers und des nutzbaren Eigenthümers) sich in dem Eigenthum der Sache theilen.

§. 98. Dauernde Beschränkungen oder Belastungen, welche

an der Sache des Eigenthums haften und einer andern Person (dem Berechtigten) oder einer andern Sache zu Gute kommen, heissen **Servituten, Dienstbarkeiten**, wenn sie dahin gehen, dass der Eigenthümer am Eigenthum etwas leide oder unterlasse (nicht thue), ohne zu verlangen, dass er etwas thue. So dient z. B. im Niessbrauch das Eigenthum einer andern Person; in einem Fussteig, den ein Grundstück nach einem andern Grundstück leiden muss, einer andern Sache und dem Besitzer derselben.

Für den Einzelnen wird das Eigenthum als Werkzeug seines Willens desto bereiter und abgeschlossener sein, je weniger es den Zwecken einer fremden Sache oder einem andern Willen unterliegt. Indem nun das von Belastungen freie Eigenthum, das nur Einem Willen dient, im Gebrauch prompter und ergiebiger ist, erhöht es mit der Kraft des Eigenthümers auch die Kraft des Ganzen, soweit dieses sich aus einzelnen Kräften frei zusammensetzt; und insofern ist an der Befreiung des Eigenthums von unnöthigen Beschränkungen, an der Ablösung von Lasten, welche den Willen und den Gebrauch hemmen, die Gemeinschaft Aller wesentlich betheiligt. Indessen sind andere Servituten anderer Art. In solchen Beschränkungen nämlich, durch welche wie durch Fugen sich das Eine Eigenthum in das andere einrenkt, stellt sich nicht selten die Nothwendigkeit eines fortlaufenden Ganzen und einer gegenseitigen Gemeinschaft dar, wie z. B. in der Servitut eines Weges, einer Wasserleitung, eines auf dem Nachbarhause lastenden Balkens.

Anm. Uebergänge des Begriffs in den Beschränkungen am Eigenthum liegen in der Sache und erklären Erweiterungen der Begriffe, welche stattgefunden haben. Das römische Recht, die Begriffe scharf begrenzend, besteht darauf, dass die Servituten darin ihr Wesen haben, etwas zu leiden, aber nicht darin, etwas zu thun (*in patiendo*, nicht *in faciendo*). Wenn z. B. ein Grundstück einen Fussweg leiden muss, so ist das eine Servitut. Indessen kann, was es leidet, einer Leistung (und insofern einem *facere*) gleich geachtet werden; ein Theil des Ackers bleibt wegen des Fussweges unbestellt und dieser Verlust des einen Eigenthums, der dem andern eine Leistung ist, kann zu Gelde angeschlagen werden. Daher erklärt es sich, dass im neuern Recht auch Reallasten unter die Servituten gestellt sind. Wird einmal die erste Grenze durchbrochen, so ist nach einer andern Seite zur Verpfändung eines Eigenthums nur ein Schritt.

§. 99. Es liegt im Begriff des Eigenthums als eines angebildeten Werkzeugs, dass der Wille mit seinen Zwecken darin lebe. Wenn der Wille des Eigenthümers daraus zurücktritt, so hört es auf zu sein, was es sein sollte; es ist nicht mehr Werkzeug, und die Sache erscheint dadurch wie herrenlos. Der Besitz eines aufgegebenen Eigenthums wird daher zum Eigenthum des Besitzers, und der Besitzer verhält sich darin ähnlich, wie der, welcher herrenloses Gut occupirt.

Dieser Gedanke bildet sich in der Verjährung weiter aus, inwiefern unter gewissen Bedingungen angenommen wird, dass der Eigenthümer stillschweigend auf das Eigenthum verzichtet habe; und eine solche Voraussetzung kann sich nicht bloss im Eigenthum von Sachen geltend machen, sondern allenthalben da, wo etwas als Eigenthum betrachtet werden kann, wie z. B. bei einer Forderung, bei einer zustehenden Servitut.

Die Offenbarung des Eigenthums liegt im Gebrauch. Der lange Zeit ausgesetzte Gebrauch kann daher als Zeichen des aufgegebenen Eigenthums gelten, also z. B. der lange Zeit unangefochtene Besitz einer Sache als Zeichen, dass an der Sache kein fremder Wille Theil habe oder der Eigenthümer, weil auf den Gebrauch, auf die Sache verzichtet habe. Das Zeichen mag in einzelnen Fällen trügen; aber ein sichereres lässt sich nicht auffinden; und es wird selbst durch das positive Gesetz, das es anerkennt, zuverlässiger; denn indem das Gesetz den trägen Willen nicht schützt, schärft es durch die Verjährungsfristen die Wachsamkeit der Eigenthümer und fördert, wie in Verjährung von Forderungen, die Promtheit des Verkehrs. Zugleich schneidet die Verjährung endlose Streitigkeiten über Eigenthum ab.

Für die Verjährung durch Besitz, die Ersitzung, ist es nothwendige Bedingung, dass die Sache in gutem Glauben besessen werde. Denn wenn der Besitzer das fremde Eigenthum unredlich besitzt, so ist für ihn darin das fremde Eigenthum nicht erloschen, und es fehlt daher zur Verjährung der innere Grund. Kaum bedarf es dabei noch der Betrachtung, dass dem unredlichen Besitzer, wenn man nicht anders die Unredlichkeit belohnen und aufmuntern wollte, keine Vortheile dürfen zugesprochen werden. Wenn also Sachen durch ein Verbrechen, z. B. Diebstahl, Besitz eines Andern geworden sind, so lässt sich nicht annehmen, dass der Wille des Eigenthümers an ihnen erlösche. Daher ist es consequent, Sachen dieser Art (z. B. *res furtivae)* der Verjährung zu entheben.

Die positiven Bestimmungen messen die Verjährungsfristen nach innern Zwecken ab, wenn sie z. B. die Verjährung von beweglichem und unbeweglichem Eigenthum unterscheiden. Zugleich beugen sie unbilligen Wirkungen vor, wenn sie unter Andern dem abwesenden Eigenthümer, um seinen Willen geltend zu machen, eine längere Frist gestatten, als dem anwesenden, wie z. B. nach Lübschem Recht bei Fristen, wer über See und Sand ist, unversäumt bleibt, oder wenn sie dem Vormund eine Verjährung gegen seinen Mündel erst von dem Augenblick an zusprechen, in welchem die Vormundschaft aufhört. Das vorsehende Gesetz offenbart sich überall darin, dass nicht durch die Verschlingung der Verhältnisse aus dem richtigen Grundbegriff falsche Seitenwirkungen folgen.

Es ergiebt sich aus dem Zusammenhang, dass Sachen, an welchen überhaupt kein Eigenthum zu erwerben ist, nicht ersessen werden können. Ausnahmen der Verjährung können aus innern Zwecken durch das positive Gesetz gemacht werden, wenn z. B. Staatseigenthum, Eigenthum der Städte u. s. w. nicht verjähren.

Im Obigen sind die logischen und ethischen Motive der Verjährung angegeben. Das positive Gesetz ordnet nach äussern Zwecken das Besondere, z. B. die Verjährungsfristen, die Bedingungen für die Continuität im Besitze. Die genaue Begrenzung dieser äussern Bestimmungen ist für die richtige Wirkung der Verjährung im Sinne jener Motive von grosser Wichtigkeit.

Anm. Für die Ersitzung ist guter Glaube des Eigenthums (*bona fides*) nach der Natur der Sache und nach dem ethischen Geist des Rechtes eine wesentliche Bedingung. Im römischen Recht wurde die *bona fides* nur für den Anfang der Usucapion gefordert (*Cod.* VII, 31. *hoc tantummodo, ut in his omnibus casibus ab initio eam bona fide capiat.* Nach dem Vorgang des kanonischen wird im heutigen Recht guter Glaube von Anfang bis zu Ende ununterbrochen gefordert. Diese Fortbildung ist ein Fortschritt in der logischen Consequenz und in der ethischen Auffassung.

§. 100. Unter Enteignung (Expropriation) wird eine rechtliche Entäusserung des Eigenthums gegen den Willen des Eigenthümers verstanden. Wird das Recht des Eigenthums absolut genommen, so widerspricht eine solche Entäusserung dem Eigenthumsrecht des Einzelnen; denn das Eigenthum ist sein Werkzeug, es herrscht darin sein Wille. Indessen geschieht jede Rechtsbildung nicht bloss aus dem Princip des Einzelnen, sondern ebensosehr aus dem Princip des Ganzen (§. 85); und die Rechtsbildung des Eigenthums wird noch auf besondere Weise (§. 93) durch dies doppelte Princip bedingt. Daher ruht auch der Anspruch des Ganzen an das Eigenthum des Einzelnen nie völlig. Dass das Ganze vor den Theilen ist und der Theil nur im Ganzen Recht hat, spricht sich für die Sphäre des Eigenthums im Begriff des *dominium eminens* aus. Wenn nothwendige Zwecke des Ganzen, sei es der Erhaltung und Vertheidigung, wie im Krieg, bei Feuersbrunst, bei Befestigungen, oder einer solchen Entwickelung und nothwendigen Erweiterung, welche der Gemeinschaft zu Gute kommt, wie bei Wegen, Kanalbauten, Eisenbahnen, ohne die Enteignung unmöglich sind: so ist sie gerechtfertigt. Das Gesetz über Enteignung sucht den Widerstreit auszugleichen, damit weder willkürlich erdachte oder vorgeschobene Zwecke den Einzelnen verletzen, noch die Selbstsucht des Einzelnen den Zweck des Ganzen gefährde. Die Enteignung bleibt eine nur dem Nothwendigen vorbehaltene Ausnahme, da sie die individuelle Gestaltung des Lebens bedroht. Entschädigung ist bei Expropriation die mindeste Forderung. Enteignung ohne Entschädigung ist da, wo das Eigenthum auf dem Grund der bestehenden Gesetze erworben ist, schon Unrecht als Verletzung des förmlichen Rechts (§. 49). Aber Entschädigung ist möglicher Weise kein Ersatz für den Verlust an Eigenthum als einem individuellen Werkzeug.

Anm. Der Name des *dominium eminens* hat früh Anstoss erregt (Pufendorf *de iure naturae et gentium*, zuerst erschienen 1672, VIII, 5, 7), da das Wort *dominium* dem Fürsten gegen das Eigenthum der Unterthanen jede Willkür verstatte. Indessen lässt sich selbst mit einem solchen Namen des Obereigenthums, welcher dem Ganzen die letzte über die Theile übergreifende Macht giebt, ein guter Sinn verbinden.

§. 101. Eigenthum ist allerdings nur Eigenthum durch den Willen, der es sich eignet. Aber das Gesetz wahrt im Eigenthum nicht so sehr den nackten Willen, als den Willen im Werkzeug; und da das Werkzeug nach dem innern Zweck gemessen wird, so berücksichtigt das wahrende Recht wenigstens im Allgemeinen hervorragende Unterschiede der Zwecke, wie z. B. bei dem Schutz des beweglichen und unbeweglichen Eigenthums in den verschiedenen Verjährungsfristen, bei den Formen des Erwerbs von Grundeigenthum oder fahrender Habe. Das Gesetz schützt in dem Eigenthum nicht die Selbsterhaltung als Naturtrieb, sondern in der durch gegenseitige Anerkennung disciplinirten Selbsterhaltung eine sittliche Basis; es schützt im Eigenthum nicht das Genussmittel als solches, sondern namentlich die Arbeit, welche hinter ihm liegt, und die erwerbende produktive Thätigkeit, wie z. B. bei litterarischem Eigenthum, bei dem Eigenthum von Erfindungen.

Anm. Die Unterschiede der Zwecke im Eigenthum durchziehen die verschiedensten Rechtszustände. Dahin gehören im römischen Recht die Unterschiede von *res mancipi* und *nec mancipi*, ferner im neuern die Unterschiede von gemeinem Eigenthum, Kirchengut, Staatsgut u. s. w.

Ein belehrendes Beispiel zusammentreffender und zur Ausgleichung bestimmter Zwecke ist das Eigenthumsrecht von Geisteserzeugnissen. Das aus eigener Kraft wie schöpferisch hervorgebrachte Eigenthum ist im höhern Sinne Eigenthum, als die occupirte herrenlose Sache oder die erworbene fremde. Aber dem sich abschliessenden Eigenthum dieser Art steht der innere Sinn der Sache entgegen; denn Erzeugnisse der Kunst und Wissenschaft, sowie Erfindungen erfüllen ihren Beruf erst in der Verbreitung, in welcher doch das Eigenthum verloren zu gehen droht. Es fragt sich daher, wie das Recht des Erwerbs in der Verbreitung zu sichern sei und zwar z. B. bei Schriften sowol gegen den Nachdrucker als gegen den Verleger, eine Frage, welche selbst über die Grenzen eines einzelnen Volkes hinausgeht. Auf der andern Seite werden Geisteserzeugnisse und Erfindungen ihrer eigenen Idee gemäss Gemeingut der Nation und es fragt sich daher, wann das Eigenthumsrecht des Privaten auf dieselben erlösche. Das Gesetz versucht eine Ausgleichung dieser entgegengesetzten Rücksichten.

§. 102. **Wenn Verbrechen wider das Eigenthum** geschehen, so wahrt das Strafrecht die sittlichen Voraussetzungen dieser Sphäre; und es schützt namentlich im Eigenthum die gegenwärtige oder vergangene Arbeit, welche näher oder entfernter dem Besitzstande zum Grunde liegt. Das Mass der Strafe folgt aus der Bedeutung und dem Umfang der verletzten Zwecke, aus der Schwere der Schuld in der verletzenden Gesinnung (§. 64. §. 66) und aus der Nothwendigkeit, dasjenige Eigenthum öffentlich am meisten zu schützen, welches der Eigenthümer für sich am wenigsten schützen kann. Die rechtswidrige Zueignung im **Diebstahl**, das Wegnehmen, ähnelt der Occupation, während der Betrug rechtmässigen Erwerb vorspiegelt und die Unterschlagung bei anvertrautem Gut das Vertrauen täuscht. Die beiden letzten sind hiernach eigentlich Verletzungen des Sittlichen im Verkehr und gehören insofern dem folgenden Gebiet an. Ausser der rechtswidrigen Aneignung gehört zum Begriff des Diebstahls das Bewusstsein dessen, der sich eine Sache zueignet, dass sie eine fremde sei. Glaubt er an der Sache ein Eigenthumsrecht zu haben und hat er sie in diesem Glauben heimlich oder mit Gewalt an sich gebracht, so kann eine solche Handlung als rechtswidriger Eingriff in den Besitz (§. 95) oder in anderer Beziehung strafbar sein, aber sie fällt nicht unter den Begriff des Diebstahls. Der **Raub**, welcher Gewalt gegen die Person zum Mittel des Eingriffs in das Eigenthum macht, vereinigt ein Verbrechen gegen die Person (§. 90) mit einem Verbrechen gegen das Eigenthum. Die **Hehlerei**, heimliche Begünstigung des geschehenen Verbrechens um eigenen Vortheils willen, nimmt an Schwere der Schuld in demselben Masse zu, als das geschehene Verbrechen schwerer ist, oder für sich, um möglich zu sein, des Hehlers bedarf. Die Erpressung droht da mit der Gewalt oder einem Verbrechen, wo z. B. der Raub sie ausführt; sie bekennt sich in der Vorstellung zu einem Verbrechen, das sie in der Wirklichkeit noch zurückhält. Das Gesetz schützt hingegen die sittlichen Voraussetzungen eines freien und eigenen Willens im Eigenthum; denn die Furcht, auf welche die Erpressung hingeht, ist unfrei und thut zumeist, was der Wille ohne Furcht nicht will. Sicherheit ist noch nicht da, wo nur keine Verbrechen geschehen, sondern erst da, wo auch keine gefürchtet werden. Erst eine solche Sicherheit ist produktiv, da sie erst die arbeitenden Kräfte, so wie die Gemeinschaft des Verkehrs frei macht. Indem das Gesetz es sich selbst schuldig ist, das Verbrechen, das es in der Wirklichkeit bekämpft, auch nicht in der Vorstellung und Erwartung gewähren zu lassen, hat es darin eine sittliche Wirkung, dass es der lähmenden blinden Furcht des Verbrechens vorbeugt. Arbeitsscheu (betteln statt zu erwerben) verletzt das Princip, das durch das Eigenthum und überhaupt durch den Bestand der Gemeinschaft durchgeht. Ueberdies wird sie die Veranlassung zu kleinen Diebstählen. Daher wird sie mit Strafe bedroht.

c. *Verkehr.*

§. 103. Erwerb und Anerkennung des Eigenthums setzen bereits Verhältnisse des Verkehrs voraus. Juristisch kommt es dabei auf Pflichten und Rechte an, also auf Verbindlichkeiten *(obligationes)*, deren Gegenstand Rechte an Handlungen sind. Wenn die Entstehung derselben, abgesehen von Forderungen der Familie, des Staates, überhaupt öffentlicher Verhältnisse, welche sich später ergeben werden, zwischen Einzelnen und Einzelnen betrachtet wird: so sind sie theils freiwillige, theils unfreiwillige. Jene entspringen aus der Einigung zweier oder mehrerer Willen zu einem Gemeinsamen, aus dem Vertrag, diese durch das Gesetz aus Beschädigungen oder

Verletzungen (aus unerlaubten Handlungen), aus *delictum*, *maleficium* in einem weitern Sinne, in welchem die *culpa*, das Versehen, inwiefern es als Unterlassung einer schuldigen Sorgfalt zum Schadenersatz verpflichtet, eingeschlossen ist.

§. 104. Der Vertrag ist die Einigung zweier (oder mehrerer) Willen zu einem Gemeinsamen, so dass für jeden derselben die gemeinsame Bestimmung zur dauernden Norm wird. Eine solche Einigung ist nur möglich, weil der menschliche Wille ein durch das Denken bestimmtes Begehren ist und das Allgemeine des Gedankens über die Gegenstände und Gedanken übergreift. Indem der Einzelne für seine Zwecke des Andern bedarf, ist der Vertrag eine freie Form der Ergänzung; und indem die allgemeine ethische Aufgabe nur in der Gemeinschaft vollzogen werden kann, ist er zugleich Gliederung des Ganzen. In dem Vertrag legen sich die Willen der Einzelnen eine Nothwendigkeit auf, welche vom Ganzen durch das Recht gewährleistet wird. Das Recht zwingt, wenn der Vertrag nicht gehalten wird. Ohne diesen Zwang, welcher nur im Staat möglich ist, könnte die einseitige Erfüllung eine Schwächung und Beeinträchtigung des erfüllenden Theils werden. Durch diese äussere Gewähr werden indirekt in der Gemeinschaft des Lebens die innern Voraussetzungen gewahrt und gefördert, auf welchen die Verträge beruhen, und zwar von der logischen Seite die Consequenz des Willens, von der ethischen die Treue. In der Consequenz wird der Willensakt in seinen Wirkungen constant wie ein Naturgesetz und es lässt sich nun auf ihn bauen, wie auf ein Naturgesetz. Ohne die Zuverlässigkeit, durch welche es erst für Entwürfe sichere Elemente giebt, würde die Furcht der Selbsterhaltung jede gemeinsame Unternehmung verhindern. Die Treue, welche in dieser Zuverlässigkeit als produktive Kraft erscheint und daher national-ökonomisch im Werth eines Erwerbs abgeschätzt wird, geht ethisch über jede Abschätzung hinaus, da sie gegen Furcht und Hoffnung, gegen Anreiz und Begierde den Willen in seiner siegenden Uebereinstimmung mit sich selbst darstellt. Das Recht bemüht sich hiernach, den überlegten Willen im Akte der Einigung zu schärfen. So ist die Stipulation ursprünglich eine feierliche mündliche Form, wodurch der Vertrag klagbar wird, und mit der Erfindung der Schrift wird die schriftliche Form, welche auch äusserlich die Dauer darstellt und die Identität sicherer bewahrt, üblich oder unter bestimmten Bedingungen erforderlich. Ebendahin zweckt die gerichtliche Aufnahme von Verträgen, oder im gemeinen Leben das Aufgeld. Die Einigung der Willen, ein „intelligibler Akt", fällt nicht in zwei Theile, Versprechen und Annahme *(promissum, acceptatio)*, so aus einander, dass der eine früher, der andere später wäre, und es ist dieser Gedanke der Gleichzeitigkeit in den Symbolen der Stipulation (Handschlag, Zerbrechung einer von beiden Paciscenten angefassten Stipula) ausgedrückt worden.

Inwiefern im Vertrag die geschehene Einigung der Willen durch eine neue Einigung derselben zur Auflösung aufgehoben und der Vertrag geschlossen und gekündigt werden kann: so bleibt in dieser Form der Einigung etwas Willkürliches; und schon darum kann der Vertrag nicht der letzte Grund für die Entstehung und Ordnung einer nothwendigen Gemeinschaft, z. B. des Staates, sein. Die Verträge, welche ohne die Voraussetzung von Eigenthum nur zu Handlungen und zum Umtausch von Handlungen gegen Handlungen verpflichten könnten, erfahren durch das Eigenthum und insbesondere durch die Erfindung des alle Leistungen des Verkehrs messenden und in sich umsetzenden Geldes die grösste Erweiterung; sie dehnen sich, um alte Bezeichnungen allgemeiner zu nehmen, von der Grundform des *facio ut facias* zu den mannigfaltigsten Formen des *facio ut des, do ut des, do ut facias* aus. Die Verträge haben durch die Erfindung der Schrift an sichernder Form, und durch die Erfindung des Geldes an vielseitiger Combination und an Genauigkeit in der gegenseitigen Befriedigung unendlich gewonnen. Durch diese Ausbildung und Verzweigung zieht sich dennoch derselbe Grundgedanke des in der Gemeinschaft consequenten Willens hindurch.

Anm. Das Recht nimmt in der Heiligkeit der Verträge den Mann beim Wort und fördert dadurch, dass das Wort ein Wort und der Mann ein Mann sei. Diese ethische Wirkung des wahrenden Rechts stellt sich deutlich vor unsere Augen, wenn wir das Versprechen in einem Zustand auffassen, wo es kein Gesetz giebt. Spinoza sagt in diesem Betracht *tractat. polit. c. 2 (de iure naturali)* §. 12: *fides alicui data, qua aliquis solis verbis pollicitus est, se hoc aut illud facturum, quod pro suo iure omittere poterat, vel contra, tamdiu rata manet, quamdiu eius, qui fidem dedit, non mutatur voluntas. Nam qui potestatem habet solvendi fidem, is re vera suo iure non cessit, sed verba tantum dedit.* Der Wille widerspricht darin seiner eigenen Norm und mit der vernichteten Consequenz des einigenden Gedankens wird die Treue vernichtet.

§. 105. Wenn es sich um die Eintheilung der Verträge handelt, so kann man je nach den Motiven, welche in den wesentlichen Elementen ihres Begriffs liegen, dieselben Verträge in verschiedene Gruppen einordnen. Da nämlich der Vertrag die Einigung zweier (oder mehrerer) Willen zu einem Gemeinsamen ist, so lassen sich die Verträge theils nach der bindenden Form eintheilen, welche die Einigung offenbart, theils nach dem Zweck, wozu sich die Theile einigen; und dieser kann sowol allgemein als nach dem concreten Inhalt betrachtet werden. Indessen lässt der concrete Inhalt, der sich mit den nothwendigen Verhältnissen des Lebens bildet und mit ihrer mannigfaltigen Gestaltung immer mannigfaltiger wird, nur eine empirische Betrachtung zu und scheidet aus einer allgemeinen Eintheilung aus.

Was nun die bindende Form betrifft, so wird die schlichteste Weise die durch das mündliche Wort ausgesprochene Uebereinstimmung sein (Consensual- und Verbalcontrakte), und dieser Ausdruck steigert sich in sollennen und präcisen Formeln (wie bei den Römern *formula, contractus formularius*) oder durch feierliche Symbole (wie in der *mancipatio*). Die zweite Stufe bilden die geschriebenen Verträge (Litteralcontrakte), welche sich wieder in Förmlichkeiten, z. B. durch gerichtliche Beglaubigung, steigern können. Die dritte Stufe endlich haben diejenigen Verträge inne, in welchen die Uebereinkunft bereits durch wirkliche Leistung bethätigt wird, z. B. durch Uebergabe und Annahme der Sache (*obligatio re contracta*, Realcontrakte). Nach der Seite der sich kundgebenden bindenden Form lassen sich daher die Verträge in mündliche, schriftliche und thatsächliche eintheilen. Der stillschweigende Vertrag (ein Consensualvertrag rein und streng) setzt doch, sei es durch Wort oder That, eine Kundgebung des Einverständnisses, wie leise sie auch sein mag, oder den Schluss auf ein Einverständniss aus Anzeichen voraus — und fällt daher in eine dieser Arten.

Nach dem Inhalt bezwecken die Verträge entweder eine Schenkung (Vortheile ohne Entgelt) oder einen einzelnen Austausch (Leistung und Gegenleistung) oder eine Einigung für ein ganzes gemeinsames Geschäft (Gesellschaft) oder endlich statt einer Einigung im engern Sinne eine Scheidung und Abfindung (Vergleich).

Die Schenkungsverträge sind ihrer Natur nach einseitig, da sie nur Einen zur Leistung verbinden, und heissen auch wohlthätige Verträge. Sie betreffen entweder Schenkung von Eigenthum (*donatio*) oder Schenkung des Gebrauchs einer Sache (Leihvertrag, *commodatum*) oder Schenkung einer Dienstleistung (z. B. unentgeltliche Annahme eines *depositum*, eines *mandatum*).

Die Tauschverträge, ihrer Natur nach zweiseitig, heissen lästige (onerose) Verträge, obwol der Name, wenn man ihn nicht im Gegensatz gegen die wohlthätigen auffasst, Missverständnissen unterliegt. Sie sind besonders durch das vermittelnde Geld mannigfaltig ausgebildet worden. Wenn man, wie bei den wohlthätigen Verträgen, Eigenthum, Gebrauch und Dienstleistung als die wesentlichsten Gegenstände der Tauschverträge betrachtet, wenn man ferner erwägt, dass nicht bloss Eigenthum gegen Eigenthum, Gebrauch einer Sache gegen den Gebrauch einer andern und Dienstleistung gegen Dienstleistung, sondern auch Eigenthum gegen Gebrauch, Eigenthum gegen Dienstleistung, Gebrauch gegen Dienstleistung und umgekehrt getauscht werden können, wenn man hinzunimmt, dass statt dieser Leistungen einer Sache Geld als Ausgleichungsmittel eintritt und Eigenthum, Gebrauch und Dienstleistung gegen Geld erworben werden, und wenn man endlich berücksichtigt, dass das Geld selbst, das als Repräsentant dessen, was dafür eingetauscht werden kann, ein allgemeines Vermögen des Eigenthümers ist, Gegenstand von Tauschverträgen werden kann: so erhellt die mögliche Fülle der Arten. Eine vollständige Eintheilung würde dieser Combination nachgehen müssen. Als die vorzüglichsten Arten der Tauschverträge lassen sich folgende bezeichnen: *a)* der Tausch im engern Sinn, Waare gegen Waare; *b)* Vertauschung einer Sache gegen Geld, der Kauf *(emtio, venditio)*; *c)* die Benutzung eines Eigenthums wird gegen Geld eingetauscht, Miethe *(locatio, conductio)*; *d)* die Benutzung untergeordneter Kräfte gegen Geld, Dienstmiethe; *e)* die Gewinnung höherer geistiger Kräfte gegen Geld, Mühewaltungsvertrag; *f)* der Gebrauch von Geld wird gegen Geld eingetauscht, indem das Eigenthum unter der Bedingung übertragen wird, dass das Geld dem Werthe nach *(res fungibilis)* zurückerstattet werde (verzinsliches Darlehn; *mutuum*).

Der Gesellschaftsvertrag, nicht auf einzelne Leistungen und Gegenleistungen beschränkt, hat eine allgemeinere Natur, da er durch bestimmte gemeinsame Leistungen einen bestimmten gemeinsamen Zweck erstrebt. Indessen stuft er sich ab, je nachdem das Band lediglich in den Willen der jeweiligen einzelnen Theilnehmer gelegt ist *(societas)*, oder der bleibende Zweck der Sache, obwol durch den Zusammentritt Einzelner begründet, über die Willkür Einzelner hinaus einen Bestand empfängt (Association). In dem letzten Fall steigt der Vertrag zu einer solchen Höhe, dass er im Sinn eines höhern Ganzen die Willen durch einen gemeinsamen Zweck einigt und den Bestand desselben von dem Beitritt oder Austritt Einzelner unabhängig macht.

Der Vergleich löst den Rechtsstreit im Wege des Vertrages; denn der Vergleich ist ein Vertrag, durch welchen die Parteien die bisher unter ihnen streitigen Rechte dergestalt bestimmen, dass sie gegenseitig etwas geben oder nachlassen.

Durch das wechselseitige Geben und Aufgeben und durch den Gegenstand, inwiefern er vorher streitig war, unterscheidet sich der Vergleich von der Schenkung. Eine gemeinsame Unterwerfung unter einen Schiedsrichter gilt ihm gleich, da dessen Ausspruch an die Stelle des Vergleichs tritt und an Stelle der Parteien den Inhalt des Abkommens bestimmt.

Die bisher bezeichneten Arten der Verträge (Schenkungsvertrag, Tauschvertrag, Gesellschaftsvertrag, Vergleich) sind ursprüngliche. Sie können sich sämmtlich, damit dem einen oder dem andern Theile oder beiden der Zweck gesichert werde, durch einen hinzutretenden Vertrag verstärken, der, wenn der Vertrag unter der zunächst bestimmten Bedingung nicht erfüllt wird, eine Verbindlichkeit in zweiter Linie festsetzt. Ein solcher zusichernder Vertrag der Verpfändung oder Verbürgung, welcher äusserlich gleichsam die Copula des Vertrages zu grösserer Gewissheit steigert, kann den Arten der ursprünglichen Verträge gegenüber ein hinzutretender, ein accessorischer heissen.

Bei der Mannigfaltigkeit der Lebensverhältnisse und der dadurch bedingten Mannigfaltigkeit möglicher Verträge ist eine scharfe und erschöpfende Eintheilung der Arten nicht ohne Schwierigkeit. In dem obigen Versuch bilden zwar der Schenkungsvertrag, der Tauschvertrag und der Gesellschaftsvertrag eine fortschreitende Reihe, indem sich der Zweck von einer einzelnen einseitigen Leistung zu einer einzelnen gegenseitigen, und von dieser zu einem allgemeinern Wechselverhältniss erhebt, aber dagegen bricht die vierte Art, der Vergleich, diese Reihe ab und setzt einen neuen Gesichtspunkt. Jenen drei Arten steht insofern diese vierte gegenüber, als jenen die Richtung auf eine freiwillige Ergänzung der Kräfte, dieser eine nothgedrungene Scheidung zum Grunde liegt, und es kann darin ein höherer Theilungsgrund gefunden werden, welcher jenen drei Arten die vierte beiordnet.

Zu den zweiseitigen Verträgen sind auch die Glücksverträge zu rechnen (Spiel, Wette), nicht bloss, weil sich vor der Entscheidung beide Theile, obwol nach der Entscheidung nur einer zahlt, unter eintretenden Bedingungen zur Leistung verpflichten, sondern auch weil der Vertrag beim Spiel oder die Wette, welche ursprünglich wie Kampf und Sieg gedacht werden (vgl. *victor*, *victus* bei Glücksspielen *dig.* XI, 5. *cod.* III, 43), als ein Auslösungsvertrag erscheint und daher, wie ein Kauf der Freiheit, unter die Tauschverträge fällt.

Die Novation, sei es nun, dass ein neuer Schuldner oder ein neuer Gläubiger an die Stelle des alten tritt, setzt zwar einen ursprünglichen Vertrag voraus, aber wird sonst kaum eine neue Art bilden, da sie theils eine Erneuerung des ersten Vertrages ist, theils der Vertrag, der diese Erneuerung bewirkt, unter eine der obigen Arten fällt. Wird z. B. eine Schuldverschreibung cedirt, so dass ein neuer Gläubiger an die Stelle des alten tritt: so erneuert sich die ursprüngliche Verpflichtung, nur einer andern Person gegenüber, und es geschieht diese Uebertragung durch eine der aufgestellten Arten, z. B. durch einen Kauf oder eine Schenkung.

§. 106. Aus dem bezeichneten Begriff des Vertrages ergeben sich wesentliche Bestimmungen sowol über diejenigen, welche den Vertrag schliessen, als auch über den Gegenstand der Verträge.

Wo das Gesetz keinen vollen Willen anerkennt, wie bei Kindern, Wahnsinnigen, Gezwungenen oder Eingeschüchterten, falls die Einschüchterung dem Zwange nahe kommt, oder wo keine Möglichkeit zur Aeusserung des Willens, wie unter Umständen bei Taubstummen, vorhanden ist, da kann das Gesetz auch insofern keine Fähigkeit zum Vertrag und keinen Vertrag als gültig anerkennen.

Wie weit eine Einschüchterung dem physischen Zwange gleich geachtet werden solle, ist in ethischer Beziehung eine schwierige Frage. Wenn das Gesetz den durch Einschüchterung erzwungenen Vertrag für gültig erklärt, so begünstigt es ein Unrecht moralischer Gewalt; und wenn es ihn für ungültig ansieht, so begünstigt es in dem andern Theil eine Willensschwäche, welche der Furcht weicht. Daher suchen die Gesetze mittlere Bestimmungen zu finden, welche diese beiden Uebel vermeiden.

Da der Vertrag Einigung zweier Willen ist, so fragt es sich, ob und wie weit in einem Vertrag der eine Theil, wenn der andere Wille, z. B. der Minderjährige, gesetzlich nicht fähig ist, einen Vertrag zu schliessen, an den Vertrag gebunden bleibe. Das Recht wird auch in diesem Falle die Bedingungen des Sittlichen zu wahren haben, welche dahin gehen, dass der zum Vertrag gesetzlich nicht fähige Wille nicht übervortheilt werde (vgl. die *negotia claudicantia*).

Wo der Gegenstand oder die Bedingung eines Vertrages physisch oder gesetzlich unmöglich ist, da besteht auch der Vertrag nicht zu Recht. Ein physisch unmöglicher Gegenstand eines Vertrages hebt sich selbst auf. Wenn die Leistung daran gebunden ist, dass erst eine Bedingung eintrete, welche physisch unmöglich ist, so hebt sich ebenfalls der Vertrag selbst auf. Wenn hingegen eine Leistung daran gebunden ist, dass eine physisch unmögliche Bedingung nicht eintrete: so stellt ein solcher Zusatz nur den gewöhnlichen Lauf der Dinge her und hat daher nur dieselbe Kraft, als ob er nicht da wäre. Ein Vertrag hebt sich selbst auf, wenn er auf Handlungen geht, über welche die Willen, die sich einigen, keine Verfügung haben.

Bei Beurtheilung eines Vertrages bilden die Bedingungen eine besondere Schwierigkeit, da sie, selbst abgesehen von einer möglichen Unbestimmtheit des Ausdrucks, in die Incongruenz des bei der Schliessung Gedachten und Vorausgesehenen und des durch die Ereignisse Eingetretenen und wirklich Gewordenen einführen. Der Scharfsinn der Auslegung hat darin seinen Spielraum. Ohne die Billigkeit der Parteien (§. 53), auf welche die Rechtspflege, wie z. B. durch Beförderung befriedigender Vergleiche, hinzuwirken hat, kann es leicht geschehen, dass die Bedingungen eines Vertrages mit ihrer Logik die Ethik seines Sinnes zu Falle bringen.

Zur Zuverlässigkeit des Vertrages gehört namentlich die scharfe Bestimmung des Zeitpunktes, von welchem ab die Verpflichtung beginnt und bis zu welchem sie geht. Es muss bestimmt ausgedrückt werden, wann sich das Band des Rechts knüpfe, wann es sich löse. Sonst rechnet jede Partei zu ihrem Vortheil. Die Präcision verhütet Streit der Betheiligten und schlichtet den Streit vor dem Streit (§. 45).

§. 107. Das Recht des Vertrages, auf die freie Ergänzung der Kräfte gerichtet, muss auf der einen Seite der Einigung der Willen den möglich grössten Spielraum darbieten, und kann auf der andern eben dadurch bewirken, dass ein Inhalt, der es nicht verdient, auf den Schutz des Rechts sich verlasse. Es können daher beide Richtungen, die eine, welche die freie Einigung gewähren lässt, und die andere, welche keinem verabredeten unsittlichen Verhältniss Vorschub leisten will, in Widerstreit kommen. Das Recht würde sich als Ganzes widersprechen, wollte es den Vertrag auf einen Gegenstand, den es verbietet, für gültig ansehen. Aber der sittliche Geist des Rechts geht weiter, indem er sich weigert, selbst Verträgen, die so individueller Natur sind, dass das allgemeine Gesetz sie nicht treffen kann, wenn sie unbillige Bestimmungen enthalten, den Arm des Gesetzes zu leihen. Es stehen dabei zwei Gefahren einander gegenüber, die eine, dass die Macht des Gesetzes, welche nur für das Sittliche da ist, für einen unsittlichen Inhalt eintrete, die andere, dass das Gesetz sich in ein individuelles und privates Gebiet einmische, welches es weder überwachen kann noch beherrschen soll. Das Recht muss sich zwischen beiden Gefahren hindurch einen Weg suchen, und ein solcher ist schwer zu finden. Sollte dem Recht keine Frage nach dem sittlichen Inhalt des Vertrages zustehen, so würde das Recht zu einer Maschine für den Einzelnen, um jeder einmal vereinbarten Willkür Geltung und Bestand zu sichern. Die innere Hoheit des Rechts litte dadurch Abbruch. Sollte hingegen dem Recht die Befugniss zugestanden werden, bevor es spricht, jeden Vertrag zu prüfen, so würde das Recht, statt dem Verkehr Promtheit und Sicherheit zu geben, zu einer Bevormundung, welche die Verträge abhängig und unverlässig machte. Die Freiheit und Beweglichkeit des Lebens würde dadurch Einbusse leiden. In der Ausgleichung, welche hier nöthig ist, ziehen daher die Parteien, je nachdem sie mehr die Macht des Ganzen oder die Freiheit der Einzelnen vertreten, nach zwei entgegengesetzten Seiten.

Anm. Beispielsweise gehören hieher aus dem römischen Recht die Bestimmungen über die *laesio enormis* Cod. IV, 44, 2; ferner Wucher vgl. §. 108.

Es gehört hieher die Frage, ob ein Vertrag wegen Einschmuggelung von Waaren in ein fremdes befreundetes Land erlaubt und die daraus entstehende Verpflichtung durch das Gesetz zu schützen sei. Der Staat, der es thut, macht nicht bloss die fremden Unterthanen ungesetzlich, sondern gewöhnt die Seinen zum Unrecht (vgl. §. 161). In dieselbe Richtung gehört, was das Gesetz gegen die Glücksspiele thut, indem es entweder Spielverträge verbietet, oder Verbindlichkeiten, welche daraus entspringen, für solche erklärt, welche nicht eingeklagt werden können. Der innere Zweck der Verträge, welchen das Recht zu wahren hat, ist die Ergänzung der Thätigkeiten. Aber solche Spielverträge schlagen zum Gegentheil um; sie enden in Entzweiung und einseitige Aufreibung der Kräfte. Das Spiel hat in der Unverbrüchlichkeit des Vertrages den Grund seiner Spannung und lehnt sich insofern an die Anerkennung des Gesetzes an. Wenn es die Aufgabe des Gesetzes ist, die sittlichen Bedingungen für das menschlich beste Leben der Gemeinschaft zu wahren, so muss es der schaffenden Thätigkeit und der erwerbenden Arbeit den Boden bereiten, aber nicht der Unruhe von wechselnder Hoffnung und Furcht, welche jede produktive Thätigkeit erstickt. Es kann nicht die Bedingung zu plötzlicher Bereicherung, welche leichtsinnig, und zu plötzlicher Verarmung, welche verzweifelt macht, hergeben.

In den Unternehmungen des Kaufmanns stehen Wagen und Gewinnen, und Wagen und Verlieren neben einander. Der grosse Gewinn, der möglich ist, ermuntert zu einem Wagen für einen grossen Inhalt, der mit den Zwecken des Lebens in einem thätigen Zusammenhang steht, und entschädigt für Verluste. Dieses Wagen und Gewinnen, durch seinen Gegenstand berechtigt, hat sich in den Differenzgeschäften der Börse seines thätigen Inhalts entleert und sinkt dadurch zum Glücksspiel herab, zu einer müssigen Wette um die kaufmännische Conjunktur der nächsten Zeit. Es ist ein zweifelhaftes Gegenmittel, dem Hazardspieler oder Börsenspieler nur den Schutz und die Hülfe des Rechts so weit zu entziehen, dass er seinen Gewinn nicht einklagen kann; denn die Verhältnisse des Credits können dem Spieler genug Sicherheit gewähren, da der leicht verletzte und sich selbst rächende allgemeine Credit den Wortbrüchigen aus dem Handel ausstösst.

Wenn gar solche Männer des Staates, welche die Conjunkturen des Handels mitbilden, dieses Börsenspiel betreiben und in den Glückstopf der Tagesgeschichten welche sie selbst mitmachen, zu reichem Gewinn einsetzen: so fällt die überlegene Benutzung der durch sie selbst herbeigeführten Umstände oder die eigennützige Verwerthung der zu höhern Zwecken empfangenen, Andern noch unbekannten politischen Nachrichten, mit den Augen eines ehrlichen Spielers angesehen, ungefähr in die Klasse derselben verächtlichen Handgriffe, welche die Franzosen beim Kartenspiel mit dem Ausdruck „dem Glück nachhelfen" (*corriger la fortune*) bezeichnen, und mit den Augen des Rechts betrachtet, in die Analogie der Verbrechen, welche die Römer als *crimen repetundarum*, *crimen peculatus* verfolgten. Denn die heimliche List, welche zwar die Maske des freien und für Alle gleichen Handels annimmt, aber doch durch die bevorzugte Stellung das Geld Unbekannter in die eigene Tasche spielt, wird nicht weniger strafbar sein, als die offene Gewalt der Plünderung oder Erpressung. In beiden tritt, ethisch betrachtet, das öffentliche Zeichen der Habgier hervor, welche Plato wie Sallust als die ansteckende Krankheit in sinkenden Staaten bekunden. Wenn ein Gesetz gegen diesen eigennützigen Missbrauch des Amtes fehlt und vielleicht bei der versteckten Natur des Dinges wenig frommen würde, so mag doch ein starker Fürst, wie ein entschlossener Arzt, unter seinen Beamten des Uebels Herr werden. Wo aber ein Fürst, um selbst zu gewinnen, das Volk zum Börsenspiel verführte, da hörte er auf, Landesvater zu sein, und zeigte sich als ein Bastard unter den Fürsten.

Es gehört zu dem das römische Recht charakterisirenden sittlichen Geist, dass es nur Spiele der männlichen Tüchtigkeit um Geld zu spielen erlaubt, indem es dadurch die Spannung des Spiels zu einer Spannung des Wetteifers macht. Dig. XI, 5, 2. *Senatusconsultum vetuit in pecuniam ludere, praeterquam si quis certet hasta vel pilo iaciendo vel currendo saliendo luctando pugnando, quod* v i r t u t i s *causa fiat.*

§. 108. Die Verträge gewinnen durch die Erfindung des Geldes, d. h. durch die Erfindung eines anerkannten Tauschmittels, das, selbst Waare, für Leistungen und Gegenstände allgemeines Mass und Zeichen ist (*digest.* XVIII, 1, 1), an Mannigfaltigkeit und Leichtigkeit unglaublich. Ohne Geld würde der Austausch nur durch Erzeugnisse des Landes und der Arbeit und durch persönliche Dienste geschehen; ohne Geld würden die Abgaben Naturallieferungen oder Dienste, z. B. Frohndienste, sein; die Verwerthung durch Erzeugnisse würde schwerfällig, die Verwerthung durch Dienste gebunden und unfrei. Erst durch das Geld wird Theilung und dadurch Vervollkommnung der Arbeit möglich; durch das Geld mehrt sich mit der Möglichkeit, den Lohn abzumessen und zu freier Verfügung zu stellen, die Arbeit selbst; durch das Geld ist ein Mittel gegeben, die arbeitenden Kräfte in mannigfaltiger Abstufung zu einem gemeinsamen Zweck zu verbinden und im Genuss des Gewinnes wiederum frei zu trennen, wie z. B. in Fabriken, in Societäten; durch das Geld wird Genauigkeit im Masse der Werthe erreicht und das mathematische Element in der das Proportionale suchenden Gerechtigkeit gesteigert (§. 45. §. 51). So wächst die Leichtigkeit im Verkehr.

Diese durch das Gesetz bedingte Freiheit zu fügen und zu scheiden hat einen grossen ethischen Einfluss. Sie fördert die individuelle Sittlichkeit, dass Jeder das Seine thue, und fördert die Gerechtigkeit, indem Jeder das Seine empfangen kann.

Das Geld bietet die präciseste Weise dar, das Interesse des Arbeitenden und Abnehmenden zu verketten, ohne Ueberschuss von Nebenmühen und Nebenverpflichtungen. Durch das Geld ist allgemeinere und grössere Fürsorge für die Zukunft möglich, welches die Förderung eines eigenthümlich Menschlichen ist, damit die Selbsterhaltung nicht momentan, d. h. rein sinnlich werde. Durch das Geld verstärkt sich das labile Element im Leben, die Möglichkeit, da sich noch gleitend fortzubewegen, wo man sonst schon fallen würde; es mehrt sich die Gewissheit im Ungewissen, und es wächst dadurch die Unabhängigkeit von dem Augenblick und die freie Stimmung zur Produktion. Durch das Geld kann sich die Thätigkeit der Einzelnen vervielfachen. Ausser der nächsten individuell producirenden eigenen Thätigkeit kann der Einzelne durch sein erworbenes Kapital, welches die Arbeit der Vergangenheit ist, in Andern, die er beschäftigt, weiter arbeiten. Es wächst dadurch die Allgemeinheit seines Wirkens.

Für den Vertrag ist das Geld das wichtigste Medium. Das *do ut facias*, das *facio ut des* und das *do ut des* überwiegen nun im Verkehr das ursprüngliche *facio ut facias* bei weitem.

Alle diese Erfolge liegen in der Idee des Geldes, in der Bestimmung, wozu es da ist. Wo indessen so grosse Wirkungen sind, da sind schlimme Seitenwirkungen unvermeidlich, zumal wenn sich die Selbstsucht, der Grundtrieb des Menschen, des Geldes als seines Mittels bemächtigt. Gegen solche Seitenwirkungen richtet sich das zurückweisende Gesetz, bestimmt, die Habsucht in ihren vielen Formen zu bekämpfen.

Wie das menschliche Denken sein Wesen darin hat, das Besondere auf das Allgemeine zurückzuführen, so hat es nothwendig menschlichen Werth, dass im Gelde ein Mittel gegeben ist, praktisch das Besondere auf ein Allgemeines zurückzubringen. Aber das Geld, das wie ein chemisches Auflösungsmittel diese Reduktion vollzieht, kann auch solche Dinge in sich aufzunehmen und zu verwandeln trachten, welche ihm gegenüber einen eigenen Bestand behaupten müssen. Im Geldeswerth erscheint das Allgemeine, die Eine Seite des menschlichen Wesens, in einem solchen Uebergewicht, dass es der andern, dem Individuellen, kaum einen Platz gönnt. Nationalökonomen sind sogar so weit gegangen, Tugenden, wie Nüchternheit, Treue, zu Geldeswerth anzuschlagen, indem die Trunkenheit durch Verlust am Erwerb, Untreue durch die Nothwendigkeit einer Controle Schaden am Gelde bewirkt.

Die Erfindung des Geldes ist nicht, wie andere Erfindungen, blosse Sache der Einzelnen und ihre Anwendung blosse Sache des gegenseitigen Bedürfnisses; sondern das Geld hat seine Geltung und Währung von Einer Seite durch das Ganze der Gemeinschaft, und eine Bedingung seiner Möglichkeit und seiner Wirkungen liegt im gewährleistenden schützenden Staate. Daher begegnen sich in dem den sittlichen Sinn des Geldes wahrenden Rechte Beziehungen der Einzelnen mit Beziehungen des Staates. Das rechtsbildende Princip liegt in beiden.

Erst durch das Geld entsteht der Begriff des **Kapitals** im eigentlichen Sinne.

Wenn das Geld selbst Gegenstand eines Kauf- und Leihvertrages wird, so fragt es sich, in wie weit es recht ist, auch das Leihen, welches seinem Begriffe nach die Rückgabe des Werthes einschliesst, zu verkaufen, wie dies durch **Verzinsung** geschieht. Während das Alterthum die Verzinsung bis zu einem hohen Zinsfuss frei gewähren liess, wurde sie durch die hebräische, mohamedanische und kanonische und auf Grund der letztern durch die deutsche Reichsgesetzgebung verboten oder beschränkt. Es liegt daher an diesem Orte eine besondere Frage des Naturrechts vor. Sie beantwortet sich zunächst auf indirektem Wege, wenn man darauf achtet, was geschehen würde, wenn Zinsen verboten würden. Das Geld würde anstatt zu arbeiten gleich dem vergrabenen Pfunde müssig ruhen; es würde aller Anreiz fehlen, das Geld in die Gefahr des Verkehrs zu bringen. Durch Vorstreckung von Geld ist in den Wechselfällen des Verkehrs ein wesentliches Mittel zur Erhaltung oder Rettung bedrohter Lebensverhältnisse und gefährdeten Wohlstandes gegeben. Das Verbot von Zinsen würde diese Hülfe, welche selten ohne Versäumniss oder Besorgniss des Verlustes geleistet werden kann, sehr einschränken. Als direkter Grund ergiebt sich Folgendes. Das Kapital, mit welchem der Leihende arbeitet, erwirbt in seiner Hand; selbst wenn es die Noth deckt, ist die Deckung der Noth einem Erwerbe gleich zu achten und daher wird es recht sein, dass der Borgende dem Verleihenden, ohne welchen er nichts erworben hätte, einen verhältnissmässigen Antheil des Erwerbes abtrete. In vielen Fällen entgeht dem Darleihenden Gewinn oder entsteht Schaden, dem er, wenn er sein Geld aus der Hand gegeben, nicht zuvorkommen kann. Dann sind die Zinsen nur Ersatz (*interesse* im eigentlichen Sinne). Endlich steht die Verzinsung eines Kapitals mit Pachtzins für einen Acker oder ein Gut, selbst mit Miethe ziemlich auf Einer Linie, indem der Verzinsende die Miethe für ein Kapital zahlt. Daher entscheidet die Analogie, ohne welche die Einheit des innern Grundes vermisst würde, für die Anerkennung von Zinsen. Ueberdies würde ohne Zulassung derselben das Schuldrecht strenger werden müssen. In allen bezeichneten Richtungen fällt die verzinsliche Anleihe unter die allgemeine sittliche Form der Ergänzung. Indessen ist es schwieriger, diese Ordnung des Verkehrs, wie es nothwendig ist (§. 36), auf gleiche Weise als eine Gliederung des Ganzen zu erkennen. In der steigenden Progression der zum Kapital geschlagenen Zinsen, in dem gewinnreichen Mittel eines öftern Umsatzes im Handel und Wandel liegt, wenn Verlust vermieden wird, die Möglichkeit zu einem polypenartigen Anwachs des Kapitals. Wenn nun Geld Macht ist und Macht nicht ohne die Voraussetzung dienender Kräfte, so giebt sich in den Zinsen eine Anlage zu einer knechtenden Macht des Reichthums kund. Wo diese Seitenwirkung eintritt, welche selbst, ohne dass auf den Einzelnen eine Schuld der Ueberlastung fällt, erfolgen kann: da verwandelt sich sogar die Ergänzung, welche die einzelnen Fälle darstellen, für das Allgemeine in eine drückende Uebermacht, in das Gegentheil einer gesunden Gliederung. Der Ausweg ist hier noch nicht gefunden, da er in einer Weise zu suchen ist, welche das Kapital thätig erhält, aber das sich aufhäufende und dadurch wie im Aufkauf zum Monopol werdende Kapital einschränkt.

Im Verkehr der Einzelnen suchen die Wuchergesetze der falschen Seitenwirkung des Geldes zu steuern, damit nicht die gegenseitige Hülfe, welche das Geld fördern soll, zu einseitiger Uebervortheilung entarte. Unter Wucher wird man Zinsen verstehen, welche zu dem, was voraussichtlich das Kapital in der Hand des Leihenden erwerben kann, in solchem Missverhältnisse stehen, dass nur der Darleihende gewinnt und der Borgende nothwendig zusetzt, und welche mit dem Bewusstsein dieses Missverhältnisses ausbedungen werden. Das Verbot des Wuchers hat den sittlichen Sinn, die Noth, welche befangen nur auf die Hülfe des Augenblicks sieht und daher leichtsinnig jeden Preis der Hülfe verspricht, gegen die hartherzige

Habsucht, dies Gegentheil der sittlich geforderten Hülfe, zu schützen.

Aber die Ausführung und Durchführung dieser Gesetze bleibt weit hinter dem Ziel zurück. Da das, was das arbeitende Kapital erwerben kann und daher auch der billige Antheil des Darleihers an dem Erwerb steigt und fällt, und von wandelnden Umständen und individueller Lebenslage abhängt: so kann es nicht genügen, in einem äussern Mass, z. B. den sogenannten landesüblichen Zinsen, das Maximum des billigen und daher erlaubten Zinsfusses, die Grenze des Wuchers, mit bleibender Sicherheit zu bestimmen. Noch schwieriger ist es, den Wucherer zu fassen. Da die Habsucht erfinderisch und die Noth, wo sie Hülfe hofft, nachgiebig ist, so verkleidet sich der Wucher in solche erlaubte Rechtsgeschäfte, in welchen er schwer zu entdecken und zu überführen ist, z. B. in ein Geschäft, in welchem das Darlehn als Kaufgeld und der Wucher im vorbedungenen Wiederverkauf erscheint, oder bei erweiterter Wechselfähigkeit in die Gestalt einer einfachen Wechselforderung über die empfangene Valuta hinaus u. s. w. Wenn man hinzu nimmt, dass der Wucherer, durch das Verbot bestimmt, den Wucher noch höher treibt, um durch den Fall, in welchem das Geschäft gelingt, die Strafe für den entdeckten Wucher einzubringen; wenn ferner die Erfahrung des Geldmarktes ergiebt, dass sich in kaufmännischem Sinne die Kapitalien zurückziehen, wo nicht mit der Gefahr eines Verlustes die Aussicht auf grösseren Gewinn steigt, und daher die Wuchergesetze, welche den Gewinn einschränken, die rechtliche Hülfe hemmen, welche sich sonst darböte: so ist es von dieser Seite richtig, dass die Wuchergesetze erst den Wucher machen und die Noth dem Wucherer in die Arme führen. Nach dieser Seite lassen sich die Wuchergesetze mit festem Zinssatz nicht halten.

Dessenungeachtet bleibt habgierige Ausbeutung fremder Noth strafbarer Wucher, und der sittliche Geist der Gesetzgebung wird ein Unrecht von so individuellem Gepräge, wie der Wucher, nicht für straflos erklären wollen. Das sittliche

Ansehen der Rechtspflege wird gefährdet, wenn sie gezwungen ist, Verträge mit dem bösesten Inhalt zu vollstrecken und dadurch gleichsam zu bestätigen. Es ist die Frage, ob man wegen falscher Seitenwirkungen der bisherigen Wuchergesetze den Begriff des Wuchers überhaupt aus der Reihe der strafbaren Handlungen streichen soll. Vielmehr wird es des Versuches werth sein, ob es gelinge, durch individuelle Beurtheilung, wie sie durch Geschworene möglich ist, den Wucherer und besonders den, welcher den Wucher geschäftsmässig treibt, bis in sein schlau angelegtes Versteck zu verfolgen.

Anm. Es beruht auf der Voraussetzung eines möglicherweise wegfallenden grössern Gewinnes (*lucrum cessans*), wenn Kaufleuten erlaubt wird, sich höhere Zinsen verschreiben zu lassen.

Wo Zinsen verboten waren, wie im Mittelalter, bildeten sich künstliche Surrogate, welche theils schwerfällig waren und den Verkehr belasteten, wie die Rentenkäufe (*emtio redituum*), theils dem Wucher, statt ihn zu hemmen, Vorschub leisteten. Wenn Luther gegen die Zinsen eifert, so widersteht ihm besonders „das faule hinter dem Ofen sitzen", während das Geld wirbt (an die Pfarrherrn wider den Wucher zu predigen 1540) — was nur eine falsche Seitenwirkung einer an sich richtigen Sache ist. Indem Luther die Wiedererstattung des *interesse* (des „*lucrum cessans*" und „*damnum emergens*") verlangt, erlaubt er dadurch mässige Zinsen.

Die Zweckmässigkeit der Zinsen haben insbesondere dargethan Baco von Verulam *sermones fideles sive interiora rerum* c. 39 und Salmasius *de usuris* 1638.

Plutarch hat namentlich die Bodmerei, *foenus nauticum*, als die bescholtenste Art des Wuchers bezeichnet (*Cato mai.* c. 21). Das Tadelhafte fällt indessen nicht auf den Begriff der Sache, sondern auf das Uebermass in der Ausübung. Indem in der Bodmerei das Darlehn mit der Prämie (den Zinsen) nur dann bezahlt wird, wenn das Schiff oder die Ladung, auf welche es als Pfand geliehen, geborgen in den Bestimmungsort kommt, so dass der Gläubiger die Seegefahr übernimmt: so sind bei grösserer Gefahr des Verlustes die Zinsen höher. Wie bei einem kaufmännischen Unternehmen, wird das grössere Risico durch die Möglichkeit eines grössern Gewinnes aufgewogen. Da es überhaupt und namentlich im Nothhafen für den Schiffer von grosser Wichtigkeit sein kann, ein nöthiges Darlehn, für welches er in seinem Schiffe nur ein unsicheres Pfand geben kann, zu empfangen: so ist die Bodmerei für den Verkehr wohl begründet und es kann bei der mannigfaltigen Gefahr ein Maximum der Zinsen nicht bestimmt werden. Es wird für das Gesetz nur darauf ankommen, den innern Sinn des Verhältnisses zu wahren und z. B. nicht zu gestatten, dass bei hohem Geschäfte der Bodmereigeber das verpfändete Schiff versichere. Denn nur um der Gefahr willen, die er übernimmt, sind die höhern Zinsen zugegeben worden; ohne diese Gefahr werden sie Wucher.

§. 109. Verträge erreichen ihr Ende und erlöschen durch eigene Kraft, wenn sie erfüllt sind, geschehe nun diese Erfüllung unmittelbar, wie z. B. bei Forderungen durch eigentliche Zahlung, oder mittelbar auf eine Weise, welche der Zahlung gleich zu achten, wie durch Anrechnung (Compensation) oder Novation (Cession). Der Vertrag kann auch durch eine neue Einigung der Willen über die Erfüllung enden, wie z. B. durch Vergleich oder Erlass.

Ebenso erlischt ein Vertrag, wenn er eine Bedingung, z. B. der Zeit oder der Aufkündigung, in sich enthält, durch Erfüllung derselben, aus eigener Kraft, oder durch Verjährung (§. 99) kraft des bestehenden Gesetzes.

Es kann ferner ein Vertrag erlöschen, wenn die verabredete Leistung unmöglich wird, z. B. durch Untergang der Sache, oder wenn die leistende Person stirbt. Beides ist jedoch an Bedingungen gebunden. Wenn die verabredete Leistung unmöglich wird, so fragt es sich namentlich, ob auch diese Unmöglichkeit durch die Schuld der leistenden Person erfolgt sei. Wenn einer der verpflichteten Theile stirbt, so wird es auf den Inhalt des Vertrages ankommen. Wo die versprochene Leistung, wie im Dienstvertrag, an die Personen als solche gebunden ist *(pacta personalia)*, da erlischt der Vertrag durch den Tod von selbst. Wo es sich indessen um eine Sache als Eigenthum oder ein Acquivalent handelt *(pacta realia)*, wie z. B. bei Schuldforderungen, da wird die Hinterlassenschaft für den Vertrag mit demselben Rechte haften, mit welchem der Wille über den Tod hinaus in ihr anerkannt wird.

In einzelnen Fällen kann nach dem innern Zweck der Verträge die Entscheidung zweifelhaft sein, z. B. wie weit der Tod Miethe breche. Der Vertrag geht in diesem Falle auf die

Sache, aber seinem Sinne nach auf den Gebrauch derselben durch den Miethenden. Wenn auf der einen Seite die Stetigkeit des Rechtsgeschäftes im Sinne des Vermiethers fordern möchte, dass der Vertrag bis zu Ende der verabredeten Zeit dauere: so fordert auf der andern Seite die Billigkeit, da jene Voraussetzung des Gebrauchs wegfällt und die Leistung aus der Hinterlassenschaft oft schwer oder unmöglich wird, dass der Vertrag erlösche. Die Ausgleichung beider Rücksichten führt meistens im positiven Gesetz Fristen herbei, bis zu welchen ein durch den Tod gebrochener Miethsvertrag zu Recht bestehe. Wie verschieden auch die Entscheidung eines solchen Conflikts in verschiedenen Rechten ausfalle, sie gewährt doch im gemeinsamen Leben eine Bestimmung als sichere Basis der Berechnung.

Es kann die Sache, an welche die Leistung gebunden ist, ihren Eigenthümer wechseln, wie beim Verkauf; und es fragt sich, wie weit dadurch der betreffende Vertrag erlösche. Die concreten Verhältnisse und ihre Zwecke werden dabei für das wahrende Recht das Bestimmende sein. Der Satz z. B., Kauf breche Miethe, steht mit dem Satz, Tod bricht Miethe, nicht auf Einer Linie der innern Berechtigung. Wenn jener Satz unbeschränkt gälte, so hätte der Eigenthümer als Vermiether einseitig ein Mittel in der Hand, den Vertrag für den andern Theil aufzuheben — und der Bestand jener Consequenz, welche im Sinne des Vertrages liegt, wäre gefährdet. Es erscheint als die blosse Abstraktion einer falschen Systematik, wenn darum Kauf Miethe brechen soll, damit nicht das rein persönliche Verhältniss der Miethe die Kraft eines dinglichen erhalte.

Die Berechtigung, welche aus einem Vertrage entspringt, z. B. aus dem Vertrag zur Verpflichtung einer Reallast (Zehnten, Frohne), kann als ein Eigenthum betrachtet werden. Wenn daher eine Enteignung nöthig wird, so gelten die oben (§. 100) unter dem Eigenthum angegebenen Grundsätze.

Anm. Wo eine Person nicht für sich den Vertrag geschlossen hat, sondern rechtmässig Andere, z. B. eine Körperschaft, vertritt: wird der Tod der

Person in dem Bestand des Vertrages nichts ändern. Im Staatsrecht entsteht die Frage, wie weit Nachfolger in der Regierung durch den Vertrag der Vorgänger gebunden sind. Wenn die Sache den Staat als solchen betrifft und nicht den Regenten als Privatperson, so muss die Stetigkeit der Verträge die Regel sein. Denn die Person des Regenten ist an dem historischen Bestande des Staates nur das Organ, und das von der Regierung vertretene Volk stirbt nicht mit dem Regenten. Selbst bei zwischengetretenen Usurpationen, welche das Recht unterbrechen, wird Volk und Staat sich die Anerkennung der Stetigkeit in den Verträgen schuldig sein (vgl. unten §. 216).

§. 110. Durch den Vertrag können abgeleitete Rechtsverhältnisse entstehen, welche sich erst aus einem ursprünglichen durch eine solche Uebertragung bilden, dass in der Person eines Andern (Bevollmächtigten, Mandatars) der Wille des Ersten (Machtgebers, Mandanten) auftritt und gilt. Es stammt dabei aus dem Verhältniss zwischen den Einzelnen (dem Machtgeber und Bevollmächtigten) das Vertrauen, durch welches im Voraus der Erste in dem Andern seinen eigenen Willen und seine eigene Handlung anerkennt (die Vollmacht), und es stammt aus dem Ganzen, dass die Vollmacht gelte, die Anerkennung einer solchen Uebertragung des Willens nach aussen. Die Rechtsbeziehungen werden durch die Bevollmächtigung mannigfaltiger, da es sich einmal um die Pflichten und Rechte des Machtgebers gegen den Bevollmächtigten und um die Pflichten und Rechte des Bevollmächtigten gegen den Machtgeber und zweitens um die Pflichten und Rechte dessen, mit welchem das Rechtsgeschäft eingegangen wird, gegen beide handelt. Die Rechtsbeziehungen werden zugleich verwickelter. Denn in dem ursprünglich einfachen Geschäft zwischen Zweien (z. B. Kauf, Verkauf, Miethe, Vermiethung) tritt ein Dritter zwischen, und die Identität des Willens zwischen dem Ersten und Dritten, die Uebereinstimmung des Machtgebers mit dem Bevollmächtigten, welche in der Uebertragung vorausgesetzt ist, wird möglicher Weise nichtig, da es geschehen kann, dass der Wille, der in dem Bevollmächtigten neu hinzutritt, nicht im Sinne der Vollmacht, sondern selbstsüchtig für sich handelt oder den Willen des Ersten verfehlt, indem die Vollmacht, welche nothwendig eine gewisse Allgemeinheit hat, Handlungen möglich macht, welche dem Willen des Machtgebers widersprechen. In einem solchen Falle soll das Recht, das in dem ursprünglich einfachen Geschäft Zweier nur das Verhältniss zwischen diesen zu wahren hat, die Verhältnisse zwischen Dreien gleichsam in der Combination von drei Elementen zu zwei (von ABC in den Combinationen von AB, AC, BC oder, wenn man die Pflichten und Rechte in diesem Zusammen unterscheidet, in den Variationen von AB und BA, von AC und CA, von BC und CB), in dem sittlichen Sinne, in welchem sie in ihrem Grunde gedacht sind, ordnen und behaupten. Es ist klar, dass die Mannigfaltigkeit und die Verwickelung wächst, wenn sogar mehrere Machtgeber oder mehrere Bevollmächtigte in Einem Geschäft zusammenkommen. Das sittliche Verhältniss zwischen dem Machtgeber und Bevollmächtigten ist die Treue, durch welche der Machtgeber den Bevollmächtigten nicht im Stiche lässt, sondern in ihm auch unter den wechselnden Umständen die Consequenz seiner Vollmacht vertritt, und aus welcher umgekehrt in dem Bevollmächtigten die Sorgfalt und Umsicht im Sinne und nicht bloss nach dem Buchstaben der Vollmacht herfliesst. Das Gesetz wird, um diesen sittlichen Grund zu wahren, Bestimmungen treffen, welche den Bruch dieser Treue in seiner Wirkung zurückweisen. Die Vollmacht wird dabei in der individuellen Beurtheilung die vorzüglichste Norm bilden. Sie kann weiter oder enger sein; in jenem Fall ein grösseres, in diesem ein geringeres Mass der Freiheit gewähren. Die Uebertragung des Willens ist Eine That; aber aus ihr können in der Ausführung viele Handlungen fliessen und in einer und derselben Lage der Sache verschiedene, welche möglich sind. Es liegt in der Natur des Verhältnisses, dass der Machtgeber für die Wahl haftet, welche der Bevollmächtigte trifft, aber der Bevollmächtigte für seine Sorgfalt im Sinne des übernommenen Auftrags. Die Vollmacht wird auch für die Berechtigung des Zweiten, wie weit er sich an den Machtgeber oder nur an den Bevollmächtigten zu halten hat, die Norm bilden; und sein Recht gegen den Ersten liegt nur innerhalb der Grenzen derselben. Für das Gesetz wird noch eine andere Betrachtung hinzukommen, nämlich die Sicherheit und Leichtigkeit des Verkehrs, welche durch jeden Streit verkümmert wird. Wenn nach dem Sinn der Sache die Vollmacht nicht für ein einzelnes Geschäft, sondern allgemeiner, wie z. B. in der Procura, ertheilt wird, so muss, wenn nicht der Machtgeber dafür gesorgt hat, dass eine besondere Beschränkung des Bevollmächtigten im Verkehr bekannt sei, der Umfang der Vollmacht aus dem anerkannten Zwecke bei der Anstellung eines bevollmächtigten Gewerbführers geschlossen werden. Es ist klar, dass die Entscheidung des positiven Gesetzes, welche verschiedene, oft entgegenstehende Zwecke, wie z. B. Sicherung des Machtgebers und Sicherung des Bevollmächtigten, auszugleichen hat, verschieden ausfallen kann, je nachdem sie z. B. entweder vermöge des ursprünglichen Vertrauens eine grössere Uebereinstimmung oder vermöge der gegen selbstsüchtigen Missbrauch nöthigen Vorsicht eine beschränktere Zustimmung voraussetzt. Es kommt dabei vor Allem auf feste Normen an, deren unvermeidliche Mängel sich dadurch aufwägen, dass sie in die Berechnung des Verkehrs aufgenommen werden und ihnen gemäss von der einen oder der andern Seite die Vorsicht sich steigert oder das Vertrauen sich ausdehnt.

Aus der Natur der Verhältnisse folgt z. B., dass der Umfang der Vollmacht, welche der Rheder seinem Schiffer giebt, an und für sich an solchen Orten grösser sein muss, an welchen weder der Rheder noch ein ihn vertretender Correspondent anwesend ist, als an andern, an welchen der Rheder oder für ihn der Correspondent die Sorge übernehmen kann. Der innere Zweck, der zu wahren ist, bestimmt auch darin das Recht.

Es offenbart die Macht der innern Verhältnisse, dass auch eine vermuthete Vollmacht, ein vermutheter Auftrag an die Stelle der wirklichen treten kann, wie z. B. wenn sich ein durch die Verhältnisse Berufener, aber nicht Bevollmächtigter, z. B. ein Verwandter, Hausfreund, der Rechte eines Abwesenden annimmt (*negotiorum gestio*). In diesem Falle wird die Verantwortung des Stellvertreters steigen, theils damit dem Willen des Herrn in den eigenen Verhältnissen genug geschehe, theils damit jenes Einmischen in Fremdes, jenes „viel zu schaffen haben, da nichts befohlen ist", welches eine Quelle des Unfriedens und des Versäumnisses ist, nicht begünstigt werde.

Anm. In der Begriffsbestimmung der Vollmacht und der aus ihr folgenden Pflichten und Rechte wird der Unterschied des römischen Rechts, ob der Bevollmächtigte unentgeltlich handle oder bezahlt sei (*mandatum*, *locatio*), keinen wesentlichen Unterschied bilden.

Die Verhältnisse der Stellvertretung (des Mandats), welche hier im allgemeinen Verkehr aufgefasst werden, z. B. in der Vollmacht des Factors (*institor*), des Schiffers (*magister navis*) gegen den Rheder (*exercitor*), kehren in höhern Verhältnissen wieder, immer durch die besondern Zwecke bestimmt, z. B. beim Prozess im Anwalt, für das Familienrecht im Vormund, im *curator*, für das Staatsrecht im Gesandten, in der Vertretung des Abgeordneten u. s. w. Bei den letztern kann aus inneren Gründen das Specialmandat ausgeschlossen und die Vollmacht allgemein und unwiderruflich sein, so dass sich die Wähler ihres eigenen Willens begeben haben. In allen diesen Fällen werden die Pflichten und Rechte immer mehr der willkürlichen Verabredung enthoben und durch Forderungen bedingt, welche aus der Natur der Sachen entspringen. Das Allgemeine bleibt dasselbe, aber die specifische Differenz und zwar diese in ihrer steigenden Bedeutung giebt der Vollmacht in der Verschiedenheit ihr eigenthümliches Recht.

Es hält das Recht klar und schärft den Sinn für das Sittliche, wenn das Gesetz die Grenzen in den Mandatsverhältnissen rein und nett zu bewahren und Vermischungen von Mandatsverhältnissen und eigenen Geschäften in einer und derselben Sache zu verhüten bemüht ist. Eine solche Verdunklung der sittlichen Grundbeziehung hat z. B. da Statt, wo der Commissionär, wie etwa in einem Getreidegeschäft, sich im Verkauf theils als Bevollmächtigter für fremde, theils als Käufer und Verkäufer für eigene Rechnung bestimmt. In solchen Fällen, welche selbst der Börsengebrauch anerkennen mag, wird es leicht geschehen, dass der Commissionär das Minus auf die fremde, das Plus auf die eigene Rechnung bringt und dadurch den ursprünglichen Sinn des der Stellung des Commissionärs zum Grunde liegenden Vertrauens täuscht.

§. 111. Der Inhalt des Vertrages kann über die Einigung für einzelne Geschäfte hinausgehen und im Gesellschaftsvertrag eine allgemeinere Natur annehmen. In demselben einigen sich Personen, um Zwecke gemeinsam zu verfolgen, sei es nun, dass diese Zwecke universell die ganze Thätigkeit und das ganze Vermögen der Genossen erfordern und im Vertrage begreifen, oder dass sie partikular sich auf einen bestimmten abgegrenzten Theil der Thätigkeit und des Vermögens beschränken. Das Band solcher Verträge kann entweder rein in den Personen oder zugleich dergestalt in den Zwecken der Sache gegründet sein, dass es über den Willen der Personen hinaus dauert. Dadurch unterscheidet sich die Bedeutung der Gesellschaftsverträge an sich und für das Ganze wesentlich.

Die erste Art, *societas* im römischen Sinne, ist lediglich auf die persönlichen Zwecke (Erwerb, Gebrauch) der Theilnehmer gerichtet, so dass der Bestand und die Auflösung an die im Gesellschaftsvertrag Vereinigten gebunden ist. Die Theilnehmer vertreten die aus dem Vertrag hervorgehenden Handlungen und deren Verbindlichkeiten nach aussen. Die Gesellschaft löst sich nicht nur nach der vertragsmässig erfüllten Bestimmung oder nach Ablauf der festgesetzten Zeit, sondern auch mit dem Austritt oder dem Tode der Theilnehmer auf. Dann werden nach Massgabe des Vertrages, welchen das Recht als Bildungsgesetz des Verhältnisses zu wahren hat, Vortheile und Nachtheile, Gewinn und Verlust, das Vermögen und die Schulden getheilt. Das Gesetz wird in dem Vertrag als der Norm die Freiheit der Verabredung schützen, welche auf diesem Gebiet die Bedingung der individuellen Sittlichkeit ist. Nur da, wo der innere Zweck, die Ergänzung der Thätigkeiten, um deren willen das wahrende Recht dem Vertrage zur Seite steht, durch den Vertrag gebrochen wird, wie in der *societas leonina (digest.* XVII, 2, 29*)*, oder in einer ihr nahestehenden offenbaren Uebervortheilung *(instit.* III, 26, 2*)*, wird das Gesetz im Sinne des Sittlichen den Vertrag für keinen Vertrag erklären und ihm den Schutz entziehen. Diese erste Art des Gesellschaftsvertrages, z. B. eine Handelsgesellschaft (Maskopei), setzt zwar Willen und Willen zu einer gemeinsamen Thätigkeit zusammen, aber ohne dass in dieser Zusammenfügung eine untheilbare Einheit eines bleibenden Willens anerkannt würde.

Die zweite Art des Gesellschaftsvertrages bringt in der Einigung für den dauernden Zweck einen als selbstständig anerkannten Willen des Ganzen, eine juristische Person *(persona civilis)* hervor, ähnlich der römischen *universitas*, Corporation, welche gewöhnlich, wie z. B. die Gemeinde, eine Kirche, einen höhern Ursprung als den Vertrag hat.

Es liegt in der Natur des Ethischen, wenn es anders das Organische in höherer Ordnung ist (§. 35. §. 40), dass das Ganze, an welchem die Einzelnen Glieder sind, einen Willen habe, der den umfassenden Zweck ausdrückt und vertritt, wie z. B. das Ganze der Familie seinen Willen im Hausvater hat, die Gemeinde in der Obrigkeit, der Staat im Regenten. Inwiefern durch einen solchen Willen ein dauernder Zweck vertreten wird, und in diesem Verhältniss der Zweck der Sache, nicht der Wille des Einzelnen, das eigentliche Wesen ausmacht, so sucht er zwar zu jeder Zeit in einem Individuum, das für ihn denkt und handelt, sein Organ, aber ist an die vergänglichen Individuen nicht gebunden. Das Recht setzt in seinem organischen Ursprung (§. 36. §. 45. §. 49) ein Ganzes voraus, welches, obzwar Inbegriff von Personen, doch Willen hat, wie Eine Person. Wenn nun durch den Vertrag, also innerhalb des Rechts, solche Gesellschaften entstehen, welche nicht in den Willen der Einzelnen zerfallen, sondern für ihren Zweck einen höhern Willen als Träger des Ganzen und der Theile bilden und als solche anerkannt werden: so sind solche Gesellschaften juristische Personen. Ihr Wesen liegt darin, dass die Einzelnen zwar das Ganze hervorbringen (constituiren), aber das hervorgebrachte Ganze durch seine wesentlichen Zwecke ein allgemeineres Dasein hat und den Willen der Einzelnen zu binden und zu überdauern bestimmt ist. In der Unterordnung der Willen und der Thätigkeiten unter den gemeinsamen Zweck liegt das ethische Motiv, das, je wesentlicher der Zweck, desto bedeutender ist. Von diesem Punkte geht daher die Rechtsbildung der Gesellschaft nach innen aus, welche in ihr kein zufälliger Anhang, sondern Consequenz ihres Wesens ist. Indem das Ganze durch seine Organe, z. B. vermöge des dem Vorstand gegebenen Mandates, seinen Willen nach aussen geltend macht, ist nach innen die Unterordnung unter denselben durch das Statut geordnet.

Die Werkzeuge des Gesammtwillens sind entweder die Thätigkeiten der Einzelnen als Glieder, oder das Eigenthum der Gesellschaft, oder beides. In Bezug auf das Eigenthum lässt sich ein verschiedenes Verhältniss des Ganzen und der Glieder denken. In der *societas* sind die einzelnen Theilnehmer Miteigenthümer *(condominium)* und die Miteigenthümer in der Summe bilden den Eigenthümer. Der Einzelne kann auf Theilung antragen. Dies Verhältniss folgt aus dem Ursprung der *societas*. In der Corporation, der *universitas*, wird, inwiefern ihr Ursprung nicht im Vertrage der Einzelnen liegt, das Verhältniss sich umkehren. Das Ganze in seiner Einheit ist Eigenthümer und nur das Ganze; aber die Genossen haben den Gebrauch des Eigenthums. Es liegt in dem artbildenden Unterschiede desjenigen Gesellschaftsvertrages, welcher eine juristische Person erzeugt, dass er die erstere Weise des Eigenthums, die Weise der *societas*, ausschliesst. Dagegen kann er, wie z. B. gewöhnlich bei milden Stiftungen, die zweite Weise des Eigenthums, die Weise der *universitas*, begründen, indem die Einzelnen sich ihres Rechts an dem Eigenthum begeben.

In der Association bildet sich gemeiniglich ein mittleres Verhältniss zwischen beiden, das Gesammteigenthum, an welchem das Ganze und die Einzelnen berechtigt sind, wie z. B. in der Aktiengesellschaft. Nach dem Zwecke der Sache wird dann im Gesellschaftsvertrag bestimmt, wie weit die Einzelnen Eigenthumsbefugnisse und gesonderte selbstständige Rechte haben.

Die juristischen Personen bedürfen der Anerkennung. Während der Staat vermöge der in ihm gedachten Identität des Rechts und der Macht eine juristische Person ist, welche sich ursprünglich setzt und sich selbst Anerkennung schafft, haben die juristischen Personen innerhalb seines Bereichs ihre Anerkennung, sei es mittelbar oder unmittelbar, vom Staat. Mittelbar geschieht diese Anerkennung, wenn entweder durch das Gesetz den Einzelnen Sphären überlassen sind, in welchen ihnen die Rechtsbildung von Genossenschaften zu juristischen Personen zusteht, auf ähnliche Weise, wie sonst Verträge frei gegeben sind, oder wenn Genossenschaften, wie im germanischen Leben, in historischer Entwickelung entstanden durch Herkommen, ähnlich wie das Gewohnheitsrecht, gültig bestehen. Unmittelbar geschieht die Anerkennung, wenn sie im einzelnen Falle erklärt wird. Immer wird in beidem Betracht näher oder entfernter ausser dem constituirenden Einzelnen die juristische Person durch den Staat constituirt, nur dass die bei aller Rechtsbildung sich verschlingenden Thätigkeiten der Einzelnen und des Ganzen (§. 85) in der unmittelbaren Anerkennung als besondere Akte hervortreten. So wird der durch einen wesentlichen Zweck verbundene, in der Einheit seines Willens anerkannte Verein juristische Person.

In der *societas* herrscht als der nächste Gesichtspunkt die Ergänzung der Einzelnen; in der Association, welche juristische Personen bildet, die Gliederung des Ganzen. Das Eine ist nicht von dem Andern getrennt, aber tritt vor dem Andern hervor.

In der mannigfaltigen Weise, wie bei Associationen die Einzelnen bald fester bald loser in das Ganze verschlungen und dem Ganzen dennoch Bestand und Leben erhalten werden, zeigt sich der gestaltende erfindende Geist. Es ist dabei eine technische Aufgabe, analog der politischen Aufgabe des Staates, Freiheit der Glieder und Festigkeit des Ganzen so zu vereinigen, dass die eine die andere nicht gefährde. Wenn die Einzelnen an der Gesellschaft nur lose betheiligt sind, so ist zu besorgen, dass die juristische Person, welche Trägerin von Rechten ist, nicht gleiche Bürgschaft für die Erfüllung ihrer Verbindlichkeiten gewähre. Nach dieser Seite können, wie z. B. in falsch angelegten Assekuranzen, die Interessen des Verkehrs und der Einzelnen ausserhalb der Gesellschaft in Gefahr kommen. Daher wird meistens für die Zwecke, wie für die Einrichtung und Ausführung, vor der Berechtigung als juristischer Person eine Prüfung nöthig sein und es erklärt sich daraus, dass bei den künstlichen Grundlagen des modernen Lebens die unmittelbare Anerkennung der Gesellschaft als juristischer Person im einzelnen Falle (die Concession) die mittelbare (durch Gesetz oder nach Herkommen) weit überwiegt und überwiegen muss.

So weit sich die Gliederung des Gemeinwesens erstreckt, so weit lassen sich in den Zwecken derselben, seien sie höhere oder niedere, Mittelpunkte für Associationen denken, welche wiederum durch die sich ausbildenden Erfindungen der Technik in den Wegen der Ausführung an Mannigfaltigkeit wachsen werden. Durch die Verschiedenheit dieser Zwecke wird sich der Umfang des Begriffs in seine Arten zerlegen. Einen andern Gesichtspunkt der Eintheilung, welcher vielleicht der juristischen Betrachtung näher liegt, als der aus dem Zwecke entspringende Inhalt, dürfte das Band bilden, welches in abgestuften Unterschieden die Glieder mit dem Ganzen verknüpft, ob z. B. das Ganze in seinen Theilnehmern persönlich geschlossen ist, oder wie bei Aktien selbst um den Marktpreis offen steht, und wie bei solchen Unterschieden Rechte und Pflichten der Glieder gegen das Ganze abgewogen sind.

Wo eine juristische Person anerkannt wird, da wird ein Rechtsgebiet gegründet, das sich zur Wahrung ihres Zweckes eigenthümlich gliedert und nach innen eine Unabhängigkeit erreichen kann. Die Rechtsbildung aus dem innern Zweck zeigt sich darin in engern Kreisen. Es liegt dem Staate daran, insofern er die allgemeine Rechtsgemeinschaft ist, dass das im Innern der Genossenschaft frei entstehende Recht mit dieser in Uebereinstimmung stehe. Auch von dieser Seite kann es ihm nöthig werden, die Basis dieser Rechtsbildung, welche der Zweck mit seinen Mitteln ist, zu prüfen. Seit durch das Aktienwesen Rechte und Pflichten der Genossen Gegenstand der Börsenspekulation geworden, sind gefährliche Seitenwirkungen möglich, welche abzuwenden sind. So z. B. können sich die sittlichen Mächte eines Unternehmens durch den Kauf und Verkauf des Genossenrechts von dem Unternehmen trennen. Es ist den Unternehmern nicht selten an dem Unternehmen nichts gelegen. Sie malen das Projekt aus und treiben durch Vorspiegelung die Hoffnungen in die Höhe, um im ersten Anlauf durch den Verkauf der Aktien zu gewinnen. Treue und Beharrlichkeit, welche sonst von Unternehmern erwartet werden, lösen sich von der Sache los. Wo nun so der natürliche Grund und Boden des Vertrauens zu dem unternehmenden Willen, der die juristische Person beseelen sollte, entzogen ist, bedarf es vor der Anerkennung besonderer Vorsicht und Wachsamkeit des Staates.

Wenn sich der Begriff der juristischen Person in dem Willen concentrirt, welcher der Träger von Pflichten und Rechten wird: so liegt eine wesentliche Bedingung in der Uebereinkunft, wie aus den vielen Willen der Glieder Ein Wille des Ganzen werden soll. Wenn auch Einhelligkeit der Stimmen den Verein gründet, so wird er sich doch nur durch Stimmenmehrheit bewegen können (vgl. §. 74). Der Wille der juristischen Person würde in den schwierigsten Lagen unmöglich werden, wenn nicht das immerhin mechanische Gesetz der Stimmenmehrheit gälte. Für den Bestand, wenn es genügt, dass die Dinge bleiben, wie sie sind, kann man einen höhern Bruchtheil der Stimmen für einen verändernden Beschluss fordern; wenn es aber nöthig ist zu handeln, muss man sich mit der Stimmenmehrheit, welche in einer Versammlung nach und nach erzwungen werden kann, begnügen. Und doch verbürgt die Stimmenmehrheit nicht, dass in ihr der vernünftige Wille wohne, in dessen Voraussetzung die Unterordnung unter den Beschluss geschieht. Daher kann für bestimmte Fälle das Recht eines Obmannes vorbehalten werden, oder das Gesetz selbst kann den Versuch machen, wenn der Beschluss der Mehrheit gegen den innern Zweck der Sache ist, das Recht der Minderheit zu wahren. So hat, um ein Beispiel der *societas* zu entnehmen, das Hamburger Seerecht, in der Rhederei von dem Zwecke, dass das Schiff fahren solle, ausgehend, den Willen der Minderheit gegen die Mehrheit, welche ein Schiff liegen lassen will, geschützt.

Anm. Wo im Gegensatz gegen Vereine Stiftungen, also ein gemeinnütziger Zweck auf Vermögen gegründet oder Vermögen zu einem gemeinnützigen Zwecke ausschliesslich bestimmt, zu juristischen Personen werden: zeigt es sich in einem Beispiele, wie das Recht darauf ausgeht, nicht so sehr den nackten Willen in unbestimmter Freiheit, als den Willen in sittlichen Zwecken zu fördern und zu wahren. Die Anerkennung des innern Zweckes ist durchweg das rechtsbildende Princip in den juristischen Personen.

§. 112. Im Gegensatz gegen die durch den Vertrag entspringenden freiwilligen Verbindlichkeiten (§. 103) sind diejenigen unfreiwillig, welche die Folge unerlaubter Handlungen sind. Neben der Strafe, welche gegen das Böse im Unerlaubten gerichtet ist, fasst der Schadenersatz die Wirkung der Handlung rein für sich auf. Der Einzelne ist gehalten, sich selbst als freie Causalität in seinen Wirkungen zu vertreten, sei es nun, dass diese Wirkungen von ihm gewollt oder nicht verhindert sind, da er sie hätte verhindern sollen und können. Im *dolus* fallen Absicht und Wirkung zusammen und die unerlaubte Wirkung war beabsichtigt. In der *culpa*, dem Versehen, fallen Absicht und Wirkung aus einander, die Wirkung war nicht beabsichtigt. In jenem Falle ergiebt sich die Verbindlichkeit zum Schadenersatz von selbst. In diesem fragt es sich, wie weit der Handelnde für die Wirkung, die er nicht wollte, zu haften verpflichtet ist. Im Versehen, dem Mangel an Sorgfalt, fehlt meistens das Interesse, welches dem Gedanken die Wachsamkeit giebt. Wenn das Gesetz, indem es zum Ersatz verpflichtet, den fremden Schaden zum eigenen macht: so witzigt es den Menschen und hält ihn zur Aufmerksamkeit auf das Fremde an. Durch diesen sittlichen Anspruch, den das zwingende Gesetz zur Empfindung bringt, wird der Gedanke in der Handlung geweckter und überlegter und die Rücksicht auf Andere geschärft. Die Handlung wächst also dadurch an menschlichem Gehalt. Der Handelnde lernt die Handlung in ihrer ganzen Wirkung sich zurechnen und vertreten. Nach dem grössern oder kleinern Mangel der schuldigen Sorgfalt wird das Versehen in grobes, mässiges und geringes unterschieden. Aber das Mass für diese Abstufung fällt nothwendig roh aus, da es nicht nach den mannigfaltigen mitbestimmenden Bedingungen, sondern nur nach dem Durchschnitt einer unbestimmten Erfahrung genommen werden kann. Ein Mass, das in dem Handelnden selbst liegt, ist die Aufmerksamkeit, welche der Handelnde auf seine eigenen Angelegenheiten zu wenden pflegt. Aber diese kann geringer sein, als an sich nöthig ist, und dann muss das Gesetz, wo es die Pflicht rein aus der Sache bestimmt, mehr fordern. Wo indessen das Vertrauen einen solchen Handelnden zum Verwahrer und Verwalter wählte, da ist es, weil er sich nicht selbst wählte, die Consequenz dieses Vertrauens, dass in einem solchen Fall nicht mehr von ihm gefordert werden kann, als die Sorgfalt, die er auf seine eigenen Dinge verwendet *(diligentia in suis rebus)*.

Schaden und Schadenersatz sind nicht selten incommensurabel. Der Schaden kann an Leib und Leben, an Gliedern und Eigenthum, an Ehre und den eigenen Handlungen geschehen. Für dies Alles kann die Schätzung meistens nur in Geld eintreten. Die Ungleichheit wächst, wenn gar die Möglichkeit eines Gewinnes, welche durch eine Handlung zur Unmöglichkeit wurde, in Anschlag gebracht werden soll. In jenem Fall bleibt nicht selten der Ersatz hinter dem Schaden, in diesem möglicher Weise der Schaden hinter dem Ersatz zurück. Ferner kann es geschehen, dass die Schuld und das Versehen nur mittelbar, als Bedingung der nächsten Bedingung, wie z. B. ein gegebener Rath, ein Auftrag, den Schaden herbeiführen; und es fragt sich, wie weit diese mittelbare *culpa* zum Schadenersatz verbunden sei. Ungeachtet der unvermeidlichen Mängel nach diesen Richtungen bleibt doch die Forderung mit ihrem ethischen Grunde stehen und das positive Gesetz sucht sich durch positive Bestimmung der idealen Gerechtigkeit zu nähern. Es sind auch hier nicht selten entgegengesetzte Gesichtspunkte in den concreten

Rechtsbestimmungen auszugleichen, z. B. bei einer Vormundschaft auf der einen Seite der Zweck, dem Mündel sein Vermögen zu erhalten und ihm den zugefügten Schaden zu ersetzen, auf der andern Seite der Zweck, dem Vormund die Möglichkeit einer eigenen und freien Verfügung zu gewähren, ohne welche es keine Verwaltung eines Vermögens geben kann.

Bei der mittelbaren oder unmittelbaren Verpflichtung zum Schadenersatz kann namentlich die Frage aus einer höhern Sphäre eingreifen, ob und wie weit der Untergebene, der eine unerlaubte Handlung vollzieht, gegen den Befehl des Obern, der sie ihm heisst, einen freien Willen habe.

§. 113. Da auf dem menschlichen Gebiete das Zufall heisst, was nicht Zweck des Handelns war, aber, wäre es vorhergesehen, Zweck hätte sein können oder hätte sein sollen, sei es, um es zu suchen, oder um es zu meiden (Aristot. *phys.* II, 6): so bringt die Frage, ob ein die Rechtssphäre treffendes Ereigniss vorhergesehen werden konnte, den Zufall in die Nähe des Versehens. Wird die Frage bei einem schädlichen Ereigniss bejaht, so fällt dieses möglicher Weise als Versehen zur Last; wird sie verneint, so tritt es in die Sphäre des Zufalls, den Niemand vertritt. Der Zufall, sei er günstig oder nachtheilig, wird im Allgemeinen denjenigen treffen, dessen die getroffene Sache ist (Eigenthum, Glied, Forderung); nur da, wo der Zufall Folge einer widerrechtlichen oder eigenmächtigen Handlung ist, den Schuldigen.

Der Satz *casum sentit dominus* hat eigentlich nur eine indirekte Begründung; denn an sich gehört der Zufall Niemandem. Er kann keinen Andern treffen, und der anerkannte Satz hält die Vorsicht des Eigenthümers wach, um den Zufall zu meiden oder seinem zerstörenden Eingriff, wie z. B. in Assekuranzen, vorzubeugen oder ihn in seinen Folgen zu entwaffnen. Der gemeinsame Kampf gegen den Zufall, eine echt menschliche Thätigkeit, beruht vielfach auf der gemeinsamen Furcht der Eigenthümer.

Die Frage, wer der Eigenthümer einer Sache sei, z. B.

ob bei einer Sache, die nach einem Vertrage geliefert werden muss, der Lieferer oder der Besteller, und unter welchen Bedingungen das Eine oder das Andere, kann positive Entscheidungen fordern; aber der Satz selbst, dass der Eigenthümer den Zufall trage, wird durchgehen, es sei denn, dass Anderes, wie z. B. bei Miethsverträgen, ausgemacht sei.

§. 114. Inwiefern Ansprüche an die Verbindlichkeiten Anderer gleich einem Eigenthum einen Besitz des Berechtigten bilden und entweder geltend gemacht werden oder ruhen können, lassen sich die Gesichtspunkte für die Verjährung des Eigenthums (§. 99) auch auf Verbindlichkeiten anwenden, so dass sie nach einer gesetzten Frist nicht mehr klagbar sind (Einrede der Verjährung). Für die Bestimmung des Zeitraumes werden äussere Zwecke, z. B. national-ökonomische, welche jedoch eine ethische Rückwirkung haben, das Mass abgeben. Wo z. B. die Verjährungsfrist für Rechnungen des täglichen Verkehrs auf viele Jahre gestellt wird, da wird die Möglichkeit befördert, dass sich dem Einzelnen Schulden anhäufen, wenn seine Einnahme die Ausgaben nicht deckt. Wer Schulden solcher Art hat, muss statt für die Gegenwart und Zukunft noch für die Vergangenheit arbeiten, welche vielmehr die Basis der Gegenwart und Zukunft sein sollte. Ein solches Nachsorgen statt der Fürsorge verkehrt das heilsame Verhältniss im Erwerbe. Kurze Verjährungsfristen erschweren die Entstehung solcher Schulden, eines Uebels gleich einem fressenden Krebse. Für Rechnungen des Verkehrs beschleunigen sie überdies den Umlauf des Geldes und den Gebrauch desselben in vielen Händen. Wo man sich ohne vorhandenen Ueberschuss das Geld als Tauschmittel der Arbeit und der Erzeugnisse denkt, da bringt die unbezahlte Rechnung den Austausch nicht bloss beim ersten Empfänger ins Stocken, sondern weiter fort in folgenden Gliedern des Verkehrs, weil der, welcher die Zahlung nicht empfangen hat, auch rückwärts nicht zahlen kann. Daher ist eine unberichtigte oder verschobene Rechnung nicht nur ein Fehler gegen den Einzelnen, den Gläubiger als solchen, sondern gegen die Gesellschaft. Der Wohlhabende versäumt es gewöhnlich, sich die Stockungen vorzustellen, die durch Verzögerung im Verkehr den Unbemittelten, z. B. den kleinen Handwerker, treffen. Allzu kurze Fristen können nach einer andern Seite hemmend wirken, indem sie den produktiven Thätigkeiten und dem damit verbundenen Verlust und Gewinn, den Kosten und dem Erwerb nicht gestatten, sich in gewissen Zeiträumen auszugleichen. So ist die richtige Mitte relativ und nur nach den jeweiligen Verhältnissen durch einen solchen Blick der Erfahrung zu bestimmen, welcher die verschiedensten Beziehungen zusammenzufassen weiss.

§. 115. Im Verkehr, dem Felde der Verträge, wahrt das Recht die sittlichen Voraussetzungen, so weit sie dem Allgemeinen angehören, und zwar als Grundbedingung Treu und Glauben. Von der Offenheit, welche die allgemeine Grundlage des Verkehrs ist, giebt es durch die Verschwiegenheit hindurch, welche dem Handel und Wandel nothwendig ist, zu den Täuschungen, welche, absichtlich angelegt, Betrug werden, leise Uebergänge. Das Gesetz folgt diesen Uebergängen in seiner Gegenwirkung, indem es zunächst bei Täuschungen, sofern sie nur auf einem ungewollten Unrecht beruhen (§. 54), den Vertrag im Einzelnen, wenn geklagt wird, rückgängig macht oder den Schadenersatz und eine Ausgleichung befiehlt, aber da, wo die Selbstsucht des Bösen einbricht und die sittlichen Bedingungen des Verkehrs für sich ausbeutet, ausser dem Schadenersatz Strafe verhängt.

Wenn es sich fragt, welche Mängel der Verkäufer, und zwar nach dem Masse der innern Bedeutung, z. B. bei beweglicher und unbeweglicher Habe, bei Sachen und Thieren unterschieden, dem Käufer anzeigen soll und welche Frist, wenn es unterlassen ist, zur Erhebung der Ansprüche an den Verkäufer, und zwar wiederum nach der innern Bedeutung der Gegenstände unterschieden, zu gewähren ist, wenn es sich also etwa fragt, welche Krankheiten eines Pferdes der Verkäufer anzuzeigen verpflichtet ist, welche nicht, und innerhalb welcher Frist der

Käufer nach abgeschlossenem Kauf noch wandeln darf: kann das positive Recht im Sinne des prompten Verkehrs Verschiedenes in Obacht nehmen. Bald hat es die Offenheit des Verkäufers, bald die Aufmerksamkeit des Käufers im Auge, bald zielt es auf beide hin und gleicht darnach die Forderung aus. Beides sind ethische Seiten. Die Offenheit entspricht der Wahrhaftigkeit, der Treue und dem Glauben im Verkehr; die vorsichtige Aufmerksamkeit verhütet Missverständnisse und fördert daher Frieden und Einigkeit. An die sichere Norm des Gesetzes, welche dem Verkehr einen festen Boden schafft, wird sich die Sitte in diesem Falle von selbst anschmiegen und dann wird der Richter verhältnissmässig selten mit der positiven Entscheidung zwischentreten. Die Parteien einigen sich lieber selbst, zumal der Rechtsgang unvermeidlich den Verkehr verzögert und dem raschen Umsatz Abbruch thut.

Anm. Vgl. über das ädilitische Recht (*digest* XXI, 1) und seinen sittlichen Sinn *Cic. d. off.* III, 12 *ff.*

§. 116. Es ist das gemeinschaftliche Wesen der Verbrechen auf dem Gebiete der Verträge, dass sie sich nur möglich machen, indem sie in der Gemeinschaft das Sittliche, Treue und Glauben, Wahrheit und Vertrauen, voraussetzen, um unter ihrem Schutz und Schein das Gegentheil zu üben und Selbstsucht zu treiben. Daher steckt in ihnen allen, auf das Mannigfaltigste verkleidet, der erfinderische Betrug, welcher im Verkehr Wahrheit der Thatsachen anbietet und Lüge giebt. Der Betrug, der allgemein in der Verletzung der Wahrhaftigkeit das Band der Gemeinschaft verletzt, steigert sich in seinem bösen Wesen, wenn das Band der Gemeinschaft, das er bricht, in der Gliederung des Lebens durch einen ihm innewohnenden sittlichen Zweck eine besondere und höhere Bedeutung hat, wie z. B. bei Unterschlagung d. h. dem Betrug in dem zum Verwahrsam oder zur Verwaltung anvertrauten Geld und Gut, oder bei Untreue, dem Betrug in der anvertrauten Verwaltung (z. B. einer Vormundschaft), und nach einer andern Seite steigert er sich, wenn die Mittel des Vertrauens in der Gemeinschaft, die allgemeinen Mittel zur Erhaltung der Wahrheit und Gerechtigkeit, z. B. Urkunden, Münze, Mass und Gewicht, gefälscht werden. In allen diesen Fällen wahrt das Gesetz das Vertrauen und die Mittel des Vertrauens, als jene unverletzlichen Bande der Gemeinschaft, ohne welche es keine Ergänzung der Kräfte geben kann, und zwar je nach dem Mass, in welchem schwerer oder minder schwer die Gemeinschaft gebrochen ist, mit strengerer oder minder strenger Strafe gegen den Verletzer. Auf dem Markte des Verkehrs, wo die Beziehungen mehr zufällig und lose sind, wo statt blinden Vertrauens Vorsicht und Umsicht wach sein sollen, wird der Betrug gelinder geahndet, als in der Untreue und Unterschlagung, oder in der Urkundenfälschung und im Münzverbrechen. Indem die specifische Differenz, durch welche das Allgemeine des Betruges sich zu besondern Arten bildet, immer tiefer in das an Bedeutung wachsende Band der Gemeinschaft einschneidet, wird auch die Gegenwirkung der Strafe an wiederherstellender Kraft zunehmen müssen. Eigennutz und Gewinnsucht werden in der Regel das Motiv des Betruges in allen seinen Verzweigungen sein. Daher nimmt man nicht selten im Strafrecht die gewinnsüchtige Absicht in die Definition des Betruges auf, so dass „wer in gewinnsüchtiger Absicht das Vermögen eines Andern dadurch beschädigt, dass er durch Vorbringen falscher, oder durch Entstellen oder Unterdrücken wahrer Thatsachen einen Irrthum erregt, einen Betrug begeht" (Strafgesetzb. f. d. preuss. Staaten. 1851. §. 241). Indessen lassen sich in einzelnen Fällen auch andere böse Beweggründe des Betruges denken, wie z. B. Schadenfreude, Missgunst, Gunst gegen einen Dritten, und es würde dann unrichtig sein, nur die gewinnsüchtige Absicht in dem Betrug, und nicht den Betrug als solchen, sobald er Jemanden an seinem Rechte kränkt, zu strafen. (Vgl. den weitern Begriff, allgemeines Landrecht für die preussischen Staaten II, 20, §. 1256).

Der Betrug ist vorzugsweise das Laster der abgefeimten Cultur und nicht selten der Missbrauch der Bildung und ihrer Liste gegen den Ungebildeten. Ein Anreiz zu dieser Richtung des Verbrechens liegt in der Lust an der geistigen Ueberlegenheit des verschmitzten Verstandes. Es ist sicherer, schlauer, schadenfroher, zu betrügen als zu stehlen. In Zeiten, wo dies Verbrechen im Schwange geht, reichen blosse Geldstrafen gegen den Betrug nicht aus; denn sie werden ein Gegenstand der Berechnung und Ausgleichung zwischen den gelingenden und misslingenden, den ungestraften und gestraften Fällen des Betruges. Die Gegenwirkung, um das Ansehen des Rechtes herzustellen, muss steigen (§. 67).

Anm. Wenn das römische Recht die *doli actio* dem Beschädigten in den Fällen gab, in welchen die absichtliche rechtswidrige Beschädigung nicht unter den Begriff eines andern Delikts fiel (*digest.* IV, 3, 1. *si de his rebus alia actio non erit*): so liegt der Grund einer solchen scheinbar nur subsidiaren Klage wol darin, dass der Betrug den Verbrechen des Verkehrs allgemein zum Grunde liegt, aber da nur nackt und für sich verfolgt wird, wo er nicht in besondern Gestalten dem Recht greiflicher wird.

§. 117. Obwol es in dem Begriff des Eides liegt, dass ihn die Obrigkeit fordere, und obwol insofern eine höhere Beziehung eingreift, gehört doch der **Meineid** wesentlich in die Verbrechen, welche die sittliche Grundlage des Verkehrs aufheben.

Eide sind entweder Bekräftigungen eines Versprechens, wie Diensteide, Eide der Treue, oder Bekräftigungen einer Thatsache, Zeugnisse letzter Geltung, und zwar beides durch die Zurückführung der menschlichen Ordnung in die göttliche, durch die vorausgesetzte Wirkung des Gedankens an Gott über die Gewissen. Unter Meineid versteht man den Bruch der Wahrheit in einem Eide der zweiten Art. Da der Eid der letzte Stützpunkt für die Wahrheit im Recht ist, so ist der Meineid ein Bruch mit dem Rechte selbst und die wissentliche Begründung einer Ungerechtigkeit; ferner da die Obrigkeit den Eid auferlegt, ist er ein Bruch der Ehrfurcht und des Gehorsams, endlich, da er unter der Anrufung Gottes geschieht, ein Bruch des Friedens mit Gott, ein Bruch der göttlichen Ordnung in der menschlichen. Inwiefern das Letzte, der Bruch des religiösen Bandes, den Meineid von andern falschen Zeugnissen unterscheidet, erreicht keine bürgerliche Strafe den eigentlichen Frevel in ihm. Das Strafrecht kann nur die andern Beziehungen des Meineides treffen und wird insbesondere die Empfindung des Ehrlosen schärfen, da in weitester Bedeutung derjenige als ehrenhaft (ehrlich) bezeichnet wird, welcher dafür gilt, dass er die **allgemeinen** sittlichen Bedingungen des bürgerlichen Verkehrs erfülle; ein Begriff, der sich in der Standesehre nur durch die vorausgesetzten eigenthümlichen Bedingungen steigert, durch welche erst die Gemeinschaft in besondern Kreisen möglich wird.

Der Ernst des Eides wächst durch die seltenere Anwendung, und diejenige Rechtspflege, welche den Eid häuft und unnöthig verfügt, befördert den Leichtsinn. Der Eid ist da nicht an seiner Stelle, wo, wie im Reinigungseid, im Manifestationseid bei Unpfandbaren, eine Versuchung zum Meineid nahe und fast in der Sache liegt. Der sittliche Geist der Gesetzgebung hat die Aufgabe, die Zeugeneide zu mindern und die Willkür bei Eideszuschiebung zu beschränken, und muss dafür sorgen, dass bei der Ableistung des Eides das religiöse und geistige Element des Eides in voller Würde und Kraft hervortrete. Wenn z. B. der Eid einzeln Wort für Wort, und nicht einmal Satz für Satz vorgesprochen und nachgesprochen wird, oft noch ehe er als ein Ganzes vorgelegt ist: so ist die Gefahr da, dass der Eid sinnlos werde und der mechanische Buchstabe über den Geist siege. Wenn die Eide sparsamer werden und mehr Ausnahme als Regel: so wird die handwerksmässige Eidesabnahme von selbst zurücktreten und eine Belebung der Bedeutung für die Gewissen, z. B. durch einen hinzutretenden Geistlichen, möglich sein. Wer ohne Bedenken und Umsicht Eide fordert, vergisst namentlich auch die heimliche Plage des Meineidigen, wenn er zur Besinnung kommt; denn der Meineidige hat sich selbst Gottes Zorn angewünscht.

Wenn es die sittliche Vollendung ist, dass die Rede sei ja, ja, nein, nein und was darüber vom Uebel: so ist der Eid, der in Kraft des Gesetzes gefordert wird, eine öffentliche Erklärung, dass die in der Rechtsgemeinschaft Verbundenen von einer solchen Wahrhaftigkeit des starken mit sich selbst einigen Menschen weit entfernt sind. Der Eid ist insofern eine Erinnerung an den uns innewohnenden Geist der Lüge. Aber der Eid ist im Rechte immer so zu verwalten, dass er dazu dient, in jedem Einzelnen, der ihn leistet oder vernimmt, den Geist der Wahrheit zu befestigen und dadurch dem gemeinsamen Leben das Ja Ja, Nein Nein näher zu bringen.

§. 118. Wenn unter Credit die freiwillige Einräumung der Befugniss verstanden wird, gegen das blosse Versprechen des Gegenwerthes über fremde Güter zu verfügen: so ist das Zutrauen zum Versprechen durch den Glauben bedingt, dass der Versprechende das Versprochene leisten wolle und leisten könne. Daher beruht der Credit, welcher im Gegensatz gegen die Leistung, die Zug um Zug geschieht, für die Leistung des Gegenwerthes noch die Möglichkeit eines Erwerbes und Gewinnes in der Zukunft einschliesst und durch diese Erweiterung die Kräfte steigert, mitten im Materiellen auf sittlichen Gründen, deren Bedingungen das Recht wahrt. Der Credit des Einzelnen offenbart sich in der Leichtigkeit, die er findet, dass Andere mit ihm Verträge schliessen, und ist nicht bloss auf dem ruhenden Vermögen gegründet, sondern sowol da, wo Vermögen vorhanden, als wo es nicht vorhanden, zuletzt auf dem Zutrauen zu der Treue und den produktiven Thätigkeiten der Personen, zu dem Erwerb und der Verwaltung des Erworbenen, zu der Sparsamkeit und Umsicht. Der öffentliche Credit, welcher in der Lust und Leichtigkeit der sich einander austauschenden und dadurch steigernden Kräfte seine grosse Wirkung zeigt, folgt den allgemeinen Strömungen von Hoffnung und Furcht, von Muth und Niedergeschlagenheit, welche theils von dem Zutrauen zu den Einzelnen, theils von dem Vertrauen auf die Sicherheit des Ganzen und auf das richtige Verhältniss seines Wollens zum Können abhängen. Indem der Credit des Einzelnen in dieser Verbindung zugleich eine gemeinsame Angelegenheit ist, ja eine Angelegenheit, welche bei dem über die ganze Erde gegebenen

Zusammenhang des Handels und der Arbeit von Land zu Land greift, so ist es ein Fortschritt in der sittlichen Ausbildung des Staates, dass die Obrigkeit das Pfandwesen regelt und sichert und als der Wächter des öffentlichen Credits im Concurs vermittelnd eintritt. Es werden durch eine solche Bürgschaft mitten in dem unberechenbaren Wechsel der Glücksgüter und der materiellen Unternehmungen, mitten in den möglichen Verlusten sichere Punkte der Zukunft gewährt, auf welche sich doch rechnen lässt und welche daher geeignet sind, den Credit der Gegenwart und die belebende wechselseitige Ergänzung der Kräfte zu fördern, indem sie die lähmende Furcht ausschliessen oder einschränken. Wenn das Recht des Pfandwesens einfache und doch sichere Formen der Verpfändung, z. B. der Eintragung auf ein Grundstück, darbietet, einfache, um die Schliessung des Vertrages zu erleichtern, sichere, um zurückhaltende Besorgniss zu überwinden; und wenn es zugleich für die aus dem Vertrage entstehenden Verbindlichkeiten eine promte Vollstreckung gewährt, damit der Gläubiger über das Seine zu rechter Zeit zuverlässig verfügen kann: so steigert eine solche Gestalt des Rechts den Credit, das ideelle Vermögen Einzelner, sowie das der Nation, zu dessen Wahrung und Hebung sie da ist.

Das Concursrecht ist ein eigenthümliches Beispiel der distributiven bürgerlichen Gerechtigkeit. Die Gläubiger bilden darin in Bezug zu ihrem gemeinsamen Schuldner ein gezwungenes Ganze, eine unfreiwillige Gesellschaft, in welcher die Rechte der Einzelnen nach innern Verhältnissen ihrer Forderungen gefunden werden, eine Gesellschaft, nur entstanden, um das Geschäft, in welches sie zu einander gerathen sind, abzuwickeln. Das Recht sucht in der Vertheilung insbesondere zweierlei zu wahren, einmal die innern Zwecke der Ansprüche und Leistungen, aus welchen die Forderungen entstanden sind, so dass die nothwendigen, z. B. Abgaben, die Forderungen des Arztes, des Werkmeisters u. s. w., vor den minder nothwendigen oder zufälligen einen Vorzug erhalten, dann die innere Bestimmung des Pfandes (die Hypothek), so dass in dem Vorzugsrecht der früher eingetragenen Verpflichtung die Bedingungen, unter welchen das Vertrauen gegeben wurde, vor der spätern erhalten werden. In demselben Sinne des Vertrauens, auf welchem alle menschlichen Dinge ruhen, geht treue Hand, welche durch Untreue verrückt ist (Depositum), andern Gläubigern vor (z. B. im lübschen Recht III, 3, 2. III, 1, 12). Indem das Recht diese innern Zwecke nach der sittlichen Natur der Dinge durchzuführen sucht, muss es zugleich falschen Seitenwirkungen vorbauen, namentlich damit nicht der Betrug sich der Rechtswohlthat bemächtige. Solche falsche Seitenwirkungen würden den Sinn der Sache verkehren, wenn z. B. ein dem Vermögen der Ehefrau gegebenes Vorzugsrecht von dem Schuldner benutzt würde, um die Gläubiger zu kürzen, oder wenn ein gründliches, aber dadurch langsames Verfahren schuld wird, dass die Verhältnisse lange in der Schwebe bleiben und dadurch die produktiven Kräfte, die in der Masse stecken, brach liegen und denen entzogen sind, welchen sie eigentlich gehören. Je verwickelter die Verhältnisse des Verkehrs werden, desto mehr Rücksichten und Zwecke, positive wie negative, wird das Concursrecht auszugleichen haben; und da die Sicherheit, welche der Rechtsschutz bietet, bei dem Entwurf von Unternehmungen mit berechnet wird, so ist eine weise Concursordnung, welche nur das Werk der in den Verkehrsverhältnissen erfahrensten Umsicht sein kann, eine wesentliche Förderung des Credits.

Anm. Erst allmählich hat sich in der Schuldgesetzgebung die sittliche Idee des Menschlichen hervorgearbeitet. In den 12 Tafeln erscheint das Schuldrecht noch als das rohe Mittel, damit um jeden Preis gezahlt werde, und in dem vom Recht dem Gläubiger überantworteten Schuldsklaven (im *addictus*) erscheint noch die ganze Selbstsucht des Eigenthümers berechtigt, selbst bis zu der Grausamkeit, den Körper des Schuldners, dessen innerhalb 60 Tagen sich Niemand erbarmt hatte, zu zerstückeln (*Gell.* XX, 1). Eine sittliche Rücksicht trat mildernd ein, als das poetelische Gesetz die Freiheit des Schuldners, welcher nur durch augenblickliche Verlegenheit und nicht durch wirkliche Ueberschuldung zahlungsunfähig geworden, durch die freigegebene Abtretung der Güter rettete. Erst Cäsar that den Schritt, überhaupt die persönliche Freiheit des Schuldners gegen die Ansprüche des Gläubigers zu wahren und diese an die Habe des Schuldners zu verweisen (*bonorum cessio*). Von nun an galt die Freiheit nicht mehr für ein dem Eigenthum commensurables Gut.[1] Auf diesem Grunde entstand das Concursrecht, das sittliche Rücksichten auf die Beschaffenheit der Forderungen und selbst auf die individuelle Lage des Schuldners in sich aufnahm. Zwischen der Schuldsklavschaft unter den Römern und Germanen und der Schuldhaft im modernen Rechte, welche zu einer psychologischen Bürgschaft für den Gläubiger geworden, ist ein grosser Unterschied. Der Concurs entzieht, abgesehen von strafbarem, sei es betrügerischem oder fahrlässigem Bankerott, dem, der zahlungsunfähig geworden, ausser dem haftenden Vermögen immer noch gewisse Ehrenrechte des Verkehrs oder politische Rechte. Aber auch darüber ist man z. B. in Nordamerika hinausgegangen, wo man im Concurs den Schuldner völlig entlastet, um ihn, so bald als möglich, als eine neue Kraft mit neuem Credit dem Verkehr wiederzugeben. Man sieht dann in dem Zahlungsunfähigen nicht mehr die geringste Schuld, sondern nur das Schicksal des kaufmännischen Verkehrs. Dadurch wird Umsicht und Vorsicht nicht gefördert, aber Wagen und Wetten begünstigt. Die Humanität überschlägt sich, wenn sie die sittlichen Motive in der Gesetzgebung fallen lässt, und schadet dem Credit selbst, der auf sittlichen Grundlagen ruht.

§. 119. Eine formale Bedingung des Credits ist die Richtigkeit des Geldes, das durch die verbürgende Gemeinschaft, durch den Staat, allgemeines und anerkanntes Tauschmittel ist (vgl. §. 93. §. 104 f.). Daher ist jede **Fälschung des Geldes**, sei es des Metallgeldes, sei es des Papiergeldes, Betrug gegen den Einzelnen, dem das falsche Geld statt des richtigen geboten wird, und zugleich Frevel am allgemeinen Credit. Dies doppelte Unrecht macht die Fälschung des Geldes (Münzverbrechen) zu einem schweren Verbrechen.

Ein Wechsel, auf den Credit eines Einzelnen ausgestellt, im Verkehr umlaufend, verhält sich ähnlich wie Papiergeld, auf den Credit des Staates gegründet. In einer **Wechselfälschung** ist daher die allgemeine Zuverlässigkeit des Verkehrs wesentlich mitbetroffen; und daher bildet die Wechselfälschung schon einen Uebergang von der Urkundenfälschung zu den Münzverbrechen und muss nach dieser allgemeinen Beziehung

1) Th. Mommsen, römische Geschichte. 1856. 3. Bd. S. 494 f.

im Strafrecht schwerer angesehen werden, als eine Urkundenfälschung, in welcher der Betrug nur einen Einzelnen trifft. Sie ist die selbstsüchtige Verkehrung des öffentlichen Vertrauens, ähnlich der in der Fälschung von Urkunden obrigkeitlicher Geltung.

§. 120. Da der Verkehr auf Vertrauen ruht, so ruht er auf geistigen Grundlagen, und zwar auf Vorstellungen, welche die Verkehrenden von einander haben, und auf der gegenseitigen Beurtheilung. Wer einem Andern das Vertrauen, das er geniesst, schmälert, schmälert seine Wirksamkeit. Daher begreift man unter der bürgerlichen Ehre des Einzelnen die unbestrittene Voraussetzung, dass er die allgemeinen Bedingungen des Vertrauens (des sittlichen Credits) erfülle und insofern des Verkehrs würdig sei. Wo in engern Kreisen dieser Verkehr auf besondern Bedingungen des Standes beruht, steigert sich dieser Begriff in der Standesehre eigenthümlich. Dies ist die äussere Seite der Ehre, inwiefern sie den Verkehr, also in der gegenseitigen Ergänzung der Kräfte die Lust und Leichtigkeit der Verträge bedingt. Allein die innere Seite geht tiefer. Schon an sich und nach psychologischer Nothwendigkeit ist es dem Menschen nicht gleichgültig, wie sich sein Wesen in der Vorstellung Anderer und besonders in seines Gleichen abspiegele; denn es wirft sich das scheinende Bild, das sich von ihm im fremden Auge darstellt, in sein eigenes zurück und er fühlt darin die Lust seines Selbstgefühls entweder bestätigt und erhöht oder gestört und niedergedrückt. Aus dieser doppelten Quelle entspringt der Zorn und Hass bei widerfahrener Beleidigung. Indem daher das Recht Verletzungen der Ehre verpönt, wahrt es das allgemeine Vertrauen und drängt Leidenschaften zurück, welche das gemeinsame Leben zersetzen würden. Von dieser Seite wird anerkannt, dass in der Ehre des Einzelnen, wo sie verletzt wird, das Ganze ergriffen ist; aber von der andern ist die Ehre des Einzelnen sein persönlichster Besitz. Es tritt dadurch auch an dieser Stelle des Rechts ein Widerstreit ein, und zwar in der Frage, wie viel von dem Unrecht dem Verletzten zu überlassen und wie viel das Ganze aus eigener Bewegung verfolgen solle, und das positive Gesetz entscheidet daher nach dem verschiedenen Zustand der gegebenen Sitte verschieden. So weit die Verletzung der Ehre nur den Einzelnen als solchen trifft, so weit sie mehr das Selbstgefühl des Einzelnen berührt, als das öffentliche Vertrauen stört: so weit wird für die Ausgleichung und Versöhnung oder für die Erhebung über die Beleidigung der individuellen Sittlichkeit ein Spielraum der Behandlung bleiben, in welchen das Strafrecht nicht eingreift. Wo indessen eine Verletzung der Ehre zugleich die Wirksamkeit des Ganzen angreift oder aufrisst, da wächst die Pflicht des Ganzen zur Abwehr und es muss die Gegenwirkung gegen das Unrecht steigen, wie z. B. wenn die Ehre eines Beamten im Amte beleidigt oder das Haupt des Staates beschimpft wird.

In dieser Sphäre werden selbst die innersten Gemüthsbewegungen in ihrem Ausdruck Gegenstand des Rechts; und es ist schwer, sie richtig zu messen. Wo die Verläumdung Thatsachen lügt, um dem Ruf zu schaden, spricht die Beleidigung nur ein subjektives Urtheil aus. Für die Gemeinschaft wiegt daher jene schwerer als diese.

Wo der Einzelne in seiner Ehre angetastet wird, fühlt er dergestalt sein Selbst in der ideellen Bedingung seines Lebens und Wirkens angegriffen, dass sich in der allgemeinen Vorstellung von einem solchen Angriff die Nothwendigkeit der Selbstvertheidigung noch nicht klar geschieden hat. Der Einzelne will für seine Ehre selbst eintreten und an die Behauptung der Ehre, die Bedingung für des Lebens Werth in der Gemeinschaft, selbst sein Leben setzen. Es haben die Anschauungen, welche den Zweikampf in der Sitte getragen haben, von der Blutrache, welche im Zweikampf eine ritterlichere Gestalt annahm, bis zum Gottesurtheil, welches in dem Ausgang die Hand des richtenden Gottes gläubig verehrte (Sachsenspiegel I, 63 §. 4), und von da bis zur ganz allgemeinen Vorstellung, dass die Ehrenhaftigkeit durch den Beweis des persönlichen Muthes und der Todesverachtung bewährt werden soll, von dem persönlichen Zorn und Hass, welcher dem Zweikampf Dasein gab, bis zu den allgemeinen Regeln der Ehre, von der glühenden Rache bis zur allgemeinen Standesforderung eine grosse Veränderung durchgemacht, in welcher sie sich selbst gleichsam verdünnt und abgeschwächt haben. Der Mann will als Mann geachtet, und wenn nicht geachtet, doch gefürchtet sein. Es ist unmöglich, den Zweikampf, welcher als ein contraktmässiger Krieg zwischen Zweien den Frieden im Volke bricht, physische Kraft über eine ethische Entscheidung und Selbsthülfe (§. 56) an die Stelle des Richters setzt, in ein ethisches Recht oder auch nur in irgend ein consequentes Rechtssystem einzuordnen. Daher muss das Gesetz den Zweikampf verfolgen, und zwar nach dem Mass des eigenthümlichen Unrechts, das in ihm ist, und nicht indem es ihn unter die allgemeinen Bestimmungen über Körperverletzung und Tödtung bringt. Es liegt in seinem Wesen, dass statt gemeiner Selbstsucht, welche sich in den meisten Verbrechen kund giebt, sich möglicher Weise in sein Motiv eine missverstandene sittliche Gesinnung (Bethätigung der Tapferkeit) einmischt und die Körperverletzung oder Tödtung, welche seine Folge sein können, auf einer Art wechselseitigen Vertrages ruhen, durch welchen der Eine sich dem Andern zu möglicher Verletzung und Tödtung preisgiebt. Es tritt das Unsittliche eines solchen Vertrages in der dem Zweikampf zum Grunde liegenden Formel hervor, unter welche er sich fassen lässt: Du darfst mich tödten unter der Bedingung, dass ich dich tödten darf. Man kann daher den Grund nicht gelten lassen, dass nicht selten beim Zweikampf die Absicht der Körperverletzung oder Tödtung, also der strafbare Dolus fehle. Der Zweikampf, d. h. eine Handlung, welche Körperverletzung oder Tödtung herbeiführen kann, wird mit dem Bewusstsein eines solchen möglichen Erfolges unternommen *(dolus eventualis)*. In dem Widerstreit zwischen der öffentlichen Meinung und dem strafenden Gesetz wird das ernste Recht der in dunkeln Vorstellungen sich bewegenden Sitte vorleuchten, damit sie sich scheue, das sogenannte Gesetz der Ehre dem Gesetz des Landes, dem Gesetz der Vernunft vorzuziehen. Die weise Rechtspflege wird sich weniger gegen den Ausgang als gegen den Anreiz, weniger gegen die oft abgenöthigte Herausforderung als gegen die sittliche Schuld in dem Ehrenhandel und gegen unversöhnliche Hartnäckigkeit richten. Wenn es, wie die Geschichte der Jahrhunderte zeigt, an dieser Stelle schwer hält, dass das christliche Leben die germanische Empfindung überwinde und die allgemeine Vernunft den Affekt der verwundeten Ehre zügele: so hat das Recht um so mehr den Beruf, in diesem Kampf den Nachdruck seiner Macht für den Sieg des Bessern unbeugsam einzusetzen.

§. 121. In allen bisher (§. 86 ff.) bezeichneten Richtungen bringt das Recht, die Person schirmend, den Willen im Eigenthum schützend, die Consequenz der Verträge verbürgend, Sicherheit hervor, welche in der Gemeinschaft die Bedingung aller produktiven Thätigkeit ist. Das wahrende Recht wirkt darin sein eigenthümlichstes Erzeugniss, indem es in allen diesen Beziehungen, wie gezeigt worden (§. 86. §. 93 u. 94. §. 104), ein Intelligibeles und damit des Menschen eigenstes Wesen zu einem gemeinsamen und festen Dasein, zum geltenden Gesetz des Lebens darstellt. Ohne diese Sicherheit würde das Leben in lauter Selbstvertheidigungen des gegenwärtigen Augenblicks zerfallen; es bliebe ohne stetigen Zusammenhang, ohne Plan für die Zukunft, ohne Verlass in der Gemeinschaft. Erst durch die Sicherheit wird Erwartung des Kommenden möglich und jene heilsame Vorwirkung der Zukunft, welche die Thätigkeit der Gegenwart spannt. Durch die Sicherheit gewinnt die Thätigkeit der Einzelnen den festen Boden der Gemeinschaft und ein weites Feld für die Berechnung und die Verknüpfung des Fernsten mit dem Nächsten. So wirkt das Recht, für die Erhaltung des Sittlichen entstanden, eine Grundbedingung des Sittlichen selbst.

B. Recht der Familie.

§. 122. Wenn bis dahin die Ergänzung der Person, zuerst im Eigenthum durch die Sache als angebildetes Werkzeug, dann im Vertrag als der Consequenz eines gemeinsamen Willens für einzelne Leistungen so dargestellt ist, dass die Ergänzung der Einzelnen zugleich als eine Gliederung des in Rechtsverhältnissen begriffenen Ganzen erschien: so ist die Familie dergestalt eine persönliche Ergänzung in der Lebensgemeinschaft, dass sie, selbst ein ursprüngliches, natürliches und sittliches Ganze (§. 65), dem höhern Ganzen, gleich den befestigenden und nährenden Wurzeln eines Baumes, seine physischen und sittlichen Kräfte zubereitet und zuführt. Die Rechtsverhältnisse der Familie haben nothwendig drei Seiten. Der Ursprung der Familie erscheint im Eherecht, ihr Bestand im Hausrecht, ihre Auflösung in einzelne Personen oder neue Familien im Erbrecht.

Wenn das Wesen der Familie Innigkeit ist, wenn sie selbst für ihre Glieder der Boden individueller Sittlichkeit ist: so hat sie ihr Gesetz nach innen und ist sich selbst ein Gesetz. Das bürgerliche Recht wahrt nur die Bedingungen für dies innere Gebiet und greift nur da ein, wo die Familie nach aussen tritt, und da, wo sie gerade aufhört Familie zu sein, wie z. B. im Testament, in der Tutel, oder der Ehescheidung.

a. Eherecht.

§. 123. Es ist die Idee der Ehe, dass die Geschlechtsliebe, an sich die natürliche Basis, aber in ihrem Zweck einseitig, zu einer sittlichen und individuellen Liebe erhoben werde, welche das ganze Leben der Gatten umfasse und verkette. In der Basis liegt schon die Beziehung auf die gemeinsamen Kinder; aus der geforderten Erhebung folgt sittliche Hingebung, Treue in guten und bösen Tagen, sittliche Verantwortlichkeit des Einen für den Andern, so weit eine solche möglich ist, menschliche Fürsorge für die Kinder, den gemeinsamen Gegenstand der Liebe. Ohne die ausschliessliche und bleibende Gemeinschaft des Lebens, welche das Wesen der Ehe ist, giebt es keine volle und zuversichtliche Hingebung der ganzen Persönlichkeit. Wenn es die Quelle alles menschlich Eigenthümlichen ist, dass das Denken, welches auf das Ganze und Bleibende gerichtet ist, sich mit dem Begehren und Empfinden verschmelze und beides zu einem Höhern ausbilde: so fliesst die Ehe, in welcher, was sonst in vielen augenblicklichen Begierden hervorbrechen würde, zu Einem bleibenden Willen der Liebe und die sonst flüchtige Neigung zu einer das ganze Leben umfangenden Empfindung umgeschaffen wird, aus dieser Idee des menschlichen Wesens mit Nothwendigkeit. Sie macht den sonst nur den selbstsüchtigen Genuss suchenden Trieb zu einem Mittel, ein Leben der Gemeinschaft in gegenseitiger Hingebung und Treue, und dadurch ein sittliches Leben zu gründen. Daher ist die Heiligkeit der Ehe, welche der Nachdruck des Gesetzes gegen den mächtigsten, unbeständigsten Naturtrieb aufrecht hält, eine Zucht des Menschen zum Menschen, wie keine andere, und eine nothwendige Grundlage aller sittlichen Ordnung. Die Erweiterung und Erhebung durch das Denken erscheint in dem Geschlechtsunterschied selbst, wenn dieser, im Manne und im Weibe für einen bestimmten Zweck der Natur leiblich angelegt, über denselben hinaus geistig zu einem allgemeinen, die Richtung des ganzen Seelenlebens ausprägenden Gegensatz wird. Auf der männlichen Seite liegt das Uebergewicht selbstthätiger Erregung, auf der weiblichen des hinnehmenden Empfangens. Wenn die Liebe, welche im Bunde mit der Natur pflegend und nährend und erziehend erscheint, die Seele der Frau als Gattin und Mutter füllt und ihr Leben treibt: so tritt im Manne die Kraft des Gedankens hervor, welche, zum Herrschen berufen, sich nicht scheut, selbst gegen die Natur zu arbeiten. Auf der männlichen Seite liegt vorwaltend die Erfindung des Verstandes, auf der weiblichen die Aneignung des aufnehmenden Sinnes; auf der männlichen der selbstthätig ausgeprägte Charakter, auf der weiblichen das durch Vertrauen getragene Gemüth; auf der männlichen die feste Einheit, wie im Plastischen, auf der weiblichen die sanfte Verschmelzung der Unterschiede, wie im Musikalischen; auf der männlichen das gedachte Gesetz, auf der weiblichen die empfundene Sitte. Wenn sich der zunächst für eine Verrichtung der Natur physiologisch gegebene Unterschied psychologisch ausbildet und zu einem allgemeinen Unterschied in der Weise des Anschauens und der Thätigkeit entwickelt: so befehden sich diese Gegensätze nicht, sondern fordern sich, wie sich die entgegengesetzten Farben zur Harmonie fordern, zu einem gemeinsamen harmonischen Ganzen. Jeder der beiden Theile bedarf des andern, um geeinigt das eigene Leben zu erhöhen und, wie die in verschiedenen Kreisen Eines Ganzen thätigen Glieder, das Ganze in sich und sich in dem Ganzen zu haben. So bildet das physische Verhältniss, die Fortpflanzung der Gattung, die Grundlage, aber nur die Grundlage; es ist in der Ehe neu geschaffen, und wie das Sittliche immer den Gedanken eines Ganzen in sich trägt, sittlich umgebildet. Daher ist es in dieser Sphäre ein Widerspruch mit der sittlichen Bestimmung, im Naturgrunde zu verharren und was Grundlage des Guten, Grundlage zu einem ganzen Leben sittlicher Beziehungen sein soll, in selbstsüchtige Lust zu verkehren und der selbstsüchtigen Lust das Gute zu opfern.

Die Ehe ist wesentlich Monogamie, weil sich die g a n z e Persönlichkeit, welche eben darum andere Beziehungen gleicher Art ausschliesst, hineinlegen soll. In der Polygamie stehen Mann und Frau nicht in Treue und Vertrauen zu einander. Das Weib ist Sklavin und wird Buhlerin. Es herrscht Eifersucht unter den Weibern und Zwietracht und Feindschaft unter den Halbgeschwistern, den Kindern der verschiedenen Frauen. Die Monogamie ist daher in der Geschichte der werdenden Völker ein Sieg des schaffenden Geistes über die einzelne und darum zerstörende Begierde; und es offenbart sich darin die menschliche Besonnenheit, welche im Gegensatz gegen die stürmische Naturgewalt das dauernde Ganze des Lebens sucht. Die Sklaverei des Weibes als des schwächern Theiles zieht die Polygamie als eine natürliche Folge nach sich. Es ist allenthalben, wie z. B. in der Herrschaft des Staates, die Wendung zum Ethischen, dass die Kraft sich zum Schutz berufen wisse. Die Ehe erzieht den Mann in diesem Sinne. Aus diesen psychologisch im Seelenleben gegründeten ethischen Bestimmungen folgt für das Recht die Nothwendigkeit, die Monogamie zu wahren, ferner in der Ehe und im Hause den Mann als das Haupt anzuerkennen. Es folgt daraus weiter die Rechtsgemeinschaft *(communicatio iuris)*, in welcher die Frau mit dem Mann steht, wie z. B. die Gemeinschaft des Standes, Gerichtsstandes, der Erbfolge an die Kinder. In dieser Rechtsgemeinschaft zieht das Gesetz nach aussen die Folge der persönlichen Einigung.

Die Ehe ist, wenn irgend ein gemeinsames Gebiet, ein Gebiet individueller Sittlichkeit, welcher das Recht nur den Boden sichert, indem es, obwol in scharfen Zügen, nur die letzten Grenzen bezeichnet, innerhalb welcher die Gemeinschaft der Ehe und des Hauses sich bewegen muss. Das Recht, das sich innerhalb dieser Grenzen nach innen kehrt und besonders vom Hausvater gehandhabt wird, bildet sich in demselben Verhältniss, in welchem das gemeinsame Recht zum gemeinsamen Sittlichen steht, als Hausrecht, indem es die nothwendigen Bedingungen für den Geist der individuellen Haussitte auf dem Grunde des Allgemeinen bewahrt (§. 135 ff.).

Auf jenem in der Natur angelegten und geistig und sittlich ausgebildeten Gegensatz des männlichen und weiblichen Wesens beruht mehr als das äussere Recht. Es beruht auf seiner still wirkenden, mit tiefem Sinn innegehaltenen Macht das gesunde Leben der Ehe, die gedeihende Sitte des Hauses, selbst jener in die menschliche Gesellschaft tief hineinwirkende erhaltende Trieb der Frau mit dem Gegensatz der Bewegung im Manne. Dass der grosse Unterschied des männlichen und weiblichen Wesens, der sich sonst nach allen Seiten ausbreitet, in der untern und rohern Schicht des Volkes in geringerem Masse hervortritt, beweist nur seinen Zusammenhang mit der geistigen Erhebung überhaupt. Von einem eigenthümlichen Mittelpunkt des Begehrens her, welcher die Thätigkeiten des Denkens nach seinem innern Zweck an sich zieht und richtet, bilden sich diese eigenthümlichen, zart in einander verlaufenden Wirkungssphären des Mannes und des Weibes.

Anm. Das Eherecht stellt vor der Gesittung nur das Recht des stärkern Theiles dar und in der Gesittung noch lange und immer wieder hervorbrechend die Macht der Begierde, welche sich mit der Ehrbarkeit äusserlich abzufinden bemüht ist. Als die Polygamie niedergeworfen war, erhob sich das Concubinat (die Kebsehe); und nachdem die Concubine als Nebenweib sittlich verworfen und ausser dem Schutz des Gesetzes gestellt war, behauptete sich das Concubinat lange als die Verbindung mit Einem Weibe, aber ausser der Ehe und ohne die eheliche Berechtigung, selbst vom Recht geschützt (*digest.* XXV, 7). Zwar erkannte Augustin (*serm.* 392. vgl. *serm.* 224 *ed. Benedict.*) in der Tiefe und Strenge seiner christlichen Ansicht das Unsittliche eines die Ehe nachahmenden Verhältnisses, welches — im Gegensatz gegen die Ehe — leicht löslich der Willkür preisgegeben ist und das Weib entehrt. Der Kaiser Leo der Philosoph legte in demselben Sinne dem Gesetz, das es schützte, ewiges Stillschweigen auf (*constit.* 91). Aber erst die sittlichen Bewegungen der Reformation und die Bestimmungen des Tridentinum entschieden die Ungesetzlichkeit des Concubinats. So erfüllte denn erst spät das Gesetz seinen Beruf, die Bedingungen des erkannten Sittlichen zu wahren. Vgl. Christian Thomasius *de concubinatu* 1713.

Für die theoretische Erkenntniss der Ehe ist schon im Alterthum Wesentliches geschehen, wenn gleich erst spät die richtige Erkenntniss sich zur Strenge der praktischen Consequenz durchgearbeitet hat. Nicht bloss, dass im Alterthum, wie in der neuern Zeit, die Begierde die Gesetzgebung in Schach hielt, oder dass die Schneide des Gesetzes an der Uebermacht der Begierde schartig wurde, sondern weil im Alterthum das Verhältniss zu den besessenen Sklavinnen, welche gegen das Gelüste des Herrn ohne Schutz und ohne Recht waren und der Begierde des Herrn sich wie Sache und Eigenthum jeden Augenblick darboten, die unverbrüchliche ausschliessliche Ehe nothwendig kreuzte. Es ist der Rückschlag der Sklaverei in den Sklavenstaaten, dass die Heiligkeit der Ehe, obwol in einigen selbst im Sakrament anerkannt, immer gefährdet ist. Das eine Unsittliche bedingt das andere.

Plato fasst im Gastmahl die Liebe ideal, als das Verlangen nach der Erzeugung des Schönen in einem schönen Leibe oder einer schönen Seele, und diese Erzeugung sei das Unsterbliche im sterblichen Leben. Er vertieft das Schöne in das Gute. Denn das Schöne an sich ist das

Unvergängliche, das in keine Erscheinung aufgeht, nur dem Geiste erkennbar. „Wer dieses Schöne selbst rein, lauter und unvermischt sieht, das da nicht erst voll menschlichen Fleisches und Farben und Flitterkrames ist, sondern das göttlich Schöne einartig, der will nicht Schattenbilder der Tugend erzeugen: denn er berührt auch kein Schattenbild, sondern wahre Tugend, weil er das Wahre berührt" (Gastmahl S. 210 ff.). So erfasst Plato die Hoheit des Geistigen in dem natürlichen Triebe. Es ist dies zwar die Eine Seite, aber aus dem Boden des Natürlichen wie herausgehoben. Denn Plato weiss diesen Gedanken weder in der Ehe zu erkennen, noch von einer griechischen Unnatur frei zu halten, welche doch zu idealisiren unmöglich und unsittlich ist. Plato's Eherecht ist eine Verkennung und Misshandlung des Weibes. Erst wenn das Ideale in der Liebe, welches bei Plato wie ein flüchtiger Silberblick erscheint, in der Ehe gebunden und zum ausschliessenden und dauernden Wesen gemacht wird, entsteht der Begriff der Ehe.

Aristoteles fand mit dem auf den Grund des Wirklichen gerichteten Blick die ethische Wahrheit, welche sich dem idealisirenden Plato verborgen hatte, die innere Bestimmung des Gegensatzes in der männlichen und weiblichen Natur zu einem gemeinsamen durch einander sich gegenseitig genügenden Leben (*eth. Nicom.* VIII, 14. *p.* 1162 *a* 16. *politic.* I, 13 *p.* 1260 *a* 20 *ff.* vgl. die, wenn auch theophrastische, erste Oekonomik *c.* 3. *p.* 1313 *b* 26 *ff.*). „Die Natur des Mannes und des Weibes ist nach göttlicher Bestimmung zur Gemeinschaft des Lebens vorgesehen. Denn beider Wesen ist dadurch geschieden, dass ihre Kraft nicht zu denselben Dingen nütze ist, sondern zum Theil für das Entgegengesetzte, jedoch inwiefern es zu demselben Ziele hinstrebt. Denn der Mann ist stärker, das Weib schwächer gebildet, damit diese durch Furcht behutsamer, jener durch Muth wehrhafter, der eine das Aeussere erwerbe, die andere die Dinge im Hause erhalte, die eine zu den häuslichen Geschäften emsig, aber zu dem Leben draussen zu schwach, der andere zur Ruhe wenig geeignet, aber zur Bewegung gesund sei. Die Mutter pflegt, der Vater erzieht die Kinder. So sind die Eheleute einander genug und jeder setzt das Eigne zum Gemeinsamen. Ihre Vereinigung geschieht, nicht bloss damit sie leben können, sondern damit sie durch einander vollkommen leben." Und selbst das Zarte fehlt nicht, wenn der Philosoph die Frau wie eine um Hülfe Bittende und vom Herde her ins Haus Aufgenommene ansieht, von welcher jedes Unrecht fern zu halten sei und vor allem das Unrecht nebenher gehender ausserehelicher Gemeinschaften (*oecon.* I, 4. *p.* 1344 *a* 9.). So hatte Aristoteles die im Gegensatz sich vollendende Einheit als eine göttliche Bestimmung (*οὕτω προῳκονόμηται ὑπὸ τοῦ θείου ἑκατέρου ἡ φύσις τοῦ τε ἀνδρὸς καὶ τῆς γυναικός oecon.* 1, 3. *p.* 1343 *b* 36) und den darin für das ganze Leben liegenden Beruf und das dauernde und ausschliessliche Band der Ehe erkannt.

Darum konnte sich noch die christliche Philosophie des Mittelalters auf Aristoteles stützen, während in der griechischen und schon bei den Stoikern der von ihm aus der Tiefe geschöpfte Sinn der Ehe sich wieder ins Flache verlor und moderne Philosophen sich mit einseitigen Gründen begnügten. Locke z. B. (*on civil government* Abh. 2) und Hume (*essays* in der Abh. *on political society* nach der Ausg. Edinb. 1793. II. S. 258) leiteten die Nothwendigkeit der für das ganze Leben geschlossenen Ehe von der im Vergleich mit den Jungen der Thiere so viel längeren hülflosen Zeit der menschlichen Kinder ab, welche die fortgesetzte Unterstützung beider Eltern fordern. Diese äussere Beziehung, wenn auch wesentlich, ist schwerlich das Wesen der Ehe selbst und nicht ihr ursprüngliches Motiv. Als solches würde sie nur zeitweise ausreichen.

Kants nüchterne Definition, dass „die Ehe die Verbindung zweier Personen verschiedenen Geschlechts zum lebenswierigen wechselseitigen Besitz ihrer Geschlechtseigenschaften" sei, ist nur auf Umwegen begründet und schliesst nur auf Umwegen die Polygamie aus. Der natürliche Gebrauch, den ein Geschlecht von den Geschlechtsorganen des andern macht, sei ein Genuss, zu dem sich ein Theil dem andern hingebe. In diesem Akt mache sich ein Mensch selbst zur Sache, welches dem Rechte der Menschheit an seiner eigenen Person widerstreite. Nur unter der einzigen Bedingung sei dieses möglich, dass, indem die eine Person von der andern, gleich als Sache, erworben werde, diese gegenseitig wiederum jene erwerbe; denn so gewinne sie wieder sich selbst und stelle ihre Persönlichkeit wieder her. In einer Polygamie gewinne die Person, die sich weggebe, nur einen Theil desjenigen, dem sie ganz anheimfalle, und mache sich also zur blossen Sache. Die Ableitung verfolgt einen richtigen Gedanken; aber gegen das reiche eheliche Verhältniss, welches tiefere Wurzeln hat als die indirekte Betrachtung, weil sonst die Person Sache würde, erscheint sie als einseitig (S. Kant, metaphysische Anfangsgründe der Rechtslehre. 1797. §. 24. §. 25).

Die vorchristliche Definition des römischen Rechts, welche auf den Modestinus im 3. Jahrhundert zurückgeht, fasst die Ehe in ihrer ganzen Bedeutung auf und es kommt nur darauf an, ihr im Recht volle Folge zu geben, was unter den Römern nicht geschehen ist. *Dig.* XXIII, 2, 1. *Nuptiae sunt coniunctio maris et feminae, consortium omnis vitae, divini et humani iuris communicatio.* Erst wenn das *omnis vitae* in vollem Sinne aufgefasst wird, sind aussereheliche Verbindungen ausgeschlossen. Wie das in dieser Erklärung aus der alten Sitte stammende Bewusstsein, so kam die unverdorbene deutsche Sitte dem Christenthum entgegen, welches dies Lebensverhältniss mit dem tiefsten Inhalt erfüllte und weihte. Vgl. *Tacit. Germ.* c. 18 *ff.* und *Matth.* XIX, 5. *Ephes.* V, 18 *ff.* 1. *Cor.* VII, 1—6. Die tiefern Begriffe im Eherechte befestigen sich daher im Christenthum.

Wenn die Institutionen I, 9, 2 die Ehe erklären *nuptiae sive matrimonium est viri et mulieris coniunctio individuam vitae consuetudinem continens;* so erklärt das kanonische Recht (*Decret. p.* II. *caus.* XXVII. *qu.* 2. *c.* 3) weiter: *individua vero consuetudo est, talem se in omnibus exhibere viro, qualis ipsa sibi est et e converso.*

Wo die Treue der Monogamie Sitte ist, wirkt sie auf die Treue und Beständigkeit überhaupt zurück und es ist daher charakteristisch, dass sich umwälzende Bestrebungen gegen dies stabile Element der Sitte zu kehren pflegen. In der Periode der französischen Revolution waren z. B. im Recht Grundsätze angenommen, wonach man die Ehe streng juristisch als einen gemeinen, wenig verpflichtenden und leicht auflösbaren Vertrag behandelte. Erst der *code Napoléon* stellte im Gesetz, obwol nicht die Grundsätze des kanonischen Rechts, eine ernste Ansicht der Ehe wieder her.

So bildet sich das Eherecht in demselben Masse zu sittlicher Tiefe aus, als die Idee der Ehe und zwar nicht bloss als schwebende Vorstellung, sondern als bestimmender Gedanke dem Geiste der Menschheit heller erscheint. Noch heute liegen im Eherecht die verschiedenen Rechtsstufen neben einander und die Völker wahren in ihrem Recht auf jeder Stufe, so viel und so wenig sie vom Sittlichen erkannt haben.

§. 124. Bis dahin ist das rechtbildende Princip für die Ehe aus der Person und zwar aus der ihr nothwendigen Ergänzung in allen durch den Geschlechtsunterschied bedingten Richtungen entnommen worden. Das andere rechtsbildende Princip liegt hier, wie überall, in der Gemeinschaft des Ganzen, so dass, was, vom Einzelnen aus gesehen, Verstärkung ist, zugleich als Gliederung des Ganzen erscheint. Wenn die Familie die festeste Grundlage des Staates ist, wenn aus ihr der gesunde Nachwuchs seiner Bürger stammt, wenn sie wie ein Staat im Kleinen für den grossen Staat bewusst und unbewusst erzieht: so ist die Ehe, der sittliche Ursprung der Familie, für ihn von der grössten Bedeutung. Aus dem Ganzen stammt für die Ehe, was der Einzelne ihr nicht geben kann, jener Schutz, welcher ähnlich wie im Vertrag es verhindert, dass der treu erfüllende Theil gegen den treulosen der schwächere werde, jene Gewähr der rechtlichen Dauer, ohne welche die Ehe gegen Laune des Augenblicks und begehrliche Lust nicht sicher wäre. Daher wahrt das Recht sowol bei den einschränkenden Bedingungen, welchen die Schliessung der Ehe unterliegt, als auch bei der Ehescheidung den sittlichen Sinn. Aus demselben Grunde wird die Eingehung der Ehe an öffentliche Formen geknüpft, welche Uebereilung verhüten und gesammelte Ueberlegung und besonnenen Willen fördern sollen.

Anm. Wo das Recht die unsittlichen Verhältnisse der Polygamie zulässt, hat es die Aufgabe, die Folgen wiederum, z. B. im Erbrecht, durch Gebot und Verbot in eine Art sittlichen Geleises zu bringen (vgl. 5. Mos. XXI. 15), aber es arbeitet daran umsonst.

§. 125. Aus dem bezeichneten Wesen der Ehe und zwar sowol aus dem Wesen der natürlichen Basis *(coniunctio maris et feminae)*, als aus dem Wesen der sittlichen Erhebung *(consortium omnis vitae)* fliessen nothwendige Einschränkungen, welchen die Schliessung von Ehen unterworfen ist, und zwar zunächst in Bezug auf das Lebensalter. So lange noch durch das Gesetz der physischen Entwickelung die Geschlechtsgemeinschaft verboten ist, so lange wird auch das bürgerliche Gesetz die Ehe nicht zulassen. Denn es würden durch die Verfrühung die Zwecke der Natur und der Sitte gleicher Weise vereitelt und beeinträchtigt. Es verkümmert den Menschen die verfrühte und darum unnatürliche Begierde. Die sittliche Reife, welche noch mehr als die physische die Bedingung der zu schliessenden Ehe ist, fordert noch reifere Jahre. Wenn daher z. B. das römische Recht bei der Eingehung der Ehe für den Mann ein Alter von mindestens 14, für die Frau von mindestens 12 Jahren vorschreibt, so gehen andere Gesetzgebungen über das physiologisch kleinste Mass, welches nach dem Klima wandelbar ist, hinaus und schränken das Alter, vor welchem die Ehe unzulässig ist, noch weiter ein.

Die gesunde Sitte trifft auf diesem individuellen Gebiete

allein das Rechte. *Sera iuvenum venus eoque inexhausta pubertas. Tac. Germ. c. 20.* Wo die Sitte entartet, hat das Gesetz nur eine zweifelhafte Kraft. Indem z. B. das Gesetz leichtsinnige Ehen zu hindern strebt, fördert es nicht selten unsittliche Verhältnisse.

Es lässt sich nach der natürlichen Seite fragen, ob das Gesetz die Ehe noch da zu gestatten habe, wo nach dem vorgeschrittenen Alter beider oder eines Theiles eine fruchtbare Ehe nicht mehr zu erwarten sei. Nicht bloss, weil die Angabe einer Grenze für die natürliche Kraft unthunlich ist, sondern weil die sittliche Einigung des Lebens, welche in der Ehe den höchsten Ausdruck gefunden hat, an und für sich und unabhängig von der physischen Gemeinschaft ein Gut ist, wird eine solche Consequenz von dem Gesetz nicht gezogen.

§. 126. Natürliche und sittliche Beziehungen, welche in der Ehe innig verwachsen, vereinigen sich, um die Ehe in der nächsten Verwandtschaft zu verbieten. Wo schon die natürlichen Beziehungen Einsage thun, verdoppeln sich die sittlichen Bedenken. Aber es können auch diese allein zum Ehehinderniss werden. Wo das Gefühl eines physischen Hindernisses abnimmt, wie in entfernteren Graden der Verwandtschaft, können noch sittliche aus dem Wesen der Familie entsprungene Bedenken bestehen. Ehe zwischen Blutsverwandten widerspricht einem Gefühl der Scham, und der Blutschande begegnet eine allgemeine Empfindung des Abscheues *(horror naturae).* Wenn das Wesen der Ehe auf einer Ergänzung der Gegensätze beruht, so fehlt innerhalb derselben Familie, in welcher doch in der Regel das Verwandte überwiegt und das Verschiedene, das sich im Gegensatz sucht, zurücktritt, diese natürliche und sittliche Grundbedingung. Nach der sittlichen Seite vollendet sich die Familie nur, indem sich ihre Gliederung sittlich auslebt und sich der den verschiedenen Gliedern zugewiesene Beruf ruhig vollzieht. Wenn der mächtigste Naturtrieb die Glieder der Familie gegen einander erhitzen dürfte, so entzündeten sich in ihr Begierden und Leidenschaften, welche Tieferes verdürben, die stille Ordnung in Missverhältnisse verzerrten, ja bei der täglichen Gemeinschaft Gefahr der Verführung nahe brächten. Die Sicherheit des unbefangenen Zutrauens, welches die Grundlage der in der Familie ruhig gebenden und nehmenden Liebe ist, wäre dadurch gefährdet. Weise und strenge Eheverbote schaffen und behaupten im Hause einen Boden des Vertrauens, fern von lüsterner Vertraulichkeit. Unter den Gliedern der Familie sind gleichsam durch die Natur eigenthümlich sittliche Empfindungen angelegt, wie z. B. die fürsorgende erziehende Liebe der Eltern, die ihr antwortende, ehrfürchtige Liebe der Kinder, die vertrauensvoll sich austauschende und einander unterstützende Liebe der Geschwister. Soll diese innere Bestimmung sich erfüllen, so müssen die zersetzenden Beziehungen der das Persönliche spannenden Geschlechtsliebe fern bleiben. Es werden daher durch das Eheverbot in nahen Verwandtschaftsgraden die nothwendigen sittlichen Bande der Familie vor Verkehrung und Verfälschung behütet. Nach **Augustins** Ansicht, welcher in der physischen Ordnung den göttlichen Plan der Menschenerziehung sucht, soll die Ehe auch darum ausser der Familie gehen, damit das Band der Liebe ausgebreitet und die an sich entlegenen Familien, welche sich sonst jede in sich selbst zurückzögen, verkettet werden. (vgl. *de civitate Dei* XV, 16).

Anm. In physiologischer Beziehung mag man darauf hindeuten, dass die Begattungen unter Einer Familie der Thiere schwächlichere Früchte erzeugen. Bis zu welchen Graden eine solche Wahrnehmung reiche, bleibt unentschieden. In der Geschichte bietet das Geschlecht der Ptolemäer, ein Geschlecht voll gemeiner Leidenschaften und sittlicher Verkrüppelung, ein warnendes Beispiel von Heirathen unter nahen Blutsverwandten.

Die Gesetzgebungen sind in der Bestimmung der verbotenen Verwandtschaftsgrade bald strenger, wie das kanonische, bald laxer, wie das preussische Landrecht. Das römische Recht verbietet, das preussische Landrecht gestattet die Ehe zwischen Oheim und Nichte, Neffen und Tante. Das römische Recht fasst dies Verhältniss analog dem Verhältniss zwischen Eltern und Kindern auf (*respectus parentelae*). In der That widerspricht es der tiefern Empfindung, wenn sich die zur Ehe begehren, welche ähnlich wie ein Vater an ein Kind gebunden oder wie ein Sohn an eine Mutter gewiesen sind; und es widerspricht der antürlichen Eingewöhnung und Vertiefung der Empfindung, wenn z. B. durch die Verheiratung des Oheims mit der Nichte der Vater- oder Mutterbruder der Nichte aus einem Bruder ihrer Eltern zu deren Sohn werden und er aus der sittlichen Empfindung einer gleichen Stufe in die Ehrerbietung einer natürlichen Unterordnung übergehen soll. Wenn in einigen Gesetzgebungen, wie z. B. Levitic. XVIII u. XX. mit Ausnahme der Leviratsehe, ferner im römischen, im kanonischen Recht u. s. w., die Ehe mit Geschwistern verstorbener Gatten verboten wird, so kann dabei kein physisches Bedenken zum Grunde liegen, aber das Verbot hat, wie es scheint, das unbefangene Zutrauen des geschwisterlichen Bandes im Auge. Wenn indessen unter Umständen z. B. die Schwägerin am meisten geeignet ist, im Hause und an den Kindern die Stelle der verstorbenen Hausfrau und Mutter zu vertreten, so zeigt sich darin das Individuelle und Relative dieser Verhältnisse, weshalb auf diesem Gebiete, wenn das Eheverbot entferntere Verwandtschaftsgrade traf, von Alters her Dispensationen (§. 63) stattfanden. Es offenbart den sittlichen und folgerechten Geist des römischen Rechts, wenn auch die Adoption gleich der Blutsverwandtschaft die Ehe verhinderte.

§. 127. In solchen **Eheverboten** wahrt das Gesetz das sittliche Wesen der Ehe und der Familie. Es gehört ebendahin, dass sich Ehebrecher einander nicht heiraten dürfen; denn sie würden darin zu dem Bruch der Ehe noch einen Lohn hinzu empfangen, und in der Möglichkeit einer solchen Heirat läge ein Anreiz zum Ehebruch. Wenn ferner die Gesetze Ehen zwischen Bekennern von solchen verschiedenen Religionen nicht zulassen, welche für das Zusammenleben und die Erziehung der Kinder keinen gemeinsamen Boden gestatten, wie z. B. zwischen Juden und Christen: so lässt sich auch darin die Absicht erkennen, den innern Zweck der Familie zu wahren. Der Staat wird in dieser Beziehung der individuellen Freiheit einen weitern Spielraum lassen, als die Kirche. Denn wo das Connubium verboten ist, bleibt bürgerliche Entfremdung. Wo die bürgerliche Verschmelzung, die Verschlingung der Familien in einander Zweck ist, kann Verbot des Connubiums nicht bestehen. So lange noch die Idee der nach Familien geschiedenen Stände für eine sittliche Idee gilt, so lange wird es auch zu dem Zweck Eheverbote geben, um Familienrechte für bestimmte Familien zu wahren.

In der Fürstenehe greift eine politische Bedeutung ein, welche über die Sphäre der Familie hinausgeht. Es kann nun geschehen, dass ein solcher der Ehe an sich äusserer Zweck, der indessen, wie bei der Fürstenehe, durch das Staatsrecht bedingt ist, mit dem innern Zweck der Ehe, welcher für die sittliche Gemeinschaft des Lebens eine freie Liebe zur Voraussetzung hat, zusammenstösst und eine Ausgleichung sucht. Nach dieser Richtung ist die morganatische Ehe entstanden, welche von der Idee der politischen Rechtsgleichheit in der Ehe nachlässt, um die übrige sittliche Gemeinschaft des Lebens möglich zu machen.

§. 128. Die Ehe als Einigung zu einer willigen Lebensgemeinschaft setzt in ihrem Ursprung den gegenseitigen Willen, und damit sie anerkannt werde, eine Erklärung dieser Einstimmung voraus. Dadurch scheint sich die Ehe unter den allgemeinen Begriff eines Vertrages zu stellen, wenn es anders das Wesen des Vertrages ist, dass sich in dieser Rechtsform zwei Willen zu einem Gemeinsamen einigen, welches nun für jeden derselben zur dauernden Norm wird. In diesem allgemeinen Sinn hat die Ehe das Moment des Vertrages in sich, aber sie geht nicht in die Verhältnisse auf, welche sonst den Vertrag bilden. Weder lässt sich äusserlich die Ehe wie ein Rechtsgeschäft abgrenzen, noch ist der Ehevertrag durch dieselbe Gemeinschaft des Willens, welche ihn schloss, kündbar und löslich. In der Ehe wird nicht, wie sonst im Vertrag, der nackte Wille für bestimmte Thätigkeiten, sondern ein Wille vorausgesetzt, welcher seine Bewegung in der ausschliessenden persönlichen Liebe hat und den Kreis freier Thätigkeiten so weit erstreckt, als diese reicht. Die Ehe ist nach ihrem Sinn und Inhalt kein blosser Vertrag, sie ist eine durch das Gesetz bestätigte und bestehende Lebensordnung, und unter die sittlichen und rechtlichen Forderungen derselben stellen sich diejenigen, welche eine Ehe schliessen, was sie sich einander und zugleich dem Gesetze durch den öffentlichen Akt gegenseitiger Einwilligung verbürgen. Nach dieser Seite müssen, wie beim

Vertrage, beide Theile in ihrem Willen frei und durch keine Gewalt eingeschüchtert sein, und es kann durch einen vorgefallenen wesentlichen Irrthum, wie beim Vertrag das Rechtsgeschäft, die Ehe nichtig werden.

Es ist eine schwierige und zarte Frage, ob ein im Akte der Willenserklärung vorgefallener Irrthum so wesentlich ist, dass er die geschlossene Ehe als nichtig aufhebt, oder ob er nur als mehr zufällig anzusehen, so dass die Ehe ungeachtet des Irrthums besteht. Im Allgemeinen wird das Gesetz weise handeln, wenn es einen solchen Irrthum, welcher die Kraft hätte, die Ehe rückgängig zu machen, in enge Grenzen einschliesst, damit Strenge zur Vorsicht treibe.

§. 120. Da die Ehe eine neue Familie stiftet, indem sich die Eheleute von andern Familien ablösen, aber diesen zugleich neue Rechtsbeziehungen, z. B. des Erbrechts, zuführen: so ist schon von dieser Seite die Forderung begründet, dass zur Schliessung der Ehe die Eltern der Brautleute oder diejenigen, welche sie vertreten, einwilligen. Es lässt sich diese Bestimmung aus dem Recht der väterlichen Gewalt oder aus dem Recht des Hausvaters folgern. Sie hat indessen — insbesondere bei der unerfahrenen Braut — noch die sittliche Bedeutung eines erfahrenen Rathes, überhaupt einer Gewähr für eine grössere Besonnenheit in dem das Leben entscheidenden Schritte. So fliessen in dieser Forderung zwei Beziehungen zusammen, auf der einen Seite die Wahrung einer kindlichen Pflicht und eines elterlichen Rechts, auf der andern die bedächtigere Begründung des neuen Verhältnisses.

Das römische Recht hatte die erste Beziehung mehr vor Augen, als die zweite, da es bei der Schliessung der Ehe die emancipirten Kinder von der Einwilligung der Eltern entband. Es zieht mehr im juristischen Sinne die Folge aus der *patria potestas*, als es im ethischen Sinne die Fürsorge beabsichtigt. In demselben Masse, als die Einheit der Familie kräftiger empfunden und strenger gewahrt wird, erscheint diese Einwilligung als eine wohl begründete Folge derselben. Nur da, wo sich in der Sitte die Familienbande lösen oder die Bestrebung einbricht, demokratisch den Einzelnen auf sich selbst zu stellen, wird diese Bedingung dem Bewusstsein entfremdet.

§. 130. So weit ist die geforderte Einwilligung im Wesen der Ehe und der Familie allgemein begründet. Da indessen die Ehe, welche ein neues Haus aufrichtet, so vielseitige Beziehungen hat: so kann nach betheiligten Interessen, welche nicht in der Familie selbst liegen, die Schliessung einer Ehe noch an weitere besondere Einwilligungen, wie z. B. die Ehe eines Soldaten an die Einwilligung des Kriegsherrn, eines Beamten an die Einwilligung des Vorgesetzten, gebunden werden. Indem solche Forderungen aus besondern Verhältnissen entspringen, kann die Gemeinde oder der Staat allgemeine Gründe haben, um die Schliessung jeder Ehe von ihrer Einwilligung abhängig zu machen. So will man in neuerer Zeit hin und wieder auf diesem Wege der Uebervölkerung und Verarmung begegnen, welche sittliches Elend mit sich führen. Schon Aristoteles, auf einen gesunden Nachwuchs der Bürger bedacht, gestattet dem Gesetzgeber einzugreifen, damit das Uebel allzu früher und allzu später Ehen vermieden werde. Aber es wird weise sein, allgemeine Gesetze da zu sparen, wo, wie bei der Schliessung der Ehen, die Aufgabe so individuell ist, dass nicht der Staat, sondern nur die Einsicht der Betheiligten und nöthigenfalls der Einspruch des Familienhauptes sie lösen kann. Daher wird es darauf ankommen, direkt und indirekt nach dieser Seite hinzuwirken und namentlich die Pflicht und Verantwortlichkeit der Eltern zu schärfen und ihrem Recht der Einwilligung Bedeutung zu geben. Gesetze, welche durch Strenge leichtsinnigen Ehen zuvorkommen wollen, laufen Gefahr, unsittliche Verbindungen zu fördern und ein kleineres Uebel mit einem grössern zu vertauschen.

* Anm. Die merkwürdige Stelle in Aristoteles' Politik (VII, 16) zeigt auf der einen Seite den sittlichen Geist, in welchem Aristoteles auch die physischen Bedingungen der Ehe betrachtet, und auf der andern in der Zulassung von Aussetzen und Abtreiben eine solche Härte der Betrachtung,

an welcher wir die durch das Christenthum vorgeschrittene Empfindung für Menschenleben messen mögen.

Aristoteles erklärt sich gegen die frühen Ehen, wie gegen die allzu späten. Wenn die Kinder, so ist seine Ansicht, allzu sehr hinter den Vätern zurückstehen, so geniessen weder die Eltern den Dank von ihren Kindern, noch die Kinder von den Vätern Unterstützung. Wenn hingegen die Kinder den Vätern an Jahren zu nahe stehen, so sind sie fast Altersgenossen und die Ehrfurcht ist daher gering; auch entstehen in Betreff des Vermögens Ansprüche und Misshelligkeiten. Die Verbindung junger Personen giebt keine kräftige Nachkommenschaft und die Züchtigkeit gewinnt bei späterer Verehelichung und die Kraft des Mannes bei längerer Enthaltsamkeit. Dabei berücksichtigt Aristoteles die Zeit, in welcher das folgende Geschlecht das frühere ablöst, damit die Blüte des zweiten Geschlechtes da beginne, wo das erste ins schwindende Alter tritt.

Dieser letzte Gedanke des Aristoteles lässt sich in seiner Consequenz weiter führen. Wo frühe Ehen Sitte werden, leben eigentlich drei Geschlechter gleichzeitig im Lande und begehren gleichzeitig Erhaltung und Befriedigung aus den gemeinsamen Mitteln des Volkes. Es wächst dadurch die Gefahr der Uebervölkerung und ein Drängen und Treiben, das den Menschen keinen Raum und keine Zeit lässt, sich sittlich auszuleben.

Aristoteles gelangt durch Schlüsse zu dem Ergebniss, dass es am zuträglichsten sei, wenn der Mann etwa im Alter von 37 Jahren die Ehe schliesse, und lässt dem ein Alter der Frau von 17 Jahren entsprechen.

In Zeiten der Uebervölkerung und Verarmung treten insbesondere Betrachtungen, wie die letzten, über das richtige Alter zur Schliessung von Ehen auf und suchen in den Gesetzen Schutz gegen die verderblich wirkende Verfrühung. Aber wo, wie bei der Eingehung der Ehe, die individuelle Lebenslage und die individuelle Auffassung derselben, welche von dem mächtigsten Verlangen bestimmt wird, die entscheidende Stimme abgiebt, zieht das Gesetz nur schwache Schranken. In solchen Zeiten hilft nur die geschlossene sich selbst hütende und haltende Familie und das Gesetz wirkt, wenn auch indirekt, gleichwol am sichersten, wenn es die Ehre und Reinheit der Familie unterstützt und die Familie haften lässt. Wenn indessen die um sich greifende Armuth selbst die Bande der Familie unmöglich macht, so ist die Zeit da, wo der Mensch, wie das Thier, nur an die Lust des Augenblicks denkt und es für ihn keine Sorge für die Zukunft giebt. Alles ruht auf der sittlichen Gewöhnung in der Familie. Wenn die Uebervölkerung sich in Auswanderungen entladet, so trägt dann diese Gewöhnung die Keime einer bessern Zukunft in das fremde Land.

§. 131. Wenn in wohlgegründeter Sitte das Verlöbniss der

Trauung (der Ueberantwortung der Frau an das Vertrauen des Mannes) vorangeht, wenn die Zwischenzeit zwischen dem Eheversprechen und dem Eheschliessen dazu dient, Haus und Herd vorzubereiten, in den Brautleuten, welche sich inniger befreunden und geistig in einander einleben, den Willen zur Treue zu verbürgen, wenn sie ferner geeignet ist, den Antrieb zur Ehe, welcher weder bloss rauschende Empfindung ohne Ueberlegung, noch Berechnung ohne Empfindung sein soll, zu klären und zu erproben: so ist doch das Versprechen im Verlöbniss, so empfindlich auch die einseitige Aufhebung kränken oder das innere Leben zerreissen mag, nur durch den Ernst der Sitte und nicht durch den Zwang des Rechts geschützt, es sei denn, dass Anderes ausdrücklich ausgemacht werde. Der Sinn jener Zwischenzeit zwischen Verlöbniss und Trauung ginge, wenn sich aus dem Verlöbniss auf die Ehe klagen liesse, durch juristische Nöthigung verloren. Ueberdies widerspricht es der edlern Auffassung des Persönlichen, um welches es sich doch handelt, wie bei gemeinen Contrakten, welche vor der Erfüllung zurückgehen, ein Reuegeld zu bedingen.

Die öffentliche Willenserklärung bei der Schliessung der Ehe steht nach der Natur der Sache unter der Wache des bürgerlichen Gesetzes, da die Wirkungen der Ehe im weiten Umfang dem bürgerlichen Leben angehören. Es ist indessen ein richtiger Zug des Gemüths, dass die Ehe, welche die tiefsten ethischen Seiten hat, der Kirche, d. h. dem auf den Glauben an das Göttliche gegründeten ethischen Gemeinwesen, in Obhut gegeben wird und der Staat der Kirche mit der Weihe die Fürsorge für die rechtlichen Bedingungen der Ehe überlässt. Wo freilich im Widerspruch mit dem, was sein sollte, aber in der Consequenz dessen, was geschichtlich ist, Staat und Kirche in der Auffassung des Eherechts in Widerstreit gerathen, da wird das bürgerliche Gesetz, wie in der Civilehe geschieht, zunächst seine Ansprüche zur Geltung bringen und die Ansprüche der Kirche als eine innere Sache ihr und ihren Genossen anheimgeben.

Wenn die Civilehe im Zwiespalt zwischen Staat und Kirche über die sittlichen Bedingungen der Ehe entsprungen, so ist sie ein Nothbehelf, aber hat dann selbst die Aufgabe, in ihrer Vollziehung die Würde zu wahren, welche verhütet, dass sie als ein weltliches Rechtsgeschäft betrachtet werde.

§. 132. Wir stellen der Schliessung der Ehe die Frage, ob sie löslich sei, zur Seite.

Die Ehe ist ihrem Wesen nach (§. 123) darauf angelegt, unlöslich zu sein. Nur in dieser Voraussetzung liegt ihre sittliche Kraft. Würde sie an sich als löslich gedacht, so hätte sie anderswo ihren Schwerpunkt als in der sich vollendenden Gemeinschaft des Lebens; jede der Hälften des einigen Ganzen würde sich nothwendig bestreben, ihn in sich hineinzuziehen. Nur in der Voraussetzung der sittlichen Kraft, welche aus der ungelösten Einigung stammt, hat sie die Rechte empfangen, welche auch der Ehe um der Pflichten willen zustehen. Die Ehe ist kein kündbarer Vertrag, sondern eine Ordnung, welche über den Einzelnen steht und ihren Bestand nicht in dem wechselnden Belieben gründet. In dieser Festigkeit liegt eine sittliche Macht, welcher sich die bald launischen, bald begehrlichen Affekte fügen. Ueberdies schliessen die Gatten die Ehe in der Meinung, dass sie unlöslich sei, da sie sich für's Leben suchen. So will und soll die Ehe unlöslich sein. Das Recht muss diesen Charakter wahren und die Ausnahmen wie eine verkümmerte Missbildung betrachten. Wenn das Gesetz anders verführe, so würde es die Ehe zu einem vorläufigen Experiment der Zuneigung und Abneigung machen; es würde die Verstimmungen und Zwistigkeiten der Gatten, welche sich in der Vorstellung der bleibenden Ehe ausgleichen und beruhigen, begünstigen und zum unheilbaren Riss forttreiben; es würde namentlich die Erziehung der Kinder, welche nur auf dem sichern Boden der Ehe gedeihen kann, den verderblichsten Störungen preisgeben. Auf der Heiligkeit der Ehe beruht das Besitzthum und die Verpflanzung sittlicher Gesinnung auf das nachwachsende Geschlecht und insofern die Zukunft des Volkes. Wo die reine Sitte das Gesetz und das strenge Gesetz die Sitte dahin bestimmt, an und für sich die Ehe als unlöslich anzusehen, da wird der Fehler in der Ehe sich schämen; wo aber das Gesetz das eheliche Band lax behandelt, da wird der Fehler, z. B. die Untreue, wie berechtigt triumphiren.

Hiernach kann die Ehescheidung nur als ein Rettungsmittel für den sittlich gesunden, für den unverschuldeten Theil angesehen werden, und die Ehescheidung ist eine Ausnahme von dem, was vom „Ursprung" her sein sollte, nur um der „Herzenshärtigkeit" willen (Matth. XIX, 8). Wo der Ehebruch die Ehe thatsächlich vernichtet hat, — es sei denn, dass die Liebe des einen Theils das Unrecht des andern zu überwinden und zu bedecken stark genug wäre, was individuelle Tugend ist, — da wird der schuldlose Theil Ehescheidung verlangen können und das Gesetz muss sie gewähren. Wo eine schwere Schuld ist, welche dem Ehebruch nahe kommt, wie bösliche Verlassung, die noch dazu gemeiniglich die Vermuthung ehelicher Untreue einschliesst, oder Lebensnachstellung: da wird ebenfalls der schuldlose Theil die Ehescheidung verlangen können. Wo gleiche Schuld auf beiden Theilen lastet und z. B. von beiden Theilen die Ehe gebrochen ist, da wird das strengere Gesetz einen Grund zur Forderung einer Ehescheidung nicht anerkennen; und wenn es in solchem Fall, um Aergerniss in der Gemeinde zu verhüten, Ehescheidung gestatten sollte, so wird es doch auf eine Strafe und Sühne der zu Tage gekommenen gegenseitigen Schuld bedacht sein, um nicht wie ein Helfershelfer des doppelten Unrechts zu erscheinen. Es lässt sich fragen, wie weit neben diesen ethischen Gründen physische Umstände, welche, wie z. B. Raserei, die wirkliche Fortsetzung der Ehe unmöglich machen, Ehescheidung bedingen können. Im Allgemeinen wird das Gesetz festhalten, dass nur das Böse, was der Eine Theil thut, und nicht das Uebel, das ihm widerfährt, die Ehe lösen könne, und kein Grund zur Ehescheidung zugelassen werde, welcher von edler Gemeinschaft in bösen Tagen und von der gegenseitigen Unterstützung entbände und in der Ehe den Gatten nicht als Person, sondern nur um des Gebrauchs willen hochzuhalten lehrte. Nach dieser Auffassung sind Gründe zur Ehescheidung, wie z. B. gegenseitige Einwilligung, später eingetretene Impotenz, ausgeschlossen. Sieht man auf die Wirkung im Leben, so soll das Gesetz durch zwei Schwierigkeiten mitten durch; es soll auf der einen Seite verhüten, dass es durch laxe Nachgiebigkeit dem Ernst bei der Eingehung und der Besonnenheit in der Führung der Ehe Abbruch thue, auf der andern Seite, dass es durch falsche Strenge Unkeuschheit aller Art hervorrufe.

Es ist das Eherecht von dem Privatrecht des Mein und Dein wesentlich verschieden, da bei Vermögensansprüchen das Recht bis zur Entschädigung erzwingbar ist, aber bei der Ehe, in welcher es sich selten um Einzelnes, sondern eigentlich immer um ein ganzes freies Lebensverhältniss handelt, nur in geringem Masse. Daher wird der Rechtsschutz unzureichend und das Gesetz hat wohl zu erwägen, dass es nichts befehle, was es nicht erzwingen kann. (Puchta über den preussischen Entwurf eines Ehescheidungsgesetzes in den fliegenden Blättern für Fragen des Tages (I) Brl. 1843.)

Ebenso schwierig ist der Ehescheidungsprozess, da der Richter, wenn die beiden Theile aus einander wollen und daher in der Angabe von Thatsachen unter Einer Decke spielen, wenig oder keine Mittel hat, hinter die Wahrheit zu kommen. Wenn es aus innern Gründen gerathen ist, die Scheidung zu erschweren, z. B. in Fällen durch ein Verbot der Wiederverheiratung auf bestimmte Zeit: so wird eine solche Erschwerung auch dazu dienen, Collusion der Parteien seltener zu machen. Allein wenn man, um dieselbe zu verhüten, bestimmen will, dass das Gesetz nie scheide, ohne den schuldigen Theil zu strafen, und also der Antrag auf Scheidung einen Antrag auf Strafe bedinge: so ist eine Strafe aus Zwecken der Untersuchung keine aus der Sache entspringende Gerechtigkeit. Es ist ungleich und ungerecht, wenn ohne Scheidungsklage Ehebruch straflos bleibt, aber durch die Scheidungsklage strafbar wird; es ist ungleich und unzuträglich, wenn der Antrag auf Strafe, welcher sonst von der öffentlichen Vertretung des Gesetzes ausgeht, nun von dem Einzelnen ausgehen soll und noch dazu von einem solchen, welchen früher Liebe mit dem zu Strafenden verband. Eine solche Erschwerung der Ehescheidung liegt ausser der Sache.

§. 133. Je wesentlicher es für das ruhige Gewissen der Einzelnen ist und für den lieben Frieden der Familien, für die gedeihliche Erziehung der Kinder und für die reine Sitte des gemeinsamen Lebens, dass die Ehe heilig sei: desto nöthiger kann es scheinen, den Ehebruch, wo er sich finde, gleich dem gemeinen Verbrechen zu verfolgen und zu strafen.

Weil ferner im Ehebruch der Hausfrieden gebrochen und weil es nächst dem Angriff auf das Leben kaum einen persönlichern Angriff giebt, als den Angriff des Ehebrechers auf die Ehre und Glückseligkeit des häuslichen Lebens: so ist es, selbst ohne darin den Uebergang von roher Selbsthülfe zum öffentlichen Recht oder ein Zugeständniss gegen einen menschlichen Zorn zu erblicken, wohl erklärlich, dass Gesetzgebungen, wie z. B. die alte römische, dem Ehemann ein Hausrecht gegen die Ehebrecher und dem Vater der Ehebrecherin ein Recht gegen den Ehebrecher und die Ehebrecherin bis zur freigegebenen Tödtung gewähren (*dig.* XLVIII, 5, 20 *seqq. nov.* 117. *cap.* 15 vgl. Tacit. Germ. 19). Wenn ein Ehebrecher auf handhafter That ergriffen wird, so wird es recht und gut sein, dem Begriff des Hausrechts oder der Nothwehr einen weitern Spielraum zu lassen; aber es darf darin weder die Rache noch die Selbsthülfe, welche den Ursprung des Rechts umkehren, gesetzlich werden.

Dennoch fragt es sich, ob und wie weit Ehebruch, auch wenn der gekränkte Theil weder Klage erhebt noch auf Ehescheidung anträgt, gleich andern gemeinen Verbrechen aufgesucht und verfolgt werden soll. Das innere Wesen der Familie stösst darin mit der Consequenz des öffentlichen Rechts zusammen, und zwischen beiden muss eine Einigung gesucht werden. Es soll der Liebe der Ehegatten auch die Macht gegeben werden, das Verbrechen des Einen Theils zuzudecken. Wo es geschieht, wird dadurch namentlich das Vertrauen und die Ehrfurcht der Kinder gegen die Eltern vor einem Riss bewahrt, welcher nicht bei diesem Einen Punkte stehen bleiben würde, sondern unfehlbar weiter ginge. Wie beim Ehebruch das Gesetz Ehescheidung nicht fordert, sondern nur gewährt, so wird in demselben Sinn, um der Liebe die Versöhnung zu erleichtern, das Gesetz den Ehebruch, dessen öffentliche Verfolgung lieblosen Augen die verborgenen Geheimnisse des ehelichen Lebens öffnet, nicht in den Familien aufzuspüren befehlen; aber das öffentliche Aergerniss eines fortgesetzten Ehebruchs wird es ohne Nachsicht zur Rechenschaft ziehen. Soll der Ehebruch, wenn seinetwegen die Ehe geschieden wird, an dem schuldigen Ehegatten, sowie dessen Mitschuldigen, gestraft werden: so fordert doch die Rücksicht auf die Bande der Familie, dass die Bestrafung des Ehebruchs dann ausgeschlossen bleibt, wenn der unschuldige Ehegatte darauf anträgt.

Je schwieriger es ist, die Grenzen allgemein zu ziehen, auf welche es auf diesem Gebiete ankommt, je mehr die Vergehen der lüsternen Menschennatur in der öffentlichen Behandlung Würde erheischen: desto wichtiger ist es, die Handhabung des Eherechts nur sittenreinen und erfahrenen Männern anzuvertrauen.

§. 134. Alle Unzucht entwürdigt unmittelbar die Person und setzt sie zum blossen Mittel fleischlicher Lust herab, und verletzt mittelbar das Princip der Ehe, die Familie als Wurzel des Volkes. Daher straft das Recht die Verbrechen der Unzucht aus dem Princip der Ehe und dem Princip der Person. Von allen Lastern wirken in den Individuen, wie in den Völkern, die Laster der Geschlechtslust, welche das Geistige im Vegetativen untergehen lassen, am zerstörendsten. Der Mensch theilt die Geschlechtslust mit dem Thiere; aber wenn der Mensch thierisch wird und seinen erfindenden Geist in das Thierische wirft: so verkehrt er sie in ersonnene Gelüste, in völlige Unnatur und sinkt unter das Thier hinab. Gegen solche ansteckende Laster (3. Mos. XVIII, 22; 3. Mos. XX, 13. Brief an d. Röm. I, 26. 27) haben daher die jüdischen und christlichen Gesetzgebungen selbst die Strenge der Todesstrafe geltend gemacht. Je mehr eine atomistische Ansicht geneigt ist, die Laster des Leibes wie eine Privatsache anzusehen, welche Jeder für sich habe; je mehr das sich beschönigende Laster sich selbst und Andern vorzuspiegeln pflegt, dass es, wie bei materiellen Genüssen, nur auf Einverständniss oder Entschädigung und Abfindung der Betroffenen ankomme: desto mehr muss man sich das darin angetastete Allgemeine zur Anschauung bringen.

Duldung und Ausbreitung abgefeimter unnatürlicher Geschlechtslust und überhand nehmende Verletzung der Ehen sind das Symptom eines sinkenden Volkes, wie in Griechenland, in Rom, im türkischen Orient; Selbstbeherrschung und Sittenreinheit sind die Bürgschaft dauernder Blüte. In zügelloser Unsitte schwindet der Wille hin. Das Edle hört auf ein Ziel zu sein; der Einzelne wird entnervt; das Haus verödet; das nachwachsende Geschlecht athmet den Gifthauch ungesunder Luft ein; und die Nation zerfällt. Wenn das Gesetz nicht den Keim dieses Uebels erstickt, so wird es ohnmächtig gegen ein zur süssen Sitte gewordenes Verderben.

b. Hausrecht.

§. 135. Wenn wir unter das Eherecht den Ursprung der Ehe sammt seinem feindlichen Gegensatz, der Auflösung, begreifen: so begreifen wir unter das Hausrecht die Rechtsverhältnisse, welche das Haus bilden und halten, und deswegen ziehen wir auch das Verhältniss des Eigenthums in der Ehe billig hierher. Es treffen darin, namentlich von drei Seiten, verschiedene Zwecke zusammen, welche, ein jeder nach dem Mass seiner sittlichen Bedeutung, ihre Selbsterhaltung im Rechte suchen und daher, indem sie sich verschieden ausgleichen können und bald der eine, bald der andere überwiegt, dem positiven Gesetze verschiedene Gestaltungen geben (§. 47).

Zunächst muss das Wesen der Ehe auch das Verhältniss des Eigenthums unter den Ehegatten bedingen, inwiefern ihr Eigenthum nicht mehr als Organ des Einzelwillens (§. 93), sondern als Organ für die gemeinsamen Zwecke der Ehe, für die höhere Person der Familie, welche sie gründen, erscheinen muss. Indessen tritt eine zweite Rücksicht ein, welche über die Gemeinschaft hinaus die Möglichkeit der Lösung der Ehe, sei es durch den Tod eines Ehegatten, sei es durch Scheidung, vor Augen hat und daher mitten in der Gemeinschaft die einzelnen Ehegatten als Personen und Träger des Eigenthums und deren Sicherung zu wahren sucht. Endlich greifen die Zwecke des Verkehrs in den Rechtsgeschäften nach aussen ein, damit leicht und einfach erhelle, wer und was für die Verbindlichkeiten hafte, und Schaden verhütet und Leichtigkeit der Verträge gefördert werde. Dieser dritte Zweck, gegen die beiden ersten untergeordneter Art, wirkt, wenn auch indirekt, allenthalben ein und tritt in seiner Rückwirkung auf die Vermögensverhältnisse der Ehegatten am deutlichsten im Concurs hervor (§. 118).

Der erste Zweck überwiegt in der sogenannten Gütergemeinschaft, der zweite im römischen Dotalsystem.

Wenn es die rechte eheliche Gesinnung ist, die Ehe in wechselseitiger Liebe so zu führen, dass gegenseitig die Ehegatten einander voranstellen[1]: so wird diese Gesinnung, wo sie, wie ursprünglich im deutschen Volksgeist, die Gemüther beherrscht, im Gegensatz gegen die Berechnung, die das Eigene geschieden hält, den Geist des Rechtes bestimmen, in welchem die Ehegatten ihre Güter mit einander theilen. Daher sagt der Sachsenspiegel: „es giebt kein gezweiet Gut in der Ehe, und der Mann nimmt der Frauen Gut in seine Gewere zu rechter Vormundschaft.“ In der Gütergemeinschaft (der Gütervereinigung unter den Ehegatten) fliesst das Vermögen beider Eheleute in Eine ununterschiedene Masse zusammen, welche nun selbst für die vor der Ehe gemachten Schulden haften mag. Der Ehe-

1) *Per mutuam caritatem et invicem se anteponendo.* Tacitus *Agricol.* c. 6.

mann, der als das Haupt die Familie nach aussen vertritt, verwaltet dies gemeinsame Vermögen und schliesst die Rechtsgeschäfte über dasselbe ab. Beide Gatten erwerben durch ihr gemeinsames Vermögen gemeinsam und haben auch an Erwerb und Verlust gleichen Antheil. Für die Verträge mit Dritten ist in diesem haftenden vereinigten Vermögen die breiteste Grundlage gegeben und die strenge Gütergemeinschaft, insbesondere in den Städten ausgebildet, bietet für Handel und Gewerbe Vortheile. Indessen ist in dieser Ordnung zwar unbeschränktes Vertrauen, aber das geringste Mass von Vorsicht. Denn das Vermögen der Ehefrau ist im Erwerb Zufällen und Unfällen und in der Verwaltung den Versehen und Fehlern des Ehemannes ausgesetzt.

Den entgegengesetzten Zweck, den Zweck der sich in der Ehe behauptenden einzelnen Persönlichkeit, verfolgt das römische Dotalsystem so weit, dass die Ehe an und für sich in den Vermögensverhältnissen der Eheleute nichts ändern soll, indem es von dem Vermögen der Ehefrau nur einen Theil *ad matrimonii onera sustinenda* einbringen und bei der Lösung der Ehe zurückerstatten lässt, aber ihr ihre übrigen Güter als freies Eigenthum gewährt, dagegen allen Erwerb während der Ehe dem Mann als Eigenthum zurechnet. In diesem System erscheint, wie sich dies namentlich in der historischen Betrachtung ergiebt, neben der eigenen Familie der Zusammenhang mit der Familie, der Ehefrau, welche ihr Vermögen in der neuen Familie sicherstellt, als bestimmender Antrieb.

Zwischen jener ersten Rechtsordnung, welche, der Idee der Ehe am nächsten, ein sich hingebendes Vertrauen, und dieser zweiten, welche, den Lauf der Dinge bedenkend, zurückhaltende Vorsicht offenbart, lässt sich eine Mitte denken, welche beide sittliche Impulse ins Gleiche setzt. Dahin strebt sichtlich ein stiller Trieb der Gesetzgebung. In dieser Richtung bildet sich eine Rechtsordnung, welche man nach dem in dieser Sphäre alten Ausdruck das System der Errungenschaften (*société d'acquêts*) genannt hat, indem das in der Ehe Erworbene als das gemeinsame Gut betrachtet und das Vermögen des einen wie des andern Ehegatten für die Zwecke der Ehe genutzt, aber die Mitgift und das eingebrachte Vermögen sichergestellt wird und der Frau vorbehalten bleibt.

Wenn Ehepakten die gegenseitigen Vermögensverhältnisse besonders ordnen, so müssen sie sich innerhalb der Normen halten, welche aus den Zwecken des öffentlichen Verkehrs gestellt sind, z. B. wenn das Gesetz während der Ehe eine Schenkung des Ehemannes in das besondere Vermögen der Ehefrau nicht anerkennt, um eine Schmälerung der Gläubiger zu verhüten.

Wer sich in die mannigfaltigen partikularen Bestimmungen des positiven Rechts hineindenken will, muss sie sich aus der Consequenz jener drei zusammentreffenden Zwecke erklären.

§. 130. Es ist das Wesen des Hausvaters, dass in seinem einsichtigen Willen die Einheit des Ganzen um des Ganzen halben gegeben ist. Aus dieser Idee entspringen seine Pflichten und seine Rechte, seine Pflichten gegen das Ganze und gegen die Glieder (Hausfrau, Kinder, Dienstboten) und seine Rechte um der Pflichten willen. In dem gemeinsamen Zweck, der sittlichen Wohlfahrt der Familie, einigen sich Haupt und Glieder des Hauses und in ihm haben sie das Mass ihrer Pflichten und Rechte, der Hausvater die Pflicht des Schutzes und der Fürsorge, die Glieder die Pflicht des Gehorsams und der Arbeit.

Es ist eine einseitige Auffassung, wenn man das Recht des Hausherrn — namentlich die väterliche Gewalt — aus der in der Eingehung der Ehe und der Erzeugung der Kinder erworbenen natürlichen Macht ableitet. Das Natürliche ist nur die Basis, und die Erhebung ins Geistige und Sittliche der menschliche Grund, um dessen willen es allein ein Recht giebt. Nur für die sittlichen Zwecke wahrt das Recht auch in dieser Sphäre die Bedingungen der Macht und sucht seinen Ursprung da, wo Ergänzung des Einzelnen und Gliederung des Ganzen einander durchdringen.

Anm. In dem Hausvater ist nach der Auffassung der Alten die hauswesentliche Gerechtigkeit (das *δίκαιον οἰκονομικόν*) beschlossen. Das Haus sucht, wie jedes Ganze, seine Genüge (Autarkie). Daher hat es eine nothwendige Richtung auf den Erwerb, um sich selbst und den einzelnen Gliedern die für ihre sittlichen Zwecke nothwendigen Mittel und Werkzeuge zu schaffen. In dieser Fähigkeit und nicht in einem unbegrenzten Streben nach Geld und Gut sucht es seinen Reichthum (*Aristot. polit.* I, 8 *p.* 1256 *b.* 26 *ff.*). Wenn nach einem alten Worte das Haus am besten bestellt ist, welches nach nichts Ueberflüssigem trachtet und nichts Nothwendiges entbehrt: so wechselt zwar der Begriff des Ueberflüssigen und Nothwendigen nach Zeit und Stand, nach Bildung und Umgebung; aber es ist darin für denjenigen, welcher das Maass der gegebenen Verhältnisse zu fassen weiss, das Ziel einer Genügsamkeit ausgesprochen, welche aus den äussern Mitteln nur innere Zufriedenheit sucht.

§. 137. Es ist die Sache individueller Uebereinkunft, wie Ehemann und Ehefrau, Hausvater und Hausmutter in freien und eigenthümlichen Thätigkeiten das Ganze des Hauses harmonisch fügen. Beide dem gemeinsamen Zweck der Familie, welcher über ihnen steht, untergeordnet, werden sich auf dem besondern Gebiete jedes Theiles einander unterordnen müssen. In dieser Gleichheit nach innen wird dennoch, wo die Familie nach aussen zu vertreten ist, der Hausherr als Haupt der Familie der berechtigte Vertreter sein. Es ist seine eheliche Gewalt keine andere, als welche aus der Pflicht entspringt, das Ganze der Familie als Haupt zu leiten und zu verantworten.

Aus dem innern Verhältniss folgt die Pflicht des Ehemannes, für den Unterhalt der Frau zu sorgen, und in den bestrittenen Fällen auf Seiten der Ehefrau das Recht der Forderung, dieser Pflicht des Ehemannes entsprechend; es folgt daraus ebenso die im römischen Recht ausgesprochene Unzulässigkeit einer *actio poenalis* oder *famosa* u. s. w.

Anm. Die eheliche Gewalt ist auf niedern Rechtsstufen, selbst noch in der *conventio in manum*, nur die auf eine Rechtsregel gebrachte Uebermacht des stärkern Theiles.

§. 138. Durch den innern Zweck, welcher sich in der väterlichen Pflicht des Schutzes und der Erziehung ausspricht, ist das Recht der väterlichen Gewalt bedingt und begrenzt.

Wenn die Kinder ihre Selbstständigkeit erreichen, so dass Schutz und Erziehung ferner weder nöthig noch möglich sind, wie sich dies äusserlich in der Gründung eines eigenen Hausstandes oder bei Söhnen in der Uebernahme eines Amtes u. s. w. kund giebt: so löst sich die väterliche Gewalt an diesem Ziel, auf das sie hingerichtet war. Die Pflicht des Schutzes und der Erziehung ist nur der juristische Ausdruck dessen, was die natürliche Liebe zu den Kindern, ins Sittliche erhoben, wie in einem nothwendigen Triebe von selbst erstrebt. Diese Liebe ist im Menschengeschlecht eine immer neue Wurzel und das verlässigste Beispiel jener hingebenden, entsagenden, fürsorgenden Liebe, welche das Gegentheil der im Verkehr sich bildenden Miethlingsgesinnung ist *(amor mercenarius)*. Aber das Gesetz, das die väterliche Gewalt anerkennt, muss, wo jene Liebe nicht wäre, diese Pflicht fordern; es wahrt auf der einen Seite die Bedingungen, welche dieser aus dem Eigensten für das Allgemeine thätigen Liebe Raum schaffen, und wehrt auf der andern dem Missbrauch der gegen Wehrlose sich selbst überlassenen Macht.

Die Verpflichtung der Eltern zur Erziehung stellt sich in der Schulpflicht der Kinder dar, welche gegen die Gefahr, dass in der gegenwärtigen Noth des Lebens die Eltern die Kraft ihrer Kinder für Arbeit und Erwerb verbrauchen und deren Zukunft nicht achten, das geringste Mass an Zeit und Kraft für Erziehung und Unterricht sichert und gegen kurzsichtige oder beschränkte Eltern dem Kinde die allgemeinsten Elemente der menschlichen und bürgerlichen Bildung zugänglich erhält. Es ist ein Missverständniss, diese Schulpflicht mit dem Recht und der Freiheit der Eltern in Widerspruch zu denken. Vielmehr entspringt diese Beschränkung der Eltern aus derselben Idee, aus welcher die Anerkennung der väterlichen Gewalt fliesst. Was das Gesetz in der Schulpflicht den Eltern an Willkür über die Kinder nimmt, legt es den Kindern an geistiger Kraft, also an Freiheit zu.

Anm. Es ist die Ansicht des natürlichen Menschen, welcher seine Machterweiterung sucht, dass er die Kinder gleich dem erworbenen Eigenthum als eine ihm zuwachsende Kraft und nur als diese fasst und sich zur bleibenden Verfügung zurechnet. Diese Anschauung, welche das Recht vor die Pflicht stellt, ja das Kind nach der Analogie der rechtlosen Sklaverei betrachtet, ist am folgerechtesten und bis zur äussersten Härte gegen die Kinder und bis zum Widerstreit mit den Rechten des Staates in der *patria potestas* der Römer ausgebildet und auf Kinder und Kindeskinder erstreckt worden. Dies unbeschränkte Recht, welches den Vater zum *δεσπότης* und die Familie möglicher Weise zur Despotie machte, war durch die natürliche Liebe und den Geist der römischen Sitte so weit gemässigt und veredelt, dass mitten im Freistaat jedes Haus ein Königthum war, und insofern gab es der römischen Disciplin einen dauerndern und festern Grund, während in Athen die Auflösung der väterlichen Gewalt schon zu der Zeit, da Aristophanes die Wolken schrieb, die Auflösung des Staates vorbereitete. Der römische Begriff der *pietas* erwuchs im Hause unter dem strengsten Recht der väterlichen Gewalt, wie bei den Juden die Ehrerbietung gegen die Eltern unter verwandten Befugnissen, welche das mosaische Recht gab. Nur wo die Strenge als Grundton der Haltung und das Wohlwollen von den Kindern so empfunden wird, dass es zu ihrem Heil von der Strenge gebunden ist, entspringt in ihnen die Ehrfurcht, welche den eigentlichen Grund aller sittlichen Gesinnung bildet. In diesem Betracht ist es weise, die väterliche Gewalt im Gesetz und in der Handhabung des Gesetzes zu stärken und nicht zu schmälern.

. Friedrich der Grosse hielt es für gerathen, im Gesetz die Jahre der Abhängigkeit von der väterlichen Gewalt zu erweitern und das Jahr, in welchem der Sohn mündig wird, später zu setzen. *Sur l'éducation* 1770. Montesquieu betrachtet die politischen Vortheile der *patria potestas* in der römischen Republik, da sie die Sitte erhalten, die Magistrate erleichtert, die Gerichtshöfe geleert habe und die geheiligte Gewalt gewesen, aus keinem Vertrage entsprungen und älter als alle Uebereinkunft (*l'esprit des lois* V, 7. *lettres Persanes* Brief 79).

Es mag hierbei noch an das treffende Wort des Aristoteles erinnert werden *polit.* I. 12. *p.* 1259 *b* 1: „der Hausvater herrsche über Frau und Kinder, über beide als Freie, doch nicht mit derselben Weise der Herrschergewalt: *γυναικὸς μὲν πολιτικῶς, τέκνων δὲ βασιλικῶς*, d. h. über die Frau bei gleichen Rechten wie ein Bürger als Obrigkeit über den andern, über die Kinder, zwar erhaben wie ein König, aber über Freie und nicht über Sklaven."

Schon Aristoteles (*eth. Nicom.* X, 10) bezeichnet für die Erziehung die Ergänzung der Gesetze durch die väterliche Zucht als nothwendig. Wie in den Staaten das Gesetz und die Sitte stark seien, so in den Häusern die väterlichen Lehren und Gewöhnungen, und zwar noch mehr wegen der verbindenden Gemeinschaft des Blutes und der Wohlthaten; denn die kindliche Liebe komme hier entgegen und der natürliche Gehorsam. Wie die Heilung individuell sein müsse, dem einzelnen Zustande und dem einzelnen Leibe angepasst, so müsse es die Erziehung sein und durch diesen Vorzug des Individuellen unterscheide sich die väterliche Erziehung von der öffentlichen.

Es ist früh gefühlt, dass im Hause Auctorität und Pietät einander begegnen müssen; und das Recht, das sich in jedem Hause nach innen bildet, wird diese Mächte in der Sitte wahren.

Kephalus preist im Anfang von Plato's Staat das Alter, weil es uns von den bösen Begierden als unsern Herren loslasse, und bedingt auch dadurch die Weisheit des Alters. Man kann diese Seite weiter führen. Da sich in jeder Familie im Verhältniss von Vater zu Sohn das Verhältniss des Alters zur Jugend wiederholt, so geht die Erziehung darauf hin, das Gute des Alters, wie den Trieb eines Pfropfreises, in die Jugend einzusenken und dadurch der Weisheit Kraft und der Kraft Weisheit zu geben. Nur indem dies geschieht, wird die in sittlichem Sinne schaffende Zeit des Lebens erweitert. In dieser Richtung wirkt die väterliche Erziehung mit ehrwürdiger Gewalt, und wo sie von der rechten Gesinnung beseelt ist, ersetzt nichts ihren tief haftenden Eindruck.

§. 139. Es ist ein menschlicher Zug, in den Kindern die eigene Erhaltung zu sehen und in der Fortpflanzung des Namens, welcher uns mit der Vorstellung des eigenen Lebens verwachsen ist, wie in einer fortlebenden Erinnerung eine Selbsterhaltung anzuschauen. Es ist ein menschlicher Zug, weil er über den Genuss der Gegenwart hinweggeht und einen Gedanken an die Zukunft einschliesst, welcher die Vergangenheit aufbehält und in welchem der Mensch sich als historisches Wesen ahnet. In diesem Zusammenhang hat die kinderlose Ehe auf einen künstlichen Ersatz des Mangels, auf das Institut der Adoption (Annahme an Kindes Statt) geführt. Da die Ehe, wenn auch unfruchtbar, unlöslich ist, so wird es auch von dieser Seite nöthig, diese Nachbildung des Kindesverhältnisses zuzulassen. Indessen bedarf die Adoption, welche nicht auf natürlichen Bedingungen beruht, der ausdrücklichen Anerkennung des Staates. Es liegt in ihrem Wesen, dass sie vorhandene Kinder nicht aus dem elterlichen Bande verdrängen darf und daher nur Kinderlosen gestattet ist, dass sie die Einwilligung der Betheiligten, namentlich des Vaters, fordert, und nur solche adoptirt werden können, welche ihrem Alter nach Kinder des Adoptivvaters sein könnten.

Anm. Es lassen sich die rechtlichen Folgen eines künstlichen Rechtsverhältnisses nur positiv bestimmen. Das römische Recht bildet die Adoption in ihren Wirkungen am weitesten aus. Es hängt mit politischen Berechtigungen zusammen, dass im Fürstenrecht an und für sich die Adoption für die Erbfolge in der Regierung keine Geltung hat. Wenn in Darstellungen des römischen Rechts die Anschauung herrscht, dass die Adoption zu dem Ende eingesetzt sei, um die mangelnde väterliche Gewalt erwerben zu können: so bezeugt dies die allgemeine Richtung des römischen Privatrechts, in dem Ursprunge jedes Rechts zunächst das Eigenthum und die sich darin erhaltende und ergänzende Kraft der Person aufzufassen; aber eigentlich setzt man in diesem Falle nur Eine Seite des Verhältnisses an die Stelle des umfassenden Grundes.

§. 140. Die dritte Seite des Hausrechts ist das Verhältniss zu den Dienstboten. Wo Unterordnung, wie bei den Dienstboten, aus Vertrag entspringt, da ist sie löslich und entbehrt daher des letzten Nachdrucks, welchen sonst im Hause die individuell nothwendigen Verhältnisse in sich tragen. Da der Vertrag die Unterordnung zum Zweck hat, so hat das Recht darin das richtige Verhältniss zu wahren. Die Dienstboten sind als Glieder des Hauses mit bestimmten Verrichtungen für das Ganze betrauet und nicht bloss für einzelne Geschäfte gemiethet. Wie der Hausherr bis zu gewissen Grenzen für sie haftet, so hat er auch über sie eine häusliche Gewalt, meistens durch das Gewohnheitsrecht bedingt, welche die Gesetze nicht verkümmern dürfen. Denn indem er durch dieselbe die Störung der Sitte verhindert, ordnet er die Dienstboten in die bessere Sitte des Hauses ein und übt an ihnen eine erziehende Gewöhnung.

c. *Erbrecht.*

§. 141. Das Erbrecht, welches, wenn auch in verschiedenen Gestalten, auf allen Stufen der Rechtsbildung erscheint und insofern als eine Thatsache des Rechtsbewusstseins gelten kann, ist von atomistischen Rechtsansichten besonders um deswillen befehdet worden, weil kein Wille, wie doch im letzten Willen geschehe, überhaupt keine natürliche Kraft über das Leben hinaus wirken könne und nothwendig alle Rechte mit dem Tode des Trägers erlöschen. Der Nachlass sei hiernach erledigtes Gut. Diese Ansicht widerlegt sich zunächst durch ihre Folgen. Wenn das Erbrecht aufhörte, so könnte das erledigte Gut entweder der Occupation frei gegeben werden oder dem Staat zufallen. Wenn das Erste geschähe, so entschiede über das Eigenthum ein Wetteifer des Erlistens und Erraffens, ein Stück Geschichte aus dem Kriege Aller gegen Alle; wenn das Zweite geschähe, so mangelte dem Staat ein aus der Sache folgendes Mass zur Verwendung oder zur Vertheilung. Ohne Erbrecht fehlte dem Streben zur Sicherung der Familie ein natürlicher Antrieb; es fehlte mit der Fürsorge für die Zukunft der Familie ein Stachel der Arbeit, ein grosser Hebel der Thätigkeit. Der Erwerb würde in dem Genuss des Augenblicks aufgehen. Dagegen liegt darin, dass Erwerb und Erhaltung des Eigenthums für Zwecke geschehen, welche über das einzelne Leben hinausgehen, etwas menschlich Bedeutendes, indem der Wille Vergangenheit und Zukunft in eins fasst und auch im Eigenthum eine geschichtliche Stetigkeit gründet, welche nicht mit jedem vergänglichen Leben abreisst, sondern sich natürlich fortsetzt. Es gebührt dem Recht, einen solchen innern Zweck zu wahren.

Es ist das Eigenthum für individuelle Zwecke angebildet, welche zum grossen Theil in der Familie liegen und in der Familie fortgehen. Wo der Erwerb in der Familie und durch die Familie geschieht, was namentlich die ursprüngliche Weise des Erwerbs ist: da bleibt billig im Erbrecht, wenn das Haupt des Hauses stirbt, das Gut bei den Erwerbern.

Weder die einzelne Person allein, als Eigenthümer frei verfügend, noch die Familie allein bildet das Princip des Erbrechts. Sollte nur dem Willen des Eigenthümers genug geschehen, so bände ihn keine Rücksicht auf die Kinder oder auf die Zwecke des Hauses und die Willkür des Erblassers könnte mit dem nächsten Zwecke des Gutes durchgehen. Sollte hinwiederum das Erbe nothwendig in der Familie bleiben müssen, so dass die Familie gleichsam die Person des Erblassers im Eigenthum, seine Berechtigungen und Verpflichtungen, an und für sich fortsetzte: so müsste folgerecht angenommen werden, dass die Erbschaft nicht dürfe ausgeschlagen und selbst dann nicht abgelehnt werden, wenn sie in Schulden bestände. Aus dieser Betrachtung folgt, was an sich begründet ist, dass das Erbrecht von den Impulsen zweier Zwecke bestimmt wird, welche in ihm ihre Ausgleichung suchen und im positiven Recht eine verschiedene Entscheidung herbeiführen können. Der erste Zweck liegt in der Familie, für welche als Ganzes oder für deren sich ablösende Glieder das Vermögen erhalten werden soll. Der zweite Zweck liegt in dem Willen des Eigenthümers, welchen das Gesetz, um die sittliche Wirkung des Eigenthums während des Erwerbs und Besitzes zu erfüllen, auch für den Fall des Todes anerkennt. Beide Zwecke können sich kreuzen und das Gesetz sucht daher bis zu gewissen Grenzen, welche sich verschieden bestimmen lassen, die Zwecke der Familie und ihrer Glieder gegen die Willkür des Erblassers sicher zu stellen. Für das Erbrecht liegt hiernach das rechtsbildende Princip im Familienbande und im Begriff des Erwerbs; aber auf der andern Seite liegt es in der Anerkennung des Staates als des umfassenden Ganzen, welcher aus dem Wesen der Familie seine sicherste Grundlage hat und daher die aus ihm fliessenden Rechtsbildungen so weit gewähren lässt und gewährleistet, als sie höhern Zwecken nicht widersprechen.

Anm. Das römische Recht, obschon in der Erbfolge *ab intestato* das Familienband als den leitenden Gedanken verfolgend, hat dennoch in alter Zeit (*Liv.* I, 34. *Cic. d. or.* I, 38. *dig.* XXVIII, 2, 11) die freie Verfügung des Erblassers als Eigenthümers so unumschränkt gefasst, dass nach den 12 Tafeln Väter ihre Kinder nach Belieben einsetzen oder enterben konnten und es nur gesetzlicher Formen bedurfte, um jenen andern in dem Wesen der Familie gegründeten Zweck ganz zu verdrängen. Es ist darin nach der Analogie des Eigenthums, welche sich auch in der Form eines solemnen Verkaufs (*per aes et libram*) darstellte, das Recht nur als Kraft der Person gefasst und vor die Pflicht gestellt. Diese Auffassung stand mit der ungebundenen Willkür der *patria potestas* auf Einem Boden und in nahem Zusammenhang. Indem die Väter die Söhne enterben können, wie es ihnen gefällt, müssen die Söhne gleich den Sklaven Erben sein, wenn es ihnen auch nicht gefällt (*haeredes sui et necessarii*). Das Eine wurde später zwar durch gesetzliche Bestimmungen, das Andere durch das prätorische Recht gemässigt; aber im Grossen und Ganzen blieb das Recht der Testirfreiheit, unter welchem die erniedrigende Erscheinung der Erbschleicher wie eine Abspiegelung des Rechts in der Sitte erstand.

Das attische Recht hat die entgegengesetzte Richtung und beharrt in dem ursprünglichen Princip der Familie, indem es kein Testament gestattet, wo Kinder vorhanden sind, und keine andere Form der Hinterlassung an Fremde kennt, als die durch Adoption mittelst Testamentes, so dass das Testament nothwendig die Adoption des fremden Erben enthalten muss.

Die Anerkennung beider Principe führte zu dem den nächsten Gliedern vorbehaltenen Pflichttheil, und in dem Masse, als das Gesetz den Pflichttheil höher bestimmt, stellt es das Familienband über das Belieben des Testators.

§. 142. Die Frage, ob die testamentarische Erbfolge oder die Erbfolge *ab intestato* früher gewesen, gehört der geschichtlichen Untersuchung an und mag in verschiedenem Recht verschieden zu beantworten sein. Dem Begriffe nach wird man das Familienband, welches der Erbfolge *ab intestato* zum Grunde liegt, als das ursprüngliche Princip und den letzten Willen des Hausvaters, welcher dies Princip in individueller Gerechtigkeit anwenden kann, als eine natürliche Form des Princips betrachten, aus deren Macht die Freiheit des Testamentes als ein Zweites hervorgeht. Wo in dieser Entwickelung das Belieben des Erblassers die Ueberhand gewinnt, ist die ursprüngliche Ordnung des Rechts umgekehrt.

Anm. *Tacit. Germ. c. 20. heredes tamen successoresque sui cuique liberi, et nullum testamentum; si liberi non sunt, proximus gradus in possessione fratres patrui avunculi.*

Die solenne Form des *testamentum in comitiis calatis,* nach welcher das Testament wie eine *lex* der Zustimmung und Gewährleistung des Volkes bedurfte, lässt im ältesten Rom das Testament als eine Ausnahme erscheinen und weist darauf hin, dass dort ursprünglich ein ähnliches Recht galt.

§. 113. Die ausdrückliche Verfügung über das Eigenthum auf den Fall des Todes kann entweder durch Vergabung von Todeswegen (Schenkung mit warmer Hand, *donatio inter vivos mortis causa)* oder durch letzten Willen (Testament) geschehen. Bei jener hat eine Acceptation statt, welche bei diesem erst nach dem Tode erwartet wird.

Die Vergabung von Todeswegen ist ein Geben und Nehmen mit dem Vorbehalt, dass das Geschenk Eigenthum des Schenkenden bleibe, so lange er lebt.

Durch das Testament ist im Erbrecht der persönliche Wille des Eigenthümers am schärfsten ausgeprägt. Es sind darin die Momente des Erblassens und Erbnehmens, des Schenkens und Annehmens in getrennten ausdrücklichen Akten dargestellt.

Was überhaupt den Willen ausschliesst, wie z. B. Wahnsinn, schliesst die Fähigkeit zum letzten Willen aus. Da der letzte Wille ein über die Familien entscheidender Akt ist, so muss er deutlich hervortreten und das Gesetz bindet ihn daher an feierliche und überlegte Formen, wie z. B. an Zeugen oder an eine gerichtliche Aufnahme, an einen zuverlässigen Ausdruck, an Bedingungen, welche bestimmt sind, Unbedachtsamkeit und Nachlässigkeit zu vermeiden, wie z. B. wenn zur Enterbung eines Kindes nicht die Uebergehung im Testament ausreicht, sondern die ausdrückliche Enterbung erfordert wird. Die Formen, welche dazu erfunden sind, um den Willen zu sichern und den Inhalt zu wahren, können zum Gegentheil ausschlagen, wenn sich Versehen daran knüpfen. Je zusammengesetzter die Formen werden, desto mehr Gelegenheit bieten sie demjenigen dar, welcher dem unbestrittenen Inhalt durch die Form ein Bein stellt.

Die testamentarische Verfügung hat in dem innern Zweck des Erbrechts ihre Grenzen. Da die Kinder, in welchen die Persönlichkeit fortlebt, auch die nächsten sind, um den Vater im Eigenthum zu vertreten, und da die Sorge für die Kinder, des Vaters Pflicht, auch eine Pflicht seines letzten Willens ist: so wird den Kindern gegen das Belieben der Enterbung oder Verkürzung ein Pflichttheil vorbehalten. In demselben Sinn ist der erklärte Verschwender unfähig, ein Testament zu machen. Nach einer andern Richtung können Beschränkungen in dem Wesen der Sache liegen, über welche verfügt wird, in der Natur der Verlassenschaft selbst, wie z. B. wenn Bauerngüter für untheilbar erklärt werden, in welchem Falle der sogenannte Anerbe ein einiger ist, oder wenn, wie im Lehnrecht und in den für den Bestand der Familien errichteten Fideicommissen, ein Gut untheilbar und intakt, dem Pfandrecht enthoben, nach bestimmter Erbfolge, z. B. von Vater auf Sohn, von Hand zu Hand geht, wobei sich das Erbrecht niemals in die Persönlichkeit des zeitweiligen Inhabers auflöst. Von Seiten des Erbrechts an und für sich ist gegen diese Arten der Einschränkung nichts zu erinnern. Aber es fragt sich, wie weit solche Bestimmungen andern Zwecken des Staates entsprechen und z. B. von der volkswirthschaftlichen Seite Einwürfe erfahren. Es liegt daher der allgemeinen Gesetzgebung ob, solche Einschränkungen zuzulassen oder auszuschliessen; denn da das Testament nur durch das Ganze der Rechtsgemeinschaft seine Gewähr und seinen Bestand hat, so ist darin eine fürsorgende Rückwirkung begründet.

Um den Spielraum advokatischer Listen, welche durch die Form den Inhalt zu besiegen trachten, so weit einzuengen als möglich, lässt sich eine Einrichtung denken, nach welcher bei undeutlichen oder nachlässigen Testamenten Sachverständige als Geschworene den wahrscheinlichen Willen des Erblassers festzustellen haben. Niemand wird gern die Erklärung seines Willens fremdem Urtheil anvertrauen, und insofern wird nicht zu besorgen sein, dass ein solches Auskunftsmittel fahrlässig mache.

Wenn den Verfügungen des Testaments Bedingungen hinzugefügt sind, so werden sie ähnlich wie bei Verträgen zu beurtheilen sein. Bedingungen, welche dem Wesen der Erbschaft widersprechen, oder physisch unmöglich sind, oder sittliches Bedenken haben, wird das Gesetz als nicht geschehen betrachten, um das Testament im Uebrigen aufrecht zu halten.

Legate, Fideicommisse, Substitutionen u. s. w. sind Rechtsformen, welche der Ausführung und der Art und Weise, aber nicht dem eigentlichen Princip der testamentarischen Erbfolge angehören. Solche Ordnungen des positiven Rechts, welche bestimmt sind, die Erfüllung des letzten Willens in seinen verschiedenen Richtungen zu erleichtern und zu sichern, können wieder schädliche Seitenwirkungen herbeiführen, welche durch neue positive Bestimmungen verhütet werden müssen, wie z. B. im römischen Erbrecht die Belastung des Erben durch Legate die sogenannte *quarta Falcidia* nöthig machte. Daher wächst mit den künstlichen Bildungen das Recht an neuen Formen, welche den sittlichen Sinn zu wahren beabsichtigen.

§. 144. Wenn keine letzte Verfügung getroffen ist, so tritt der Erbgang nach dem Gesetz *(ex lege)* ein.

In der Erbfolge *ab intestato* stellt sich unwillkürlich die Ansicht der Rechtsgemeinschaft von dem Wesen der Familie und der Ehe dar, von der Familie z. B. in den Fideicommissen, Majoraten, Minoraten, oder in der Anordnung des alten römischen Rechts, nach welcher die Kinder ihre Mutter nicht beerbten, von der Ehe z. B. in dem verschiedenen Recht des Dotalsystems, der Gütergemeinschaft. Wirklich handelt es sich darum, der Familie ihrem innern Zweck gemäss das Vermögen zu schützen, und der Verstand des Gesetzes sucht nach der Nähe des Familienbandes das Mass zu finden, nach welchem er die Erben berufe oder Ansprüche abweise und unter den Erben, wie es das Wesen der vertheilenden Gerechtigkeit ist (§. 51), das Proportionale bestimme. Das Gesetz kann nur nach allgemeinen Gesichtspunkten, welche in der Mehrheit der Fälle zutreffen, aber nicht immer der eigenthümlichen Lage genügen werden, das richtige Verhältniss bestimmen. Wenn eine Erbordnung durch lange Erfahrung bewährt ist und daher im Volke als die gemeinsame Vernunft gefühlt wird: so ist es ein Gewinn, der letzten Verfügung entbehren zu können und die Zukunft der Familie, Haus und Gut, in dem festen Gesetz ruhen zu lassen. Denn wo der letzte Wille schwer den Schein der Willkür abstreift und leicht Neid und Streit erregt, da fügen sich ruhig die Betheiligten dem allgemeinen Erbrecht, welches Alle wie eine Norm in ihre Pläne aufnehmen. Besondere Beweggründe, wie z. B. wenn ein Kind hülfloser ist, als die andern, wenn die Zukunft eines Sohnes ein grösseres Einlagekapital fordert, vorzüglich Beweggründe, welche als Pflichten erscheinen, werden Abweichungen in einem letzten Willen rechtfertigen und den weisen Blick des Erblassers bekunden.

Die Voraussicht und Vorsicht des Gesetzes, welches den Erbgang ordnet, wird insbesondere zwei Hauptfälle ins Auge fassen, zunächst den Fall, wenn ein Ehegatte den andern überlebt, der Mann die Frau, oder die Frau den Mann, und dann den Fall, wo kein überlebender Ehegatte vorhanden ist. Jener erste Fall gestaltet sich grundverschieden, je nachdem aus der durch den Tod geschiedenen Ehe Kinder vorhanden oder keine vorhanden sind. Der zweite Hauptfall verwickelt sich da, wo keine Kinder oder Kindeskinder hinterbleiben, sondern die Verlassenschaft in entferntere Hände geht.

Der erste Hauptfall, zumal wenn keine Kinder vorhanden sind, führt in die Auffassung der Ehe (§. 135) zurück und wird sich nach dem römischen Dotalsystem, oder nach der Gütergemeinschaft, oder nach dem System der sogenannten Errungenschaften verschieden entscheiden. Wo nach einer kinderlosen Ehe ein Gatte den andern überlebt, da handelt es sich darum, ob und wie viel von dem bis dahin gemeinsam genossenen Gut dem überlebenden Ehegatten bleiben, oder ob und wie viel in die Familie des Verstorbenen überfliessen soll. Die Pflicht des erwerbenden Ehemannes gegen die Frau wird darin wesentlich zu Rathe gezogen werden. Das ältere römische Recht verkennt diese Pflicht, das deutsche wahrt sie in verschiedener Weise.

Wenn ein Ehegatte überlebt und gemeinsame Kinder vorhanden sind, so ist zwischen diesen beiden Theilen eine Ausgleichung nöthig, welche durch verschiedene Erwägungen geleitet wird. Der Fall, wenn die Mutter den Vater überlebt, mag dies erläutern. Einmal ist es nicht recht und ein Umsturz des sittlichen Verhältnisses, wenn die Mutter in ihrem Unterhalt von den Kindern und deren Vermögen abhängen sollte; dies würde leicht geschehen, wenn die Mutter leer ausginge oder die Kinder überwiegend vor der Mutter bedacht würden (vgl. *tit.* XVIII. *nov.* 117. *cap.* 5. *auth.*). Auf der andern Seite steht die Möglichkeit, dass die Mutter sich wieder verheirate und dadurch ihren Erbtheil in eine andere Familie bringe. Dann ist die Gefahr da, dass den Kindern, für welche Ehegatten gemeinsam erwerben, der Erbtheil der Mutter auch für die Zukunft verloren gehe. Die positiven Gesetze haben in diesem Zwiespalt verschiedene Auskunftsmittel gesucht, bald in ausgeworfenem Antheil, bald im Niessbrauch, bald in beiden. Die Rücksichten verwickeln sich, wenn es gilt, das Erbrecht für einen solchen Fall aus zweiter und dritter Ehe zu bestimmen.

In dem zweiten Hauptfall, wenn kein überlebender Ehegatte da ist, stufen sich die Rücksichten, wie sie einander vorgehen, dreifach ab.

Die erste Stufe werden die Descendenten bilden (Kinder, Enkel u. s. w.). In ihrem ausschliessenden Erbrecht stellt sich wenigstens die materielle Fürsorge der Eltern dar, da die individuelle des Auges und Herzens nicht mehr möglich ist.

Als zweite Stufe lassen sich die Ascendenten und nächsten Seitenverwandten des Erblassers zusammenfassen, seine Eltern und seine Geschwister, welche das nächste Band der Liebe bilden. Im Sinne der Sache lässt sich fragen, ob die Eltern vor den Geschwistern, oder die Geschwister vor den Eltern, oder ob beide zugleich und zu gleichen Theilen erben sollen. Die Frage verwickelt sich, wenn noch Halbgeschwister da sind. Die Antwort kann nach verschiedenen Erwägungen verschieden ausfallen und die positiven Gesetze entscheiden verschieden.

Endlich treten auf der dritten Stufe die entfernten Verwandten auf. In demselben Masse als die aufweisbaren Pflichten zurücktreten, welche der Erblasser gegen sie hatte, werden die berechtigten Ansprüche zweifelhafter und das ursprüngliche Princip des Erbrechts, die Liebe des Familienbandes, stirbt je weiter desto mehr ab. Im Allgemeinen mögen — den sogenannten Parentelen gemäss — alle diejenigen, welche mit dem Erblasser den nächsten gemeinschaftlichen Stammvater haben, vor denen den Vorzug geniessen, welche von einem entferntern mit dem Verstorbenen gemeinschaftlich abstammen.

Wenn solche, welche erben sollten, gestorben sind, aber Kinder hinterlassen haben: so treten diese dergestalt an ihre Stelle, dass sie zusammen ihren erbberechtigten Vater oder ihre erbberechtigte Mutter „repräsentiren". Ihnen fällt zusammen, sie mögen viele oder einer sein, der Antheil ihrer Eltern zu. Es erben dann die verschiedenen Familien, welche die Kinder des Erblassers bilden oder bilden könnten, zu gleichen Theilen. Wenn man indessen einen Schritt weiter geht und alle Kinder des Erblassers gestorben, aber an ihrer Stelle Kinder der Kinder vorhanden denkt: so stehen alle diese Kinder als Enkel der Fürsorge des Erblassers gleich nahe und es empfiehlt sich nun, dass die Kindeskinder nicht mehr, ihre Eltern repräsentirend, nach Stämmen *(per stirpes)*, sondern, obwol aus verschiedenen Stämmen, nach den Köpfen zu gleichen Theilen erben *(per capita*, „in die Häupter"). Solche Bestimmungen (Reichsabschied von Speier 1529) sind in richtiger Gedankenfolge getroffen worden, damit die gleichstehenden Enkel Gleiches empfangen und unter ihnen Missstimmungen vermieden werden. Indessen kehrt die Ungleichheit, wenigstens in der Vorstellung, von anderer Seite wieder; denn den Enkeln fällt unter Umständen, welche nicht in ihrer Gewalt liegen, je nachdem Zwischenstehende länger oder kürzer leben, von demselben Gut ein grösserer oder kleinerer Theil zu. Wenn dies wie ein Zufall erscheint, so bringt es andere Uebelstände.

Wenn die Erbschaft auf entfernte Verwandte geht, welche

kaum noch von dem Bande derselben Familie umfasst werden, weil die Gesinnung der Einheit längst erloschen ist: so verliert sich das Erbrecht aus der Nothwendigkeit des innern Zweckes in das Gegentheil, in das Spiel des Glücksloosees. Daher ist es wohl begründet, wenn das Gesetz bei den entferntesten Verwandtschaftsgraden das Erbrecht abbricht und das Erbgut dem Gemeinwesen zuweist.

Es kann dem sittlichen Geist der Rechtsgemeinschaft nicht daran liegen, Erbschaftsgüter, denen die Beziehungen der Familie und der Wille des Erblassers abgestorben sind, wie einen gefundenen Schatz auszubieten, der die Habgier Vieler erregt und heraldischen und juristischen Scharfsinn zu Erbschaftsprozessen aufreizt. Daher ist es recht und gut, dass solche Erbschaften, in welchen der sittliche Gedanke des Rechts erloschen ist, an das gemeine Gut heimfallen, und das Gesetz hat die Linie scharf zu bezeichnen, welche die Intestaterbfolge begrenzt. Es ist für die Anschauung des Volkes besser, dass solche Erbschaften nicht der allgemeinen Staatskasse (dem Fiscus), in welche alles unterschiedslos zusammenfliesst, sondern der nächststehenden Gemeinde zufällt, welche sie, wenn möglich unter dem Namen des Erblassers, zu Stiftungen gemeinnütziger Zwecke verwende. Darin werden sich Erblasser, welche gleichsam familienlos geworden sind, am meisten befriedigen.

Die Erbordnung soll, wie alles Recht, produktiv sein; sie schafft den Bestand und den Frieden der Familien. Wie das Erbrecht die zunächst zusammengehörenden Glieder der Familie äusserlich darstellt, so mag es dazu dienen, diese Empfindung auch innerlich zu nähren.

Anm. Es ist leichter, ein gegebenes Erbrecht auf die leitenden Gedanken zurückzuführen, als aus den innern Verhältnissen, welche sich kreuzen und durch den in die Zahl der Erben eingreifenden Tod gekreuzt werden, das Richtige zu entwerfen. Belehrend ist z. B. die Geschichte des römischen Erbrechts, in der strengen Fassung der 12 Tafeln, welche nur durch die väterliche Gewalt und die eifersüchtige Geschiedenheit der in der Ehe zusammentreffenden Familien bestimmt ist, in der billigen Ausgleichung des prätorischen Edikts und endlich in der die innern

Familienbande tiefer erfassenden Gestaltung Justinians. Gegen die selbstsüchtige *patria potestas*, welche die Tochter mit ihrer Mitgift gleichsam nur an die Familie des Ehemannes leiht und die einmal zugewachsene Kraft nicht wieder fahren lässt, gegen die Consequenz, dass die Kinder ihre eigene Mutter nicht beerben und die Verlassenschaft der Mutter in das Haus ihres Vaters zurückkehrt, kämpfen die natürlichen Bande des Blutes vergeblich an und selbst durch Justinian erfährt die überlebende Ehefrau nicht die Berücksichtigung, mit welcher, wenigstens im Keime, die deutsche Auffassung des Rechts beginnt.

§. 145. Von zwei Seiten her bildet sich die Nothwendigkeit, die **Verlassenschaft als ein Ganzes** zu betrachten, so dass über sie nicht stückweise entschieden werden kann (Universalsuccession). Der eine Grund liegt in den Verpflichtungen des Erblassers, für welche die Masse haften muss. Je mehr sich die Rechtsgeschäfte in Verpflichtungen und Forderungen mehren und verwickeln und je mehr das Eigenthum zur sichernden Basis dieser verschlungenen Verhältnisse dient: desto mehr ist es nöthig, für den Begriff des Vermögens, welches sich aus Forderungen und Verpflichtungen wie aus positiven und negativen Grössen erst für die Rechnung ergiebt, die Masse als ein Ganzes zusammenzuhalten und die Erbschaft als ein Ganzes zu behandeln. Der zweite Grund liegt, wenn die Anschauung des Testaments vorwiegt, in dem Begriff des letzten Willens, der das Ganze umfasst und die Verlassenschaft gleichsam noch beseelt. Da bei dem Testament und bei dem Erbgang nach dem Gesetz Anbieten und Annehmen nothwendig in zwei Akte aus einander fallen, so bedarf es positiver Bestimmungen über den Antritt der Erbschaft, d. h. über die Frist, welche den Erben als Bedenkzeit gestattet wird, über das, was während der Frist über die liegende Erbschaft Rechtens sein soll, ferner wenn ein Erbe ablehnt, wie es mit dem frei werdenden Theil der Erbschaft zu halten, endlich wie weit der einzelne Erbnehmer für die Verpflichtungen des Erblassers aufkommt, ob nach dem Verhältniss des vom Ganzen empfangenen Theils *(pro rata)* oder jeder für das Ganze (alle *in solidum*) u. s. w. Solche Bestimmungen, wenn auch vom Gesetz nur nach dem Gesichtspunkt äusserer Zweckmässigkeit getroffen, bedürfen schneidender Schärfe, um Streit zu verhüten oder zu entscheiden und um dem Verkehr mit den Verfügungen für die Zukunft einen sichern Boden zu bieten.

§. 146. An die Stelle von Testamenten, welche die Annahme (Acceptation) der eingesetzten Erben nur wünschen oder erwarten, aber nicht enthalten, können Verfügungen treten, welche dieses Mangels ledig sind, Erbverträge, d. h. solche zweiseitige unwiderrufliche Rechtsgeschäfte, welche unmittelbar die Beerbung eines oder beider Theile treffen, sei es, dass dadurch ein Recht auf Beerbung erworben oder aufgegeben wird (Erbeinsetzung, Erbverzicht). Diese Form ist, ähnlich wie die volle Freiheit der Testamente, erst da innerlich berechtigt, wo in der Familie die nächsten Zwecke des Erbrechts fehlen. Daher kann ihr auch nicht eine solche Befugniss zugestanden werden, welche z. B. das Recht des Pflichttheils verletzt. Wenn sie nicht besondern Zwecken dient, wie z. B. die Vermögensverhältnisse zwischen Ehegatten zu ordnen, oder eine politische Bedeutung hat, wie in den Erbverbrüderungen, was ins Fürstenrecht gehört: so mag das Gesetz ihrer allgemeinern Anwendung keinen Vorschub leisten; denn durch einen solchen Erbvertrag wird zwar die freie Verfügung über die Güter während des Lebens juristisch nicht beschränkt, aber in der Empfindung eingeengt und verkümmert, indem es leicht geschieht, dass der vertragsmässige künftige Erbe auf das Gut, das er sich schon zurechnet, hinüberschielt.

§. 147. Aus der Fürsorge der Familie für die Kinder wächst die Vormundschaft hervor. Sie ist eine Fürsorge, welche für den Fall seines Todes zunächst dem Hausvater obliegt und daher von ihm entweder in die Verfügung des letzten Willens einbegriffen oder sonst durch eine Erklärung getroffen wird. Von der andern Seite ist die Gemeine oder in weiterem Zusammenhang der Staat mit der Wohlfahrt der Familien so eng verknüpft, dass der Staat die Vormundschaft — auch unangerufen — unter seinen Schutz und seine Aufsicht nimmt und daher die vom Vater ernannten Vormünder bestätigt, oder wo keine ernannt sind, Vormünder bestellt, und überhaupt die Vormünder mit öffentlichem Ansehen bekleidet und sich verantwortlich macht. Die Verbindung der Familie und des Staates muss hierin so gefasst werden, dass ursprünglich und eigentlich die Bestimmung vom Hausvater ausgeht und die Fürsorge in der Familie ruht, die Obrigkeit hingegen an des Hausvaters Stelle tritt und seine Verfügung sichert. Der Vormund übernimmt an dem Mündel bis zur Volljährigkeit, den mündigen, vogtbaren Jahren, mit welchen die sittliche Selbstständigkeit vorausgesetzt und die rechtliche anerkannt wird, väterliche Pflichten der Fürsorge für Schutz und Erziehung und für die Erhaltung und Verwaltung des Vermögens. Aus dieser Pflicht entspringt das Recht seiner Gewalt an Vaters Statt, sowie das Recht, dass im Verkehr erst sein Wort das Wort des Mündels vollgültig macht.

Indessen kann weder bei dem Vormund die Fülle der väterlichen Liebe, noch bei dem Mündel die ihr entsprechende kindliche Hingebung vorausgesetzt werden, obgleich es in jedem einzelnen Falle die individuelle Aufgabe der Betheiligten bleibt, ihre Beziehung gegenseitig dieser Innigkeit zu nähern. Daher liegt in der Vormundschaft, welche ein unersetzbares Verhältniss nachbildet, die beständige Gefahr, dass sie von ihrem innern Gedanken abirre, sei es durch Nachlässigkeit oder gar Untreue und Eigennutz des Vormundes, sei es durch widerspenstiges Wesen oder Argwohn des Mündels. Das Gesetz sucht daher diese Entartung zu verhüten und die Bedingungen zu wahren, innerhalb deren das Verhältniss allein gedeihen kann, indem es namentlich den Mündel zum Gehorsam und den Vormund zur Sorgfalt anhält. Das Gesetz verpflichtet z. B. den Vormund zur genauen Aufnahme eines Inventariums, zur Ablegung von Rechnung. Diese Pflicht ist zugleich sein Recht; denn er hat darin gegen Verdächtigungen, welche die sittliche Gesinnung des ganzen Verhältnisses zersetzen, seinen Halt. Ferner sucht das Gesetz solche Vormünder auszuschliessen, deren Vortheil mit den Vortheilen des Mündels streitet, und verordnet die nöthige Bürgschaft. Es ist in diesem Sinne die Frage aufgeworfen, ob die nächsten Blutsverwandten, z. B. Bruder, Oheim, zur Vormundschaft zu berufen seien, da sie in Bezug auf Erbschaft und Vermögen nicht selten ein dem Mündel feindliches Interesse hätten. Wirklich schwanken die verschiedenen Gesetzgebungen in ihren Motiven der Grenzbestimmungen zwischen Vertrauen und Verdacht und spiegeln darin faktisch den gesunden oder morschen Zustand der Sitte wieder. Im Allgemeinen thut das Recht gut, dem sittlichen Geist der Familienbande zu trauen; denn die Ausschliessung der nahen Verwandten kränkt ihn, die Forderung der Fürsorge stärkt ihn mit der Erfüllung; aber es wird den möglichen Eigennutz überwachen und die Untreue in der Vormundschaft, von Familiengliedern begangen, doppelt züchtigen.

Die Stellung der Mutter macht eine besondere Schwierigkeit. Sie ist als Mutter vor Allen berufen, den Vater zu vertreten, aber als Frau für Rechtsgeschäfte minder geeignet, und im Fall einer zweiten Ehe in den Vermögensinteressen getheilt und darin nicht selten den Kindern erster Ehe abwendig. Diejenigen Rechte, welche überhaupt Frauen für Rechtsgeschäfte einen Beistand (Vormund) zuordnen, werden die Mutter nicht als Vormund ihrer Kinder zulassen können; aber diejenigen, welche eine solche Geschlechtsvormundschaft nicht kennen, haben wenigstens so lange keinen Grund, die Mutter auszuschliessen, bis sie eine neue Ehe eingeht. Auf jeden Fall mag man vermeiden, dass der Vormund von vorn herein darauf gewiesen sei, die Kinder, welche doch an der Mutter Herzen gelegen, gegen die Mutter wie eine Gegenpartei zu vertreten.

Der Zeitpunkt, den das Gesetz für die Volljährigkeit bestimmt, wirkt auf die Auffassung der Zeit zurück, in welcher sich die väterliche Gewalt löst. Je mehr sich die Beziehungen des Lebens verwickeln, desto mehr bedarf es der Reife, um ihnen gewachsen zu sein, und desto heilsamer ist es, die Volljährigkeit nicht zu verfrühen. Von der volkswirthschaftlichen Seite mag man immerhin einen entgegengesetzten Gesichtspunkt verfolgen, um die produktiven Jahre des Lebens zu erweitern und das Vermögen aus der Ruhe, in die es unter einer Vormundschaft geräth, alsbald in eine schaffende Bewegung zurückzuführen. In einem höhern Sinne ist indessen auch für die Volkswirthschaft das sichere Gedeihen der Familie, durch die Reife der mündigen Jahre bedingt, ergiebiger und fruchtbarer, als der beschleunigte Umlauf der Güter im Verkehr, bei welchem sich für die Familien die Wechselfälle mehren.

Die Vormundschaft darf nicht als eine *negotiorum gestio* aufgefasst werden (§. 110); denn sie büsst dadurch den eigenthümlichen Charakter des Ersatzes für die väterliche Fürsorge und die dadurch bedingte Gewalt ein, und es geht darin das Concrete ihres sittlichen Wesens verloren. Der Geschäftsführer wird frei gewählt, der Vormund dem Kinde öffentlich gegeben.

Anm. Das römische Recht wirft in der Vormundschaft vorzugsweise das Auge auf die sichere Verwaltung des Vermögens, auf die *auctoritas* des *tutor* in den Rechtsgeschäften, überhaupt auf die materielle Seite und gedenkt der Fürsorge für die Erziehung weniger. Je tiefer hingegen das sittliche Bedürfniss der Erziehung empfunden wird, je mehr in neuerer Zeit — namentlich im Bürgerstande — die Ausbildung für den Beruf, verglichen mit dem Bestand des Vermögens, das grössere Kapital des Erwerbs ist: desto mehr tritt die ideale Seite der Vormundschaft hervor, über deren Wahrnehmung freilich die Rechnungsabnahme schwieriger ist, als über Geld und Gut.

Die Vormundschaft ist zunächst Sache der Familie; der Staat tritt nur hinzu, um über die ausgedehnte und so leicht gemissbrauchte Vollmacht zu wachen, und er mag diese Aufsicht nach Befinden der Umstände schärfen oder mildern. Aber wenn die Vormünder, wie in einzelnen Gesetzgebungen geschieht, nur zu Stellvertretern des Obervormundes, d. h. des Staates, gemacht werden: so wird es umgekehrt Aufgabe, die Vormundschaft aus einer zwar unparteilichen, aber nicht selten gleichgültigen Hand in das lebendige Interesse der Familien zurückzulenken und Sorge zu tragen, dass die Väter es als eine Pflicht lernen, bei Zeiten einen Mann zu gewinnen, den sie als einen Mann ihres Vertrauens für den Fall ihres Todes als Vormund ihrer Kinder bezeichnen. Wird die Anschauung dieser Pflicht den Vätern lebendig, so kann diese Fürsorge festere Bande der Freundschaft knüpfen, als die leider meist mit einem Pathengeschenk abgefundene Pathenpflicht.

In der Vormundschaft über Verrückte und Verschwender (*furiosi* und *prodigi*) wird nicht die väterliche Gewalt, aber doch die fehlende Selbstständigkeit ersetzt, — wobei der Staat, weil auch Volljährigen gegenüber, mehr hervortritt, aber die Familie ebenso betheiligt ist. Der Verschwender, welcher, von Reizen des Augenblicks verlockt, der menschlichen Sorge für die Zukunft ermangelt, verdirbt in seinem Vermögen, dem Mittel der Selbsterhaltung, sich selbst (*Arist. eth. Nic.* IV, 1. über den Begriff der Verschwendung). An dem Vermögen, welches in der Familie und für die Familie erworben wird (§. 136. §. 141), hat die Familie nächst dem Eigenthümer das erste Interesse.

§. 148. Bis dahin ist das aus der Ehe entspringende Recht der Familie betrachtet worden. Wenn das Recht das Streben der Gemeinschaft darstellt, das Sittliche in seinen realen Bedingungen zu erhalten: so fragt es sich, wie sich das Recht zu den unehelichen Kindern (den „unecht geborenen") stelle, in welchen die Wirkung eines verworfenen Verhältnisses mit persönlichen Ansprüchen ins Leben hineinwächst. Es ist kein Widerspruch, dass das Gesetz die aussereheliche Geschlechtsgemeinschaft verbietet und doch die Frucht derselben, uneheliche Kinder, selbst Kinder eines Incestus, gegen die ihrem Leben feindliche Mutter schützt. Es bekundet darin den innern sittlichen Gedanken, indem es in dem Menschenkinde, selbst im Menschenembryo den künftigen Menschen, die werdende Person sieht und die Entartung der mütterlichen Empfindung als eine unmenschliche Verwilderung züchtigt. Es ist nothwendig, die mütterliche Empfindung, selbst wo sie von Scham und Gram gedrängt wird, als das Unveräusserliche zu verlangen.

Da das Recht nach dem Princip der Ehe keine unehelichen Kinder will, so ist es folgerichtig, sie von den Vortheilen des Rechts, welche als Anerkennung erscheinen, z. B. vom Erbrecht auszuschliessen und dadurch den Unterschied zwischen ehelichen und unehelichen Kindern zur scharfen Anschauung zu bringen. Dagegen macht sich eine andere Richtung geltend, welche darauf geht, aus dem Unsittlichen das Sittliche herauszubilden und das Sittliche, soweit es geht, herzustellen. Bei ausserehelicher Geschlechtsgemeinschaft ist die nachfolgende Ehe eine

Besserung des Unrechts, indem das verletzte Princip der Ehe anerkannt, eheliche Treue gelobt, der Widerspruch der Eltern mit dem sittlichen Gesetz des Lebens an den Kindern getilgt und die Wohlthat der Erziehung in der Familie gewährt wird. Das Recht verfolgt diese das Sittliche versöhnende Richtung in der Legitimation, der Erhebung unehelicher Kinder in die Rechte ehelicher, wenn die Ehe mit der Mutter gefolgt ist *(legitimatio per subsequens matrimonium).*

Anm. Das römische Recht hat die Legitimation, welche es einseitig als einen Erwerb der väterlichen Gewalt auffasst, nur für Kinder des erlaubten Concubinats erfunden, aber auf keine Kinder aus ungesetzlicher Geschlechtsgemeinschaft ausgedehnt. Nach dem ältern deutschen Recht steht und bleibt jedes uneheliche Kind ausser der Familie und erbt daher nicht. Die Zunftrollen schliessen es von den Zünften aus, bis der Reichsschluss vom Jahr 1731 ihre Zulassung befiehlt mit ethisch zweifelhafter Wirkung. Wenn der Rechtsunterschied zwischen ehelichen und unehelichen Kindern verwischt wird, wozu Leichtigkeit der Legitimation beiträgt: so ist zu fürchten, dass darunter die Anschauung der Ehe an Heiligkeit verliere. Daher ist es nothwendig, dass eine Sühne bleibe, aber den Vater treffe und nicht die Kinder. Wenn die Mutter gestorben und die nachfolgende Ehe nicht mehr möglich ist: so mag auch dann noch dem Vater, falls er nicht bereits Kinder in einer Ehe mit einer Andern gezeugt hat, der Weg offenstehen, um an dem Kinde den Makel und den Nachtheil der unehelichen Geburt zu tilgen. Wenn indessen schon Kinder aus anderer Ehe da sind, bringt die Legitimation unehelicher Kinder Zwiespalt in die Familie und das Recht wird sie nicht zulassen, es sei denn als eine durch besondere Umstände entschuldigte Ausnahme (§. 83). Für einen solchen Fall eignet sich daher nach der Analogie der übrigen der höchsten Obrigkeit zustehenden Befugnisse die *legitimatio per rescriptum principis.*

Es ist überhaupt die Frage schwierig, wie sich das Recht zu den oft selbständig auftretenden Wirkungen verbotener Handlungen verhalten solle. Mit den unehelichen Kindern stehen offenbar solche Kinder nicht auf Einer Linie, welche aus einer der Einwilligung der Eltern entbehrenden Ehe entsprossen sind. Da das Gesetz die Einwilligung fordert, erklären römische Rechtslehrer sie für *illegitimi* und stellen sie insofern den unehelichen Kindern gleich. *Vinnius ad instit.* 1, 10, 12. Es fragt sich, ob diese strenge Consequenz erfordert wird, um die Einwilligung der Eltern zur Ehe in ihrem Rechte zu behaupten, oder ob sich eine ausreichende Sühne finden lässt, welche die Eheleute trifft, aber nicht deren Kinder.

§. 149. Wenn man von den Kindesrechten in der Familie, als den Wirkungen der gesetzlichen Ehe absieht, so fragt sich weiter, welchen Schutz das Recht unehelichen Kindern gewähre. Es wäre einer Aussetzung gleich, wenn das uneheliche Kind nicht sollte unterhalten und erzogen werden. Es muss der Vater, und wenn Vater und Mutter es nicht können, die Gemeine sich des Kindes so weit annehmen, dass es, wenn auch nothdürftig, in den Stand gesetzt wird, für sich selbst zu sorgen. Schon in diesem Betracht darf das Kind und darf die Gemeine fordern, dass der Vater sein uneheliches Kind anerkenne. In neuerer Zeit schlägt der Grundsatz *la recherche de la paternité soit interdite* einen Weg ein, welcher, wenn der Vater sich nicht willig bekennt, die Klage auf Unterhaltung des Kindes unmöglich und das uneheliche Kind vaterlos macht. Es ist allerdings sicherer und leichter, die Mutter zu treffen, und das Elend, in welchem ein solches Gesetz sie zurücklässt, mag abschrecken. Aber dennoch ist es nicht recht, das uneheliche Kind jedes männlichen Haltes im Leben zu berauben und zum völligen Opfer seines Ursprungs zu machen. Es ist nicht recht, dass das Gesetz zum Privilegium des Verführers, des starken männlichen Theils werde. Umgekehrt muss das strafende Gesetz den Vater unehelicher Kinder, sei er ein Geringer oder Vornehmer, scharf zu treffen wissen und schärfer als die Mutter. Nur bei feilen Dirnen, nicht bei gefallenen Mädchen, hat jener Grundsatz seine richtige Anwendung. Das Gesetz hat die Grenzen zu ziehen, wodurch die Klage gegen den Vater verwirkt wird.

Findelhäuser, welche den ehelosen Eltern, insbesondere den Müttern die Sorge und die Schande abnehmen, sowie Verpflegung unehelicher Kinder als **solcher** durch das Armenwesen sind missverstandene Menschenliebe, in der That aber Beförderung des Lasters.

C. *Der Staat.*

§. 150. Unter **Staat** versteht man Verschiedenes, bald einen besondern Kreis gegen andere besondere, wie das z. B. dann geschieht, wenn man Staat und Familie, Staat und Religion, Staat und Wissenschaft, Staat und Handel einander entgegenstellt, bald das die besonderen Kreise umfassende Ganze, wie man z. B. dies meint, wenn man den Staat ohne Familien, ohne Kirche, ohne Wissenschaft, ohne Handel für keinen Staat erklärt. Die erste Bedeutung, welche im Gegensatz stehen bleibt, bildet sich für die Anschauung, weil die besondern Kreise (z. B. Religion, Wissenschaft, Handel), in eigenen Anstalten geworden, über den geschlossenen Staat hinausgehen und sich in andern Staaten fortsetzen. Man betrachtet dann im Staat nur den allgemeinen Befehl, welcher für die Gemeinschaft eines Volkes den eigenen Bildungstrieb der besonderen Richtungen pflegt oder beschränkt, und schauet den Staat lediglich in den Beamten und der Regierung an. In der zweiten Bedeutung werden die besondern Kreise zu Gliedern eines Ganzen mit einem Leben, das durch das zusammenhaltende Ganze bedingt ist. Der Staat ist dann nicht etwas, was jenseits des Besondern liegt und mit ihm nur in äusserer Beziehung steht. Wir fassen daher den Staat in der zweiten Bedeutung als das Ganze, das sich in besondern Kreisen gliedert und sich durch die höchste Gesetzgebung nach innen und durch die Selbstständigkeit nach aussen bezeichnet, sein Recht durch Macht schützend.

Weil es scheint, dass der Staat, der sich in äussern Merkmalen durch das Gesetz und die Kriegsmacht kundgiebt, durch diese die besondern Kreise nicht hervorbringt und z. B. weder Handel und Gewerbe, noch Kirche und Wissenschaft erzeugt, sondern sie sammt und sonders nur benutzt und zu einem, wenn auch ihrem Leben zunächst fremden, Ganzen temperirt: so ist für die Betrachtung derer, welche, wie die grosse Menge, mit ihrem Blick in den besondern Kreisen und besondern

Interessen beharren und, der universellen Anschauung unfähig, nur von diesen ihren beschränkten Standorten aus auf das Allgemeine herausgucken, der erste Sprachgebrauch geläufiger oder allein zugänglich. Wer indessen das Ganze höher stellt als den Theil, wer wahrnimmt, dass auch jene besondern Richtungen zunächst nur im Schutze des Ganzen ansetzen und Kraft gewinnen und ihren Ertrag zunächst innerhalb dieses Ganzen bergen, so dass — direkt oder indirekt — das Ganze in den besondern Thätigkeiten der Theile mitwirkt, wer endlich in der Geschichte sieht, dass die Staaten ihren Beruf und ihr Schicksal wesentlich durch die besondern Kreise erfüllen: wird gegen den gewöhnlichen ersten Sprachgebrauch, der den Staat als einen besondern Kreis beschreibt und doch nirgends zu begrenzen weiss, dem zweiten, der den Staat erfüllt und geschlossen, persönlich und gegliedert auffasst, sein philosophisches Recht nicht verweigern.

§. 151. In der **Bildung des Staates** sehen wir eine doppelte Richtung, eine physische, inwiefern die Familien die Wurzeln der Nation sind und zur Nation auswachsen, und eine geistige, den Trieb zur Autarkie, welcher jene individuelle Richtung dazu verwendet, um den universellen Menschen darzustellen (§. 35 ff.). Beide Richtungen gehören zusammen, wie allenthalben im Organischen Wirkendes und Begriff, Reales und Ideales. Das Volk ist der Träger des Staates, der Staat die bewusste Vollendung des Volkes. Aber beide Richtungen, die volksthümliche und staatbildende, obwol in gegenseitigem Streben zu einander begriffen, gehen nicht in einander auf. In der Geschichte ist ihr Gegensatz nicht selten der Stachel der Begebenheiten, indem das Volk, das sich in seinen Stämmen als Eines fühlt, Ein Staat werden, oder der Staat, der mehrere Völker mit seinem Gesetz umspannt, sie zu Einem Volk bilden möchte. Die staatbildende Thätigkeit ist ihrer Natur nach universell, aber die volksthümliche, welche sich in das gegebene Land, in die eigene Sprache, in die gemeinsamen Erzeugnisse einlebt, individuell. Daher bedürfen sie eine der andern.

Wo sich das Volk der Richtung auf den Staat entschlüge, sänke es zur Horde herab, welche blind ihrem blinden Triebe folgt. Wo hingegen die staatbildende Richtung mit der volksthümlichen in Widerstreit geräth, ermangelt sie für die Einheit, welche ihr Wesen ist, des festesten Bandes. Denn wenn in einem Staate Sprachen und Sitten der Theile einander abstossen, so fehlt mit der innigern Verständigung die gegenseitige Liebe.

Staat und Volk vollenden sich mit einander. Wo der Staat, wie z. B. der erobernde, von vorn herein Völker begreifen will, welche in Sprache und Sitte verschieden, in Religion und Bildungsstufe einander widersprechen, beginnt er die schwierige, wenn nicht unmögliche Aufgabe, die mechanische Einheit, in welcher er die Theile bindet, in eine künftige höhere Volksgemeinschaft überzuführen und die Verkettung in eine Verschmelzung zu verwandeln. Es kann geschehen, dass sich der Staat an dieser unmöglichen Aufgabe abreibt und verzehrt. Das Verhältniss ist anders, wenn ihm die Aufgabe zufällt, einen Theil eines in sich aufgelösten Volkes mit sich zu vereinigen. Da mag es gerechten Gesetzen und consequenter Weisheit gelingen, allmählich das Fremde in sich aufzunehmen und im Neuen zu befriedigen. Wo der Nationalität keine einfache angestammte Volkskraft mehr entspricht, wo sie nur der allein übrig gebliebene Nachklang einer frühern Geschichte ist, aber das Volk verfallen und verfault ist, wie z. B. in der alten Geschichte die Griechen zur Zeit der Römer im zweiten Jahrhundert vor Christus: da kann sie noch wie ein verlorenes Gut die Gemüther ergreifen und zum Aufstand verlocken, oder von dem Eroberer, der ihr zu schmeicheln weiss, zu fremden politischen Zwecken missbraucht und in eine Falle gelockt werden. Aber dann ist die Nationalität nicht mehr ein erzeugendes Princip, sondern nur ein schwindsüchtiges Ideal.

Der Trieb zur Autarkie, welcher ein Volk beseelt, ist nicht bloss ein Trieb der Einzelnen zu einander, um sich in dem, was sie bedürfen, einander Genüge zu schaffen, sondern ein Trieb, durch welchen in der Einigung der Einzelnen das gliedernde Ganze mächtig ist — und darum hat diese Einigung Vieler erst die volle Bedeutung einer Ergänzung (§. 36). Das Volk hat als Ganzes den Trieb zur Selbstgenüge, indem es sich nach innen aus sich befriedigen will, z. B. in der Herrschaft über die Natur, in dem Erzeugniss des Unterhalts, in der Hervorbringung der Gewerbe, und indem es, so weit Befriedigung von aussen nöthig ist, bestrebt ist, nicht abhängig zu werden, sondern so viel aus dem Seinen Andern zu schaffen und zu geben, als es empfängt. In dieser Ergänzung liegt die geistige Befreiung des Menschen, welche das Wesen des sittlichen Organismus ist (§. 36. §. 40), und jeder Staat ist ein Versuch, den idealen Menschen zu verwirklichen. Es ist die Idee des Staates — Verwirklichung des universellen Menschen in der individuellen Form des Volkes und daraus Selbstgenügung und Selbstständigkeit.

Zur Ergänzung treibt das Bedürfniss des für sich hülflosen Menschen. Aber erst durch das sichernde mächtige Ganze hat jene Ergänzung statt, welche über die augenblickliche physische Selbsterhaltung hinaus im Eigenthum und Vertrag, sowie in der Familie eine allgemeine und bleibende Bedeutung gewinnt und dem Wesen des denkenden, wollenden Menschen gemäss ist. Das Ganze ist darin vor den Theilen und wird von den Theilen vorausgesetzt (§. 93. §. 104. §. 124).

In der Ergänzung treibt zwar zuerst das nächste Bedürfniss des Leiblichen, aber in dem Vernunftlosen und Materiellen wird der Vernunft ihr Organ bereitet. Das Ganze treibt schon im ersten Triebe und die Ergänzung ist nicht erfüllt, als bis alle Vermögen des Menschen mit einander und für einander entwickelt sind. Was zeitlich in der Ergänzung der Kräfte erscheint, das liegt im Begriff des Menschen vorgebildet. So wird der Staat real aus der Ergänzung der Einzelnen, und hat zugleich in dem Wesen des Menschen, welches er nach allen Seiten zur Darstellung bringen soll, sein ideales Mass.

Was an menschlicher Thätigkeit im Einzelnen ein vergängliches, gebrechliches Bruchstück ist oder gar Bruchstück eines

Bruchstückes, das wird durch den Staat in der Gemeinschaft ein bleibendes vielseitiges Ganze. Will man sich die Anschauung des Staates in der Idee als eines Menschen im Grossen in einzelnen Zügen vorhalten, so beachte man im Staate die Regierung, wie im Menschen die leitende Vernunft, im Staate die verzweigten Wissenschaften, wie im Menschen die einzelnen Kenntnisse, im Staate die ausgebildeten Künste, wie im Menschen einzelne Fertigkeiten, im Staate die kriegerischen Einrichtungen, wie im Menschen wehrhafte Kraft für seine Sicherheit, im Staate die mannigfaltigen Handwerke, wie im Menschen die nöthige Befriedigung der leiblichen Bedürfnisse. Was der einzelne Mensch dem Vermögen nach ist, was in dem Einzelnen angelegt liegt, aber in dem Einzelnen für sich Anlage bliebe, das ist der Staat in der Entwickelung und Wirklichkeit. An dem reichen Inhalt der Idee gemessen, ist der Einzelne nur der potentielle Mensch, erst der Staat in der Geschichte des Volkes ein aktueller.

Dieser universelle Beruf des Staates ist die Seele des individuellen Volkes. Jedes Volk arbeitet an ihm auf seine Weise, als an seiner sittlichen Aufgabe. Jedes Volk bereitet ihm in seinen geistigen und materiellen Kräften die Organe. Es gewinnt dem Boden des Landes die eigenthümlichen Erzeugnisse ab, um seines Theils die Erde zum Organ der menschlichen Vernunft, zur Bedingung menschlichen Lebens umzuschaffen; es bearbeitet das gewonnene Material zu Werkzeugen vernünftiger Zwecke; es sinnt und denkt, es erfindet und bildet für diese Aufgabe und giebt der Natur eine menschliche Bestimmung. Ferner benutzt es die Lage und Beschaffenheit seines Landes für seine unantastbare Selbstständigkeit, und lebt sich mit seinen Thätigkeiten, je nachdem das Land sie fördert oder beschränkt, in das Gegebene ein.

So hat der Wille des Staates in Volk und Land seinen Leib, und die äussere Grösse des Staates, nach den Bedingungen der Geschichte relativ, hat ihr eigentliches Mass in der Macht seines Geistes, als Einheit die Vielheit zu durchdringen und sich in den Bewegungen zu behaupten, aber nicht an dem Umfang des Landes oder der Kopfzahl des Volkes.

Der Staat ist nur Mensch im Grossen, indem er eine Geschichte hat, und er hat sie vor Allem nach seiner individuellen Seite durch das Volk. In seiner Geschichte bekundet der Staat sein dauerndes Leben, den immer neuen Nachwuchs seiner Kraft; er setzt darin die überkommene Arbeit der objektiven Vernunft fort, welche nicht mit den Individuen stirbt; es hat darin das Volk, wenn es z. B. um seine Helden, um seine Entdecker und Erfinder seine Erinnerungen sammelt, seine gemeinsame volksthümliche Ethik, welche sich ihm selbst in der Sprache ausprägt.

So soll der Staat ein volksthümliches und geschichtliches Ganze sein, bewusst und in sich selbstständig, den Begriff des Menschen nach allen Seiten verwirklichend, in welchem die Glieder sich ihrer selbst und des Ganzen bewusst werden und in der Vernunft des Ganzen frei sind. Seine Macht ist die sich als Wille verwirklichende Vernunft.

Der Staat, in welchem der Einzelne aufwächst, ist die bestehende sittliche Ordnung, ohne welche der Mensch nicht Mensch wird. Mit dieser Nothwendigkeit herrscht der Staat, erhaben über das Belieben des Einzelnen, welchen er an seiner Macht und seiner Vernunft erzieht. Wer an den Staat Hand anlegt, legt an die Bedingung alles Sittlichen Hand, und darum wird dieses Verbrechen dem grössten gleich geachtet.

Der einzelne Mensch wird erst im Staate Person und der Staat soll dieselbe Höhe erreichen, Person werden, nicht bloss juristische Person, wie ein Verein mit besondern Zwecken, der es durch den Staat ist (§. 111), sondern sittliche Person durch das Volk, das, in ihm eins, durch ihn Vernunft und Willen hat. Der Staat wird der bessere sein, welcher, im sittlichen Sinne selbst Person, die in ihm begriffenen Einzelnen, so viel an ihm ist, Person werden lässt (§. 40. §. 86). Es wird diese Aufgabe unmöglich, wo die Einzelnen wie spröde Atome in den Schematismus der Ordnung nur durch Furcht hineingenöthigt werden, und wird nur da gelingen, wo im sittlichen Sinne die

Wohlfahrt der Einzelnen und ihr individuelles Leben in die Wohlfahrt des Ganzen verschlungen wird. Es ist die Ethik im Staate, dass immer die Macht des Ganzen für die Glieder und die Kräfte der Glieder für das Ganze bereit stehen. Dadurch entwöhnen sich beide der Selbstsucht.

Anm. Wenn man in dem Ausdruck, dass der Staat ein Mensch im Grossen sei, einem Ausdruck, welcher mehr als eine Analogie ist, einen Zirkel finden wollte, weil der Mensch nur im Staate Mensch sei und man vom Menschen nur im Staate eine Anschauung habe: so würde man den Erkenntnissgrund und Sachgrund verwechseln. Nur im Staat offenbart sich der Mensch, aber der Mensch an sich trägt zugleich mit den Keimen die Idee des Menschen in sich.

Es ist die einfachste und doch vollste Bezeichnung, welche den Staat als einen in der Macht gegründeten Menschen im Grossen bestimmt. Wenn es darauf ankommt, die mannigfaltigen sich vielfach kreuzenden Richtungen des Staates in dem Ursprung anzuschauen und in der Einheit zu beurtheilen: so bleibt doch der seines Zweckes sich bewusste und seiner Sinne mächtige, der seine Triebe beherrschende und nach aussen starke, der in sich übereinstimmende und in seinen Thätigkeiten glückselige Mensch das Mass und das Vorbild des Staates.

Der Staat ist, wie schon der fremde Name bezeugt, eine künstlichere Anschauung, als das Volk, weil dieses sich natürlich zusammenfindet, aber jener die Arbeit des verständigen Menschengeistes in sich trägt. Wenn der Staat das Volk vollendet, so ist das Verhältniss ähnlich, wie in der Familie. Das Natürliche bildet die nothwendige Grundlage des Geistes, und was im Natürlichen wie eine Bedingung zum Geistigen liegt, das ergreift und bildet der Geist, um darin zu wohnen. In den Banden, welche das Volk mit dem Staat und den Staat mit dem Volk dergestalt verschlingen, dass nun ihre Einheit bald Volk bald Staat, beides in höherem Sinne, heisst, nimmt man die Erhebung aus dem Natürlichen ins Geistige wahr, wenn man z. B. die Stammverwandtschaft, welche in gemeinsamen Zügen aus den Leibern und Gesichtern zur Seele spricht, das gemeinsame Land, welches sich im Gemüth des Volkes wiederspiegelt, die gemeinsame Sprache, in welcher Seele und Geist ihren eigenen Wiederhall hören, dies Erforderniss zu aller Verständigung und Einigung, den gemeinsamen Glauben, in welchem sich in Freude und Leid, im Denken und Wollen die Herzen begegnen, endlich das gemeinsame Recht, das stillschweigend auf Eine sittliche Anschauung hinwirkt, nach einander verfolgt. Zwischen den ersten der genannten Beziehungen, welche durch eine natürliche Innigkeit über die Empfindung der Menschen Gewalt haben, und den letzten, welche durch den gedachten Inhalt zugleich den Verstand beherrschen, steht die Sprache mitten inne, welche, der Empfindung und dem Willen, der Gemüthsbewegung und dem Urtheil gleicher Weise dienend dem Volke recht eigentlich die gemeinsame Seele einhaucht und daher durch kein anderes Band zu ersetzen ist.

Nach der dargelegten Anschauung ist der Staat, der aus dem nothwendigen Bedürfniss der für sich hülflosen Einzelnen, sich zu einem menschlichen Leben zu ergänzen, sicher hervorwächst, aus dem Urbild des Menschen seinen grossen Inhalt schöpft und für die Verwirklichung desselben in der individuellen Form des selbstständigen Volkes arbeitet, ein nothwendiges Erzeugniss der Geschichte, darauf gewiesen, die Macht mit dem Guten zu einigen und in dieser Einigung menschliche Freiheit zu gründen.

Wenn nun der Staat ein nothwendiges geschichtliches Erzeugniss ist, so ist er keine Erfindung.[1]

Für eine Erfindung erklärte ihn z. B. Aug. Ludw. Schlözer („allgemeines Staatsrecht" 1793 S. 3. S. 157). „Menschen machten die Erfindung zu ihrem Wohl, wie sie Brandkassen u. s. w. erfanden." „Der Staat ist eine Maschine," aber eine „künstliche überaus zusammengesetzte." Wenn man die specifische Differenz des allgemeinen Begriffs, wie sie Schlözer selbst bestimmt, die Eigenthümlichkeit der Erfindung und der Maschine, welche Staat sein sollen, erwägt: so vernichten die unterscheidenden Merkmale die durch Analogie gewonnene Gattung. Es hebt den Begriff der Maschine auf, wenn sich die Staatsmaschine dadurch von allen andern Maschinen unterscheiden soll, „dass dieselbe nicht für sich fortlaufen kann, sondern immer von Menschen, leidenschaftlichen Wesen, getrieben wird, die nicht maschinenmässig gestellt werden können." Eine solche Maschine ist keine Maschine. Es macht den Begriff der Erfindung zweifelhaft, wenn die Erfindung des Staates als uralt und allgemein und sehr leicht beschrieben wird. Es hebt den Begriff der Erfindung auf, wenn der Staat weiter ein „unentbehrliches Bedürfniss der Menschheit" genannt wird, „mit im Plane des Schöpfers" liegend, vorausgesetzt, dass dieser die möglichst hohe „Vervollkommnung seiner Menschengeschöpfe wolle." So wenig als die Sprache eine Erfindung ist, ist es der Staat. Ueberhaupt verhält sich menschlicher Willkür gegenüber der Staat wie die Sprache; denn sie ist das edelste Beispiel eines Gegebenen, in welchem Vernunft wohnt und welches uns

1) Vgl. F. C. Dahlmann, die Politik auf den Grund und das Maass der gegebenen Zustände zurückgeführt. 1835. S. 1 ff.

wenn wir es selbst gestalten wollen, zuerst zu seiner Vernunft hinnöthigt, das Beispiel eines Ganzen, welches vor uns da ist und nach uns da sein wird, und welches wir nicht machen, sondern uns aneignen.

Nach der dargethanen Anschauung ist ferner der Staat **keine Assekuranz**, in welche die Unterthanen unbedingten Gehorsam einzahlen, um furchtlose Sicherheit für ihre Bestrebungen zu gewinnen. Zu einem solchen Begriff führt nämlich **Hobbes'** Ableitung (vgl. §. 10), wenn man sie nach der Tragkraft der Gründe beurtheilt, denn die Begierden treten ursprünglich als berechtigt auf; und die Begriffe des Sittlichen und des Rechts haben keinen tieferen Beweggrund, als dass der Krieg Aller gegen Alle, der Zustand ewiger Furcht ende, und Friede und gemeinsame Vertheidigung möglich werde. Weiter bringt Hobbes es nicht als bis zu einer solchen Sicherheitsanstalt. Es kann nicht gleichgültig sein, was den Werth der Sicherung in diesem angestrengten Apparate verdiene; und wenn es nicht gleichgültig ist, so führt dies auf einen tiefern sittlichen und geistigen Inhalt, als der ist, welcher sich aus dem blinden Trieb der Selbsterhaltung, aus den zugreifenden Begierden, ergiebt, oder aus der Betrachtung folgt, dass Dankbarkeit, Mitleid, Billigkeit darum Tugenden sind, weil sie zum Frieden führen und ohne sie, der Krieg Aller gegen Alle ausbrechen würde (*Hobbes de cive* c. 3. §. 31). Hobbes' Betrachtung des Staates als Einer Person, deren Wille die höchste Gewalt ist, übertrifft seine mechanischen Principien und ist eine Anschauung, welche dann bleibenden Werth hat, wenn der Wille nicht bloss nach der Machterhaltung, sondern nach der Idee des menschlichen Wesens bestimmt wird.

Nach dem erörterten Begriff ist ferner der Staat **kein Problem einer gesellschaftlichen Verbindung**, einer Association, welches durch einen Gesellschaftsvertrag so zu lösen wäre, dass die Verbindung mit aller gemeinsamen Kraft die Person und das Vermögen jedes einzelnen Gesellschafters vertheidige und schirme, und jeder Einzelne sich mit Allen vereinigend doch nur sich selber gehorche und ebenso frei bleibe als zuvor (*Rousseau, contrat social* c. 6). Dieses Problem ist kein anderes, als wie das Maximum der Gesammtleistung für den Einzelnen durch das Minimum der Einzelleistungen für das Ganze zu erreichen sei, ein Problem des Eigennutzes und der Willkür.

Nach der dargelegten Anschauung ist endlich der Staat **weder Rechtsstaat noch Polizeistaat** allein.

Beide Begriffe werden nicht selten so entgegengesetzt, dass der Staat entweder Rechtsstaat oder Polizeistaat sei — und doch bezeichnen beide etwas Einseitiges. Der Name des Polizeistaates könnte den grossen Sinn der die Theile umfassenden fürsorgenden Regierung haben, wie der Polizei (πολιτεία) im Sinne der Polizeiwissenschaft der Blick des Ganzen für die Theile eigen ist; aber dann würde er doch nur Eine Funktion am Staate bezeichnen. Meistens wird er nur wie ein herabsetzender Parteiname in dem engern Sinne der Sicherheitspflege und der vorbeugenden, bevormundenden Verwaltung genommen, um das Enge und Kleine statt des Weiten und Grossen in der Richtung der Staatsmaxime auszudrücken. In diesem Sinne hat der Polizeistaat in der Theorie keinen eigentlichen Vertreter.

Es ist wichtiger, zu erwägen, was es mit der Forderung, der Staat solle nur Rechtsstaat sein, auf sich habe. Kant erklärte den Staat als die Vereinigung einer Menge von Menschen unter Rechtsgesetzen (Metaphysische Anfangsgründe des Rechts §. 45). Da er nun das Recht (s. oben §. 13) darin gefunden hatte, dass die Willkür des Einen mit der Willkür des Andern nach allgemeinen Gesetzen bestehe: so haben in seinem Sinne die Rechtsgesetze keinen andern Inhalt, als was sich aus diesem formalen Verhältniss der Einzelnen ableiten lässt, wie z. B. das Recht des Eigenthums, der Verträge. Der Staat wird zu einer öffentlichen Rechtsanstalt der persönlichen Sicherheit und Freiheit, dann der Rechte und des Eigenthums, indem die ganze Betrachtung nach dem zum Grunde gelegten Begriffe des Rechts von den im Staat verbundenen Einzelnen ausgeht. Die Vorstellung des Rechtsstaates ist nach dieser Seite vorgeschritten, und zwar dadurch, dass man an die Stelle von Kants formalem Begriff des Rechts einen concretern Inhalt setzte. So wird in dem den Rechtsstaat allenthalben ausprägenden und allenthalben einprägenden „Staatslexicon" (herausgegeben von Karl von Rotteck und Karl Welcker; neue Auflage 1845; vgl. Welcker unter Polizei X, S. 693) die Ansicht, welche dem Rechtsstaat innewohnt, als eine möglichst harmonische Ausbildung der sämmtlichen menschlichen Kräfte in jedem einzelnen Individuum bestimmt. Das einzelne Individuum hält sich dabei „egoistisch abgesondert und selbstständig." „Es will seine eigne Befriedigung finden, sich nach seinen Mitteln und Neigungen ausbilden, und keineswegs erachtet es das Aufgehen im Ganzen, die vollendetere Darstellung der Gesammtheit, als seine Aufgabe." „Das Gesammtleben ist nur zur Förderung der Zwecke der Individuen vorhanden und nicht umgekehrt; keiner also darf der Idee des Ganzen als Mittel oder gar als Opfer dargebracht werden." Gedanken, wie diese letzten, sind vornehmlich in der englischen Philosophie seit Baco, namentlich durch Bentham, ausgebildet worden. Macaulay vermisst in der griechischen Lehre und in Macchiavelli's Auffassung den „grossen Grundsatz, dass Gesellschaften und Gesetze nur da sind, um die Summe der Glückseligkeit der Einzelnen zu vermehren" (*critical and historical essays*

Leipz. 1850. I, S. 100 in dem Aufsatz über Macchiavelli). In dieser Richtung bewegen sich die umlaufenden meist unbestimmten Vorstellungen vom Rechtsstaat; sie ziehen den Staat unter dem Namen des Rechts nach den Einzelwesen, damit er lediglich ihrer Freiheit, ihrer Ausbildung, ihrer Glückseligkeit diene; das Recht soll diese anerkennen und nur eingreifen, wo die Willkür des Einen die Willkür des Andern bedroht. In einem solchen Rechtsstaat ist zunächst das Recht niedrig und arm gefasst; denn es ist vom Sittlichen losgetrennt; und wenn das Recht, statt in die allgemeine Ausgleichung der Willkür des Einen mit der Willkür des Andern gesetzt zu werden, in seiner eigenthümlichen das verwirklichte Sittliche erhaltenden Macht erkannt wäre (§. 45. §. 46): so würde auch der Begriff des Rechtsstaates steigen. Der wahre Ursprung des Rechts kann der egoistischen Stellung der Individuen zu einem solchen Rechtsstaat nicht Vorschub leisten; denn es stammt, wie uns oft ersichtlich wurde, ebenso sehr aus der Richtung auf das Ganze, als aus der Richtung auf die Einzelnen. In einem solchen Rechtsstaat der egoistischen Individuen ist hingebende Vaterlandsliebe und Heldenmuth nicht zu begreifen. In einem Rechtsstaat, der nur den Zweck hat, Leben und Eigenthum der Einzelnen zu sichern, wird das Recht des Krieges, der beide in die Schanze schlägt, folgerechter Weise zum Unrecht. Das Ganze hat kein eigenes Centrum und es wohnt kein Gedanke in dem Staat als solchem. Die geschichtliche Person des Alle umfassenden Staates, welche durch die Jahrhunderte ihren grossen Weg geht, droht zu zerfallen.

Dem auf die freien Einzelnen hingewandten Recht steht die Wohlfahrt des nothwendigen Ganzen gegenüber; und wenn die Polizei, in jenem weitern Sinne genommen, auf die Wohlfahrt des Ganzen und des Einzelnen im Ganzen gerichtet ist, so bilden der Rechtsstaat und der Polizeistaat, beide als Seiten des Einen Staates gedacht, erst zusammen seinen wahren Begriff.

So misst sich an dem erörterten Begriff des Staates, was er nicht ist, wenn Falsches oder Halbes für sein Wesen ausgegeben wurde.

Für die Geschichte des dargelegten Begriffs vom Staat mag noch Folgendes bemerkt werden.

Plato hat zuerst den einfachen Gedanken gefasst und ausgeführt, dass der Staat sich zu den Bestrebungen seiner Bürger verhalte, wie ein Mensch zu den verschiedenen Begehrungen und Bestrebungen in ihm selbst. Daher ist sein Staat der durch die Bürger zu einer grossen Lebensordnung gewordene Mensch und die Stände des Staates die zu Lebensordnungen gewordenen Theile der Seele. Die Theile der Seele und die Stände des Staates vollenden sich in denselben Tugenden, die

Vernunft und die Regierenden in der Weisheit, der Muth und die Krieger in der Tapferkeit, die Begierden und die Erwerbenden in der Mässigung, und alle durch das Ganze in der Gerechtigkeit. Die Charaktere der Verfassungen sind wie der Charakter eines Menschen und beide in Wechselwirkung begriffen, mit psychologischer Nothwendigkeit entartend, wenn sie einmal von dem an sich Guten, von dem Gehorsam der Begierden und des Muthes gegen die Vernunft, von dem Gehorsam der Erwerbenden und Krieger gegen die Regierenden selbstsüchtig abgefallen sind. Plato's Psychologie mit den drei geschiedenen Theilen der Seele und Plato's Politie mit den drei unausgeglichenen Ständen sind hart und einseitig und seine Analogien haben zu Missverhältnissen geführt. Aber der bleibende Grundgedanke, der Staat sei ein Mensch im Grossen, ist sein, und trotz der Verzerrungen in der Gemeinschaft der Weiber und Güter, denen Plato verfiel, weil er die Selbstsucht unmöglich machen wollte, leuchtet er in der ethischen Betrachtung der Politik voran. Vgl. ausser der Politie des Plato in den Gesetzen V, p. 739 c. und VIII, p. 829 a., wo es mit bezeichnender Kürze heisst: *δεῖ δὲ αὐτὴν (τὴν πόλιν), καθάπερ ἕνα ἄνθρωπον, ζῆν εὖ.*

Aristoteles, Analogien abhold, liess zwar den Menschen im Grossen auf sich beruhen, aber ihm haben doch die Menschen für sich und die Menschen in der Gemeinschaft dasselbe Ziel und der beste Mann und die beste Verfassung dieselbe Begriffsbestimmung (*polit.* VII, 15 p. 1334 a. 11 ff. vgl. VII, 2. p. 1324 a 5 ff.). Er fasst (nach Plato's Vorgang) den Trieb zur Autarkie als den Trieb zur Staatsbildung auf, welcher seinen Antrieb in dem Nothbedarf, aber sein Ziel in der Vollendung des Lebens hat. Der Staat entsteht des Lebens wegen, aber er besteht des vollkommenen Lebens wegen. Diese Ergänzung zur Autarkie gehört zum eigenthümlichen Wesen des Menschen. Denn, sagt Aristoteles, wer sich selbst genug ist und nichts bedarf, kann kein Glied einer Gemeinschaft, kein Theil eines Staates sein; er ist entweder ein Thier oder er ist Gott. Gleichwie in seiner Vollendung der Mensch das beste Geschöpf ist, so ist er, getrennt von Gesetz und Recht, das schlechteste von allen, verrucht und wild, und in Geschlechtslust und Gefrässigkeit verworfen. Dem Wesen nach ist für den zum Staat bestimmten Menschen (das *ζῷον πολιτικόν*) der Staat das Erste. Das Ganze ist vor den Theilen und wenn das Ganze aufgehoben ist, sind auch die Glieder nicht mehr, ausser dem Namen nach. So ist dem Aristoteles in der Ergänzung zur Autarkie die sittliche Vollendung das eigentlich Treibende, der innere Zweck, der die Bewegung regiert und das Ganze in der Entwickelung gliedert. (Vgl. Aristot. *polit.* I, 2. p. 1253 a 18 ff. III, 9. p. 1280 a 25.) Daher ist der Staat mehr, als gewöhnliche Erklärungen besagen. Er ist keine

Gemeinschaft des blossen Lebens wegen (p. 1280 a 30), keine blosse Gemeinschaft des Ortes (b 13), kein Schutz- und Trutzbündniss zur Sicherheit und gegen Ungerechtigkeit (a 34), keine Association nach dem Vermögen auf Gewinn (a 25), kein gegenseitiger Bürge des vereinbarten Rechts im Verkehr (b 10). Bestimmungen, wie diese, finden sich im Staate, aber sie bilden noch nicht den Staat; sie können alle da sein, aber sind noch nicht der Staat. Vielmehr ist der Staat die Gemeinschaft des vollendeten Lebens sowol für die Häuser als für die Geschlechter zum Zwecke eines vollkommenen und sich selbst genügenden Lebens (p. 1280 b 33); weshalb der Staat, über die Gewähr des Rechts hinausgehend, auf die Tugend gerichtet ist und die Kraft haben muss, die Bürger gut und gerecht zu machen (p. 1280. b 5). So sucht Aristoteles den umfassenden Begriff des Staates, der die einseitigen Vorstellungen in sich schliesst, und bestimmt ihn ethisch, indem der Staat Häuser und Gemeinden und Geschlechter für das Ziel sittlicher Vollendung in sich begreift. Es fällt diesem Begriffe zu, was an den andern Wahres ist. Beim Aristoteles liegt der Mangel in der eingeschränkten Zahl derer, welche dieser dem Staat zum Grunde liegenden sittlichen Eudämonie theilhaft werden. Landbauer, Handwerker, Sklaven sind eigentlich von ihr ausgeschlossen und sie sind nur das nothwendige Substrat derer, welche den Staat bilden und seine Eudämonie darstellen (*pol.* VII, 9. p. 1328 b 24). Die sittliche Aufgabe, welche Aristoteles dem Staat stellt, wächst, wenn man in den Staat und dessen Ziel Alle einbegreift, welche sein Land umfasst.

Wenn selbst solche Philosophen, wie Spinoza und Hobbes, welchen das Ideale und Organische widersteht, dennoch durch einen tiefern Blick auf die Anschauung des Staates als eines Menschen im Grossen geführt werden: so bestätigt dies die Wahrheit der Betrachtung.

So sagt Spinoza *eth.* IV, *prop.* 18 *schol.*: *Ex his [quae nobis utilia] nulla praestantiora excogitari possunt, quam ea, quae cum nostra natura prorsus conveniunt. Si enim duo ex. gr. ejusdem prorsus naturae individua invicem junguntur, individuum componunt singulo duplo potentius. Homini igitur nihil homine utilius; nihil, inquam, homines praestantius ad suum esse conservandum optare possunt, quam quod omnes in omnibus ita conveniant, ut omnium mentes et corpora unam quasi mentem unumque corpus componant et omnes simul, quantum possunt, suum esse conservare conentur, omnesque simul omnium commune utile sibi quaerant.*

Hobbes, der im Princip atomistisch und materialistisch ist, stellt im Leviathan (1651) den Staat als ein lebendiges Geschöpf dar, spricht von der Geburt des Staates als des „sterblichen Gottes, dem wir unter dem unsterblichen Gott allen Frieden und allen Schutz danken," und beschreibt die Selbsterhaltung, Gesundheit und Krankheit dieses Leviathan.

Es ist eine mit Plato verwandte Anschauung, wenn Schiller in den Briefen über ästhetische Erziehung (1795 vierter Brief) sagt: „Der reine Mensch, der sich mehr oder weniger deutlich in jedem Subjekt zu erkennen giebt, wird repräsentirt durch den Staat, die objektive und gleichsam kanonische Form, in der sich die Mannigfaltigkeit der Subjekte zu vereinigen trachtet."

Es darf von einer andern Seite Herbarts Idee der beseelten Gesellschaft verglichen werden, in deren Einheit die harmonische Bildung der praktischen Ideen sich verwirklicht und vollendet (§. 32). Sie ist das in den grössern Abmessungen eines Vereines, was die innere Freiheit im Einzelnen ist; in ihr ist gemeinschaftliche Folgsamkeit gegen gemeinschaftliche Einsicht, innere Freiheit Mehrerer, die nur ein einziges Gemüth zu haben scheinen, so dass die Spaltung aufgehört hat, welche da entsteht, wo Jeder bloss seinem Urtheil folgt und seinem Gewissen überlassen sein will. Wenn die Individuen von einem Geiste bewegt werden, den kein Einzelner sich eigen und auch keiner sich fremd fühlt: so mögen sie ihn ansehen wie eine Seele, die in ihnen Allen, in ihrer Gesammtheit lebe. In diesem Sinne hat die beseelte Gesellschaft, in welcher die einzelnen Systeme, Rechtssystem und Lohnsystem, Verwaltungssystem und Cultursystem, in den Ideen des Rechts und der Billigkeit, des Wohlwollens und der Vollkommenheit gegründet, einander zu Einem gemeinsamen Leben unterstützen sollen, ein gemeinsames Gewissen (Praktische Philosophie 1808. S. 249 ff.). Herbart bringt unter diese Anschauung auch den Staat (analytische Beleuchtung des Naturrechts und der Moral 1836. §. 172), und wie die beseelte Gesellschaft nur in der Darstellung der praktischen Ideen, welche die Grundzüge des guten Willens bilden, seine harmonische Form wahrhaft verwirklichen kann: so erscheint hiernach auch der Staat als ein ethischer Mensch. Aber in Herbarts Darstellung bleiben Mängel. Zunächst beruht sie lediglich auf einer nur formalen Auffassung harmonischer Verhältnisse, worin oben eine Umkehr des wirklichen Sachverhaltes nachgewiesen wurde (§. 32). Die Leere der nur die Form betrachtenden Ethik setzt sich dadurch in das harmonische Schema der beseelten Gesellschaft fort. Es hängt damit zweitens zusammen, dass Herbarts beseelte Gesellschaft ein so allgemeiner Typus ist, dass er auch andern menschlichen Vereinen, z. B. der Familie, der Gemeinde, der Körperschaft zum Musterbild dient. Endlich ist von Herbart die beseelte Gesellschaft, wenn wir sie als Staat auffassen, nicht organisch und als Organismus entworfen; denn Lohnsystem und Rechtsgesellschaft, Verwaltungssystem und Cultursystem sind keine Gliederung der beseelten Gesellschaft, sondern bestehen nach der Ableitung alle vier neben einander, was sie in der Wirklichkeit nirgends thun (s. des Vfs. Abh.: Herbarts praktische Philosophie und die Ethik der Alten 1856. S. 12 f. S. 34).

Wenn es sich darum handelte, einzelne Momente an dem dargelegten Begriff in den Vertretern zu bezeichnen, durch welche sie ausserhalb der eigentlich philosophischen Betrachtung in dem wissenschaftlichen Bewusstsein zur Geltung gelangten: so würden an diesem Orte für die Seite der stetigen geschichtlichen Entwickelung, welche dem Staate, dem in Macht gegründeten Menschen im Grossen, so gut als dem Einzelnen wesentlich ist, die Verdienste *Burke's* (*reflexions on the revolution in France* 1790) und der *deutschen historischen Rechtsschule* zu erwähnen sein.

In der neuern deutschen Philosophie hat *Hegels* Rechtsphilosophie (1821) für die Wiederherstellung eines organischen Begriffs vom Staat den verhältnissmässig grössten Eindruck gemacht. Es herrscht in Hegels modernem Staat eine antike Anschauung vom letzten Wesen desselben. „Der Staat ist die Wirklichkeit der sittlichen Idee, der sittliche Geist, als der sich offenbare, sich selbst deutliche substantielle Wille, der sich denkt und weiss und das, was er weiss, und insofern er es weiss, vollführt. Der Staat ist die Wirklichkeit der concreten Freiheit und als Wirklichkeit ein Individuum;“ und dieses Individuum des Staates wird allenthalben in der Macht des sich gliedernden Ganzen gefasst, so dass die Institutionen nicht aus einer Reflexion über den Nutzen, sondern aus logischer Nothwendigkeit hervorgehen. So suchte Hegel im Gegensatz gegen die frühern Abstraktionen des Naturrechts die Identität der Vernunft und des Willens in dem wirklichen Staat. Diese allgemeine Anschauung und einzelne Blicke im Sinne derselben wirkten durch ihre Wahrheit. Aber man muss in dieser spekulativen Leistung Anschauung und Begründung unterscheiden. Denn in demselben Masse als die allgemeine Anschauung wahr und bedeutend ist, ist die Begründung gemacht und gewaltsam. Es ist ungenetisch, dass die Gründe nicht aus dem Eigenthümlichen des Ethischen und Organischen, sondern vielfach nur aus dem formal Logischen geschöpft werden; es ist ungenetisch, dass dialektisch aus dem Recht das Moralische und Sittliche herfliessen, und nicht vielmehr aus dem Moralischen und Sittlichen das Recht als die jenes Höhere erhaltende Macht; es ist ungenetisch, wenn z. B. die bürgerliche Gesellschaft und selbst Rechtspflege und Polizei, welche, was sie sind, im Staate sind, vor dem Staate, wenn der Staat, der in seiner thatsächlichen Geschichte vielfach von der Kirche und in dem

Sinn seiner Gesetze von der Religion bestimmt ist, rein politisch und vor aller Religion soll begriffen werden. Es hängt mit dem Formalismus der logischen Momente und der abstrakt dialektischen Behandlung zusammen, dass nur der Typus Einer vernünftigen Verfassung zugelassen und entworfen wird, und gegen die constitutionelle Monarchie alle andern der Vernunft entbehren, als ob nicht die Verfassung aus mannigfaltigen realen Bedingungen hervorwüchse und dadurch selbst mannigfaltig würde (vgl. des Vfs. Logische Untersuchungen in dem Abschnitte über die dialektische Methode I, S. 74 ff.). Es ist der Irrthum des Buches, rein logisch, rein für sich und rein aus sich selbst eine vollkommene Verfassung entwickeln zu wollen. Die Verfassung, welche dem Ursprung des Staates, der Geschichte des Volkes, der Grösse des Landes, der Eigenart der Sitte, der Stufe der Bildung, den politischen Verhältnissen der Nachbarschaft angemessen ist, kurz die adäquate Verfassung ist die jedesmal vollkommene. Nur kann keine unsittliche Verfassung, d. h. eine solche, welche statt des Ganzen die Selbstsucht der Regierenden im Auge hat, wie z. B. Despotie und Ochlokratie, je eine adäquate Verfassung sein. Es giebt keine an und für sich vollkommene Verfassung, es sei denn dass man die aus ihrem Grundgedanken in nothwendigen Funktionen, durch innewohnende Ideen gegliederte und insofern voller entwickelte, falls sie jenen thatsächlichen Bedingungen der Ausführbarkeit entspricht, die vollkommenere nennen will. Das Buch hat in der Theorie den politischen Irrthum befestigt, welcher die Verfassungen nach einem uniformirenden Muster zuschneidet, und statt die Verfassungen werden und wachsen zu lassen, sie macht und dem Vorhandenen aufzwängt.

§. 152. Es ist der allgemeine Gang in der menschlichen Entwickelung physisch wie psychisch, dass sich zwar der Zeit nach das Vernunftlose vor dem Vernünftigen, die vegetative Kraft vor den Sinnen, das bewusstlose Vermögen des Leibes vor dem selbstbewussten Geist, aber nach dem innern Zweck das Bewusstlose für das Vernünftige, die blinde Kraft für den Geist entwickele und zwar als die Grundlage des Höhern und die reale Bedingung des Idealen. In diesem Sinn ist das beständige und unveräusserliche Fundament des Staates, das zwar an sich noch blinde, aber nothwendige, die in sich selbst ruhende Macht; sie ist das Erste und Letzte, ohne welches es keinen Staat geben kann. Erst wo sich über die Menschen eine sich selbst behauptende Gewalt gründet, welche ihnen als ursprünglich entgegentritt und nicht von ihnen abgeleitet ist, erst da ist ein Staat möglich. Ohne Macht giebt es keinen Bestand nach aussen und ohne Macht keine Kraft des im Gesetz nach innen gekehrten Willens. Die Selbsterhaltung, welche durch die Geschichte des Staates durchgeht, beruht immer noch auf der Macht im Ursprung der Gründung. Daher ist der erste Trieb des werdenden Staates der Trieb nach Macht und der Trieb des sich behauptenden Staates bleibt immer wieder der Trieb nach genügender Macht. Wir sehen als die uranfänglichen Aeusserungen der Staaten Aeusserungen zugreifender Macht. Die Staaten bilden sich in Eroberungen der Völker, wie z. B. die Staaten in Griechenland, die germanischen Staaten im Anfang des Mittelalters, die Staaten der Kolonien im Kampf mit den Eingeborenen, und wir sehen die Juden, selbst um einen theokratischen Staat zu gründen, sich das gelobte Land erobern. Es bedarf nun einmal für den Staat einer solchen sich selbst setzenden, sich selbst bestätigenden Macht, welche sich zunächst in der Besitzung und Behauptung des Landes bekundet und welche sich dann einen ungehinderten Spielraum der eigenen Thätigkeit und Mittel des Genügens schafft. Es sind demgemäss die ersten Erfindungen der Menschheit Erfindungen zu Vertheidigung und Angriff, namentlich Erfindung von Waffen, und eifersüchtig wachen noch heute die Staaten über die Erfindungen, durch welche sie ihre Wehrkraft erhöhen. In der Gefahr des Kampfes wird die Kraft erregt, wie denn im Anfang der Geschichte selbst der Kampf mit den reissenden Thieren in dieser Richtung wirkt, und wie Völker, welche, wie auf den Inseln der Südsee, einen solchen Kampf, z. B. mit dem Tiger, der dort fehlt, nicht kennen, stumpf und dumm bleiben. Die Macht, welche sich dadurch gründet, dass das Leben eingesetzt wird, ist allein eine solche unbedingte Macht, für welche der Mensch nicht bittet und nicht feilschet, sondern durch welche er befiehlt und zwingen kann. In diesem Kampf um die Macht werden die Menschen der Nothwendigkeit, sich zu einigen, inne und im Sieg empfinden sie den Erfolg dieser Einheit. Mit der

Selbsterhaltung und dem Streben, sich zu behaupten, welches in allem Dasein der fundamentalste Trieb ist, alle andern durchdringend und bestimmend, ist das Streben nach Macht dasselbe. Daher hört der Staat auf Staat zu sein, welcher von seiner Macht lässt, und er fordert, wenn die Macht auf dem Spiel steht, von allen Einzelnen, die ihm angehören, jene ursprüngliche Hingabe von Gut und Blut, in welcher die Macht als die unbedingte Bedingung seines Daseins sich offenbart.

Aber die Macht ist nur die blinde Grundlage; sie ist ohne Werth, wenn durch sie nicht ein Höheres möglich wird, und heillos, wenn sie das Höhere unterdrückt oder zerstört. Die Selbsterhaltung hat keinen Werth, wenn nicht das Selbst einen Werth in sich hat. Daher ist zwar die Grundlage des Staates die Macht, aber der Zweck, welcher erst die Macht berechtigt, ist die menschliche Bestimmung, die Entwickelung des Menschen im Grossen.

Von Einer Seite geht die Macht selbst darauf hin. Denn in der Macht, welche sich durch Viele vollzieht, ist nothwendig Zucht der Vielen für die Einheit des Befehls; und die Macht bildet für den eigenen Zweck den Gehorsam aus. Wie nicht selten im einzelnen Menschen viele Fehler, z. B. Unwahrheit, Wankelmuth, Ungerechtigkeit, Folge der Schwäche sind, und wie Hinterlist und Verstellung die nächsten Waffen sind, zu welchen die Schwäche greift: so ist umgekehrt die Kraft die Grundlage der Beständigkeit und Consequenz, des Ernstes und Nachdrucks der Handlung. Es giebt keine ritterlichen männlichen Tugenden des Staates ohne Macht, denn ohne sie werden Edelsinn und Grossmuth in Schwäche verkehrt. Wenn ferner die Macht auf dem Bande der Einheit beruht, so wird die Macht durch alles das wachsen können, wodurch sich dies Band fester schlingt; und nichts bindet die Menschen mehr an die Macht, als wenn sie in ihr ihr menschliches Wesen gefördert fühlen. Solche Eintracht giebt Macht. Von dieser Seite führt der Gang der Entwickelung, wenn die Macht sich selbst versteht, über die rohe Macht hinaus. Die Macht allein thut's nicht.

Aber wo sich die Macht zum Schutz wendet, liegt der Keim des Staates.

Die erste Entwickelung wird von der blinden Selbsterhaltung getrieben, aber sobald sie das Allgemeine in sich aufnimmt, wird sie zu einem Höhern hingewandt. Die menschlichen Einrichtungen entstehen im Selbstischen, aber sie bestehen nur dann sittlich, wenn sie sich ins Allgemeine erheben lassen und aus dem Allgemeinen den Werth ihres Wirkens nehmen (§. 36). Indem sie durch diesen Vorgang einen eigenen Zweck gewinnen, der ihnen ein eigenthümliches Leben giebt, werden sie zwar etwas Anderes, als sie in der beschränkten Begierde der Selbsterhaltung waren, aber wurzeln doch nun zugleich in dem tiefer verstandenen und geistig gefassten Selbst und dadurch in der eigenen Empfindung. So wird die Macht, welche zuerst sich selbst wollte, der Arm des Gesetzes, wenn sie den Menschen bändigt und Frieden und Sicherheit schafft. Die Höheres schützende Macht adelt ihren an und für sich wilden Trieb. Alle Güter des Lebens sind zuletzt von der Macht getragen, welche ihre Hand über ihnen hält. Die Macht liegt im Realen, aber der Geist, der sie leiten soll, der Inhalt, dem sie dient, in der Idee des Menschen. Daher darf die Macht nicht die Entwickelung hemmen und die Entwickelung nicht die Macht untergraben. Die thatsächliche Macht und die Entwickelung, welche sich darauf gründet, dürfen nicht gegen einander sein. Es ist die Aufgabe, dass die Macht den Boden schaffe und sichere, aber die Entwickelung ihn nicht der Macht entziehe, sondern befruchte.

Anm. Wenn es in dem Vergleich des Einzelnen mit dem Staat, des Menschen im Kleinen mit dem Menschen im Grossen auffallen mag, dass nicht auf gleiche Weise, wie beim Staat, welchem die in sich selbst gegründete Macht die Bedingung seiner Entstehung und seines Bestandes ist, im einzelnen Menschen die Macht dieselbe Bedeutung hat: so liegt darin doch kein Einwand. Denn dieser Unterschied kommt daher, weil der Staat für den Einzelnen die Seite der Macht übernimmt. Wo kein Staat den Einzelnen trägt und schützt, da kämpft der Einzelne in jedem Augenblick, wie der Staat, um seine Macht und steht beständig auf der Wache der Selbstvertheidigung, oder er erzwingt sich durch Angriff, was ihm verweigert wird. In dieser Unruhe bringt er es zu nichts. Durch den Staat folgt dem Recht des Einzelnen auch die Macht, aber dem Recht des Staates folgt die Macht nur durch ihn selbst. In diesem Zusammenhang tritt die Pflicht des Einzelnen deutlich hervor, wenn die Macht des Ganzen gefährdet ist, ihr mit Leib und Leben gewärtig zu sein. Denn er verdankt ihr die Möglichkeit jeder Entwickelung. Wenn man für die Stellung der Macht im Staat ein analoges Verhältniss im einzelnen Menschen sucht, so entspricht ihr ungefähr das Vermögen desselben, sich in der bürgerlichen Gesellschaft selbst zu erhalten; denn der Einzelne steht nur auf dieser selbsterworbenen oder selbstbehaupteten Grundlage, wie der Staat auf der Macht.

Die Anerkennung der Macht als des Entscheidenden kehrt noch mitten im Staat in künstlichen Einrichtungen wieder, wie z. B. in dem Gesetz der Stimmenmehrheit, in welchem der grössere Theil als der stärkere gedacht wird.

In den merkwürdigen Kapiteln, in welchen Thucydides die Urzeit Griechenlands beschreibt, erscheint Minos als der erste, welcher die Macht zum Schutz wendet, und somit als ein eigentlicher Staatengründer (*Thucyd.* I, 4 u. 7).

Plato verlangt als Bedingung seines idealen Staates Autochthonie des Stammes im Lande, d. h. Bewusstsein eines gesetzlichen Besitzes von Anfang. Aber die Geschichte erfüllt diesen philosophischen Wunsch, der die Verhältnisse aus der Mitte des Staates vor den Staat setzt, nirgends, es sei denn etwa auf den Inseln des australischen Oceans, welche keine Geschichte haben.

§. 153. Zwei Theorien vom Ursprung des Staates stehen einander entgegen, die Theorie der Usurpation und die Theorie des Vertrages. Da das Recht nur im Staat und durch den Staat mächtig ist, so wird in ihnen dem Staat und dem Recht ein gemeinsamer Ursprung gegeben (§. 9. §. 12).

Usurpation ist physische Gewalt ohne ethische Bedeutung. Schon im Eigenthum der Sache wurde der Begriff der physischen Herrschaft für unzureichend und der Begriff der Person und der Gemeinschaft als rechtsbildend erkannt (§. 93). Usurpation, Anmassung der Gewalt, wäre ein Ursprung ausser dem Rechte und sie ist so wenig Begründung des Staates als solchen, dass sie vielmehr Begründung seines feindlichen Widerparts, der Revolution, ist. Wo in der Geschichte Usurpation zum

Anfang einer neuen Staatsbildung wird, da sucht sie in demselben Masse, als die Staatsbildung vorschreitet, sich selbst vergessen und ungeschehen zu machen und gegen jede neue Usurpation den Bestand des Staates zu verwahren; was zum deutlichen Zeichen dient, dass sie nicht in ihrem eigenen Wesen den Grund der Staatsbildung sieht. Anfang der Erscheinung und Ursprung des Begriffs sind zwei verschiedene Dinge.

Die Theorie des Vertrages, wo sie consequent ist, wie bei Rousseau (§. 12), und nicht in die Unterwerfung unter das Machtgebot Eines Willens umspringt, wie bei Hobbes (§. 11), setzt den Staat nur aus dem Willen der Einzelnen für den Vortheil der Einzelnen, z. B. den Schutz des Eigenthums, zusammen. Das Volk stellt (z. B. bei Rousseau) eine Regierung zur Ausführung des Vertrages an und instruirt sie. Das Volk ist souverain, die Regierung commissarisch, nicht sowol mit übertragener, als mit bloss geliehener Macht, mithin durch Kündigung von Seiten des souverainen Volkes abzusetzen. Diese Theorie ist eine unhistorische Fiktion, wenn sie, vom Naturzustand ausgehend, diesen Vorgang ursprünglich und im Anfang aller Staaten denkt, und bringt nur einen eintägigen Staat ans Licht (§. 12). Den Vertrag, welcher doch die Rechtsgemeinschaft des Staates voraussetzt (§. 104), nimmt sie aus dem Staat und stellt ihn vor den Staat. Genau genommen beruht die Theorie des Vertrages auf etwas Tieferem, als er selbst ist, auf dem Glauben an die sittliche Consequenz des Willens für die Zukunft. In dem Vertrag ist die Stimmenmehrheit als das erste und letzte Gesetz gedacht, dem keine Vernunft vorangeht, eine Anerkennung des zusammengezählten stärkern Theils, und der Vertrag schlägt daher für die Minderheit in das Gegentheil einer freien Uebereinkunft um. Das souveraine Volk, ohne den Staat und im Gegensatz gegen den Staat gedacht, ist die souveraine Vielheit ohne die Einheit; und wo die Vielheit herrscht, herrscht immer der stärkere Theil, so dass der Vertrag, obwol das Widerspiel der Usurpation, nur in eine andere Art der Usurpation ausläuft. Die Theorie des Vertrages opfert jedem Augenblicke der Gegenwart, der eine neue Uebereinkunft beliebt, den geschichtlichen Zusammenhang, in welchem allein die menschlichen Dinge wachsen und reifen, und die Stetigkeit in dem sich fortbildenden Recht (§. 49), ohne welche es nur Ansetzen und Abbrechen und keine Entwickelung giebt. Die Einzelnen sind fertig vor dem Staat gedacht, was unmöglich ist (§. 150), und der Staat ist nicht mehr die in sich vernünftige, durch ihr Wesen berechtigte Substanz, an welcher der Einzelne zum Glied und durch welche er zum Menschen erzogen wird, sondern vielmehr Accidens der Einzelnen, von ihrer willkürlichen Vereinbarung abhängig. Die zahllose Vielheit der Theile ist vor dem Ganzen.

So stehen beide Theorien in einem Gegensatz, und weder die eine noch die andere erreicht ihr Ziel, den in seiner Vernunft mächtigen Staat. Doch ist von beiden zu lernen, da sie jede eine wesentliche Seite des Staates im Sinne haben, die eine die Macht, ohne welche Staat und Recht ein Schatten sind (§. 9 ff. §. 152), die andere die Freiheit, ohne welche die Einzelnen im Staat nur zu einem Rad oder einem Zahn oder einem Stift in der Maschine werden. Die Usurpation, welche, wenn auch zunächst für einen selbstsüchtigen Willen, einen Mittelpunkt gründet, stellt die centrale Macht, die Macht für die Einheit dar. Der Vertrag hingegen, in welchem Jeder das Ganze nach seinem Vortheil und seiner Vorstellung hinzieht, zeigt eigene Kraft- und freie Bewegung in der Vielheit, dem Zug zum Centrum entgegen.

Macht und Freiheit gehören zu einander, wie das Centripetale und Centrifugale sich zur harmonischen Bewegung und Anziehung und Abstossung sich zum Bestande der Stoffe einander regeln. Weder darf die Macht als Uebermacht die Freiheit der Einzelnen erdrücken, noch die Freiheit der Einzelnen die Macht des Ganzen lockern oder gar sprengen. Es ist das rechte Mass für Macht und Freiheit, dass sie mit einander wachsen. Wenn die Freiheit der Einzelnen dergestalt zunimmt, dass sie die Macht des Ganzen unmöglich macht: macht sie alsbald auch sich selbst unmöglich. In ungewissen Zeiten hat die Macht, welche das Ganze vertritt, vor der Freiheit der Einzelnen, welche es nur durch das Ganze und im Ganzen giebt, das unveräusserliche Vorrecht.

Je mehr sich beide Richtungen für einander denken, die Macht des Mittelpunktes für die Bewegungen im Umkreise und die Bewegungen im Umkreise für die Macht des Mittelpunktes: desto mehr ist Hoffnung da, dass das immer erstrebte und selten erreichte und noch seltener dauernde Ebenmass, das Ganze fest und frei, nach den individuellen Bedingungen des Landes und Volkes erstehe.

Anm. Das Wort der Freiheit hat verschiedene Bedeutungen, von der leeren Vorstellung der sich selbst überlassenen Willkür bis zu dem erfüllten Begriff der sittlichen Vollendung, in welcher der Mensch, vom Bösen los und im Guten fest, sein eigen ist (§. 43).

Im gäng und gäben Sinne des Wortes heisst der Staat in doppelter Bedeutung frei, nach aussen, inwiefern seine Gesetzgebung und Entwickelung nicht von fremdem Gebot und Verbot anderer Staaten abhängt, nach innen, inwiefern der Staat die Thätigkeiten der Einzelnen, möglichst ungehindert, nach eigenem Trieb gewähren lässt.

Es ist von selbst klar, dass jene Freiheit nach aussen, wodurch der Staat in sich gegründet ist und nicht bloss durch die Gefälligkeit der Nachbarn oder ihre gegenseitige Missgunst besteht, nur durch die Macht möglich wird, und nach dieser Seite fallen Freiheit und Macht in einander. Die freie Bewegung des Staates als eines Ganzen unter andern Ganzen ruht auf der Macht, und wer die sittliche Vollendung des Menschen im Grossen will, an der er selbst Theil hat, muss zuerst diese Basis seiner Selbstständigkeit, die Macht, wollen und in den Tagen der Gefahr, wenn es sich in ihr um das sittliche Dasein handelt, ihr Alles darbringen.

Damit der Staat Person werde, was er nur durch den einigen Willen in der Macht wird, und nicht ein aus einander fallendes Collektivum sei, muss sich nothwendig die bürgerliche Freiheit, die Freiheit nach innen in der Bewegung der Privaten, und die politische Freiheit, die Theilnahme der Einzelnen an der Staatsgewalt, gegen die zusammenfassende Macht beschränken. Es ist die weise Mässigung eines wirklich politischen Volkes, sich allewege gegen die Macht des Ganzen mit der Freiheit zu bescheiden. Wo diese Gesinnung schwindet, nähert sich die Auflösung.

Wenn die Macht in der Theorie der Staatsbildung durch Usurpation und die Freiheit in der Theorie der Staatsbildung durch Vertrag vertreten ist, so mag noch Folgendes bemerkt werden.

Die Theorie der Usurpation geht auf das Recht des Stärkern zurück (§. 9).

Die Theorie des Vertrages setzt voraus, dass die Macht ursprünglich in der Menge beruhe und dass diese Gewalt von der Menge auf Einen oder Mehrere übertragen werde. Diese Lehre, seit Rousseau Volkssouverainität genannt, ist in neuerer Zeit zuerst von den Jesuiten, namentlich Bellarmin und Mariana, ausgebildet worden (L. Ranke, historisch-politische Zeitschrift. Berl. 1833 — 1836. 2. Bd. S. 606 ff.). Demnach ist der Vertrag von Hobbes (§. 11) und J. J. Rousseau (§. 12) zur Grundlage entgegengesetzter Staatslehren benutzt worden. Locke geht in seinen *two treatises of civil government* (1690) von derselben Lehre des Vertrages aus. So zeugt die Geschichte gegen eine Theorie, welche auf diese Weise ebenso hierarchischen und absolutistischen als demokratischen und ochlokratischen Zwecken gedient hat.

Es ist etwas Anderes, wenn in der Geschichte der sich entwickelnden Staaten Verträge vorkommen, wie z. B. Wahlkapitulationen, oder die *magna charta*, *bill of rights*, als wenn man den Staat ursprünglich auf Vertrag gründen will. Wo ein freies Zusammentreten, wie bei Ausführung von Kolonien, den Staat stiftet, wo insofern ein Ursprung dem Vertrage ähnlich gegeben ist: da geht auf der einen Seite bereits ein Staat als der Mutterboden voran, von welchem der neue Staat sich ablöst, und auf der andern muss sich doch auf der Freiheit der Vereinigung und über dieser Freiheit eine Macht gründen, welche das Ganze gegen die Freiheit vertritt. Wo hingegen die durchgreifende That und die zwingende Gewalt Einzelner den Staat gründet, wie z. B. bei Eroberungen: da muss sich umgekehrt die Usurpation durch die Ordnung und Freiheit, welche sie schafft, aufheben.

§. 154. Wenn es die Idee des Staates ist, den universellen Menschen in der individuellen Form des Volkes zu verwirklichen: so ist in diesem kurzen Ausdrucke eine Fülle von Zwecken und Thätigkeiten zusammengefasst, und es ist nöthig, die darin zusammengethanen Richtungen zu unterscheiden und zur Uebersicht zu bringen.

Nach dem, was über das Wesen des Staates gesagt ist (§. 151), ergeben sich dreierlei Richtungen, zuerst Richtungen Einzelner als solcher, Thätigkeiten, welche in den ihre Befriedigung suchenden Bedürfnissen der Einzelnen, seien diese leibliche oder geistige, ihren Antrieb haben, dann Richtungen des Ganzen, des Staates als solchen, damit beschäftigt, das Ganze in den Theilen und das Ganze gegen andere Ganze, also den Staat in den Unterthanen und den Staat gegen andere Staaten zu vertreten, endlich Richtungen und Gestaltungen, in welchen sich die Zwecke der Einzelnen und des Ganzen begegnen und vereinigt ausbilden.

Die Richtung der ersten Art, welche in den zur Ergänzung der Kräfte einander anziehenden Einzelnen hervortritt, führt auf Theilung der Arbeit zur grösstmöglichen Vollendung der einzelnen Stücke und auf Austausch der Erzeugnisse. Aus Angebot und Nachfrage bildet sich der Markt der menschlichen Bedürfnisse, und die Wechselbeziehung der Anbietenden und Abnehmenden, in welche alle Einzelnen sich verschlingen, ist die bürgerliche Gesellschaft genannt worden. Wenngleich sie den Antrieb und das Ziel ihrer bunten Bewegungen in den Individuen als solchen hat und erst mittelbar und im Erfolge das Ganze trifft und ergreift, so entsteht sie doch nicht vor dem Staat, sondern nur unter dem Schutz seiner Gesetze. Da der Mensch den Bedarf seines Lebens in letzter Quelle aus der Natur schöpft und den von ihr dargebotenen oder in ihr aufgefundenen Stoff für seine Zwecke bearbeitet, so gruppiren sich die menschlichen Thätigkeiten zunächst um diese reale Basis. Daher ergeben sich erstens und gleichsam zu unterst als das Nöthigste, ohne welches keine andere Richtung sein kann, die Thätigkeiten, welche der Natur die Nahrung und den Stoff abgewinnen und mit dem Namen des Landbaues im weiteren Sinne belegt werden mögen, indem sie die eigentliche Landwirthschaft, die Forstwirthschaft und den Bergbau in sich fassen. Es folgen zweitens die Verarbeitungen der Stoffe zur Nahrung, zum Schutz des Leibes, zur Behausung des Lebens, zur Bildung von Werkzeugen, selbst zur Darstellung des Schönen. Diese Richtungen, welche die Beziehung auf die Bedürfnisse der menschlichen Seele dem Stoffe abgewinnen und einbilden, vom Handwerk bis zur Kunst, mögen

Gewerbe im weitern Sinne heissen. Drittens: Mit der Theilung der Arbeit, mit dem an zerstreuten Orten der Erde gewonnenen und verarbeiteten Stoff wird der Handel nöthig, der den Austausch zwischen den Hervorbringenden und Abnehmenden, den Producenten und Consumenten, vermittelt und die Wechselwirkung der produktiven Thätigkeiten im Lande und über die Erde befördert. Viertens: Der Mensch sucht in demselben Masse, als er dessen inne wird, was den Menschen zum Menschen macht, noch eine höhere Ergänzung; er sucht in der Gemeinschaft sein Denken zu kräftigen, sein Erkennen zu vertiefen und zu bereichern, sich von der blinden Furcht zu befreien und seine Hoffnung zuverlässiger und edler zu machen. Von dieser Seite wachsen Wissenschaft und Kunst und selbst Religion aus dem Bedürfniss der Einzelnen hervor, und wer sie als ein Gut bringt, bringt sie zuerst den Einzelnen. Angebot und Nachfrage, Hervorbringen und Empfänglichkeit werden insofern auch jenseits des praktischen Gebietes zu Erregern geistigen Lebens. Es ist in der Natur der Sache begründet, dass die Kunst auf der Grenze zweier Richtungen steht, je nachdem man darin die Verarbeitung des Stoffes oder die Darstellung der Idee verfolgt.

Diesen Richtungen, welche von Einzelnen als solchen ausgehen, stehen andere gegenüber, welche von der Wurzel her dem Ganzen als solchem angehören, dazu bestimmt, die nothwendige Ordnung der Einheit darzustellen. Wir fassen sie der bürgerlichen Gesellschaft gegenüber mit dem Namen des Regiments zusammen. Es gliedert sich erstens in die Regierung, welche, nach innen gekehrt, aus dem Ganzen und für das Ganze die Theile und die Einzelnen individuell bestimmt, und, nach aussen gewandt, das Ganze gegen andere Ganze, den Staat gegen andere Staaten vertritt und leitet (Administration und Politik), zweitens in die Gesetzgebung, welche für das Verhalten und die Thätigkeiten der Einzelnen und der besondern Kreise die allgemeinen Normen entwirft, innerhalb welcher die individuelle Sittlichkeit sich bewegt und durch welche die Bedingungen des Sittlichen gewahrt und erhalten werden, drittens in die *Rechtspflege*, die Subsumtion der Thatsachen unter das Gesetz, viertens in die *Kriegsmacht*, welche die letzte reale Macht für die Unterordnung nach innen und den individuellen Bestand des Staates nach aussen ist, der letzte Nachdruck des Willens im Staate.

Jene Richtungen der Einzelnen als solcher sind von diesen Richtungen des Ganzen nicht unabhängig und in ihrer Ausbildung oder Vollendung ohne sie nicht zu denken. Der Austausch geschieht namentlich in der Form des Vertrages, welcher nur unter der Gewähr des Ganzen möglich ist (§. 104. §. 107). Umgekehrt haben die Richtungen des Ganzen ihre Bedeutung und ihre Beziehung an jenen Richtungen der Einzelnen. Insofern sind beide nicht zu trennen. Indessen begegnen sie sich in einzelnen Sphären mit besonderem Interesse und es entspringen daraus im Unterschied von den allgemeinen Formen des Verkehrs (Vertrag) *eigenthümlich berechtigte* Gestalten. Dieser Art ist die *Gemeinde* (Dorf, Stadt), in welcher sich die Einzelnen durch die gemeinsame Oertlichkeit, durch gemeinsamen und gegenseitigen Schutz, durch gemeinsame Anstalten zu einem kleinern Ganzen zusammenschliessen, und in welcher der Staat, als letztes Centrum den individuellen Verhältnissen zu weit entrückt, eine selbstkräftige und sogar eine für ihn selbst stellvertretende Gliederung suchen muss, dann insbesondere die *Kirche*, das ethische im Glauben an göttliche Thatsachen gegründete Gemeinwesen, welches der Staat nimmer schaffen kann, aber in demselben Masse, als er den innern Zusammenhang von Recht und Gesinnung, von Gesinnung und Glauben, von Glauben und Sitte, von Einigkeit und Liebe begreift, zum Genossen seines Werkes fordern muss. In solchen Richtungen giebt sich das Bedürfniss einer Gestaltung derselben von innen aus eigenem Trieb und eigenem Recht kund, und der Staat und die Einzelnen haben daran gleicher Weise ein Interesse. Je lebendiger in diesen Richtungen der eigenthümliche innere Zweck empfunden wird, desto mehr schafft er sich in der Einheit unterschiedlicher Verrichtungen sein Leben und für die möglich grösste Vollendung der Thätigkeiten seine Werkzeuge. Der Staat erhebt sie über die losere Form des Vertrages, welchen Einzelne schliessen und auflösen, zu anerkannten bleibenden Gestaltungen und berechtigt sie — in relativer Autonomie innerhalb angewiesener Grenzen — als Corporationen und gewinnt dadurch untergeordnete oder verbündete Centra, und in ihnen die Gewissheit individuellerer Wirkungen und eigenthümlicherer Gestaltungen des Lebens, als ihm aus seiner Machtvollkommenheit unmittelbar zu erzeugen, möglich gewesen wäre.

Vielleicht darf noch einmal ein Vergleich mit der Sprache herbeigezogen werden. Die Entwickelung des vielgegliederten Staates aus einfachen Anfängen verhält sich ähnlich, wie die Entwickelung der gegliedertsten Periode aus dem Keime eines einfachen Satzes. Während die Elemente des einfachen Satzes einen erweiterten Ausdruck in Nebensätzen gewinnen, muss die Copula des Ganzen in fester Einheit als dieselbe verharren und in der Betonung kräftig empfunden werden. Nicht anders ist es im Staat mit dem Band zur Einheit, das bei der Ausbildung der Theile nur desto mächtiger werden muss.

Anm. Aristoteles hat die Gemeinde (κώμη) in dem physischen Vorgang, welcher der Staatsbildung zum Grunde liegt, als ein natürliches Zwischenglied zwischen dem Hause (der Familie) und dem Staate betrachtet, so dass die Gemeinden, durch die gemeinsame Abkunft zusammengehalten, als Kolonie des Hauses erscheinen (*polit.* I, 2. *p.* 1252 *b* 16). Es ist diese Ansicht einfach und für die Anfänge der Geschichte ohne Frage wahr; aber für die zusammengesetzten und in einander spielenden Verhältnisse des Verkehrs in der neuern Zeit reicht sie nicht aus und an die Stelle der Stammverwandtschaft tritt das Band gemeinsamer vielseitiger Interessen.

Während der Staat sich die Gemeinden unterordnet, verbündet er sich die Kirche, deren innerlichen, in das Volk eingesenkten Geist kein Befehl des Staates erreicht und deren Kreise der Gemeinschaft weit über den Staat hinausgehen und entweder einen unsichtbaren Mittelpunkt suchen, oder gar einem sichtbaren und mächtigen innerhalb oder ausserhalb des Staates angehören. Selbst da, wo das sichtbare Haupt mit dem Oberhaupt des Staates zusammenfällt, wird die Kirche nicht dem Staate untergeordnet erscheinen dürfen. Aber der Staat hat eine kirchliche Seite und das Band, das den Staat und die Kirche verknüpft, das zarteste von allen, wird darum so schwierig, weil das ethische Gemeinwesen, dessen Reich nach aussen die Sitte ist, den Gesetzen, welche diese berühren, namentlich dem Unterricht und der Erziehung nicht gleichgültig zusehen kann oder nicht gleichgültig zusehen will und jeden Widerstand im Namen Gottes und der Gewissen formulirt.

§. 155. Im Zusammenhang mit den beiden entgegengesetzten Punkten, von welchen die Richtungen und Bildungen im Staate ausgehen, steht die doppelte Werthschätzung, welche die Thätigkeiten erfahren, je nachdem man auf die Einzelnen sieht, welche Befriedigung ihrer Bedürfnisse suchen, oder je nachdem man das Ganze, in welchem die Einzelnen auf die individuelle Einheit des Staates bezogen werden, zum Grunde legt. Die erste bezeichnen wir als die ökonomische oder national-ökonomische, die andere im Sinne der Alten als die politische.

In jener haben Thätigkeiten oder Güter und Erzeugnisse nur so viel Werth, als die Einzelnen sie zur Befriedigung ihrer materiellen oder geistigen Bedürfnisse fordern. Die Nachfrage regelt den Werth und es giebt keinen andern Werth als den Marktpreis, der sich im gegenseitigen Verhältniss von Hervorbringung und Verbrauch, von Produktion und Consumtion bestimmt. In diesem Sinne gilt selbst der Staat nur als der Producent der Sicherheit, deren Consumenten für den Preis der Abgaben die Staatsbürger sind. Die Aufgabe des Staates liegt dann in dem mechanischen Problem, bei der möglich kleinsten Hinderung und Reibung die möglich grösste Sicherheit hervorzubringen. Nur wenn das Begehren der Einzelnen mit den wahren Bedürfnissen des sittlichen Menschen zusammenfiele, welches nichts Anderes hiesse, als die Einzelnen vollkommen denken: könnte dieser Marktpreis des Lebens dem sittlichen Werthe gleich oder nahe kommen. Die national-ökonomische Wage zeigt daher leicht ein falsches Gewicht an. So hat z. B. Putz starke Nachfrage und ein Akt der Kirche wird zu Zeiten nur von Wenigen begehrt. Der eigentliche Werth hat also ein anderes Mass als Begehr und Nachfrage.

Die entgegengesetzte Ansicht verlangt, dass die Thätigkeiten der Einzelnen ihren Werth nach dem innern Zweck des Ganzen empfangen. Das Mass ist höher, aber insofern wandelbar, als in dem politisch Gerechten, wie schon Aristoteles bemerkt, die jeweilige Verfassung des Staates den Massstab der vertheilenden Gerechtigkeit bildet. Je mehr der Staat seinen Begriff erfüllt und eine Darstellung des universellen Menschen erstrebt, desto mehr wird die politische Werthschätzung mit der ethischen zusammentreffen. Der rechte Staat sichert die bildenden und erziehenden Elemente gegen den wandelbaren trügerischen Marktpreis, der Alles zu Gelde anschlägt.

Die national-ökonomische Ansicht, auf die Erzeugung und den Umlauf der Güter bedacht, bildet die Theilung der Arbeit aus, in welcher sich die Fertigkeiten der Menschen im Kleinsten und Engsten mechanisiren, und fordert für die Arbeit und den Erwerb den weitesten ungehinderten Spielraum der Kräfte. Indem sie auf dieser freien Bahn die Thätigkeiten der Einzelnen zum Wetteifer hervorruft, vertrauet sie der Energie des Eigennutzes zur Vervollkommnung der Dinge. Indem Jeder in dieser Reibung am besten für sich sorge, sorge er zugleich am besten für das Ganze.

Die politische Ansicht im Sinne des Ethischen geht nicht von den Gütern, sondern von den Menschen und dem Ganzen aus, dessen letzte Kräfte untheilbare Menschen sind. Wenn der Staat es je vergässe, so würde er in Zeiten der Gefahr inne, dass er Menschen als Ganze braucht und nicht einzelne Fertigkeiten. Im Kriege bedarf er gesunder, willensstarker Männer; zu allen Zeiten bedarf er einer Hingabe, welche das Gegentheil von der Energie des Eigennutzes ist. Daher gelten ihm Thätigkeiten hoch, welche, an der blossen Forderung der Arbeitstheilung gemessen, verschwenderisch erscheinen können, wie z. B. Uebungen des bürgerlichen Gemeinsinnes, allgemeine Wehrpflicht. Politischen Werth haben insbesondere alle die

Thätigkeiten, welche den Staat und das Volk universell und individuell einigen, alles das, was zwischen beiden ein eigenthümliches Band zu bilden geeignet ist.

Während das Geld, der Massstab der national-ökonomischen Werthschätzung, eine Macht im Verkehr der Einzelnen ist, drückt der Staat den politischen Werth durch den Antheil an der Macht des Ganzen aus, welchen er als politische Rechte gewährt, und durch die Ehre, welche er verleiht.

Wenn in dem Recht der Person, des Eigenthums, des Vertrages durchweg zwei rechtsbildende Principien nachgewiesen wurden, das eine von den Einzelnen, das andere von dem Ganzen ausgehend: so stützt sich die national-ökonomische Ansicht vorwiegend auf das erste, die politische auf das zweite. Beide Ansichten stellen sich im Kampf der Parteien dar, und es handelt sich in der Gesetzgebung fortwährend um die richtige Einigung beider Ansichten. Diese dritte Ansicht, welche die Mitte sucht, aber nicht zwischen den Gegensätzen, sondern über den Gegensätzen, mag die staatsmännische, die politische im ethischen und höhern Sinne heissen. Es ist die Ansicht, nach welcher sich die Einzelnen dem Ganzen unterordnen und im sittlichen Sinne das Ganze um der Einzelnen willen thätig ist. Von den Parteien, welche nur nach Einer Seite zu ziehen pflegen, nicht vertreten, ist sie in der Monarchie die königliche Ansicht der Dinge im Volke und Staate.

Anm. Die national-ökonomische Werthschätzung (vgl. §. 96 Anm.) hat sich im Gefolge von Ad. Smith's Grundansichten gebildet, welcher selbst die Geschäfte der Prediger, Aerzte, Sachwalter, Gelehrten, Künstler für unproduktiv erklärte (Adam Smith *an inquiry into the nature and causes of the wealth of nations.* 1776. Buch II. c. 3). Die National-Oekonomie, auf die Vermehrung der ergiebigen Kräfte gerichtet, hat bald erkannt, dass Letzteres in ihrem eigenen Sinn ein Irrthum ist. Aber der Massstab liegt für diese Thätigkeiten überhaupt höher als in der Nachfrage.

In der besten Verfassung, sagt Aristoteles, ist Tugend Mass des Werthes, in der demokratischen ist es Freiheit, in der oligarchischen Reichthum, in andern auch Adel (*eth. Nic.* V, 6. *p.* 1131 *a* 26).

Wie die politische Werthschätzung den entartenden Verfassungen folgt und mit ihnen sich verzerrt, tritt in Plato's ethischer Darstellung der Verfassungen (Staat Buch 8 u. 9) lebendig hervor.

Was im Obigem — es braucht kaum bemerkt zu werden — national-ökonomische und politische Werthschätzung heisst, ist lediglich nach einer vorwiegenden Richtung bezeichnet worden. Es versteht sich von selbst, dass die rechte National-Oekonomie das Politische, und die rechte Staatswissenschaft die Volkswirthschaft berücksichtigt.

§. 156. Aus der Uebersicht (§. 154) entnehmen wir im Allgemeinen die Reihenfolge in der Behandlung dessen, was für den Staat den Inhalt des Rechts ausmacht. Es wird zunächst zweckmässig sein, im Rückblick auf die frühern Sphären den Staat und das Eigenthum in ihrem gegenseitigen Verhältniss zu betrachten und dann erst den Staat und das Recht für die ergänzenden Thätigkeiten der Einzelnen, indem wir diese vom Leiblichen zum Geistigen in aufsteigender Linie verfolgen (Ackerbau, Gewerbe, Handel, Kirche, Wissenschaft, Kunst). Endlich werden der Staat und die Staatsgewalten, die Staatsverfassung mit der Gesetzgebung, die Verwaltung, die Rechtspflege, der Wehrstand in ihrem Rechte zu erörtern sein.

a. Der Staat und das Eigenthum.

§. 157. Wie aus dem Begriff der Person für den Einzelnen die Fähigkeit zum Eigenthum folgt (§. 93), so folgt aus dem Begriff des Staates, der als ein Mensch im Grossen ein persönliches Ganze, Person und zwar bleibende Person ist, seine Fähigkeit zum Eigenthum. Der Staat kann also Eigenthum erwerben. In demselben Masse, als der Staat einen umfassenden vielseitigen Willen hat, bedarf er des Eigenthums als eines Werkzeugs. Weil ferner im Eigenthum zwei rechtsbildende Principien in einander greifen, die Person, inwiefern sie sich Organe schafft, und die Gemeinschaft, inwiefern sie diese Organe anerkennt und darin den Willen schützt (§. 93): so wird der Staat, die Gemeinschaft, ohne welche es kein Eigenthum geben würde, die Anerkennung und Ordnung der Eigenthumsrechte an Bedingungen knüpfen dürfen, welche er seiner Erhaltung schuldig ist. Daher erscheinen auch in den Eigenthumsrechten der besondern Kreise höhere Ideen, als die Idee der einzelnen Person allein.

Der Staat kann seine Zwecke im Eigenthum theils direkt, wie da, wo er selbst Eigenthümer ist, theils indirekt, wie da, wo Andere Eigenthümer sind, verfolgen; direkt, wenn er unbewegliches Eigenthum, wie z. B. Domänen, oder bewegliches besitzt und benutzt, indem er z. B. aus Steuern, Regalien Einnahmen erwirbt, oder Ersparnisse, wie im Staatsschatz, sammelt; indirekt, wenn er, wie z. B. bei Abgaben, Richtungen, in welchen Eigenthum erworben wird, bald begünstigt, bald beschränkt. In erster Beziehung treten die Interessen der Einzelnen und des Staates, der gegen die Einzelnen das Ganze vertritt, vielfach in unmittelbaren Widerstreit. In zweiter Beziehung zeigt sich der Widerstreit zunächst im Verkehr der Einzelnen. Wir sehen namentlich zwei Richtungen von den Gesetzgebungen nach verschiedenen Seiten und in verschiedenem Mass gefördert, einmal das Streben, die Güter des Lebens, welche das Eigenthum bilden, in den beweglichen Verkehr zu ziehen, und dann wiederum das Streben, Eigenthum in fester Hand bleibend zu machen. Der Staat sucht in jener Richtung die Thätigkeiten der Einzelnen zu fördern und den Wetteifer produktiver Arbeit zu beleben, indem er in den Kräften der Einzelnen zugleich seine Gesammtkraft steigert. In der andern Richtung sucht er, wie z. B. im dauernden grössern Grundbesitz der Familien, ein Gegengewicht gegen die Gefahren des beweglichen Verkehrs, indem er in fester bleibender Grundlage das Beharrungsvermögen des Ganzen mehrt.

In diesem direkten wie indirekten Verhältniss des Staates zum Eigenthum bleibt das Ziel dasselbe. Der Staat soll so Eigenthum haben und erwerben, und soll so auf das Eigenthum der Einzelnen einwirken, dass dadurch seine Festigkeit und die Wohlfahrt der Einzelnen, die Autarkie des Ganzen und die selbstthätige Befriedigung der Einzelnen in Wechselwirkung wachsen.

§. 158. Wenn das Eigenthum von der Selbsterhaltung und dem sich verwirklichenden Willen der Einzelnen ausgeht, aber dergestalt, dass es durch den Gesichtspunkt des Allgemeinen ethisch wird und erst durch die Anerkennung des Ganzen sein Wesen hat (§. 93), und wenn auf diese Weise zwei rechtsbildende Principien darin zusammenwirken: so ist in den Socialtheorien alter und neuer Zeit das zweite Moment, der Staat als Princip des Eigenthums, zum Uebergewicht gebracht und das erste, der für sich selbst strebende Wille der Einzelnen, welcher doch der natürliche Ursprung und der bleibende Befestigungspunkt des Eigenthums ist, zurückgedrängt oder aufgehoben. In diesen Systemen sind die Versuche und Ansätze zu einem aprioristischen national-ökonomischen Naturrecht gegeben. Während der Communismus (Babeuf, Cabet) die Republik der Gleichen sucht und in der Gemeinschaft der Güter, der Arbeit und der Erziehung das Eigenthum und die Familie aufhebt, und in dieser Richtung nur negativ verfährt, das Bestehende befeindend, ohne das Neue eigentlich zu gestalten: so geht der Socialismus weiter und erfindet in verschiedenen Vorschlägen eine gerechte Zukunft, indem er den Staat zum Arbeitgeber und zum Vertheiler des Gewinnes unter die Einzelnen nach Massgabe des von ihnen Eingeworfenen (des Kapitals, der Fähigkeiten, der Arbeit) macht (St. Simon, Fourier, Owen).

Es ist auf der einen Seite unausführbar, den Staat zum Arbeitgeber und Wirthschafter zu machen und seine allgemeine Fürsorge in das endlose Besondere und Einzelne zu ziehen; es ist unpraktisch, die Arbeit von dem Anreiz zur Arbeit, welcher in dem Individuum und dessen individuellen Bestrebungen liegt, zu trennen; es ist unmöglich, mit einem Ideal der Gleichheit und Brüderlichkeit das Naturgesetz des selbstischen Antriebes zur Arbeit zu überspringen, statt dass es darauf ankommt, diesen Antrieb dem höhern Zwecke unterzuordnen und mit ihm auszugleichen. In der Gütergemeinschaft würde sich das ethische Verhältniss von Arbeit und Genuss umkehren und Jeder würde möglichst wenig arbeiten und möglichst viel geniessen wollen. Alle diese Theorien, obwol aus Eigenliebe entsprungen, verkennen die reale Macht, welche die Eigenliebe hat, und den Trieb zur Selbsterhaltung und zur Selbsterweiterung, welcher dadurch nicht weg ist, dass man ihn wegwünscht. Es ist auf der andern Seite wider die Idee des Menschlichen, die individuelle Sittlichkeit aufzuheben und die Selbstthätigkeit des Einzelnen zu lähmen, wie dies da geschieht, wo man die persönliche Freiheit in der Arbeit aufhebt, die Einzelwirthschaft vernichtet und nur die Gesammtwirthschaft zulässt, wo man die Familien, die Körperschaften, die Gemeinden auflöst, indem man ihnen das Eigenthum, das Organ ihres Bestandes, abspricht.

Anm. Es ist im geschichtlichen Zusammenhang richtig bemerkt worden, dass die communistischen und socialistischen Theorien Kinder unzufriedener Zeiten sind, sei es nun, dass diese Unzufriedenheit aus schreiendem Missverhältniss von Reichthum und Armuth entspringt, oder in politischen Revolutionen hervortritt. Selten stehen sie, wie bei Plato oder bei einzelnen Richtungen der christlichen Ascese, im Zusammenhang mit tiefern sittlichen Gedanken. Ihre Theilnahme und Verbreitung finden sie durch die ungestachelte Begierde, welche sich in der Theorie einen idealen Schein umwirft und mit dem Anspruch des Sittlichen gegen das Sittliche eine Angriffswaffe bildet. Die Moral des Genusses und des Materiellen sucht für sich die Gesellschaft in gemeinsame Bewegung zu setzen und darnach die Ausbeutung des Menschen durch den Menschen zu organisiren.

Aristoteles hat den idealen Communismus, den Plato im Staat um der Einheit und des Gemeinsinnes willen entwirft, einer scharfen Kritik unterzogen (*polit.* II, 1 *ff.* *p.* 1261 *a* 5 *ff.*). Dabei hat er schon auf den beständigen Trieb zum Eigenen hingewiesen, der unberücksichtigt bleibe, und im ethischen Sinne bemerkt, dass im Communismus die Tugenden der Enthaltsamkeit und Freigebigkeit zum grossen Theil wegfallen würden, und im politischen, dass ein solcher Staat, anstatt eine Einheit in der Mannigfaltigkeit zu bilden, Einförmigkeit statt Einheit, Homophonie statt Symphonie ergeben würde. Vertheilung der Staatseinkünfte an die Armen, sagt Aristoteles an einer andern Stelle (*polit.* VI, 5. *p.* 1320 *a* 30), wiederholt die Geschichte mit dem durchlöcherten Fass.

Es ist leichter, die Theorien des Socialismus und Communismus in ihrer Nichtigkeit zu erkennen, als die Uebel zu heilen, welche ihnen in den Köpfen der Menschen Macht geben. Wenn es gelänge, diesen vorzubeugen, so würden jene nicht aufkommen. Es fragt sich, wie der Staat dies Ziel erreiche. Wenn er sich nicht, wie die Socialisten fordern, in eine Association für die Arbeit verwandeln kann, so bleibt ihm doch die indirekte Einwirkung auf die Produktion und die Arbeit, und zwar zunächst in der Weise der Besteuerung.

§. 159. Unter den **Steuern** werden die durch das Gesetz geforderten **materiellen** Beiträge der Einzelnen an den Staat verstanden. Dem Staat steht aus seinen Pflichten, welche so weit reichen, als zu jeder Zeit das Allgemeine reicht, das Recht der Besteuerung zu. Ohne die Steuern kann er weder sich auf die Dauer erhalten, noch die Zwecke ausführen, um welcher willen er da ist. Die Steuern sind nicht ein Aequivalent des Schutzes, den der Staat den Einzelnen leistet, nicht ein Tauschpreis für die vom Staate den Einzelnen gleichsam als Waare dargebotene Sicherheit, sondern sie entspringen aus dem innern Verhältniss des Ganzen zu den Gliedern und der Glieder zu dem Ganzen und ihren gemeinsamen Zwecken. Es zahlen daher die Unterthanen die Steuern nicht wie Auflagen eines fremden Herrn, sondern als Abgaben an das eigene Ganze und in demselben zugleich an sich selbst.

Die Besteuerung, eine Aufgabe der distributiven Gerechtigkeit, führt in das Proportionale zwischen Beziehungen, welche nach Zeit und Umständen wandeln; und es kommt daher in dieser klugen Berechnung für die ethische Betrachtung zunächst nur auf das allgemeine Mass an.

Dies Mass ist zuerst die Leistungsfähigkeit der Einzelnen. In diesem finanziellen Ausdruck steckt ein ethischer Werth — und zwar die ergiebige Arbeit, welche als Arbeit ihren Zweck in sich hat und welche, vielseitig gefördert, die Gesundheit der Nation ist. Wer dem Staat mehr leisten kann, dem leistet auch der Staat mehr, da es ohne ihn kein Eigenthum, keinen Vertrag, keinen Erwerb giebt (§. 94. §. 104), also auch kein vermehrtes Eigenthum und keinen vermehrten Erwerb. Von dieser Seite leuchtet selbst von dem Standpunkt des Einzelnen, welcher sich selbst der Erste und Nächste ist und daher wie im Tauschvertrag seine Leistungen nur als Gegenleistungen zu betrachten pflegt, die Gerechtigkeit derjenigen Steuern ein, welche der verschiedenen Leistungsfähigkeit der Einzelnen proportional sind.

Es ist indessen die gegenwärtige Leistungsfähigkeit des Einzelnen ein so allgemeiner Gesichtspunkt, dass er, gegenüber den mannigfaltigen und eigenthümlichen Aufgaben des Staates im Innern, durch seine eigene Weite beschränkt wird. Denn die Leistungsfähigkeit des Einzelnen bedeutet nur seine augenblickliche Fähigkeit zu zahlen, und es bleibt dabei freigestellt und unerwogen, aus welcher Thätigkeit und aus welchem Grunde diese Fähigkeit stamme.

Daher leiten den Staat zugleich höhere und individuellere Rücksichten, welche er dem Ganzen entnimmt. Ihn leitet sein Streben nach Autarkie (§. 151), welche sich als erhöhte Leistungsfähigkeit des Ganzen nach innen und nach aussen kund giebt; ihn leitet sein Streben, sich mannigfaltig in sich zu befriedigen und so viel als Ueberschuss für den Austausch nach aussen hervorzubringen, dass er in der gegenseitigen Abhängigkeit der Länder unabhängig werde. In diesem Sinne sucht er den Zwang der Abgaben zu einem Reiz ergiebiger Thätigkeit zu machen, theils indem er direkt durch diese Nöthigung zu angestrengterer Arbeit antreibt, theils indem er indirekt durch die Beschränkung, welche er durch die Besteuerung Einer Richtung der Thätigkeit auflegt, eine andere Richtung, welche er im Volke wünscht, begünstigt oder hervorlockt. In der Besteuerung, die in ihrer ersten und rohen Form nur wie Gewalt erscheint, ist hiernach ein Mittel gegeben, auf die Volkswirthschaft in einem Sinne zu wirken, welcher der individuellen Sittlichkeit des besondern Volkes entspricht und den Einzelnen wie das Ganze zu befriedigen und zu befreien beabsichtigt.

Wo die Steuergesetze ein Recht bilden, tragen sie, richtig gefasst, diese ethischen Gesichtspunkte in sich, indem sie das Proportionale zu der Leistungsfähigkeit der Einzelnen und das

Proportionale zu der zu erstrebenden vielseitigen und bleibenden Produktivität des Ganzen suchen.

Die national-ökonomische Betrachtung (§. 154) ist geneigt, den ersten Gesichtspunkt allein gelten zu lassen und in unbedingter Freiheit der Concurrenz zu suchen (Freihandel); die politische (§. 154) thut den zweiten hinzu und sucht durch den Blick in die Quellen des Landes und in die Fähigkeit der Produktion eine weise Ausgleichung beider nach dem Bedürfniss des Augenblicks (mässiger Schutzzoll).

Die Vortheile der indirekten Steuern liegen von einer Seite darin, dass es möglich ist, durch dieselben die nothwendigen Bedürfnisse frei zu lassen und die mehr überflüssigen (vornehmlich den Luxus) zu treffen, also vorzugsweise den Wohlhabenden und Reichen, die Leistungsfähigen, zu belegen, und von der andern darin, dass es möglich ist, durch dieselben gegen das Uebergewicht fremder Concurrenz der hervorbringenden Kraft des eigenen Landes und Volkes einen angemessenen Spielraum zu schaffen.

Es kommt nicht bloss darauf an, dass der Staat die produktiven Kräfte überhaupt und den Antheil an dem Markt der Völker vermehre, um nach aussen eine günstige Handelsbilanz zu ziehen, sondern wesentlich darauf, dass der Staat es dem Volke möglich mache, nach den gegebenen individuellen Mitteln die produktive Thätigkeit vielseitig zu üben. Nur dies entspricht der menschlichen Begabung und der menschlichen Entwickelung. Nach dieser Seite wäre derjenige Staat der vollendetste Mensch im Grossen, in welchem die gemeinschaftlich hervorgebrachten Güter am vielseitigsten circuliren und von den Einzelnen am menschlichsten verwandt und am eigenthümlichsten ausgeprägt werden.

§. 160. Der Staat, mit dem Volke eins, ist ein historisches Individuum, das nicht in die Sorge für die reichste Befriedigung der Gegenwart aufgehen, sondern in einem noch grössern Sinn, als der Einzelne seine Zukunft und die Zukunft seiner Familie bedenkt, die weit aussehende Zukunft seines Wesens ins Auge fassen muss. Aus dieser Pflicht fliessen da seine Rechte, wo er nicht bloss aus den Leistungen der Steuernden seine Mittel sucht, sondern gleich den Einzelnen selbst Eigenthümer, selbst Erwerber wird, wie in den Domänen, in den Regalien, im Staatsschatz. Die Sorge für den Bestand in der Veränderlichkeit der Zeiten und die Fürsorge für die ferne Zukunft des Volkes sind die sittlichen Beweggründe, welche sich in diesen Instituten mit der Macht des dem Staate innewohnenden Triebes nach Selbsterhaltung kund geben. Von der volkswirthschaftlichen Seite werden solche Besitzthümer des Staates angegriffen, weil sie sämmtlich, dem Verkehr der Einzelnen überlassen, produktiver sein und daher im Verkehr der Einzelnen dem Volke und mithin durch Erhöhung des Volkswohlstandes mittelbar dem Staate mehr eintragen würden. Die politische Betrachtung sträubt sich indessen, für den Staat die Quellen des Bestandes lediglich aus denjenigen Beziehungen zu entnehmen, welche mit dem Markte der Bedürfnisse schwanken und wandeln, oder, wie in den Regalien, z. B. den Forsten, die Erhaltung der Vermögensquelle für die künftigen Geschlechter den vorübergehenden Besitzern preiszugeben, welche für sich nicht selten das entgegengesetzte Interesse haben. Da der Staat und die Einzelnen keinen feindlichen Gegensatz bilden, vielmehr der Staat sein Leben in den Einzelnen und die Einzelnen ihre Grundlage im Staate haben: so ist es klar, dass beide Betrachtungen nach den gegebenen Verhältnissen sich ausgleichen müssen; und diese Ausgleichung ist die fortlaufende schwere Arbeit der erfahrenen Volkswirthschafter und der vorschauenden Staatsmänner. Beide Betrachtungen sind für sich einseitig, aber in der letzten Entscheidung überwiegt die politische und die national-ökonomische ordnet sich unter. Denn das Ganze ist vor den Theilen. Weil weder die national-ökonomische noch die politische Betrachtung, wo sie gestaltend eingreift, abstrakt ist und gleichsam mit nackten Buchstaben rechnet, sondern allenthalben mit concreten und gegebenen Werthen zu thun hat: so ergiebt sich von selbst, dass im Einzelnen die Entscheidung im Zusammenhang mit der Geschichte und der Staatsverfassung stehen muss.

Wo das Eigenthum an Grund und Boden durch Eroberung entstanden ist, geht auch historisch alles Grundeigenthum der Einzelnen vom Ganzen (vom Staate) aus, wie das z. B. noch heute die Voraussetzung des englischen, sogar des nordamerikanischen Staatsrechts ist. Die Domänen erscheinen dann nur wie der zurückgehaltene oder wiedererworbene Antheil des Staates. Die national-ökonomische Ansicht will sie durch Verkauf und Zertheilung in produktivere Hände bringen, um sie für das Kapital der Volkswirthschaft höher zu verwerthen. Die politische Ansicht will sie dagegen als die unveräusserliche Grundlage der wesentlichsten Zwecke, z. B. als die bleibende, allen Wechselfällen enthobene Ausstattung des Fürstenhauses oder der Kirche u. s. w. erhalten. Wenn die Zahl und der Umfang der Domänen im richtigen Verhältnisse zu der Lage der Geschichte und der Umstände stehen und das Element wahren, was dem Staate das erhaltendste ist: so sichern sie allen produktiven Kräften die dauernde Basis. Darin hält die politische Ansicht der national-ökonomischen die Wage.

Schwieriger ist die Frage über die Regalien. Sie müssen insofern dem Staate verbleiben, als sie eine solche Fürsorge für die Zukunft fordern, welche dem kurzsichtigern, auf den nächsten eigenen Vortheil gerichteten Blick der Einzelnen entrückt ist. Es liegt das Ethische darin, dass der Staat in den Bedingungen seines Bestandes nicht den Augenblick allein fragt, sondern einen grossen Blick für seine Zukunft habe. Wenn dies im Allgemeinen gilt, so ist im Einzelnen die Entscheidung durch und durch relativ und von den beweglichsten und mannigfaltigsten Elementen abhängig.

Wenn die national-ökonomische Ansicht den Staatsschatz anficht, weil er ein unergiebiges Vermögen sei, ein aufgespeichertes todtes Kapital, das, dem Umlauf entzogen, die Volkswirthschaft hemme und nicht fördere, oder wenn sie in ihm nur den künstlich gefüllten Behälter sieht, aber den sich immer erneuernden Reichthum einer fliessenden Quelle vermisst: so lässt die politische nicht unbemerkt, dass der liegende Staatsschatz, zu jeder Zeit und für alle Wechselfälle bereit, für das allgemeine Zutrauen zum ungefährdeten Bestand des Staates und also für seinen allgemeinen Credit arbeitet, daher auch seines Theils, um national-ökonomisch zu sprechen, Sicherheit producirt.

Der eigenthümlich ethische Werth, welchen das Lehnrecht dem Eigenthum abgewann, ist nur unter besondern Bedingungen der Geschichte möglich gewesen (§. 45 Anm.).

§. 101. Aus den sittlichen Gesichtspunkten, welche das Recht des Staates auf Steuern gründen, ergiebt sich die erhaltende Kraft der Steuergesetze, deren Uebertretung die Defraudation heisst. Aber ihre sittliche Bedeutung geht weiter, indem sie die Gleichheit der ehrlichen Concurrenz auf dem Markte und damit den ehrlichen Handel schützen. Der Kaufmann, dem es gelingt, die Steuern zu umgehen, verkürzt den Staat und übervortheilt die übrigen. Der Schmuggel der Unehrlichen ruinirt die Ehrlichen. Wo er an den Grenzen getrieben wird, macht er ganze Gemeinden als Pascher und Hehler schlecht, und in seinen Abenteuern mit dem Räuberhandwerk verwandt übt er sie in List und Gewaltthat wie zum Krieg gegen die Obrigkeit. Es pflegen solche Gemeinden überdies zu verarmen, weil ihr böses Handwerk ihre bösen Leidenschaften erregt und den Segen ruhiger Sparsamkeit nicht haben kann. Gegen dieses Uebel bedarf es wachsamer und unbestechlicher Beamten und strenger Handhabung der Steuergesetze. Zugleich ist es nach dieser Seite hin weise, die Steuergesetze so zu mässigen, dass der Schleichhandel sich nicht lohne und daher der Anreiz zum Unrecht fehle. Die Seitenwirkung hoher und harter Zollgesetze ist der Schmuggel; und die scharfen Gesetze, welche dieser Seitenwirkung begegnen sollen, sind doch nur eine schwache Vorkehr gegen die Versuchung des Gewinnes und den Anreiz, der selbst in den Gefahren eines solchen Betriebs liegt.

b. Die besondern Kreise des Staates.

§. 162. Die natürliche Basis im Staate bildet der Landbau, zunächst als Ackerbau, dann als Forstwirthschaft und als Bergbau. An den Ackerbau schliessen sich Thätigkeiten an, welche Nahrung schaffen, wie Jagd, Fischfang. Auf der Voraussetzung des Ackerbaues stehen Gewerbe, Handel und jede höhere Geistesarbeit, und er ist die natürliche Grundbedingung für die Autarkie der Staaten. Da die Urbarmachung und Ertragserhöhung des Bodens ein die Wechselfälle des Verkehrs überdauernder Zuwachs an innern Hülfsquellen des Landes ist, so hat eine solche Vermehrung ursprünglicher und unveräusserlicher Kraft einen Werth, der vom Standpunkt des Ganzen aus anders beurtheilt werden muss, als wenn ein Einzelner den Gewinn, den er hofft, mit der Verzinsung des hineinzusteckenden Kapitals vergleicht. Es hat an sich Werth, wenn die Zulänglichkeit des Landes für das Volk wächst und wenn gegen das bewegliche Kapital, das auch ausser Landes gehen kann, die dem Lande innewohnende Kraft ergiebig wird. Die Herstellung und Mehrung einer solchen innern Quelle lässt sich, vom Ganzen aus betrachtet, so wenig in die Zinsprocente eines Courszettels fassen, als der Einzelne die Erhaltung und Herstellung seiner Gesundheit zu Gelde anschlägt.

Der Ackerbau ist an die Natur gewiesen, in die er eingehen muss, um sie für sich zu gewinnen; er beruht auf Naturordnungen und ist selbst „das ordnende Naturelement in der Geschichte". Indem sich daher in dieser Sphäre die sittlichen Zwecke, welche das Recht wahrt, an die Natur anschliessen, nimmt das allgemeine Recht des Eigenthums von dieser Seite besondere Bestimmungen auf, wie z. B. im Verkauf, im Erbrecht, in der Bewirthschaftung. Dahin gehört namentlich die Entscheidung über Theilbarkeit oder Untheilbarkeit der Güter, welche ihr natürliches, aber freilich nach den Fortschritten und den Erfindungen wandelndes Mass in der Frage hat, wie weit ein Gut im Stande sei, eine Familie auskömmlich zu ernähren.

Wenn man auf den ethischen Trieb achtet, welchen der

Ackerbau in sich trägt, so zeigt er sich in der sesshaften Familie, welche im stetigen Besitzthum ihre Geschichte hat, und, mit ihrer Liebe und Sorge an dem Boden haftend, sich mit ihrem Gemüth in die Heimat einlebt. Schon das Geschäft der Bewirthschaftung verlangt einen stetigen Plan und widerstrebt einem Wandel und Wechsel der Besitzer. Es ist der Gegensatz gegen das bewegliche Geldgeschäft. Wo dieses die Conjunkturen sucht, um sich durch rasch wiederholten Umsatz zu mehren, wartet die unverdrossene Arbeit des Landbauers ruhig das Jahr ab, um ihre Frucht zu empfangen. Wenn im Austausch mit dem Auslande der Handel, welcher den Schwankungen der Weltgeschichte ausgesetzt ist, den Schwerpunkt aus dem Volke hinausrückt: so behält der Ackerbau seinen Stützpunkt im Lande. Das Beständige herrscht in Arbeit und Sitte und der Staat erkennt in dem Landmann den beharrenden Stand, den zuverlässigen in den unverlässigen Zeitläuften.

Die volkswirthschaftliche Ansicht strebt nach Zerstückung des grossen Grundbesitzes, um Vielen an dem Boden Antheil zu geben und den Boden dadurch desto ergiebiger zu machen. Die politische Ansicht behauptet dagegen vielfach die Untheilbarkeit und strebt nach Zusammenlegung, um das Ganze durch grosse und starke Säulen zu stützen. Beide Richtungen haben an einander ihre Grenze. Die Theilbarkeit, welche den zerstückten Boden wie rollende Waare dem Markte preisgiebt, führt dahin, dass der Landbesitz aus der Hand der Familien in die Hand des Kapitals wandere. Die Zwergwirthschaft führt zur Verarmung und die nun möglich werdende ungemessene Zusammenlegung zur Uebermacht des Reichthums, welche ebenso Verarmung der Masse wird. Die weise Ausgleichung beider Richtungen wird gesucht, und die höhere politische Ansicht hat Recht, wenn sie, um das Ethische zu erhalten, die natürlichen Wurzeln der Familie wahrt.

Aus dem, was der Landbau dem Ganzen leistet, entspringen die besondern Rechte, welche ihm vom Ganzen, z. B. in der Standschaft, gegeben werden.

Es sind Eigenthümlichkeiten des Agrarrechts in den Zwecken begründet, welche aus dem Wesen des Landbaues hervorgehen; und die Quelle des Nothwendigen liegt da, wo diese Beziehungen artbildend die allgemeinen des Eigenthums durchdringen, wie z. B. in der Frage über die Theilbarkeit der Grundstücke, oder in Fragen, welche auf die Bewirthschaftung gehen. Andere Eigenthümlichkeiten können durch die Erwerbungsweise des Grundstückes hinzutreten, durch welche sich die verschiedensten Bedingungen und Belastungen mit diesem Rechte verbinden und geschichtlich, wie z. B. in Zehnten und Theilgebühren, in Grundgefällen, in Frohnen, damit verschmolzen haben. Diese haben ihren Ursprung aus dem Vertragsrecht und nicht aus den rechtsbildenden Principien des Ackerbaues als solchen. Wo es sich, wie in der neuern Gesetzgebung, um die Ablösung solcher Beziehungen gehandelt hat, damit dadurch der volkswirthschaftliche Werth der Grundstücke und die persönliche Befriedigung der Eigenthümer steige, da bedarf es der strengsten Beobachtung dessen, was aus der Natur des förmlichen Rechts (§. 49) und aus den Bedingungen für jede Enteignung (§. 100. §. 109) folgt.

Das Erbrecht greift in das Agrarrecht ein, wenn das Grundeigenthum von dem Erblasser zum Mittel gemacht wird, die Familien in bleibendem Ansehen zu befestigen. So z. B. in dem deutschen Familienfideicommiss. Im Erbrecht erscheint es als die Consequenz, welche aus dem unbedingten Willen des Eigenthümers fliesst, Bedingungen an sein Grundeigenthum zu knüpfen, welche den Erbgang in demselben, die Theilbarkeit oder Untheilbarkeit, die Zulässigkeit oder Unzulässigkeit von Verschuldung desselben für alle Zukunft regeln. Aber die Verhältnisse, welche in der Natur des Grundeigenthums liegen, und die volkswirthschaftlichen Interessen, welche der Staat vertreten muss, können Einsage thun gegen eine solche im Recht gegründete Möglichkeit, aus der beschränkten Gegenwart heraus Verfügungen zu treffen, welche für alle Zeiten den Willen der folgenden Eigenthümer binden und die Benutzung für den Verkehr beschränken. Wo, wie bei solchen Institutionen geschieht, die politische und die national-ökonomische Werthschätzung in den Zwecken, welche sie wahren wollen, zusammenstossen, entspringt das Recht in einem Kreuzungspunkte, verschiedene Zwecke wahrend (§. 47).

Anm. Ethische und politische Gesichtspunkte, welche in Bezug auf den Landbau immer wiederkehren, spricht schon Cato (*re rust. praef.* c. 1) aus: *Ex agricolis et viri fortissimi et milites strenuissimi gignuntur, maximeque pius quaestus stabilissimusque consequitur minimeque invidiosus. Minimeque male cogitantes sunt, qui in eo studio sunt occupati.* Es wird hier im Landmann der starke Nachwuchs der Wehrkraft im Gegensatz der schwächlichen Städter (vgl. schon Aristot. *polit.* VI, 1. *p.* 1319 *a* 21), sein schlichter Erwerb im Gegensatz gegen den ertistenden, erraffenden Handel, seine dem ruhigen Bestande hingegebene ehrliche Gesinnung im Gegensatz gegen die bewegliche anschlägische Denkungsweise der Städter bezeichnet.

§. 163. Mit dem Ackerbau sind Forsten und Bergbau verwandt, inwiefern sie auf ähnliche Weise die Ausnutzung des Bodens als bleibende und individuelle Erwerbsquelle bezwecken; und an das Agrarrecht schliesst sich Forstrecht und Bergrecht an. Wer in dem Recht die Wahrung innerer Zwecke sucht, wird hier zwei Ursprünge unterscheiden, einmal die Bestimmungen, welche aus dem diesen Wirthschaftszweigen eigenthümlichen Betrieb, und dann die Bestimmungen, welche aus dem Verhältniss des Ganzen zu diesen Quellen der Volkswirthschaft hervorgehen. In jener Beziehung geben die innern Verhältnisse der Sache in ihrer Wechselwirkung mit dem Eigenthümer und Bebauer, in diesem die volkswirthschaftlichen Betrachtungen das Motiv. Während jene Bestimmungen beständige sind, zeigen diese einen grössern Wechsel mit der Geschichte der Culturstufen. Als z. B. in der Forstwirthschaft die grossen Gefahren für das gesunde Klima, für die fruchtbare Vertheilung von Regen u. s. w. bemerkt wurden, welche unbesonnenes Ausroden von Wäldern hat; als der Blick des Staates auch die ferne Zukunft ins Auge fasste und der Widerstreit wahrgenommen wurde, in welchen bei der Ausnutzung das Interesse des Staates mit dem Interesse der Einzelnen geräth: bildete sich die Forsthoheit strenger aus und eine beschränkende Oberaufsicht über die Forstwirthschaft der Privaten.

Die Eigenthümlichkeiten des Rechts in diesen Sphären ergeben sich immer da, wo der durch die Sache bestimmte artbildende Unterschied in die allgemeinen Bestimmungen des Eigenthums, des Vertrages, der Erwerbungsart, der Enteignung eingreifen.

Anm. Es ist das deutsche Bergrecht ein anziehendes Beispiel, wie der innere Zweck, in der Abgeschlossenheit des Bergbaues und der Bergleute sich scharf ausprägend, eigenthümliche Ausdrücke und Formen hervorgebracht, um das Rechtsverhältniss z. B. des Regals und der übertragenen Gerechtigkeit zu wahren.

§. 164. Von der realen Basis her erheben sich als die zweite Stufe, durch die erste, den Landbau (§. 161), bedingt, die **Gewerbe**, welche die gemeinsame That fortsetzen, den Menschen von dem nächsten Zwang der Natur zu befreien, indem sie für menschliche Zwecke die gewonnenen Stoffe bearbeiten und formen, die Kräfte der Natur leiten, und beide zu Organen und Symbolen des Geistes machen. Sie bilden auf der einen Seite Werkzeuge, durch welche der Wille seine Macht über die Dinge ausdehnt, indem sie die Kräfte des menschlichen Leibes schützen und erweitern, wie z. B. da, wo sie die menschliche Hand mit kräftigern und feinern, mit mannigfaltigern und gesammeltern Wirkungen ausstatten; und sie bilden auf der andern Seite Zeichen, durch welche der Gedanke sich mit sich selbst und andern verständigt, oder in welchen die Empfindung sich darstellt. Der Mensch zwingt sogar die Maschine etwas zu verrichten, was er für sich nicht leisten kann; er zwingt z. B. die Uhr jene Theilung und Zählung der Zeit zu vollziehen, welche er selbst nicht leisten kann und welche, gemeinsam benutzt, das Leben präcis macht und Zeit und Kräfte einbringt.

Wenn das Sittliche im weitern Sinne da erkannt wird, wo der Mensch sein eigenthümliches Werk ausführt: so erhellt das Sittliche in einer Richtung, durch welche das menschliche Leben sich einen sichern Spielraum und die Fähigkeit seiner Verwirklichung schafft. Die Gewerbe arbeiten für die menschliche Autarkie der Natur gegenüber; und wenn der Staat sich darin vollendet, dass er sich menschlich, so weit es geht, aus sich selbst befriedige, so ist seine Aufgabe eine vielseitige Ausbildung der Gewerbe in Anschluss an die in seinem Lande gegebenen Bedingungen; denn der Staat, der Mensch im Grossen, soll vor Allem das Land zu seinem Leibe machen und wie die menschliche Seele den Leib, so das Vermögen seines Landes zur reichsten Gliederung und freiesten Bewegung bestimmen. Von diesem Gesichtspunkt geht die Gesetzgebung nach aussen im Schutzzoll, im Prohibitivsystem oder dem Gegentheil und nach innen in den geschlossenen Gewerben oder der freien Concurrenz aus. Die Mittel sind nach den geschichtlichen Bedingungen und nach der Entwickelungsstufe der Gewerbe selbst verschieden und oft entgegengesetzt; aber der innere Zweck bleibt für das Ganze derselbe. Das Gewerberecht wahrt nach dieser Seite die vom Ganzen als nothwendig erkannten Bedingungen zur Ausbildung dieser sittlichen Bedeutung; es ist dies der eine bestimmende Faktor im Gewerberecht.

Von der andern Seite steht zu dieser Anschauung des sich sittlich ausbildenden und dem Leben immer mehr Möglichkeit menschlicher Befriedigung gewährenden Ganzen die Lage der in dieser Richtung Arbeitenden in schroffem Gegensatz, mag man im Alterthum an die Sklaven und im ersten Mittelalter an die Leibeigenen, oder in der spätern Zeit an die entartenden Zünfte, in der neuesten an die Fabrikarbeiter denken. Die Theilung der Arbeit theilt den ganzen Menschen und mechanisirt ihn. Durch die Maschine tritt der Mensch seine Geschicklichkeit an das Werkzeug ab. In der Fabrik, welche sich zu einer grossen Maschine zusammensetzt, werden die Menschen zu mechanischen Zwischengliedern der Maschinen.

Während die geistige Aufgabe des Werkmeisters steigt, sinkt die Aufgabe der Ausführenden. Die Einheit der Leitung, das Kapital, die Maschinen haben zusammenwirkend für die erste Richtung einen grossartigen Erfolg, aber ihr Rückschlag ist nach der andern Seite gefährlich. Es fragt sich und es hat sich zu allen Zeiten gefragt, wie dem Arbeiter im Gewerke, der für das menschliche Leben im Grossen thätig ist, ein menschliches Leben gewahrt werde. Es ist diese Frage auf den verschiedenen Entwickelungsstufen verschieden beantwortet worden und liegt dem Verfassungsrecht der Gewerbe zum Grunde, sei es dass man in den Zünften gegenseitige Förderung und Hülfe, Standesehre und Befriedigung in der Gemeinschaft sucht, sei es dass man in der Gewerbefreiheit den Wetteifer der Arbeitenden anspornen will. Es gehören hieher alle Gesetze, welche die Arbeiter vor willkürlicher Abhängigkeit schützen, Ausbeutung der Noth verhüten und den Kindern eine gewisse Erziehung sichern. Das Gewerberecht wahrt nach dieser Seite vom Sittlichen, so viel es in dem sinkenden Marktpreis der Menschenkräfte wahren kann.

Ein dritter Faktor kommt auch im Gewerberecht aus der Natur der Sache, welche den Mittelpunkt eines Gewerbes bildet. Will man beispielsweise sehen, wie im Gewerbe ein neuer Zweck ein neues Recht bildet und in ihm die eigenthümliche Sache, die Beziehungen zum Staat und die Rücksichten auf die Betreibenden und Bedienenden, sowie auf die Benutzenden die Bestimmungen hervorbringen: so vergleiche man das Eisenbahnrecht, das erst unter unsern Augen entstanden ist, und, in sich mannigfaltig, sogar das allgemeine Strafrecht geschärft hat, wie z. B. wo es sich gegen den Leichtsinn oder den bösen Willen derer kehrt, welche auch nur ein Steinchen auf die Schienen legen. Die Rechte der Gewerbtreibenden z. B. in den Zünften, in Erleichterungen an Einfuhr oder Ausfuhr, in Patenten, fliessen aus der Voraussetzung dessen, was die Gewerbtreibenden dem Ganzen leisten.

Das Eigenthümliche des Gewerberechts erscheint da, wo das

Allgemeine der Verträge, der Associationen, durch den specifischen Inhalt dieser Sphäre erfüllt wird.

§. 165. Zu Ackerbau und Gewerben gesellt sich beiden zur Hülfe der **Handel**, welcher eine Sache, ohne sie zu verarbeiten, umsetzt und zur Waare macht. Als Vermittler zwischen den Erzeugenden und Abnehmenden, den Producenten und Consumenten, hat er die Verrichtung, die Arbeit den Bedürfnissen anzupassen und den Bedürfenden die Erzeugnisse der Arbeit für Gegenwerthe zuzuführen. Auf diese Weise ist er, Nachfrage und Angebot regelnd, als Binnenhandel innerhalb desselben Landes und als Zwischenhandel und auswärtiger Handel zwischen Ländern und Ländern thätig. Es wird durch den Handel möglich, dass in jedem Kreise die Arbeit sich nach innen wende und sich theilend ihre Erzeugnisse vollende, indem sie, dem Handel vertrauend, ihre Kraft von der Sorge des Absatzes und Umsatzes zurückziehen kann. Durch den Handel empfangen in der Arbeitstheilung selbst die Nationen ihren Beruf und das Leben der Menschheit wird universell, indem es sich zunächst in dieser Richtung zu gliedern beginnt. Wie der Sauerstoff, den wir athmen, zum Theil in den grossen Waldungen der Tropen erzeugt wird und wie sich das Luftmeer der Atmosphäre über den Erdball ausgleicht: so fliessen den Ländern durch den Handel Bedingungen des Lebens aus der Ferne zu und werden über die ganze Erde ausgetauscht; es wird durch ihn selbst da Leben der Menschen möglich, wo es sonst unmöglich wäre, und menschlicheres Leben, wo es sonst thierischer bliebe. So wird der Handel ein ethisches Organ und zwar nicht bloss eines Volkes, sondern der Menschheit.

Der Trieb des Handels, der ungehindert das Geben und Nehmen vermitteln will, ist **Handelsfreiheit**. Aber der Handel kann nur in Verbindung mit der inneren Produktivität einer Nation, mit der nationalen Ergiebigkeit an Erzeugnissen gedacht werden, ohne welche er aufhören müsste. Daher muss er selbst jene Rücksichten des Staates anerkennen, welche bestimmt sind, die inneren produktiven Kräfte zu schützen oder zu steigern, wie in Schutzzöllen, indirekten Steuern; mittelbar kommen sie auch ihm zu Gute. Es ist die höhere Aufgabe, in dem allgemeinen Leben der Menschheit, welches der Handel vermitteln hilft, die nationalen Gestaltungen nicht aufzugeben, sondern vielseitiger und gespannter darzustellen. Dahin geht die Weisheit der Handelsgesetze, inwiefern sie aus der Betrachtung des nationalen Ganzen stammen. Weder Fichte's geschlossener Handelsstaat, in welchem das blosse Verlangen nach ausländischen Produkten für so unsinnig erklärt wird, als wenn der Eichbaum fragen wollte, warum bin ich nicht Palmbaum, noch die ungemessene Handelsfreiheit neuerer englischer Theorien, wodurch die Nationen von andern übervortheilt werden und den in Handel und Gewerbe vorgeschrittenern Nachbarn erliegen, genügt der Aufgabe des Staates, in der Nation die Bedingungen zum menschlichen Leben am zuträglichsten zu schaffen. Von dieser Seite ist der Blick des Staates auf die individuelle Lage des eigenen Landes und Volkes gerichtet, und der Staat bedingt, fördernd oder beschränkend, den Handel in seinen Richtungen, während das Recht diese Bedingungen der gemeinsamen sittlichen Wohlfahrt wahrt.

Von der andern Seite stammt das Handelsrecht aus der eigenthümlichen Natur der Sache, welche die allgemeinen Rechtsverhältnisse des Vertrages und des Credits specifisch bestimmt. So bildet das Recht des Institor (z. B. des Commis) auf kaufmännischem Boden das allgemeine Rechtsverhältniss der Vollmacht (§. 110) näher aus; so bedarf es, da der Handel zum wesentlichen Theil Versendung ist, bei welcher die unmittelbare Auslieferung fehlt, oder das „Augen fürs Geld“ nicht weit reicht, nothwendiger Bestimmungen über Anbieten und Annahme, über die Frage, unter welchen Bedingungen das Geschäft perfekt sei, über die Frage, unter welchen Bedingungen der Käufer oder der Verkäufer, z. B. bei Uebersendung, bei Zeitverlust, für die Gefahr stehe, über die Frage, unter welchen Bedingungen, damit nicht Betrug sich einmische, die Waare als die empfangbare anzusehen sei, d. h. als eine solche, welche der ausdrücklichen oder stillschweigenden Zusage des Verkäufers entspricht. Treu und Glauben von beiden Seiten ist in allen diesen Beziehungen der innere Beweggrund, welchen in äusserlichen Bestimmungen das Recht zu wahren sucht. In den verwickeltern und künstlichern Verhältnissen blickt die Analogie der einfachern als die bestimmende durch, z. B. in der Entscheidung des Zeitpunktes, in welchem die Waare und die Gefahr dem Käufer zufalle.

Die Bestimmungen des Handelsrechts müssen scharf sein, um den Streit zu verhüten, zu welchem der Eigennutz immer aufgelegt ist, und um der kaufmännischen Berechnung eine sichere Basis zu gewähren. Das Geschäft bedarf der Promtheit, weil überhaupt Zeit Geld ist und im kaufmännischen Umsatz die Gelegenheit, welche der Kaufmann nur hat, wenn er weiss, worüber er verfügen kann, ein wesentliches Stück der Spekulation bildet. Es folgt hieraus die Promtheit der Rechtsformen im Handelsrechte und die Richtung auf promte Entscheidung in Handelsgerichten.

Wenn dem Handel Vorrechte gegeben werden, wie z. B. Stapelrechte, wenn der Handeltreibende besondere Rechte besitzt, z. B. früher ausschliesslich die Wechselfähigkeit, die Bedeutung seiner Handelsbücher im gerichtlichen Zeugniss, und wenn sich die Rechte im Handel selbst, z. B. im Grosshandel, im Kleinhandel, abstufen: so werden diese Rechte um der Pflichten und Leistungen willen verliehen; denn sie sollen dem Handel die Bedingungen geben, unter welchen er sich vollende und seine Verrichtungen für das Ganze erhöhe.

Was im Handelsrecht aus der Beziehung des Handels zu den nationalen Bedingungen der Wohlfahrt und der relativen Autarkie stammt, wird nach den Entwickelungsstufen der Nationen und des Handels selbst wandelbarer, hingegen was aus der Natur des Handels als solchen stammt, bleibender sein.

Treu und Glauben im Geschäfte, die Consequenz des Wortes und pünktliche Erfüllung der Verbindlichkeit ist die rechtliche Gesinnung, welche den Stand der Kaufleute belebt, und welche sich insbesondere vom Handel her dem übrigen Leben mittheilt. Das zwingende Recht zieht seine Grenzen, um dieser Gesinnung einen äussern Halt zu geben.

Dem Kaufmann geht wie eine Verzerrung theils der Krämer zur Seite, der durch Eigennutz klein wird, theils der Schwindler, der ohne das Solide des Kaufmannes das Grossartige des Handels ausbeuten will. Das gesunde Leben des kaufmännischen Standes, das sich selbst reinigt, sucht beide auszuscheiden.

Gegen die schlimmen Seitenwirkungen, welche der Handel haben kann, hat zum grossen Theil das Gesetz keine Mittel. Nur die Sitte und die durch Erfahrung gewitzigte Vorsicht steuern dem Uebel einigermassen. Während der Handel den menschlichen Bedürfnissen dienen soll, indem er das Hervorbringen und Abnehmen vermittelt: versucht er durch Angebot die Begierde hervorzulocken und die Nachfrage zu erregen. Auf das Eitele spekulirend, erzeugt er seines Theils Mode und Luxus oder drängt im Geschmack und in der Geistesnahrung mit seinen Novitäten das Klassische zurück. Gegen solche Seitenwirkungen hält selbst die Sitte selten Stand. In Handelskrisen wird der schwindelnde Unternehmungsgeist und das allgemeine Vertrauen, das mit sich fortzieht und in der langen Kette des Credits die schadhaften Glieder schwer erkennen lässt, zu einem Verhängniss, das selbst über den Wohlstand des Unschuldigen und über die erwerbende Arbeit der Thätigen einbricht. Die Verantwortlichkeit des Kaufmannes für das Vertrauen, das er fordert und das er giebt, geht in dem Weltzusammenhang des Credits weit über den Schlag hinaus, den er sich durch Fehlgriffe selbst versetzt — und doch vermag das Gesetz grösstentheils weder das Unrecht noch die Versehen des Kaufmannes wirksam zu treffen.

Der Handel wird an der Börse eine politische Macht; aber es ist eine Politik der Unternehmungslust nach Furcht und Hoffnung, dem Strome der Gelegenheit folgend und darum der

Macht sich fügend. „Die materiellen Interessen, sie schlagen sich nicht, sie weichen zurück."

Im Gegensatz gegen den Trieb zur Beharrung, der dem Landbau innewohnt, stammt aus dem erfindenden Gewerbe und aus dem länderverbindenden Handel der Trieb der Bewegung. Für die Grundlage des Staates concentriren sich überhaupt die Gegensätze in Grundbesitz und Geld, indem dieses den Umsatz in das Allgemeine, jener den Zug zum Eigenthümlichen darstellt; sie sind, wie im Satz der Sprache Sein und Thätigkeit, die beiden Elemente, welche sich zur Einheit binden müssen.

Anm. Es tritt allerdings im Handel der Eigennutz des Gewinnes als bewegender Antrieb hervor. Aber während der Handel in kleinen Verhältnissen krämerhaft bleibt, streift er in grossen Beziehungen, wenn er kühn die Meere befährt, die Welttheile verbindet, in Krieg und Frieden mit den grössten Verhältnissen der Staaten sich berührt und durch Zufuhr von Stoffen und Absatz der Arbeit entfernte Länder belebt, seine blosse Selbstsucht ab und der Kaufmann lernt grossartige Gesinnungen, in die Weite der Welt gerichtet. Der Kaufmann hat, wie sein Handelsrecht, eine universelle Tendenz, welche kosmopolitisch wird.

Indem der Kaufmann gewinnt statt zu erwerben, stehen bei ihm Arbeit und Lohn in einem grossen Missverhältniss, und dies Missverhältniss würde ungerecht sein, wenn nicht beständig der Abzug eines Verlustes drohte, welcher geeignet ist, den Gewinn auf Erwerb zurückzuführen. Wo fortgesetzte Gewinne den Muth überheben und die Gier des an sich ungemessenen Reichthums steigern: erzeugt sich ein Schwindel, wie eine ansteckende Krankheit der Geschäftswelt, auf welchen Verluste desto gewisser folgen. Im Allgemeinen wirkt nur der Erwerb, aber nicht der Gewinn, auf die Sitte heilsam.

Dagegen bedarf der entartende Kaufmannsgeist, der im Wagen und Gewinnen gewaltthätig und habsüchtig, üppig und übermüthig wird, der den grausamen Sklavenhandel, Menschenwerben um jeden Preis in die Welt gebracht, der Menschen verschnitten hat, um sie als Eunuchen zu verkaufen,[1] der nur Söldlinge, aber nichts Ritterliches kennt, der vom Gelde besessen wird, statt es zu besitzen, der zum Minimum des Lohns, aber zum Maximum des Zinsfusses strebt, theils der Zucht starker Gesetze, theils des Gegengewichtes der übrigen Stände.

§. 166. Auf dem kaufmännischen Credit, der sich von

1) Wilhelm Roscher, die Grundlagen der Nationalökonomie. 2. Aufl. 1857. S. 485.

Markt zu Markt über die handeltreibenden Nationen fortsetzt, beruht die grosse Erfindung des **Wechsels** und das Wechselrecht steigert die Kraft des kaufmännischen Wortes bis zu einer Höhe, auf welcher sich die Wechselverschreibung fast zu der Geltung des vom Staate in Umlauf gesetzten Papiergeldes erhebt, und zwar unter günstigen Umständen weit über die Grenzen des Landes hinaus auf dem ganzen Weltmarkte (vgl. §. 119. Anm.). An dieser gespannten Wirkung hat ausser der Ehre, die an der kaufmännischen Unterschrift haftet, das zwingende Gesetz wesentlich Theil. Wie der Wechsel ein an die Unterschrift gebundenes blosses Summenversprechen ohne Gegenversprechen ist, eine reine Verpflichtung zu einer Geldzahlung ohne den Zusatz eines Grundes für die Verpflichtung (ohne die *causa debendi*): so schneidet das Gesetz alle Einreden ab, welche sonst aus materiellen Gründen gegen die Ausübung von Forderungsrechten erhoben werden können; es beschleunigt die Processform und schärft die Kraft der Verpflichtung durch eigenthümliche Strenge der Vollstreckung, z. B. durch Wechselhaft. Die exakte Geschäftsform in der Geschichte, welche der Wechsel durchlaufen kann, und das strenge Verfahren im Wechselrecht haben den Sinn, die sittlichen Bedingungen zu wahren, unter welchen allein diese Zuversicht des kaufmännischen Vertrauens möglich ist. Der Glaube, welchen ein Wechsel findet, ist durch die Voraussetzung bedingt, dass der Aussteller, sei der Wechsel ein eigener (trockener), sei er ein Zahlungsauftrag (Tratte), die Zahlung leisten wolle und leisten könne; und die Strenge des Gesetzes übt einen solchen Druck der Furcht, dass die Voraussetzung an Kraft gewinnt, der Aussteller werde nicht bloss zahlen wollen, sondern auch, ehe er sich verschrieb, sein Wollen mit dem Können ausgeglichen haben. In der Wechselhaft steht der Schuldner mit der persönlichen Freiheit für die pünktliche Erfüllung der Verpflichtung ein. Aus diesen Gesichtspunkten gehen die strengen Grundsätze und scharfen Formen hervor, welche im Wechselrecht das allgemeine Wesen der Verpflichtungen (§. 103 ff.) eigenthümlich ausbilden.

Der Wechsel ist eine kaufmännische Erfindung und es ist die Wechselfähigkeit, die Befugniss, sich durch einen Wechsel zu verpflichten, erst später über den Stand des Kaufmannes hinaus verallgemeinert worden. Diese Erweiterung zur Erhöhung des persönlichen Credits kann indessen mit höheren Zwecken in Widerstreit gerathen. Soll der Einzelne in der Wechselhaft mit der persönlichen Freiheit für sein gegebenes Wort eintreten, so wird der Staat sich der Vollstreckung in den Fällen weigern, in welchen die Person, wie z. B. ein Militär, ein Beamter, seinem Dienste gehört. Wird nun dem Gesetz, wie es nöthig ist, für solche Fälle der Wechselfähigkeit die Wechselstrenge genommen: so erlahmt die eigentliche Kraft, welche dem Wechsel durch diesen Zwang zuwächst. Daraus erhellt ein innerer Widerspruch in der ungemessenen Ausdehnung des Wechselrechts; und es wird würdiger sein, schon im Princip zu verhüten, dass die Ansprüche des Privatgläubigers auf die Person des Schuldners und die Ansprüche des Staates auf die Verpflichtungen des Amtes in derselben Person zusammenstossen.

Der sogenannte Wechselreuter verletzt das sittliche Band, welches sich durch den Credit durchzieht, und wird unredlich, indem er die Form des Wechselganges benutzt, um sich eine Zeitlang durch den allgemeinen Credit Geld zu verschaffen und mit dem Bewusstsein, selbst keinen Credit zu verdienen, den allgemeinen Credit für sich auszubeuten.

In diesem Zusammenhang werden die Wechsel zu verkleideten Anleihen, welche von den Ausstellern ohne das Bewusstsein, sie erstatten zu können, oder gar mit dem Bewusstsein des Gegentheils gemacht werden. Sie werden in demselben Masse gefährlicher und dem Gesetze verantwortlicher, als sie mit dem Schein gegründeter Firmen grosse und gewagte Geschäfte decken und in dieselben die Handelswelt hineinziehen. Der Bankerott und die eigene Verarmung bleiben, wenn das kaufmännische Abenteuer fehlschlägt, als natürliche Folge weit hinter der sittlichen Schuld zurück. In Handelskrisen, welche mit den Schuldigen viele Unschuldige ins Verderben ziehen und den allgemeinen Erwerb erschüttern, äussert sich der furchtbare Rückschlag des durch Wechsel belogenen Vertrauens. Je mehr man sich es klar macht, dass Wechsel des Handelsstandes über den Kreis desselben hinaus wie vermehrtes Papiergeld des Staates wirken und dass man zwar vom Staat für Papiergeld Gewähr fordert, wie z. B. in bereitgehaltenen Baarbeständen, aber im Handelsstande für Wechsel unbegrenzt und unverbürgt dem Ermessen und Vertrauen der Einzelnen freien Lauf lässt; je mehr man an den rascher auf einander folgenden Handelskrisen bemerkt, dass selbst das bittere Lehrgeld der Erfahrung nicht witzigt und die unbesonnenen oder trügerischen Spekulationen steigender Geldgier nicht zurückhält: desto mehr wird man sich genöthigt fühlen, auf eine allgemeine nachdrückliche Gegenwirkung der Gesetze gegen den Missbrauch des im Verkehr edelsten Gutes, des Vertrauens, Bedacht zu nehmen.

§. 167. Der Handel bringt Bildungen hervor, welche ihm dienen, und daher mit dem eigenthümlichen Zweck, in welchem sie ein Recht für sich ausbilden, mit dem Handelsrecht in Verbindung stehen. Dahin gehören die Mittel für den Transport, z. B. die Schiffahrt mit dem Seerecht (vgl. in §. 40), ferner für die Gefahr die Assekuranzen in ihren mannigfaltigen Formen. Letztere sind der fortgesetzte gemeinsame Kampf gegen die in das Leben eingreifende Gewalt des Zufalles ähnlich der Eindämmung des Meeres, Anstalten der Vorsicht, gegründet auf die Berechnung der Furcht im Verhältniss zur wirklichen Gefahr; sie wirken ethisch, indem sie die Furcht der Einzelnen auf Viele vertheilen und dadurch den schaffenden Kräften ein Gefühl der Sicherheit gewähren, dem Gefühl derer vergleichbar, welche im Gange festen Boden unter ihren Füssen wissen.

§. 168. Wie die eigenthümliche Natur der Sache das Handelsrecht bestimme, zeigt unter andern im Verlagsrecht das Recht des Urhebers, ferner das Recht, das dem Erfinder z. B. im Patent verliehen wird (vgl. §. 101. Anm.). Das Recht dessen, was man litterarisches, artistisches Eigenthum genannt hat, erhellt in einer indirekten Betrachtung leicht; denn Nachdruck bringt den erzeugenden Geist um die Frucht der edelsten Arbeit und bereichert den, der die Vortheile an sich rafft; indem er das gerechte Verhältniss verkehrt, lähmt er die hervorbringende Kraft. Schwieriger ist es, die inneren Zwecke auszugleichen, welche direkt das Recht bilden, die Rücksicht auf den Urheber, dem die Frucht des nur durch ihn entstandenen Werkes im eigenthümlichen Sinne gehört, und dessen hervorbringende Kraft durch den Genuss dieser Frucht zu reizen und zu spannen ein Ziel des Gesetzes sein muss, dann die Rücksicht gegen den Verleger, der die erste Gefahr der Veröffentlichung übernimmt, endlich die Rücksicht auf die Verbreitung, auf welche jedes Geisteswerk seinem eigenen Ursprung und seinem inneren Sinne nach Anspruch macht. Privilegien auf Klassiker der Nation beschränken die Anregung zu wissenschaftlicher Bearbeitung und bildlicher Ausstattung ihrer Ausgaben, hemmen den Wetteifer des Buchhandels und hindern also die nationale Wirkung der Geisteserzeugnisse. Es wächst die Schwierigkeit einer gerechten Auseinandersetzung in der Bestimmung der Grenzen zwischen der neuen Produktion und der Reproduktion einer alten, zwischen der eigenen Geistesarbeit und der Wiedergabe einer fremden. Es fragt sich z. B., wo hört die Compilation des Fremden auf und wo beginnt die eigene Combination? Wie weit ist das *ex recognitione*, *ex recensione*, das die hervorragende Geistesarbeit eines Philologen bezeichnen kann, gegen den Nachdruck geschützt?

Wenn durch das Gesetz gegen den Nachdruck das eigenthümliche Verhältniss herbeigeführt wird, dass ein Recht des Producenten an der Waare des Produktes fortdauert: so fliesst auch hier das Recht aus der Leistung und es besteht um der Leistung willen, welche, frei wie sie auf diesem Gebiete ist, nicht Pflicht heissen kann, aber doch der Pflicht in gebundenen Thätigkeiten analog ist.

§. 169. Ackerbau, Gewerbe, Handel sorgen für die materielle Autarkie des Volkes und das Recht sucht die Bedingungen zu wahren, unter welchen Wohlstand möglich ist. Es ist der Wohlstand ein relativer Begriff. Wohlstand des Einzelnen bezeichnet ein überschiessendes Verhältniss der Einnahme über die durch den Stand und die Lage nothwendige Ausgabe, so dass dadurch für den Bestand und die Erweiterung des Lebens Mittel gegeben werden. Der Wohlstand einer Nation kann in Vergleich mit andern ein analoges Verhältniss bedeuten, wobei es nach aussen hin unbestimmt bleiben mag, ob die Mittel nach innen gleichmässig vertheilt oder in der Hand Weniger gehäuft sind. Wenn man indessen den Wohlstand einer Nation auf sie selbst bezieht, so wird man ihn daran messen, dass möglichst Vielen die Fähigkeit geschaffen wird, an den menschlichen Gütern Theil zu haben und menschlich zu leben. In dem Wohlstand steckt auf doppelte Weise ein ethisches Element; denn einmal hat er die erwerbende, erhaltende Arbeit hinter sich, und dann gewinnt er an Ausdehnung und Kraft, wenn Zufriedenheit und Einfachheit das Mass des Nothwendigen in bescheidenen Grenzen halten.

In dem wachsenden Reichthum der äussern Mittel erzeugt sich der Luxus, dessen Charakter es ist, dass der Genuss des Entbehrlichen nothwendig wird. In dieser Allgemeinheit begreift er Erscheinungen von verschiedenem sittlichen Werthe. Denn über das Entbehrliche fällt das Urtheil anders und anders aus, je nachdem man es an dem Nothbedarf des sich fristenden Daseins oder an der Fülle des sich vollendenden menschlichen Lebens misst. In dem ersten Falle ist die Bildung des Schönen, wie in der Kunst, schon Entbehrliches und Ueberflüssiges, im zweiten vielmehr eine Erhebung zu höherer menschlicher Thätigkeit. Gewöhnlich nehmen wir den Luxus im verderblichen Sinne und wenden den Begriff da an, wo das geniessende Leben das thätige überwiegt. Bald dient der Luxus, edler oder eiteler, dem Mächtigen oder Reichen zur persönlichen Darstellung, um sich das Gefühl der persönlichen Bedeutung zu erhöhen und sich, wie z. B. in der Pracht des

Kleides, im Glanz des Schmuckes, selbst zu bespiegeln. Bald verfeinert er die sinnliche Lust des Geschmackes und verdirbt die menschliche Kraft in Ueppigkeit und Wohlleben. Den letzten Erscheinungen gehen Habsucht der Reichen und Armuth der Menge parallel, während die erstern noch an geistige Gestaltungen der Kunst anklingen. Es liegt in solchem Luxus als Seitenwirkung des Handels eine Entartung des Wohlstandes. Es ist allerdings die Aufgabe des Rechts, die Bedingungen zu wahren, unter welchen Wohlstand, Bildung und Sitte in Wechselwirkung wachsen. In diesem Sinne sind zu verschiedenen Zeiten Luxusverbote versucht worden, welche, in ihrer Absicht löblich, aber in ihrer Wirkung schwach, meistens vergeblich gegen die einbrechende Unsitte kämpften. Die Heilung des Uebels ist nur in der persönlichen Sittlichkeit zu suchen, welche in der freien Gemeinschaft, wie z. B. in den Mässigkeitsvereinen, eine Stütze finden kann, oder in dem Bestreben, die üppige Kraft von der Selbstsucht des bloss persönlichen Genusses in die Erhöhung des öffentlichen und gemeinsamen Lebens, z. B. durch die Kunst aus dem Entbehrlichen und Verderblichen in das zwar Entbehrliche, aber Schöne abzuleiten.

§. 170. Mit dem materiellen Wohlstand wächst die Cultur und nimmt die Bevölkerung zu. In jener vollzieht sich ein geistiges, in dieser ein physisches Gesetz, in beiden offenbart sich auf den ersten Blick die Wohlfahrt des Geschlechts. Und doch vereinigen sie sich im Fortschritt, um zum Gegentheil zu werden.

Die Cultur macht die Bedürfnisse vielseitiger und mannigfaltiger und erweitert und vervielfacht die Begierden. Die wachsende Bevölkerung hingegen mehrt die Masse der Begehrenden. Indem nun die Begehrenden mehr begehren und der Begehrenden in geometrischer Progression mehr werden, verengt sich nothwendig der Kreis der Befriedigung auf dem gemeinsamen Boden, dessen Erzeugnisse nicht viel mehr als den Fortschritt einer arithmetischen Proportion zeigen. Cultur bedingt Uebervölkerung, Uebervölkerung Verarmung; und Cultur und Zunahme der Bevölkerung, beide willkommen, mehren zusammen die Noth, bis sie die Menschen über die Grenzen des Landes hinaustreiben.

Es ist des Menschen eigenthümliches Werk, die Natur zu besiegen — und es besteht darin seine Freude und seine Grösse, wenn er z. B. das trennende Meer zum Mittel der Verbindung macht, wenn er im Austausch der Himmelsstriche die unwirthbare Zone zur traulichen Heimat umschafft, oder wenn er wilde Kräfte entfesselt, um sie für sich zu verwenden, sei es, um die feindliche Kugel zu treiben, sei es, um sich selbst fortzuschnellen, wenn er, was seinem Gesicht versagt war, den kleinsten Raum und den grössten in sein Gesichtsfeld zieht, wenn er die dunkle Nothwendigkeit erforscht, um sie mit ihrem eigenen Gesetz zu beherrschen und für seine Macht und Freiheit zu lenken. Indem er die Natur besiegt, räumt er die Hindernisse immer mehr hinweg, welche der Fortpflanzung und Erhaltung seiner Gattung entgegenstehen, und entfernt die Schranken, welche das progressive Gesetz seiner Fortpflanzung hemmen, seinem Laufe zu folgen; es gelingt ihm, die Erhaltung des Individuums zu befördern, so dass selbst die mittlere Lebensdauer wächst und die produktiven Jahre zunehmen. Wenn der Umstand das Gute im Leben des Einzelnen und des Ganzen zurückhält, dass der Mensch, wie das Volk sagt, früh alt und spät klug wird: so nimmt nun diese Hemmung ab und der Spielraum wächst, in welchem sich Klugheit und Kraft begegnen. In diesem Sieg über die Natur durch die Gemeinschaft seines Geschlechts freuet sich der Mensch seines eigenthümlichsten Werkes und vollzieht darin ein Stück seiner ethischen Arbeit.

Aber es wendet sich das Blatt, — und das ist die grösste Kehrseite der menschlichen Dinge. Der Erfolg der Thätigkeit, welche der Bestimmung des Menschen eingeboren ist, richtet sich wider ihn selbst. Indem er die Natur besiegt und zum Werkzeug der Vernunft macht, entspringt die Gefahr, dem Gesetze seiner eigenen Erhaltung, das er von der Hemmung befreite, in der

Uebervölkerung zu erliegen. Wenn die mittlere Lebensdauer sich verlängert, wie Statistiker lehren, so trägt auch dies dazu bei, dass sich das Gedränge auf dem Menschenmarkt mehre, da mehr Individuen von den verschiedensten Lebensaltern gleichzeitig leben und das nachrückende Geschlecht nur erst später freien Platz findet. Uebervölkerung droht die Auflösung der menschlichen Gesittung, um derentwillen alle Arbeit der Jahrhunderte geschah. Wenn man sich einst die Erde übervölkert dächte, wie jetzt China, so schlösse die menschliche Geschichte mit einem Krieg Aller gegen Alle, statt mit einem ewigen Frieden, und der Mensch führte, wie in China, in der Moral der Aussetzung Krieg gegen die eigenen Kinder. Die Selbsterhaltung des Einzelnen sprengte die sittlichen Bande der sonst zu einander strebenden Menschen. Dahin zieht die Gewalt, welche in Natur und Cultur als verketteten physischen Ursachen liegt.

Aber noch ist diese Zeit nicht da und die physischen Ursachen stehen in der Hand einer Idee, welche durch sie hindurch strebt. Im Kleinen stellen allerdings Uebervölkerung und Verarmung die Noth dar, welche aus jenen Faktoren der geistigen und physischen Erweiterung stammen. Indessen der Widerspruch zwischen dem Bedürfniss und den Mitteln, jenem Widerspruch zu vergleichen, welcher aus dem bedürfnissvollen und doch wehrlosen Zustande des ersten nackten Menschen im Anfang der Geschichte hervorblickt und die Entwickelung antreibt, wird, wie in der Völkerwanderung, in den Auswanderungen, in der Anlage von Kolonien, der Beweger der Weltgeschichte.

Wo in den Staaten der materielle Wohlstand des Ganzen in Uebervölkerung und Verarmung der Massen umschlägt, wo durch die Cultur und namentlich durch die Geschichte des Geldes die Preise der Dinge steigen und auf dem dichten Menschenmarkt der Preis der menschlichen Kräfte sinkt, wo Erfindungen des Geistes, wie die Maschinen, plötzlich Hände und Arme ausser Thätigkeit setzen, wo die Begierden eines mannigfaltigen Genusses durch die Cultur erwacht sind, aber die Befriedigung versagt ist: da treibt das schreiende Missverhältniss Missbehagen und Missvergnügen, und die Missstimmung treibt Theorien hervor, welche, gegen das Bestehende gerichtet, selbst die sittliche Substanz, als wäre sie an dem empfundenen Druck schuld, anfressen, wie dessen die socialistischen und communistischen Lehren, die Lehre von der Emancipation der Frauen und dergleichen Beispiele sind. Die Theorien erhalten ihre Kraft durch die Begierden, welche wie treibend dahinter liegen, und nicht durch das Salzkorn Wahrheit, das darin sein mag. In solchen Zuständen sucht zwar das Recht die Bedingungen zu wahren, unter welchen das Sittliche sich erhalten kann, und die Gesetze bekämpfen das Uebel direkt und indirekt. Indessen ist ihre verhindernde Kraft gering und die Noth reisst den Damm. Wenn sich die Gesetze auf geradem Wege dem Uebel entgegenwerfen, so treffen sie meistens nur die Wirkungen und seltener die Wurzel. Sie schneiden der Hyder den Kopf ab, aber es wachsen ihr mehr Köpfe wieder. Es bleibt immer die Aufgabe, die physische Gewalt, welche in der Uebervölkerung, in der Entwerthung der Menschenkräfte (dem Fatum unserer Zeit) einbricht, geistig und sittlich zu besiegen. Es ist keine sittliche Ueberwindung des Uebels, wenn man die Natur durch die Natur sich beschränken lässt, wie da geschieht, wo das Uebel sich selbst heilen soll, wo der Ueberschuss der Menschen dem Hunger, den Krankheiten, dem Elend, welche die Massen lichten, preisgegeben wird, wo die „Erde jene Kinder verschlingt, welche sie nicht zu ernähren vermag". Wie in Zeiten der Pest, wenn die Menschen den nahen Tod vor Augen sehen, das sittliche Leben aus Rand und Band tritt: so verpestet diese Menschennoth, ehe sie mit dem Tode endet, das gemeinsame Leben. Der Mensch bleibt nur Mensch, wo er eine Zukunft vor Augen hat und für eine Zukunft arbeitet, und das gemeinsame Leben muss in diesem Sinne aus dem gesunden Wesen, das ihm geblieben, die kranken Theile heilen. Es geschieht durch Bildungen aus dem Gemeinsamen, wie durch Leitung der Kräfte bei Auswanderungen, durch Armengesetze, welche unterstützen, aber nur um die Selbstthätigkeit anzuregen und zu befähigen, durch die Erweiterung und Oeffnung der gemeinsamen menschlichen Güter, zu welchen Allen der Zugang gewährt oder erleichtert wird, wie z. B. durch Abzugskanäle für den gesunden Zustand der Wohnungen, durch Zuführung von gutem Wasser, durch Erleichterung des Verkehrs. Es geschieht besonders durch die Hegung der sittlichen Keime in der Familie, durch die sittliche Befestigung und Verstärkung der natürlichen Kraft, welche in der Familie ist (§. 130), und durch die Erziehung, welche im Gegensatz gegen den Marktpreis der Kräfte immer wieder den Menschen als Menschen fasst und hält. Auf die Frage, welche an das Gewissen jeder Gemeinde anpocht, wie werden die Armen zu menschlichem Leben geführt? ist immer nur mit der Erziehung, mit der Unterweisung der Kräfte zu antworten. Solche sittliche Keime gehen oft fern von dem Mutterboden auf, der sie getragen hat, und sind der eigentliche Same menschlicher Fortbildung, welcher, wie z. B. in der Auswanderung, von einem Land ins andere getragen wird und in der Noth das menschliche Wesen menschlich erhält. Das Recht, welches sich, wie in den Armengesetzen, in den Sparkassen, den Vereinen zu gegenseitiger Unterstützung, in der Schulpflicht, zur Wahrung solcher Einrichtungen und Vorkehrungen bildet, gehört höhern Kreisen an und liegt jenseits der materiellen Autarkie, welche bis dahin verfolgt wurde.

§. 171. Bisher that sich der Trieb zur Autarkie im Materiellen kund. Indem die Kräfte sich ergänzten, gaben sie den Einzelnen aus dem Ganzen eine Befriedigung, welche sie als Einzelne zu erreichen unfähig waren. Es ist dadurch das Leben als menschliches wesentlich bedingt. Derselbe Trieb zur Autarkie durch Einigung, dieselbe Steigerung durch Ergänzung wirkt im Geistigen.

Nach einer frühern Untersuchung (§. 38) über die subjektive Seite im Princip des Sittlichen geht die Gesinnung, der persönliche Grund des Sittlichen, in die Religion zurück, welche das Bedürfniss jeder menschlichen Seele ist, aber erst in der Gemeinschaft Gestalt und Macht erhält.

Es ist wichtig, die Religion nicht als etwas Theoretisches oder in das Gefühl Eingeschlossenes, sondern in dem bewegenden Punkte aufzufassen, in welchem die Vorstellung des Göttlichen und der menschliche Affekt zusammentreffen. Die natürliche und allgemeine Anknüpfung der Religion liegt im Fürchten und Hoffen der Menschen. Noch in den ausgebildetsten Religionen erscheinen im Grunde des Gemüths Furcht und Hoffnung als ein sich durchziehender Ton, namentlich die Furcht des Todes und die Hoffnung des Lebens, nur mit anderen Gefühlen, z. B. der Schuld und der Erlösung, eigenthümlich verwachsen und durch sie in höherer Beziehung. Der Puls des Lebens schlägt immer zwischen Furcht und Hoffnung. Der Christ bewegt sich in seinen Empfindungen zwischen dem *memento mori* und *memento vivere*. Die Kirche umfasst beides, den stillen Freitag und den Ostermorgen.

Soll nun der Begriff der Religion allgemein gefasst werden und die heidnischen Anfänge nicht ausschliessen, so erkläre man sie als das durch die Vorstellung einer übermenschlichen Macht bedingte Fürchten und Hoffen des Menschen. Zwar ist die Vorstellung eines übermenschlichen Wesens vage, Aber man muss sich mit ihr um der Allgemeinheit willen begnügen; und man darf den Begriff Gottes als des aus sich seienden Wesens oder die Abhängigkeit des Endlichen vom Unendlichen nicht voreilig einführen. Die Vorstellung eines übermenschlichen Wesens ist immer ein Keim, welcher der Entwickelung fähig ist und sich in der Contemplation, z. B. eines Plato, zum Begriff des guten Gottes entwickelt, oder bis in das Unbedingte zurückgeht, das Alles bedingt, und immer sich im Fürchten und Hoffen des Menschen reiner oder getrübter wiederspiegelt. Das Fürchten und Hoffen neigt sich ebenso zum Aberglauben, der Verehrung des Zufälligen, wie es der Vertiefung bis in das Gewissen fähig ist. Es ist die treibende Idee in der Entwickelung der Religion, welche die Weltgeschichte darstellt und der

Einzelne in sich wiederholt, durch ein tieferes Innewerden des Göttlichen und Menschlichen die natürliche Furcht in Ehrfurcht vor dem Heiligen und die natürliche Hoffnung in das Vertrauen auf Gott und in den Trost der Erlösung zu verwandeln. Jede Religion, so weit sie Religion ist, stellt den menschlichen Affekt unter ein empfundenes Göttliches, und insofern tragen auch die Naturreligionen etwas Ethisches in sich, das ein Höheres als sie selbst sind. Für die ethische Wirkung der Religion ist es insbesondere wichtig, wie weit es ihr gelingt, ein Leben des Dankes gegen Gott zu entzünden und ein tieferes Mitgefühl für die Menschen zu wecken.

Es ist wichtig, einzusehen, dass der Mensch so gewiss von Natur abergläubisch ist, als er von Natur fürchtet und hofft und namentlich blinde Furcht seine Ideenassociation bestimmt. Denn es erhellt daraus der Segen der geistigen Religion, welche des Aberglaubens Herr wird und seine Stelle ersetzt; und es erklärt sich daraus, wie selbst in den geistigen Religionen abergläubische Elemente (Pfaffendienst, Bilderverehrung, Magie u. s. w.) immer wieder hervorbrechen und gleichsam legitim werden.

Weil die Religion den Affekten der Furcht und Hoffnung den Gedanken Gottes zum Stachel giebt, so erklärt es sich, dass es in den Völkern, welche in der unmittelbaren Zucht ihrer Religion verblieben sind, keine reizbarere Stelle giebt, als die Religion.

Alle Religion bildet sich in der Gemeinschaft aus; denn alle Menschen begegnen sich in der Furcht, welche in der Beschränkung des menschlichen Wesens, und in der Hoffnung, welche in der menschlichen Erhebung begründet ist. Die Frömmigkeit belebt sich in der Gemeinschaft und die Religion reinigt sich in der Gemeinschaft.

In dieser Gemeinschaft bringt jede Religion Normen hervor, durch welche sie sich erfüllt, das Recht, das sie im Kreise ihrer Bekenner nach innen wendet. Nach ihrem eigenthümlichen Geiste ist es eigenthümlich.

Um dies Recht nach seinem ethischen Werthe zu schätzen, bedarf es einer Betrachtung der Unterschiede, in welchen der religiöse Geist der Menschheit sich darstellt, und eine solche ist nicht dieses Ortes. Es bedarf namentlich einer Unterscheidung, ob die Religion als Naturreligion mehr einen physischen Trieb hat oder von vorn herein ethisch geboren ist, und wiederum, ob ihr ethischer Geist mehr dem Gesetz und äusseren Werke, oder dem innern Glauben zugewandt ist. Es wird sich das Recht auch innerhalb des Christenthums anders gestalten, je nachdem die Kirche durch die Vorstellung einer Stellvertretung Christi auf Erden eine Theokratie in monarchischer Hierarchie gründet oder in Christus als dem unsichtbaren Haupt der Gemeinde eine Theokratie des Geistes bildet.

In jeder Religion und Confession geht das Recht des Priesters, des Geistlichen aus der Idee hervor, welche sie von ihm fasst; aus der Idee seines Wesens entspringen seine Pflichten und Rechte zumal, wie es z. B. im Christenthum die allgemeine Idee des Geistlichen sein wird, die Affekte durch den Gedanken und den Gedanken durch die Affekte zum Göttlichen hinaufzuziehen und zwar aus dem geschichtlichen Gedächtniss der Kirche, aus der Verwaltung der die Aneignung des Heiligen vermittelnden und besiegelnden Anstalten. Bestimmt, für den Geistlichen die äussern Bedingungen seiner Wirksamkeit zu wahren, soll das Recht in den Grenzen, die es zieht, zugleich der Entartung vorbeugen, welche da entspringt, wo statt des Heils der Gemeinde Herrschsucht oder Eigennutz den Geistlichen bestimmt. Denn da entsteht, wie in jedem hierarchischen Princip, die Tendenz, Religion in Superstition, Glauben in Aberglauben zurückzubilden. Das rechte Recht der Kirche wahrt die Idee des Priesters und verhütet den Pfaffen.

Der Mensch denkt im Göttlichen einen Begriff, welcher seinen Werth in sich und aus sich selbst hat. Wo er daher, wie in den ethischen Religionen, zum Göttlichen in ein wesentliches Verhältniss tritt, erwirbt er sich selbst dadurch einen Werth in sich; und wie seine Liebe, wenn sie aus dem

Göttlichen entzündet wird, aufhört, eine Miethlingsliebe zu sein, so hört er in der Religion auf, einen blossen Marktpreis zu haben. Weder die Arbeit in der materiellen Sphäre, noch der Dienst im Heer und Staat fassen den Menschen als solchen auf; er ist ihnen gegen das Werk, das er verrichten soll, nur eine verschwindende Kraft und am grossen Ganzen nur ein Theilchen des Theils. Der Staat kommt leicht dazu, den Menschen nur als den Stoff seiner Zwecke anzusehen. National-Oekonomen bezeichnen wol gar des Menschen Seele als ein „rohes Material", das durch die Hand des Lehrers „Produktivkraft" erlange. Dagegen trachten die ethischen Religionen und Confessionen, wenn auch in starken Unterschieden die eine Religion, die eine Confession mehr als die andere, den Menschen als Ganzes in sich zu wahren. Die Kirche vollzieht für das Ganze die Idee, den Einzelnen sittlich zu beleben, und giebt, wo sie anerkannt ist, dem Einzelnen ein Unterpfand, dass er als Mensch anerkannt werde und nicht als blosse Naturkraft gelte. Dieser Werth des individuellen Menschen wird im Christenthum namentlich in der Freude an dem verlorenen, dem grossen Besitzthum Gottes verloren gegangenen, aber wiedergefundenen Schafe ausgedrückt. In dem allgemeinen Strom der Weltgeschichte und dem allgemeinen Geschick der Völker arbeitet das Christenthum daran, die Seele in sich zu gründen und sie nicht zu lassen, es sei denn, dass sie sich durch Gott in sich selbst fasse. So bleibt der Mensch, sich sonst im Grossen verlierend, Mensch in sich, und nur durch den Menschen im Einzelnen ist der Staat, der Mensch im Grossen, Mensch.

§. 172. Nach der Geschichte der Religionen und Religionsstiftungen wird man nicht zweifeln, dass die Religion von Einer Seite in die Richtungen hineingezogen werden muss, in welchen sich die Ergänzung der Einzelnen durch die Einzelnen kundgiebt. Von Einzelnen geht die Verkündung des Göttlichen aus; Einzelne bestärken sich gegenseitig in gleicher Anerkennung, in gleicher Empfänglichkeit und Empfindung. Sie wahren das

Wort und beleben sich in ihm gegenseitig. Noch heute tritt der Missionar, obwol selbst Glied der Kirche, welche ihn entsandte, als Einzelner unter Einzelne und stiftet unter ihnen im Göttlichen Gemeinschaft. Aus dieser Richtung entstehen die Religionsgemeinden als eine solche Gemeinschaft zur Belebung der menschlichen Gesinnung im Göttlichen.

Dieser allgemeine Begriff stellt sich nach dem verschiedenen Geist der Religion und Confession eigenthümlich dar, wie z. B. in der evangelischen Kirche als das sittliche Gemeinwesen, in welchem der geschichtliche Christus, in Wort und Geist sich bethätigend, die Gläubigen als seine Glieder belebt. Die Kirche ist daher ungeachtet ihres durch die Ergänzung der Einzelnen bedingten Ursprungs keine Association, für einen Zweck durch den Vertrag zusammengehalten, sondern ist aus dem Keime der die Herzen der Gläubigen innerlich vereinigenden Wahrheit hervorgewachsen und treibt ihre Schossen aus diesem Mittelpunkt eines vorgebildeten Ganzen. Insofern ist auch in dieser Bildung als einer organischen das Ganze früher als der Theil.

Ferner fordert der Begriff des Staates, wenn er im weitern Sinne genommen wird, die ethische Richtung der Religion, oder, christlich ausgedrückt, die Kirche als eine Bedingung seines eigenen Wesens — und was von der einen Seite Ergänzung der Einzelnen ist, erscheint vom Staate aus gesehen als seine nothwendige Gliederung. Denn wenn der Staat im weitern Sinne des Wortes ein Mensch im Grossen ist und alle menschlichen Richtungen sich in ihm in der Einheit der Idee ausleben: so ist die Kirche das Organ für die Belebung der Gesinnung aus dem Göttlichen und die sich in der Gemeinschaft gleichsam objektivirende Gesinnung so gewiss sein nothwendiges Moment, als der einzelne Mensch erst durch seine Gesinnung sittlich wird (§. 37). Inwiefern nun der Staat sich erst in der Einmüthigkeit der sittlichen Gesinnung vollendet, so liegt, scheint es, in dem Begriff des vollendeten Staates Einmüthigkeit der Religion als der Wurzel der sittlichen Gesinnung. Wo Volk und Regierung sich in Einem Glauben begegnen, schlingt sich durch den Staat ein persönliches Band. Indessen findet sich bis jetzt eine Einheit der Religion und des Staates nur in anfänglichen und unvollkommenen Formen. In Priesterstaaten, welche das Volk gängeln, ist eine Entwickelung frei entlassener menschlicher Kräfte und eine innere Vollendung des Staates undenkbar. Wo der Staat eine Staatsreligion behauptet, geräth er in den Widerspruch, den innern Glauben auf äussere Gewalt zu gründen oder zu stützen, und die Religion wird Sache der Polizei und des Strafrechts. Die vollendete Einigung von Religion und Staat bleibt, wenn je möglich, ein Ideal der Zukunft. Die Religion ist kein Erzeugniss des sich abschliessenden und sich zur volksthümlichen Individualität zusammennehmenden Staates, sondern ihrer Natur nach universell, geht sie über die Grenzen des Landes hinaus und verbindet die Völker in einer eigenthümlichen Richtung des Gefühls und der Sitte. Die Einheit der Religion und des Staates würde daher nur auf eine allgemeine Basis aller Staaten, auf die allgemeine Wahrheit Einer Religion zurückgehen können.

Wie für die Welt Gott und das Göttliche Einer und Eines ist, so hat zwar die wahre Kirche die Verheissung der Allgemeinheit. Aber die Erfüllung liegt in demselben Masse fern, als nicht nur das Göttliche seiner Natur nach die schwerste Erkenntniss ist, sondern auch, wenn es erkannt wäre, die Religion dennoch das Eine Licht durch Furcht und Hoffnung in mannigfaltige, dunklere und hellere, Farben brechen würde. Es fragt sich nun, wie der Staat ungeachtet dieser unvermeidlichen Spaltung, ungeachtet einer Mannigfaltigkeit des Glaubens seinen sittlichen Geist individuell durchbilde.

Der Staat prägt seinen sittlichen Geist in seinen Gesetzen, seinen Einrichtungen und in denen aus, welche sie handhaben, und es ist unmöglich, dass das Menschliche, das sie beseelt, ohne die sittliche Gesinnung, welche die stille Empfindung eines Göttlichen in sich hat, geblieben sei. Unwillkürlich geht die letzte Auffassung alles Sittlichen von dem, der die Institutionen einsetzt, und von dem Volke, das sie annimmt, in sie selbst über; und insofern hat der Staat die Richtung zur Kirche nicht ausser sich, sondern in seinem Wesen; und wenn die Kirche die Einzelnen nach dem Zuge ihrer eigenthümlichen Idee bewegt, so gewinnt sie mit der Macht über das Gemüth auch eine stille Macht über den Geist der Gesetzgebung und Verwaltung. Es liegt darin ihr eigentlicher Beruf.

Jede Religion, jede Kirche hat jedoch ihres Theils die Neigung in sich, aus jener Einheit heraus, in welcher sie das Göttliche und Menschliche im Affekte fasst, das Weltliche zu gestalten, und das Recht der einen Religion, der einen Kirche geräth daher nicht bloss mit dem Recht der andern, sondern auch mit den Normen des Staates in Widerstreit. Wenn indessen die Religion und näher die Kirche über die individuelle Belebung und Beseelung hinaus in die Regierung des Bürgerlichen und Politischen eingreifen will, verlässt sie ihr begrenztes Gebiet. Wäre die Kirche in dieser Beziehung gegen den Staat thätig, so würde das Individuum des Staates zerrissen. Wo daher die Kirche als äussere Macht von einem fremden Centrum her in die Volksgemeinschaft des Staates eingreift oder ihn nur als den Radius oder das Segment, das von ihr ausgeht, will gelten lassen: da wird der Staat die Einheit seines individuellen Geistes gegen sie wahren. Die Kirche darf nicht gegen den Staat sein — und der Staat zieht in den Gesetzen die Grenzen, durch welche er dem Eingriffe wehrt.

Wo umgekehrt die Kirche, ihres tief innerlichen Berufes eingedenk, sich bescheidet, im Gemüthe zu wohnen, statt im Weltlichen zu herrschen: geschieht es leicht, dass die weltliche Seite des Staates die innere Freiheit der Kirche und ihre nothwendigen Aeusserungen unter das Staatsgesetz bringt. Der Staat kann keine Religion einführen und keine Reformation anbefehlen und die Unterthanen können dem Staat ihren Glauben nicht zur Verfügung stellen. Der Staat darf nicht gegen die Kirche sein — oder richtiger, die weltliche Seite des Staates muss, eingedenk des ethischen Geistes, ohne welchen sie ihre

Würde und ihren Werth einbüsst, der Kirche den freien Spielraum gewähren, welcher ihr nach ihrem eigenthümlichen Wesen nöthig ist, um das Sittliche aus der Aneignung und Empfindung des Göttlichen zu beleben.

Es ist hiernach das allein richtige Verhältniss, dass sich die weltliche Seite des Staates mit der geistlichen, oder, wie man gewöhnlich schlechtweg sagt, der Staat mit der Kirche, befreunde und beide gemeinsam wirken, damit sich das menschliche Leben im edelsten Sinne ausbreite und vollende. Die Kirche, obwol allgemeiner als der individuelle Staat und gerade in der Allgemeinheit ein gewisses selbstständiges Leben besitzend, bleibt eine Lebensbedingung des Staates, und es ist unrecht, die weltliche Seite des Staates — seine Gesetze und äusseren Einrichtungen — allein Staat zu nennen und in einen feindlichen Gegensatz gegen die Kirche zu bringen. Wenn man auf ähnliche Weise, wie Kirche und Staat, so Wissenschaft und Staat, Handel und Staat, Industrie und Staat entgegenstellte und sie in einen solchen Widerspruch brächte, wie nicht selten Kirche und Staat: so würde sich der Staat schier ausleeren. Der von der Kirche schlechthin getrennte Staat ist verstümmelt und stirbt geistig ab, wie der vom Handel schlechthin getrennte Staat leiblich absterben würde. Die Theorie von Trennung der Kirche und des Staates entsteht nur als Nothbehelf in den Zeiten unweiser Conflikte, in den Zeiten der hartnäckigen Anmassungen, sei es von Seiten der Kirche oder des Staates. Beide bedürfen einander. Die Kirche bedarf des Staates, damit ihr die äussern Gesetze — der sittliche Nachdruck des Staates, der Arm der weltlichen Gerechtigkeit, die bürgerlichen Einrichtungen — den Boden bereiten und das Gebiet einer Wirksamkeit sichern. Der Staat bedarf umgekehrt der Kirche, um sich selbst und seine Genossen aus dem innersten Grunde des menschlichen Wesens zu beleben und sich vor dem Verderben zu bewahren, in das ihn sonst die ungehemmte Moral der Selbstliebe und des Wohlseins (§. 23. §. 24) hineinzieht. Es ist dem Staate zum Heil, wenn die Kirche fortwährend daran arbeitet, die Menschen, die seine Glieder sind, aus dem Gefängniss augenblicklicher und selbstischer Stimmungen und Gedanken zu befreien und das harte selbstsüchtige Herz in Empfindungen des Ewigen zu schmelzen. Darum giebt der Staat, die Feste der Kirche in seiner äussern Ordnung anerkennend, Gott die Ehre, überlässt der Kirche den richtigen Antheil an Erziehung und Unterricht, ruft in der peinlichen Rechtspflege, wo es, wie z. B. im Gefängnisswesen, gilt, auf die Gesinnung, den tiefsten Grund des Handelns, zu wirken, die Kirche herbei, stützt sich im Eid auf den von der Kirche gepflanzten und gepflegten Glauben und vereinigt sich im Eherecht mit der die Heiligkeit der Ehe fordernden und hütenden Kirche (§. 131). Es ist allbekannt, wie schwierig in den bezeichneten Beziehungen die Einigung zu erreichen und nach dem individuellen Geist der Kirchen die Grenzen des Rechts unter einander und mit dem Staate zu finden sind. Allein die kluge Kirche und der weise Staat werden, ehe sie sich trennen oder nur noch gewaltsam an einander halten, kein Mittel unversucht lassen, aus dem innern Zweck die Einigung zu finden und über das gegenseitige Recht sich zu vertragen.

Staat und Kirche stehen zur Toleranz verschieden; denn der umfassende Staat wird sich nach dieser Richtung weiter öffnen, als die sich in ihrer Lehre abschliessende Kirche.

Die rechte Kirche, in ihrem eigenen Glauben zuversichtlich, ist eben darum im Bewusstsein der starken Wahrheit, welcher der geistige Sieg verheissen ist, duldsam. Wenn es ihr Wesen ist, das Gewissen zu beleben, so widerspricht der schon in sich widersinnige Gedanke, zum Glauben zu zwingen, auch ihrem eigenen Wesen. Daher ist Duldsamkeit gegen Andersdenkende, sei es im Innern der Kirche, sei es nach aussen, kein Abfall, sondern eine Anerkennung des geistigen Princips in der Religion. Es muss freilich der Kirche nach dem Mass ihres eigenthümlichen Wesens überlassen bleiben, wie viel Spielraum der individuellen Ueberzeugung sie gewähren und wie lange sie ein zweifelndes Glied zu sich rechnen kann. Sie wird in ihrem

Bereiche ein Recht hervorbringen, durch welches sie für die Erhaltung ihres Wesens Grenzen bestimmt.

Der Staat, der, als Ganzes gefasst, sich im Sittlichen vollendet, wird zu den Religionen und Confessionen in demselben Masse durch innere Verwandtschaft hingezogen, als sie mit individueller, dem Geiste des Volkes entsprechender Tiefe den sittlichen Sinn beleben; und insofern ist seine Duldsamkeit keine Gleichgültigkeit. Es folgt indessen aus der innern Natur der Sache, dass die Begriffe von Gott und göttlichen Dingen, der Glaube und der innere Gottesdienst für seine Gesetze kein Gegenstand des Zwanges sind. Sein sittliches Wesen ruht insbesondere auf ehrlicher Gesinnung Aller. Die weltliche Seite des Staates begiebt sich daher jedes Eingriffs in dieser Richtung, und weit entfernt, einer Kirche für einen solchen Zwang den Arm zu leihen, schützt er vielmehr die Einzelnen gegen Anmassungen dieser Art. In der Mannigfaltigkeit der Bekenntnisse eignet er sich von jeder die sittliche Wirkung an, welche sie in ihren Kreisen hat, und beurtheilt, wie weit seine Aemter nach der ihnen eigenen Idee von ihren Trägern das Bekenntniss einer besondern Kirche oder einer besondern Religion erfordern. Die Grenze seiner Toleranz ist die Grenze des Sittlichen. Wo ein Bekenntniss unsittlich wirkt, versagt er ihm die Religionsübung. Allein es fragt sich, ob diese Bestimmung ausreiche. Denn es ist eine Thatsache, dass alle Intoleranz behauptet, sie eifere nur gegen das Unsittliche und gegen das Falsche, das im Widerspruch mit der ewigen Wahrheit eine Lüge des Bösen sei. Es ist in dieser Beziehung wichtig, aus psychologischer Nothwendigkeit einzusehen, dass der natürliche Mensch, welcher ewig nach Beharrung strebt und daher seine Meinung, weil es seine ist, in Andern zu bejahen und aus dem Andern zurückzuempfangen trachtet, an und für sich jene Unduldsamkeit hervorbringt, deren Wesen es ist, die entgegengesetzte Meinung des Andern als Böses zu fassen und darzustellen. Es ist wichtig, einzusehen, dass in der Religion die Meinung durch den Affekt durchgeht und von dem Affekt als Wahrheit besiegelt wird, und dass daher in der Religion der natürliche Mensch desto hastiger und heftiger die Bestätigung und Rückspiegelung seiner Meinung aus dem Geiste Anderer fordert, und wo sie nicht gewährt wird, nur Böses sieht und das vermeinte Böse verfolgt. Wo daher in der Religion der natürliche Mensch nicht geistig von Neuem geboren wird, da ist er nothwendiger Weise ketzersüchtig, indem er in einer natürlichen Gedankenverbindung nicht bloss das Fremde hasst, sondern es nur darum zu hassen meint, weil es von Haus aus böse sei. Wenn nun der Staat in diesen Spiegelbildern, welche ihn zu täuschen suchen, ein sicheres Merkmal des Wahren begehrt, so richte er bei der Frage, ob eine Religion oder ein Bekenntniss sittlich wirke, seinen Blick immer dahin, ob sie die Idee des Menschen in seiner Einheit und der Unterordnung seiner Vermögen erfüllen und dadurch die schaffende Kraft seines Wesens befreien helfen (§. 35).

Anm. Sollte der Begriff, dass der Staat ein Mensch im Grossen sei, gerade an der Stelle zweifelhaft werden, an welcher die Einheit, so scheint es, ihre letzte Schärfe darstellen müsste, im Glauben als der einigen Wurzel der Gesinnung: so greift dieses Bedenken doch nicht durch. Will man die Analogie festhalten, so kann man den Bestand mehrerer Religionen, mehrerer Confessionen in einem und demselben Staate neben einander und den Zug der Vorstellungen und Strebungen, welcher von diesen verschiedenen geistigen Mittelpunkten ausgeht, den Gedankenmassen im Individuum vergleichen, welche, ehe sie in dem Richtigen sich einigen, einander die Wage halten.

Es hat die Möglichkeit, verschiedene Religionen in sich zu dulden, für jeden Staat seine Grenze, wie selbst der auf Dissidententhum gegründete nordamerikanische Freistaat die Mormonen als ein unverträgliches Element in sich verspürt. Wo ein wirklicher Widerspruch gegen seinen sittlichen Geist sich erhebt, kann der Staat die fremde Religion so lange in sich ertragen, als er sie still zu besiegen und faktisch mit seinem sittlichen Geiste fortzuziehen hoffen darf. Aber Unduldsamkeit ist nie seine Stärke. Thatsächlich stellt sich in den Staaten, welche mehrere Religionen, mehrere Confessionen in sich schliessen, eine umfassendere Aufgabe dar und der Geist seiner Gesetze wird im Sinne einer vielseitigeren Berücksichtigung universeller. Wenn sich die Bekenner verschiedener Kirchen mit einander in demselben Vaterlande einwohnen, denselben Geist seiner Geschichte, den Geist derselben Gesetze und in den höhern Ständen den Geist derselben wissenschaftlichen Bildung an sich erfahren: so bildet sich dadurch auf naturgemässem Wege eine Verschmelzung und eine sittliche Gemeinschaft, welche der Staat gegen eine etwa aus dem Innern der Kirchen eindringende Unduldsamkeit und Entzweiung durch sein Gesetz schützen muss. Der universelle Staat hat nicht selten unter den Genossen einer unduldsamen Kirche die Freiheit erst möglich gemacht und gegen das eigene Pfaffenthum gesichert, ja insofern stillschweigend das Beste der Kirche gefördert.

§. 173. Was das **Strafrecht in Bezug auf die Religion** betrifft, so überlässt der Staat jeder Kirche die Disciplin in ihrem eigenen Innern bis zu der Grenze, an welcher sie in ihren Strafen dem innern Zweck der sittlichen Belebung widerstreitet. In diesem Sinne schliesst er Inquisition und Ketzergerichte aus. Denn es folgt aus dem Wesen der Sache, dass die Begriffe von Gott und göttlichen Dingen, der Glaube und der innere Gottesdienst weder Gegenstand äusseren Zwanges sein dürfen noch sein können. Wo sie es wurden, ersetzte Fanatismus durch blinden Affekt, was der Anklage an Wahrheit fehlte. Jede Inquisition kann nur durch Angst und Schrecken wirken; sie ist nothwendig terroristisch und ihren Weg bezeichnen Folter und Scheiterhaufen, als die consequenten Wirkungen ihrer ruchlosen Absicht. In demselben Sinne hütet sich der Staat, der Religion, wo sie Superstition wird, wie in den mit Verblendung und Verbissenheit geführten Hexenprozessen, den Arm zu leihen und aus religiösen Vorstellungen in das Strafrecht Begriffe aufzunehmen, welchen das für die Schuld wesentlichste Element, der Inhalt eines nachweislichen Causalzusammenhanges, mangelt (§. 55).

Dagegen wird der Staat die sittliche Wirkung, deren er von jeder Religion bedarf, mit dem Gesetze schützen und, während er der Forschung und Lehre freie Bahn gewährt, jede Lästerung dessen, was einer Religion heilig ist, strafen, und um so ernster, als sie die Genossen, die er begreift, zwieträchtig macht. Der ethische Grund liegt dabei tiefer, als die Störung der Eintracht, welche schon den äussern Impuls zum Gesetze giebt.

Das Wesen der Lästerung ist im Unterschied von ernster Forschung Spott und Hohn. Wo sie siegen, verschwindet die Ehrfurcht, welche der Mutterboden des Sittlichen ist. Wo sie bekämpft werden, geschieht es selten ohne einen Ingrimm der Verachtung, welcher andere sittliche Schäden zurücklässt. Das Gesetz tritt daher schützend dazwischen.

§. 174. Die Religion hat mit Allem, was sie an Anschauung und Andacht Theoretisches in sich trägt, einen praktischen Trieb, denn sie taucht ihre Begriffe in die tiefe Empfindung eines Affektes ein. Umgekehrt hat die Wissenschaft mit dem Praktischen, was sie in sich hat oder wovon sie ausgeht, eine theoretische Richtung. Sobald sich das Denken und Erkennen über den ersten Nothbehelf erhoben hat und seiner eigenen Kraft bewusst geworden, bildet es sich zur Wissenschaft, welche einen Zweck in sich hat, indem sie die Dinge dem Geiste aneignet und die blinden Erscheinungen in bewusste Gesetze und das Zufällige in Nothwendiges verwandelt. Von einzelnen hervorragenden Geistern der Menschheit ausgehend, knüpft die Wissenschaft über jeden Zwiespalt der Nationen hinaus in den identischen Gesetzen der Sache, in den identischen Thätigkeiten des Geistes ein Band der Menschheit.

Da die Wissenschaft das Wahre ausbildet, welches im Guten ein wesentliches Element ist (§. 37), und eine Macht des Gedankens über die Menschen und die Dinge gründet: so ist der Staat, welcher sein Wesen sittlich fasst, ihr innerlich verwandt und zugethan. Das Recht der Wissenschaft, freie Forschung und freie Mittheilung, geht aus ihrer Idee hervor und das Recht ist auch hier um der Pflicht willen. Ohne freie Forschung kann es keine Wissenschaft geben und sie ist die Bedingung ihres Ursprungs. Die freie Mittheilung ist eine Gewähr der Wahrheit und ein Weg zur Reinigung vom Irrthum. Wie sie von dieser Seite ein Recht der Wissenschaft ist, so ist sie von der andern ein Recht derer, welche an dem Wahren Theil haben wollen. Die Forschung hat ihr Mass in der Sache, um deren Wesen es sich in der ernsten Arbeit handelt, und die Mittheilung ihr Mass in den Zwecken der Forschung und des Unterrichts. An diesen Kennzeichen wird der Schein aufgedeckt, wenn sich fremdartige, z. B. politische Bestrebungen in die Wissenschaft einkleiden, um die Freiheit, welche ihr zusteht, für sich zu missbrauchen.

§. 175. Wie die Wissenschaft das Wahre sucht und sichert, welches ein wesentlicher Theil des Guten ist, so schafft die Kunst das Schöne, welches das Gute nach der Seite der Erscheinung offenbart (§. 37). Sie bildet jene Seite für sich aus, in welcher die Wahrheit des Wesens, der Anschauung dargestellt, sich zur Empfindung hinüberneigt und sich mit ihr in Uebereinstimmung setzt, so dass diese harmonische Empfindung des Wahren in den Momenten der Erscheinung Zweck wird. Wenn das Schöne erst da sich vollendet, wo es das Gute und Wahre in sich trägt und durchscheinen lässt, wenn im letzten Sinne die Darstellung, erst wenn sie von Gesinnung und Begriff durchdrungen ist, schön wird: so liegt darin das Sittliche, dessen Bedingungen das Recht wahren wird. Aus dem Spiel entstanden, vollendet sich die Kunst im sittlichen Ernste, sei es dass sie die Erscheinungen in ihrer Harmonie, oder in ihrer Richtung zum Edlern und Erhabenen, oder in der sich zu harmloser Lust lösenden Disharmonie des Lächerlichen darstelle. Indem sie das Schöne zur Darstellung und Empfindung bringt, dient sie dem Guten. Es ist das Wesen der Kunst, die Stimmung durch eine bleibende Anschauung zu beherrschen und den Inhalt des Lebens in eine wirkende Stimmung zu übersetzen. Indem sie dem Augenblick, den sie darstellt, das Symbol der Idee ablauscht oder indem sie unmittelbar die Empfindung stimmt und dadurch Verlangen und Vorstellen anregt, setzt sie das Individuelle zum Gemeinsamen und übt darin eine geistige Macht. Es liegt in der Natur der Sache, dass die Kunst nur in der freien Wechselwirkung gedeiht, in welcher sie die Empfänglichkeit der Gebildeten oder des Volkes anregt und von den Empfangenden angeregt wird. Das Recht wird daher der Kunst um ihres Berufes willen die freie Mittheilung wahren, ohne welche er sich nicht erfüllen kann.

Indessen hat auch die Kunst ihre Afterbildungen. Wo das Schöne sich vom Guten und Wahren trennt, und wo es daher entweder nur den Sinnenreiz sucht, wie die buhlende Kunst mit ihren vielgestaltigen eitelen Verkleidungen in edlen Schein, oder wo es in seinen Bildungen tendenziös wird und seinen Mittelpunkt nicht in einer eigenen Idee, sondern nur in Verneinungen sucht, wie auf dem politischen und religiösen Gebiete in solchen Richtungen der Karrikatur, welche über das harmlose Spiel hinausgehen und doch des sittlichen Ernstes entbehren: überschreitet die Kunst selbst die Grenzen der Freiheit und setzt sich ausserhalb ihres eigenen Rechtes, weil ausserhalb ihrer Idee. In solchen Fällen ist es am günstigsten, wenn das Leben des Gesetzes nicht bedarf, sondern die reine und richtige Sitte stark genug ist, um die Wirkung aufzuheben. Wo aber die Sitte einen kräftigen Halt an dem Gesetze nöthig hat, da wird, wie bei lüsternen Darstellungen, bei höhnischer Verspottung des Heiliggehaltenen unter dem Schein des Spiels, bei Angriffen auf die Obrigkeit, welche durch die Kunst verkappt sind, die Wahrung des Sittlichen im Volke mehr gelten, als die Wahrung einer in ihrem innern Zweck von der Kunst selbst-verletzten Freiheit, und das Strafgesetz wird die Frechheit zügeln, jedoch immer in einer Weise, welche das Strafgesetz nicht zum Werkzeug erregter Leidenschaft werden lässt.

Wenn der Wissenschaft und Kunst, so lange sie ihren Beruf erfüllen, das Recht zusteht, ihre Produkte frei mitzutheilen: so ist damit den Gelehrten und Künstlern noch nicht das Recht des öffentlichen Unterrichts zugesprochen, welches darum an höhere Bedingungen des Ganzen kann gebunden sein, weil die Unterweisung allgemeiner ist, als die Hervorbringung eines einzelnen Produktes, und die künftigen Glieder des Staates selbst zubereitet.

Anm. Das mit Wissenschaft und Kunst zusammenhängende Verlagsrecht ist als ein Recht des Verkehrs oben unter dem Handel betrachtet worden. §. 168.

c. *Das Regiment (Obrigkeit).*

§. 176. Den besondern Kreisen des Staates gegenüber, welche vorwiegend durch die Thätigkeit der Einzelnen und ihre gegenseitige Ergänzung bestimmt sind und nach dieser Richtung benannt werden, bedürfen wir eines Namens, welcher den Staat nach den von dem Ganzen ausgehenden Verrichtungen bezeichne und diese begreife. Es wird zwar für diese Seite auch das Wort Staat im engern Sinne gebraucht. Da aber dasselbe Wort für das grosse Ganze gilt, welches jene besondern Kreise mitbefasst und wesentlich voraussetzt (§. 150): so hängen Verwechselungen und Verwirrungen, welche vom Sprachgebrauch her den Begriff ergreifen, mit dieser Doppelheit des Zeichens zusammen. Man könnte nun diese Seite des Allgemeinen am Staate Regierung nennen; weil aber auch dieses Wort, wie z. B. im Gegensatz gegen die Rechtspflege, eine besondere Bedeutung hat, für welche wir es belassen: so wählen wir das verwandte und in der alten Sprache universelle Wort des Regimentes.

Zunächst suchen wir die nothwendigen Funktionen auf, ohne welche es überhaupt kein Ganzes des Staates geben kann, und welche man gewöhnlich mit dem Namen der Staatsgewalten belegt. Nachdem sie für sich in ihrem innern Zweck erkannt worden, wird es sich zeigen, dass die Art und Weise, wie sie sich zur Einheit verbinden und in Wechselwirkung stehen, das eigenthümliche Wesen der verschiedenen Staatsverfassungen bildet. Es kommt zunächst darauf an, sie in sich zu bestimmen, damit dadurch das Allgemeine hervortrete, dessen Wesen in keiner Verfassung darf aufgegeben werden.

Anm. Wir sind gewohnt, das Wort der Obrigkeit in einem engern und kleinern, oder selbst nur im örtlichen Sinne zu nehmen. Doch ist der volle grosse Sinn in den Worten angelegt: „Jedermann sei unterthan der Obrigkeit, welche Gewalt über ihn hat“ (ἐξουσίαις ὑπερεχούσαις *Rom.* XIII, 1).

§. 177. Der Staat nimmt das Volk, das aus Vielen besteht, zu dem Ganzen einer Person zusammen und der Staat unter Staaten ist Person unter Personen. Sein Selbstbewusstsein, vom Centrum aus Alle erfassend, wohnt als Wille der Einheit in der **Regierung**, welche nach dem individuellen Bedürfniss des Ganzen, leitend nach innen und lenkend nach aussen, thätig ist. Ohne Regierung giebt es keinen Staat und Anarchie ist seine Auflösung, weil sie Ohnmacht des Centrums ist. Wo sich ein Staat bildet, erhebt sich dieser Wille der Einheit, sei es nun dass er sich in eigener Macht selbst setzt, sei es dass er durch die Masse eingesetzt wird. Wie die Selbsterhaltung und Selbsterweiterung der Trieb alles individuellen Daseins ist, so bildet die Selbsterhaltung und Selbsterweiterung des Ganzen nach aussen und innen die Aufgabe, um welche sich beständig die Gedanken der Regierung bewegen und welche sie, wie der einzelne Mensch, sittlich lösen muss.

Da dem Willen der Regierung theils der Wille der Einzelnen bald zerstreuet, bald massenhaft, theils der Wille anderer Staaten entgegensteht und nicht selten widerstrebt: so bedarf sie der Macht, um diesen Widerstand zu brechen, und der letzte Nachdruck ihres Willens liegt in der **Kriegsmacht**, welche im Dienste der Unterordnung nach innen und der Selbstständigkeit nach aussen, in der Nation als Masse den eigenthümlichen Zweck ausbildet, dem Willen der Einheit die grösstmögliche Kraft des Zwanges bereit zu halten, und welche dazu die Kraft der Einzelnen in furchtloser That anspannt. Auf das Staatsgebiet, ohne welches es keinen Staat giebt, legt die Kriegsmacht die starke Hand und sie bedingt das Vertrauen des Staates zu sich selbst und die Scheu anderer Staaten gegen ihn. So muss der Weisheit der Regierung die Tapferkeit der Wehrmacht zur Seite stehen. Hiernach ergiebt sich als das Nächste und Nothwendigste im Regiment die Funktion der Regierung und der Kriegsmacht.

Aber die Entwickelung treibt weiter und treibt, was in der Regierung gleichsam eingehüllt liegt und allenfalls, wie in patriarchalischen Staaten, in ihr mitbeschlossen bleibt, als selbstständige Bildungen hervor. Es ist dies die **Gesetzgebung** und Rechtspflege. Man kann fragen, ob die Gesetzgebung, welche den Willen des Ganzen als einen allgemeinen kund thut, oder die Rechtspflege, welche auf den Antrieb verletzter Verhältnisse erkennt, was Recht ist, das Erste und Frühere sei. Wer da wahrnimmt, wie zeitlich alle Bewegung aus dem inwohnenden Bedürfniss des Einzelnen hervorgeht, wird den Richter als denjenigen setzen, welchen es auch vor dem verkündeten Allgemeinen gab und welcher berufen war, aus den gewordenen sittlichen Verhältnissen für den einzelnen Fall die erhaltenden Normen zu finden und zu wahren. So bildet sich aus demselben Ursprung und zwar aus dem Bedürfniss der gegebenen unter sich verwandten Verhältnisse das Gewohnheitsrecht früher als das geschriebene Gesetz. Indessen ist diese Betrachtung nur eine Betrachtung der Folge in der zeitlichen Entstehung. Das Bedürfniss des Allen gleichen Rechts und die Natur des Allgemeinen, welche in jedem Willen und doppelt in dem Willen des Ganzen liegt, erzeugen mit gleicher Nothwendigkeit die Gesetzgebung. Sie stellt die allgemeinen Normen fest, unter denen die Erhaltung des Sittlichen allein möglich ist, sei es dass diese Normen die Verhältnisse der Einzelnen unter einander, sei es dass sie das Verhältniss des Ganzen zum Einzelnen und umgekehrt treffen. Nun findet nicht mehr der Richter als Schöffe das Recht aus dem Fall und der Anschauung der Verhältnisse, sondern urtheilend bringt er den Fall unter das gegebene Allgemeine. Die Staatsangehörigen haben in diesem Allgemeinen ihr gemeinsames Bewusstsein als in einer Macht, welche sich durchsetzt. Der Staat übt in der Gesetzgebung seine ordnende, und in der Rechtspflege seine wahrende Gerechtigkeit, jene mit Weisheit, diese mit Consequenz.

Hiernach bilden vier Funktionen, welche, in eigenen Zwecken gegründet, sich ihre eigenen Mittel gestalten, das Regiment, nämlich die Regierung und die Kriegsmacht, die Gesetzgebung und die Rechtspflege. Wenn man diese Funktionen Gewalten genannt hat, so führt der Name leicht dazu, ihnen eine Selbstständigkeit beizulegen, welche keine von ihnen für sich hat. In ihnen allen giebt es nur Eine Gewalt, die Gewalt des Staates, und in dem höchsten und in dem niedrigsten Amt, das sich in der Gliederung dieser Gewalten bildet, ist nur Eine Macht, die Macht des Ganzen. Jede der vier Funktionen vollendet sich in einer eigenthümlichen Tugend, von welcher sie beseelt wird, die eine in der Weisheit, die andere in der Tapferkeit, die dritte und vierte in der ordnenden und der wahrenden Gerechtigkeit; und das eigenthümliche Recht, welches sich in diesen Sphären bildet, hat seine bleibende Beziehung zu diesen ethischen Mittelpunkten, indem es bestimmt ist, die Bedingungen zu erhalten, unter welchen sie allein möglich sind.

Wenn der Staat Person und die Person Wille ist, und wenn im Gegensatz gegen die Vielheit der in den Einzelnen gegebenen Richtungen das Regiment diesen Willen des Ganzen darstellt: so folgen die bezeichneten vier Funktionen, Regierung und Kriegsmacht, Gesetzgebung und Rechtspflege, aus der eigenthümlichen Natur des Staates. Denn es liegt in dem Willen, dass er das Eigenleben regiere; ferner liegt in dem Willen, inwiefern der Gedanke ihn bestimmt und dadurch vom blinden Begehren unterscheidet, das Allgemeine des Gedankens, welches nach innen gewandt zur Gesetzgebung wird; sodann liegt in dem Begriff des Willens die Consequenz, welche in der das Allgemeine anwendenden Rechtspflege hervortritt; es liegt endlich im Willen, dass er sich durchsetze, also darnach strebe, den Widerstand zu besiegen, was in der Kriegsmacht ausgedrückt ist.

Anm. Im Gegensatz gegen diese Auffassung von vier Funktionen, welche sich in jedem Staat unterscheiden lassen, weil sie aus dem Wesen der Sache fliessen, zählt man gewöhnlich drei Gewalten, die gesetzgebende, die richterliche und die vollziehende. Schon Aristoteles (Politik IV, 14 ff.) hebt an den Staaten die berathschlagende Gewalt, die Magistrate und die richterliche Funktion hervor.

Um die geschlossene Nothwendigkeit der drei bezeichneten Gewalten darzuthun, vergleicht Kant (metaphysische Anfangsgründe der Rechtslehre 1797 §. 45 Ausgabe von Rosenkranz S. 158.) den praktischen Vernunftschluss, welcher drei Sätze, den Gewalten entsprechend, in sich

tage. „Ein jeder Staat," sagt er, „enthält drei Gewa
d. i. den allgemein vereinigten Willen in dreifacher Person
gewalt (Souverainetät) in der des Gesetzgebers, die voll
in der des Regierers (zufolge dem Gesetz) und die rechtsprec—
walt (als Zuerkennung des Seinen eines jeden nach dem Gesetz) in der Person des Richters, gleich den drei Sätzen in einem praktischen Vernunftschlusse, dem Obersatz, der das Gesetz eines Willens, dem Untersatz, der das Gebot des Verfahrens nach dem Gesetz, d. i. das Princip der Subsumtion unter denselben, und dem Schlusssatz, der den Rechtsspruch, die Sentenz, enthält, was im vorkommenden Falle Rechtens ist." Die Quelle des Nothwendigen und Eigenthümlichen liegt nicht in einer logischen Allgemeinheit, welche Kant in dieser Stelle und welche mancher seiner Nachfolger allein sucht, sondern entspringt da, wo das Specifische ins Allgemeine eingreift. Daher wirft eine solche logische Analogie zwar einen blendenden Schein, aber hält ab, die eigentliche Gestaltung der Sache zu erkennen. Es ist in Kants Vergleich schwer zu denken, wie dem Untersatz, in welchem das Princip der Subsumtion gegeben ist, die vollziehende Gewalt, aber erst dem Schlusssatz die richterliche entsprechen soll. Weil dies unklar ist, haben Andere das Verhältniss umgekehrt und vielmehr die richterliche Gewalt dem subsumirenden Untersatz und die vollziehende dem Schlusssatz zur Seite gestellt. Die Regierungsgewalt, obwol sich innerhalb der Gesetze bewegend, geht so wenig in eine subsumirende Thätigkeit auf, dass sie vielmehr, wie in der Verwaltung, in der Politik, aus der Natur des Einzelnsten die richtigen Bestimmungen entnehmen muss.

Die an realen Beobachtungen reiche Schrift: Vorschule zur Physiologie der Staaten von C. Frantz, Berlin 1857 unterscheidet die vier Staatsgewalten: die Regierungsgewalt, die legislative Gewalt, die Militärgewalt, die richterliche Gewalt. Will man hingegen, wie es sonst geschieht, die Kriegsmacht zur vollziehenden Gewalt rechnen, so verwischt man Unterschiede, welche in der Richtung der sich gegen einander absetzenden Aufgaben und in dem Geist der Sache liegen. Der Takt der gemeinsamen Sprache unterscheidet Beamte, Richter, Soldaten und verwechselt sie nicht leicht, weil sie jede einer besondern Pflicht des Staates angehören; und wenn für die mit der Gesetzgebung Betrauten ein ebenso entschiedener und ein ebenso gangbarer Name fehlt, so drückt sich in dem Mangel vielleicht das Bewusstsein aus, dass Regierung und Gesetzgebung aufs engste zusammen gehören.

a. Die Regierung.

§. 178. In der Regierung lagen anfänglich sämmtliche Richtungen des Regiments wie im unterschiedslosen Keime, bis sich Gesetzgebung, Rechtspflege und Führung des Heeres durch die Ausbildung der eigenen Zwecke von ihr schieden und die Gesetzgebung sich sogar über sie stellte. Diese ursprüngliche Einheit offenbart sich noch in dem entwickelten Staate an manchen Punkten, in den meisten namentlich dadurch, dass der Regierung, als der Vertreterin der Einheit, die Anstellung der Personen in den nebengeordneten Kreisen verbleibt. Aus der Wechselwirkung, in welcher die selbstständig gewordenen Funktionen mit ihr und mit einander beharren müssen, entstehen Schwierigkeiten, die Grenzen zu bestimmen, innerhalb welcher allein jede ihr eigenthümliches Geschäft für das Ganze vollenden kann, und es entstehen daher nach dieser Seite Fragen nach dem Rechte der Grenzen. Wenn ferner die Regierung das Ganze vertritt und von dem Ganzen aus in das Gebiet der Einzelnen eingreift und die Einzelnen für das Ganze verwendet, so dass immer die Einzelnen mit dem grossen Ganzen auszugleichen sind: so entsteht von der andern Seite die principielle Frage, welche Thätigkeiten müssen, welche dürfen von der Regierung ausgehen und welche soll sie den Einzelnen überlassen. Das Wohl des Ganzen und die Freiheit der Einzelnen, die Macht des Ganzen und die produktiven Thätigkeiten der Einzelnen gerathen dabei in einen gefährlichen Widerstreit. Auf beide Fragen lässt sich nur mit den allgemeinen Gesichtspunkten antworten, welche nach den wechselnden Stufen der Staatsentwickelung und nach den wandelnden Umständen der Zeiten die individuelle Lösung der Aufgabe leiten müssen.

§. 179. Das bezeichnete Verhältniss der das Ganze vertretenden Regierung zu den Einzelnen möge zuerst betrachtet werden.

Die Regierung verwaltet. Im Gegensatz gegen Gesetz und Befehl, welche dem Willen gebieten, ist die Verwaltung Pflege, eine Pflege der materiellen und geistigen Güter, und es ist das

Wesen der Pflege, die Keime zum Guten aufzusuchen und die vorgefundenen in die von ihnen geforderten Bedingungen des Wachsens und Gedeihens zu versetzen, damit sie erfüllen, was in ihnen liegt, und leisten, was immer sie vermögen. Die Verwaltung ist daher wesentlich durch die Natur des Stoffes, in deren Gesetze sie eingehen und sich fügen muss, und durch die Mittel, welche sie in den Menschen vorfindet, bedingt. Aber die Regierung bleibt in ihrer Verwaltung der obersten Idee treu (§. 40), individuell den Menschen im Grossen dergestalt zu vollenden, dass die Individuen, welche ihn tragen und ausmachen, eben darin sich in sich selbst als Menschen vollenden können. Sie richtet auf dies Ziel der sittlichen Wohlfahrt die Weisheit und das Wohlwollen, welche die wahre Ethik der Verwaltung sind, und aus welchen ihre Pflichten und für welche ihre Rechte entspringen. Ihre Weisheit stammt aus der vollen Einsicht in das Ganze, welche nur sie hat, und ihr Wohlwollen aus der Empfindung jener innigen Einheit, in welcher die Theile bis zu den letzten Individuen hin mit dem Ganzen stehen.

Zwei Maximen sind einander in der Verwaltung entgegengesetzt, die eine, welche möglichst vom Ganzen her die Einzelnen in ihren Thätigkeiten lenkt und leitet, die andere, welche möglichst die Thätigkeiten der Einzelnen sich selbst überlässt. Jede derselben ist von ihrer Gegnerin mit einem rügenden Namen gezeichnet, die eine als das System der Bevormundung, die andere als das System des Gehenlassens. Die erste glaubt nur an die Einsicht des Ganzen und mehr an die Kraft einer gouvernirenden Verordnung, als an den Willen und den Verstand der Einzelnen; die andere vertrauet nur der Erfindungskraft der Einzelnen, der Energie ihres Eigennutzes und dem Wetteifer der für ihr Interesse thätigen Kräfte, welche ungehemmt und sich selbst überlassen in ihrer Wechselwirkung von selbst das möglich Beste hervorbringen werden (vgl. §. 155). Diese letzte Ansicht will im Staate keine andere Vorsicht als die vorsehenden allgemeinen Gesetze und das durch den Trieb der Selbsterhaltung geschärfte Auge der Einzelnen. Sie setzt daher die Weisheit der Regierung in das Zusehen und Gewährenlassen; und indem sie vom Staat nur Rechtsschutz und dadurch Freiheit fordert, löst sie die Verwaltung des Ganzen in den Wettlauf der Einzelnen auf.

Indessen hat diese Ansicht des durchgängigen Ueberlassens nur an dem Extrem der entgegengesetzten Bevormundung, welche, statt selbstständig zu machen, gängelt, den Schein ihres absoluten Rechts. Es sind nämlich die Gesetze so allgemein, dass sie in vielen Richtungen, so weit sie nicht blosse verbieten, zur Anwendung auf das Einzelne und Concrete Verordnungen verlangen, welche innerhalb des Allgemeinen das Besondere berücksichtigen, und es giebt ferner einen vorschauenden Blick, welcher nur von dem Standpunkt des Ganzen möglich ist. Aus beidem entspringt ein eigenthümliches Feld für die Regierung. Wo man den Staat nur als Rechtsstaat bestimmt (§. 151), wird man der Verwaltung die engsten Grenzen ziehen; aber auch da schreibt man ihr die Fürsorge gegen die Uebermacht der Umstände zu, welche nicht in der Hand der Einzelnen als solcher liegen. Diese Begriffsbestimmung, gegen Feuer und Wassersnoth, gegen Hunger und Pestilenz gerichtet, ist nur negativ, obwol sie den anschaulichen Fall enthüllt, durch welchen die Nothwendigkeit der Verwaltung auch dem Standpunkt der Einzelnen einleuchtet. Es wird darauf ankommen, die Thätigkeiten positiv zu bestimmen, welche nur vom Ganzen ausgehen können, und für welche die Sorge daher auch der Verwaltung obliegen muss.

Wenn die Frage so gestellt wird, welche Thätigkeiten von dem verwaltenden Ganzen besser als von dem freien Betrieb der Einzelnen verrichtet werden: so wird die Antwort nach den Umständen wechseln. Aber es giebt Richtungen, welche ihrer Natur nach, wenn sie nicht verderben sollen, den Einzelnen allein nicht zu überlassen sind. Der Blick des Einzelnen ist für sich wesentlich durch den engen Kreis gebunden, in welchem sich sein Interesse bewegt, und seine Energie spannt sich für sein nächstes Beste. Die Gesinnung des Einzelnen ist sein Eigennutz und in der nothwendigen Wechselwirkung mit Andern wird sie höchstens die Moral des wohlverstandenen Interesse (§. 24). Aber es handelt sich um Edleres, das aus dem Ganzen stammt und für das daher die Weisheit und das Wohlwollen der Regierung arbeitet. Obenan steht die geistige und sittliche Erhaltung des Vaterlandes, welche nur durch die Fürsorge geschieht, dass die Gesinnung und der sittliche Geist des Ganzen, der Selbstsucht der Einzelnen entgegengesetzt, sich auf das nachwachsende Geschlecht fortpflanze und sich in den Erwachsenen immer verjünge. Daher ist die Regierung zur Fürsorge für Erziehung und Unterricht befugt und verpflichtet (§. 138 und §. 172). Es giebt ferner Einsichten, welche nur der Regierung zugänglich sein können, namentlich jene umfassende Kenntniss, welche, wie in der Statistik, aus der genauen Beobachtung der mannigfaltigen einzelnen Richtungen im Ganzen stammt. Es fällt der Regierung zu, diese Einsichten nicht bloss sich selbst zu schaffen, sondern auch, so weit sie geeignet sind, die Thätigkeiten der Einzelnen zu regeln und zu beleben, zum Gemeingut zu machen. Die Weisheit der Gesetze, deren Entwurf wesentlich Sache der Regierung ist, beruht auf dieser Einsicht. Es geht über den Blick der Einzelnen hinaus, das Ganze des Volkes und Staates gegen andere Völker und Staaten richtig zu beurtheilen und in dem Wettkampf der Völker die Kräfte des eigenen Landes zu wahren. Die Regierung hat in dieser Richtung eine eigenthümliche Aufgabe. Der Staat muss sein Leben anlegen, als sollte es für immer dauern, und muss weiter sehen, als der kurze Blick der Einzelnen, welche es auf den grösstmöglichen Gewinn für ihr Leben oder das Leben ihrer Kinder absehen. Der Staat denkt, was selten die Menschen thun, im Sonnenschein an den Sturm. Der Staat sucht dem Ganzen die besten Einrichtungen zu schaffen, welche hingegen der Eigennutz der Einzelnen gern nach sich hinzieht und welche darum ihrem Ermessen nicht anheimfallen dürfen. In diesen Richtungen, wie bei der Urbarmachung des Bodens, bei der Forstpflege, bei Anlage von Verkehrswegen, bei Fürsorge für die Landesvertheidigung, wird sich ein Feld von Thätigkeiten öffnen, welches der Regierung zustehen muss. Wenn es der Beruf der Regierung ist, die Einzelnen zu Thätigkeiten im Sinne des Ganzen so anzuregen und zu unterstützen, dass mit dem Ganzen die Einzelnen menschlich gefördert werden: so kann dies nur in geringem Masse durch direkte Leitung auf vorgeschriebenen Wegen geschehen; denn das lähmt die selbstthätige Energie, die eigene Erfindungskraft und die belebende Lust, welche freier Arbeit innewohnt. Es kommt darauf an, durch indirekte Einwirkung die Grenzen zu halten, innerhalb welcher sich die Gaben und Neigungen der Einzelnen ihre eigenen Wege suchen (vgl. §. 159). Es kommt darauf an, dem Schädlichen vorzubauen, aber zum Heilsamen eine freie Bahn zu schaffen und die Kräfte hervorzulocken.

Der Blick des Ganzen für das physische und geistige Wohl, welcher nach Obigem das Wesen der Regierung ausmacht, wird sich auf alle die besondern Kreise des Staates beziehen, welche bereits bezeichnet sind (§. 162 ff.), und die Verwaltung (Polizei im weiteren Sinne) wird darin ihre verzweigten Objekte haben. Sie wird auf der einen Seite, aus dem Ganzen für die Einzelnen thätig, leitend und helfend, und auf der andern, für das Ganze gegen die Einzelnen gewendet, vorkehrend und beschränkend ihr Amt ausüben. Statt der Bevormundung wird sie Bildung der Einzelnen und statt des Gehenlassens, das nur an die freien Kräfte im eigenen Spiel denkt, wird sie bei fester Verfolgung des Zieles Berathung und Verständigung mit den Einzelnen erstreben und aus dem Wesen der Sache und aus der Lage der Geschichte und des Augenblickes die doppelte Maxime des Leitens und Ueberlassens vereinigen. Für diese Idee übt sie ihre Pflichten und für ihre Pflichten hat sie ihre ausgedehnten Rechte.

§. 180. Die Regierung, die Vertreterin der Einheit, hat den Beruf, die Dinge auf den Mittelpunkt des Ganzen zu beziehen. Aber sie centralisirt im schlimmen und mechanischen

Sinne des Wortes, wenn sie mit der Uebermacht des letzten Mittelpunktes die individuellen Mittelpunkte eines gemeinsamen Lebens im Umkreise erdrückt, oder die Keime des gemeinsamen Lebens in den besondern Sphären zu pflegen versäumt, wenn sie die besondern Kreise statt sie zu beleben nur beschränkt.

Zwischen den Einzelnen in ihrer vereinzelten Vielheit und der letzten Einheit des Ganzen bilden sich, je nach den die Menschen vereinigenden besondern Zwecken, wie von selbst kleinere Ganze und besondere Gemeinschaften. Zunächst von den Einzelnen ausgehend, erscheinen sie wie eine Verstärkung der Einzelnen. Aber es ist die Aufgabe, diese Bildungen dergestalt in das letzte Ganze aufzunehmen, dass sie zu echten Zwischengliedern werden, welche in reichem individuellen Leben den Geist des Ganzen mit der Kraft der Einzelnen einigen. Solche Zwischenglieder sind die Körperschaften, theils Gemeinden, welche das ganze lokale Leben umfassen, Staaten in Miniatur, theils Genossenschaften mit besondern Zwecken, wie Kirchen, Universitäten, Zünfte (§. 111), welche letzte Art sich um so bedeutender gestalten wird, je tiefer der innere Zweck ist, je vielseitiger er sich in den Genossen zu besonderen Organen verzweigt, je weniger sie nur dieselbe Thätigkeit einförmig wiederholen. Die Körperschaften sind zwar in besondern Zwecken entstanden, aber sie bestehen nur im Allgemeinen. Was sie an Rechten haben, haben sie aus dem Allgemeinen und um der Pflichten willen, welche sie in ihrem besonderen Zweck für das Ganze übernehmen. Es ist für die Verfassung des Staates charakteristisch, ob das Band, das der Staat um die Körperschaften schlingt, straffer angezogen wird oder ob es eine freiere Bewegung zulässt. Wo solche Zwischenglieder, wie Körperschaften sind, im Staate fehlen oder verkümmern, wo die Einzelnen vereinzelt bleiben und in ein solches höheres, aber ihnen eigenes Ganze nicht aufgenommen sind: da fühlt Jeder wie verlassen und ohne Anhalt den Staat nur als Druck und Last. Umgekehrt gewinnt der Staat, welcher in den Körperschaften besondere Zwecke anerkennt und sie nach innen gewähren lässt, Glieder statt nur addirter Kräfte.

Die Verfassung der Körperschaften wird so angelegt sein müssen, dass die Förderung der besondern Sache, für welche sie da sind, und die Befriedigung der Personen mit einander wachsen und der Staat immer im Stande sei, sie neu zu beleben, damit weder der Schlendrian noch der Eigennutz, welche beide sich gern in ihnen einnisten, sie verderbe. Wenn die Körperschaft wirkt, wie sie wirken soll, Arbeit fordernd und in ihrem Zwecke und in ihrer Geschichte das Leben des Einzelnen über sich selbst hinausführend: so erzieht sie zum Gemeingeist und zur Hingabe an ein höheres Ganze. Weisheit und Wohlwollen, welche die ethische Seele aller Verwaltung sind, werden sich auch in der Verwaltung der Körperschaften, wie in kleinem Maassstab und in geschlossenen Kreisen wiederholen müssen; und der Staat, der die Körperschaften im rechten Sinne hegt und pflegt, weckt im Volke diese Tugenden, welche ein Stück seines Wesens ausmachen.

Die eigenthümlichste Schwierigkeit, welche das Recht der Körperschaften hat, liegt in dem Kreuzungspunkt, in welchem die Hand der Regierung und die freie Bewegung der Genossenschaften einander treffen. Die Weisheit der Regierung und die Besonnenheit der Körperschaften offenbart sich in der richtigen Einigung. Es muss Gesetze geben, welche auf der einen Seite die freie Bewegung innerhalb der Körperschaften und innerhalb ihres anerkannten Zweckes wahren, und auf der andern Seite jeden Uebergriff unter dem Schein dieses Zweckes, jeden Eingriff in die Sphäre des Staates, jeden Zwiespalt mit dem allgemeinen Geist der Gesetze verhüten oder zurückdrängen. Es geht das wahrende Recht aus der Idee des Ganzen und der Idee der besondern Kreise und der aus beiden fliessenden Weise der Ueberordnung und Unterordnung hervor. Je selbstständiger das Leben der Körperschaften ist, wie z. B. der Kirche, je unabhängiger vom Staate ihre Organe sind, je mächtiger sie alle ihre Glieder bestimmen, je weniger sie auf den Staat beschränkt sind und je mehr sie gar einen compakten Mittelpunkt des Willens ausser dem Staate haben, wie z. B. die katholische Kirche und ihre Orden: desto schwieriger ist das Recht an den Kreuzungspunkten zu finden, aber desto wichtiger, das richtig gefundene wachsam zu wahren (vgl. §. 172).

§. 181. Wenn oben (§. 179) die Thätigkeiten bezeichnet sind, welche, sollen sie anders gedeihen, von dem Ganzen als solchem ausgehen müssen: so liegt es in der Natur des Staates, Weisheit und Wohlwollen nicht bloss in den Verwaltenden zu suchen, sondern in heilsamen Gesetzen zum dauernden Geist der Gemeinschaft zu machen. Daher berühren sich die Regierung und die Gesetzgebung, welche in entwickelten Staaten zwei besondere Funktionen des Ganzen sind. Obschon nun in dieser Richtung die Gesetzgebung es unternimmt, die persönliche Tugend der Regierung gleichsam zur Sache zu machen, so sollen gleichwol Weisheit, welche erkennend das Ganze in die Theile und die Theile in das Ganze aufnimmt, und Wohlwollen, welches, obgleich im Mittelpunkt stehend, die Lage der Theile empfindet, das unveräusserliche Eigenthum der Regierung bleiben. Dies dürfte aus Folgendem klar werden.

Die Gesetze sind allgemein und immer noch in weitem Abstand von dem Einzelnsten und Concreten, dessen Norm und Wesen sie werden sollen. Es liegt der Regierung ob, innerhalb des Spielraumes, welchen die Gesetze lassen, aus der Anschauung und Erfahrung des Besondern heraus die Anordnungen zu treffen, welche unter den gegebenen Verhältnissen die zweckmässigste Anwendung sichern, und Verordnungen zu erlassen, welche die Gesetze in ihrem eigenen Geiste fruchtbar machen. Es würde dem ehrlichen Charakter und dem Geist der Einheit, mit welchem der Staat als der „kanonische" Mensch voranleuchten soll, schroff widersprechen, wenn die Verwaltung von andern Gesichtspunkten als das Gesetz ausginge und durch ihre die Anwendung leitenden Verordnungen stillschweigend das Gesetz zu schwächen und zu hindern suchte. Eine solche Chikane der Verordnungen gegen das Gesetz ist das Kennzeichen kleinlicher schwächlicher Verwaltungen. In den ausführenden Anordnungen der Regierung soll sich also die Weisheit und das Wohlwollen des Gesetzgebers in gerader Linie fortsetzen, bis die Gesetze nach dem Mass ihrer Eigenthümlichkeit an der rechten Stelle so richtig wirken, als sie vermögen.

Ferner wird es vornehmlich die Sache der Regierung sein müssen, die Gesetze vorzubereiten und vorzuschlagen; denn nur die Regierung hat die universelle Stellung, welche dazu nöthig ist, und nur der Regierung stehen die Mittel einer solchen umfassenden und tiefgehenden Einsicht zu Gebote, als Gesetzen zum Grunde liegen muss. Es kann in den Theilen, welche z. B. in gesetzgebenden Versammlungen vertreten sind, das Bedürfniss eines Gesetzes lebendiger gefühlt werden, als im Centrum; aber die abwägende Ausgleichung der Theile gegen einander bleibt der Regierung, der im Mittelpunkt wie in stiller Gleichheit schwebenden Vernunft des Ganzen, aufbehalten. In dem Willen der Gesetzgebung ist vornehmlich die Regierung die erfahrene Vernunft. Wo man die Regierung, wie wol in republikanischer Eifersucht versucht ist, ausschliessend zur vollziehenden Gewalt macht, zur Vollstreckerin von Gesetzen, welche ihr fremd sind, zum mechanischen Werkzeug der Gesetzgebung und der Gerichte: da entseelt man die Verwaltung und beraubt die Gesetzgebung ihres umsichtigsten Geistes; und es geschieht leicht, dass sich nun die Regierung, die Wächterin des Gesetzes, gegen das Gesetz wendet und mit den Betheiligten gegen dasselbe gemeinschaftliche Sache macht.

Endlich hat die Regierung ihren Blick immer aufs Concrete gerichtet, gegen welches in dem Wandel der Entwickelungen, in dem von äussern Ereignissen bedingten Wechsel der Dinge das vorschauende Gesetz mangelhaft bleibt. Daher steht sie dem Gesetz zur Seite, darauf bedacht, dass seine Lücken ausgefüllt und seine Mängel ergänzt werden. In dem plötzlichen Einbruch unvorhergesehener Gefahren muss ihr die Pflicht obliegen und unter vorbestimmten Bedingungen das Recht zustehen, nöthigenfalls Gesetze zeitweise ausser Kraft zu setzen oder einstweilen zu geben. Die Gewalt der Dinge kann selbst dahin drängen, das Heft des Staates, bis er gerettet ist, zeitweise und vorübergehend, Einem unbeschränkten Willen anzuvertrauen (Dictatoren, Aisymneten). In der Noth solcher Bewegungen, welche selten von den regelnden Verfassungen vorgesehen ist, erscheint dann in der Regierung wiederum die ursprüngliche Einheit der Gewalten, von welcher der sich entwickelnde Staat ausging.

§. 182. Verwaltung und Rechtspflege, Polizei und Justiz führen vielfach über das Gebiet, das ihnen zusteht, in der Verfassung Streit.

Es ist eine Neigung der Verwaltung, das Verständniss und die Anwendung der Gesetze nach dem gefühlten Bedürfniss eines gegebenen Falles zu strecken oder zu verengern. Dagegen ist es der Trieb der Rechtspflege, nach dem geschriebenen Buchstaben des Allgemeinen das Besondere abzumachen. In beiden liegt ein Hang zum Verderbniss.

Ein anderer Unterschied der Auffassung geht von dem eigentlichen Wesen sowol der Verwaltung als der Rechtspflege aus. Wo die Polizei dem Vergehen vorkehren will, will die Justiz erst hinterher das begangene bestrafen. Wo die eine Prävention verlangt, verlangt die andere Repression. So theilen sich z. B. die Ansichten, ob präventive Censur oder repressive Pressgesetze, ob vorkehrende Aufsicht über die Prostitution oder gegenwirkende Bestrafung bei verschuldeter Ansteckung der rechte Weg sei, dem Uebel zu begegnen. Es kann scheinen, als ob die vorbeugende Polizei sicherer sei, als die hinterher kommende Rechtspflege. Aber es scheint nur so. Oft ist es die beste Vorkehrung, durch den Nachdruck des strenge strafenden Gesetzes jedem Einzelnen die sich vor dem Bösen hütende Vorsicht einzuprägen. Der Rechtsspruch, der im einzelnen Falle nur das Nachsehen hat, wird durch seine nachhaltende Wirkung zum Vorsehen im allgemeinen Bewusstsein. Ueberdies erzieht das repressive Gesetz zur mündigen Freiheit, wo die präventive Polizei das fremde Urtheil an die

Stelle des eigenen setzt. Solche Betrachtungen haben bei vorschreitender Entwickelung der Staaten die präventiven Massregeln gegen die repressiven zurückgedrängt. Das Gefühl der Freiheit im Einzelnen sträubt sich gegen die allenthalben sich einmischende Prävention des Staates. In demselben Masse als der Staat die Prävention einschränkt und den Einzelnen freie Bewegung gestattet, muss er die Repression ausdehnen und den Missbrauch der Freiheit ernster strafen.

Man darf ferner das Relative, das in der Sache liegt, nicht übersehen. Bei gemeinen Verbrechen muss die vorkehrende Wachsamkeit mit der auf dem Fusse folgenden Strafe Hand in Hand gehen. In ruhigen Zeiten wird die Repression einen weitern Spielraum haben, während in unruhig aufgeregten Prävention nöthig wird. Es ist verständiger, den Holzbrand zu löschen, ehe er die Stadt anzündet, als hinterher den Mordbrenner zu strafen. Wenn in aufgereizten Haufen und in aufgeregten Tagen die Lüge eine Macht hat, wie ein Feuerbrand, so wird es verständiger sein, die Lüge, die wie ein Lauffeuer durch die Massen geht, zu verhüten, als hinterher über den Lügner Gericht zu halten. Daher wird im Belagerungszustand die freie Presse schweigen müssen. Zu der die sittliche Würde des Staates beeinträchtigenden präventiven Aufsicht über das Laster der Prostitution, welche die sittliche Würde des Staates beeinträchtigt, weil sie das Laster concessionirt und die Hand in Unsauberkeit steckt, gelangt man nur dann, wenn man nicht den Muth hat oder es für unmöglich achtet, mit der Schärfe des repressiven Gesetzes die Fortpflanzung der verschuldeten Seuche ohne Ausnahme in Vornehmen und Geringen zu verfolgen.

Wie jede heilsame Entwickelung Seitenwirkungen haben kann, welche wie ein Uebel im Gefolge des Guten erscheinen und daher eine neue Bildung zur Abwehr fordern: so erscheint als eine solche Seitenwirkung der sich in eigene Gebiete scheidenden Verwaltung und Rechtspflege der Streit, den beide über die Zuständigkeit führen, der sogenannte Competenzconflikt. Es kann nämlich im Einzelnen, weil die Kennzeichen zweideutig sind, die Frage entstehen, ob ein Fall, wie z. B. bei Vergehen von Beamten, bei Ausführung von Verwaltungsmassregeln, bei Entschädigungsansprüchen an den Staat, bei Enteignungen, vor das Forum der Gerichte oder zur Entscheidung der Regierung gehöre. Es sind solche Fälle des Zweifels durch feste und umsichtige Bestimmungen möglichst zu verhüten; denn sie führen im Volk zu der zwiespältigen Meinung, als ob derselbe Staat ein doppeltes und ungleiches Mass der Gerechtigkeit habe, als ob das an sich Gesetzliche und das der Verwaltung Nützliche in einem Widerspruch stehen, als ob der Eine Staat mit sich selbst über das Recht hadere. Wo freilich der Streit nicht zu vermeiden ist, sei es dass die Verwaltung oder das Gericht einen streitigen Fall für sich ansprechen und vor sich ziehen, oder dass beide ihn ablehnen und jede ihn der andern zuweist: da bedarf es einer unparteiischen und unabhängigen Behörde zum Austrag.

§. 180. Die Regierung, welche die Einheit vertritt, ist ihrem Begriff nach die Hüterin der Aemter, die Wahrerin der Staatseinrichtungen. Denn aus dem Einen Zweck, welcher sich im Staate vielseitig auslebt, gehen die mannigfaltigen Organe hervor, welche ihm dienen; und zwar mit einer solchen Nothwendigkeit, dass das Verhältniss der Beamten zum Staat nicht die lose Verpflichtung eines blossen Vertrauens, sondern bleibender Natur ist.

In jedem Amte lebt eine eigene Idee wie eine Seele, und es ist für den, welcher ein Amt trägt, eine Erhebung und Befriedigung sittlicher Art, sich in diese Seele einzuleben. „Es wächst der Mensch mit seinen grössern Zwecken". Wo der Staat Beamte hat, welche geräuschlos die Ethik ihres Amtes üben, und wo daher das Volk die Ideen der Gerechtigkeit und Tapferkeit, der Gottesfurcht und der Weisheit um sich her empfindet und in den Trägern der Aemter unbewusst anschauet: da wird der Staat in seiner sittlichen Hoheit und in seiner erziehenden Macht kund. Ein schlechter Beamter hingegen hebt seines Theils den Staat aus dem sittlichen Ansehen heraus.

Indem die Regierung die reife Vorbereitung und den Nachweis der Geschicklichkeit zum Amte mit einer Allen gleichen Gerechtigkeit überwacht, sorgt sie mit dem Scharfblick der Erfahrung und des Gewissens, dass der rechte Mann an die rechte Stelle trete, und vermag durch nichts Anderes das Gedeihen des Staates und des Volkes kräftiger zu fördern. Was sie der Sache im Amte und der Person im Beamten schuldig ist, kann in einen Widerspruch gerathen; strenge für den Zweck und wohlwollend gegen die Person muss sie beständig beides ausgleichen. Es ist nicht genug, dass sie die Aemter aus dem Triebe der eigenen Macht in der nöthigen Beschränkung halte; sie muss es verstehen, sie aus der einem jeden Amte innewohnenden Idee und auf seinem eigensten Gebiete zu beleben. In der fortschreitenden Theilung der Arbeit ist es desto dringender, noch das letzte Amt mit Liebe an das Ganze zu schliessen und aus dem Ganzen zu beseelen. Die Arbeit vertheilt sich an die Vielheit der Organe, um im Einzelnen desto genauer zu werden. Aber dem Einzelnen fällt nun, wie in einer grossen Fabrik, nur ein Bruchstück der Idee oder ein Bruchstück des Bruchstückes zu. Dieser karge fragmentarische Antheil, der das Glied an das Ganze knüpft, macht den Menschen zum Zahn im Rade, oder zum Formular einer Rechnung und kann ihn daher nicht befriedigen; und es kann ebenso wenig dem Ganzen frommen, wenn die Idee, welche sich im Grossen verwirklichen sollte, im Einzelnen zerbröckelt. Daher hat die Regierung, wo die Aemter vor dem Mechanismus der Arbeitstheilung das Ethische zu verlieren in Gefahr sind, doppelt die Pflicht, noch das unterste Geschäft mit dem ethischen Geist des Ganzen und des für das Ganze thätigen einzelnen Zweckes anzuhauchen.

Der im Schematismus mechanisirte Beamte entartet nothwendig. Noch dem Beamten der engsten Sphäre muss innerhalb derselben ein Raum bleiben, den er selbst füllt. Wo der Befehl von oben so an den Beamten zieht, dass sie in ihrem Amte nur bewegt werden, aber nicht mehr sich selbst bewegen: da geht die Person im Amte unter. Ein blindes Werkzeug hat keine Würde mehr und dem Amte gebt sein bestes Theil und seine beste Wirkung, die nur sittlich sich gründende Achtung im Volke, verloren. Im Augenblicke der Gefahr beruht die Stärke der Regierung auf dem Beamten, der frei wie aus sich selbst in seinem Amte steht. Die Maschinerie selbstloser Werkzeuge gehorcht dem Maschinenmeister, der gerade im Centrum sitzt; und es kommt dann nur darauf an, wer sich des Centrums bemächtige.

Die Regierung wird die Aemter und Staatsordnungen weder selbst verderben, noch sich verderben lassen. Sie verdirbt sie selbst, wenn sie die selbstständige Meinung, welche dem Amte innerhalb seiner Schranke gebührt, beugt, weil sie ihr nicht genehm ist, wenn sie die in der Natur der Sache angelegte Opposition, welche sie selbst wollen muss, vielmehr vernichtet, wenn sie dem tüchtigen Beamten den geschickten, dem charakterfesten den ihr willigen und überzeugungslosen vorzieht, oder gar mit Vortheilen des Geldes und der Ehre die der Sache treue Gesinnung besticht. Hingegen verderben die Beamten die Aemter, wenn unter der Decke des Amtes Eigennutz oder Schlendrian siegt. Auf beide Weisen kommt im Amte die Karrikatur der Idee zum Vorschein, sowol wenn der Beamte unter dem Schein höherer Zwecke das Amt als Quelle seiner Vortheile ausbeutet, als auch wenn er sich in einen handwerksmässigen Betrieb eingewöhnt. Wo Aemter käuflich werden, ist beides die Folge. Die Sprache hat insbesondere für die gewaltsamere Verzerrung der ersten Art Bezeichnungen ausgeprägt, wenn sie zur Art die Ausart gesellt, z. B. zum Geistlichen den Pfaffen, zum Anwalt den Rabulisten, zum Arzt den Marktschreier, zum Philosophen den Sophisten, zum Vertreter des Volkes, dem Tribunen, den Demagogen u. s. w. Die Regierung wacht über beide Wege, auf welchen die Aemter durch die Beamten verderben, und das Gesetz sucht die Art zu wahren und die Ausart zu verhüten.

Zu den Mitteln, durch welche die Regierung die Aemter im Ansehen erhält und die Beamten spannt, pflegt sie die

Ehren und Titel zu rechnen, welche, wo sie der Ausdruck der Sache sind, nothwendig und heilsam, aber wo sie ein angehängter Zierrat sind, von zweifelhaftem Werth erscheinen, weil sie dann der richtigen Schätzung der Sache entfremden und den Schein über das Wesen zu stellen verleiten. Es gehört zum architektonischen Stil, in welchem der Staat bauet, wie er den Schmuck der Ehren und Titel verwendet. Im klassischen Baustil sind die Ornamente sparsam und nur ein Zeichen der Sache. Der Rococcostil bauet die Aussenseite aus zierlichen Schnörkeln auf und liebt es zu decoriren. Die Consequenz eines solchen Baustils geht im Staat von aussen nach innen und das Recht hat hier, wie überall, seinen Massstab in der sittlichen Wirkung auf's Volk. Zuerst war der Ehrenkranz, wie bei den Griechen, das seltene Zeichen der allgemeinen Anerkennung und Bewunderung; dann wurden die Ehren zum Hebel des Wetteifers, aber sie entarten, wenn sie, statt wirklich im Grossen Wetteifer zu erregen, nur im Kleinen Aerger hervorrufen und den Neid nähren, wenn sie zum Reiz und Putz der Eitelkeit und endlich zum Preise für falsche Abhängigkeit werden. Ein solches Titelwesen entwerthet die Aemter und Geschäfte, welche doch die eigentliche Ehre des Beamten sein müssen. Der Ehrgeiz wird berechtigt und der Beamte, nach höherem Titel strebend, schämt sich, das zu heissen, was er ist, und darnach genannt zu werden, was er thut.

Es ist das Höchste, was im Sittlichen erstrebt wird, der gute Wille, der von allen Dingen allein schlechthin gut ist, also der reine und starke Wille, welcher die Pflicht um der Pflicht willen, das Gute um des Guten willen will (§. 43). Nur er wird das im Unbestand der Dinge Beständige und für die Obrigkeit das allein Zuverlässige sein. Der Staat kann eine solche Gesinnung, welche aus dem innersten Menschen entspringt, nicht direkt hervorbringen, aber seine Gesetze, gegen den bösen Willen gerichtet, sollen ihn indirekt fördern (§. 52). Wenn indessen der Staat mit seinen Einrichtungen oder den Entartungen derselben, als handelte es sich für ihn nur um äussere Zwecke, die Triebfedern des guten Willens verkehrt und verfälscht, so ist er nicht mehr der „kanonische" Mensch, der er sein soll.

Anm. Bei Titelverleihungen, Titelerhöhungen u. s. w. zeigt sich in den ämokratischen Staaten nach manchen Richtungen eine Dialektik des Scheines. Die Titelträger theilen sich in solche, welche dem Titel Ehre machen, und in solche, welchen erst der Titel Ehre macht. Einige machen dem Titel Ehre, damit der Titel Vielen Ehre machen könne. Wenn bedeutende Männer, die dem Amte nach einen niedereren Titel führen, doch mit einem höheren geziert werden, so geschieht es unter dem Schein, dass ihnen eine Ehre erwiesen werde, doch in der That nur um durch sie dem höhern Titel Ehre zu schaffen. Nebenbei entsteht aber die schädliche Meinung, als ob das Amt des niedern Titels, das doch in einer eigenthümlichen und nothwendigen Idee gegründet ist, an seiner eigentlichen Ehre darbe. Nur dann hat der Einzelne die rechte Höhe der Gesinnung, wenn es von ihm mit den Worten eines alten armenischen Geschichtschreibers heissen kann: „die Ehre ging ihm nach, er nicht der Ehre".

§. 184. Aus dem Obigen ergiebt sich die Anwendung auf die Rechtsverhältnisse von Beamten von selbst. Die eigenthümlichen Rechte der Beamten sind dazu da, um ihnen die sichere und promte Ausführung ihrer Pflichten möglich zu machen und sie mit dem Ansehen zu bekleiden, welches dem Amte gebührt. Der innere Zweck, für welchen der Beamte das lebendige Werkzeug ist, und die Macht, welche er übt, stammen aus der Substanz des Ganzen und das Recht schützt in ihm die zum Grunde liegende Idee. Das ist der Eine Grund der schwereren Strafe, welche den trifft, der einen Beamten im Amte beleidigt oder verletzt, oder der es versucht, einen Beamten einzuschüchtern oder zu bestechen. Es wird in ihm nicht der Privatmann angegriffen und nicht der Einzelne als solcher bloss gestellt, sondern die sittliche Grundlage des Staates, welcher sich im Rechte selbst erhält. Auf der andern Seite liegt der Grund, welcher das Recht des Beamten bedingt, in der Stellung, in welche ihn sein Amt bringt. Vielfach bestimmt, dem Selbstgefühl entgegenzutreten, ist er der Leidenschaft der Menschen ausgesetzt und bedarf daher des grössern Rechtsschutzes. Es ist das Zeichen schwacher Rechtszustände, wo der Beamte genöthigt ist, die Ausführung des Gesetzes oder die Massregeln seines Amtes rein persönlich zu verfechten und, wie bei Herausforderungen wegen Amtshandlungen, das Amt mit dem Leibe zu decken. Beide Gründe wirken zusammen, um Verbrechen und Vergehen gegen die Beamten strafbarer zu machen, als gegen andere.

Umgekehrt zeigt die erste Beziehung die schwerere Schuld des Beamten, wenn er die ihm anvertraute Macht missbraucht, oder wenn er, wie bei Bestechungen, den Zweck, für welchen er da ist, vereiteln hilft und Recht in Unrecht verkehrt, überhaupt wenn er Verbrechen und Vergehen im Amte verübt. Das Volk bedarf gegen die Willkür und Ueberschreitungen der Beamten in demselben Masse des Rechtsschutzes mehr, als der Einzelne gegen den Beamten wehrloser und an sein Vertrauen gewiesen ist.

Wenn Ehren und Titel unter dem Ansehen des Staates stehen und ähnlich wie das Geld das Zeichen einer Währung und Geltung sind: so wird der, welcher sich Ehren und Titel eigenmächtig anmasst, als Verfälscher der öffentlichen Werthe strafbar; er wäre einem Falschmünzer ähnlich, wenn Ehren und Titel, obwol sie höher als Geld stehen sollen, wie Geld umlaufen könnten und insofern Geldeswerth hätten.

β. Gesetzgebung.

§. 185. Die **Gesetzgebung** hat ihren Mittelpunkt in der ordnenden Gerechtigkeit, welche mitten in dem Streben der Einzelnen nach Vermehrung des Eigenen die Gliederung des Ganzen gestaltet und wahrt (§. 30) und nach dem inneren Zwecke des Sittlichen die Grundproportion von Pflichten und Rechten (§. 87) bestimmt und in den einzelnen Verhältnissen durchführt.

Es hat zwar diese Aufgabe eine allgemeine Seite an dem Einen ethischen Ziel, dass der Staat als Mensch im Grossen und die Einzelnen als Menschen sich mit einander möglichst vollenden. Aber wenn dies Allgemeine nicht nach dem Stande der Cultur, nach der Lage und den Mitteln des Landes, nach den Vorbedingungen der geschichtlichen Zustände individuell gestaltet oder das Concrete als die Grundlage der Kraft dem Allgemeinen entgegengeführt wird: so bleibt das Allgemeine hohl und ohne Wirkung. Es ist ebenso ein Abweg, wozu man durch das Beispiel verlockt wird, wenn man, ohne den eigenthümlichen Unterschied der Verhältnisse zu beachten, die fremden Gesetze und Einrichtungen auf den eigenen Boden versetzt (§. 73). Das Gewohnheitsrecht, das selbstwüchsige Gesetz der Gemeinde, hat gerade darin einen besonderen Werth, dass es im Bedürfniss der Sache und in der Anschauung des Volkes seine feste Wurzel hat (§. 48). Indem es auf das Mannigfaltige und Oertliche geht, steht es in einem Gegensatz zu dem allgemeinen Recht, welches, in grössern Gedanken geboren, vor Allem die Wirkung hat, als ein Gemeinsames den Staat national zu machen. Es wird die Aufgabe sein, so weit nicht höhere Interessen übergreifen, die unbewusste, aber starke Gesetzgebung des Gewohnheitsrechtes zu schonen oder zur Widerlage des allgemeinen Rechtes zu machen. Diejenige Gesetzgebung wird am lebendigsten wirken und am sichersten bestehen, welche nach der höhern Idee das geschichtlich Gegebene stetig entwickelt; denn sie findet am wenigsten vom Einzelnen her Widerstand und bricht nicht mit der Macht der lieb gewordenen Gewöhnung, mit der in den natürlichen Verhältnissen des Landes und des Blutes wurzelnden, physisch starken, ethisch mächtigen Sitte. Wo hingegen, wie in der Revolution, *tabula rasa* gemacht ist, da ersetzt keine Weisheit einer gesetzgebenden Versammlung mit ihren erfinderischen Plänen, was an geschichtlichem Anhalt fehlt. Aus den Projekten werden Experimente, bis sich allmählich die realen Elemente wieder zurecht schieben.

Die Gesetzgebung zieht diejenigen Linien, innerhalb welcher sich die individuellen Thätigkeiten frei bewegen, und es ist die Probe der ordnenden Gerechtigkeit, wenn sie jedem Zwecke dergestalt das Seine giebt, dass innerhalb dieser Linien die Thätigkeiten sich selbst und das Ganze befriedigen können.

Ein nationales Recht ist ein Band des Volkes und Staates; das eigene Recht sichert und verbürgt die eigene Auffassung der sittlichen Zwecke, und die Fortbildung geschieht auf eigenem Grunde. Wo eine fremde Gesetzgebung aufgenommen ist, da blickt auch die Ausbildung und Fortbildung des Rechts nach dem Beispiel des fremden Landes. Die Gerichtshöfe, in zweifelhaften Fällen an das Beispiel vorangegangener Entscheidungen gewiesen, entfremden sich dem Heimischen durch fremde Muster. Das Volk wird erst da auf sein Recht stolz, wo es in ihm die Empfindung des Vaterländischen hat.

§. 166. Das Gesetz, welches seinem Wesen nach Alle bindet, die Unterthanen wie den Gesetzgeber, ist im Staate allmächtig und nur durch die Ordnung der Natur beschränkt; daher bezeichnet die gesetzgebende Gewalt den entscheidenden Willen des Staates innerhalb seiner selbst. Es kann dieser Wille in Einem ruhen, wie in dem unbeschränkten Könige, oder er kann, obwol in sich Einer und untheilbar, doch so zu Stande kommen, dass er das letzte Ergebniss aus dem Willen Mehrerer oder Vieler ist. Mag das Eine oder das Andere Statt haben, es kommt darauf an, dafür zu sorgen, dass das Gesetz vernünftig sei und die Bürgschaft der Vernunft in sich trage. Nur der vernünftige Wille des Ganzen verdient Gesetz zu sein. Nur das vernünftige Gesetz erfüllt seinen Beruf, die Bedingungen zum Sittlichen zu wahren. Nur in dem vernünftigen Gesetz haben Alle, die durch dasselbe gebunden und beschränkt sind, ihre Freiheit und Befriedigung (§. 10). Das vernünftige Gesetz müsste sich Jeder selbst geben, so wahr er ein vernünftiger Mensch ist. Durch die vernünftige Gesetzgebung, welche das Volk zur Verwirklichung dessen befähigt und erzieht, was es an sittlichem Vermögen in sich trägt, ist der Staat die verwirklichte Freiheit. Gegen diesen realen Begriff der Freiheit, in dem Inhalt der Gesetze begründet, tritt selbst die formale Freiheit des Volkes, seine mittelbare oder unmittelbare Betheiligung an dem Ursprung der Gesetze, an der gesetzgebenden Gewalt, zurück und sie hat nur dann den rechten Werth, wenn sie ein Mittel wird, den vernünftigen Inhalt im Concreten zu finden und zu befestigen.

Jeder Staat hat die Pflicht, Einrichtungen zu treffen, welche die Vernunft der Gesetze sichern. Aber für den absoluten Zweck sind die Mittel relativ und müssen sich nach der Bildung des Volkes, nach der durch die Geschichte begründeten Macht, nach den realen Verhältnissen richten, welche die Verfassung bestimmen. Die Entwickelung der Verfassung führt auf gesetzgebende (ständische) Körper. Denn der Regierung gegenüber gleichen sich durch sie die beiden Richtungen aus, welche als fundamentale allem Recht und eigentlich jedem guten Gesetz zum Grunde liegen, die Richtung vom Ganzen her und die Richtung von den Theilen und den Einzelnen aus. Was innerlich dem Recht nothwendig ist, wird auf diese Weise in den Faktoren der Gesetzgebung vertreten und mit Macht bekleidet. Der Regierung gegenüber geben die vermittelnden Funktionen der gesetzgebenden Körper die Gewähr, dass keine der beiden Richtungen zu kurz komme. Die Verschiedenheit der Verfassungen ist besonders durch die Verschiedenheit dieser Einrichtungen bedingt. Immer wird es darauf ankommen, die gesetzgebende Funktion in volksthümlichem Vertrauen zu halten. Insbesondere liegen in der Regierung, der nebengeordneten Funktion, die Mittel zu der reichen und reifen Erfahrung und zu der vielseitigen Ueberlegung, ohne welche es keine Weisheit der ordnenden Gerechtigkeit geben kann. Der gesetzgebende unbeschränkte König stützt auf die Organe der Regierung die königliche Betrachtung der Dinge, deren Wesen es ist, dass sie, in den Mittelpunkt gestellt, im Theil das Ganze und im Ganzen die Theile vor Augen hat, dem Theile gebe, was des Theiles ist, und dem Ganzen, was des Ganzen. Gesetzgebende Versammlungen gerathen unfehlbar in Irrthum, wenn ihnen nicht die einsichtige Regierung zur Seite steht (§. 161).

In den aus politischen Wahlen hervorgehenden gesetzgebenden Körpern bedarf es besonderer Vorsicht. Ihrem Begriff nach sollen sie nicht die Interessen und Begierden und die Macht der Einzelnen oder der Abordnenden vertreten, sondern die Vernunft des Ganzen und jene Interessen nur so weit, als sie in diese Vernunft des Ganzen aufzunehmen sind. Aber es geht menschlich zu. Bei ihren Abstimmungen mischen sich die Wünsche der Parteien in den Beruf des über die Parteien erhabenen Gesetzes; auch liegen nicht selten hinter der überstimmten Minderheit reale Interessen und faktische Rechte, welche noch erst erledigt werden sollten. Die nach Stimmenmehrheit beschliessenden Versammlungen haben unvermeidliche Mängel in sich, mag man nun in der Beurtheilung von der Einsicht der Beschliessenden ausgehen oder von dem Willen derselben, welcher, als vereinigte Kraft gedacht, der Nachdruck des Gesetzes sein soll. Die Einsicht, in demselben Masse schwieriger, als die Verhältnisse verwickelter werden, wohnt ursprünglich nur in Wenigen und ist insofern ihrer Natur nach aristokratisch. Es ist daher wohl möglich, dass gerade die Minderheit die richtigere Einsicht hat. *Minora saniora.* Die Minderen die Gesünderen. Wenn man hingegen den Willen zum Gesichtspunkt nimmt, so würde erst Einhelligkeit der Stimmen der Ausdruck des ganzen Volkswillens sein und das Uebergewicht der Mehrheit ist nur ein Nothbehelf. Ueberdies sind politische Wahlen nicht so scharf, nicht so rein von selbstsüchtigen Umtrieben, und nicht alle Abstimmenden sind in dem faktischen Gange der Abstimmung vor Missgriffen so sicher, dass sich eine richtige Proportion zwischen dem im Volke vorhandenen und dem in der Mehrheit der gesetzgebenden Körper dargestellten Willen annehmen liesse.

In allen diesen Beziehungen bedarf der Beschluss der Mehrheit, ehe er Gesetz wird, einer Gegenprobe und die Minderheit eines Schutzes. Abgesehen von den geschichtlichen Entwickelungen liegt hierin der allgemeine Grund für die Nothwendigkeit zweier Körper, wenn die gesetzgebende Gewalt nicht in der Hand des Regenten allein beruht. Sie sind ebenso nöthig, um das Richtige und Vernünftige an den Tag zu bringen, als auch um den realen Willen im Volke mit dem zunächst nur ideell empfundenen Bedürfniss auszugleichen. Es werden die beiden Körper dieser ganzen Aufgabe nur dann genügen, wenn sie nach der Art ihres Ursprunges und den aus dem Ursprung stammenden Richtungen sich nicht einfach in ihren Betrachtungsweisen wiederholen, sondern darauf gewiesen sind, dass für das Ganze, welches beide Körper wollen, jeder einen entgegengesetzten Gesichtspunkt wahre, wie z. B. da geschieht, wo der eine Körper nach den Elementen, die ihn bilden, die Ruhe und Reife der den vernünftigen Bestand vertretenden Gesinnung, der andere den erfinderischen Trieb fortschreitender Bewegung darstellt. Jeder gesetzgebende Körper muss in sich selbst so angelegt sein, dass Alles darauf hinwirkt, die Vernunft der Sache zur Erkenntniss zu bringen und zum Willen der Versammlung zu erheben. Es verfolgen diesen Zweck das Wahlgesetz, worauf die politischen Körper ruhen, die Geschäftsordnung, wornach sie arbeiten, die Vorbereitung der Gesetze in den Ausschüssen der Sachverständigen, der Gang bei den Verhandlungen und zuletzt die Methode bei den Abstimmungen, welche die Aufgabe hat, in der collektiven Weisheit der vielköpfigen Versammlung die Einheit und Consequenz, welche erst den Willen zum Willen macht, zu fördern und zu wahren (§. 62). In den politischen Körpern greifen Interessen der Macht, die Macht der Privaten, die Macht der Corporationen, die Macht der Stände, und in jeder derselben das Streben, sich zu erhalten und zu erweitern, in den Zweck der Sache ein, dass das beste Gesetz zu Stande komme; und der verschiedene Charakter der Verfassungen ist dadurch, wie weiter unten erhellen wird, wesentlich bedingt; auch ist es heilsam, dass die ideale Aufgabe an der Macht der besondern Kreise einen Halt und Rückhalt habe. Aber die Macht wird erst berechtigt, indem sie sich jenem höhern Zweck unterordnet.

Anm. Die Beziehungen der gesetzgebenden Gewalt zu der Verfassung werden unten berührt werden. Aber gewisse Bestimmungen gehen durch alle Verfassungen durch, wenn die Vernunft der Gesetze gesichert werden soll. In grössern Staaten gehört dahin namentlich die Nothwendigkeit zweier beschliessender Körper, z. B. eines Ober- und Unterhauses. Selbst die Republiken sorgten von Alters her für eine analoge Einrichtung. In Athen hatte der Senat den Vorbeschluss und ohne den Vorbeschluss des Senates durfte kein Gesetzentwurf vor die Volksversammlung kommen. In den besten Zeiten Roms trat kein Gesetz der Volksversammlung in Kraft ohne die *auctoritas* des Senates. In Nord-Amerika bilden das Haus der Repräsentanten, aus dem Volk gewählt, und der Senat, von den einzelnen Regierungen ernannt, erst zusammen die gesetzgebende Gewalt und die einzelnen Staaten gliedern ebenso ihre besondere Verfassung in zwei Häuser. Zwei Körper regeln einander, wenn ihr Ursprung durch einen berechtigten Gegensatz bedingt ist. Aber Ein gesetzgebender Körper ohne das Gegengewicht des andern wird eine Beute politischer Leidenschaft und überstürzt sich leicht in einseitigen Richtungen. In der französischen Revolution rissen im Verlauf weniger Jahre drei Volksvertretungen, die constituirende Versammlung, die gesetzgebende und der Nationalkonvent, welche sich alle als Eine Kammer gestalteten, das Königthum mit sich fort und lösten Frankreich in Anarchie auf, bis das Direktorium mit zwei Kammern mässigend einlenkte.

§. 187. Es ist belehrend, wie sich in gesetzgebenden Körpern, welche in sich geschlossen und nach innen autonom sind, das Recht derselben bildet. Sie ordnen ihre Disciplin nach ihrem inneren Zweck, und indem sie an ihrem Wesen festhalten und gegen die andern Gewalten ihr sittliches Dasein behaupten, bilden sie nach aussen ihr Recht aus. Die Geschichte des englischen Parlaments ist dafür ein gutes Beispiel. Die Rechte derer, welche an der gesetzgebenden Gewalt Theil haben, gehen ihren Pflichten parallel und sind um dieser willen da.

Wenn es ferner darauf ankommt, den Mann des Vertrauens als den rechten Mann durch Wahl zu finden, so ist jede Störung und Fälschung der Wahl strafbar und die Strafe stellt die öffentliche Bejahung und Behauptung des durch die Wahlen gewollten sittlichen Zweckes vor Augen. Wenn es ferner darauf ankommt, die Stimme der Vertreter als einen Ausdruck ihrer freien Einsicht zu sichern, so ist jede Gewaltthätigkeit gegen einen Vertreter und jeder Versuch zu seiner Einschüchterung durch Drohung einer Gewaltthat in einem erschwerenden

Masse strafbar, als wenn dasselbe Unrecht gegen eine Privatperson begangen wäre.

γ. Rechtspflege.

§. 155. Die ordnende Gerechtigkeit hat einen weiten Kreis. Es giebt Gesetze, welche die Verwaltung regeln und Einrichtungen schaffen. Sie werden durch Verordnungen ausgeführt, zu welchen als zu besondern Gesetzen unter dem Ansehen und im Bereich allgemeinerer die vollziehende Regierung ermächtigt wird. Es giebt andere Gesetze, welche unmittelbar und allgemein die Pflichten und Rechte der Einzelnen in ihrem Verhältniss zu andern Einzelnen und zum Ganzen bestimmen. Die Gesetze wie die Verordnungen werden durch den Richterspruch der **Rechtspflege** aufrecht erhalten; und wenn die Verordnungen, welche für den Einzelnen, den sie angehen, die bindende Kraft des Gesetzes haben, unmittelbar von der Verwaltung mit dem Zwang der Strafe gehandhabt werden: so ist darin der Verwaltung ein Stück der Rechtspflege übertragen worden und zwar nicht nach dem Begriff der Sache, sondern nach Gründen der Zweckmässigkeit, insbesondere für die Nothwendigkeit prompter Ausführung, welche von den verschiedenen Verfassungen in verschiedenem Umfang zugelassen oder versagt werden.

Hiernach hat die ordnende Gerechtigkeit der Gesetzgebung die **wahrende** des Richters zur nothwendigen Folge. Wenn die Herrschaft vernünftiger Gesetze und die Freiheit des Volkes nur zwei Ausdrücke für eine und dieselbe Sache sind, so ist die Rechtspflege, welche dem Gesetz die Macht erhält, die Wächterin der Freiheit. In diesem Sinne ist es im Staat der Anfang und das Ende, dass das Gesetz geschehe, welches, wie die Vernunft, über Allen steht, und doch, wie die Vernunft, eines Jeden Wesen ist. Es ist die Würde des Richteramtes, diesen Werth, welchen die Rechtspflege in sich selbst hat und aus keinem äussern Nutzen, in ihr zu hüten und nach aussen nicht zu opfern. Das starke Allen gleiche Recht ist die rechte allenthalben gegenwärtige Macht des Staates nach innen, damit nicht die Gesetze nach dem Vergleich eines alten Gesetzgebers ein Spinnengewebe seien, welches Mücken und Fliegen auffangen könne, aber von jedem grössern Thier zerrissen werde.

Was die Rechtspflege sonst Zuträgliches erzeugt, fällt ihrem Wesen als eine heilsame Wirkung zu, aber ist nicht das Ursprüngliche, um dessen willen wie um eines äussern Zweckes sie da wäre. Es gehört dahin die belebende Kraft der Rechtspflege, welche den Gesetzen unfehlbare Geltung verschafft und dadurch dem gemeinsamen Verkehr sichern Boden bereitet, den Unternehmenden zuverlässige Punkte für ihre Berechnungen darbietet und überhaupt das Leben von einengender Furcht befreiet und zu fröhlicher Thätigkeit anreizt. Der Nationalökonom schätzt am Recht diese produktive Kraft, welche ihres Gleichen nicht hat, und versucht auch wol einmal sie zu Geld anzuschlagen. Aber der Versuch ist vergeblich. Denn das Geld ist erst durch die Rechtspflege möglich und vor ihr giebt es keinen Geldeswerth. Darum steckt im Recht etwas, was, durch kein Geld messbar, nur durch sich selbst gemessen wird.

§. 189. Die wahrende Gerechtigkeit bethätigt sich je nach dem Kreise des peinlichen oder bürgerlichen Rechts als strafende oder schützende Gerechtigkeit. Jene ist gegen den Dolus des angreifenden und gegen die Culpa des aussetzenden Willens gerichtet (§. 64). Diese beschränkt, soweit redlicher Wille im Handel und Wandel vorausgesetzt werden darf, ihren Zwang darauf, dass auf eingebrachte Klage dem Berechtigten, aber Verletzten, das Recht hergestellt werde oder dem Berechtigten, aber Bedrohten, das bestrittene Recht verbleibe; und es handelt sich daher in dem Zwang der bürgerlichen Rechtspflege nur um eine Wiedereinsetzung des Klägers in das, was ihm zusteht, welche durch Rückgabe und Leistung, oder durch Ehrenerklärung und Schadenersatz erfolgt, oder um Schutz eines Jeden in dem Seinen, wie z. B. im Zwang einer Anerkennung.

Es liegt in dem Begriff und inneren Zweck der wahrenden

Gerechtigkeit, welche sich in der Rechtspflege darstellt, dass sie allgemein und ohne Ausnahme sei, also dem Armen und Geringen ebenso zugänglich als dem Reichen und Vornehmen; denn die Rechtspflege als ein Vortheil der Besitzenden verkehrt die Gerechtigkeit in ihr Gegentheil, in ein ungerechtes Mittel zu einem Kriege der Reichen wider die Armen oder der Vornehmen wider die Geringen. Um allgemein zu wirken, muss der Rechtsspruch dem Volke in seinen Gründen verständlich werden; und die Rechtspflege muss wenigstens so weit öffentlich sein, als es nöthig ist, damit das Volk den Zusammenhang zwischen Spruch und Gesetz einsehen könne. Sonst würde des Volkes sittlichstes Gut, das Recht, welches seinem Begriff nach auf einer bewussten Proportion zwischen Leisten und Empfangen, Thun und Leiden beruht, nur wie ein fremdes und blindes „Schicksal" über den Einzelnen kommen. Aus demselben Grunde entspringt die Forderung, dass das Recht, welches sich dem Volke in Fleisch und Blut verwandeln soll, nicht gelehrt, sondern gemeinverständlich rede und verhandele. Wo die Gesetze des Landes in Einem Geiste entstanden und übersichtlich gehalten sind, trägt das Ansehen der öffentlichen Rechtspflege und die klare und würdige Sprache der Gerichte am meisten dazu bei (vgl. §. 74), das Recht in der Sitte einzubürgern und der allgemeinen Empfindung einzupflanzen, und dadurch zugleich um die Rechtsgenossen ein nationales Band zu schlingen. Will die wahrende Gerechtigkeit ihren Beruf erfüllen und das Bildungsgesetz der Rechtsverhältnisse, welche immer in der Bewegung des Lebens stehen, hüten und nicht vielmehr ins Stocken bringen: so muss die Rechtspflege promt und doch sicher und sorgfältig sein. In diesen Hinsichten ist es ein Zeichen der Entwickelung in den Völkern, dass sie für das unveräusserliche Gut einer promten und unbestechlichen, Allen gleichen und Allen zugänglichen Rechtspflege Gesetze und Einrichtungen ersinnen und ausbilden, welche insbesondere darauf bedacht sind, die Gerichte zu einer von fremder Gunst und Ungunst unabhängigen Macht zu erheben und die das Urtheil trübenden Motive persönlicher Furcht und Hoffnung von dem Richterspruch auszuschliessen.

§. 190. In dem bürgerlichen Rechtsstreit handelt es sich im weiteren Sinne um Mein und Dein. Wo darin Höheres zum Austrag kommt, wie bei Verletzungen der Ehre, bei Ehescheidungen, da streifen die Rechtsfragen schon hart an das Strafrecht oder gehen wirklich in dasselbe über (vgl. §. 120. §. 133 und 134). Das Mein und Dein besteht zwar von einer Seite im individuellen Eigenthum und geht insofern nicht eigentlich in Geldeswerth auf (§. 93. §. 100). Aber im Allgemeinen ist es nach dem Werth im Verkehr durch Geld messbar, und insofern ist der bürgerliche Rechtsstreit in seinem Ziele mathematisch genauer, als der peinliche, in welchem zwischen Schuld und Strafe etwas Incommensurabeles übrig bleibt und dem Ermessen überlassen wird (§. 68). Im bürgerlichen Rechtsstreit sucht der Anspruch und das Erkenntniss haarscharf zu sein.

Es ist diese Schärfe ein Vorzug der bürgerlichen Rechtspflege; aber die Stärke wird zur Schwäche, wenn sie nur eine Schärfe des Buchstabens ist und darüber den Sinn verfehlt oder verkehrt. Dann wird das Recht unbillig und es erscheint dann die Billigkeit als ein höheres Recht (§. 63). Damit nicht die Rechtspflege, welche das rechte Recht suchen soll, aber es nur aus dem geschriebenen Gesetz und dem geschriebenen Vertrag finden kann, mit sich selbst in Widerstreit gerathe, muss es ihre wesentliche Sorge sein, ehe es zum Richterspruch kommt, dem Billigen gegen das strenge Recht Raum zu schaffen. Es gefährdet die Ehrfurcht vor dem Gesetz und dem Gericht, wenn im natürlichen Gefühl des Volkes das als unbillig empfunden wird, was im Urtheil als Recht der Sache siegt und sich also mit dem Ansehen und der Kraft des Gesetzes bekleidet.

Von mehreren Seiten läuft die bürgerliche Rechtspflege Gefahr, mitten im scharfen Recht unbillig zu sein.

Erstlich kann es geschehen, dass die Gesetze dem Concreten gegenüber durch ihre Allgemeinheit oder durch ihre beschränkte Fassung mangelhaft sind und der nachwachsenden

Fülle neuer Fälle nicht genügen. Wenn dann das Wort statt des Sinnes (der *ratio legis*) entscheidet, so erscheint das Urtheil, am Geiste des Gesetzes selbst gemessen, als unbillig (§. 63). Um dies Missverhältniss zu verhüten, wird die ausdehnende oder die beschränkende Auslegung, welche ihre Norm in dem inneren Sinn des Gesetzes haben, nothwendig (§. 76) und durch solche Auslegungen kann das Recht, wenn sie anerkannt werden, von innen wachsen.

Ferner kann sich die Form des Rechts, welche bestimmt ist, den Inhalt zu wahren, gegen den Inhalt kehren, wie z. B. da, wo die vorgeschriebenen Formen versäumt sind und doch der Wille klar hervortritt. Dann verfängt sich das Recht in seinen eigenen Formen. Bisweilen ist dabei noch eine Berichtigung möglich und die Rechtspflege erfindet dafür, wenn z. B. eine Partei ohne ihre Schuld Fristen versessen hat, das Mittel der Restitution. Indessen sind in den meisten dieser Fälle dem Recht die Hände gebunden; denn es muss die Formen aufrecht halten, wenn es nicht seine eigene Sicherheit und insbesondere die Zuverlässigkeit im gemeinsamen Leben gefährden will. Alle Mittel, welche der Rechtspflege gegeben werden, um gegen das starre Recht das Billige erreichen zu können, sind deshalb von zweifelhaftem Werthe und fordern eine mässige Anwendung, weil sie die Willkür und das Belieben an die Stelle des Allgemeinen und Festen zu setzen drohen.

Endlich geräth die Rechtspflege noch von einer dritten Seite ins Gedränge. Im bürgerlichen Rechtsstreit handelt es sich zum grossen Theil um Erfüllung von Verträgen. Es subsumirt der Richterspruch auf dieselbe Weise unter die Regel des Vertrages, als unter das Gesetz; und für den streitigen Fall ist der Vertrag das Gesetz. So wenig als er befugt ist, über das bestehende Gesetz hinauszugehen und es vor der Anwendung erst über seinen Inhalt zur Rechenschaft zu ziehen: so wenig ist er befugt, den Inhalt des Vertrages, die Einigung der Willen, wenn sie sich innerhalb der durch das Gesetz gezogenen Grenzen bewegt hat, erst einer Prüfung zu unterwerfen und darnach zu ändern. Indem der Richterspruch den Vertrag wahrt, wahrt er die Consequenz der freiwilligen Einigung und giebt dadurch der individuellen Gemeinschaft Bestand und der Freiheit sichern Spielraum. Dennoch ist zwischen dem allgemeinen Gesetz und dem einzelnen Vertrag, welche als Basis des richterlichen Erkenntnisses nicht selten gleich stehen, ein grosser Unterschied. Das Gesetz ist die Vernunft des Staates, aber der Vertrag der Einzelnen möglicher Weise ein Unverstand aus Mangel an Einsicht oder eine legale Uebervortheilung des Einen durch den Andern. Bei einem solchen Inhalt kann es als eine Erniedrigung des Rechts erscheinen, wenn es die falsche Wirkung eines falschen Vertrages, statt sie zu hemmen, zur dauernden Geltung bringt. Nur in wenigen Fällen werden sich die Bestimmungen des Vertrages selbst angreifen lassen (§. 107). Wenn der Richterspruch in den Inhalt eingreifen dürfte, so wäre jeder Vertrag der Willkür ausgesetzt; die Vorsicht im Akte der Einigung würde abnehmen, denn man würde auf die Ausgleichung des Richters hoffen, und das Feste und Zuverlässige im Verkehr, die grosse Wirkung des consequenten Rechts, würde Abbruch leiden. Es kann daher in solchen Fällen nicht das Urtheil, sondern nur vor dem Urtheil ein Vergleich, ein neuer Vertrag der Streitenden, dem Uebelstand abhelfen (§. 105), und es ist die Sache der Rechtspflege, wenn anders sie nicht dem Unbilligen im Kampfe gegen das Billige beistehen will, auf jede Weise Vergleiche zu fördern. Im Bewusstsein, dass das förmliche Recht (§. 49) möglicher Weise ein wirkliches Unrecht einschliesse, soll sie nicht die logische Consequenz höher achten, als den ethischen Inhalt. Es kommt daher darauf an, dass jederzeit vor der Entscheidung der Weg zum Vergleich offen bleibe und dem Richter die Befugniss zustehe, die Parteien erst an Schiedsmänner zu weisen, welche eine Verständigung versuchen. Es kommt darauf an, mit dieser Aufgabe die angesehensten und einsichtigsten Männer zu betrauen, damit nicht bei solchen Versuchen durch juristische Fehlgriffe, wie bei Winkelconsulenten, das Recht mit seinen Formen sich noch mehr verwirre und verdunkle, und damit überhaupt das Vertrauen zu den Vergleichen wachse. Ein solcher Gedanke liegt z. B. der Einsetzung von Friedensrichtern zum Grunde. Jeder Prozess erregt die Parteien zu Leidenschaften und zu Stimmungen, durch welche sich die Menschen von einander abstossen, und das Urtheil scheidet zuletzt nur die Parteien, die an einander gerathen sind, so dass sie nichts mehr mit einander zu thun haben. Ein Vergleich hingegen einigt von Neuem und hat insofern, wenn auch die Nachwirkungen des Streites dauern mögen, doch eine belebendere Kraft; er verlangt eine Verleugnung des Eigenwillens und Eigennutzes und nährt die Gesinnung der Gemeinschaft.

Anm. Das Volk bezeichnet in seiner Sprache Prozesse ähnlich wie ein gewagtes Spiel, welches man verliert oder gewinnt, und lässt in diesem Ausdruck sein Misstrauen gegen jeden Rechtsgang durchfühlen. Was ihm als das sichere Urtheil des festen Rechts gelten sollte, sieht es in diesem Ausdruck als die unverlässige Entscheidung eines Zufalles an. In demselben Sinne räth es in seinen Sprichwörtern von Prozessen ab. Es ist besser, heisst es, ein magerer Vergleich, als ein feistes Urtel. Es ist besser ein halbes Ei als eine ledige Schale. Das Volk berechnet darin klug den Vortheil und will lieber das Gewisse statt des Ungewissen, die prompte freiwillige Erledigung statt des langwierigen kostspieligen Rechtsganges; aber der Gesetzgeber wird die verträgliche Gesinnung, welche jeder Vergleich im Volke fördert, noch höher anschlagen und ihr möglichst Vorschub leisten.

§. 191. Durch die Gerichte, welchen der Schutz der Rechte unter den Einzelnen obliegt, bildet sich für diesen innern Zweck ein neuer Inbegriff von Rechten, welche theils bestimmt sind, die Würde und Kraft der Gerichte zu wahren, theils die Pflichten und Rechte der Parteien zu bestimmen.

In letzter Beziehung ist der oberste Gesichtspunkt, dass die Wahrheit der einschlagenden Thatsachen zu Tage komme, Gründe und Gegengründe vernommen und dadurch die Bedingungen zu einem richtigen Urtheil gegeben werden.

Das Recht der Klage folgt aus dem allgemeinen Ursprung des Rechts als nothwendig. Das Recht selbst zerfiele, indem es seine allgemeine Anerkennung einbüsste, wenn nicht demjenigen, welchem es gehört, Anspruch auf Schutz zustände (vgl. §. 53). In dem Recht der Klage liegt die Pflicht ihrer Begründung und ihr steht das Recht der Einrede in dem Beklagten gegenüber.

Ohne Klage dessen, der sich verletzt glaubt, oder seines Vertreters, geht der Streit über Mein und Dein das bürgerliche Gericht nichts an, das stumm ist, bis sein Spruch begehrt wird. Wie die Rechtsverhältnisse, welche Gegenstand des bürgerlichen Gerichts sind, aus der Verfügung Einzelner und der Einigung ihrer Willen entstehen: so gehört es zur individuellen Freiheit im Besitz von Privatrechten bei Verletzungen, sofern sie nicht dem Strafrecht angehören, zu klagen oder nicht zu klagen. Sollte das Gericht bei Streitigkeiten im Verkehr ohne Klage einschreiten, so gäbe es endlose störende Eingriffe und Einmischungen in Privathändel. Ueberdies würde die verträgliche ausgleichende Gesinnung im Volke leiden.

Innerhalb der Formen und Fristen, welche zu sicherer und prompter Erledigung der schwebenden Sache nöthig sind, ist es ein Recht der Parteien, sich in der Begründung der Klage und in der Vertheidigung und Beantwortung frei und ohne Rückhalt zu benehmen. Es folgt dies Recht ebenso aus der Pflicht, welche die Parteien haben, sich dem letzten Urtheil, wenn es gefällt ist, zu unterwerfen, als aus dem Beruf des Gerichts, auf Grund der ermittelten Wahrheit der Gerechtigkeit genug zu thun.

Es gereicht zur Befriedigung der Streitenden, obgleich es aus dem innern Wesen der Rechtspflege nicht nothwendig folgt, wenn solche Einrichtungen, wie z. B. durch die Möglichkeit der Recusation, getroffen sind, nach welchen nur der urtheilt, zu welchem beide Parteien das Vertrauen haben, dass er gerecht urtheile. Diese Rücksicht auf die Meinung der Parteien tritt da mehr und mehr zurück, wo die Rechtsordnung eine feste und gleichsam monarchische Gestalt gewonnen hat.

Es lässt sich im bürgerlichen Rechtsstreit die Aufgabe des Richters verschieden begrenzen. Entweder er schlichtet den Streit, indem er das Urtheil nach dem fällt, was die Parteien für und wider verhandeln, so dass es den Parteien überlassen wird, die Begründung ihres Rechts wahrzunehmen, — oder er entscheidet, indem er die eigene Untersuchung der zum Grunde liegenden erheblichen Thatsachen obenan stellt und dazu auch ohne das ausdrückliche Verlangen der Parteien die nöthigen Mittel zur Erforschung anwendet. In dem ersten Verfahren wird vorausgesetzt, dass Jeder sein Recht am besten kenne und am besten die Gesichtspunkte darlege, aus welchen es entspringt, auch nur auf die Berücksichtigung derjenigen Gründe Anspruch machen könne, welche er vorträgt; in dem zweiten soll gleichsam das Recht an sich, unabhängig von dem Meinen und Begehren der Parteien, gefunden werden. In jenem ist die Aufgabe der Sachwalter vielseitiger, damit nichts übersehen werde, was für die Partei spreche; in diesem ist die Aufgabe des Richters eindringender gefasst, so dass er Pflichten des Sachwalters mit übernimmt. Wenn es als der Beruf der bürgerlichen Rechtspflege erscheint, den Streit zu schlichten: so ist es folgerecht, dass die urtheilende Thätigkeit des Richters durch die Streitenden, also die verhandelnden Parteien wesentlich bedingt und begrenzt sei, aber dabei zugleich nothwendig, dass der Richter die Thatsachen, um die es sich handelt, im Streite der Parteien festzustellen wisse und die Begriffe, um welche sich der Streit wie um den Terminus medius dreht (§. 79), scharf bestimme. Es muss zu dem Ende der Richter die nöthigen Mittel haben, nach seinem Ermessen die Parteien und Zeugen zu vernehmen, die Urkunden zu prüfen, Sachverständige zu befragen. Aber es wäre eine Verkennung der Grenzen, wenn das Verfahren der Untersuchung, welches im Criminalrecht nothwendig ist, auf den bürgerlichen Rechtsgang übertragen und an die Stelle der Verhandlung der Parteien gesetzt würde. Es würde dies über das nächste Bedürfniss hinaus und jenseits derjenigen thatsächlichen Rechtsverhältnisse, welche den Grund der Klage oder Einrede bilden, zu Einmischungen in Dinge führen, um welche es sich nicht handelt.

Der Richter ist das persönlich gewordene Recht; und was im Gesetz Buchstabe ward, soll in ihm Gesinnung sein. In der Würde seines Wesens und Wirkens stellt er die Ethik des Rechts dar; und wenn er von ihr nicht mehr beseelt wird, macht er seines Theils die Rechtsordnung zur Maschine. Durch keinen Vortheil bestochen, hält er mit sicherer Hand die Wage des Rechts, Niemandem zu Liebe und Niemandem zu Leide. Der Richter im bürgerlichen Rechtsstreit bildet eine besondere Seite dieses allgemeinen Charakters in sich aus. Hoch wie das Gesetz über den Parteien sieht er ihre Sache mit gleichem Auge an, unfähig das Recht zu beugen oder zu brechen. Mit zergliederndem Scharfsinn führt er die verwickelten Verhältnisse auf den einfachen Grund zurück, von welchem die Entscheidung abhängt; bei höhern Fragen, wo das Gesetz zu ergänzen ist, trifft er aus dem Geist des Ganzen, der in ihm lebendig geworden, die richtige Analogie. Mit klugem Blick leitet er so den Streit der Parteien, dass ihre Aussagen der Wahrheit dienen und die Ueberführungen, welche sie gegenseitig versuchen, der Gerechtigkeit behülflich sein müssen. In der richtigen Entscheidung zeigt er, wohin die Parteien, besonnen und verträglich, ohne den Streit hätten gelangen können oder gelangen sollen. So wirkt er für ein zarteres und strengeres Rechtsgefühl und für den Glauben an das Recht. Es ist sein stilles Verdienst, den festen Boden zu bereiten, auf welchem sich der Verkehr des Lebens sicher bewegt, und eine Bedingung zu schaffen, ohne welche alle Lust zum Austausch der Kräfte erlahmt und alle schaffende Thätigkeit ruht.

Der Sachwalter vertritt das in den Parteien strebende und streitende Recht; er nimmt nicht ihren Vortheil an und für sich, sondern das Recht ihres Vortheils wahr; und wo jeder Anhalt im Recht oder in der Billigkeit fehlt, fehlt für den Sachwalter der sittliche Boden. Die Idee seines Wesens verzerrt sich, wenn er im Mein und Dein lediglich der Sophistik des begehrlichen Menschen mit anscheinenden Gründen zur Hand geht und geflissentlich Unrecht in Recht verkehrt. Indem er die Lage der Partei zu der seinigen macht, trifft er sicher die Punkte, welche für ihr Recht sprechen; und seine Logik ist die scharfe, aber befangene Logik des Begehrens. Sein einseitiger Blick, vom Richter geprüft, hilft, selbst wenn er unrichtig ist, zur Schärfung des Urtheils und zur Begründung der Ueberzeugung. Es ist vor dem Urtheil die Gewissheit wichtig, dass die Gründe der Parteien erschöpft sind, und dazu helfen die geschickten Sachwalter. Wo der Richter in ausgleichender Ruhe beharrt, treibt den Sachwalter die Lust des Sieges. Im Wetteifer des Streites spannt er oder löst er, erweitert oder beschränkt er die Begriffe, wie sie ihm dienen, und wird selbst über die feste Stellung des Rechts hinausgelockt. Aber er verbirgt die Leidenschaft, welche dem affektlosen Recht nicht angemessen ist. Da das Formale, z. B. die Definition, der Terminus medius, die Zeitbestimmung, im Rechte eine solche Macht hat, und da im unparteilichen Richter die Affekte im Gleichgewicht stehen: so bildet der Sachwalter demgemäss den überzeugenden affektlosen Stil der Sache (das *tenue genus dicendi*) in sich aus. Dieser schmucklose Ausdruck ist der Schmuck der Rede im bürgerlichen Rechtsstreit und erinnert an das mathematische Element im Rechte, welchem er entspricht. Eine Erhebung über diese gleichmässige Fläche der ruhigen Betrachtung, ein Antrieb zu einem gehobenern Stil (zum *medium* oder zum *sublime genus dicendi*) kann aus dem sittlichen Interesse stammen, aber wird mehr im peinlichen als im bürgerlichen Rechtsstreit seine natürliche Stelle haben. Die Rechte des Sachwalters, z. B. sein Recht auf Offenheit vor dem Gerichte, sein Anspruch an seine Partei, folgen aus der Idee seines Berufes und sind durch seine Pflicht bedingt; und er hat sie um seiner Pflicht willen. Sein geschützter Freimuth der Wahrheit hat da seine Grenze, wo die Beleidigung und die Verläumdung beginnt. Es ist das Zeichen einer unabhängigen Rechtspflege, dass diese Grenzen nicht auf Kosten der Wahrheit enger gezogen werden, als es die Natur der Sache fordert.

Anm. Schon bei den Alten finden sich Versuche, die Idee des Richters im

Bilde anschaulich auszudrücken. So sagt **Aristoteles** (*eth. Nicom.* V, 7. p. 1132 a 21) *ὁ γὰρ δικαστὴς βούλεται εἶναι οἷον δίκαιον ἔμψυχον;* und bezeichnet mit diesem Ausdruck — der Richter wolle seiner Natur nach gleichsam das beseelte Recht sein — den Grund des Vertrauens, welchen die Parteien zu dem ausgleichenden Richter haben. An einer andern Stelle hat Aristoteles das Wort des **Archytas** aufbehalten, welcher, die religiöse Idee des Rechts auffassend, den Schiedsrichter mit dem Altar verglich, zu welchem der Verletzte seine Zuflucht nimmt (*rhetor.* III, 11. p. 1412 a 12. *ὥσπερ Ἀρχύτας ἔφη ταὐτὸν εἶναι δικαστὴν καὶ βωμόν· ἐπ' ἄμφω γὰρ τὸ ἀδικούμενον καταφεύγει*). Ferner hat man den Ausdruck des römischen Rechtslehrers Marcianus (dig. I, 1, 8) *nam et ipsum ius honorarium viva vox est iuris civilis* auch auf den rechtsprechenden Praetor selbst angewandt. Der Richter ist der Mund des Gesetzes, seine lebendige Stimme. Die Idee des Richters schlägt theils in dem Buchstäbler und Pedanten, theils in dem unter dem Schein des Rechtes parteiischen Richter zur Karrikatur aus.

Der Jurist, wie er im Verkehr erscheint, bleibt gegen die tiefere, namentlich ethische Durchbildung, die im Wesen seines Berufes liegt, vielfältig zurück. Nicht selten ist er nur geschliffen in den Formen des Rechtes, klug und gewandt in der Wahrung der Interessen und haarscharf in der Bestimmung der Grenzen, wie weit man gehen könne, ohne dem Gesetze zu verfallen. Dann ist aber nichts mehr von der Weisheit des Gesetzgebers in ihm, nichts mehr von der sittlichen Idee des Rechtes, dem eigentlichen Grunde; er verkehrt nur in den erscheinenden Formen, welche immer wieder ihre Schwäche in sich tragen, sogar wenn sie auch einmal mächtig genug sind, um selbst mit dem Inhalt durchzugehen. Seine Klugheit beschränkt sich darauf, das Recht als eine Kraft zu benutzen und vor dem Recht als einer Kraft sich zu hüten. In getriebenen Advokaten und schlauen Notaren trägt die juristische Geschicklichkeit dieser Art selbst Versuchung zu Verbrechen in sich; und wenn eine dem sittlichen Grunde entfremdete juristische Gesinnung und Anschauung auch den Richterstand ergreift, so bricht für das Volk eine sittliche Gefahr ein.

Schon **Cicero** unterscheidet von dem echten *iurisconsultus* die beiden Entartungen, den handwerksmässigen *leguleius* und den verdrehenden *rabula*. *Cic. de oratore I,* 55. *Ita est tibi iurisconsultus ipse per se nihil, nisi leguleius quidam cautus et acutus, praeco actionum, cantor formularum, auceps syllabarum* u. s. w. vgl. I, 46.

§. 192. Wenn sich die Idee, welche der Rechtspflege zum Grunde liegt, mit Einem Schlage vollkommen verwirklichen liesse, so müsste es in jeder Sache nur Ein und zwar ein für alle Mal entscheidendes Urtheil geben. Der **Instanzenzug**, durch welchen eine wiederholte Prüfung der Sache und ein letzter und höchster Spruch möglich wird, ist eine um der menschlichen Schwachheit willen nothwendige Einrichtung. Es ist eine Erfahrung, dass die Parteien gewöhnlich erst durch das Urtheil erster Instanz zu einem objektiven, unbefangenen Urtheil über ihre Sache gelangen. Für sie ist es daher ein Bedürfniss, mit klarerem Bewusstsein noch einmal den Weg Rechtens beschreiten zu können. Das Urtheil eines Obergerichts darf zwar die Unabhängigkeit des Untergerichts und seines frühern Spruches nicht antasten; aber es wirkt von selbst auf eine umsichtigere und gründlichere Behandlung des ersten Gerichtes hin, wenn dasselbe weiss, dass sein Erkenntniss nicht das letzte ist, sondern der Kritik eines angesehenen Gerichtshofes unterliegt. Wo die erneuerte Verhandlung zur Bestätigung des Urtheils führt, ist der Eine Eindruck desto mächtiger und tiefer. Sonst thun freilich die sich einander corrigirenden Erkenntnisse verschiedener Instanzen dem Ansehen der Sicherheit und Festigkeit, mit welchem sich das Recht im Volke umkleiden sollte, erheblichen Abbruch. Aber gegen diesen Nachtheil ist es ein grösserer Vortheil, in wichtigen Fällen durch eine vielseitigere Betrachtung einen gesichteten und gereiften Spruch zu erreichen, und durch das überwiegende Ansehen eines solchen Urtheils auf das allgemeine Rechtsbewusstsein und auf eine grössere Einheit der Entscheidung in den Gerichten zu wirken.

Wie das Recht überhaupt aus dem Triebe entspringt, das sittliche Dasein zu wahren, so bringt auch die Rechtspflege, deren Wohlthaten dem Missbrauch zur Chikane ausgesetzt sind (§. 50), Bestimmungen hervor, welche geeignet sind, den innern Zweck der Rechtspflege zu schirmen. Dahin gehört die Forderung von Cautionsstellungen, im attischen Recht die für den Verlust des Prozesses auferlegten Bussen, um leichtsinniges und boshaftes Prozessiren zu ahnden, im römischen Recht das *iusiurandum calumniae*, die *poena temere litigantium* oder im Vergleich die *poena compromissa (dig.* IV, 8, 11*)*. Es sind dies nothwendige Bildungen des Rechts, um falschen Seitenwirkungen der zu einem anderen Zwecke dargebotenen Mittel zuvorzukommen.

Aus demselben Grunde entspringen die Strafbestimmungen, welche die Unbescholtenheit und Ehrenhaftigkeit der Richter aufrecht halten, gegen den Richter und Schiedsmann, welche sich bestechen lassen, und gegen Jeden, welcher den Richter und Schiedsmann besticht oder zu bestechen versucht; ferner die Ansprüche auf Schadenersatz, wenn bewiesen werden kann, dass der Richter, sei es aus böser Gesinnung, sei es aus Nachlässigkeit oder Versehen, ein widerrechtliches Urtheil gefällt oder im Rechtsgang eine Partei beschädigt hat. Da der Richter vom Staat oder der Gemeinde und nicht von den Einzelnen bestellt ist, da im Namen des Ganzen Recht gepflogen und Recht gesprochen wird: so müssen der Staat oder die Gemeinde, welche den Richter bestellen und den Schiedsmann ernennen, vorweg den Schaden ersetzen und sich demnächst an den Richter oder Schiedsmann halten, welche gefehlt haben; aber sie sollten nicht, aus der Rolle fallend, welche ihnen als Ganzem gebührt, sich da aus dem Nachtheil herausziehen, wo sie Pflichten und Rechte üben; sie sollten nicht bei Nachtheilen, welche durch öffentliche Einrichtungen entstehen, den Einzelnen an den Einzelnen, die Parteien an den Richter und Schiedsrichter als Privatmann und an sein privates Vermögen verweisen. Dasselbe gilt bei Beamten (§. 184), welche im Amte und durch Hülfe ihres Amtes Einzelne beschädigen, z. B. bei Postbeamten, welche Briefe oder Gelder des postpflichtigen Publikums unterschlagen. Das Ganze muss gross genug sein, um in seinen öffentlichen Organen seine Pflichten und Rechte zu vertreten. Die grössere Verantwortlichkeit des Ganzen wird die Aufsicht spannen und die edle Wirkung des sittlich Richtigen wird den materiellen Schaden weit aufwägen, welcher dem Staate oder der Gemeinde dadurch entstehen mag, dass sie für ihre öffentlichen Organe haften.

§. 193. Wenn in der peinlichen Rechtspflege, nicht

anders als in der bürgerlichen, das Urtheil über einen Fall zuletzt auf Einem untheilbaren Syllogismus beruht (§. 76 ff.), welcher, scheint es, sich nur in Einem Kopfe zur vollen Schärfe vollenden kann: so ist es nothwendig, zu fragen, wie es ethisch bedingt sei, dass sich in der ausgebildeten Rechtspflege die Glieder des Syllogismus an verschiedene Organe vertheilen.

Es verläuft der Rechtsgang nach der Natur der Sache in drei Stadien. Zuerst ist die Thatsache zu ermitteln, dann die ermittelte Thatsache mit der ihr zum Grunde liegenden Handlung nach ihrem Rechtsbegriff zu bezeichnen (juristisch nach ihrem eigenen Wesen zu specificiren) und endlich die ermittelte und bezeichnete Handlung nach dem Gesetze abzuurtheilen. In dem ersten Stadium handelt es sich um die Untersuchung des Thatbestandes, welche so geführt werden muss, dass daraus die Gründe für die zweite Frage, für die Bestimmung des sein Wesen aussprechenden Rechtsbegriffes (der *species facti*) hervorgehen müssen, und endlich im dritten Stadium um die im Gesetz vorgesehene Folge der nun nach ihrem Artbegriff bestimmten Handlung. Die Zubereitung des Syllogismus beginnt mit der Erforschung des Unterbegriffs, des Terminus minor, den diese einzelne Thatsache, diese einzelne Handlung bildet, geht dann zum nothwendigen Prädikat des Terminus minor fort, zu der Frage, wie diese einzelne Handlung nach der ihr eigenen Natur juristisch zu bezeichnen sei, also zum Mittelbegriff, durch welchen sich diese einzelne Handlung unter ein Gesetz stellt oder von einem Gesetz ausschliesst, und zieht dadurch vermöge des nothwendigen Gesetzes die juristische Folge, Freisprechung oder Strafe, also den Terminus major, verneinend oder bejahend, nach sich.

Ohne Frage gehören die drei Glieder, die Ermittelung des Thatbestandes, die Bezeichnung der zum Grunde liegenden Handlung und die aburtheilende Folgerung, so innig zusammen, dass sie, im Begriff betrachtet, einen Trieb haben, sich als Einen Akt von einem und demselben vollziehen zu lassen. Wirklich geschieht dies in einfachen Verhältnissen noch heute so, wie z. B. in der Familie oder bei leichtern Uebertretungen, und geschah in dem einfachen Ursprung der später sich vielseitig gliedernden Entwickelung, z. B. in den sogenannten Patrimonialstaaten, allgemein. Aber es ist eine Thatsache, dass nach und nach und in dem Masse, als sich die Sorgfalt dem sichern und der Willkür enthobenen Rechte zuwandte, die verschiedenen Stadien, obwol unter sich durch ein höheres Band geeinigt, besonderen Organen zugewiesen wurden.

Zunächst ist es nicht rathsam, dass der Untersuchungsrichter, der mit der Ermittelung der Thatsachen und ihrer Motive beschäftigt war, auch den Rechtsbegriff der von ihm offen gelegten Handlung, die *species facti*, und demgemäss auch die Rechtsfolge, Freisprechung oder Bestrafung und das Mass der Strafe bestimme. Der Grund ist psychologischer und dadurch ethischer Natur. Der Untersuchungsrichter wird im Verlauf seiner Thätigkeit gegen den eines Unrechts Verdächtigen oder Beschuldigten befangen. Bisweilen regt sich sein Wohlwollen, wenn ihn der Schuldige durch Offenheit des Bekenntnisses und wirkliche oder scheinbare Reue gewinnt; und dann wird er geneigt sein, die Handlung mit einem günstigern Rechtsbegriff zu bezeichnen oder innerhalb des dem richterlichen Ermessen gegebenen Spielraumes die Strafe, also die Rechtsfolge, milder zu fassen, als die Wahrheit der Sache erträgt. Meistens indessen geschieht das Entgegengesetzte. Denn der Untersuchungsrichter muss in die individuelle Lage des Beschuldigten eindringen. Seine Vermuthungen erscheinen diesem als Argwohn; seine Fragen als Verletzungen der individuellen Persönlichkeit; und der Beschuldigte beginnt den angreifenden Eindringling zu hassen. Dem Untersuchungsrichter hingegen erscheint leicht die Ablehnung seiner Vermuthungen als Lüge und Hartnäckigkeit des Beschuldigten, Verschwiegenheit und Vertheidigung als Verstocktheit. Wenn ihm seine Logik fehlschlägt, so antwortet er unwillkürlich mit ethischer Abneigung und wirft auf den Charakter des Beschuldigten düstere Schatten. Durch sein Amt lebt er mit ihm in beständigem Streit, indem er ihm in der Untersuchung eine vertheidigende Stellung nach der andern abzugewinnen sucht, bis die Festung fällt und sich der Beschuldigte ihm im vollen Geständniss ergiebt, oder aber der Belagernde unverrichteter oder halb verrichteter Sache zurückgeht. In diesem unvermeidlichen Gegensatz trüben sich die Empfindungen gegenseitig. Der Beschuldigte würde von dem Untersuchungsrichter kein unparteiisches Urtheil erwarten und dem Untersuchungsrichter wäre jene nüchterne Ruhe, jene gelassene Höhe der Stimmung über die Gebühr erschwert, welche doch für die sichere Bezeichnung des Rechtsbegriffs und die abgewogene Bestimmung der angemessenen Strafe vorausgesetzt werden muss. Wäre auch der Untersuchungsrichter gebildet und edel genug, um ungeachtet der psychologischen Hindernisse auch das Amt des urtheilenden Richters fest und ruhig zu verwalten: so wird doch weder der Betroffene, noch das Volk, das die Menschen nach dem Mittelmass misst, an diese Grösse glauben; und es wird daher, um das erscheinende Recht hoch über allen Verdacht zu erheben, der Untersuchungsrichter von den fernern Stadien des Rechtsganges sachgemäss geschieden. Es sind auch in der That andere geistige Thätigkeiten, welche die Ermittelung des Thatbestandes und welche die Bezeichnung des Rechtsbegriffs und die Bestimmung der Rechtsfolge erheischt; auf ähnliche Weise, wie der diplomatische Kritiker, welcher den Thatbestand der Lesarten feststellt, noch kein philosophischer Beurtheiler einer Schrift ist; und es ist nicht die Sache eines Jeden, beide Thätigkeiten in sich auszubilden.

Schwieriger ist die Frage, ob es auf gleiche Weise nöthig oder erwünscht sei, die beiden andern eng zusammenhängenden Stadien von einander zu trennen, wie z. B. in den Schwurgerichten der Wahrspruch, welcher, über die That und die Art der That entscheidend, den Rechtsbegriff bezeichnet, und das Erkenntniss, das nach diesem Wahrspruch entweder freispricht oder die Strafe bestimmt, verschiedenen Organen anvertraut sind.

Was das zweite Stadium betrifft, so ist die Bezeichnung

der Handlung mit dem ihr gebührenden Rechtsbegriff von der grössten Wichtigkeit. Eine Verurtheilung oder Freisprechung nach unmittelbarem Ermessen und ohne die Vermittelung der im Gesetz gegebenen Rechtsbegriffe, wie man sie vorgeschlagen hat, um der Billigkeit in den Geschworenen Raum zu geben, ohne dass sie nöthig hätten, die Unterordnung unter die ihnen vorgelegten Rechtsbegriffe zu verleugnen, führt zu ungebundener Willkür (§. 60). Mit der Bezeichnung der Handlung durch den Rechtsbegriff ist das aburtheilende Erkenntniss wie gegeben und das Ermessen des Richters hat nur noch etwa in der Bestimmung des Strafmasses einen Spielraum. Wenn man hiernach diesem engen Zusammenhang folgt, welcher in dem für sich betrachteten Begriff der Sache liegt: so wird man geneigt sein, die beiden letzten Stadien des Rechtsganges in Eine Hand zu legen, und sie scheinen nirgends besser besorgt und aufgehoben zu sein, als in der Hand rechtskundiger, rechtsgeübter, zum standhaften Urtheil erzogener Richter.

Dessenungeachtet sind es ethische Gründe, mehr aus dem Ganzen des Lebens genommen, als aus der vereinzelten Aufgabe der Rechtspflege, um derentwillen auch in diesen beiden Stadien, wie z. B. im Schwurgericht, eine Theilung der Organe festgehalten wird, wo sie geschichtlich gegeben, oder eingeführt wird, wo sie abhanden gekommen war.

Nach dem Gedanken des Schwurgerichts sollen im Gegensatz gegen Ueberführung und Geständniss, welche bei Hartnäckigen schwer erreicht werden, schlichte Männer, welche, von dem Beschuldigten anerkannt, gleichsam sein Gewissen darstellen und welche, aus dem Volke hervorgegangen, es empfinden, wie weit in einer That das Recht gebrochen ist und das gebrochene Recht eine Sühne fordert, ihre Ueberzeugung über Schuldig und Nichtschuldig erklären. Es soll dadurch, dass Männer aus dem Volke zum Wahrspruch gerufen werden, der Theilnahme an dem Rechtsfalle, der die Gemüther beschäftigt, genug geschehen und überhaupt die Theilnahme des Volkes an seinem Recht sich steigern. Aehnlich wie die allgemeine Wehrpflicht wird die Pflicht der Geschworenen Jeden, der berufen ist, des Rechtes mit zu pflegen, sittlich üben und erziehen. In demselben Masse als es gelingt, in dem äusseren Rechte das Sittliche, welches seine Seele ist, zur Empfindung zu bringen, wird diese allgemeine Wirkung mögliche Mängel im Einzelnen aufwiegen. Denn allerdings hat diese Institution neben ihrer Stärke auch ihre Schwäche.

Ihre Stärke liegt in den von dem Beklagten anerkannten Richtern und der dadurch gegebenen Möglichkeit, dass die Appellation, wenn gleich nicht die Cassation, wegfalle, in der überwachenden Oeffentlichkeit, in der Verbreitung der Theilnahme am Recht, in der sittlichen Hebung des Volksbewusstseins und der Bürgerehre.

Ihre Schwäche liegt vornehmlich darin, dass der Beweis zwar durch Ueberzeugung ersetzt, aber die Ueberzeugung durch Verdacht ergänzt oder auch durch persönlichen Wunsch und Parteiinteresse durchkreuzt wird.

Jeder gewissenhafte Geschworene wird den Grundsatz haben, Verdacht und Ueberzeugung nicht zu verwechseln, da im Verdacht nur Ansätze zu Gründen, mögliche Gründe und keine wirkliche, überhaupt nur Zeichen gegeben sind, welche sich auch anders erklären lassen. Aber er verwechselt dennoch beide leicht. Es ist sein eigenstes Urtheil, ob er den Verdacht schon für Ueberzeugung halte, um dann in gutem Glauben das Schuldig zu bejahen, oder ob er die begründete Ueberzeugung doch nur für blossen Verdacht erachte, um das Schuldig in gutem Glauben zu verneinen. Statt logischer Abwägung des Wirklichen werden leicht psychologische Motive, Furcht und Hoffnung, Mitleid und Abneigung, an dieser Grenze von Verdacht und Ueberzeugung thätig sein. Ein kluger Vertheidiger wird eine Möglichkeit erfinden, dass die Thatsache anders als aus der Schuld des Beklagten zu erklären sei, und wird dadurch der Ueberzeugung einen Ausweg öffnen, sich für blossen Verdacht zu halten. Ferner wird es bei der Verwandtschaft, in welcher die Begriffe von Verbrechen stehen, dem Wunsche oder dem Interesse des Herzens leicht werden, in der Thatfrage *(quaestio facti)*, welche zugleich die Frage über die Art der That *(species facti)*, also über den Rechtsbegriff ist, sich zu überreden, dass der mildere und nicht der strengere anzuwenden, weil das leichtere und nicht das schwerere Unrecht, z. B. Todtschlag und nicht Mord, Verschwörung und nicht Theilnahme am Mordversuch *(misdemeanour* und nicht *felony)* vorliege; es wird ihm leicht werden, das „Schuldig" oder „Nichtschuldig", je nach der den Geschworenen vorgelegten Frage, durch eine solche Verwechselung bei der eigenen Meinung zu begründen. Wenn nun in der Regel die Logik des Begehrens stärker ist als die Logik des Verstandes, so wird die Mehrzahl der Geschworenen diesen Weg gehen und dabei erleichtert namentlich in politischen Prozessen die Meinung der Partei durch ihren Beifall das Gewissen, das sich beschwert fühlen könnte. Daher ist das Urtheil der Geschworenen allenthalben, wo allgemeine Stimmung und festes Gesetz, wie in politischen Prozessen, in Anklagen wegen Zweikampfes, einander widersprechen, leicht unsicher und ungleich. Sympathien und Antipathien des Tages können, wie wechselnde, wandelnde Strömungen, den festen Gang der Rechtsbegriffe kreuzen und ablenken.

Wenn es nach der Idee der Sache darauf ankommt, eine solche Einrichtung zu treffen, welche am meisten die blos psychologischen Motive ausschliesst und der logischen Abwägung den freiesten Raum lässt, so kann man von dieser Seite den Gerichtshof rechtskundiger geübter ständiger Richter vorziehen; und es könnte der Versuch, der vorübergehend gemacht ist, diese Richter als Geschworene einzusetzen, von Bedeutung erscheinen. Indessen bedarf es dann im Volke des vollen Glaubens an die Unabhängigkeit der Richter. Im Allgemeinen wird ein ständiges Gericht von Juristen strenger nach dem Begriff und schärfer nach dem Buchstaben urtheilen, und das Geschworengericht gerade da logisch fehlen, wo es ethisch das *summum ius, summa iniuria* herausfühlt.

Wenn der klare, feste Urtheilsspruch eine sittliche Handlung ist, so wird es unmöglich sein, für den Rechtsgang eine unfehlbare Einrichtung wie eine präcis gearbeitete Maschine zu ersinnen. Wenn man das Recht mechanisch zubereitete, wie ein Räderwerk, so liefe die Axe der Spindel, um welche sich Alles drehte, zuletzt doch auf dem Demant des Charakters, welcher nicht nachgiebt, noch ausschleisst; das Recht stützte sich zuletzt doch auf das sittliche Wesen des Geschworenen und des Richters.

Weil jede Einrichtung des Gerichts ihre Stärke und Schwäche hat und jede Einrichtung ihren letzten Halt im Charakter Aller, welche zur Rechtspflege mitwirken: so ist es eine Schule des männlichen Charakters im Volke, diese sittliche Höhe auch den Männern aus dem Volke, und nicht bloss den gebildeten Richtern zuzumuthen und in ihnen zu üben. Wo freilich das Volk verdorben ist, wie in Habgier und Genusssucht, da wird kein auf einen solchen Boden verpflanztes Schwurgericht das sittliche Gebrechen bessern; es wird vielleicht selbst nur die Gerechtigkeit, welche in ihrer Strenge eine heilende Kraft besitzt, in das Verderben hineinreissen. Wo aber sittliche Zustände des Volkes überkommen sind, da werden die Schwurgerichte dazu beitragen, sie zu wahren und zu nähren und die Bürger im Guten und Gerechten zu erproben.

Indem nun die verschiedenen Glieder des das Urtheil bedingenden Syllogismus, die verschiedenen Stadien des Rechtsganges verschiedenen Organen zugewiesen sind, schlingt der Gerichtshof als Ganzes um sie das Band der Einheit. Insbesondere darf sich der enge Zusammenhang zwischen der Bezeichnung mit dem Rechtsbegriff durch die Geschworenen und der Bestimmung der Rechtsfolge durch die Richter nicht lösen und lockern. Es kommt den Richtern zu, die Einheit zu vertreten und in der Leitung des Verfahrens das Ganze mit logischem und ethischem Geiste zu durchdringen. Es kommt ihnen zu, in dem Gange, in welchen sie die Verhandlung hineinweisen, in der Darstellung des Thatbestandes und in der Vernehmung der Zeugen, die einzelnen Momente als die Gründe für die Ueberzeugung so klar herauszuarbeiten, dass die Geschworenen über Anklage und Vertheidigung zu urtheilen vermögen; es kommt ihnen zu, über das Recht zu belehren und die Rechtsbegriffe, um welche es sich in der juristischen Bezeichnung (der Signatur) der Thatsachen handelt, aufzuklären; es kommt ihnen vor Allem zu, im ganzen Verlauf die Würde der Gerechtigkeit zu wahren. Nimmer dürfen die Richter im Schwurgericht so zurückgedrängt werden, als ob sie nur für die richtige Form des Rechtsganges verantwortlich wären. In ihnen bleibt logisch und ethisch der letzte Halt.

Es sind besondere Fragen, welche durch psychologische und ethische Gründe entschieden werden müssen, wie weit es besonderer Schwurgerichte, Schwurgerichte aus sachverständigen Kreisen, bedarf, wenn die Beurtheilung der Thatfrage oder Schuld, wie z. B. bei Pressvergehen, ohne besondere Kenntnisse und eine feinere Ausbildung des Taktes nicht möglich ist; ferner welche Zahl der Geschworenen die zweckmässigere sei (§. 74); sodann ob es richtig sei, für den Wahrspruch der Geschworenen Einhelligkeit der Stimmen zu fordern, oder in welchem Verhältniss die Mehrheit entscheidend werden oder vielleicht das Urtheil der Richter ergänzend hinzutreten solle; endlich ob die Antwort auf die den Geschworenen vorgelegte Frage schlechthin auf schuldig und nicht schuldig lauten müsse, oder ob sie auch auf schuldig unter mildernden Umständen lauten dürfe. In solchen Fragen zeigt sich theils das Relative der ganzen Einrichtung theils die Vorsicht, welche schiefen Seitenwirkungen vorzubeugen sucht.

§. 194. In der bürgerlichen Rechtspflege kann der Verletzte die Klage anstellen oder unterlassen; es steht bei ihm, dass sie ruhe oder anhängig werde (§. 191). Im peinlichen Recht ist die Sache anders. Wo mit dem Bruch des Gesetzes die Gesinnung verletzt und die Ordnung gebrochen ist, auf welchen das sittliche Ganze beruht, bedarf es ohne Ausnahme einer Wiederherstellung durch die strafende Gerechtigkeit.

Da das Allgemeine angegriffen ist, so kann sich dies dadurch ausdrücken, dass jedem im Volk die Anklage zusteht oder dass das Unrecht von Amtswegen verfolgt wird. In jenem Falle wartet die Gerechtigkeit noch auf die Gelegenheit, dass sie angerufen werde; in diesem schafft sie sich selbst wachsam und unumgänglich das Gebiet ihrer Thätigkeit. Es ist die richtige Consequenz der Ansicht, welche im Strafrecht eine öffentliche Sache, eine Sache des Staates sieht, und doch das richterliche Amt rein halten und weder mit polizeilicher Erforschung von geschehenen Verbrechen behelligen noch in die Anklage hineinziehen will, dass die Verfolgung des peinlichen Unrechts im Namen des Staates einem eigenen Organ übertragen wird. So liegt es dem Staatsanwalt ob, das Unrecht wahrzunehmen und vor das Gericht zu bringen. Er ist dem Richter in der Vorerkenntniss verwandt, und indem er dem Einzelnen gegenüber die edelste Partei, das sittliche Ganze, vertritt, ist er der Partei verwandt, inwiefern er mit dem Angeklagten den Streit um die Thatsachen und den Rechtsbegriff derselben zu führen hat. Es ist die Folge seiner Aufgabe, dass er das Gesetz und die Lage des Falles dem Gesetz gegenüber immer aus dem Gesichtspunkt des sittlichen Ganzen, aus dem Interesse des Staates betrachtet. Angethan mit der Würde, welche im sittlichen Geiste der Gesetze liegt, mag er nur für das Ganze und sein Recht als parteiisch erscheinen, wenn er dem Einzelnen entgegentritt und die mildernden individuellen Beziehungen minder berücksichtigt. So erscheint er als der Wächter des Gesetzes im Volke und als der Hüter seines strengen Sinnes im Gerichte.

Der Staatsanwalt, die Thatsachen aufnehmend, hat schon eine Seite vom Untersuchungsrichter in sich, dessen Aufgabe es ist, die Thatsachen zu ermitteln, den Thäter zu überführen und die Beweggründe seiner Handlung bloss zu legen. Aus der unbestimmten Möglichkeit, wer der Thäter sei, arbeitet der Untersuchungsrichter, indem er das, was wol als möglich gedacht werden könnte, als unmöglich findet, ins Bestimmte. Selbst die falsche Spur, welche doch nur durch lebendige Erkundigung als falsch erkannt wird, muss ihn zur richtigen führen. Indem er dem vermutheten Thäter als ein Erforscher seines Geheimnisses entgegentritt, übt er psychologisches Verständniss, durch welches er die Zeichen, welche auf die Schuld führen, findet und combinirt. Als das Gewisseste gilt ihm, wie dem Psychologen überhaupt, das Streben der Seele nach Selbsterhaltung. Darum gilt ihm das Geständniss der Schuld der Wahrheit gleich; denn es widerspräche der innersten Selbsterhaltung des Einzelnen, sich jener Minderung des Selbst preiszugeben, welche im Bekenntniss der Schuld an und für sich, in der verurtheilenden Meinung der Andern und in der drohenden Strafe liegt. Nur da ist er gegen das Geständniss misstrauisch, wo ein geringerer Nachtheil im Geständniss einer falschen Thatsache liegt, als in einer andern wahren, die der Schuldige verhüllen will. Aus der individuell gefassten Selbsterhaltung geht der Untersuchungsrichter dem Schuldigen nach. Er kennt die Affekte des natürlichen Menschen überhaupt und erräth, wie sie aus besondern Motiven und in besondern Lagen individuell spielen. Er weiss, wie die Stimmungen der Seele zusammenhängen, welche nach der That und vom verübten Verbrechen her im Verbrecher entstehen, die Anfänge einer Reue, die Neigung zum niedern Genuss, um sich zu übertäuben; er kennt das Ungleiche im Benehmen des Schuldigen, in welchem natürliche Bewegung und künstliche Absicht sich kreuzen, und weiss es von der Verlegenheit des unschuldig Angeklagten zu unterscheiden; er hat Blick für eine angenommene Maske und beobachtet, ob nicht der überraschte natürliche Mensch in das künstliche listige Spiel unwillkürliche Widersprüche bringe; er weiss die zudeckende Lüge mit der Wahrheit, welche darin verwebt ist, in Streit zu verwickeln; er kennt die Gereiztheit oder den Zorn des Schuldigen bei Kleinigkeiten, wenn sie sein Geheimniss bedrohen, und geht diesen verrätherischen Spuren nach; er kennt das Bestreben des Schuldigen, sich zu verstecken, und doch wieder seinen stillen Wunsch, die Sache vom Herzen los zu werden. Ernst, der auf Wahrheit dringt, und Wohlwollen, das selbst im Schuldigen noch den Menschen sieht, sind die Gesinnung, durch welche er die Hindernisse besiegt. Es liegt dem Untersuchungsrichter die Versuchung nahe, demjenigen gegenüber, welchen er für einen leugnenden Verbrecher hält, den würdigen Weg zu verlassen, und indem er die psychologischen Schwächen des Schuldigen kennt, auf dieselben einen listigen Anschlag zu machen, z. B. indem er, um zu erschüttern, religiöse Gefühle heuchelt. Es ist nicht ungewöhnlich, dass er bald die Würde des Rechts nach aussen kehrt, um zu imponiren, bald vertraulich schmeichelt, um aufzuschliessen. Aber es widerspricht der Idee des Gerichtes, dass die Ermittelung der Thatsachen mit unedeln Listen erkauft werde. Man pflegt sich es nachzusehen, weil man mit Leugnern und Lügnern zu thun hat. Aber hat man es immer? Wo der Verdacht den Unschuldigen traf, wo gegen ihn im Namen der zu erforschenden Wahrheit unwürdige Mittel angewandt wurden, erscheinen sie in voller Verwerflichkeit und der Untersuchungsrichter, welcher intrigirte statt zu inquiriren, wird dem Unschuldigen verächtlich. Es soll also der Untersuchungsrichter der kluge und doch edle Entdecker des wahren Thatbestandes sein — und hat darin seine Ehre.

Im Stadium der Untersuchung bildet sich ein Recht im Nothbehelf, das Recht zur Verhaftung des Verdächtigen, welches im einzelnen Falle zum Unrecht im Recht werden kann. Der Zwischenzustand der Untersuchungsgefangenen, lediglich zur Sicherung zugelassen, darf weder eine anticipirte Strafe, eine Verurtheilung vor der Verurtheilung, noch ein folternder Zwang zum Geständniss sein. Am wenigsten ist es zu verantworten, wenn Untersuchungsgefangene, Verbrecher und bis dahin Unbescholtene, zusammengesperrt werden, und einander anstecken. Der Staat darf es nicht auf sein Gewissen nehmen, dass Gefangene schlechter aus dem Gefängniss herauskommen, als sie hineingingen.

Wenn im Strafrecht Leben und Freiheit, Ehre und Gut

eines Menschen auf dem Spiel stehen, so ist es die Aufgabe des vertheidigenden Anwaltes, den Unschuldigen zu schützen und den Schuldigen vor einem ungerechten Mass der Strafe zu bewahren. Indem er den Einzelnen diesen Dienst leistet, trägt er wesentlich dazu bei, dass sich nicht das öffentliche Gewissen des Ganzen mit einer Ungerechtigkeit beschwere. In diesem Sinn übt er an der Darstellung der Thatsachen seine Kritik und wehrt entweder den belastenden Rechtsbegriff der Anklage von seinem Schützling ganz ab oder sucht für die Handlung desselben einen mildern geltend zu machen. Aber die Wahrheit begrenzt seine Bestrebungen; und wenn die öffentliche Meinung selbst den Lügen der Advokaten, falls sie nur siegen, Beifall zuklatscht, wenn sie die Advokaten im Civil- oder Criminalprozess von dem Recht und der Wahrheit entbindet: so verkehrt und verdirbt sie das Gewissen in einem wesentlichen Gliede der Rechtsordnung und erzieht dem Gemeinwesen sophistische Demagogen. Wo der Staatsanwalt den Rechtsfall mit dem strengen Licht des Gesetzes beleuchtet, beleuchtet ihn der Vertheidiger mit dem mildern der individuellen Lage. Erst beide Gesichtspunkte zusammen geben dem Richter die volle Betrachtung der Sache. So ist der Anwalt ein Schirm der Angeklagten und ein Warner vor dem schlimmsten Unrecht, dem Unrecht des Gerichtes.

Endlich spannt sich der ganze Verlauf zur Entscheidung, welche der Richter trifft, sei es allein oder mit den Geschworenen. Nachdem er Gewicht und Gegengewicht erwogen, sieht er weder rechts noch links. Sein Urtheil geht gerade durch. In dieser furchtlosen, unbeugsamen Ueberzeugung bringt er erst das consequente, Allen gleiche Recht zur Wahrheit. Wo Parteien sind und einander bekämpfen und am Ruder ablösen, hat der unabhängige Richter das Verdienst, im Schwanken und Fluten der öffentlichen Zustände einen beständigen Boden zu behaupten und im Wandel der Dinge etwas Unwandelbares darzustellen. So ist der Richter das persönlich gewordene Recht.

Die in der Entwickelung der Rechtsordnung ausgebildeten

Organe (Ankläger, Anwalt, Richter) können sich unter gegebenen Umständen, wie z. B. in der Rechtspflege der Gesandten, der Consuln, wieder in Einen Mann zusammenziehen. Dann erscheint von Neuem die alte in sich einige Vielseitigkeit des Richters.

Indessen bringen Ausnahmegerichte, die Erzeugnisse der Noth oder der Leidenschaft, kein Heil; denn sie nähren statt des Glaubens an gründliche Gerechtigkeit den Verdacht der Willkür und statt Vertrauens zum sittlichen Staat Misstrauen.

Die Geschichte der Gerichtsverfassung und Rechtspflege ist ein gutes Beispiel, wie sich auf den verschiedenen Stufen die sittliche Idee entwickelt und sich bessere Organe schafft. Immer arbeitet an den Einrichtungen der Rechtspflege die den Menschengeist erfüllende Idee des Rechts; aber immer greift die Frage der Machtstellung für den augenblicklichen Stand der Einrichtungen ein und droht, was in ihnen an sich gut ist, in Abhängigkeit zu verkehren.

Die sittliche Bedeutung des Begnadigungsrechtes ist oben bezeichnet worden (§. 63).

d. Kriegsmacht.

§. 195. Es ist bemerkt worden, dass der Staat auf Macht wie auf einen Felsen gebaut sein muss und dass es ohne Macht kein Vertrauen des Staates zu seinem eigenen Gesetz und keine Scheu anderer Staaten vor seinem Willen giebt (§. 152. §. 177). Diese Bedingung seines Bestandes und Wirkens hat ihr Organ in der Kriegsmacht und den Ausdruck ihres Rechts in der Wehrverfassung. Der Staat bedarf als Individuum, als Staat unter Staaten wie eine Person unter Personen, um unabhängig auf eigenem Willen zu stehen und sich nach eigenem Willen zu bewegen und zu begrenzen, einer abstossenden Kraft, welche in den gegenseitigen Anziehungen und dem Wechselverkehr der Völker die herbe Strenge des unantastbaren persönlichen Rechts durchfühlen lässt; und der Staat bedarf, um gegen die Vielheit der Individuen, welche er in sich begreift, die Einheit zu behaupten und die Ordnung seiner Gliederungen und die Macht seines centralen Willens aufrecht zu halten, eines unfehlbaren Nachdruckes, durch welchen er gleichsam Herr im eigenen Hause ist (§. 52).

Die Selbstständigkeit nach innen und die Selbstständigkeit nach aussen gehören wesentlich zusammen. Denn jene siecht ohne diese, und diese unterliegt ohne jene. Die Kriegsmacht hält und trägt beide. Im Frieden erscheint sie als ein blosses ruhendes Vermögen, aber im Kriege als niederwerfende Gewalt. Wenn das Volk auf einer tapfern Geschichte steht, kann die Kriegsmacht als blosses Vermögen — das scharfe Schwert in der Scheide und den starken Arm, der es führt, in Ruhe gesenkt, das Heer schlagfertig ohne zu schlagen, — Geschlechter hindurch Blutvergiessen und Zerstörung verhüten und die volle Sicherheit gewähren, welche die Entwickelung der ohne sie blossgestellten Kräfte bedarf. Die blosse verhaltene Möglichkeit, welche sich auf diesem Gebiete in der Furcht der Unterthanen und in der Scheu der andern Staaten abspiegelt, zeigt sich nirgends mächtiger. Aber hinter dieser Möglichkeit liegt die rastlose, angestrengte Arbeit des Staates, die Kräfte wehrhaft, den Geist streitbar, überhaupt das Volk tapfer zu erhalten, ja in diesen Richtungen seine Macht zu mehren; und nie darf dem Volke einfallen, an seiner Wehrmacht zu kürzen und zu kargen. In demselben streitbaren Geiste, in welchem einst ein Volk das Dasein des Staates gegründet hat, müssen Alle bereit bleiben, das Dasein desselben sogar mit einem Werthe zu behaupten, der über allem Werthe ist, mit dem Einsatz des Lebens. Wenn auch im Frieden der Staat sich nach allen Seiten öffnet, so bleibt er dennoch eine Festung, deren Mauern mit Blut gekittet sind, und wenn sie einen Riss erleiden, wieder mit Blut müssen gekittet werden.

Es ist einmal nicht anders und es hat doch auch eine erhabene Grösse in sich, dass die höchsten Güter des Lebens mit Blut besiegelt sind. Auf dem Zeugniss der Martyrer steht die christliche Kirche und ein Reformator preist Gott, als die

Lehre des reinen Evangeliums in ihren beiden ersten Blutzeugen die Feuerprobe bestanden hat, und ist bereit, wie sie, zu bekennen und zu sterben. Die Fürsten, welche in den Tagen der Empörung für ihre Sache als die Sache des Rechts in den Tod gehen, siegen und leben, und wenn sie fallen, siegen sie doch und ihr Haus steht desto fester. Die Wegläufer sind die Verräther des Fürstenrechtes. So soll das ganze Volk bereit stehen, in männlichem Kampfe Blutzeuge seines sittlichen Daseins, seiner geistigen Güter zu sein. Dann wird es unbezwinglich, und würde es bezwungen, so würde noch aus seiner Niederlage seine Zukunft sprossen.

Ein Volk ist nicht tapfer, es sei denn, dass es den weichlichen Genuss verleugne; und die rechte Tapferkeit ist geistige Ueberlegenheit über den Grundtrieb der blinden Furcht und die von ihr aufgeregte Phantasie; in ihrem Wesen liegt ein nüchterner sicherer Blick und Ueberblick *(coup d'oeuil)* mitten im Andrang der Gefahr und entschlossene Thatkraft des Augenblickes. Daher fliesst aus der Tapferkeit ein stiller Segen für die andern Tugenden des Volkes, ein starker Geist, der auch auf andere Thätigkeiten übergeht. „Niemand hat grössere Liebe, denn die, dass er sein Leben lässt für seine Freunde." In diesem Gedanken hängt die Tapferkeit, wenn sie nicht auf wilder Kraft, sondern auf edler Empfindung ruht, selbst mit den höchsten Bewegungen des menschlichen Herzens zusammen. Es ist das Wesen der Tapferkeit, dass der Kampf mit Leib und Leben für ein edles Gut und um des Edeln willen geführt wird, wie schon die Alten schön hervorheben (*Aristot. eth. Nicom.* III, 9 ff.); und es ist die Aufgabe der Kriegsmacht, welche sich ohne Unterlass für das Vaterland und um des Vaterlandes willen bereit hält, diesen Geist der Tapferkeit in sich zu nähren und um sich zu verbreiten. Weil es in dem Begriff der Tapferkeit liegt, dass sie ein grosses und würdiges Ziel habe, so stammt ein gut Stück des Geistes, welcher ein Heer beseelt, aus dem Zwecke, für welchen es der Wille des Staates verwendet. Ein Vertheidigungskrieg, welcher sich um der Vertheidigung willen auch in einem zuvorkommenden Angriff darstellen kann, zeigt die gerechte Tapferkeit im hellsten Lichte; er macht das Volk gemeinsinnig, besonnen und den Muth edel. Ein auf Eroberung ausgesandtes Heer wird habgierig, übermüthig, selbst räuberisch, und wenn es heimkehrt, steckt es mit diesem Geist das Volk an. Auch hier ist der Theil nicht ohne das Ganze sittlich.

Wie der Staat auf Macht gegründet ist, so haben die verschiedenen Staaten, je nach ihrer inneren Lage, Versuche gemacht, die beste Wehrverfassung darzustellen, wie z. B. im Heerbann, in Söldlingstruppen, im geworbenen stehenden Heer, in der Wehrpflicht einzelner Stände, in Conscription durch das Loos, in allgemeiner Wehrpflicht.

Söldlingstruppen, welche den Krieg als Handwerk betreiben, die Tapferkeit feil bieten, das Volk, das sie kauft, feige machen und den Krieg hinschleppen, sind die verwerflichste Weise der Kriegsmacht. Andere Einrichtungen, welchen immer der Gedanke zum Grunde liegt, dass die Wehrpflicht nur eine Last und kein Recht des Volkes sei, haben verwandte Mängel, indem sie z. B. einzelne Stände, welche sie von der Wehrpflicht befreien, hinter das Schwert der andern sich zu verkriechen lehren, oder indem sie, wie bei geworbenen Heeren, den siegenden General dem Kriegsherrn furchtbar machen.

Dem sittlichen Begriff des Staates entspricht die allgemeine Wehrpflicht. Jede andere Vertheilung des Kriegsdienstes wird zu feigem Vorrecht der Befreiten oder despotischer Belastung der Herangezogenen. Es ist ein Vorzug des gesunden Mannes, dass er streitbar und der Waffenehre theilhaft werde, und Allen muss die Gesinnung einwohnen, welche für des Vaterlandes Kraft und Heil eintritt und einsteht. Es geht daraus für den Staat nicht allein die möglich grösste Stärke der Wehrhaftigkeit hervor, sondern es ist diese Einrichtung zugleich eine Schule des Muthes und des Gehorsams, und im Gegensatz gegen die abstrakte, nur die Ergebnisse fremder Arbeit geniessende Cultur für die höhern Stände eine Uebung im unmittelbaren Verkehr mit den Menschen und Dingen. Es erzeugt endlich im Volk einen grossen Umfang der Kraft, wenn in jedem Einzelnen die Thätigkeiten des Krieges und des Friedens einander begegnen. An der Theilung der Arbeit, dem Princip der national-ökonomischen Ansicht, gemessen, mag dies weder nöthig noch haushälterisch erscheinen; aber es ist ein Segen, wenn in der Vervollkommnung der Güter durch Arbeitstheilung die allgemeine Wehrpflicht den ungetheilten Menschen fordert und von Zeit zu Zeit übt. In derselben vollendet der Staat die männliche Erziehung, welche er am Knaben in der Volksschule beginnt, und zwar vor Allem nach der sittlichen Seite. Die national-ökonomische Ansicht hat auch das Wehrsystem als Einsatz in eine Assekuranz, als Prämie für die Sicherheit nach aussen betrachtet und den Einsatz einer allgemeinen Wehrpflicht, in welcher dem Betrieb der Arbeit und dem Wohlstand der Häuser plötzlich die rüstigsten Kräfte entzogen werden, nach ihrem Massstab zu hoch befunden. Eine solche kaufmännische Berechnung der Wehrpflicht, welche nicht selten die aus der Lust an Reichthum und üppigem Leben entsprungene Feigheit mit dem Schein der Theorie bedeckt, kann zum Verrath an Vaterland und Freiheit werden. Die national-ökonomische Ansicht hat in der Erzeugung und dem Umlauf der Güter ihren Werth; aber an das Gut des Daseins und der Freiheit, ohne welche alle andern Güter des Staates keine Güter sind, reicht ihre Werthschätzung nicht heran. In der allgemeinen Wehrpflicht, welche national-ökonomisch, wenn es zum Kriege geht, die grössten Opfer verlangt, liegt indirekt für das Volk eine Bürgschaft gerechter und kurzer Kriege.

Anm. Schon Plato hat im Staat (II, p. 375. IV, p. 430) den Krieger in der edeln Idee seines Wesens gezeichnet. Der Wehrmann muss eifrig sein und zur That gerichtet, scharf im Wahrnehmen, schnell, um das Wahrgenommene zu ergreifen, und stark, um, wenn es sein muss, das Ergriffene durchzufechten. Muthig gegen die Feinde muss er mild und sanft gegen die Eigenen, gegen Freunde und Bürger, sein. Indem der Kriegerstand die richtige und gesetzliche Vorstellung von dem, was furchtbar ist, was nicht, durchgängig bewahrt und die Gesetze, wie der

Stoff der Wolle die Purpurfarbe, annimmt und gründlich einsaugt: erhält er, der Vernunft der Regierenden zur Seite gehend, im Staat die echte Farbe der Sitte, dass keine Lauge, nicht Wollust, nicht Furcht und Begierde sie auszuspülen vermag. Das Heer hat noch in späten Zeiten, da andere Stände sich in Aufregung verirrten, diesen platonischen Begriff des Kriegerstandes bewährt; und es ist fort und fort seine Aufgabe, diesen Sinn auf das übrige Volk, mit dem es in Berührung kommt, zu verflössen, wie z. B. auf die Landwehr, welche sich ihm anschliesst. So lange ein Heer diesen Geist hegt und pflegt, kennt es die Entartung nicht, welche sonst den Kriegerstand verzerrt, das Brüske statt des Ritterlichen, das Rüde statt des Keuschen, das Eitele statt des Starken, das Renommistische statt der stillen und nachhaltigen Tapferkeit, den *miles gloriosus* statt der in sich gegründeten Ehre, die Lust am Abenteuer statt des strengen gebundenen Dienstes.

Hugo Grotius (*de iure belli ac pacis* 1625. II, 26, 4) behält dem Einzelnen das Urtheil über die Gerechtigkeit des Krieges vor und die Freiheit, in einem ungerechten Kriege nicht zu dienen, wie dem Scharfrichter die Freiheit, nicht zu köpfen. Es ist klar, dass in einem Kriege des Vaterlandes ein solches Ermessen und Belieben des Einzelnen nicht möglich ist. Das Bedenken, das der gewissenhafte Soldat empfindet, tritt im Glauben an die Sittlichkeit des Ganzen und der Obrigkeit zurück. Je strenger die Pflicht des Einzelnen ist, sich dem Befehl zu stellen, der unter die Waffen ruft: desto billiger ist es, dem Volke in der öffentlichen Meinung die Bürgschaft eines gerechten Krieges zu geben, wozu die Organe der Verfassung mitwirken.

§. 196. Die Ordnung der Streitmacht ist auf den Krieg angelegt und auch im Frieden ist es ihre Bestimmung, an den Geist des Krieges zu gewöhnen. Aus diesem innern Zweck, dessen Aufgabe um so grösser ist, als der Friede dem Krieg entfremdet und das Gefühl der Sicherheit die Gedanken einwiegt und der wachsende Genuss die Gemüther verweichlicht, entspringt die Rechtsordnung des Heeres.

Es ist das Eigenthümliche in der Kriegführung, dass grössere oder kleinere Körper als Ganze handeln und als Ganze, geschlossen und gewandt, in der Gesammtwirkung die grösste Kraft, deren sie fähig sind, üben. Daher ist es die erste Bedingung, dass der Einzelne mit seinem Willen sich fest in den Willen des Ganzen einfüge und nicht seine eigene, sondern die

Bewegung des Ganzen vollziehe. Was physisch als Inhärenz des Theiles im Ganzen aufgefasst wird, das ist ethisch, wie der Soldat in Reihe und Glied anschaulich zeigt, der Gehorsam. Die Einheit des Befehls und der promte Gehorsam Aller bedingen den Sieg in der Schlacht. Jede Unordnung, jede aussetzende Nachlässigkeit des Einzelnen kann das Ganze oder die Andern neben ihm in Gefahr bringen. Auf der andern Seite verwandelt sich der blinde Gehorsam in eigene Einsicht und in eigenes Handeln, wenn sich von dem Ganzen Kreise für einen selbstständigen Zweck ablösen und die Führer innerhalb der Grenzen des gegebenen Auftrages freie Bewegungen ausführen. Noch der detachirte Unteroffizier ist Feldherr in Miniatur, und der einzelne Soldat auf dem Posten und Vorposten handelt auf eigene Hand. Mit der strengen Unterordnung wechselt eine Selbstthätigkeit, welche den Mann ehrt, und in diesem Wechsel von Unterordnung und Selbstbestimmung liegt die erziehende und bildende Kraft des Soldatenstandes, so wie sein eigenthümlicher Reiz.

Gehorsam und Ehrgefühl ergänzen sich im Leben des Soldaten. Es widerspricht dem Manne, dass er sich fürchte oder feig seine Pflicht verlasse, und es ist seine Ehre, tapfer zu sein. Den Offizier hebt die Ehre, dass er sich im Gehorsam nicht wegwerfe, und der Gehorsam mässigt ihn, dass er sich nicht im Gefühl der Ehre überhebe. Das Recht des Wehrstandes wird sich besonders um diese beiden ethischen Mittelpunkte drehen.

Es lässt sich fragen, inwiefern die Ehre es wirklich verdiene, als ein ethischer Mittelpunkt bezeichnet zu werden. Der Soldat liebt es, sich in dem Spiegel der fremden Meinung zu betrachten. Es erhebt ihn, dass es Andere erfreuet, sich ihn als einen Tapfern vorzustellen; er erträgt es nicht, dass sie von ihm niedrig denken und er aus ihren Augen sein Bild in hässlicher Verzerrung zurückempfange. Die Abhängigkeit von fremder Vorstellung erscheint darin als sittliche Schwäche. Wenn indessen die Meinung, in welcher sich der Einzelne bespiegelt, die rechte Werthschätzung in sich trägt, wie eine solche in dem Geist des sittlichen Ganzen vorausgesetzt werden muss, und die Sorge des Staates und die Sorge des Kriegsherrn sein soll: so ist das Ehrgefühl eine Stütze der Mannestugend; und es ist kaum zu denken, dass sich Tapferkeit und Gehorsam gegen ein solches Ehrgefühl gleichgültig verhalten. Denn Tapferkeit entspringt zunächst aus dem Gefühl der Selbstständigkeit, welches dem für Ehre empfindlichen Stolze nahe liegt.

Der Krieg zweier Völker ist die gegen einander entbrannte Leidenschaft; und die blutige Schlacht entfesselt in dem gemeinen Menschen das durch die Cultur in ihm gebundene reissende Thier und der Mann verwildert, wie der zahme Löwe, der Blut geleckt hat. Daher bedarf es der strengen Manneszucht, um den aufgeregten und daher gierigen, lüsternen Haufen zu bändigen.

Für die Gewöhnung zur willigen Unterordnung, zum promten Gehorsam, zur sichern Mannszucht erfordert die Rechtsordnung der Kriegsmacht schärfere Mittel und nachdrücklichere Strafen, als die ruhigen Verhältnisse des Friedens bedürfen; sie muss es dem Befehlenden möglich machen, die Zügel straff anzuziehen.

Aber ebenso allgemein muss die Richtung der Rechtsordnung auf das Ehrgefühl sein. Es ist ein Stück frevelnder Menschenverachtung, nur den Offizieren die Ehre und den Gemeinen nichts als den Gehorsam einer Maschine zuzugestehen. Daraus ist die falsche Bestrebung geflossen, den Soldaten durch Furcht zum willenlosen Werkzeug abzurichten — und für diesen falschen Zweck hat sich ein falsches Recht, z. B. das Recht des Corporalstockes, gebildet, welches, um den Soldaten abzurichten, entehrende Strafen anwendet. Die rohen Strafen stammen insbesondere aus der Ueberhebung der höhern Klassen gegen die als Gemeine dienenden niederen. Wenn die allgemeine Wehrpflicht dem Begriff des Staates entweder allein oder am meisten entspricht, so wirkt diese Einrichtung auf eine menschlichere Disciplin nothwendig zurück. Das richtige Allgemeine zieht auch hierin das richtige Besondere nach sich. Es wird im Strafrecht des Heeres darauf ankommen, indem der Strenge nichts vergeben wird, die Strafen so zu ordnen, dass sie das Ehrgefühl im ganzen Körper heben und im Bestraften nicht vernichten.

Wenn es sich zuletzt darum handelt, die Todesfurcht, welche pflichtvergessen macht und in der Feigheit eines Einzelnen das Leben Vieler auf's Spiel bringt, durch eine desto gewissere Vorstellung des Todes zu bändigen: so ist es unvermeidlich, dass das Kriegsrecht mit Blut geschrieben ist; und wenn man sonst alle Todesstrafe aufhöbe, so würde im Kriegsrecht dieses letzte Mittel des äussersten Nachdruckes wie eine Nothhülfe wiederkehren.

Im Kriege handelt das Ganze als Ganzes; daher ist nothwendig das Band des Gehorsams, welches die Theile zum Ganzen einigt, desto strenger und eine Schonung des Individuellen wird schwierig oder unmöglich. Das Kriegsrecht ist im Standrecht kurz und promt; denn im Kriege ist Alles auf den Augenblick gestellt und keine Frist möglich. Das ansteckende Beispiel der Feigheit oder Verrätherei bedarf auf der Stelle des Gegendruckes (§. 61), und die schnelle Justiz wird zur Nothsache. Auf der einen Seite trägt dieser Umstand dazu bei, die Aufmerksamkeit der Einzelnen auf ihre Handlungen zu schärfen, und auf der andern stellt er an die besonnene Gerechtigkeit des Befehlshabers oder derer, welche das Kriegsgericht bilden, desto höhere Forderungen.

Da Tapferkeit das Heer beseelen muss, so ist es der Mühe werth, mit dieser Tugend die Richtung der Rechtsordnung zu vergleichen. Schon Aristoteles zeigt (*eth. Nic.* III, 11), dass weder die Tapferkeit aus Furcht vor Schande oder aus Furcht vor Strafe, noch die Tapferkeit aus blindem Verlass auf die Uebung im Kriegshandwerk schon wirklich Tapferkeit sei. Was das Erste betrifft, so bringen allerdings die Gesetze es nur bis zu dem Zwang der Furcht, welcher das Gegentheil der die Tugend vollendenden freien Gesinnung ist. Aber sie wahren äusserlich die Bedingungen des Sittlichen, und indem sie scharfe Grenzen ziehen und einhalten, wird innerhalb derselben die Gesinnung in das Rechte hineingewiesen und hineingewöhnt. Was das Zweite betrifft, so erinnert es daran, auch in der Rechtsordnung, z. B. da, wo es sich um Ehrenstrafen handelt, die sittlichen Beweggründe nicht ausser Acht zu lassen.

Es ist die Idee des Generals, dass er der Verstand und Wille des Heeres sei, die kluge und entschlossene Seele des tausendarmigen Riesenleibes. Daraus fliesst mit seinen Pflichten und seiner Verantwortlichkeit sein Recht des unbedingten Befehls; und für die dem Willen der Einheit untergebene Gliederung fliessen ebenso bis zum letzten Mann aus der innern und eigenthümlichen Bestimmung mit den Pflichten die zustehenden Rechte.

d. Die Staatsverfassung.

§. 197. Wenn der Staat ein Mensch im Grossen ist und der Staat unter Staaten Person unter Personen, so muss sich aus dieser Idee das Ziel aller Staatsverfassung ergeben, welche die gesetzliche Weise darstellt, wie im Staat die Vielen zur Einheit begriffen und die Staatsgewalten zum Regiment zusammengefasst werden. Hiernach wird sich der Staat als Mensch und als Person vollenden. Da aber der Staat Mensch im Grossen, also Mensch und doch Inbegriff von vielen Menschen ist, und Person unter Staaten: so wird sich die zum Grunde liegende Idee des Menschen durch diese Unterschiede eigenthümlich ausbilden, und aus der Eingestaltung dieses artbildenden Unterschiedes in das menschlich Allgemeine fliesst das dem Staate in seiner Verfassung und Geschichte Eigenthümliche.

Es ist oben (§. 37) bemerkt worden, dass sich in der Idee menschlicher Vollendung, dem Guten im weiten und vollen Sinne, drei Ideen, deren jede in sich selbst harmonisch gestimmt ist, einander wiederum harmonisch stimmen, und in dieser harmonischen Einigung erst ihre ganze Güte und Wahrheit und Schönheit kundgeben. Wo wir den guten Willen, die richtige Einsicht und die schöne Darstellung sich dergestalt einander wecken und fördern sehen, dass der Wille das Richtige und das Wahre will um des Richtigen und Wahren willen, und die Ausführung, dem Zweck des guten Willens und der richtigen Einsicht genügend, eben dadurch schön wird und als schöne Erscheinung die Anschauung befriedigt, freuen wir uns jener menschlichen Erhebung, in welcher der geistige Grund die natürlichen Strebungen, in welcher Wille und Einsicht die Kraft und den Trieb zu sich emporgezogen und zu einer Einheit sittlicher Persönlichkeit ausgebildet haben. Indem wir nun den bezeichneten Unterschied zwischen dem einzelnen Menschen und dem Staat vor Augen haben, fragt es sich, was im Staat dem guten Willen, der richtigen Einsicht und der Kraft der angemessenen und dadurch schönen Darstellung entspreche.

Der Wille des Staates kann kein anderes Ziel haben, als die Wohlfahrt der Theile durch das Ganze und des Ganzen durch die Theile im sittlichen Sinne. Es ist seine Gesinnung, dass der Mensch in ihm (dem Staate) und der Mensch in den Theilen (den Einzelnen) immer mehr Mensch werde oder Mensch bleibe (§. 40). Wenn der Staat nur die Wohlfahrt Eines Theiles oder nur den Nutzen des Regierenden will, wenn sein Wille auf Kosten des Allgemeinen nur ein Besonderes sucht: so entartet er. Es ist ferner seine Einsicht Weisheit, wenn wir anders nach dem aufgekommenen Sprachgebrauch die Klugheit auf die beschränkten Zwecke des Theiles beziehen und die Weisheit als individuelle Einsicht fassen, welche aus dem Ganzen für die Theile und aus den Theilen für das Ganze entspringt (die *φρόνησις Aristot. eth. Nic.* VI, 5. VI, 7. *prudentia*, Klugheit im Sinne der lutherschen Sprache). Endlich ist seine Kraft der Darstellung Macht der Ausführung, von der Gesinnung genöthigt, von der Weisheit geleitet.

Da der Staat Person unter Staaten ist, also Person unter solchen Personen, welche ihr Recht durch eigene Macht schützen und nicht wie die Einzelnen von einem höheren Ganzen den Rechtsschutz empfangen: so hat die Macht des Staates, welche der ausführenden, darstellenden Kraft des Einzelnen entspricht, eine andere Bedeutung, als diese Kraft. Auf der Macht ruht der Staat als auf seiner fest gegründeten Basis (§. 152); durch sie schafft er Einrichtungen, in welchen er die Werkzeuge seiner Idee hat; durch sie schützt er seine Herrschaft gegen andere Staaten und erweitert sie, wenn es sein sittliches Dasein fordert.

Daher ist es das Ziel aller Staatsverfassung, in der Wechselbeziehung der Theile zum Ganzen die festeste und gedeihlichste Einheit von Gesinnung, Einsicht und Macht darzustellen, deren die thatsächlichen Bedingungen fähig sind. Durch die Verfassung, sei sie nun in der Geschichte stillschweigend geworden, oder mit Plan geordnet, soll der in sich einige Staat zum Guten Macht, in das Gute Einsicht, für das Gute Willen haben. Das ist die Idee, welcher die Geschichte aus den thatsächlich gegebenen Machtstellungen heraus in verschiedenen Staatsformen nachstrebt, und welche sich immer individuell verwirklichen muss. Alle haben ihr letztes Mass in diesem letzten Ziel. Wo also z. B. eine demokratische Richtung darauf ausgeht, Gesinnung der Regierung für das Volk zu erstreben, was an und für sich ein wohl berechtigter Zweck ist, aber dadurch, wie in massenhaften gesetzgebenden Versammlungen, die Einsicht unsicher macht (§. 74), oder durch atomistische Auflösung die Macht des Ganzen schwächt, oder wo umgekehrt, wie z. B. in absolutistischen Bestrebungen, im Namen der centralen Macht die Einsicht der Einzelnen gering geschätzt und dadurch auch die Einsicht des Ganzen verfälscht wird und die Gesinnung, welche die Wohlfahrt des Volkes will, erlahmt: da sind solche Bestrebungen mit jenem Ziel in Widerspruch und an sich verwerflich.

Eine beste Form der Verfassung, in welcher allein und ausschliessend die geforderte Einheit von Macht, Gesinnung und Einsicht vollendet erreicht würde, kann es nicht geben, da das gegebene Material, aus welchem sich der Staat aufbauet, die vorgefundenen, vorhandenen Machtstellungen und Machtbestrebungen, welche ins Ideale und zum Schutz des Rechtes gewandt werden müssen, nach dem Zusammenhang der Geschichte, nach der Lage des Landes thatsächlich verschieden sind. So wenig als sich in der Natur die Idee des Lebens oder die Idee eines Organs in einem uniformirenden Typus vollendet, so wenig lässt sich die Idee des Staates in Eine allein gültige beste Form der Verfassung einzwängen. Es kommt darauf an, dass sie sich in dem gegebenen Material das möglich beste Organ zubereite und anbilde. Es kommt darauf an, die gegebenen Kräfte nach der bezeichneten Idee des Zieles zu ordnen und zu befestigen, und dadurch in sich selbst zu erhöhen und zu beleben; aber es ist ein gewagter Versuch, der meistens in sein Gegentheil umschlägt, wenn man sie nach einem abstrakten Grundriss in Widerspruch mit der Macht ihres sich selbst erhaltenden Triebes in befohlene Bahnen umlenken will.

Das Grundgesetz des Staates hat den Zweck, die individuelle Art und Weise der Einigung von Gesinnung, Einsicht und Macht, welche dem Staate zum Grunde liegt, gegen die Zufälle der Ereignisse, gegen die Willkür der Regierenden und des Volkes zu wahren.

Nur auf dem Grunde jener Einheit von Macht, Gesinnung und Einsicht vermag der Staat in seiner Kriegsmacht tapfer, in seinen Gesetzen weise, in seiner Verwaltung wohlwollend und fürsorgend und in seiner Rechtspflege gerecht zu sein. Wo er es ist, da werden mit ihm die Einzelnen tapfer und einsichtig, gut und gerecht; und wo er es nicht ist, da verkommen sittlich die Einzelnen und nur Wenige mögen dann für sich und in der Masse einsam zu menschlicher Tugend aufstreben. Die Kirche hat es dann schwer, die Einzelnen erfassend, mit ihnen wider den mächtigen Strom zu schwimmen. Es liegt in dem Grundgedanken und in dem Grundverhältniss, dass sich die Ethik des Staates in die Ethik des Volkes und die Ethik der Einzelnen in die Ethik des Staates verschlinge. Wo wir geschichtliche Staaten in menschlichen Tugenden sich bewegen und aufblühen sehen, fühlt sich in diesen grossen Anschauungen unser sittliches Wesen bestätigt und gehoben.

§. 198. Wie der Staat die Grenzen seines Landes scharf zieht und sicher bewacht, so muss er auch den Begriff der Staatsangehörigen bestimmen und wahren; denn durch denselben weiss er, wer gegen ihn und gegen wen er Pflichten und Rechte habe. Da dieser Begriff Personen in den Staat einschliesst und von dem Staate ausschliesst, so hat er nicht bloss eine nach innen gewandte, sondern auch eine dem Völkerrecht zugekehrte Seite. Die Fortpflanzung des Volkes, welches der Staat begreift, ist sein eigentliches Princip. Darnach ist es folgerecht, dass auch der Einheimische in der Fremde kein Fremder werde, sondern Staatsangehöriger bleibe und dass die Kinder, wo immer geboren, dem Staate der Eltern folgen. Es wird weniger angemessen sein, nur den geographischen Grenzen des Landes, innerhalb welcher ein Kind geboren wird, die Kraft zuzuschreiben, dem Kinde das Recht des Eingeborenen, des Staatsangehörigen, zu geben. Ausser diesen geborenen Kindern des Staates kann es aus der Macht des Staates Staatsangehörige geben, den Adoptivkindern vergleichbar, — worin die Naturalisation ihr Wesen hat. Da Pflichten und Rechte zwischen dem Staate und den Staatsangehörigen gegenseitig sind, so wird die Lösung des Verhältnisses gemeinsam sein müssen. So wenig als der Staat seine Landeskinder ausstossen darf, denn kein anderer Staat hat die Pflicht, den Ausgestossenen aufzunehmen, so wenig dürfen die Einzelnen ohne Einverständniss des Staates auswandern; denn die Befugniss zur Auswanderung wird namentlich dadurch bedingt sein, dass wer das Vaterland verlassen will, sich dadurch nicht seinen nothwendigen Pflichten, z. B. der Wehrpflicht, entziehen wolle. Das Recht der Auswanderung könnte sonst zum Vorwand für Pflichtvergessenheit oder Feigheit werden und dem Staate zu einer Niederlage in Zeiten der Noth.

Aus der Zahl der Staatsangehörigen (der als Eingeborener Berechtigten), welche Alle umfasst, heben sich die Staatsbürger heraus, deren Begriff — je nach der Verfassung des Staates — dadurch bedingt ist, dass sie besondere Rechte haben, welche darauf hingehen, mittelbar oder unmittelbar, wenn auch im geringsten Bruchtheil, den Willen des Staates mit zu bestimmen, von welcher Art z. B. die Wahlrechte sind.

§. 199. Der Grundbegriff, auf welchem der Staat steht, und zwar den eigenen Unterthanen, wie den fremden Staaten gegenüber, ist die Souverainität.

Es ist oben (§. 153) Rousseau's blendender, aber Alles verkehrender Satz verworfen worden, dass das Volk souverain sei, das Volk als unterschiedslose Masse, welche weder Haupt noch Glieder hat, die bunte, wirre Vielheit im Widerspruch mit der Einheit, durch welche doch erst die Macht zum Recht kommt. Dagegen ist die Souverainität, wenn man den Begriff allgemein fasst, so dass er Monarchien und Demokratien gleicher Weise begreift, dem Staate zuzusprechen, inwiefern er nicht das lose Volk ist, sondern die in nothwendiger Gliederung ethisch gewordene Nation.

Es ist die Souverainität der in sich gegründete Wille des Staates, und daher gegründet wie jeder Wille in eigener Macht und eigenen Gedanken; wenn er ruht, des vielseitigen Vermögens sich bewusst, in der Bewegung seiner selbst Herr. Als Wille ist die Souverainität das Selbstbewusstsein, die Selbstbestimmung und das Selbstgefühl des Staates; Selbstbewusstsein durch den Gedanken des Mittelpunktes, um welchen die Kräfte kreisen, Selbstbestimmung aus der Macht des eigenen Wesens, Selbstgefühl nach dem Masse seiner Autarkie (§. 151. §. 152). Die unbegriffene Tiefe, welche psychologisch und ethisch der Begriff des Selbst hat, geht in gesteigerter Grösse von den Einzelnen auf den Staat über, wenn wir in der Souverainität eine *causa sui* aus ethischer Bewegung anschauen.

Die Souverainität des Volkes ist, in Rousseau's Sinne aufgefasst, die Macht der Begierden über den Willen; denn die Strebungen der Einzelnen stellen uns die einander begegnenden und kreuzenden, die einander beschränkenden und verstärkenden Begierden der Einzelnen dar; aber die Souverainität des Staates, richtig gedacht, ist die Macht des Willens über die Begierden.

Der souveraine Staat, selbstherrlich in vollem Sinne, hat keinen Staat über sich, viele neben sich; er ist unantastbar in den eigenen Angelegenheiten, auf gleichem Fusse mit den andern in den äussern, ein Gleicher unter Gleichen, wenn auch bei verschiedener Macht, durch die Persönlichkeit des Willens, durch die unveräusserliche Gewalt über sich selbst. Aus denselben Elementen, aus welchen der Wille des Staates geboren wird, entspringt die Souverainität, welche ihrem Begriffe nach eine untheilbare Einheit ist, in der Verwirklichung bald zusammengesetzter und verschlungener, wie in der Demokratie, bald persönlicher und einfacher, wie in der Monarchie. Im Staate geht das Selbstherrliche still und sicher durch die kleinsten und grössten Bewegungen hindurch; wo aber die Souverainität in folgenreichen Akten selbstbewusst erscheint, wie z. B. in Verkündung von Krieg und Frieden, markirt sie sich in feierlichen Formen. Das Selbstgefühl der bewussten Machtfülle, das sich in den Demokratien auf die Masse vertheilt, drängt sich in den Monarchien im Fürsten (dem Souverain) zusammen; und in ihm schauen und scheuen die Unterthanen die Majestät des Staates, die königlichen Gedanken und den königlichen Willen, die zusammengefasste Macht des Vaterlandes.

§. 200. In der alten Unterscheidung der Staatsverfassungen in Monarchie, Aristokratie und Demokratie ist anscheinend nur die Zahl das Princip der Eintheilung; aber in der Betrachtung der Zahl, ob Einer herrsche, oder Mehrere regieren, oder Alle am Regiment berechtigt sind, giebt sich, sobald man nach dem Ursprung fragt, eine tiefere Beziehung der die Macht zum Recht wendenden Geschichte kund.

Aus dem Begriffe des Staates, der das Volk zur Einheit eines Menschen im Grossen zusammenfasst, ergeben sich zunächst zwei Formen. Denn es lässt sich die Verwirklichung des Willens, welcher das Volk zum Staate macht, doppelt denken, entweder so, dass die Einheit des Centrums sich in dem Willen Einer Person darstellt, wie in der Monarchie, oder so, dass aus dem Willen der Vielen der Eine Wille als sein Ergebniss abgeleitet ist und gleichsam das Centrum aus den sich treffenden Radien der Peripherie bestimmt wird, wie in der Demokratie. Bei dieser Auffassung bleibt es jedoch Princip, dass das Ganze vor den Theilen sei. In der Demokratie ist vom Ursprung her der gemeinsame Zweck, der, erhaben über Alle, doch das Bedürfniss Aller ist, der von Allen empfunden das gemeinsame politische Bewusstsein schafft und in der Einsetzung einer Obrigkeit seinen ersten Ausdruck findet, die unsichtbare Macht des Ganzen, aus welcher die Gliederung entspringt und in welcher die Theile gegründet bleiben. Monarchie und Demokratie gehen hiernach aus dem Gegensatz von Einheit und Vielheit, welche beide dem Staat wesentlich sind, hervor. Wenn mit demselben der Gegensatz von Obrigkeit und Unterthanen verwandt ist, so ist dieser in der strengen Monarchie so gefasst, dass der Monarch nur Obrigkeit und nicht Unterthan ist und die Unterthanen nur Unterthanen und nicht Obrigkeit, es sei denn letzteres an Stelle des Monarchen und durch den Monarchen, hingegen in der reinen Demokratie die Unterthanen aus der Macht des Ganzen abwechselnd Obrigkeit werden oder doch werden können.

Wenn man auf den geschichtlichen oder auf den in der vorgeschichtlichen Zeit wahrscheinlichen Ursprung sieht, so wird die Monarchie, welche auf überlegenem Willen, überlegener Macht und überlegener Tugend eines Einzelnen beruht, sich theils in der Familie begründen, die ihr natürliches Haupt hat, theils in der Eroberung; denn der Krieg fordert Einheit der Führung und vom Kriege her ist natürliches Vertrauen zu dem Blicke, welcher in den Mittelpunkt des Ganzen gestellt ist, und prompter Gehorsam gegen den Befehl, welcher vom Mittelpunkt kommt, die das Ganze erhaltende Tugend der Unterthanen. Die Demokratie entsteht auf eine entgegengesetzte Weise. Bald erscheint sie als die abgestumpfte oder überwältigte Monarchie, wie bei Revolutionen, bald als der Ausdruck eines gemeinsamen Zweckes für viele Gleiche, wie bei Gründung von Kolonien. Die Monarchie, auf Macht hingerichtet, nimmt den ethischen Antrieb ihrer Bewegungen vornehmlich aus der Nothwendigkeit, im Staate die Einheit des Menschen im Grossen darzustellen, die Demokratie umgekehrt unter dem Namen der Freiheit aus dem Drange, die einzelnen Menschen zu Menschen in sich zu bilden.

Zwischen diesen beiden Grundformen, nämlich der Monarchie, welche Wille des Centrums aus sich selbst ist, und der Demokratie, welche die summirten Willen der Peripherie ins Centrum setzt, bildet sich eine Mittelform, die Aristokratie, welche, von der Demokratie aus gesehen, eine Neigung zur Monarchie und von der Monarchie aus gesehen, eine Neigung zur Demokratie hat. Sie wird sich in der Geschichte auf verschiedene Weise bilden und da entstehen, wo Wenige eine solche Machtstellung gewinnen, dass sie zusammen dem Schutze des sonst schutzlosen Sittlichen im Volke gewachsen sind und in diesem Schutze die Erhaltung und Erweiterung der eigenen Macht üben. Es kann sich eine Aristokratie erheben, wenn ein demokratisches Volk in der Eroberung sich ein anderes unterwirft und dadurch sich mächtigere Familien gegen minder mächtige bilden. Es kann ferner in der Monarchie und Demokratie ein Adel angelegt sein und dann in der Veränderung der Dinge herrschend an die Stelle der Monarchie und Demokratie treten. In der Monarchie entsteht z. B., indem sie ihre eigene Macht befestigen oder der Regierung genügen will, Lehnsadel, Hofadel, Verdienstadel. In der Demokratie bedarf es in demselben Masse, als sie sich über die Enge Eines Gaues, Einer Stadt ausdehnt und in grössere Beziehungen eintritt, der Vertrauensmänner, welche die allgemeinen Angelegenheiten vertreten und durch überlegene Einsicht und dem gemeinen Eigennutz überlegene Gesinnung eine überlegene Macht bilden.

Die Geschichte zeigt die drei Formen der Monarchie, Aristokratie und Demokratie, und sie sind, nothwendig entstanden, in demselben Masse berechtigt, als es ihnen gelingt, die Idee des Staates zu erfüllen, welche die Einheit der Macht, Gesinnung und Einsicht ist. So lange sie dies thun, sind sie echte Verfassungen. Sie gerathen indessen, wie die Aemter (§. 184), auf zwei Wegen mit ihrem innern Zweck in Widerspruch und verderben. Entweder veralten sie auf dem bequem gewordenen Wege der Gewohnheit durch die Trägheit in den Formen der Verfassung, wenn die Regsamkeit der Gesinnung und Einsicht sinkt und schwindet, auch neu entstandene Machtstellungen, z. B. der Bildung, unberücksichtigt bleiben. Oder sie entarten, wenn sie dem Theile dienen statt dem Ganzen, und die auf das Ganze gerichtete Gesinnung in der Selbstsucht der Regierenden untergeht, und daher die Macht in Eigenmacht, die Weisheit in Schlauheit ausschlägt. Die Sprache hat insbesondere diese letzte Weise des innern Verderbens bezeichnet, indem sie zu jeder Art der Verfassung die Ausart hinzugesellt, zur Monarchie die Tyrannis, zur Aristokratie die Oligarchie, zur Demokratie die Ochlokratie — oder zum Königthum die Despotie, zum Adelsregiment die Junkerwirthschaft oder Geldherrschaft, zum Freistaat die Pöbelherrschaft.

Hiernach muss das Verfassungsrecht, in welcher der Formen es auch erscheine, immer dahin gehen, die Idee der Einheit von Macht, Gesinnung und Einsicht zu erhalten und die Entartung zu verhüten.

Anm. Zu den drei alten von Plato im Politikus entworfenen, von Aristoteles mit den Entartungen ausgeführten, von Polybius angenommenen und durch die Jahrhunderte fortgepflanzten Hauptformen der Staatsverfassung hat man in neuerer Zeit als vierte die Theokratie (Ideokratie) hinzugefügt, welche am reinsten in der jüdischen Geschichte hervortritt. Es fragt sich, ob sie als eine besondere Staatsverfassung neben den andern, als eine Art auf gleicher Linie mit den andern Arten, gelten könne. Was dieser Form eigenthümlich ist, betrifft nur den Glauben an den Ursprung des Gesetzes und der Anordnungen, aber nicht das wirkliche Regiment, das entweder Priester aristokratisch, oder ein König, sei es monarchisch, sei es despotisch, im Namen dieses Ursprunges führen. Die Theokratie (Ideokratie) könnte nur dann der Monarchie, Aristokratie, Demokratie beigeordnet werden, wenn wirklich und nicht bloss in der Vorstellung ein anderer Regent gegeben wäre. Es wird daher so einzutheilen sein, dass die Monarchie in priesterliche und weltliche, und ebenso die Aristokratie in priesterliche und weltliche, und die weltliche Aristokratie in eine Aristokratie der Geburt, des Verdienstes und des Reichthums zerfällt. Eine priesterliche Demokratie ist als Form nur in der Kirche, aber nicht im Staate möglich.

Dass bei Aristoteles nicht eigentlich die nackte Zahl der Herrschenden, sondern zugleich tiefer liegende Eigenschaften die Eintheilung der Verfassungen bilden, ist in der Abhandlung: die aristotelische Eintheilung der Verfassungsformen von Dr. Gustav Teichmüller, Petersburg 1859, hervorgehoben worden.

§. 201. So lange die Formen der Verfassung der Idee des Staates genügen, ist ihr Geist sittlich und es müssen sich dann in der Regierung, der Gesetzgebung, der Rechtspflege und der Kriegsmacht die sittlichen Gedanken, die Weisheit, Gerechtigkeit und Tapferkeit, vollziehen, auf welchen sie gegründet sind. Daher wird die Tugend nicht Einer Verfassung allein zufallen, wie z. B. der Republik nach Montesquieu's Ausspruch, sondern allen, so lange sie echt und recht sind; und wenn die Tugend in ihnen als allgemeiner Charakter nicht mehr möglich ist, sind sie entartet. Freilich werden die Monarchie, die Aristokratie und die Demokratie diesen allgemeinen sittlichen Geist in verschiedener Färbung darstellen. Wo der Monarch nothwendig den letzten Massstab der sittlichen Werthschätzung bildet, wird sich durch das Siegel seiner Anerkennung ein Gefühl aufstrebender Ehre über das Volk verbreiten, während in den Demokratien das Selbstgefühl der Einzelnen, Freiheit genannt, und in den Aristokratien eine Zurückhaltung der Macht wie ein Grundzug durchgeht. Da es vergeblich ist, zu erwarten, dass die Tugend rein erscheine, so wird sie, je nach der Verfassung, sich in diesen Richtungen ausbilden. Von denselben Punkten geht die Entartung aus, die theils innerhalb der richtigen Verfassungen in Einzelnen, theils in der Ausart derselben erscheint, in den Monarchien der Ehrgeiz, in der Despotie die knechtische Unterwürfigkeit, in den Demokratien der Uebermuth der Einzelnen, in der Ochlokratie die zuchtlosen

Begierden, in der Aristokratie Stolz und Menschenverachtung, in der Oligarchie Missgunst und Scheelsucht, und in der Oligarchie des Geldes die Habgier. Wie in allem Bösen (§. 43), so erscheint auch in der entarteten Verfassung neben dem Despotischen und Herrischen das Sklavische und Niederträchtige in Einem und demselben, in der Despotie z. B. die sklavische Abhängigkeit von Weibern und Schmeichlern, in der Ochlokratie die sklavische Abhängigkeit von der wetterwendischen öffentlichen Meinung, von selbstsüchtigen Demagogen. Dem Recht ist in den Verfassungen die Aufgabe gegeben, den sittlichen Geist zu wahren und die Entartung zu verhüten.

Anm. Montesquieu hat im dritten Buche seines *esprit des loix* 1748 die sittlichen Springfedern der Staatsformen angegeben und zwar für die Republik die Tugend, für die Aristokratie die Mässigung, für die Monarchie die Ehre (*le bruit des actions, le préjugé de chaque personne*), für die despotischen Staaten die Furcht. Wenn nach seiner Ansicht die auf Tugend gebaute Staatsform (die Republik) auf die Dauer nicht möglich ist (III, 3), aber die mögliche (die Monarchie) nicht auf Tugend gebaut: so scheidet aus seiner äusserlichen Betrachtung eigentlich das Sittliche aus. Dagegen hat Plato zur Belehrung aller Zeiten den Zusammenhang der Verfassungen und der Charaktere im Guten und Schlechten lebendig dargestellt (vgl. §. 215).

§. 202. Es liegt in der Natur der Sache, dass die bezeichneten Hauptformen der Verfassung selten rein erscheinen und sich kaum in völliger Reinheit behaupten. Wenn man nämlich die Elemente, deren Einheit den Staat bilden, Macht, Gesinnung, Einsicht, jede in der eigenen Natur betrachtet, so gewahrt man bald, wie jede eine Verwandtschaft mit je einer der Hauptformen hat. Alle Macht über das Ganze erreicht erst in der Einheit des Befehls ihre volle Spannung; sie hat daher an sich einen centralen, einen monarchischen Trieb. Ferner ist Einsicht, zumal die umfassende Weisheit des Staates, nur in wenigen hervorragenden Geistern und nur in einem Blick von den Höhen des Lebens möglich, während sie in Einem Manne allein kaum sich denken lässt; daher wird sie von selbst aristokratisch. Die Gesinnung endlich ist Gesinnung für das

Ganze und um des Ganzen willen; aber in dem Ganzen liegt jene Aufgabe, dass es in demselben Masse, als es selbst mehr und mehr Mensch wird, die Einzelnen zu Menschen mache (§. 40); daher ist der rechten Gesinnung des Staates das Volk und die Menge gegenwärtig, und um diese Richtung im Staate wach und rege zu halten, entstehen Institutionen, welche einen demokratischen Trieb haben. Insofern ist also die Gesinnung, dem Ganzen zugethan, zugleich demokratisch. Es ist daher nicht etwas Zufälliges, nicht etwas Gemachtes, wenn die ausgebildeten Verfassungen, wie z. B. im Alterthum die lykurgische, die römische der Republik, in neuerer Zeit die englische, eine gemischte Form darstellen, in welcher monarchische, aristokratische und demokratische Bildungen eigenthümlich verwachsen sind.

§. 203. Der Staat ist nur Staat, Staat unter Staaten, nur Person, Person unter Personen, in der untheilbaren Einheit seiner Elemente, welche die Grundbedingung seines Bestandes und seines Gedeihens ist; es widerspricht daher jede Spaltung der Gewalten dem Begriff der Sache. Allen politischen Construktionen wohnt die Gefahr bei, entweder, während man Gesinnung, Einsicht, Macht aus der Vielheit ergänzen will, die Einheit zu lockern und gar aufzulösen, oder, während man die Einheit bindet, die Gesinnung, Einsicht, Thätigkeit, auf welche die Einzelnen Anspruch haben, zu beeinträchtigen und gar zu vernichten. In der Geschichte der Revolutionen tritt statt der Einheit die Eifersucht der Staatsgewalten, insbesondere der Regierung und Gesetzgebung, der Gesetzgebung und der Kriegsmacht, hervor; und es ist darin nicht selten der Versuch gemacht, die Staatsgewalten, als ob man sie dadurch in sich vollendete, zu trennen. Es war dann ein Glück, wenn das Experiment unter den Händen der Experimentatoren umschlug und gegen die gewaltsame Trennung sich eine natürliche Einheit herstellte.

Alle vier Staatsgewalten, Regierung, Gesetzgebung, Rechtspflege, Kriegsmacht, obwol jede gleicher Weise ihren eigenen allen Verfassungsformen gleichen Zweck verfolgt, und obwol man meinen sollte, dass jede sich eben darum in den verschiedenen Staaten gleich oder ähnlich anlegen und aufbauen müsste, erhalten durch den politischen Geist der Einheit von dem Punkte her, worin die Macht ruht und die Macht sich fühlt, eine wesentlich verschiedene Struktur, einen der politischen Einheit analogen Charakter.

Die monarchische Gesetzgebung, wie z. B. in Friedrich dem Grossen, stellt die Gesetze als Ausfluss der Einen centralen Macht dar, welche das Beste des Ganzen und der Einzelnen weiss und will, und darum begehrt sie keine Berathung und keine Zustimmung einer Volksvertretung. In der absoluten Monarchie gehen daher die Organe der Gesetzgebung in die Rathschläge der Regierung zurück und sie bilden sich in eigener Gestaltung gar nicht aus oder verschwinden, wenn sie da waren. Allein in demselben Masse als die Verhältnisse der Gesellschaft zusammengesetzter und schwieriger werden, als das Volk durch Bildung mündiger und durch die Wirkung verfehlter Gesetze misstrauischer geworden, wird diese ausschliessend monarchische Gesetzgebung unhaltbarer und zeigt ein Bedürfniss, sich aus der Vernunft des Volkes zu ergänzen und durch Zustimmung zu stärken. Im Gegensatz gegen die Gesetzgebung der centralen Macht und centralen Vernunft ist die demokratische Gesetzgebung eine Vereinbarung der peripherischen Einsichten, eine Vernunft der addirten oder gegen einander durch Stimmenmehrheit ausgeglichenen Interessen; weswegen in der reinen Demokratie, wie in Athen, Mann für Mann stimmt. Allein die nur auf sich bedachten Interessen der Einzelnen sind noch nicht die ethische Vernunft des Ganzen, in welcher vielmehr die Interessen sich selbst vergessen sollen. Es wird daher das Bedürfniss empfunden, Männer an die Spitze der Gesetzgebung zu stellen, welche einsichtiger und umsichtiger für den Willen des Ganzen diese Hingabe des Theiles üben. In der repräsentativen Demokratie, diesem Auszug aus der Einsicht und dem Begehren des Volkes, nähert sich schon die Gesetzgebung einer centralen Gestaltung. Indem auf diese Weise die entgegengesetzten Seiten in den Einrichtungen der

Gesetzgebung einander entgegenkommen, die monarchische Seite in Berathung oder Zustimmung aus dem Volke, die demokratische in politischen Bildungen, welche eine Vernunft des Ganzen in dem Willen der Gesetze verbürgen sollen: thut sich die Nothwendigkeit kund, die Richtung der einen Seite in die Grundbewegung der andern so weit aufzunehmen, als das Beste der Gesetzgebung selbst fordert. Wenn in der absoluten Monarchie nur die Einheit des Menschen im Grossen und in der absoluten Demokratie nur die Vielheit der Menschen als Einzelner vertreten wird, so gründet sich, wie gezeigt wurde, in beiderlei Verfassungsformen schon für den Zweck der Gesetzgebung eine Aristokratie der Einsicht und Gesinnung, ein Adel, welcher in der Monarchie sich wieder in gegebener Macht, z. B. im Grundbesitz, zu befestigen strebt, hingegen in der Demokratie mit seinem Ansehen von dem Vertrauen und Ermessen der Einzelwillen im Volke abhängiger bleibt.

In der Verwaltung zeigt sich etwas Aehnliches. In den absoluten Monarchien wird sie aus dem centralen Geist derselben heraus das Volk im Erwerb und Genuss der materiellen und geistigen Güter zu leiten suchen und dadurch in das System der Bevormundung verfallen. In der absoluten Demokratie wird sie, wenn möglich, die ganze Sorge für diese Dinge dem Betrieb der Einzelnen überlassen und darin das System des Gehenlassens annehmen (§. 179). Die absolute Monarchie wird die Gemeinden, Corporationen und Associationen in strenger Unterordnung vom Mittelpunkt aus regieren und dadurch in bureaukratische Centralisirung gerathen. Die Demokratie wird sie, wie in Nord-Amerika, innerhalb ihres Kreises frei geben und sich selbst verwalten lassen, auf die Gefahr des Widerstandes gegen das Ganze, zu welchem diese Selbstregierung der kleineren selbstständigen Ganzen führen kann. Jene belehrt sich bald, dass im Einzelnen und innerhalb gewisser Grenzen die vom eigenen Interesse geschärften Augen mehr sehen und besser fürsorgen, als der zwar umfassende, aber im Einzelnen stumpfere und sorglosere Blick des Ganzen, und dass das Volk durch freiere Selbstthätigkeit der Einzelnen aufblüht, und wenn es in den kleineren gemeinsamen Kreisen für sich sorgt, sich im Gemeinsinn übt. Diese muss hingegen gewahren, dass Anordnungen der Verwaltung im Sinne des Ganzen nothwendig sind, wenn es überhaupt promte Bewegungen des Staates und gesicherte Thätigkeit der Einzelnen geben soll. So nähert sich von entgegengesetzten Enden auch der Geist der Verwaltung gegenseitig, und aus der Natur der Sache nimmt bis zu gewissen Grenzen die monarchische Maxime des Lenkens und Leitens die Maxime des Freigebens und Ueberlassens und die demokratische des Ueberlassens die Maxime des Leitens in sich auf.

Rechtspflege und Kriegsmacht erscheinen der allgemeinen Gesetzgebung und Verwaltung gegenüber als specieller und technischer, und daher scheint es, als müssten sie beide nur aus den Regeln und der Erfahrung der Sache als einer besondern, und wenig oder gar nicht aus dem allgemeinen Geist der politischen Macht und Einheit bestimmt sein. Die vollendete Einrichtung der Rechtspflege und die vollendete Einrichtung der Kriegsmacht müsste sich, so scheint es, auf gleiche Weise für die Monarchie und die Demokratie eignen. Und doch zeigt sich ein merklicher Unterschied, wie zum Beweise, dass im Staate Alles und auch die scheinbar in ihrer Technik unabhängigen Verrichtungen aus dem Grunde der Macht geboren werden.

In der absoluten Monarchie fliesst auch die Gerechtigkeit vom Herrscher aus, sie ist seine Macht, welche sich zum Schutz wendet; und indem er sie übt, bekleidet sie ihn mit idealem Ansehen. Daher sind die Richter seine Justizbeamte und er selbst, wie in der Kabinetsjustiz, die letzte Instanz der Entscheidung; und es entspricht der Justiz von oben und der monarchischen Aufsicht, dass sich in der Monarchie das geheime und schriftliche Verfahren ausbildete. In der Demokratie giebt es, wie in Athen, Volksgerichte, oder herrschen durchweg Geschworenengerichte, wie in Nord-Amerika. Die Richter, deren es etwa noch bedarf, werden nur auf Zeit angestellt und sind kündbar, damit sie vom jeweiligen Volkswillen abhängiger bleiben, und es entspricht der Controle durch das Volk, dass das Verfahren öffentlich und mündlich ist. Je mehr der innere Zweck der Rechtspflege in seiner unabhängigen Grösse und in seiner technisch bedingten Natur erkannt wird, desto mehr bricht sich in Monarchie und Demokratie die Frage Bahn, welche Einrichtung dem inneren Zweck der Rechtspflege am meisten entspreche, und dann tauschen beide Systeme nach dem Mass der Sache ihre relativen Vorzüge mit einander aus.

In der **Kriegsmacht** bildet die absolute Monarchie stehende Heere aus, setzt die Führer von oben bis unten ein und leidet keine bewaffnete Macht neben sich, z. B. keine Vasallenmacht, keine Bürgerwehr, überhaupt keine Machtbewegung ausser dem strengen Verbande der in die Eine Hand zusammengefassten Zügel. Die absoluten Demokratien hingegen kennen fast nur Volksbewaffnung für den Zweck des Augenblicks, z. B. eines ausbrechenden Krieges; der bleibende Rest ist kein stehendes Heer, sondern kaum mehr als die nothwendigen Befestigungspunkte, damit durch sie in jedem Augenblick eine Volksbewaffnung möglich sei. Die Führer werden gewählt, und die Demokratie ist, wie in den alten Staaten Griechenlands, auf Jeden eifersüchtig, der für Zwecke des Staates eine Leibwache fordert; denn sie argwohnt in ihm den künftigen Tyrannen. In der Wehrverfassung wird man die technische Frage von der politischen unterscheiden. Die technische geht darauf hin, welche Einrichtungen aus der Natur der Sache die besten sind, um den Frieden sicher, die Nation streitbar und das Heer sieghaft zu machen. In einem gesunden Staate wird diese Frage die erste sein, und es ist ein missliches Zeichen, wo sie der politischen, welche aus der Furcht vor politischem Missbrauch des mächtigen Werkzeuges entsteht, nachgesetzt wird. So scheint z. B. die Abhängigkeit, in welcher ein gewählter Führer von seinem Heerestheile steht, mit dem unbedingten Befehl und dem unbedingten Gehorsam, ohne welche es keinen Sieg giebt, unverträglich zu sein. Der Schwur auf die Verfassung führt den Soldaten möglicher Weise in dem Augenblick, wo er gehorchen und handeln soll, in politische Zweifel, welche seine Lust am muthigen Handeln trüben oder gar einen Vorwand zu Ungehorsam oder Feigheit abgeben.

Es ist das Zeichen des sittlichen Geistes im Volke, von welchem die Verfassung getragen wird, wenn die Rechtspflege und die Kriegsmacht nach ihren inneren Zwecken sich in sich einrichten und sich in sich vollenden können, ohne von politischen Rücksichten, von politischer Furcht und Hoffnung, gekreuzt und in ihren Einrichtungen aus der Bahn gebracht zu werden. Zwischen dem Geist der Kriegsmacht, der ein Geist des schweigenden Gehorsams und der tapfern That ist, und dem Geist der gesetzgebenden Gewalt, wie er sich in den Versammlungen nicht selten in bewusstem Selbstgefühl und beredter Weisheit darstellt, und hinwieder zwischen dem Geist der Rechtspflege, welche das feste Gesetz und den scharfen Begriff zu dauernder Macht erhebt, und dem Geist der Verwaltung, welche dem beweglichen Augenblick nachgehen muss und daher nicht selten das feste Gesetz zu umgehen oder nach den Umständen zu biegen unternimmt, besteht leicht ein Widerpart und Widerspiel; und es ist ein Zeugniss des sittlichen Geistes in Volk und Staat, wenn dieser Gegensatz die untheilbare Einheit nicht stört, sondern sie stärkt, indem er sich harmonisch löst.

§. 204. In dem ausgebildeten Staate, in welchem die Gewalten sich sondern, um sich in sich zu vollenden, hat jede derselben, so wahr als sie lebt und strebt, einen Trieb der Selbsterhaltung und Selbsterweiterung in sich. Indem jede sich in sich ausbildet und ihre Macht aus sich heraus erstreckt, trifft sie mit den andern Staatsgewalten zusammen; und an den Punkten, wo die Ansprüche sich begegnen, offenbart sich vornehmlich der durchgehende Geist des Ganzen und der politischen Einheit. Es ist zweckmässig, auf diese Kreuzungspunkte der Staatsgewalten einen Blick zu werfen.

Wenn man zuerst die Gesetzgebung im Verhältniss zu den andern Gewalten vergleicht, so steht sie zwar gegen die Rechtspflege als Ursprung der Normen unabhängig da. Aber die

Rechtspflege fragt rückwärts, ob und welches Gesetz verfassungsmässig gegeben sei; denn nur durch ein solches ist sie gebunden. Diese Frage kann in der einen Verfassung lediglich an formelle Entscheidungszeichen gewiesen sein, wie z. B. an den Ort und die Weise der Veröffentlichung, an die Vollständigkeit der gesetzmässigen Unterschriften, oder in der andern, wie z. B. in Nordamerika, auf die Prüfung, ob auch der Inhalt mit dem Grundgesetz der Verfassung in Uebereinstimmung sei, ausgedehnt werden. Die Gesetzgebung hat gegen die Regierung die Neigung, das Recht der Verordnung, das der Regierung für die Ausführung im Besondern zusteht, durch das möglichst specialisirende Gesetz einzuschränken, damit die Regierung nicht von ihrem Sinne weichen könne, und indirekt bei der Berathung des Staatshaushaltes und der Bewilligung der Mittel auf Fragen der Sachen und Personen einzuwirken, welche der Regierung zustehen. Die Regierung dagegen sucht zu verordnen, wo ein Gesetz nöthig wäre, und nimmt das Recht in Anspruch, für Nothfälle, wenn auch unter dem Vorbehalt der Bestätigung, ohne die gesetzgebende Gewalt Gesetze zu erlassen. Die gesetzgebende Gewalt ist auf die Einwirkung der Regierung, z. B. bei Wahlen, bei Abstimmungen, bei Behandlung der gemeinsamen Geschäfte, eifersüchtig; die Regierung hingegen sucht mit ihrem augenblicklichen Geiste der Einheit so weit vorzudringen als möglich. Die Gesetzgebung und die Kriegsmacht theilen am wenigsten mit einander; und es ist ein Widerspruch in sich, wenn gesetzgebende Versammlungen, wie es wol geschehen ist, direkt und ohne Vermittelung der Regierung der Kriegsmacht befehlen und sie in Bewegung setzen wollen. Wenn man ferner die Regierung, so weit sie nicht schon im Verhältniss zur gesetzgebenden Gewalt betrachtet ist, mit den andern Gewalten zusammenhält: so sucht die Regierung einen Einfluss auf die Rechtspflege, indem sie die Richter anstellt und absetzt, oder durch den von ihr abhängigen Staatsanwalt die Anklage in ihre ausschliessende Hand bringt. Gegen diese Uebergriffe versucht zwar die Gesetzgebung Schutz zu gewähren, wenn sie z. B. die Richter für unabsetzbar erklärt, es sei denn durch Urtel und Recht, also nur für absetzbar durch die Rechtspflege selbst; aber ungeachtet solcher vorbeugenden allgemeinen Anordnungen bleiben der Regierung, wenn sie nicht weise und gerecht sich selbst beschränkt, Mittel und Wege genug, um auf die Richter, die Geschworenen, ähnlich wie auf die Wähler, Einfluss zu üben. Die indirekte Einwirkung ist oft die empfindlichere. In der Kriegsmacht sucht die Regierung — und zwar in der Wehrverfassung, in der Anstellung der Heerführer, — so weit nicht das Technische Schranke setzt, das Werkzeug ihrer Stärke für ihre Zwecke desto willführiger zu machen. Ferner stösst die Rechtspflege mit der verwaltenden Regierung in den sogenannten Competenzconflikten zusammen (§. 182). Endlich hat die Kriegsmacht im innern oder äussern Kriege die Neigung, die Gesetze des Staates, die Verordnungen der Verwaltung, den Gang der Rechtspflege ganz oder zum Theil ausser Thätigkeit und das strenge und scharfe Kriegsgesetz, den augenblicklichen und unbedingten Befehl und das rasche und schonungslose Standrecht an deren Stelle zu setzen, wie z. B. da geschieht, wo eine Stadt, eine Gegend in Belagerungszustand erklärt wird.

An den bezeichneten Kreuzungspunkten der sich in ihren Zwecken erweiternden und behauptenden Gewalten wird der Geist der politischen Einheit, ob er monarchisch oder demokratisch ist, sich von Neuem offenbaren und in diesem Sinne nach verschiedenen Richtungen Vorkehrungen durch die Gesetze treffen (§. 47). Aber das genügt nicht. Es giebt an diesen Stellen des Unvorgesehenen genug, und wer gerade die Macht in der Hand hat, findet immer Spielraum für seine Zwecke, um solche Thatsachen zu vollbringen, gegen welche in Verfassungsfragen das Recht, das hinterher kommt, schwach ist. Daher wird es an diesen Kreuzungspunkten vor Allem darauf ankommen, in welchem Geiste das Centrum des Staates die von ihm abhängigen Organe beseelt und in welchem Geiste der Sinn des Volkes, beistimmend oder abwehrend, die Verfassung aufrecht hält. So zeigt sich auch an den gefährlichen Kreuzungspunkten der Gewalten, dass die letzte Macht der Verfassung sittlicher Natur ist, und das Recht nur bestimmt, die Bedingungen für dies Sittliche zu wahren. Nur da ist in der Wechselwirkung der Gewalten harmonische und somit untheilbare Einheit, nur da bleibt und blüht der Staat, wo jede Gewalt nicht weiter das Ihrige sucht, als es der Idee des individuellen Ganzen entspricht und jede Gewalt die andere neben ihr achtet und scheuet.

Anm. Um in der Wechselwirkung der Gewalten diese harmonische Einheit zu erreichen, kommt es vornehmlich auf den allgemeinen Sinn aller handelnden Organe an. Sie sind zunächst in den besondern Geist der einen Staatsgewalt gewiesen und gewöhnt, welcher sie angehören; aber sie müssen von dem Geiste der andern so viel in sich tragen, um sie zu verstehen und hoch zu halten. Es dient allgemeine Wehrpflicht wesentlich dazu, um auch die Beamten und Richter in den Geist des Heeres gleichsam einzutauchen und jenes Widerstreben zu mindern, das sonst Richter und Beamte auf der einen Seite und das Militär auf der andern trennt und in ihren Anschauungen entzweiet. Aber nichts ist wichtiger, als dass in den handelnden Organen der Verwaltung der Sinn des positiven und förmlichen Rechts (§. 40) lebe. Ursprünglich umfasste im Sinne der Einheit das Amt der Magistrate, wie im römischen Reiche das *imperium*, regierende und richterliche Befugniss. Es liegt in dem Drang der neuern Zeit, welche durch Sonderung der Gewalten die Verrichtungen reiner und voller darstellen will, Gericht und Verwaltung streng zu scheiden. Es sollen dadurch Uebergriffe und Missbräuche vermieden werden. Aber der juristische Geist der Verwaltung, der z. B. für einen Zweck des Ganzen Privatrechte zu verletzen scheuet, darf in ihren Organen nicht verloren gehen. Es bedürfen daher die Verwaltungsbeamten der juristischen Schule und der richterlichen Gewöhnung, wie es umgekehrt für den Richter wichtig ist, dass er, mit den Beziehungen der Verwaltung vertrauet, das bewegliche, immer neue Verhältnisse erzeugende Leben kenne. Wo es sich um die höhern Aufgaben des wissenschaftlichen und staatlichen Lebens handelt, hat die Theilung und Trennung der Arbeit, durch welche sich im Technischen die Geschäfte vollenden, ihre nothwendigen Grenzen, über welche hinaus der Geist der Verrichtung verdirbt. Der nur technisch zubereitete Verwaltungsbeamte ohne das Gegengewicht der Rechtsbegriffe läuft Gefahr, das Nützliche und Zuträgliche über das zu setzen, was an sich recht ist, das Relative über das, was als absolut geachtet werden muss, und folgt, ohne das im

Besondern gegründete Recht zu bedenken, in militärischem Geiste den Befehlen der centralen Einheit. Es muss daher in der vorschreitenden Sonderung der richterlichen und verwaltenden Thätigkeiten die Sorge bleiben, dass juristische Begriffe und richterliche Zucht die dauernde Grundlage in der Ausbildung der Verwaltungsbeamten seien.

§. 205. Es hat sich ergeben, dass in demselben Sinne, wie in der Idee des Staates als einer Einheit von Macht, Einsicht und Gesinnung eine Mischung von monarchischen, aristokratischen und demokratischen Elementen vorgebildet liegt, auch die sich ausbildenden Staaten in der Entwickelung gemischte Verfassungen erzeugen, aber nur in dem starken Geiste der Einheit ihre Dauer haben.

Nur durch die Dauer hat die Verfassung Werth; denn durch ihre Dauer wird die stetige Entwickelung des geschichtlichen grossen Menschen möglich, welchen wir in der Einheit von Volk und Staat anschauen. Es ist unrichtig, diese Dauer wie in einem Bau der Massen nur statisch und mechanisch anzulegen und für diesen Zweck ein Gleichgewicht der Gewalten, also gegen möglichen Eigennutz der einen möglichen Eigennutz der andern, gegen die Selbstsucht der einen die Selbstvertheidigung der andern abzuwägen. Es hilft der am besten berechneten Verfassung nichts, wenn sie nicht ethisch gegründet ist, d. h. wenn nicht jede Macht im Staate den Willen hat, indem sie sich selbst erhält und erweitert, das Ganze zu erhalten und zu erweitern. Massen beharren, indem sie nur dem Zuge ihrer Schwere folgen; aber es unterscheidet die menschliche Macht von der blinden Gewalt der Masse, dass sie in ihr Streben das Allgemeine aufnehme. Es ist das Grundgesetz, dass die Macht sich zum Schutz wende. Diese politische Forderung entspricht der ethischen, welche an Jeden ergeht, den natürlichen Menschen in den geistigen, die Kraft der realen Triebe in die Macht des vernünftigen Willens, die Selbsterhaltung in das Allgemeine zu erheben (§. 35). Die Obrigkeit wird nur in dieser Richtung eine göttliche Ordnung.

In der Verfassung hat der Staat den Grundgedanken seiner

Gerechtigkeit, das Volk den Ausdruck seiner sittlichen Ordnung, beide haben in ihr die Grundlage aller Gesetze und aller berechtigten Macht. Darum muss die Verfassung alle Sanktion in sich einigen, welche nur ein Gesetz haben kann (§. 52). Sie muss physisch in den Bedingungen des Landes, psychologisch in der Geschichte des Volkes, aus welcher sie erzeugt ist, juristisch in der Furcht vor der Strafe, ethisch in dem Glauben des Volkes und der bestätigenden öffentlichen Meinung, religiös in der Heiligkeit des Sittlichen ihre Wurzeln schlagen. Jede Macht im Volke muss die Verfassung als das anerkennen, was über ihr steht, und durch das sie allein berechtigt ist. Darum ist ein Verfassungsbruch ein Treubruch und zugleich ein Bruch des eigenen Rechtes.

Die Verfassung indessen, formal genommen, ist nur ein Schema und leer wie ein Schema, wenn die Thätigkeiten des Volkes sie nicht im Geiste ihres Ursprungs von Geschlecht zu Geschlecht erfüllen. Daher gehört als fortlaufende Ergänzung zur Verfassung die nationale Erziehung, welche zunächst zwar durch Kirche und Schule, aber dann ebenso durch öffentliches Recht und allgemeine Wehrpflicht geschieht.

Hiernach wird eine Verfassung dann ethisch begründet sein und auf Dauer hoffen können, wenn jede berechtigte Macht im Volke, heisse sie Grundbesitz oder Geld, Adel oder Bildung, gewöhnt ist, sich so anzusehen, dass sie zum Schutze des Sittlichen und für das Ganze da sei, und wenn in demselben Sinne jede neu entstehende Macht eine berechtigte Stelle findet, wenn ferner die Verfassung weise und gerecht solche Fürsorge trifft, welche der Entstehung jeder zersetzenden Macht vorbeuge.

In der politischen Betrachtung ist nämlich eine Macht im positiven und negativen Sinne zu unterscheiden. Als erzeugende Macht bezeichnen wir diejenige, welche die Fähigkeit in sich trägt, im Sinne des Ganzen zu wirken und das Sittliche zu mehren. Als zersetzende hingegen diejenige, welche nur schwächt und zerstört, wie z. B. dieser Art die Verzweiflung des Hungers ist, Neid und Missgunst der Stände, Unwille über siegendes Unrecht, angefachter und geschürter innerer Zwist, Zwiespalt durch Nachbarstaaten u. s. w.

Alle Betrachtung der Macht führt ins Individuelle, wie alles Sittliche, zu dessen Schutz sie da ist, ins Allgemeine; sie führt in die durch die Geschichte erzeugten Verhältnisse, z. B. des Fürsten, des Adels, der Confession, des Gewerbfleisses u. s. w., oder in die durch die Lage des Landes gegebenen Bedingungen, z. B. in den insularen oder geographischen Schutz des Landes, oder in die von den Grenznachbaren fortwährend drohenden Gefahren u. s. w. Daher wird nach dieser Seite jede Verfassung individuell sein müssen und jede nur geliehene und angepasste hat eine innere Schwäche, indem sie theils gewaltsam die Entwickelung unterbricht, theils die unberücksichtigten Machtstellungen gegen sich aufruft und aufregt.

Die Verfassungsfragen sind immer Fragen der Macht. Entweder ist die Verfassung ein Ausdruck der wirklichen Macht, welche sich zum Schutz wendet, oder sie soll erst das Mittel werden, für den Zweck sittlichen Schutzes Macht zu erwerben. So lange sie bloss das Letzte ist, kämpfen gegen sie meistens die wirklichen Machtstellungen, und wenn sie siegend das Erstere geworden ist, sind nicht selten schon neue Machtverhältnisse da, welche sich in der Verfassung nicht vertreten achten und wieder gegen die Verfassung anstreben oder eine Aenderung derselben begehren. Daher bleibt es die Aufgabe einer gerechten Verfassung, die Bestimmungen des Grundgesetzes immer in ein proportionales Verhältniss zu den gegebenen und aufstrebenden Machtstellungen zu bringen.

Hinter jedem Gesetz steht die Macht, die es hält. Hinter dem gewöhnlichen Gesetz die unbestrittene Macht des Ganzen, hinter jedem gesetzlich veränderten wieder dieselbe Macht. Indem nun die Menschen die Gesetze wie aus sich selbst mächtig sehen, meinen sie, dass gleicher Weise ein Grundgesetz des Staates, das alle Gesetze trägt, aus sich selbst mächtig sein werde und es daher nur einer Einführung bedürfe, um das Gut einer fremden Verfassung zum heimischen Recht zu machen. Aber alsbald zeigt sich der Irrthum der Verwechselung. Nur die individuelle Verfassung kann mit dem Volke verwachsen und die Macht, statt sie feindselig zu stimmen, zum Schutz wenden.

Ueberhaupt wird nur die Verfassung dauern, welche auf der einen Seite den Staat sittlich erhält und dadurch auch seine Bürger sittlich macht, und auf der andern von dem sittlichen Geiste seiner Bürger gehalten und getragen wird. Ohne diese Wechselwirkung dauert keine Verfassung, kein Staat.

Anm. Es ist das Gegentheil einer staatsmännischen Behandlung, in Verfassungssachen Idee und Ausführbarkeit zu trennen. Wenn die Idee einer Verfassung entworfen wird, so kommt die Frage, ob sie ausführbar sei, nicht hinterher. Die Idee ist nur berechtigt, wenn sie ausführbar ist. Die unausführbare Idee ist ein Zweck ohne mögliche Mittel, ein blosser Wunsch. Die politische Idee, wie alle Idee ein Trieb des Sittlichen im Natürlichen, muss eine Weiterbildung des Historischen sein. Sonst ist sie das schwebende Allgemeine ohne individuelle Eingestaltung, ohne Wurzeln im Erdreich, der Regenbogen, auf dem man ein Haus bauet.

Im Politischen wie im Juristischen haben die Analogien viel verfehlt (§. 73 Anm.). Für Plato waren die dorischen Verfassungen das Musterbild; durch Montesquieu wurde England der Musterstaat, und es bildete sich daraus die constitutionelle Monarchie als die Verfassung um jeden Preis, welche auch da wie ein politischer Stempel aufgedrückt wurde, wo, wie in den romanischen Staaten, die realen Träger der Verfassung, z. B. die Verhältnisse der Geistlichkeit und des Adels, ganz andere waren, als in England. Schon sehen Andere mit staunendem Auge in Nordamerika die Musterverfassung.

Es ist kurzsichtig, in abstrakter Betrachtung sich durch die Anschauung einzelner Wirkungen bestechen zu lassen und sie sich allein durch die Uebertragung der Verfassungsform zueignen zu wollen. Ohne dieselben Vorbedingungen, ohne die realen Elemente bleibt die Verfassung hohl und der Musterzuschnitt irrt, wenn er das Kleid nicht nach dem Leibe macht, sondern verlangt, dass nach dem Kleide der Leib seiner Länge eine Elle ansetze.

Ohne Frage giebt es nach sittlichem Masse höhere und vollendetere Stufen der Verfassung; aber sie sind ohne die nöthigen realen Voraussetzungen nicht möglich. Daher sind alle Fragen nach einer guten Verfassung relativ. Beziehungen, nach welchen sie sich richten muss, sind namentlich die äussere Lage des Landes, der Bildungsstand und die sittliche Entwickelungsstufe des Volkes und die vorhandenen Machtstellungen. Es ist ein Unterschied, ob das Land dem Feinde offen liegt oder geschlossen und unzugänglich ist. Was im insularen Kreta möglich war, war auf dem griechischen Festlande schwieriger (*Aristot. polit.* II, 10. *p.* 1271 *b* 32 *ff.*); was im insularen England oder zwischen den Bergen der Schweiz möglich ist, wird in einem werdenden Staate, dessen Land, in der Mitte getheilt, zwischen mächtigen, gierigen, listigen Nachbarn eingeklemmt ist, zu einem thörichten Experiment, wenn nicht zugleich die Verfassung auf die Stärke einer strengen Einheit angelegt ist. Ferner leuchtet ein, dass die muhamedanischen Türken nicht dieselbe Verfassung haben können, als die in der Mehrzahl protestantischen Nordamerikaner; was von diesen Extremen gilt, gilt auch von den Unterschieden, welche dazwischen fallen. Die vorhandenen Machtstellungen, welche bestimmt sind, die Verfassung zu tragen und zu stützen, wollen ihres Theils berücksichtigt und ausgeglichen sein, wie der Grundbesitz mit seinem aristokratischen, das Kapital mit seinem liberalen Zuge im Gegensatz gegen den Erwerb von Hand zu Mund, welcher sich leicht in demokratische Bestrebungen einlässt. Erst mit den steigenden Bedingungen wird die Verfassung steigen.

§. 206. Wenn es nach dem Vorangehenden Aufgabe der Verfassung ist, für die sittliche Erhaltung des Ganzen die gegebenen Machtstellungen zu verwenden oder neue so zu bilden, dass sie mit den alten für die Idee des Staates harmonisch wirken: so wird es geeignet sein, im Folgenden die wesentlichen politischen Elemente der Macht in ihrer Bedeutung für die Verfassung zu betrachten.

In dieser Beziehung steht der Begriff der *Stände* in erster Reihe. Es ist schwer, den Gebrauch des Wortes zu umgrenzen, da geschichtlich in der Bestimmung des Begriffs verschiedene Principe durch einander gehen, namentlich das physische Princip der sich in bestimmten Lebensrichtungen fortpflanzenden Geschlechter, das in Indien die Stände zu Kasten ausgebildet hat, und das ethische Princip der Hauptgattungen von Geschäften, welche dem Staate nothwendig sind, wie z. B. im Mittelalter der Beruf allein und nicht die Geburt den geschlossenen Stand der Geistlichkeit bildete.

Wenn wir vorläufig die dem Adel eigene Erblichkeit ausser Spiel lassen, so sehen wir nach der Natur der Sache zwei Principe durch die menschliche Gesellschaft durchgehen, welche geeignet sind, den Unterschied politischer Rechte zu begründen und in diesem Sinne Stände zu sondern. Das eine ist das psychologische Princip der sich unterscheidenden geistigen Thätigkeit, das andere das national-ökonomische des Eigenthums.

Wir betrachten zuerst das erste. Wenn wir dabei von der geistigen Tugend für die höchsten Zwecke des Staates ausgehen, so bedarf jede Staatsform Männer, welche in Tapferkeit und Weisheit über die Menge hervorragen und in diesem Sinne, ohne es zu wollen, eine Aristokratie des überlegenen Geistes bilden. Jeder Staat, insbesondere die kriegerische Monarchie, erzeugt den Adel der siegreichen Feldherrn; jeder Staat, insbesondere der politisch entwickelte, den Adel der Staatsmänner; der nothwendige Zusammenhang des Staates mit der Kirche den Adel der geistlichen Würden, in den erfindenden Geistern wächst dem Staate ein Adel der Wissenschaft und Kunst zu. Die Demokratie, welche auf Gleichheit bedacht ist, hat doch nur durch die geistige Ungleichheit Bestand; und sie erzeugt z. B. den Adel der Vertrauensmänner in den Repräsentanten, dem Heerführer, dem Präsidenten; nur lässt sie sie nicht so weit gewähren, dass sie ihre ganze Kraft entwickeln und sich zum Ansehen eines eigentlichen Adels erheben könnten; sie sorgt dafür, dass die hervorragenden Männer alsbald wieder in die unterschiedslose Menge untertauchen müssen. Höchstens bezahlt sie sie und versucht es dann mit andern. Wir können den bezeichneten Stand den Adel der geistigen Grösse nennen.

In den übrigen Geschäften der besondern Kreise wird sich dadurch ein Gegensatz bilden, dass eine Art derselben vorwiegend geistige Kraft, wenn auch nicht schöpferische und überragende, doch Begabung und Kenntnisse fordert, eine andere hingegen mehr die materielle Arbeit des Leibes, den Dienst des Armes und der Hand.

Wenn wir hiernach den Adel geistiger Grösse, den Stand der vorwiegend geistigen Thätigkeit und den Stand der vorwiegend leiblichen Verrichtungen unterscheiden, so ist doch weder bei dem ersten die Bedingung leiblicher Kraft, noch bei dem letzten geistige Auffassung ausgeschlossen; und wie im Geistesleben die mannigfaltigen Verbindungen der Kräfte in ihren Leistungen leise Uebergänge, aber keine scharfen Unterschiede zeigen, so liegt es in der Natur der Sache, dass auch die Stände sich zwar im Grossen und Ganzen, wie angegeben, gruppiren, aber sich politisch schwer bestimmen lassen, und dass an den Grenzen die Scheidung wie willkürlich und ungerecht erscheint. Indem sich die Stände nach geistiger Thätigkeit sondern, wird jeder derselben durch die gemeinsame Bildung, welche die Menschen gesellig verbindet, in sich selbst geeinigt.

Da Eigenthum Macht ist, so greift das Eigenthum als ein zweites Princip ständebildend ein. Wenn wir auch hierin die hervorragende Macht Adel nennen, so bildet sich als vornehmer Stand der Adel des festen Grundbesitzes und des beweglichen Kapitals, überhaupt der Stand der mächtigen Besitzer. Das Erbrecht, welches eine aristokratische Richtung des Privatrechts ist, unterstützt die Befestigung dieses Standes von Sohn auf Sohn.

Dem Stand der mächtigen Besitzer steht der erwerbende Stand gegenüber, welcher sich nach den grössern oder geringern Mitteln der schaffenden Arbeit wiederum in zwei Klassen theilt, in eine wohlhabende und eine mit den Bedürfnissen kämpfende.

Wenn schon nach Solons Worte der unersättliche Reichthum kein Ziel hat und wenn schon nach dem alten megarischen Schlusse von dem Haufen, welchen die Summe einzelner Körner bildet und die Subtraktion in unmerklichem Uebergang aufhebt, in dem quantitativen Wesen des Geldes und dessen, was Geldeswerth hat, schwer ein qualitativer Unterschied zu entdecken ist: so liegt es wieder in der Natur der Sache, dass die Grenzen dieser national-ökonomisch zwar im Allgemeinen sich sondernden Stände doch in der Wirklichkeit in einander fliessen.

Wenn man nun ferner beide Eintheilungen, sowol diejenige, welche von der Weise der Thätigkeit, als diejenige, welche vom Eigenthum ausgeht, mit einander vergleicht: so zeigen die Stände der einen mit den Ständen der andern eine gewisse Wahlverwandtschaft, sind aber nicht dieselben. Die Aristokratie des Kapitals pflegt ein Ergebniss des erwerbenden Standes zu sein, welcher ziemlich dem Stande der allgemeinen vorwiegend geistigen Thätigkeit entspricht; die Aristokratie des Grundbesitzes ist hingegen meistens ein Vorzug des politischen Adels. Es ist heut zu Tage der Charakter des Bürgerstandes im Gegensatz gegen den langen Grundbesitz in Einer Hand, welcher den Adel auszeichnet, dass der Vater dem Sohne nur die Möglichkeit zu erwerben vererbt. Der Vater bildet den Sohn so weit durch Einsatz von längerer Zeit, in welcher er den Sohn unterhält, und von Geld für die Vorbereitung, dass er da anfängt, auskömmlich zu erwerben, wo der Vater aufhört oder bald aufhört; statt eines materiellen überträgt er ihm ein geistiges Kapital. So lange dies geschieht, und wenn der Vater dem Sohne auch gar keine materielle Basis hinterlässt, wird er sowol nach der ersten als nach der andern Eintheilung dem zweiten Stande, den wir bezeichneten, zuzurechnen sein. Dieser zweite Stand heisst nach dem gewöhnlichen Sprachgebrauch, in welchem Geistlichkeit und Adel als zwei Stände vorangehen, der dritte. Es ist endlich der Charakter des letzten Standes (des vierten nach dem gewöhnlichen Sprachgebrauch), dass der Vater weder an Kosten noch an Zeit für die Vorbildung des Sohnes so viel aufwenden kann, um ihm die grössere geistige Befähigung mitzugeben, und der Sohn daher den mehr mechanischen Verrichtungen zugewiesen bleibt.

Es zeigte sich, dass in jeder der beiden Eintheilungen die einzelnen Arten sich nicht in scharfen Grenzen scheiden, sondern nach Ort und Zeit, nach dem allgemeinen Bildungsstande und der national-ökonomischen Cultur wechseln und in einander übergehen müssen. Wenn nun überdies in dem Begriff des Standes, wie er sich politisch und in der Vorstellung festsetzt, beide Principe einander begegnen und sich bald vereinigen, bald scheiden: so wird es klar, dass der Begriff des Standes für das fixirende Recht hinüber und herüber fliesse, es sei denn, dass er sich an geschichtlich Ueberliefertem halten könne.

Bei der Frage, ob und wie weit die bezeichneten Stände und die einzelnen Glieder derselben fähig oder gar berechtigt sein werden, über die eigenen Interessen hinaus an dem Willen des Ganzen in der Gesetzgebung Theil zu nehmen, giebt sich im Allgemeinen ein grosser Unterschied kund; aber die Frage kann nur im Besondern und den thatsächlichen Verhältnissen gegenüber beantwortet werden.

Zu diesem Behuf darf in der zweiten Eintheilung zwischen dem Adel des festen Grundbesitzes und des beweglichen Geldes ein grosser Unterschied, welcher aus ihrer ethischen Neigung hervorgeht (§. 162. §. 165), nicht übersehen werden. Während der Grundbesitz an das Land und Vaterland fesselt, von welchem der Eigenthümer, wenn er auch wollte, nicht lassen kann: geht der in dem Besitz von Staatspapieren dargestellte Patriotismus mit dem steigenden und fallenden Cours wie Waare von Hand zu Hand. Während an den Grund und Boden den Besitzer eingewohnte Liebe bindet und daher dies Eigenthum einen erhöhten und bleibendern Werth hat, haben Aktien und Staatspapiere nur den Courswerth, in welchem sich, statt beständiger Treue, die wechselnde allgemeine Furcht oder Hoffnung abspiegelt (§. 165).

Es versteht sich von selbst, dass dem Adel geistiger Grösse, dem Verdienstadel, ein vorzüglicher Beruf zum Antheil an der nationalen Gesetzgebung beiwohnt. Aber wenn man unter Adel im engern und eigentlichen Sinne einen Stand politischen Vorzugs aus erblichem Rechte versteht, so bedarf die Erblichkeit politischer Rechte besonderer Begründung.

Die geschichtliche Entstehung des erblichen politischen Adels ist in den verschiedenen Völkern verschieden. Der Adel ist nicht selten wie ein Privatrecht behandelt, seine Standschaft als ein Privatrecht gleich dinglichem Eigenthum. Eine solche Ansicht ist unhaltbar; denn es hiesse das Beste des Ganzen dem Theile preisgeben und Rechte an dem Ganzen vor die

Pflicht für das Ganze setzen. Es treffen für die Erblichkeit politischer Rechte im Adel nicht dieselben Gründe zu, welche für das Erbrecht des Eigenthums sprechen (§. 141). Der erbliche Adel ist zwar wie das erbliche Eigenthum aus dem einseitigen Streben für die eigene Familie entsprungen. Aber entstanden aus der Selbsterhaltung, besteht er um des Ganzen willen; und wenn er aufhört, für das Ganze da zu sein, entartet er und geht unter. In Rom war der erbliche Adel, wie heute in England, die Säule einer starken und freien, die Nation befriedigenden Verfassung. Wie nämlich überhaupt in den menschlichen Dingen die reale Macht des Natürlichen zur Wurzel und zur Widerlage des Ethischen und Geistigen gemacht wird, z. B. der Geschlechtstrieb zur Basis der menschlichen Ehe (§. 123): so ist im erblichen Adel das physische Gesetz der Selbsterhaltung, nach welchem Jeder ein Wesen ähnlich wie er selbst zu hinterlassen begehrt, und die psychologische Ideenassociation, nach welcher das Volk unwillkürlich Vater und Sohn, und Sohn und Vater in Einen Gedanken fasst, zu heilsamen politischen Wirkungen erhoben. Es wird darauf gebauet, dass der Vater, welcher in dem Sohn sein Leben fortzusetzen wünscht, den Sohn in edler Gesinnung, in tapferem Geist, in grossen politischen Gedanken auferziehe, und dass umgekehrt dem Sohne in der Erinnerung der Ahnen ein Antrieb zur Nacheiferung liege; es wird darauf gebauet, dass der Adel, an das Land durch den Grundbesitz und erbliche Rechte fest geknüpft, im Volke die Treue des beharrenden Standes (§. 162) auszubilden helfe; es wird darauf gebauet, dass der solidarische Geist einer geschichtlichen Familie das einzelne Glied derselben trage und derselbe Geist der stetigen geschichtlichen Entwickelung des Staates zu Gute komme; es wird überhaupt darauf gebauet, dass die Idee politischer Rechte die gleichlaufende Idee politischer Pflichten mit sich führe. In Roms guter Zeit, wie in England, sehen wir den Adel in diesem Sinne wirken, und in Rom wie in England in den Familien politische Maximen vertreten und verkörpert. Das Edle, welches vom Adel seinen

Namen hat und die ethische Idee des ritterlichen Adels ist, hat im Muth für das Recht, im Muth für die Wahrheit, im Schutz des Schwächern sein Wesen. Wenn freilich diese Voraussetzungen täuschen, wenn statt edler Verdienste ererbte Hoffahrt, wenn statt einer alle Stände anerkennenden Gesinnung ausschliessender Kastengeist, wenn statt der Erfüllung grosser politischer Pflichten hohle Anmassungen des Standes, willkürliche Bedrückungen, eigennützige Sonderinteressen die Regel werden, wenn überhaupt der Adel jene goldene Lehre vergisst, welche für Alle geschrieben ist, aber für ihn vornehmlich gilt: „was du ererbt von deinen Vätern hast, erwirb es, um es zu besitzen": dann verschuldet der entartende Adel (das Junkerthum) den gemeinsamen Kampf der andern Stände gegen sein Recht. Wenn die Rechte des Adels in den äussern Bedingungen liegen, welche geeignet sind, sein Wesen zu wahren: so müssen umgekehrt in der Verfassung Mittel gegeben sein, welche seiner möglichen Entartung vorbeugen, wie z. B. in Rom das Amt des Censors diese Bedeutung hatte, oder sonst ein Ehrenrath des Adels selbst. In der Monarchie sind eine starke Krone und ein aufstrebender Bürgerstand die besten Wächter seines Wesens.

Es muss ein allgemeines Gesetz sein, dass durch die sich über einander erhebenden Stände kein gerechter Anlass zu Neid und Missgunst entstehe, keine Art der den Staat zersetzenden Kräfte. Daher muss der höhere Stand sich dem hervorragenden Gliede des niedern öffnen; es muss statt Neid und Missgunst Wetteifer erzeugt werden. Den strebenden Gliedern des Bürgerstandes muss ein Antrieb bleiben, zum Adel aufzusteigen, und dem Arbeiterstand Antrieb und Unterstützung, letzteres z. B. durch Schulen und Unterricht, um in den höhern Bürgerstand zu gelangen.

Anm. Es ist die menschliche Natur geneigt, einen erblichen Adel zu erzeugen. Das Selbstgefühl des Vaters, welches das Verlangen hat, im Sohne fortzuleben, und die willige Anerkennung des sich im Sohne an den Vater erinnernden Volkes wirken dazu mit. In Nordamerika verbietet ein Grundgesetz des Bundes jedem einzelnen Staate, einen Adel einzuführen. Aber dennoch gilt in Nordamerika die Aristokratie der weissen

Farbe, ja in einzelnen Staaten die schlimmste Aristokratie des Herrn gegen den Sklaven; und es bildet sich die Aristokratie der zuerst eingewanderten Familien.

Aristoteles erklärt den Adel als Reichthum und Tugend von Alters her (*polit.* IV, 8. *p.* 1294 *a* 21 *ἡ γὰρ εὐγένειά ἐστιν ἀρχαῖος πλοῦτος καὶ ἀρετή*) und hat darin, so lange der Adel beides bewahrt, seine zuverlässige und unbestrittene Macht bezeichnet.

§. 207. In ausgebildeten vielseitigen Staaten begegnen sich die Monarchie und Demokratie in dem Bedürfniss einer **Volksvertretung** zum Zwecke der Gesetzgebung (§. 202. 203). In der Demokratie klärt sich in derselben das einseitige leidenschaftliche Begehren der Einzelnen zum umsichtigen besonnenen Gesetz des Ganzen ab. In der Monarchie wird sie angelegt, um aus dem Volke heraus in der Regierung Gesinnung und Einsicht zu ergänzen und zu beleben und dadurch insbesondere die ideale Macht der Gesetze zu verstärken. Zugleich hat sich bereits ergeben (§. 166), dass sich aus ethischen und politischen Gründen die Volksvertretung, welche zur Gesetzgebung berufen oder mitberufen ist, in zwei einander regelnde Körper theilen müsse.

In jeder Verfassungsform und in beiden politischen Körpern ist es nun die gemeinsame Grundfrage, ob es sich darum handelt, das Begehren der vertretenen Einzelnen zu repräsentiren und zur Geltung zu bringen, oder die unabhängige Vernunft des Gesetzes als den Willen des Ganzen zu finden. Das demokratische Bewusstsein, von dem eigenen Willen als einem wesentlichen Theil der ganzen Macht ausgehend, wird zunächst das Erste erstreben. Indessen wird in einer solchen Auffassung die Volksvertretung zu nichts als einer Abrechnung und Abreibung der einzelnen Interessen gegen einander; und der Staat, der ethische Mensch im Grossen, begiebt sich seiner ethischen Würde, welche er nur darin hat, dass das Ganze vor den Theilen und über den Theilen ist, und er dadurch fähig wird, gegen sich selbst und die Theile gerecht und in seinen Schritten nach aussen weise zu sein. Daher ist es auch in den Demokratien die Idee der Volksvertretung, dass die Wahl nur dazu geschehe, um die Vernunft des Gesetzes als den Willen des Ganzen zu ermitteln. Wenn die alten deutschen Stände in gesonderten Collegien und Curien nur ihre besondern Interessen und nicht die nationale Einheit vertraten, wenn diejenigen, welche Sitz und Stimme in der Landschaft hatten, nur sich selbst und ihre Hintersassen und für ihr eigenes Interesse schützten, wenn dies wenigstens der faktische Zustand war: so trugen sie in das Staatsrecht das Privatrecht hinein und blieben hinter der politischen Idee zurück. Allerdings werden thatsächlich die Wähler zumeist das empfundene eigene Interesse und nicht das mit ihnen streitende fremde oder die nur gedachte dunkle Beziehung des Ganzen vor Augen haben; und es wird auch dem Ganzen zu Gute kommen, wenn die einzelnen Interessen, welche als das Begehr besonderer Zwecke in der Vernunft des Ganzen das Recht eines Theiles ansprechen dürfen, von einzelnen in dieser Richtung gewählten Vertrauensmännern lebhaft und gründlich vertreten werden. Allein die Verfassung darf den Volksvertreter nur als ein Organ für das Gesetz, welches Ausdruck der Vernunft des Ganzen ist und nicht des auf sich gestellten Theils, anerkennen; und sie muss aus dieser Idee seine Rechte und Pflichten und zwar seine Rechte um der Pflichten willen bestimmen, z. B. dass er gegen Zumuthungen der Wähler sicher, vor ihnen nicht verantwortlich, überhaupt in Ausübung seines Amtes unabhängig und unverletzlich sei. Hiernach muss das Mass für die Einrichtung jeder Volksvertretung durchweg die Betrachtung sein, wie am besten für das Gesetz die Vernunft der Sache zu Tage komme und als gemeinsamer Wille beschlossen werde.

Zwischen den beiden politischen Körpern wird ein solcher Gegensatz der Stellung und des Standpunktes anzulegen sein, welcher den Gesetzen, ehe sie Beschluss werden, eine sich gegenseitig ergänzende und erschöpfende Betrachtung sichert. Dies geschieht namentlich dadurch, dass dem ersten Körper gegen die bewegenden Antriebe des zweiten die bedächtige Berichtigung und der Schutz der Minderheit zufällt (§. 156).

Für diesen ersten Körper, dessen Idee das Gegengewicht der Erfahrung und des geschichtlichen Charakters gegen neue, aber noch nicht gereifte Triebe im Volke bildet, eignen sich zunächst die Elemente, welche der erste Stand, der Adel der geistigen Grösse und des Grundbesitzes, darbietet. Die Demokratien, welche keinen erblichen Adel dulden, suchen auf anderem Wege, z. B. durch eine nicht vom Volk, sondern von den Regierungen vollzogene Wahl, ausgezeichnete und angesehene Glieder diesem Körper zu sichern. Dagegen pflegt der andere Körper der gesetzgebenden Gewalt auf allgemeinerer Wahl zu beruhen.

In den Demokratien hat jeden Augenblick der Wille der Einzelnen den Trieb, sich als den Ursprung aller Macht und als die Springfeder der geschehenden Dinge zu fühlen; denn immer droht das Ganze, wenn man es mit seinem grossen ihm als Ganzen eingeborenen Gesetze ruhig gehen liesse, den Willen des Einzelnen zur verschwindenden Grösse zu machen, was das demokratische Bewusstsein nicht erträgt. Daher wird die Demokratie in ihren Verfassungen den Trieb haben, die Wahlen der gesetzgebenden Körper oder der Regierung oft und in kleinen Zwischenräumen zu erneuern, um dadurch die Organe des Staates in steter Abhängigkeit von dem Willen des wählenden Volkes zu halten. Das Selbstgefühl der Einzelnen in der Demokratie hat seine entschiedene eigene Liebe und seinen eigenen Hass; es wünscht daher selbst und nicht erst durch Wahlmänner zu wählen; jede Vermittelung und Sichtung seines Begehrens durch eine Zwischenstufe betrachtet es als eine Bevormundung, wie eine Kränkung des eigenen Urtheils. Selbst ist der Mann. Daher werden in den Demokratien die Wahlen direkte sein, unmittelbare Wahlen der Urwähler. Endlich wird in den Demokratien die Bestrebung sein, dass möglichst Viele, wenn auch nicht an der Regierung, wenigstens an der Gesetzgebung Theil haben; denn Niemand verzichtet gern auf die eigene Einsicht und den eigenen Willen; und die Macht des Volkswillens ist in der grossen Versammlung energischer dargestellt. Im Allgemeinen nämlich und wenn eine grosse und entschlossene Minderheit fehlt, fühlt sich eine zahlreiche Körperschaft mächtiger, indem Liebe und Hass und überhaupt die bewegenden Leidenschaften in ihr sich mannigfaltig und vielfach zurückspiegeln und einander bekräftigen; und sie wirkt in dieser Entschiedenheit nach aussen ansehnlicher und nachdrücklicher.

Es fragt sich, in welchem Verhältniss dieser Charakter demokratischer Wahlen, diese Weise, zahlreiche Versammlungen zu einem politischen Körper direkt zu wählen und oft zu erneuern, zu der allgemein und für alle Verfassungsformen geforderten Aufgabe steht, eine solche Versammlung zu bilden, welche am meisten geeignet ist, die Vernunft der Sache und nicht die Stimmung oder Strömung des Augenblicks zum Gesetz zu erheben. Die Antwort wird sich aus den folgenden Betrachtungen von selbst ergeben.

Es ist der Gedanke der Wahlen, dass das Volk sich um sein Recht und seine Wohlfahrt kümmere, sich über beide aufkläre und die Männer kennen lerne, welche in grossem Sinne fähig sind, für beide die allgemeine Fürsorge zu übernehmen. Es sollen daher die Wahlen das politische und dadurch das sittliche Bewusstsein im Volke zeitigen und reifen und das Volk durch ein persönliches Band mit den Männern der Nation verknüpfen. In diesem Sinne sollen die Wahltage Tage vaterländischer Sorge und vaterländischer Empfindung sein, gehoben durch die Gedanken, welche die Geschichte des Staates und den Fortschritt der Zeit bewegen. Das ist die Idee der Wahlen; aber sie wird von der verzerrenden Wirklichkeit vielfach in ihr Gegentheil verkehrt.

Wenn die politischen Gedanken, welche sich in den Candidaten und Gegencandidaten dem Volke lebendig und leibhaftig darstellen, die Wähler entzweien und selbst leidenschaftlich bewegen: so muss man dabei der Bedeutung der Sache, der es gilt, und der Energie des Volkes, welche man wollen muss, viel zu Gute rechnen, und um des Zweckes willen die schwierige Grenze zwischen Affekten, welche das Sittliche erzeugen helfen, und den Affekten, welche es zersetzen, nicht allzu ängstlich ziehen. Aber je bewegter das politische Leben ist, desto leichter entarten die Wahlen; und gegen ihre Entartung ist das Gesetz schwach, weil es sich scheuen muss, da einzugreifen, wo seiner Idee nach ein Akt des Gewissens und des Vertrauens vollzogen wird; der Arm des Gesetzes fasst bei politischen Wahlen höchstens die äussersten und handgreiflichsten Frevel. An den allgemeinen Wahltagen löst sich das Volk in politische Atome auf und die Parteien sind auf dem Felde, um sich Macht zu verschaffen. Die Urtheilslosen werden in Leidenschaft gesetzt und der Kopflose zu dem stolzen Selbstgefühl und der eitelen Vorstellung, als sei er eine Art Staatsmann, aufgebläht. Liste und Ränke, Verleumdungen und Anpreisen, Vorspiegelungen und Einschüchterungen, Versprechen und Bestechungen werden heimlich und öffentlich versucht und mit Erfolg geübt. Die Parteimenschen machen das Klare trübe, um im Trüben fischen zu können. Das Vernunftrecht schlägt selbst bisweilen in das Faustrecht zurück. Das deutlichste Zeichen solcher Wahlverfälschungen ist die politische Frage, ob mündliche oder verdeckte Abstimmung vorzuziehen sei. Der offene Muth der mündlichen Wahl würde allein dem demokratischen Selbstgefühl und in höherem Sinne dem männlichen Charakter entsprechen, auf welchem in jeder Staatsform das politische Leben beruhen muss. Aber selbst in Demokratien sucht man wohl in geheimem Verfahren eine Zuflucht für die Abgabe einer unabhängigen, unbestochenen Stimme, also in dem Nothbehelf eines mechanischen Mittels den Ersatz für den ethischen Muth (vgl. z. B. *Cic. de legg.* III, 15—17 über die *leges tabellariae*). So geschicht es denn, dass die allgemeinen Wahltage im Widerspruch mit ihrer Idee leidenschaftliche und kurzsichtige, unreine und demagogische Tage werden. Wenn vorzusehen ist, dass nicht die Regierung Partei, noch die Parteien Regierung werden, so wird das Gegentheil meistens schon in den Wahlen verschuldet. In Demokratien, wie z. B. in Nord-Amerika, steigt das böse Fieber, das das Volk ergreift, wenn es gilt, den Präsidenten zu wählen, den eigentlichen Steuermann des Staates, dem mehr anvertraut wird, als denen, welche die Ordnung des Schiffes einrichten. Hiernach scheint es zunächst um des wählenden Volkes willen nicht wohlgethan, solche leidenschaftliche Krisen seines Lebens oft zu erneuern. Aber ebenso wenig um der gewählten Vertreter und des Amtes willen, das sie versehen. Denn der beschleunigte Wechsel erschwert die Unabhängigkeit der, nur auf die Sache gerichteten Einsicht, weil er von den Vorstellungen und dem Begehren der Wähler abhängiger macht; er unterbricht die Geschäfte, hält sie bisweilen in verderblicher Schwebe und macht den Sinn, in welchem sie geführt werden, wandelbarer. Die öfter hin und hergehenden Wahlen bilden sich in einem Unbestand der Dinge und Zustände ab.

Was ferner die in demokratischem Sinne erstrebten zahlreichen Versammlungen gesetzgebender Körper betrifft, so fordert die grosse Aufgabe, das beste Gesetz zu Stande zu bringen, weniger einen durch die Zahl ansehnlichen und bewegten Körper, als einen zuverlässigen und ruhigen. Auf der einen Seite führt der Zweck, für den vielseitigen Staat und für die vielseitige Wirkung, welche jedes Gesetz in sich birgt, in dem politischen Körper einen vielseitigen Verstand darzustellen, auf die Nothwendigkeit einer grössern, an mannigfaltiger Ausbildung reichen Versammlung. Auf der andern Seite warnt ein mathematisches Gesetz vor übergrosser Zahl (§. 74). Die Wahrscheinlichkeit, dass die Vernunft der Sache aus der Verhandlung als Beschluss hervorgehe, wächst nur so lange, als zur Abstimmung einsichtige und sichere Männer hinzutreten; sie nimmt aber in demselben Masse ab, als solche abstimmen, welche weder im Urtheil klar noch im Charakter fest sind. Da nun entschiedene Einsicht immer nur Sache Weniger sein kann und die Gabe, sich das Richtige anzueignen, schon Bildung und Blick voraussetzt: so wächst die Unwahrscheinlichkeit des richtigen Ergebnisses durch übermässige Zahl der Abstimmenden, oder, was das Gewöhnliche ist, in dem Uebergewicht der unsichern Stimmen entscheiden Ansehen und Parteiansichten. Ferner entziehen zahlreiche Versammlungen, welche aus dem Volke für die Gesetzgebung gebildet werden, dem Betrieb der Geschäfte und dem Gedeihen des besondern Berufes die besten Kräfte, und zwar oft länger, als sie ihrer entrathen können. Dieses kann unter Umständen, je nach der gegebenen grössern oder kleinern Zahl der in ihrer Lebenslage unabhängigen Männer, zu einem schreienden Missverhältniss werden, welches, zumal bei lange dauernden Versammlungen, als eine Beschwerde empfunden, die Theilnahme an dem grossen nationalen Werke der Gesetzgebung lähmt. Es gilt auch im Haushalt der politischen Kräfte eine Regel, welche in den Gebilden der organischen Natur so Grosses leistet, die Regel des Compendiarischen; es handelt sich um die grösstmögliche Kraft mit dem geringsten Aufwand von Mitteln und Männern. Aller Ueberschuss ist in politischen Versammlungen ein stiller Schaden. Es versteht sich von selbst, dass Zahlenverhältnisse relativ sind und kleinere Staaten an und für sich ein anderes Mass haben, als grössere und umgekehrt. Das innere Wesen der Sache führt auf Versammlungen, welche gross genug sind, um vielseitige und in besondern Kreisen erfahrene Kräfte in sich zu bergen, und klein genug, um unsichere Charaktere und des Urtheils Unfähige möglichst auszuschliessen.

Die Monarchie, welche darauf bedacht ist, die Einheit der Macht mit fester Hand zu wahren, legt schon aus diesem innern Triebe die zur Gesetzgebung mitberufenen Körper anders an, als die Demokratien. Sie sucht Urwahlen, zumal oft wiederkehrende, zu vermeiden, verlegt gern das Recht, Abgeordnete zu wählen, in die bestehenden Corporationen oder in Wahlmänner, welche zwar vom Volke gewählt werden, aber von ihm unabhängig und selbstständig ihr reiferes, scharfsichtigeres Urtheil für die Wahl der Abgeordneten verwenden; sie sucht sorgfältiger sich mit der Aristokratie der Einsicht und Gesinnung zu umgeben. Dahin führt ihr inneres Wesen. Sieht man in Monarchien entgegengesetzte Erscheinungen, so beruhen sie oft auf falschen Nebengründen. Es kann z. B. geschehen, dass die Monarchie den Adel scheuet, der sich durch kleinere gesetzgebende Versammlungen neben ihr bilden würde, oder dass sie grössere Versammlungen geflissentlich auf längere Zeit beschäftigt, um durch die bezeichneten fühlbaren Uebelstände den demokratischen Trieb der Nation zu ermüden, oder weil sie hofft, durch das unsichere Element, das zahlreichen Versammlungen innewohnt, mit den eigenen Zwecken leichteres Spiel zu haben.

Sollen die unreinen Erregungen und die leidenschaftlichen Ausbrüche der Urwahlen und allgemeinen Wahltage vermieden werden, wird ein in Perioden wiederkehrendes Fieber der Nation wenigstens nicht als sittliche Gesundheit betrachtet, will man besonnene und gesichtete Wahlen: so muss der Staat das eigene Leben der Gemeinden, das Leben der Körperschaften fördern, und an Stelle der Urwahlen die Vertrauensmänner der Gemeinden und Corporationen, als welche die gewählten Vorstände angesehen werden können, zu politischen Wahlen berechtigen; was auf die Wahl dieser Männer und die Bedeutung ihres Amtes heilsam zurückwirken würde. Es würde darauf ankommen, eine durch die Genossen selbst bezeichnete Aristokratie jedes Geschäftes, jedes Berufes zu finden und in ihre Hände die Wahl zu legen. Es ist unrichtig, hiebei an die alten Zünfte zu denken; man muss es nur verstehen, dem beweglichen Leben mit den politischen Bildungen nachzurücken. Jede Fabrik, welche gemeinsame Einrichtungen, z. B. gemeinsame Unterstützungskassen, besitzt, hat ihre Vertrauensmänner; jede Fabrik hat in denen, welche schon mehrere Jahre arbeiten, sesshafte, beharrliche Elemente. Rückwärts würde eine solche politische Berechtigung das Ansehen der Vertrauensmänner in jedem Geschäft steigern und auf die bürgerliche Gliederung der Massen heilsam wirken. In den Associationen, z. B. für Eisenbahnen, Bergwerke, würden nicht die veränderlichen Actionäre, sondern ihre Vertrauensmänner, die Beamten, politisch zu berechtigen sein. Es wird sich zwar fragen, ob

Beamte, Richter, Militärs wählen sollen, da sie bereits an der Staatsgewalt Theil haben; aber sie müssen auf jeden Fall als Vertrauensmänner wählbar sein. Die Unterschiede eines Wahlcensus sollen zwar politisch nach dem augenscheinlichen Gesichtspunkt der materiellen Leistungen für den Staat, nach dem Gesichtspunkt der Steuern und Abgaben Jedem einleuchten, aber werden ethisch mit dem Argument des Plato angefochten, dass nicht gerade die Reichen die besten Steuermänner sind, und mit dem allgemeinern, dass sie nicht immer die einsichtigeren und besseren sind. Ihre Scheiden sind ein zweifelhafter Nothbehelf, der nach allgemeiner Erfahrung in der Bewegung der Dinge nicht Stand hält; sie fallen entweder ganz oder werden allmählich auf ein immer geringeres Mass zurückgedrängt; sie reichen nicht aus, weil ihnen ein tieferer ethischer Unterschied gebricht. Aber sie sind, so lange eine richtiger gegründete Wahlordnung fehlt, eine nothwendige Schranke gegen den Andrang solcher neuernder Männer, welche weder durch Erwerb und Besitz noch durch Einsicht und Stellung an den Bestand und eine stetige Entwickelung gebunden sind. Allgemeines gleiches Stimmrecht löst schrittweise die monarchische Macht auf.

Der Gegensatz des demokratischen oder monarchischen Ursprungs setzt sich bis zu gewissen Grenzen in die gesetzgebenden in sich selbst unabhängigen Versammlungen, in die Ordnung ihrer Geschäfte fort. Strengere Monarchien setzen das Haupt der berufenen Versammlungen ein, wie z. B. den Landtagsmarschall; demokratische Körper wählen den Präsidenten; aber nicht bloss diese; denn eine Wahl desselben entspricht dem Ansehen eines in sich autonomen Körpers und dem allgemeinen Vertrauen, dessen der Leitende im Innern nicht entbehren kann. Es ist monarchischer, dass der Präsident die Abtheilungen der Versammlungen und die geeigneten Mitglieder für die berathenden und vorbereitenden Ausschüsse wähle und seine Einsicht, seine das Ganze tragende Gerechtigkeit darin entscheide. Die Demokratie, allenthalben bevorzugende Gunst und Parteibestrebungen fürchtend und allenthalben gleiche Befähigung, weil gleiches Recht, voraussetzend, greift statt dessen zum Loose, zum unparteiischen Verstande des Zufalles. Nur jene Einrichtung und weder das blinde Loos noch die Parteiwahl der Mehrheit sichert der Minderheit Berücksichtigung und den Gesetzesvorschlägen, da gerade die zur Bearbeitung derselben vorzüglich Befähigten und Ausgerüsteten möglicher Weise der Minderheit angehören, eine gründliche und umsichtige Behandlung (§. 82). Es ist daher klar, dass in dieser Beziehung die Geschäftsordnung demokratischer Versammlungen, weil sie sich doch der Pflicht nicht entbinden können, die Vernunft der Sache zu wollen, sich den Geschäftsordnungen der aus monarchischen Institutionen hervorgegangenen Versammlungen nähern darf, aber nicht umgekehrt.

In den künstlich ersonnenen und nicht aus geschichtlichen oder gegebenen Elementen erwachsenen Verfassungen ist das Wahlgesetz von vorbestimmender Bedeutung. Wie sich im Wahlgesetz eine scheinbar freie Verfassung binden lässt, so kann sie sich auch darin auflösen. Daher sieht man die Parteien mit dem Wahlgesetz experimentiren und es in entgegengesetztem Sinn formen; denn es lassen sich viele Listen hineinlegen.

Es ist nicht nöthig zu bemerken, dass das die politischen Wahlen betreffende Strafrecht, welches z. B. Bestechungen ahndet, die Unabhängigkeit der Wahlmänner sichert, dazu bestimmt ist, die äussern Bedingungen zu wahren, ohne welche die sittliche Idee der Wahlen vereitelt wird. Es leuchtet indessen ebenso ein, dass bei den leisen Abstufungen, welche es im bürgerlichen Leben von indirekter Nöthigung bis zu direkter Bestechung oder Einschüchterung giebt, das Strafgesetz nur sehr unvollständig den Dolus, welchen es zu treffen begehrt, nämlich die durch Wahlumtriebe die gemeine Freiheit verfälschende Gesinnung, wirklich trifft.

Anm. Das vor allzu zahlreichen beschliessenden Versammlungen warnende mathematische Gesetz (§. 82) ist die unerbittliche Antwort auf die anmuthigen Analogien, mit welchen Aristoteles — man sieht nicht genau, ob er sie nur dialektisch aufstellt oder als eigene Meinung ausspricht — die politischen Versammlungen der Menge vertheidigt. Es sei möglich, sagt er, dass die Menge, in der jeder Einzelne kein vorzüglicher

Mann sei, doch zusammentretend besser erfunden werde, als die Einzelnen und zwar zusammengenommen, auf ähnliche Weise, wie z. B. die zusammengetragenen Gastmahle besser seien als die auf Eines Mannes Unkosten hergerichteten; denn unter den Vielen habe jeder ein Stück Tugend und Klugheit, und zusammentretend werde die Menge zu Einem Menschen mit vielen Füssen und vielen Händen und vielen Sinnen; und so geschehe es auch mit den Charakteren und dem Verstand; deswegen beurtheile auch die Menge besser die Werke der Musik und der Dichter: der eine diesen, der andere jenen Theil, alle zusammen aber das Ganze (*polit.* III, 11. p. 1281 a 42 ff. vgl. p. 1282 a 14 ff.). Dieser Vergleich vergisst in der Menge die den Verstand trübenden, den Entschluss verkehrenden Bewegungen der Begierden und Leidenschaften in Rechnung zu ziehen. Bei Werken der Kunst ist der Mensch an und für sich ein freier unbefangener Zuschauer, aber in der Politik ein parteiisch Mithandelnder. Jene Sammelerkenntniss, welche Aristoteles mit zusammengetragenen Gastmahlen vergleicht, ist durch das Falsche, das mit zusammengetragen wird, wesentlich versetzt und verschränkt, und die Ergänzung des Wahren, welche der Eine mit dem Andern üben soll, wird durch den Widerstand, den Irrthum und Selbstsucht leisten, gehemmt oder gar vereitelt. Der Schluss der Analogie geht fehl, der aus dem Allgemeinen der verglichenen Fälle da folgert, wo in der That der Unterschied entscheidet.

§. 209. Die gesetzgebenden Körper, welche auch das Gesetz der Steuern mitbeschliessen, haben jeder in dieser Steuerbewilligung den Nachdruck ihrer Macht; sie können dadurch selbst im Einzelnen Einrichtungen und Regierungsmassregeln beherrschen, da sie die allgemeinen Mittel zu jeder Ausführung genehmigen, und können in der Monarchie dies Recht indirekt selbst gegen die Personen kehren, welche an das Ruder des Staates gestellt sind. Als die Consequenz dieser Steuerbewilligung sieht man das Recht der totalen Steuerverweigerung an, so dass es nicht bloss ein Recht der gesetzgebenden Körper sei, neue Steuern zu versagen oder einen Theil einzuschränken, sondern auch sie sämmtlich zu verweigern. Wo ein gesetzgebender Körper dies Mittel mit Erfolg anwendet, ist er Herr über die Personen der Regierung, welchen er mit dem Gelde jede Macht entzieht. Indessen ist die Folgerung nur aus dem Worte, nicht aus dem Begriff der Sache gezogen; denn die Steuerbewilligung hat den Sinn einer mächtigen Controle, aber nicht den Sinn, dass sich die eine Gewalt über die andere oder über das Ganze zum Herrn machen könne. Die formale Consequenz würde an diesem Kreuzungspunkt der Gewalten zu einem Recht des Theiles, das Ganze vorläufig zu zertrümmern. Denn wenn alle Steuern versagt werden und dadurch alle Einkünfte versiegen, so stockt der Staat und seine Organe fallen todt ab. Die Gesetze sollen zwar ferner gelten, aber ihre Ausführung wird unmöglich. Die Beamten des Staates sind wie auf Nothraub angewiesen. Sein Credit nach aussen hört auf. Seine Feinde freuen sich des inneren Zwistes und der wachsenden Schwäche. Der gesetzgebende Körper, der es nicht verschmäht, sich mit dem Eigennutz der Unterthanen, welcher lieber keine Steuern zahlt, zu verbünden, erntet die Frucht der bösen Saat. Uebermächtig in seiner Hand schlägt das Mittel, das er gegen die Personen der Regierung gerichtet hat, in ein Mittel gegen den Staat um. Wo die Steuerverweigerung beschlossen und geltend gemacht wird, da ist Krieg im Innern und die Gewalten ringen mit einander. Hiernach ist das sogenannte Recht der Steuerverweigerung, welches scheinbar eine Verstärkung des gesetzgebenden Körpers ist, keine wahre Verstärkung, welche überdies Gliederung und Ergänzung sein müsste (§. 36); es ist ein Unrecht. Daher ist in der Verfassung Vorkehrung durch das Gesetz nöthig, um der gesetzgebenden Gewalt das Recht der Steuerbewilligung innerhalb der Grenzen zu erhalten, welche der Bestand des Staates fordert, aber eine gänzliche Steuerverweigerung ausser Recht zu setzen.

§. 209. Wie die gesetzgebende Gewalt an dem Gesetz, welches die Steuern bewilligt und den Staatshaushalt genehmigt, eine reale Macht hat, mit welcher sie bestimmend auf die Regierung und die Einrichtungen des Staates einwirkt: so hat die Regierung eine reale Macht, durch welche sie auf die gesetzgebende Gewalt und auf den Ursprung derselben durch Wahl zurückwirken kann, in den Anstellungen. Selbst wo in Demokratien das Volk oder seine Repräsentation die hervorragenden

Aemter der Regierung besetzt, pflegt der Regierung die Macht der weitern Anstellungen zu bleiben.

Da die Regierung die Hüterin der Aemter ist (§. 183), so liegt es in ihrem Begriff, dass sie die Aemter lediglich aus dem Sinn der Sache besetze und den Mann für das Amt, aber nicht das Amt für den Mann ersehe. Da dem Amte ferner eine bleibende ihm eigene Idee innewohnt, so ist es unrichtig, wenn z. B. die sogenannte parlamentarische Regierung, eine Regierung der abwechselnden politischen Parteien, die Aemter den beweglichen politischen Gedanken und deren augenblicklichen Vertretern mehr preisgiebt, als die Sache verlangt; es ist ein Unrecht, durch Anstellungen der Gunst (das parlamentarische System der *patronage*) das Amt nicht über, sondern unter die Person zu stellen, und mit den Aemtern, welche zusammen die Regierung bilden, das vorzunehmen, was durchgeführt die Entartung jeder Verfassung ist, nämlich die Verwendung der Regierung zum Nutzen des Regierenden; es entsteht in dieser Richtung jenes falsche parlamentarische Parteistreben, welches, gegen die Regierenden gerichtet, es auf ihre Stellen absieht und mit der Maxime bezeichnet ist:. *ôte toi afin que je m'y mette.* Dagegen ist es der Vorzug jeder stetigen, starken Regierung, insbesondere der echten Monarchie, den rechten Mann in die rechte Stelle zu setzen und ihn in dem rechten Amt zu erhalten, damit er sich in dem Amte und das Amt sich in ihm vollende. Es gehört zur gemeinen Freiheit eines solchen Reiches, dass darin die Einzelnen durch Tüchtigkeit der Vorbereitung, durch bestandene Prüfungen und im Wetteifer mit den Besten sich selbst die Aemter öffnen und dass sie demgemäss auch im Amte die Sache höher stellen, als persönliche oder politische Beziehungen. Sollen sich die Systeme der Gewalten in sich und nach ihrem inneren Zweck vollenden (§. 203): so müssen auch die übrigen Verfassungsformen diesen ursprünglichen Vorzug echter Monarchien in sich erstreben.

Die persönliche Macht der Regierung, welche zunächst in politischen Anstellungen liegt, kann sich in verwandten Richtungen erweitern, z. B. in den Gewerbeconcessionen, in Niederlassungsbewilligungen und Aehnlichem, wodurch die Regierung sich Kräfte verbinden kann, ferner durch die Handhabung der Sicherheitspolizei, der Ausweisungen, des Passwesens, wodurch die Regierung ihre Macht — Gunst und Ungunst, kann persönlich fühlen lassen; ja wenn der Staatsanwalt, der seiner schönen Idee nach über allen Parteien steht, nur als abhängiger Beamter des zeitigen Ministeriums seine Verrichtungen üben darf, kann sie selbst das Strafgesetz für Männer der politischen Partei ausser Thätigkeit und gegen Männer der Gegenpartei in Anwendung setzen. Sie hat in solchen Mitteln eine an vielen Punkten zerstreute, aber immer der Sammlung fähige Macht, welche nun in jeder politischen Angelegenheit, z. B. bei Wahlen, bei Abstimmungen, zur Niederdrückung der aufstrebenden Minorität empfindlich wirken kann. In der Wechselwirkung demokratischer Gewalten, in welcher die politischen Kräfte sich im Kreislauf befinden und der letzte feste Punkt fehlt, sieht man sich oft vergebens nach einem Gegenmittel gegen solche Künste um, welche doch den Staat, den „kanonischen" Menschen, in seinen obersten Bewegungen verächtlich machen und Verfassung und Menschen verderben. Selbst gegen die verurtheilende öffentliche Meinung sind diejenigen, welche im süssen Besitz der Macht sind, nicht selten hartblütig. Nur ein starker Fürst, der nicht aufhört, sich als den Wächter des sittlichen Geistes im Volk und Staat anzusehen, ist der Hort der rechten Verfassung.

§. 210. Eine Macht idealer Natur, zu welcher jede Verfassung in nothwendiger Beziehung steht, ist die öffentliche Meinung, deren sittlicher Kern, wenn man unterscheidet, was sie sein soll und was sie ist, das die Ereignisse begleitende und treibende öffentliche Gewissen sein muss.

Im denkenden Menschen bildet sich im Gegensatz gegen die augenblicklichen Begierden und den augenblicklichen Trieb und gegen die mächtigen Vorstellungen, mit welchen sie sich geltend machen, eine Vorstellungsmasse, welche den ganzen

Menschen gegen die nur sich begehrenden Theile vertritt; und in dem Streit, in welchen einzelne Richtungen im Menschen mit einander gerathen können, erhebt sich im Gefühl und in der Vorstellung eine Bestrebung, welche vom Ganzen ausgeht. In einer solchen ideellen Gegenwirkung und Rückwirkung des ganzen Menschen gegen die Theile liegt das Wesen des Gewissens (§. 39). Je reiner nun die Idee des ganzen Menschen in der Lust und Unlust des Gewissens empfunden wird, mit desto grösserem Recht gilt das Gewissen als göttliche Stimme. Das Mittelalter hat zwischen dem Gewissen, das als inneres Vermögen in ungetrübter Reinheit den göttlichen Ursprung wahrt (der sogenannten Synteresis), und dem Gewissen, das sich in der Anwendung auf's Leben bewegt und darum nicht selten getrübt ist (der *conscientia)*, unterschieden. In jenem Sinne mag die Kirche, so weit sie den ewigen Ursprung und die unverfälschte Lauterkeit der sittlichen Begriffe vertritt, das Gewissen im Staate heissen. In diesem Sinne soll die öffentliche Meinung zum Gewissen werden; und mitten in ihrer Entartung ist in ihr der Ansatz zum öffentlichen Gewissen zu schonen und auszubilden.

Zunächst treibt jedes Begehren im Staate, nur auf sich gerichtet, mit grösster Energie die Vorstellungen heraus, durch welche es sich zu berechtigen denkt. Jede Unzufriedenheit, welche gegen eine Hemmung anstrebt, sucht ihre Waffen in solchen Vorstellungen, welche das Recht der Hemmung tief herabsetzen, aber das Recht des unbefriedigten Wunsches hoch erheben. Aber weder die Begierde noch die Unzufriedenheit fasst die Thatsachen auf, wie sie sind, sondern beide verzerren sie nach ihrer Anschauung; beide üben eine einseitige, aber scharfsichtige Kritik; beide regen Furcht und Hoffnung auf, um das ruhige Ganze für sich zu bewegen; die Leidenschaften steigern sich in den Parteien und gewinnen darin eine verstärkte Macht. So fliessen reine und unreine, berechtigte und verwerfliche Elemente zusammen, um die öffentliche Meinung zu bilden. Zunächst stellt sie einseitig Gedanken dar, „welche sich unter einander verklagen oder entschuldigen"; aber es regt sich darin ein Höheres, das über sie richtet, die Idee des gerechten Ganzen, welche als Gewissen empfunden wird. Indem die einseitigen Bestrebungen einander ausgleichen und indem die das Ganze vertretenden Vorstellungen gegen sie mächtig werden, tritt mitten in der Bewegung allmählich jener unparteiische Zuschauer hervor, welcher in seinen Sympathien und Antipathien ein sittliches Urtheil ausdrückt (§. 30). Nur von dem Widerhall dieses innern Menschen im Volke gilt das Wort: „Volkes Stimme, Gottes Stimme". Die öffentliche Meinung, durch ihre tausend Augen und Ohren zum Beobachter geeignet, und da sie die Wirkung der Gesetze und Massregeln empfindet, zum Urtheilen geschickt, enthält hiernach für den Staatsmann die wichtigsten Hindeutungen. Er wird die Meinung des Tages immer in zwei Elemente zerlegen; einmal sieht er in ihr den Ausdruck wechselnder Stimmungen, parteiischer Bestrebungen, persönlicher Verletzungen, persönlichen Begehrens, welche er alle als reale Kräfte des Augenblicks, aber nur für die richtige Behandlung des Augenblicks, in seine Rechnung aufnimmt; sodann mitten in dem Zusammentreffen einseitiger Ansichten den Ausdruck des Nothwendigen, das rügende oder warnende Urtheil des Ganzen oder den stillen Trieb eines wesentlichen Bedürfnisses, welches in Gesetzen oder Einrichtungen eine bleibende Befriedigung fordert. Die Polizei sieht in ihr vielleicht nur das Erste, aber der Staatsmann beides.

Zur Erzeugung und Sicherung einer richtigen öffentlichen Meinung wirkt Alles, was zur Erziehung und Bildung des Volkes beiträgt, wirken insbesondere die öffentliche Rechtspflege durch angesehene Richter und charakterfeste Geschworene und die öffentliche Berathung der Gesetze durch erleuchtete und bewährte Männer; und diese Institutionen stellen vornehmlich das nothwendige Element in der öffentlichen Meinung dar. Indem sie auf die Meinung des Volkes wirken, werden die Urtheile, welche von ihnen auslaufen, wiederum von der Meinung des Volkes bestätigt und getragen, oder im Widerspruch berichtigt.

Aus dieser Bedeutung der öffentlichen Meinung entspringt das allgemeine Recht auf freie Mittheilung, die Isegorie der alten Demokratien, die Pressfreiheit in den neuern Verfassungen.

Man kommt nicht weit damit, die Pressfreiheit als ein angeborenes Recht des Einzelnen abzuleiten, weil der Mensch müsse reden können, wie er denke, solle er anders mit sich selbst übereinstimmen und die Pflicht haben, wahr zu sein. Denn auf der einen Seite ist auch dies Recht durch die Pflicht beschränkt, mit dem Worte nicht Böses zu stiften, auf der andern kann Niemand an sich ein Recht darauf haben, die Wirkung seines mündlichen Wortes in Schrift und Druck ungemessen zu vervielfältigen. Ueberdies ist das gedruckte Wort leichtfertiger geworden als das gesprochene; denn das gedruckte Wort kann namenlos und ohne Bürgen in die Welt geschickt werden, während für das gesprochene der Mann, der es spricht, einsteht und Jedermann es nach der Person seines Urhebers auslegt. Wie das Recht überhaupt, so entspringt das Recht der freien Presse und seine Einschränkung da, wo sich das Interesse des Einzelnen und die Forderungen des Allgemeinen einigen. Es gehört zur Vollendung des Menschen im Grossen, mit welchem sich auch erst der Einzelne vollendet, dass er in der öffentlichen Meinung sein sittliches Bewusstsein ausbilde und empfinde; und der Rede und der Schrift und dem Druck gebührt die Freiheit, welche hierzu führt. Das Recht der Presse ist hiernach bestimmt, die Bedingungen zu wahren, unter welchen eine sittliche öffentliche Meinung möglich sei. Es hat sein höchstes Gesetz in der Wahrheit der Thatsachen, ohne welche es kein urtheilendes Gewissen geben kann. Vor der Nüchternheit der nackten Thatsachen weichen von selbst die verkehrenden Uebertreibungen zurück. Das Recht muss daher in jedem Beitrag zur öffentlichen Meinung die Wahrheit der Thatsachen, welche die Grundlage ist, fordern und schützen. Wie jede Macht, welche Uebermacht und Eigenmacht werden kann, bedarf auch die Macht des sich vervielfachenden Wortes, welches fähig ist, die Gemüther zu entzweien und zu einigen, zu entflammen und zu dämpfen, zum Aufruhr zu stacheln und zum Frieden zu beruhigen, mit Lügen zu zersetzen und mit Wahrheit zu nähren, des den innern Zweck wahrenden Gesetzes.

Gegen den Missbrauch hat im Staat und in der Kirche, in der Monarchie und Republik die bestehende Herrschaft, welche die feindlichen Gedanken fürchtet, weil ihnen leicht feindliche Thaten folgen, und welche empfindlicher gegen den Angriff des Geistes ist als gegen den Angriff des Armes, meistens nach dem nächsten und ihr sichersten Mittel des präventiven Verbotes gegriffen, indem sie die Polizei zur Censur bestellt, und nichts gedruckt werden darf, als was diese genehmigt. In ihrer rohesten Form stellt die Censur nur die herrische Uebermacht des gerade Geltenden und Bestehenden dar. Sie verletzt die Bedingungen des freien Austausches, welche erfordert werden, damit eine sittliche Meinung sich bilde, und wird daher von den Einzelnen als eine den Erzeugnissen des freien Geistes unangemessene, unwürdige Schranke empfunden. Es kränkt endlich die forschende Wissenschaft, wenn man ihr Vormünder setzt. Daher hat sich allmählich und im Sinne einer geistigen Freiheit gegen das System der Censur das Recht der Pressfreiheit geltend gemacht, welches die Vergehen straft, statt ihnen zuvorzukommen. Wenn sich aus dem freien Gedanken das öffentliche Gewissen bilden soll, so entspricht der Richterspruch, der über Wahrheit oder Unwahrheit, über Freimuth oder Aufruhr das Urtheil des Rechts fällt, einer Läuterung der öffentlichen Meinung mehr, als der Machtspruch einer Censur, welche nur als Willkür oder Nothwehr erscheint, welche im Volke Argwohn weckt und in der Presse eine versteckte tückische Sprache befördert.

Die repressive Behandlung der Presse hat allerdings ihre Schwäche in den Richtern oder Geschworenen, welche ihr Urtheil dem Eindrucke politischer Parteibewegungen schwer entziehen und daher leicht nach der einen Seite zu lax, nach der andern zu strenge sind, und in aufgeregten Zeiten darin, dass die Wirkung des Falschen ungehindert in die Welt geht, wenn auch der Urheber bestraft wird. „*Punitis ingeniis gliscit auctoritas.*“[1]

Um die Mängel des einen wie des andern Verfahrens zu vermeiden, hat man nach einer Verbindung beider gesucht, welche das Gute an beiden einige, aber das Schlimme ausschliesse, z. B. wenn man zwar keine Censur übt, aber die Polizei das eben Gedruckte und anstössig Befundene vorläufig in Beschlag nimmt, bis der Richter über Freilassung oder Vernichtung entschieden. Faktisch kann das System der Censur so weit seine Härte mildern, dass in letzter Instanz ein aus aufgeklärten angesehenen Männern bestehendes Censurgericht (statt einer Censurpolizei) bestellt wird. Dann schwindet die Gefahr, dass Gedanken von bleibendem Werth unterdrückt werden. Umgekehrt kann sich das nur repressive Verfahren durch strenge Strafgesetze und peinliche Handhabung derselben so schärfen, dass die Presse unter diesem System gebundener erscheint, als unter jenem.

Es gilt zunächst den Zeiten friedlicher Entwickelung das Recht der freien Mittheilung zu sichern. In aufrührerischen Zeiten, in eroberten Ländern, im Belagerungszustande wird die Gewalt der Dinge, um zunächst die Macht des Ganzen, auf welcher die Theile stehen, zu sichern, und der Trieb der Selbsterhaltung, der dem Ganzen innewohnt, zeitweise dahin führen können, dass die vorbeugende zufahrende Censur an die Stelle der sonst gesetzlichen Repression trete (§. 182). Derjenige Staat, welcher die öffentliche Meinung kann gewähren lassen, dass sie sich selbst läutere und vertiefe, ist in sich stärker, als der Staat, der dies nicht vermag. Nicht selten ist Empfindlichkeit gegen das freie Wort Schwäche aus bösem Gewissen. Es ist die rechte Weisheit, den grossen Vorgang der sich bildenden öffentlichen Meinung so zu fördern, dass aus den anfangs trübe durch einander gehenden Vorstellungen die klare Auffassung des Richtigen, aus den zufälligen und selbstischen Vermischungen das Wesentliche und Nothwendige, aus

1) *Tacitus annal.* IV, 35.

den parteiischen Zuschauern der unparteiische siegend hervortrete.

§. 211. Es hat sich durchweg gezeigt, dass die rechtsbildenden Principien weder im Einzelnen allein liegen, noch in dem Ganzen und Allgemeinen allein, sondern in der Einigung einer von dem Einzelnen und einer von dem Ganzen ausgehenden Richtung (vgl. §. 87, für das Eigenthum §. 93, für den Vertrag §. 104, für die Familie §. 124, für den Staat §. 151). Es kann nicht anders sein. Denn da das Bestreben nach Verstärkung, vom Einzelnen ausgehend, erst eine sittliche Ergänzung wird, wenn es zugleich als Gliederung des Ganzen gefasst werden kann, da ferner die einzelnen Menschen und der Mensch im Grossen, den wir Staat nennen, sich nur zusammen und durch einander sittlich vollenden: so kann auch das Recht, das die Bedingungen des Sittlichen wahrt, nur aus beiden Richtungen zumal entspringen. Als eine Folge dieses Verhältnisses ergiebt sich, dass eine wesentlich verschiedene Behandlung des Staates (in der Verfassung) auch auf die Gestaltung des Rechts der Einzelnen und der besonderen Kreise zurückwirken wird.

Es hat dieser Einfluss der Verfassung auf das Recht der Einzelnen nicht bloss bei Verhältnissen Statt, welche, wie die Wehrpflicht, unmittelbar durch den Staat bestimmt werden, sondern selbst bei Beziehungen, welche in's Privatrecht zurückgehen.

Im Allgemeinen werden diejenigen Staaten, welche nach ihrer Verfassung das Volk zur Gesetzgebung mit berufen, über das Eigenthum der Einzelnen, wie z. B. bei Auflage von Steuern (§. 159), bei Enteignung (§. 100), leichter und rücksichtsloser verfügen, als andere Staaten, welche dies nicht thun, sie seien denn Despotien. Denn dort lässt man das Volk in seinen Vertretern über das Eigene beschliessen, hier scheuet man sich, über Fremdes frei zu schalten; indem man die Herrschaft mehr als Privatrecht anschauet, lässt man nun auch das Privatrecht der Einzelnen, so weit es geht, unberührt; es fehlt das Organ, den Eingriff als berechtigt anerkennen zu lassen. Insbesondere wird ein Unterschied im Erbrecht sichtbar. Die Demokratie, auf jede Ungleichheit eifersüchtig und jeder geschichtlich sich erhebenden Grösse feind, darauf bedacht, dem einzelnen Menschen als Einzelnem die grösste Freiheit des Handelns zu geben, wird im Allgemeinen in sich den Trieb haben, im Erbrecht Theilung der Güter, namentlich auch des Grundeigenthums, zuzulassen oder vorzuschreiben. Sie wird Fideicommisse vermeiden (§. 143. §. 102), da sie bestimmt sind, die Familien in geschichtlicher Macht zu erhalten, und daher Unterschiede aufrichten, welche der Gleichheit gefährlich werden. Das demokratische Nordamerika hat z. B. die überkommenen Bestimmungen des englischen Erbrechts über Substitutionen in den meisten Staaten aufgehoben, in andern abgestumpft, und dadurch die demokratische Unterlage des Lebens verstärkt. Der Reichthum fliesst nun in den nächsten Geschlechtern wieder auseinander und es löst sich die Basis, welche er, wenn von Geschlecht zu Geschlecht vererbt, für Erhebung und Befestigung von Familien in sich trägt. Umgekehrt wird der aristokratische und der durch die Aristokratie gestützte monarchische Staat das Erbgut gern in Einer Hand befestigen; die Aristokratie nur für sich; die Monarchie in einem weitern und freiern Sinne, denn sie verflicht die geschichtlichen Familien in ihr geschichtliches Leben.

Ferner sind der Bestand und die Entwickelung der Gemeinden und der in ihren besondern Zwecken berechtigten Körperschaften (§. 180), wenn sie in das richtige Verhältniss zum Ganzen gebracht werden, eine Stütze des sittlichen Geistes in jeder Verfassung. Aber es giebt eine straffe Weise der Monarchie und selbst der Demokratie, welche nur Einzelne, nur schwache Individuen sich gegenüber sehen will und in jeder Gemeinde und Körperschaft den möglichen Widerstand eines besondern Rechtes fürchtet. Eine solche militärisch centralisirende Verfassung streift schon in ihrer Anlage hart an die Despotie.

Endlich greift die Verfassung für die Erziehung der Kinder in die Familie ein. Wie weit sie es thue, hängt weniger von der demokratischen oder monarchischen Grundform, als von der Stufe der Cultur und dem Verhältniss des Staates zur Kirche ab. Die Erziehung ist die geistige Seite zur physischen Erzeugung, die Fortpflanzung der geistigen Substanz in der Menschheit. Der Staat, der auf geistigem Grunde ruht, hat an ihr das nächste Interesse. Er übt das Recht der Selbsterhaltung auf die edelste Weise, wenn er für eine allgemeine Grundlage nationaler und menschlicher Erziehung Sorge trägt, für eine nationale, welche im Geiste der Sitte und der Geschichte die Verfassung trägt, und für eine menschliche, welche in der religiösen gegründet ist (§. 136. 172. 179); und er erfüllt seine Pflicht, wenn er im Recht die Bedingungen wahrt, durch welche allein diese Sorgfalt möglich wird.

Wenn der Staat, in der umfassenden Bedeutung seines Wesens gedacht, das Volk als einen Menschen im Grossen darstellen soll, und wenn dieser Mensch im Grossen dadurch bedingt ist, dass das Volk wie natürlich, so auch geistig sich aus sich fort und fort erzeuge und ergänze, ferner dass gemeinsame sittliche Vorstellungen den Willen Aller bestimmen, und wenn diese Einheit des Geistes wesentlich davon abhängt, dass dazu die Jugend gewöhnt und unterwiesen werde: so liegt es im Begriff des Staates, Erzieher zu sein. Im guten Staat fällt der gute Bürger mit dem guten Menschen zusammen; er führt nur in besondern Richtungen den guten Bürger weiter aus. Der gute Staat ist in der Durchbildung allein durch seine Bürger gut. Nur der schlechte erfordert schlechte Organe und solche Unterthanen, welche, wenn nicht schlecht, doch schwach sind. Es wäre ein Widerspruch, wenn der Staat in den Bürgern die Gesinnung voraussetzte, welche dem sittlichen Geiste seiner Gesetze entspricht, und wo sie mangelt und der Mangel sich in Handlungen kundgiebt, den Mangel strafte, aber er selbst für die Einsaat und Pflege dieser Gesinnung nichts thäte oder thun dürfte. Vielmehr wird es der Natur der Sache gemäss sein, dass der Staat seines Theils für die Erziehung der Jugend sorge, um so wenig als möglich die Erwachsenen zu strafen.

Es widerspricht sich, dass der Staat kein Erzieher der Jugend sein dürfe, aber Büttel der Erwachsenen sein müsse. Daher liegt die allgemeine Fürsorge für die Erziehung, und, inwiefern die Erziehung nicht ohne die ersten Bedingungen der Bildung gedacht werden kann, die allgemeine Fürsorge für die Elemente des Unterrichts in der Idee des Staates, und aus der Anerkennung dieser Idee fliesst auf der andern Seite die Schulpflicht. Freilich kann dem Staat nur diese allgemeine Fürsorge obliegen. Denn der eigentliche Boden der Erziehung, für welchen es keinen künstlichen Ersatz giebt, ist das Haus mit den Regungen und Erweisungen natürlicher Liebe und der nothwendigen Forderung des Gehorsams; und der Staat tritt mit seinen Anstalten nur regelnd und ergänzend ein und vor Allem fürsorgend, dass das Haus an dem Kinde die Pflicht der nöthigsten Bildung nicht versäume (§. 138). Wie alle Erziehung individuell geschehen soll, indem sie „dem Finger Gottes in der natürlichen Ordnung folgt“: so bleiben alle allgemeinen Massregeln des Staates hinter dem letzten Ziel der Erziehung zurück. Daher muss sich die öffentliche Erziehung auf die häusliche stützen können.

Durch das Haus, durch die Eltern, welche sich zur Kirche bekennen, tritt sodann die Kirche mit Rechten auf die Erziehung dem Staat gegenüber (§. 172); sie vertritt die in ihr nach dem Willen der Eltern aufwachsenden Glieder und darin sich selbst. Die Kirchen vollenden die sittliche, in der Religion wurzelnde Erziehung durch ihre Unterweisung und ihre Institutionen auf eigenthümliche Weise. Durch den Geist der Kirche gewinnt die Erziehung der Häuser eine gemeinsame Seele. Denjenigen Antheil, welchen hiernach dem Staate gegenüber die Kirchen an der Erziehung der Kinder in Anspruch nehmen, machen sie zunächst an der Stelle der Eltern geltend, welche sich zu ihnen bekennen, aber mit einer geistigen Macht, welche, vor den Einzelnen gegründet und über die Einzelnen erhaben, sich nicht erst von den Einzelnen ableitet. Durch diese Stellvertretung, welche die Kirche ausübt, kann indessen die Pflicht und das Recht des Staates nicht erlöschen. Die Kirchen, welche ihrer Natur nach weite und allgemeine Kreise über den Staat hinaus beschreiben, haben an sich mit dem individuellen Geiste nichts zu thun, der in dem geschichtlichen Staate lebt und für den er erzieht. Wie die Familien die Vollendung der religiösen Erziehung bei der einzelnen Kirche suchen, so überträgt ebenso der Staat den Kirchen diese Fürsorge; und es ist dies eine Sache seines Vertrauens; denn auf der einen Seite kommt es dem Staate zu, dass er innerhalb seines Bereiches die Religionsgesellschaft anerkenne, ob sie mit dem sittlichen Geiste seiner Gesetze verträglich sei oder nicht; und auf der andern kann der Staat überhaupt nicht gegen die Religion gleichgültig sein. Wie er selbst nicht Wissenschaft erfindet, selbst nicht Handel treibt, aber die Wissenschaft fördert und dem Handel Wege öffnet, dergestalt, dass die Interessen der Wissenschaft und des Handels auch seine Interessen sind: so bringt der Staat die Kirchen nicht hervor, aber die Gesinnung der Religion ist ihm so wenig fremd, dass er ohne sie seine menschliche Aufgabe nicht lösen würde. In der Erziehung der Kinder begegnen sich Haus und Staat mit der Kirche. Aber es kann sich der Staat weder gegen die Kirche seines ursprünglichen Rechts begeben, noch den Eltern gegenüber, wenn sie sich von anerkannten Kirchen lossagen, der Fürsorge, dass die Kinder nicht ausserhalb aller Religion aufwachsen. Nur die einseitige Theorie des Rechtsstaates (§. 151) begünstigt eine solche völlige Loslösung des Staates von der Kirche, bei welcher der Staat sich selbst einer geistigen Hülfe beraubt. Die Voraussetzung, dass es denen, die es wollen, auch möglich sein müsse, ohne Religion im Staate zu leben, darf so wenig gedacht werden, als alte Gesetzgeber die Möglichkeit des Vatermordes gar nicht denken wollten. Des Gemüthes, das keine Religion mehr hat, bemächtigt sich unfehlbar die Superstition. Fürsorge für allgemeinen Unterricht, inwiefern dadurch eine Steigerung der Kraft in den Einzelnen und somit eine Steigerung der Gesammtkraft im Volke bezweckt wird, ist erst eine zweite Pflicht des Staates, welche mit den Fortschritten der Cultur entspringt und wächst.

Aber es wäre ein Widerspruch, von der Verwaltung allgemeine Schulen für diese Seite der Ausbildung zu fordern, und ihr dabei doch die Fürsorge für den Kern aller Kraft, für die Gründung des Sittlichen, das in die Religion zurückführt, abzusprechen. Der Staat wird selbst besser und edler, indem er die edelste Sorge, die Sorge für Erziehung und Bildung, in sich aufnimmt.

An diesem Kreuzungspunkte, an welchem die Zwecke des Hauses und des Staates, so wie der Kirche und des Staates, einander treffen, sind verschiedene Weisen der Einigung möglich. Aus ihnen fliesst dann das Recht der Betheiligten, welches bestimmt sein muss, die innern Zwecke des Hauses, der Kirche und des Staates so zu wahren, dass sie sich in der gegenseitigen Beschränkung gegenseitig fördern. Es ist dies das letzte Ziel. Die verschiedenen Verfassungen können auch auf die Gestaltung dieses Rechts einen Einfluss haben, obwol nicht nothwendig. Es ist nicht nöthig, dass die Monarchie eine bindendere Gewalt auf die Schulpflicht oder den religiösen Geist der Erziehung übe; aber in der laxen Demokratie wird ein Streben sein, Erziehung und Unterricht der Sorge der Eltern ungemessen zu überlassen.

In allen den Beziehungen, in welchen die historische Verfassung als solche auf die Gestaltung des Rechts Einfluss übt, hat die Unterscheidung Geltung, welche schon Aristoteles zwischen dem schlechthin und dem bedingt Gerechten angiebt (§. 48). Es wird darin anerkannt, dass das Recht sich auch anders gestalten könne, ja bei veränderten Zielen der Verfassung anders gestalten müsse (vergl. z. B. *Aristot. polit.* III, 13 p. 1281 b 15 ff.). Es ist wichtig, die politische Consequenz zu erkennen und nicht in falscher Analogie (§. 72. 73) von einer Verfassung zur andern zu flicken.

Anm. In dem objektiven Begriff, welchen die alten Philosophen vom Staate fassen, ist daran kein Zweifel, dass der gute Staat sich gute Bürger zu erziehen habe (vgl. z. B. Aristoteles *polit.* III, 9. VII, 13). Aristoteles sieht es sogar als ein nothwendiges Kennzeichen des Staates im

Gegensatz gegen eine Gemeinschaft durch Verbündung an, dass der Staat Sorge trage, solche und nicht andere Bürger zu haben (III, 9. p. 1280 b 2). Der Staat, der als ein Ganzes vor den Theilen ist, bildet sich die Theile zu. Weder Rechte der Eltern, noch Ansprüche der Priester konnten gegen diese vernünftige Macht des Staates Geltung haben. Die Staatslehre des Plato und Aristoteles ist zu einem grossen Theile Erziehungslehre, ihre Politik Pädagogik. In der Theorie der Griechen ist das Recht des Staates, seinen sittlichen Geist in der Erziehung fortzupflanzen, unbestritten. Aber im Mittelalter kennt mit wenigen Ausnahmen nicht der Staat, sondern nur die Kirche und später mit ihr im Streit die einzelne bürgerliche Gemeinde die Fürsorge für die Unterweisung der Jugend. Eine allgemeine Schulpflicht, vom Staate auferlegt und überwacht, gab es nicht. Erst die Reformatoren, welche Kirche und Staat eng verbanden, forderten sie im Kampfe für das Evangelium. Luther sagt in der Predigt, dass man die Kinder solle zur Schule halten (1530): „Ich halte aber, dass auch die Obrigkeit hie schuldig sei, die Unterthanen zu zwingen, ihre Kinder zur Schule zu halten, sonderlich die, davon droben gesagt ist. Denn sie ist wahrlich schuldig, die obgesagten Aemter und Stände zu erhalten, dass Prediger, Juristen, Pfarrherrn, Schreiber, Aerzte, Schulmeister u. dergl. bleiben; denn man kann derer nicht entbehren. Kann sie die Unterthanen zwingen, so die tüchtig dazu sind, dass sie müssen Spiess und Büchsen tragen, auf die Mauern laufen und anderes thun, wenn man kriegen soll: wie viel mehr kann und soll sie die Unterthanen zwingen, dass sie ihre Kinder zur Schule halten, weil hie wol ein ärgerer Krieg vorhanden ist mit dem leidigen Teufel, der damit umgehet, dass er Städte und Fürstenthum will so heimlich aussaugen und von tüchtigen Personen leer machen, bis er den Kern ausgebohret, u. s. w." So forderte Luther Schulzwang wie Kriegszwang. In der That ist die Erziehung, welche der Staat übt, seine geistige Rekrutirung.

Dies Recht des Staates muss sich indessen erst durchkämpfen. Denn es wird von zwei verschiedenen Seiten bestritten, und zwar theils im Sinne politischer Freiheit, theils im Sinne hierarchischer Bestrebungen. So herrscht auf der einen Seite in England die Ansicht, dass die Erziehung der Kinder zu den göttlichen Rechten und Pflichten der Eltern gehöre. Man betrachtet die Schulen als kirchliche Gemeindesache und fürchtet im Schulzwang eine politische Abhängigkeit vom Staate. Dessenungeachtet hat in neuerer Zeit in England der Staat wenigstens indirekt vieles für die Erziehung und den Unterricht des Volkes gethan; denn es trat zu Tage, dass die Bildung des Volkes sehr ungleich und vielfach verwahrlost sei. Es ist dort die Ansicht von dem idealen Beruf des

Staates zur Bildung seiner Bürger, zu Erziehung und Unterricht, gewachsen. Auf der andern Seite sucht die Theorie der **Unterrichtsfreiheit**, insbesondere von einem Theil des katholischen Klerus aufgestellt, dem Staate das Recht und die Macht des Unterrichts aus den Händen zu winden und in die Gewalt der Kirche zu bringen. Während daher unter dem Namen der Schulpflicht Freiheit durch Bildung gewährt wird, ist nicht selten unter dem Namen der Unterrichtsfreiheit Verknechtung durch Verdummung erstrebt worden. Wo Dissidenten, wie in **Nordamerika**, den Ursprung des Staates bedingten, wo die im Schwung gehende Sklaverei es unrathsam macht, den Sklaven eine Religion zu bieten, welche, geistigen Wesens, Gedanken der Freiheit in sich schliesst, lässt sich eine völlige Loslösung des Unterrichts und der Erziehung vom Staate als unvermeidlich erklären, aber nicht als eine Vollkommenheit preisen.

Historisch ist die Sorge für die allgemeine Unterweisung des Volkes in den Elementen der Bildung von der Kirche, insbesondere der evangelischen, ausgegangen. Wenn später die bürgerliche und weltliche Seite im Unterricht mit der fortschreitenden Cultur wuchs, so liegt die Fürsorge naturgemäss dem Staate ob; und man vertrauet darin billig dem Staate, der seinem Wesen nach jeder Richtung ihr Recht geben muss; denn nur das Interesse Aller ist sein Interesse. Aber es ist unweise, den Unterricht als eine sachliche Technik von der persönlichen Erziehung zu scheiden. Es darf der Staat den universellen Begriff nicht aufgeben, der sein Wesen ist, und um dessen willen schon die alten Philosophen von ihm forderten, dass er gute Bürger bilde. Aber seine Aufgabe der Erziehung ist umfassender geworden; denn sie schliesst kein Glied aus, weder einen untersten Stand, noch Sklaven, wie Theorie und Praxis in Griechenland thaten; und seine Aufgabe ist tiefer geworden, weil er, um ihr zu genügen, in die geistigsten Güter eingehen muss, in Religion und Wissenschaft. Dadurch gewinnt er selbst an idealem Gehalt und die Dinge gewinnen durch ihre Berührung mit der universellsten Macht und mit dem parteilosesten Blick, die es überhaupt giebt. Denn solcher Art ist die Macht und der Blick des Staates.

§. 212. Der Begriff der **Freiheit**, welcher, unbestimmt wie er ist, aber anklingend an die Idee des Menschen, über die Gemüther die grösste Gewalt übt, wird nach den beiden Grundformen des Staates, der Monarchie und Demokratie, verschieden aufgefasst. Es ist oben (§. 186) bemerkt worden, dass in den vernünftigen Gesetzen des Staates, welche Jeder sich selbst geben müsste, und in dem Gehorsam, der ihnen geleistet wird, der Inhalt der Freiheit liegt, von welcher also losgebundene Willkür ausgeschlossen ist. Es ist daher die Aufgabe jeder richtigen Staatsform, sei sie Monarchie oder Demokratie, diesen realen Begriff der Freiheit zu erfüllen, indem sie die vernünftigen Gesetze, so weit sie da sind, erhält und wahrt, und sie, so weit sie nicht da sind, möglich macht.

Indessen hat die Freiheit des Staates ausser diesem ethischen Sinne noch einen doppelten politischen, inwiefern man theils den Staat als ein Ganzes, theils die Staatsangehörigen als frei bezeichnet. Der Werth beider Begriffe wird gemeiniglich an dem Gegensatz empfunden. Weder der Staat noch die Staatsangehörigen sollen als Knecht und Sklave gedacht werden. Es wird ein Staat geknechtet, wenn er nach aussen oder nach innen einer unrechtmässigen Gewalt weicht und anheimfällt, nach aussen, wenn er unterjocht wird, nach innen, wenn seine Regierung schwach wird und sich und die Gesetze preisgiebt. Daher ist die Stärke des Staates die Grundlage der Freiheit, und diejenige Verfassung ist allein frei, welche gegen die Versuche unrechtmässiger Gewalt genügenden Widerstand in sich trägt. In dem andern Sinne nennt ein Volk sich frei, das sich als Keines Knecht und willenloses Eigenthum, sondern als seinen eigenen Herrn fühlt. Es hat nicht die Freiheit ihren Gegensatz am Dienste; denn im Mittelalter z. B. waren die Freiesten Dienstmannen des Lehnsherrn, und die wahre Freiheit schreibt das ritterliche Wort: „ich diene“ auf ihren Schild. Ebensowenig hat die Freiheit ihren unverträglichen Gegensatz an der Unterthanenpflicht. Schon nach der Auffassung der Alten (*Aristot. polit.* I, 12) ist das Königthum eine Herrschaft über Freie, in Liebe gegründet und durch Würde hervorragend, zum Besten der Unterthanen. Nur die Despotie schaltet über Sklaven und hat davon ihren Namen.

Freilich legt sich von Alters her die Demokratie im vorzüglichen Sinne Freiheit bei, und wie Aristoteles schon erklärt (*polit.* VI, 2), setzen die Bürger der Demokratie die Freiheit insbesondere in zwei Dinge, erstens abwechselnd zu regieren und regiert zu werden, abwechselnd Obrigkeit und Unterthan zu sein, so dass der Wechsel die Ungleichheit ebenet und durch ihn Alle gleich sind; zweitens zu leben, wie es Jedem beliebt, da es Sache des Knechtes sei, nicht zu leben, wie ihm beliebe. Aber beides hat offenbar seine Grenzen, soll anders nicht die Verfassung in einen schlechten Staat umschlagen. Der Beruf und die Begabung zu regieren muss den Wechsel der Aemter und vernünftige Gesetze müssen das Belieben einschränken. Die Demokratie giebt sich darum den privilegirten Namen des Freistaates, weil sie kein bleibendes Haupt und deswegen dem Scheine nach keinen Herrn hat; aber wirklich hat sie viele Köpfe und darum auch viele Herren. Sie nährt die Vorstellung, dass sie darum ein freier Staat sei, weil das Volk beschliesse, und also Keiner das Gesetz empfange, sondern sich durch seinen eigenen Willen gebe. Aber die beschliessende Mehrheit hat eine widerstrebende Minderheit neben sich, welche oft sehr ansehnlich und nicht selten gerade der vernünftigere Theil ist. Wenn nur der Staat frei sein soll, zu dessen Gesetzen Jeder zustimmt, so ist die Demokratie für diese Minderheit gerade Despotie.

Es ist eine unrichtige Vorstellung, als ob in der Monarchie statt des öffentlichen Willens der Privatwille des Fürsten entscheide und dadurch die Monarchie mit Ausnahme der repräsentativen unfrei werde. So lange die Monarchie gesetzlich ist und nicht usurpirte Gewalt, und so lange eine solche in Gesetzgebung und Regierung das Beste des Ganzen und nicht den Eigenvortheil im Auge hat: ist ein solcher Wille öffentlicher Wille und kein Privatwille; und in ihm ist die Freiheit der Unterthanen gewahrt, welche nach ihrem ethischen Gehalt in jedem Staate darin besteht, innerhalb der Linien, welche das richtige Gesetz vorschreibt, für die individuelle Sittlichkeit ungehinderten Spielraum zu haben. In dem einen Staate sind die Grenzen für die Einzelnen enger, in dem andern weiter gezogen — und äusserlich angesehen, ist in dem einen das Belieben der Einzelnen grösser und voller, als in dem andern, und daher heisst der eine freier als der andere. Indessen greifen in die richtige Bestimmung die individuellsten Verhältnisse ein, geschichtliche, geographische und selbst augenblickliche. Immer hat die Freiheit des Staates als eine Freiheit der Einzelnen an der Macht des Staates sein Mass. So lange mit der Freiheit der Einzelnen die Macht des Ganzen wächst, so lange fahren beide wohl; wenn aber durch die zunehmende Freiheit der Einzelnen die Macht des Ganzen abnimmt, so schlägt die Freiheit zur Unfreiheit aus und schwächt oder vernichtet den Grund, auf welchem sie steht. In allem Organismus ist das Ganze vor den Theilen, und die Theile müssen die Macht des Ganzen und das Ganze die Macht der Theile bleiben. Wenn z. B. in dem alten Polen die Königsmacht durch die *pacta conventa*, der Reichstag durch das *liberum veto* beschränkt und die Einheit des Ganzen durch das Recht der Conföderationen gefährdet wurde: so waren die *pacta conventa*, das *liberum veto*, die Conföderationen Freiheit Einzelner, aber der freie Staat ging an dieser Freiheit unter. Es fehlte die richtige und in sich starke Proportion zwischen der Freiheit der Einzelnen und der Macht des Ganzen. Das sogenannte Vereinsrecht, welches sich so weit steigern kann, dass es die Parteien zu einer dem Staate und dem öffentlichen Gewissen gefährlichen Macht organisirt, gehört, wenn es unbeschränkt gefordert wird, zu solcher zweifelhaften Freiheit. Endlich hört in der Monarchie, so lange sie zum Besten des Ganzen regiert, das Volk als Ganzes darum nicht auf, sein eigener Herr zu sein, weil ein Fürst in ihm herrscht; denn der Fürst ist sein, er ist des Volkes bester Theil.

Anm. Schon Aristoteles (*polit.* V, 9 p. 1310 a 31) tadelt den falschen Begriff der Freiheit: „nach der Verfassung zu leben, muss man nicht für Knechtschaft achten, sondern für Heil."

Kant hat in seiner Schrift „zum ewigen Frieden" 1795 (neue Aufl. 1796 S. 24 ff) von den drei Staatsformen (Autokratie, Aristokratie und Demokratie, Fürstengewalt, Adelsgewalt und Volksgewalt) die Form der Regierung (*forma regiminis*) unterschieden, welche die auf die Constitution (den Akt des allgemeinen Willens, wodurch die Menge ein Volk wird) gegründete Art betreffe, wie der Staat von seiner Machtvollkommenheit Gebrauch mache, und bezeichnet sie als entweder republikanisch oder despotisch. Der Republikanism sei das Staatsprincip der Absonderung der ausführenden Gewalt (der Regierung) von der gesetzgebenden; der Despotism sei das der eigenmächtigen Vollziehung des Staates von Gesetzen, die er selbst gegeben habe, mithin der öffentliche Wille, sofern er von dem Regenten als sein Privatwille gehandhabt werde. Unter den drei Staatsformen, setzt Kant hinzu, sei die der Demokratie im eigentlichen Verstande des Wortes nothwendig ein Despotism, weil sie eine executive Gewalt gründe, da Alle über und allenfalls auch wider Einen, der also nicht mit einstimme, mithin Alle, die doch nicht alle seien, beschliessen, welches ein Widerspruch des allgemeinen Willens mit sich selbst und mit der Freiheit sei. Alle Regierungsform nämlich, die nicht repräsentativ sei, sei eigentlich eine Unform, weil der Gesetzgeber in einer und derselben Person nicht zugleich Vollstrecker seines Willens sein könne. Dieser von Kant ersonnene Republikanism, welchen er in jeder Verfassung, sie sei Autokratie oder Aristokratie oder Demokratie, verlangt und welchen er die einzige vollkommen rechtliche Verfassung nennt, läuft auf eine Trennung der Gewalten hinaus, welche ihre untheilbare Einheit auflöst, die executive Gewalt zum mechanischen Werkzeug der gesetzgebenden macht und das Uebel nicht vermeidet, welches Kant in der Demokratie nachweist. Die repräsentative Verfassung, welche den dauernden vernünftigen Willen der Gesetze sichern und das Volk im Bewusstsein des Rechts erziehen soll, hat ihre Vernunft anderswoher, als aus dem formell, irgend einmal vollzogenen Akte, durch welchen die Menge ein Volk wird.

§. 213. Wir sehen in der Geschichte ursprünglich Monarchie, sei es dass der Staat auf friedlichem Wege aus der Familie hervorgeht, und das Familienhaupt als Fürst erscheint, sei es dass in der Eroberung der Heerführer König wird, wie z. B. noch in Sparta der König von Aristoteles als lebenslänglicher erblicher Heerführer aufgefasst wird. Die Demokratie ist dagegen eine spätere und nachgeborene Staatsform, indem entweder in inneren Bewegungen die Macht des Königs gebrochen und aufgelöst wird, oder Colonisten, welche von einem geschichtlichen Staate ausgehen, in gleichen Rechten verbunden, einer demokratischen Form zustreben, wie z. B. der nordamerikanische Freistaat schon in der Colonisation keimt. Es lässt sich fragen, ob die spätere und abgeleitete Form, die Demokratie, in dem Sinne die entwickeltere ist, dass alle Ausbildung der Staaten zuletzt zur Demokratie treibe, oder ob umgekehrt die Demokratie sich in Monarchie zurückbilden werde, — es sei denn, dass beide Formen, gleich gut und gleich schlecht, gleichgültig neben einander stehen. Bei einer solchen Frage der reinen politischen Reflexion erinnern wir uns, dass die gerechte Ordnung der gegebenen Machtstellungen (§. 205) die Grundlage der Verfassungen ist und daher von einem Ideal, welches entweder die Demokratie zum Königthum oder das Königthum zur Demokratie umbilden möchte, nicht die Rede sein darf. Die Monarchie und die Demokratie verfolgen als gesetzmässige Grundformen das sittliche Ziel, um dessentwillen sie da sind, und versuchen die eigenthümliche Grösse, deren jede in ihrer Anlage fähig ist, darzustellen. Dahin wird die Demokratie die Veredelung des Selbstgefühls zu allgemeiner Bürgertugend, die Bildung volksthümlicher Staatsmänner, die Erhebung der besten Männer an die Spitze der Angelegenheiten, den Wetteifer der hervorragendsten Kräfte um die Wohlfahrt des Vaterlandes rechnen; die Monarchie dagegen vornehmlich jene Vollendung des persönlichen Staates, jene dauernde Einheit seines individuellen Willens, jene geschichtliche Stetigkeit der Entwickelung, welche durch die wechselnden Wahlen, die kurzathmigen Aemter der Demokratie und die nur zeitweise emporgehobenen Männer des Freistaates kaum zu erreichen ist. Beide Verfassungsformen haben, wenn sie den sittlichen Weg verlassen, ihre traurige Zukunft. Wenn die unbeschränkte Monarchie weder im Charakter des Fürsten, noch im Charakter des Volkes ein Gegengewicht findet, so entartet sie in Despotie und Tyrannis und die Tyrannis geht durch Revolution in Ochlokratie über. Umgekehrt entartet ohne die Tugend der Bürger die Demokratie in Ochlokratie, um durch sie hindurch ihren Tyrannen zu finden. Nur in der Behauptung der sittlichen Idee, welche jeder Verfassung zum Grunde liegt, giebt es Dauer.

Aber es darf nicht unbemerkt bleiben, welche eigenthümliche Vorzüge für die Befestigung des Rechts im Ethischen das ursprüngliche, und namentlich das **erbliche Königthum** hat. Die Wahlmonarchie, welche da entsteht, wo ein überlegenes

Geschlecht fehlt, glaubt gegen den blinden Zufall der Geburt, welcher auch einen Unfähigen und Unwürdigen zum königlichen Amt berufen könnte, den höhern Gedanken einer überlegten Wahl einzusetzen, damit der Beste für die beste Macht gefunden werde. Aber bei der Ausführung, so zeigt es die Geschichte, wie z. B. Polens, des deutschen Reiches, tritt mit der Idee der Sache der Eigennutz der Wählenden in beständigen Widerstreit, und da es sich um die höchste Macht handelt, ist keine höhere Macht da, welche diesen Eigennutz beschränke. Herrschsucht und Ehrgeiz gewinnen ein Feld für ihr Spiel und zwiespältige Wahlen führen zu inneren Kriegen. Der König, dessen Wesen es ist, über den Parteien zu stehen, wird von Parteien erzeugt und bleibt von Parteien abhängig. Sein Ursprung steht insofern mit seiner Aufgabe in Widerspruch. Ein Zwischenreich, bei Wahlen fast unvermeidlich, schwächt den Staat, wie selbst schon in der Demokratie, z. B. in Nord-Amerika, die Zeit der Präsidentenwahl eine Zeit der stockenden Regierungsgeschäfte ist. Im Laufe der Jahrhunderte führt die Wahlmonarchie das mächtigste Reich der Auflösung zu.

Das geschichtliche Leben der Staaten — ihre Blüte und Dauer — sucht ein festeres Band und flicht es aus natürlichen psychologischen Gesetzen, welche es ethisch erhebt und verwendet. In der erblichen Monarchie werden die natürliche Liebe zum Sohn, der Trieb zur Fortsetzung der eigenen Macht und des eigenen Lebens im leiblichen Erben, der auf der natürlichen Ideenassociation beruhende solidarische Geist der Familie, wie er sich in der Empfindung der Familienehre und Familienschande kund giebt, die auf derselben Macht der Ideenassociation beruhende Neigung des Volkes, das Ansehen des Vaters auf den Sohn zu übertragen, zur Grundlage genommen, um einen grossen allgemeinen Gedanken, die Identität in der Persönlichkeit des Staates, auszudrücken. Die Erblichkeit der Monarchie entsteht aus Selbsterhaltung, aber besteht um der Erhaltung des Ganzen willen. Darin wird der zufällige Ursprung abgethan und das Recht ethisch gegründet.

Wenn Macht das Erste und Letzte ist, worauf der Staat mit seiner ethischen Entwickelung steht, so ist die unversehrte Fortpflanzung seiner Macht eine Angelegenheit seines Daseins. Das erbliche Königthum lässt für die Kette der Macht, welche sich in starken ungelösten Ringen von Geschlecht zu Geschlecht ziehen muss, keine Lücke, in welche sich fremde Kräfte zertheilend und zersetzend zwischenschieben könnten.

Aus keiner Partei hervorgegangen und in keine zurückgehend, ist der erbliche König ein König aus sich selbst, über den Parteien erhaben, der Vertreter des Ganzen. Wo in der Demokratie die Parteien einander entgegenstehen, unterdrückt die eine die andere, sei es durch das Gesetz der Stimmenmehrheit, sei es, wenn dies nicht mehr anerkannt wird, durch physische Gewalt. Im Parteikampf der Demokratie steht der Bürgerkrieg im Hintergrunde. Der erbliche König hingegen ist im Streit der Parteien der geborene Obmann des Rechtes; denn von keiner Partei auf den Schild gehoben, hat er nichts zu schonen und nichts zu begünstigen als das Recht. Nur aus dem Ganzen, welches vor den Theilen ist, hat er mit der Pflicht sein Recht und seine Macht. Während jedem Andern im Volke und Staate, jedem andern Stande und jedem andern Einzelnen der Theil zunächst liegt, in welchem er mit seinem Leben und seiner Thätigkeit gegründet ist, und während ihm beständig aus diesem Theil mit der Bewegung seines Begehrens die lebhaftesten und klarsten und eifrigsten Vorstellungen entquellen, so dass es ihm schwer, ja oft unmöglich wird, die Theile neben ihm oder gar das Ganze zu verstehen, wächst der geborene König mit den Gedanken und Empfindungen auf, welche aus dem Ganzen entspringen. Die Vorstellungen der Theile begreift und stützt und berichtigt er im Ganzen, mit den Theilen empfindend empfindet er für das Ganze. Aus der königlichen Betrachtung der Dinge, welche eine Betrachtung aus dem Mittelpunkt ist und nicht aus zerstreuten Oertern des Umfangs, und welche nur der geborene König in voller Empfindung zu tragen vermag, stammt Dingen und Menschen gegenüber die königliche

Kunst, welche sich in edlen Fürstengeschlechtern wie ein Geheimniss vererbt, und welche, vom Volke als ein Höheres gefühlt, Jeden an seinem Orte und für sein Geschäft beseelt und die Dinge gross und furchtlos behandelt. Gegen diesen vorschauenden und umschauenden Blick, gegen diesen Willen und Beschluss im Mittelpunkt des Ganzen, welche im Begriff des Königthums liegen, geht die demokratische Betrachtung von dem aus, was jedem Einzelnen das Nächste ist, und insofern ist Washingtons Wort bezeichnend: es sei ein Uebel der demokratischen Regierungsform und vielleicht nicht das geringste, dass das Volk immer vorher fühlen müsse, bevor es sich entschliesse zu sehen (Brief vom 8. März 1787). Wenn alle sittlichen Begriffe aus dem Ganzen stammen, welches sich in den Theilen und die Theile in sich weiss, und der Fürst allein unter allen Menschen immer das gemeinsame Ganze vor seinen Blicken hat: so ist der geborene König, von Jugend auf an das Ganze gewiesen und in das Ganze eingewohnt, der Halt und Hort der sittlichen Begriffe; und es hat das königliche Wort Johanns II. von Frankreich, das Friedrich der Grosse wiederholt, einen tiefern Sinn: „wenn es in der Welt keine Treue und Wahrheit mehr gäbe, müsste man ihre Spur bei den Fürsten wiederfinden." Der König ist und bleibt das sehende Gesetz; es bleibt ihm trotz aller künstlichen Anstalten der Verfassung der ritterliche Beruf, welchen einst Kaiser Ludwig der Fromme als das kaiserliche und fürstliche Amt aussprach[1]: sein Dienst sei Schutz der Kirche und Erhaltung des Friedens und der Gerechtigkeit. Der grosse König ist sich dessen gewiss, dass was dem Ganzen, auch ihm, und was wirklich ihm, auch dem Ganzen fromme. So wird die ethische Grösse des Königthums dem erblichen König erleichtert, und ihm wächst der allgemeine Sinn als die Seele seiner Anschauungen wie von selbst zu. An das erbliche Herrscherhaus knüpft sich eine Geschichte, wie schon bei Homer an den väterlichen, nimmer vergänglichen

---

1) 825 im Aachener Capitulare *„capitula haec vero fundamenta iuris publici"* Pertz in den *monument. Germ.* III, 1. *p.* 242 *sqq.*

Stab des Königs, und das Volk sieht gern in ihm seine eigene Geschichte; wie lebendig schauet es in dem angestammten Königshause die schwer fassbare Einheit des Staates; das Vaterland, welches, demokratisch betrachtet, eine Allgemeinheit bleibt, wird ihm im König persönlich; und im erblichen König nicht bloss das Vaterland in der Gegenwart, sondern in der Bewegung von der Vergangenheit zur Zukunft. Die Liebe und Treue gegen das Vaterland, die Ehrfurcht vor dem Gesetze, welche in jeder Verfassungsform eine ethische Forderung ist, hat in der erblichen Monarchie, in welcher Fürst und Volk Eine Geschichte haben, gute und böse Tage, Niederlage und Erhebung theilen, gleichsam persönliche Wurzeln. Die volksthümliche Dynastie verknüpft die abstrakte Staatsordnung mit der lebendigen Empfindung des Volkes, und sich von Geschlecht zu Geschlecht in das Bewusstsein des Volkes einwohnend, schafft sie dem Staate Dauer und Bestand. Die Pietät gegen das Fürstenhaus ist ein Moment individueller Sittlichkeit, welche den Unterthanen bereichert und dazu beiträgt, das Ganze sittlich zu erhalten.

Wenn nun die Idee der den Staat durchdringenden und sich fortsetzenden Persönlichkeit in dem Erbrecht der Fürsten, welches zunächst das selbstische Bestreben der Machterhaltung in sich trägt und eine Form des Privatrechts ist, seine Verwirklichung findet: so ist es anziehend, in der Geschichte des Rechts zu sehen, wie der innere Zweck des Staates, welchen das Recht wahren soll, allmählich, wenn auch nicht ohne Kämpfe, aus dem Privatrecht der Vererbung die Elemente ausscheidet, welche dem Staate widersprechen, und darin als öffentliches Recht das befestigt, was seiner Erhaltung entspricht. Während im Privatrecht die Verlassenschaft unter Erben theilbar ist, bildet der Staat keine theilbare Habe, wie etwa der Boden, auf welchem das Volk sitzt, als theilbar erscheint, sondern ist als eine Person, zu welcher das Volk geeinigt ist, untheilbar. Daher widerstreitet Theilung des Reiches durch Erbschaft dem innern Zwecke; und wo sie noch vorkommt, ist das Wesen des Staates noch nicht erkannt. Ebenso ist der Fürst nicht in dem Sinn Erblasser, dass er aus eigener Machtvollkommenheit den Erben des Reiches einsetzt und entsetzt oder nach Belieben einen Vormund bestellt. Durch die Einsicht grosser Fürsten und durch die Krisen der Staatsentwickelung ist diese Scheidung zwischen dem Privatrecht der Fürsten und dem öffentlichen Recht erfolgt und das Recht geht mitten durch den Widerstreit selbstischer Interessen siegreich seinem Ziele entgegen, auch in dieser schwierigsten und zartesten Beziehung, in der sich leibhaftig fortsetzenden Persönlichkeit des Staates die Bedingungen zu wahren, durch welche sie sich allein ihrem innern Begriff gemäss sittlich vollziehen kann.

Wo die Idee so hoch und die Macht so gross ist, wie im erblichen Königthum, da ist der Fall desto jäher und die Ueberschreitung desto zerstörender. In der Geschichte schlug das Königthum in Despotie über, wenn Interessen des Hauses dem Besten des Staates vorgingen, oder Hofgunst und Weiberwirthschaft über eine staatsmännische Regierung siegten.

Gegen den Missbrauch der Gewalt ist die Volksvertretung (Repräsentation) gerichtet und sie sucht durch ihr hervorragendes Ansehen, durch ihre Fürsorge für ein sittliches öffentliches Urtheil, für eine starke Rechtspflege, für eine gerechte Steuervertheilung den Ausbruch des Uebels zu verhüten oder einzuschränken. Je mehr sie auf dem Rechten beharrt und vom sittlichen Geiste des Volkes getragen wird, desto kräftiger wird sie ein geistiges Gegengewicht gegen willkürliche Gewalt bilden.

§. 214. Wenn ungeachtet der Bürgschaften, welche jede Staatsform gegen den Missbrauch der Macht enthalten muss, Gewalt für Recht geht, wenn vergebens die friedlichen Mittel gegen die gesetzwidrige Gewalt erschöpft, vergebens die Macht der öffentlichen Meinung und die Vermittelung der Gerichte angesprochen werden: so droht die Gefahr, dass Gewalt der Gewalt entgegengesetzt werde; und es entsteht dann die Frage, ob den Einzelnen das Recht des physischen Widerstandes zustehe. Diese Frage ist wie ein zweischneidiges Schwert.

Denn wenn man sie bejaht, so leitet man einen innern Krieg ein und hebt den Staat auf; und wenn man sie verneint, so lässt man die unrechtmässige Gewalt gewähren und die Unterdrückung stösst auf kein Hinderniss. In beiden Fällen wird das Recht vernichtet. Wenn man die Frage bejaht, so macht man den Einzelnen zum Richter in seiner eigenen Sache und weist ihn auf das Gegentheil des Rechts, auf Selbsthülfe, an; und wenn man sie verneint, so giebt es, wie es scheint, gegen den Bruch des Rechts nur einen Zustand der Ohnmacht. Dies Dilemma ist für die politische Reflexion unvermeidlich; und beide Antworten halten einander das Gleichgewicht.

Indessen in Zeiten des Druckes steigt mit der Empfindung des Unrechts allmählich die Vorstellung des nothwendigen Widerstandes und es sinkt die gegenhaltende Ueberlegung mehr und mehr, bis zuletzt ein Ausbruch, wie die Eruption eines Vulkans, erfolgt. Es geschieht dies nach psychologischen Gesetzen, welche um so mächtiger in den Gemüthern wirken, weil sich ein ethischer Schein, die Abwehr des Unrechts, hineinlegt. Aber dennoch ist es klar, dass es ein Recht des Widerstandes, wie andere Rechte der Einzelnen, z. B. die Nothwehr, welche der Staat schützt, nicht giebt. Alles Recht ist darauf angelegt, dass der Widerstand Unrecht sei. Wo er je Recht würde, wäre das Recht nicht mehr vorhanden, das die Bedingungen des Sittlichen wahrt. Der Nothstand wäre eingetreten und Jeder auf seine eigene Kraft und Hülfe gewiesen. Diese äusserste Grenze — die Grenze der Verzweiflung am gemeinsamen Recht — lässt sich theoretisch nicht bestimmen. Aber es ist klar, dass keine einzelne Handlung, keine einzelne Begebenheit, nichts was den Einzelnen als Einzelnen trifft, den Gehorsam löst und den Widerstand berechtigt. Das Recht des Widerstandes, welches den Einzelnen zugesprochen würde, enthielte einen Widerspruch mit dem Recht selbst, dessen Wesen es ist, von dem Ermessen der Einzelnen unabhängig zu sein. Wenn man ein Recht des physischen Widerstandes zuliesse, so könnte der Ausdruck nur bedeuten, dass die Gerichte ihn anerkennen und für straflos erklären sollen. Aber dies hat nur einen Sinn, wenn die Gerichte noch stark sind; und wo sie stark sind, kann unmöglich physischer Widerstand gegen die Obrigkeit zugegeben werden. Wenn dessenungeachtet in einzelne Verfassungen das Recht oder die Pflicht des Widerstandes gegen unrechtmässige Gewalt aufgenommen worden, so verräth eine solche Bestimmung einen Ursprung aus innerem Krieg; sie stellt den innern Krieg zum Wächter der Verfassung und giebt Misstrauen zur eigenen Gerechtigkeit kund.

Anm. Zur Zeit des Königs Jakob II. ist in England, wie früher zur Zeit der Reformation in Deutschland, die Frage des Widerstandes gegen unrechtmässige Gewalt der Obrigkeit nicht ohne theologischen Ernst verhandelt worden und eine vernünftige Entscheidung an dem Kreuzwege wurde theoretisch nicht gefunden, vgl. *Macaulay the history of England from the accession of James the second cap.* 9. In dem Für und Wider spiegelten sich die Stimmungen des Augenblicks ab. Wo wirklich die Obrigkeit den sittlichen Weg verlassen hat und kein friedliches Mittel sie zurückruft, da wird es ihr unmöglich werden, auf die Dauer die Gesinnung der Unterthanen so zu halten, als regierte über sie eine sittliche Obrigkeit. Die Geschichte enthält der warnenden Beispiele genug und die zweideutige Theorie vom Recht oder Unrecht des Widerstandes wird in den Ereignissen wie ohnmächtig überholt.

§. 215. Im Gegensatz gegen die fortbildende und umbildende Reform, welche im förmlichen Recht (§. 49) beharrt, versteht man unter Revolution eine gewaltthätige Aenderung der Verfassung und des Rechtszustandes. Es zeigt die Geschichte verschiedene Arten von Revolutionen, solche z. B. welche aus dem Gegendruck gegen allgemein empfundenen Druck, oder welche aus dem verletzten Recht Einzelner, oder welche aus Erhebung und Verschwörungen hervorgehen. In dem gesetzmässigen Staat ist die Revolution, wenn wir sie in die Anschauung dessen übersetzen, was im Innern des Staates als eines Menschen im Grossen vorgeht, eine Empörung der Begierden gegen den Willen. Jeder Revolution liegt ein Unrecht im Hintergrunde, bald auf der einen, bald auf beiden Seiten, in Regierung und Volk. Jede Revolution fehlt gegen den Grundbegriff des Staates; denn es wirft sich der Theil auf, vor dem

Ganzen zu sein und das Vernunftrecht kehrt ins Faustrecht zurück. Da der Staat die Bedingung für die Verwirklichung alles Rechtes ist, so ist er schlechthin unverletzlich; und das Gesetz muss ihn schützen, wenn es überhaupt das Recht schützen will.

Jede Revolution ist eine Zerrüttung des Staates. Mag sie mit dem Scheine beginnen, nur gegen einen Theil die Gewalt zu erheben, sie erhebt sich in der That gegen das Ganze. Niemand hat es in seiner Macht, dass nicht der Krieg gegen den Theil ein Krieg der Theile unter einander und ein Krieg gegen das Ganze werde. Die Revolution erschüttert das Ansehen der Obrigkeit und den Bestand des Rechts, und schneidet darum tief in die sittlichen Begriffe des Volkes ein. Sie bricht die stetige Entwickelung ab und reisst die Wurzeln des Rechts entzwei, welche ihre Stärke durch die Geschichte haben. In der Revolution, welche ungehemmt ihrem Zuge folgt, kommt das Unheil des entfesselten natürlichen Menschen zu Tage. Die allgemeine Vernunft wird von leidenschaftlich erregten Kräften überholt; und die Leidenschaft, welche nur auf sich hört, hüllt sich für Vernunft und verzerrt das sittliche Mass, welches sie nur nach sich bestimmt. Die sittlichen Empfindungen, welche an das Alte banden, werden durch Spott zersetzt. Gehorsam heisst nun Knechtessinn, Mässigung Feigheit, dagegen Frechheit Freimuth, selbst Frevel an der menschlichen und göttlichen Ordnung Heldenthum. Nur durch einen solchen Schein, nur durch solche sittliche Spiegelbilder der sophistischen Leidenschaft vermag sich das Unrecht vor sich selbst und vor Andern zu halten. Der innere Krieg ist der entsetzlichste von allen; wenn der äussere Krieg um allgemeine Fragen der Macht und des Rechts geführt wird, nährt sich der innere von den schlechtesten Begierden der Einzelnen. Das Thier im Menschen ist nur gebunden, selten gezähmt. In der Revolution reisst sich das gebundene Thier los und tobt; das gezähmte wird wild, und Phantome werden zum Stachel der Wuth.

An diese Folgen im Sittlichen reihen sich bürgerliche. Wo das Recht aus den Fugen weicht, stockt der Austausch der Kräfte, welcher den Wohlstand bedingt. Vertrauen fehlt und

Jeder hält an sich; Furcht lähmt die Unternehmungen und Arbeit wird nicht begehrt. Die Geschäfte leiden zuerst, welche, am Nothbedarf des Lebens gemessen, mit Ueberflüssigem zu thun haben, die Geschäfte für den Luxus, dann die Künste und selbst der Betrieb der Wissenschaften. Armuth, welche dreist macht, vermehrt die Verwirrung.

Endlich begehrt der innere Krieg, durch neue Gesetze, durch neue Verfassungen Frieden zu schliessen. Aber die Leidenschaft, welche sich an der Zerstörung sättigte, bauet nur für den Tag; und die Gesinnung, welche auf den Trümmern des alten Rechtes ein neues aufrichtet, ist nicht geeignet, für die Zukunft ein dauerndes Recht zu gründen. Revolutionäre gesetzgebende Versammlungen, in welchen sich die Verantwortung vertheilt und die Leidenschaft gegenseitig bekräftigt, werden selbst gewissenloser als einzelne Gewalthaber. Der Sieger im innern Kriege hat selten ein Ohr für das Recht der bekämpften Minderheit; als Preis des Sieges nimmt er sich Vorrechte und Vorzüge, welche schon den Stoff zu künftigem Zwist enthalten. In revolutionären Tagen führen Unzufriedene das grosse Wort; Bescholtene suchen sich ehrenhaft zu machen; Abenteurer fischen im Trüben; gutmüthige Dilettanten der Staatskunst oder selbstsüchtige Parteimänner kommen ans Ruder. Projekte und Experimente versuchen sich an dem Staat und den Gesetzen. Daher bezeichnet das, was die Parteien an Gesetzen vereinbaren, oft nur einen Waffenstillstand, und das Recht, in der Revolution entstanden, wird nicht selten durch grössere Fehler erkauft, als diejenigen sind, welche bekämpft wurden. So geschieht es, dass die bestandene Umwälzung schon den Keim einer neuen in sich trägt. Ausnahmegerichte, welche meistens Gerichte der herrschenden Partei und für die Partei sind und in kurzem Verfahren Verdächtigung an die Stelle der Ueberführung setzen, erschüttern, je länger desto mehr, das Vertrauen zu parteiloser Gerechtigkeit. Das Unsittliche frisst weiter und es gehört ein starker Mann dazu, um den Schaden herauszuschneiden und die Krankheit zum Stehen zu bringen.

Wie der Krieg, den kein Vernünftiger an und für sich sucht, mögen auch Revolutionen Gutes mit sich führen, aber nur nebenbei und in Seitenwirkungen, indem sie Kräfte erregen und Charaktere hervorbringen. Aber nicht die, welche Revolutionen stiften, darf die Geschichte preisen, sondern nur die, welche in unvermeidlichen oder unvermiedenen Revolutionen den Sturm beschwören, das Recht festhalten, in der Zerrüttung schaffen und den umgestürzten Staat fester und gerechter aufrichten.

Anm. Plato hat im 8. u. 9. Buch seines Staates die politischen Umwälzungen, die fortgehende Entartung der Verfassung aus der psychologischen Nothwendigkeit dargethan, welche dann ihre Gewalt übt, wenn die ursprüngliche und richtige Ordnung der Stände, der harmonischen Ordnung der Seelenvermögen entsprechend, durch einbrechende Selbstsucht aufgehoben ist und in der Umkehr des richtigen Verhältnisses nach und nach diejenigen Elemente, welche am wenigsten zum Herrschen bestimmt sind, immer mehr zur Herrschaft gelangen. Die beste Verfassung ist nach Plato nur da, wo die Stände in dem grossen Menschen, welcher der Staat ist, eine Harmonie der Seelenvermögen darstellen und die Vernunft des regierenden Standes den eiferartigen Theil der Seele, welcher sich im Kriegerstand ausbildet, zur Hülfe hat und dadurch den begehrlichen Theil, welcher im Staate in dem erwerbenden Stande erscheint, in der nothwendigen Unterordnung hält. In der Timokratie, wie Plato sie versteht, herrscht der Ehrgeiz des Kriegerstandes, und das eiferartige Vermögen, obgleich an sich etwas Edles, wenn es für die Vernunft die Waffen ergreift, herrscht nun statt der Vernunft im Ganzen und im Einzelnen. Wird nun in der Timokratie, der Herrschaft der Ehre, Reichthum mächtig, so erhebt sich die Oligarchie, die Herrschaft des Geldes, in welcher statt der Ehrsucht der Krieger die Habsucht der Erwerbenden, der begehrliche Theil der Seele, sich als ein Ganzes zur Macht zusammenfassend, am Ruder sitzt. Aus ehrsüchtigen Männern sind geldliebende geworden. Tugend und Reichthum verhalten sich so, dass sie immer, als läge auf jeder Schale der Wage eins, einander in die Höhe schnellen. Zwischen Reichen und Armen entsteht ein Zwiespalt, als wären es zwei Staaten. Die Menge, durch die Armuth zur Empörung verleitet, erstrebt gleiche Rechte und sie stiftet die Demokratie, die Herrschaft der Masse (nach dem Ausdruck des Polybius die Ochlokratie), „eine sich einschmeichelnde und regierungslose und unbeständige Verfassung, Gleichen und Ungleichen Gleichheit ebenmässig zutheilend.“ In ihr herrschen die losgebundenen Begierden bunt und heute die, morgen die. Die Begierden nehmen die Akropolis der Seele ein, wenn sie merken, dass sie von Wissenschaften und richtigen Begriffen leer ist, welche die besten Wächter und Hüter sind in den Gedanken gottesfürchtiger Männer. Die Alles ebnende Gleichheit ist in sich ungerecht und die allzugrosse Freiheit führt zur Knechtschaft, die Demokratie zur Tyrannis. Das Volk erhebt die Macht eines Einzelnen, um den Missbrauch der zügellosen Freiheit zu zügeln; aber der Einzelne schlägt das Volk, welches der Vater seiner Gewalt ist, wie ein Vatermörder in Banden. Wie in der Leidenschaft Eine Begierde die übrigen überwältigt und herrisch mit sich fortreisst, so knechtet die Tyrannis die Demokratie. Die tyrannisch beherrschte Seele thut am wenigsten was sie will, und gestachelt und gewaltsam umhergezogen, voll Verwirrung und ewiger Reue, ist sie das Gegentheil der sich königlich regierenden Seele.

In dieser Darstellung, in welcher die Timokratie zur Oligarchie, die Oligarchie zur Demokratie, die Demokratie zur Tyrannis zieht, wird der innere Schaden der früheren Verfassung zum scheinbaren Recht der nächsten, welche aber noch schlechter ausfällt. So lässt Plato das Politische in den ethischen Spiegel sehen, und in der psychologischen Herleitung der Entartung, welche, politisch betrachtet, nicht ganz genügen mag, entwirft er die Bilder der Zustände in den verschiedenen Verfassungen so lebendig und wahr, dass sie zu allen Zeiten in den Revolutionen ihr leibhaftiges Ebenbild gefunden haben. Was Plato als das Ursprüngliche setzt, von welchem her abwärts die Entartung geschieht, jene philosophische Aristokratie, welche ungeachtet der edeln Absicht sittliche Unmöglichkeiten in sich trägt, wie z. B. das verzweifelte Mittel der Familien- und Gütergemeinschaft zur Tilgung der Selbstsucht, ist weder etwas geschichtlich Gegebenes noch an sich Denkbares, und nothwendig leidet die Darstellung der Verfassungsänderungen dadurch, dass sie von einem solchen falschen Punkte ausgeht. Wenn wir aber an die Stelle dieser Erdichtung einen andern Anfang setzen, eine sittlich befriedigende Verfassung, wie sie selbst die Geschichte in grossen Beispielen zeigt, z. B. ein echtes Königthum: so haben die folgenden Bewegungen eine Wahrheit. Von der an irgend einem Orte einbrechenden Selbstsucht anhebend, gehen sie, auf geneigter Ebene fortschiessend, durch immer schlechtere Verfassungen hindurch, bis zur Tyrannis, welche am Ende noch wie eine Rettung erscheint, und sind durch die Geschichte mehr als einmal bezeugt. Aristoteles beobachtete zwar in grosser Mannigfaltigkeit noch andere Uebergänge der Verfassungen unter einander und hielt namentlich darum Plato's Darstellung für mangelhaft, für politisch ungenau (*pol.* V, 12). Aber es thut nichts. Die tiefe sittliche Auffassung hat sich in den Grundzügen Plato's bewährt. Rom ging z. B., wie die Einleitung des Sallust zum catilinarischen Krieg dies mit Worten zeigt, welche fast an Plato erinnern (vgl. *Catil.* c. 11. Anfg.), denselben Gang der innern Entartung; und Frankreich hat schon in zwei kurzen Umläufen dieselben Uebergänge und Zustände der Verfassungen erzeugt, welche vor mehr als zwei Jahrtausenden Plato zuerst zeichnete. So sehr hat der apriorische Philosoph Recht behalten, der das Politische psychologisch und ethisch zu begreifen lehrte; denn dieser Grund der politischen Dinge wiederholt sich, so lange der Mensch der Stoff der Geschichte ist. Wenn Plato in jeder Umwälzung den Anstoss zu einer neuen sieht, welche immer eine schlechtere Verfassung als die bestehende erzeugt: so stimmt der staatskluge Macchiavelli, welchen das Ethische im Politischen nicht kümmert, so weit mit Plato überein, dass er im Fürsten (c. 2) warnend sagt: „Eine Staatsveränderung lässt immer die Kragsteine zum Aufbau einer andern stehen."

Aristoteles hat im 5. Buch der Politik die Entzweiung der Staaten behandelt, und zwar fast thucydideisch als eine Thatsache, deren nächste Gründe aufzusuchen sind, nicht wie Plato in einer allgemeinen psychologischen Betrachtung. Er hat am vollen Stoff der griechischen Staatsumwälzungen das Allgemeine beobachtet; und dasselbe Allgemeine hat sich in der neuern Geschichte geltend gemacht, obgleich in ihr noch andere und tiefere Triebfedern mitspielen, welche das Alterthum noch nicht kennt, wie z. B. in dem Abfall der Niederlande, der englischen Revolution, religiöse Motive. Aristoteles bezeichnet das Streben nach Gleichheit oder Ungleichheit als den Grundzug aller Revolutionen. Wenn die nach gleichen Rechten trachten, welche sich für gleich halten, ohne es zu sein, oder welche es wirklich sind, ohne gleiche Rechte zu haben, oder wenn die nach ungleichen Rechten trachten, welche gleich sind oder hervorzuragen meinen: so entspringt ein innerer Zwist (V, 1). Veränderte Macht im Volke zieht leicht eine Veränderung der Verfassung nach sich (V, 4). Den Anstoss zur Bewegung geben menschliche Leidenschaften, Uebermuth, Verachtung, Furcht, Intrigue des Ehrgeizes, Neid (V, 2). Nur wenn im Staate das Proportionale als das Gerechte herrscht (vgl. §. 51), wird die Staatsumwälzung vermieden, und nur das Gerechte, welches das Gleiche nur nach dem innern Werth misst, giebt der Verfassung Dauer (V, 1. V, 7). Was einigt, erhält den Staat, z. B. die volksthümliche Einheit des Stammes (ὁμόφυλον), aber es einigt nichts mehr als die Gerechtigkeit; und insbesondere die Gerechtigkeit gegen die, welche in der Verfassung nicht bevorzugt sind. Aristoteles warnt, die kleinen Anfänge in den Verfassungsänderungen und das Allmähliche zu übersehen. In dem Mittelstande sieht er eine erhaltende Kraft, welche er zu verstärken ermahnt (V, 8). Der Stand der Mitte folgt am leichtesten der Vernunft; denn die Ueberreichen werden übermüthig und in grossen Dingen schlecht und die Allzuarmen Bösewichter und in kleinen Dingen schlecht; jene wollen keiner Herrschaft gehorchen, diese verstehen nicht zu regieren; wie jene leicht Despoten, so werden diese leicht Sklaven, und wenn das geschieht, so schwindet der Stand der Freien in den Staaten (IV, 11). In den Bewegungen muss man sich auf den Mittelstand stützen, der am wenigsten zu Umwälzungen neigt. Insbesondere müssen die Träger der Aemter Liebe zur Verfassung, Geschicklichkeit und Tugend haben; und die Bürger müssen im Sinne der bestehenden Verfassung erzogen und gewöhnt werden (V, 9). So sind es geistige und sittliche Mittel, durch welche Aristoteles die bestehende Verfassung bewahrt und Umwälzungen verhütet.

In der That giebt es keine anderen Mittel, welche würdig wären und Dauer verhiessen. Macchiavellistische Künste, welche dem Sittlichen zum Hohn auf die Schwäche oder die Bosheit der Menschen berechnet sind, kehren sich zuletzt gegen den Staat, der sie übt. Gerechtigkeit bauet das Land und behütet den Staat. Die erhaltenden Elemente muss man da suchen, wo das sittliche Gedeihen des Volkes gefördert wird, wo das Allgemeine im Individuellen und Realen wurzelt und das Eigenthümliche vom Allgemeinen durchdrungen wird. Dahin gehören der zugängliche Erwerb des mit der Rechtsordnung verknüpfenden Eigenthums, die für die Wohlfahrt des Volkes ergiebig gemachten Mittel des Bodens, der an das Land fesselnde Grundbesitz, Alles was ein geistiges Band um das Volk schlägt, gemeinsame Geschichte, gemeinsame Furcht und Hoffnung, der Geist der Gottesfurcht, Sitte und Tugenden der Familien, welche die Tugenden der Bürger und Unterthanen vorbilden, Gewöhnung zur Einfachheit der Bedürfnisse, eine der politischen und geographischen Lage des Volkes entsprechende Verfassung, in Monarchien das feste Erbrecht der Fürsten, das Volksthümliche in der Dynastie, und vor Allem eine Bewahrung des ursprünglichen Princips, welches dem Leben des Staates zum Grunde liegt. *Imperium facile his artibus retinetur, quibus initio partum est.* (*Sallust. Cat.* 2.)

Wo diese erhaltenden Bedingungen mit angestrengter Sorgfalt gepflegt werden und die Regierung wachsam und furchtlos ist, droht keine Revolution; und wenn dann dessenungeachtet eine Verschwörung angezettelt wird, so werden die Strafgesetze genügen.

§. 216. Da in den Revolutionen Recht und Macht, welche eins sein müssen, aus einander weichen, so ist ihr beständiger Fehler Verletzung des förmlichen Rechts (§. 49) und ihre schwerste Folge eine Unsicherheit des Rechts, welche selbst auf Geschlechter hin dauert.

Nicht nur sind kämpfende und im abwechselnden Siege zur Geltung gelangende Parteien wenig befähigt, frei von den einseitigen oder stürmischen Eindrücken des Augenblicks aus dem alten Rechte ein bleibendes umfassendes Recht der Zukunft zu bilden, sondern nicht selten bestreitet der früheren als einer unrechtmässigen Gewalt die folgende das Recht zur Gesetzgebung oder das Recht zu einer bindenden Handlung, und erklärt, was jene that, für null und nichtig. Man kann dialektisch streiten, wie schon im Alterthum geschehen ist (vergl. *Aristot. polit.* III, 1), ob während einer unberechtigten Verfassung, z. B. während einer Usurpation, der Staat gehandelt habe oder nur die seinem Wesen fremde Verfassung, so dass, wenn diese gewichen, sich Niemand an den Staat halten könne; man kann namentlich streiten, ob die von einem Usurpator auf Rechnung des Staates gemachten Schulden Staatsschulden seien. Zwei in sich berechtigte wesentliche Zwecke stossen dabei zusammen, und während der eine die Frage zu verneinen gebietet, gebietet der andere, sie zu bejahen.

Auf der einen Seite würde die Lehre, welche einer usurpirenden revolutionären Regierung das Recht der Gesetzgebung, der Staatsanleihe zuschriebe, den faktischen Zustand schon als den rechtmässigen anerkennen und der eigentlich berechtigten Regierung ihr Recht vergeben. Wer den Gesetzen des Usurpators gehorcht, wer mit ihm Verträge schliesst, oder ihm anleiht, befestigt seine Macht und gewährt ihm die Mittel, zu bestehen. Der Credit, den der Usurpator findet, macht die rechtmässige Regierung creditlos. Von dieser Seite wird die rechtmässige Regierung sich getrieben fühlen, die Gesetzesakte und Verträge der usurpirenden Gewalt zu verleugnen, und, wenn sie hergestellt wird, zu vernichten und in ihren Folgen nicht anzuerkennen.

Auf der andern Seite steht eine andere Betrachtung. Der Staat führt ein geschichtliches Leben, und die Phasen der Verfassung sind seine eigene Geschichte. Es hätten sich in ihm nie Recht und Macht scheiden sollen; aber wenn es geschah, geschah es nicht ohne seine Schuld. Hat er Gewalt leiden müssen, so war es seine Schwäche, und seine Schwäche wird dadurch nicht stark, dass er hinterher nicht anerkennt, wozu er sich in der Schwäche hergeben musste. Es ist die Ehre des geschichtlichen Ganzen, die rechtmässige Ordnung herzustellen, aber in stärkern Tagen die schwächeren nicht zu verleugnen. Die Träger der berechtigten Gewalt sind die höchsten Organe des Staates, aber für sich sind sie nicht die Substanz selbst; wo sie sich von der Macht des Ganzen abscheiden liessen, kann deswegen die Substanz nicht stille stehen und gesetzlos werden. Es wird billig sein, dass die wiederhergestellte rechtmässige Regierung dies erwäge. Es liegt im geschichtlichen Leben des Staates, in aller Weise die Stetigkeit des Rechtes zu wahren, und daher die von der bestehenden Macht gegebenen Gesetze nur auf dem Wege des förmlichen Rechts aufzuheben und der Aufhebung nie rückwirkende Kraft beizulegen (§. 49). Was die von der faktischen Staatsgewalt im Namen des Staates eingegangenen Verbindlichkeiten betrifft, so wird die rechtmässige Regierung, welche edel genug ist, sie zu erfüllen, dadurch nicht schwach, sondern stark erscheinen, und darin das Vertrauen zu ihrem sittlichen Geiste, sowie ihren materiellen Credit, nur vermehren.

Auf diese Weise kreuzen einander in der Entscheidung der aufgeworfenen Frage zwei Gedankenreihen; und die Parteien werden sich je nach ihrem Interesse der einen oder der andern bemächtigen. Die Leidenschaft, welche dem gefallenen Feinde noch einen Todesstoss geben möchte, wird für die erste streiten; und wer eine ausgleichende Versöhnung wünscht, für die zweite. Die letzte steht im Allgemeinen höher. Aber eine durchgängige Entscheidung ist kaum möglich; die richtige wird von der richtigen Beurtheilung der individuellen Umstände abhängen. Namentlich wird es darauf ankommen, ob die Gesetze und Verträge von der usurpirenden Gewalt ausgingen, da sie nur im Versuch begriffen war, oder nachdem sie thatsächlich die Macht des Ganzen unter sich gebracht hatte und im Stande war, durch diese Macht dem Gesetz und Vertrag schon im Namen der Substanz des Staates Geltung zu verschaffen.

§. 217. Zwar ist nach der Erfahrung die Furcht vor Strafe nicht mächtig genug, um die allgemeine Leidenschaft im Zaum zu halten, wenn sie sich im Volke an dem von Allen empfundenen Unrecht entflammt. Aber das Verbrechen hört dadurch nicht auf, Verbrechen zu sein, und das Recht muss den Staat wahren, so weit es kann. Gegen Abenteurer und Verschwörer, gegen Verräther und Treulose richtet sich die Strafe des Hochverrathes und Landesverrathes. Das Verbrechen gegen den Staat gefährdet zugleich das Leben und das Eigenthum Vieler, und schon darum gelten hier die Gesichtspunkte, welche bei der Strafe des Mordes hervorgehoben sind (§. 70). Von Alters her sind im Gesetz Hochverrath und Landesverrath mit dem Tode bedroht. In Zeiten politischer Bewegung wird wol das politische Verbrechen milder beurtheilt, weil es aus höhern Motiven hervorzugehen und darum über das gemeine Verbrechen hinausgerückt zu sein scheint. Gelungene Revolutionen und amnestirte Verbrechen stumpfen das Gefühl für das politische Unrecht ab. Dessenungeachtet bleibt der Hochverrath seinem Begriffe nach ein Mord am Vaterlande, und eine angezettelte Revolution eine politische Brandstiftung. Die Strafe, welche sich nach der mit diesem Verbrechen verknüpften Absicht mildern möchte, schärft sich nach der Hoheit der verletzten Zwecke (§. 66).

D. Völker und Staaten.

§. 218. Der Staat ist eine geschlossene Einheit, mit dem Streben, aus seinem Volke und seinem Lande sich selbst zu genügen. Auf Macht gegründet, schützt er seinen Willen, und ehe er den fremden annimmt, ist er zunächst bereit, ihn abzuweisen. In jedem kräftigen Willen ist das Strenge und Herbe die Grundlage des Anmuthenden und Milden. In dem aus der Macht geborenen Staate (§. 152) wiederholt sich dies mit verstärkter Bedeutung. Ueberdies ist es die Natur jeder individuellen Persönlichkeit, dass sie sich im Widerstand selbstgewiss werde. Daher herrscht zuerst in den Völkern und Staaten die einander abstossende Kraft vor der gegenseitig anziehenden.

Der blinde Trieb der Selbsterhaltung und Selbsterweiterung, welcher die Masse ungebändigt beseelt, treibt die Völker hart an einander, ehe sie verständig ihre Stärke im Austausch der Kräfte finden. Wenn der Staat seinen Leib in Volk und Land hat und in ihm seine tausend und aber tausend Glieder, so ist er nothwendig gegen jede Verletzung empfindlich, welche eines dieser Glieder von aussen erfährt; und wie diese Empfindlichkeit ein schönes Zeichen des den Leib durchdringenden Einen Gefühles ist, so ist es die Ehre des selbstständigen Staates, gegen jede solche Verletzung gegenzuwirken, bis sie gut gemacht ist. Den leisesten Eingriff in die Grenzen des Ganzen und jeden Eingriff in die Einzelnen, welche zu ihm gehören, empfindet er als einen Zweifel an der Macht, auf welcher er beruht. Die Macht will gefürchtet sein; denn auf diese Furcht gründet sich die fremde Anerkennung, ehe sie sittlich wird. Daher sind in dem zusammentreffenden Streben nach Selbsterweiterung Kriege der Anfang der Beziehungen zwischen den Völkern.

Die Ethik, welche innerhalb des Staates dadurch möglich wird, dass die Menschen, von der Macht Eines Menschen im Grossen gehalten und gezügelt, auf sicherem Boden und unter dem höhern Zwang der Gesetze mit einander verkehren, kann unter den einzelnen Staaten erst allmählich eine Grundlage gewinnen. Die Staaten begegnen einander mit der unvermeidlichen und unverhohlenen Moral des natürlichen Menschen, dessen erstes und letztes Gesetz die Selbsterhaltung, und dessen Affekte Neid und Eifersucht, Argwohn und List, Zorn und Rache, höchstens erst nach dem Siege Mitleid mit dem Schwachen und Grossmuth gegen den Elenden sind. Erst allmählich lernen die Staaten den Schutz und Trutz der gegen einander gekehrten Macht in den Austausch der Kräfte und Erzeugnisse, in die beide Theile verkettende und verstärkende Gemeinschaft von Leistungen und Gegenleistungen überführen und ihre Beziehungen durch das Band sittlicher Begriffe befestigen. Erst spät begreifen sich die Staaten im Fortschritt dieser Beziehungen als Glieder einer Staatenfamilie, in welcher Jedes, Zweck in sich und Mittel der übrigen, die Selbsterhaltung mit der Erhaltung der übrigen verflicht; und selbst wo ein solches Staatensystem entsteht, hat es immer noch Staaten im feindlichen Gegensatz ausser sich, oder strebt in der Lust der eigenen Machterweiterung gegen sie an. Daher kehrt in den Beziehungen der Völker die Moral des natürlichen Menschen immer wieder und es ist die grosse Aufgabe, sie in gegenseitiger Anerkennung und dauernder Sittlichkeit zu gründen. Das wird erst möglich, wenn jedes Volk auf dem Grunde seiner Begabung sein eigenthümliches menschliches Werk vollbringt und seinen eigenthümlichen Beitrag zum Leben aller leistet und nun sich allesammt in ihrer Gemeinschaft anerkennen. Es wird also nur möglich, indem sich auch hier das Gesetz aller ethisch politischen Entwickelung vollzieht (§. 36). Indem die Völker, von sich selbst ausgehend, einander verstärken, gliedert sich das Ganze aller, und es wird dadurch die wahre Ergänzung gefunden und dargestellt. Der ewige Friede, welcher als Sehnsucht geängsteter Gemüther eine eitele Hoffnung ist, wird dann der andere Ausdruck einer solchen Gliederung der Menschheit in Völker und ein Ziel der Weltgeschichte. Indem anfänglich der Krieg die Völker hinausstösst und über die Erde verbreitet, sammelt die Cultur sie und nimmt sie in ein Ganzes auf. Daher geht die Bewegung des Völkerrechts vom beständigen Kriege im Anfang der Dinge zum ewigen Frieden in der Zukunft der Zeiten. Es ist die Idee des Völkerrechts, in dieser Entwickelung die Bedingungen zu wahren, welche die Annäherung zu einer solchen bleibenden Gliederung möglich machen, zu einer Gerechtigkeit der Völker gegen einander und zwar nach dem Masse dessen, was sie zu dieser Gliederung leisten. So arbeitet auch das Völkerrecht im Sinne einer ethischen Idee.

Anm. Wer die ethische Idee im Völkerrecht verleugnet, geräth in den verstrickenden Macchiavellismus, der die Maximen des natürlichen Menschen für die Staaten systematisirt und zur Norm erhebt. Macchiavell lehrt in seinem „Fürsten" (1515) am Historischen und Faktischen eine Politik der Selbsterhaltung und Machterweiterung um jeden Preis, Maximen für den äussern und innern Krieg. Treu und Glauben, Gerechtigkeit und Gottesfurcht lehrt er seinen Fürsten nur so weit anerkennen, als sie ihm nützen: er lehrt ihn sie von Andern öffentlich zu fordern und mit ihrem erheuchelten Schein die Welt zu berücken, aber sich selbst, wenn sie ihm schaden, von ihnen heimlich zu entbinden; er legt sie ihm wie eine Schwäche offen, damit er selbst diese Blösse meide, indessen Andere daran fasse. Er lehrt Fuchs sein, um die Schlingen zu sehen und Schlingen zu legen, und Löwe, um die Wölfe zu scheuchen (vgl. Kap. 18). Alles setzt er auf Kraft und entschlossene Consequenz im Handeln. In diesem Sinne lehrt er vor Allem Furcht einzuflössen, und wo das nicht möglich ist, den Mächtigen zu überlisten, und bei beidem vor keinem Mittel zurückzuweichen. In diesem Sinn lehrt er die Menschen und selbst ihren Glauben an das Sittliche zu berechnen und sich in ihnen nur auf zweierlei, auf ihre Furcht und ihren Eigennutz, zu verlassen; er lehrt die Wachsamkeit des Misstrauens zu üben und der Tugenden, welche schwach machen, wie der Freigebigkeit und der Grossmuth, sich zu entwöhnen. So befestigt er in der Politik das Stadium des natürlichen Menschen, dem er die Mittel zur Selbsterhaltung und Machterweiterung angiebt.

Wenn nun Macchiavell die Politik der verschlagenen Hinterlist und der gewaltthätigen Tücke aus dem Kriege der Völker und Staaten entnimmt und um der Macht des Fürsten willen nach innen wirft und auch im Innern des Staates vorschreibt: so war es des jugendlichen Königs Friedrichs des Zweiten würdig, in seinem Antimacchiavell (1740) vielmehr den Fürsten zum Ursprung der sittlichen Begriffe und zu ihrem ritterlichen Wächter zu machen, so dass ihm nicht Gewalt und List, wenn er sie üben muss, das Höchste ist, sondern Gerechtigkeit nach innen und Stärke nach aussen. Vgl. des Vfs. Macchiavell und Antimacchiavell. 1855 S. 25.

§. 219. Es sind schon (§. 154) die völkerverbindenden Thätigkeiten bezeichnet worden, welche an und für sich den Einzelnen angehören, aber über den Staat hinausführen. Die Autarkie des Volkes ist beschränkt; es bedarf vieles, was es nicht aus dem eigenen Lande, aus den eigenen Mitteln schöpfen kann; und das auf die Erzeugnisse des eigenen Landes beschränkte Volk verkümmert um so mehr, je ungünstiger die natürlichen Bedingungen seiner Lage sind. Der Handel hat daher vom Anfange der Weltgeschichte an die Völker einander aufgeschlossen und das Gefühl gepflanzt und gepflegt, dass sich die Völker unter einander bedürfen. Die Fremden hörten auf Feinde zu sein und wurden Gäste. Cultur ist nur in der Wechselwirkung der Völker möglich, und soweit sie nicht den Menschen einseitig anbauet oder Genuss über die Thätigkeit setzt, ist sie als eigenthümliches Werk des Menschen von sittlichem Werth.

Zunächst tauschen die Völker Erzeugnisse ihres Landes, Früchte des Bodens, Beute der Jagd, Erträge der Viehzucht, Stoffe zur Arbeit. Durch diesen Austausch werden unwirthbare Gegenden der Erde bewohnbar und das menschliche Leben gewinnt aller Orten an Gesundheit und Sicherheit, überhaupt an den Vorbedingungen des geistigen Lebens. Indem der Handel vorhandene Bedürfnisse befriedigt und andere erregt, befriedigt er sie nur dem Gegenleistenden, dessen Thätigkeit er daher anreizt und spannt. Die Verarbeitungen des Stoffes, die Produkte der Industrie bilden einen zweiten Gegenstand des Handels, der nur durch die Erfindungen der Technik möglich wird. In beider Hinsicht knüpft der Handel das Band zwischen den Völkern, und in demselben Masse, als das Recht in ihnen an Sicherheit zunimmt, einen Verkehr aller Völker mit allen, bald direkt, bald indirekt. Wo er das allgemeine Tauschmittel, das Geld, zum Gegenstand macht, wird er zuletzt dergestalt allgemeiner Natur, dass er auf dem Markte der Staatspapiere sogar die Politik, die inneren Zustände und die äusseren Verhältnisse der Staaten, zur Triebfeder nimmt und auf der Börse Nachfrage und Angebot sich nach Stimmungen regeln, welche in der Weltgeschichte der Gegenwart Furcht und Hoffnung der Nationen ausdrücken.

Dem allgemeinen Trieb der Menschen, in gemeinsamer That die Natur zu besiegen, angehörend, haben die Erfindungen eine Bedeutung für alle Völker und gehen über den geschlossenen einzelnen Staat hinaus. Zunächst erscheinen sie als ein Erzeugniss des überlegenen menschlichen Verstandes und eine Verstärkung der menschlichen Kraft; aber sie sind dem Ethischen nicht fremd. Grosse Erfindungen haben sogar eine Seite in sich, welche, richtig ergriffen, die gemeinsame wie die individuelle Sittlichkeit zu steigern vermag. Es werden daher insbesondere diejenigen eine höhere Bedeutung haben, welche das, was dem Menschen als solchem eigenthümlich ist, erleichtern oder in einem höhern Grade möglich machen.

Wenn nun im Gegensatz gegen die ewig wandelnden Erscheinungen der Dinge und die wandelnden Stimmungen der Menschen das Identische der mächtige Stempel alles Denkens und der beherrschende Charakter jedes Gesetzes ist, so wird jede Erfindung, welche das Identische verwirklicht oder fördert, im theoretischen Reiche des Gedankens wie auf dem praktischen Gebiete des gemeinsamen Lebens von unberechenbarer Wirkung sein; und wenn das Gemeinsame und Individuelle durchweg die Pole alles Ethischen sind, so werden Erfindungen, welche auf der einen Seite Gemeinschaft zu stiften und auf der andern Seite die Menschen als Kräfte zu scheiden und die geschiedenen und auf sich gestellten Kräfte zu steigern vermögen, in der ethischen Welt neue Epochen begründen. In beiden Beziehungen darf die Schrift mit ihren Steigerungen und Verzweigungen hervorgehoben werden. Zunächst dient sie dem Identischen Geltung zu verschaffen. Sie befestigt das flüchtige und leicht entstellbare gesprochene Wort, so dass an ihm als an dem nämlichen, wie z. B. an dem Worte der Bibel, selbst die Geschlechter der Geschichte Theil haben können; sie macht das geschichtliche Leben und das Gedächtniss der Menschheit möglich und bedingt in der Gemeinschaft der Gegenwart das allenthalben mit sich selbst übereinstimmende Gesetz und den unverbrüchlichen Vertrag. Sodann fördert sie die Gemeinschaft der Gedanken und der Willen zwischen den Menschen an den entlegensten Orten und erst durch die Schrift wird diese Gemeinschaft eine die Ereignisse bewegende Macht.

Ebenso wahrt das mathematische Element in den Erfindungen, Mass und Gewicht, das Identische und es dient der Gerechtigkeit, welche ihrem Wesen nach den mathematischen Begriff des Proportionalen in sich trägt. Die Erfindung des

Geldes wirkt auf eine hervorragende Weise dergestalt, dass sich die Menschen zu den mannigfaltigsten Zwecken vereinigen und scheiden können, ohne dass ein unvergoltener Rest der Arbeit übrig bleibe (§. 48. §. 108). Die mathematischen und mechanischen Erfindungen, welche die Präcision steigern, machen den Geist präcis und vermögen der ethischen Pünktlichkeit eine neue Schärfe zu geben. Eine solche Erfindung, wie z. B. die Uhr ist, macht ein genaues Zusammenwirken der Kräfte möglich, wie es ohne sie unmöglich ist, und gewinnt zugleich dem Einzelnen Zeit, welche ohne sie verloren ginge, zur Erfüllung mit menschlicher Thätigkeit. Sie vermögen insofern die gemeinsame und individuelle Sittlichkeit zu steigern. Ebendahin können auch die Telegraphen gerechnet werden, welche z. B. bei kaufmännischen Unternehmungen das Gebiet des Zufalles verengen, indem sie die Wechselfälle der sonst zwischen Auftrag und Ausführung liegenden Zeit ausschliessen oder verringern. Die Combination, welche beinahe als eine Combination aller Erfindungen mit allen diesem grossen technischen Gebiete eigenthümlich ist, wirkt verfeinernd und verstärkend nach denselben Richtungen in einem angemessenen Verhältniss.

Wenn im gemeinsamen Leben die grossen Aufgaben nur dadurch gelöst werden, dass die Menschen ihre Kräfte an demselben Orte real verbinden, oder, wenn getrennt, doch ihre Gedanken und Willen in Einem Sinn vereinigen: so wirken keine Erfindungen in der Weltgeschichte mächtiger, als diejenigen, durch welche die Menschen, sei es real, wie in den Mitteln des Verkehrs, sei es ideell, wie in der Beschleunigung des von Ort zu Ort gehenden Zeichens, den trennenden Raum und die aufhaltende Zeit überwinden. In dieser Beziehung ist es merkwürdig, wie diejenigen Erfindungen, welche die Menschen zu einander bringen, und diejenigen, welche die Zeichen für die Gedanken und Willen steigern und verbreiten, zusammengetroffen sind und öfter, fast gleichzeitig auftretend, zusammengewirkt haben, um der Weltgeschichte einen Ruck zu geben. Es ist merkwürdig, wie in den ältesten Zeiten die erste Steigerung des Gehens im Reiten mit der ersten Steigerung der Sprache in der Schrift parallel läuft. Die vorherrschende Beförderung bleibt das Reiten. Man geht und reitet, so lange man nur spricht und schreibt. Gleichzeitig mit der Steigerung der Schrift im Druck werden die Posten erfunden und das Fahren wird allgemeiner. Man geht und reitet und fährt, in derselben Zeit, da man spricht und schreibt und druckt. Endlich tritt von Neuem die Erfindung der Eisenbahn, der die Dampfschiffe parallel gehen, ziemlich gleichzeitig mit der Telegraphie ein, welche das Zeichen des Gedankens und des Willens mit der Kraft und der Schnelligkeit des Blitzes entsendet. Die neue Epoche ist dadurch bedingt, dass man geht und reitet und fährt und dampft, und wiederum spricht und schreibt und druckt und telegraphirt. Diese Coincidenz von Erfindungen, welche real und ideell die Gemeinschaft steigern, und die Combination beider hat eine in die Gestaltung der Verhältnisse eingreifende Kraft, deren fördernde Wirkungen sich noch nicht übersehen lassen und gegen deren schlimme Seitenwirkungen Sitte und Gesetz gemeinsam anstreben müssen.

Die Erfindungen haben noch eine politische Seite, welche da, wo es sich um das Verhältniss des Staates und der Gesetze zu denselben handelt, kurz erwähnt werden muss. Man hat ihnen sammt und sonders eine demokratisirende Kraft zugeschrieben und wirklich sind die sogenannten Conservativen neuen Erfindungen, bis sie sich Bahn brechen, mehr abgeneigt als zugethan. Allerdings verbreitet jede Erfindung Macht, indem sie die Kräfte der Einzelnen mehrt. Aber weil der Staat ein Mensch im Grossen ist, so erweitert er seine Macht mit denselben Mitteln, mit welchen die Einzelnen ihre Kraft erhöhen, und die gesteigerte Kraft der Einzelnen ist auch eine Erweiterung der Macht für die besondern Zwecke des Staates. Es lässt sich daher an jeder Erfindung eben so sehr eine monarchische als eine demokratische Wirkung nachweisen. Die Schrift z. B., welche die Einsicht der Einzelnen mehren hilft und insofern, man mag es so nennen, demokratisch wirkt, hat zugleich für die Jahrhunderte unter einander und für das gegenwärtige Leben eine zusammenhaltende Kraft, welche der Monarchie des Guten und des Gesetzes, wie der Herrschaft der Regierung dient. Die Buchdruckerkunst macht den aristokratischen Gedanken zum Gemeingut und macht erst im vollen Sinne eine öffentliche Meinung möglich, aber sie hilft eben dadurch zum Guten und im Guten regieren. Die Eisenbahnen und Telegraphen vervielfachen die Verbindung der wirkenden Kräfte und der Gedanken in den Einzelnen und mehren die Macht derselben; aber sie bringen zugleich eine Gegenwart des centralen Willens an allen Punkten der Peripherie hervor, welche die monarchische Gewalt des Staates spannt. Die Maschinen machen die Sklaven entbehrlich und wirken dadurch demokratisch, aber bedingen zugleich die Aristokratie des Kapitals. Das Schiesspulver wirkte zur Zerstörung des alten Ritterwesens und zur Auflösung des Heerbannes und wirkte insofern demokratisch, aber steigerte zugleich die monarchische Gewalt des Kriegsherrn. So gehen die Erfindungen, aus dem allgemeinen Gedanken entsprungen, über die Wahlverwandtschaft mit einzelnen Verfassungsformen hinaus und haben eine allgemein menschliche Bedeutung. Vom Staate nicht gemacht, streben sie weiter als der Staat und verbinden die Völker.

Die Wissenschaften haben ihre eigenen Erfindungen, wie z. B. in den die Dinge dem Geiste erobernden Methoden, in der die Entwickelung der Gedanken regierenden Definition, in der die Massen der Erscheinungen beherrschenden Division. Mit dem schwer erworbenen, immer fruchtbaren Kapital erkannter Nothwendigkeit, mit der treu gesammelten, klug verarbeiteten Erfahrung der Menschheit, mit dem immer neuen Triebe auf Anwendung treffen sie dergestalt das allgemein Menschliche, dass sich in ihnen und für sie die hervorragenden Geister der Völker und durch diese die Völker selbst verbinden. Aehnlich wirken die Künste, welche in individueller Darstellung allgemeine Motive, überhaupt im Schönen das Gute und Wahre darbieten.

Ferner gehen die Boten der Religionen und Kirchen in alle Welt; wie sie das Göttliche, das sie verkündigen, als ein allgemeines empfinden, werben sie für den Glauben in den verschiedensten Völkern und knüpfen unter den Genossen über Meere und Berge hinüber ein einigendes Band.

Alle diese Richtungen, vom Staate nicht gemacht, bilden, so weit sie das allgemein Menschliche wahrhaft ausdrücken, einen wesentlichen Inhalt des Staates, aber sie gehen über den Staat hinaus. Man kann alle diese Richtungen, von denen die Kunst noch am meisten im Nationalen verharrt, kosmopolitisch nennen; und der kosmopolitische Charakter drückt sich zwar in allen sehr verschieden aus, anders im Kaufmann, der die Eigenthümlichkeit der Völker anerkennt und nur ihren faktischen Bedürfnissen nachgeht, auf die Freiheit des Austausches bedacht, anders im Gelehrten, der das allenthalben sich gleich bleibende Wesen der Sache und die Freiheit der Forschung sucht, und anders im Theologen, der die Verbrüderung der Menschen im Glauben und Bekenntniss anstrebt. Aber sie alle suchen ihr Recht nach der Idee ihres Berufes über den Staat hinaus.

Im Sinne dieser völkerverbindenden Richtungen entstehen selbst Kolonien mit eigenthümlichen Rechtsverhältnissen. Als Zwischenbildungen zwischen abhängigen Gliedern eines grössern Staates und aufstrebenden Gemeinwesen, deren Selbstständigkeit vielfach versucht und erprobt wird, enthalten sie Keime eigener Staatsbildung, und ihre Verfassung, durch dies Doppelverhältniss bedingt, folgt den Entwickelungen ihrer Machtstellung.

Endlich kann der Staat für seine Zwecke, und namentlich für den Zweck der Unabhängigkeit, aus seiner Abgeschlossenheit heraustreten und in Bündnissen mit andern (in Conföderationen) eine Verstärkung suchen.

In allen diesen Beziehungen werden gegenseitige Rechtsordnungen nöthig, bestimmt, das Sittliche in diesen Richtungen zu erhalten, und bilden den Inhalt des Völkerrechts im Frieden. Diese gemeinsamen Rechtsordnungen entstehen an dem Kreuzungspunkt zusammentreffender Rechtssysteme, indem jeder Staat mit dem Triebe der Selbsterhaltung zunächst die Anschauung seines Rechts oder seines Vortheils geltend macht. Wo innerhalb des Staates die Consequenz zweier für sich berechtigter Zwecke zusammenstösst, entscheidet das über beiden stehende, beide umschliessende Ganze nach dem eigenthümlichen Geist seiner positiven Gesetzgebung (§. 47). Eine solche mit sich selbst einige autonome Macht fehlt im Völkerrecht. Die Staaten müssen stillschweigend oder durch Vereinbarung eine Ausgleichung treffen, welche je nach dem Wesen der Sache ihre gemeinsamen sittlichen Beziehungen zu wahren strebt und, die eigenthümlichen Aufgaben und die eigenthümliche Lage der einzelnen Staaten anerkennend, die Gliederung derselben fördert.

§. 220. Es ist für das Völkerrecht besonders wichtig, dass die Grenzen klar bestimmt werden, bis zu welchen die Herrschaft eines Staates gehe. Denn an den Grenzen begegnen sich entgegengesetzte Systeme der Macht, welche dort sich ruhig scheiden und nicht feindlich zusammenschlagen sollen. Wenn es verhältnissmässig leichter ist, die Landgrenzen eines Staates zu bestimmen und kenntlich zu machen, so ist es schwieriger, die Grenze nach der Seeseite festzustellen. Es fragt sich, wie weit die See der Küstengrenze zugerechnet werden soll und ob und wie weit die See, ähnlich wie das Land, Eigenthum einer Nation werden kann. Für jeden Küstenstaat ist es nothwendig, dass das Meer, das ihn bespült, so weit als sein, als ihm zur Verfügung stehend, anerkannt werde, als die nächste Sicherheit der Küste es fordert. Daraus ist als die mindeste Forderung die Bestimmung erwachsen, von dem Meer den Bereich eines Kanonenschusses dem Lande zuzurechnen. Aber die Ansprüche sind weiter gegangen. Staaten haben sie auf Meere, ja auf Weltmeere als auf ihr Eigenthum ausgedehnt, wie im 16. Jahrhundert die Spanier und Portugiesen auf die von ihnen entdeckten, Grossbritannien auf die ihm zunächstliegenden Meere. Daher fragt es sich, ob und wie weit das Meer als Sache in den Begriff des Eigenthums (§. 93. 94) eingehe. Wenn das Eigenthum im weitesten Sinne Werkzeug des Willens sein soll, so kann der Staat mit seiner Macht Werkzeuge fassen und handhaben, welche dem Einzelnen entsinken würden. In dieser Hinsicht werden Busen des Landes und fast umschlossene Theile des Meeres als sein Eigenthum gelten können; denn sie dienen ihm, und er hat sie in seiner Macht wie eine Sache. Anders ist es mit dem weiten offenen Meer, welches fast so wenig als der Luftraum fassbares Eigenthum werden kann und fast so wenig als der Luftraum zulässt, erkennbare Zeichen des Willens, die Marken des Eigenthums, in ihm zu befestigen. Die Analogie des Eigenthums verschwindet, wenn man die Unterschiede beachtet, welche zwischen dem Meere und andern Sachen des Eigenthums bestehen. Die Sache wird durch anbildende Arbeit Eigenthum, aber bei dem Weltmeer ist diese geistige Aneignung nicht denkbar. Wenn ferner die herrenlose Sache durch Occupation Eigenthum wird, so kann die Auffindung des Weltmeeres, welche z. B. Portugiesen und Spanier geltend machten, einer solchen Occupation nicht gleich kommen; denn zur Occupation würde die Möglichkeit gehören, das Weltmeer mit gegenwärtiger Kraft zu beherrschen. Eine solche Anstrengung wäre nicht viel anders als ein beständiger Krieg und zerfiele in sich selbst. Hat das Meer in der Geschichte die Bedeutung gewonnen, die Völker zu verbinden statt zu trennen: so kann dies Verbindungsmittel nicht ausschliessendes Eigenthum sein. Auf dem Lande geht der gemeinsame Weg selbst mitten durch die Aecker hindurch. Hinter dem Anspruch auf das Eigenthum des Meeres birgt sich der Anspruch auf ausschliessliches Eigenthum des Seeweges, auf ausschliesslichen Handel. Wenn das Meer frei ist, so gleicht jedes Schiff auf dem Meere einer schwimmenden Kolonie seines Staates. Von keiner Grenze abhängig, ist es frei, wie der Staat, dem es angehört, und geht unbehelligt seinen Weg. Das Recht des freien Meeres, für welches insbesondere im 17. Jahrhundert gestritten wurde, wahrt dem Handel, dem wichtigen Hebel der Cultur, den Weltstreit der Kräfte, und ist eine Vorbedingung für das Ziel der Geschichte, dass sich die Menschheit gliedere, indem sich die Völker der Erde zu eigenthümlichen Verrichtungen scheiden und verbinden.

§. 221. Im bürgerlichen Recht tritt der Conflikt hervor, wenn es sich bei einem Fremden, sei es in Familienbeziehungen, wie z. B. bei Erbschaftsverfügungen, Einsetzung von Vormundschaften, oder bei einem in der Heimat erworbenen Eigenthum, oder in der Frage über Gültigkeit von Rechtsgeschäften, darum handelt, welche Rechtssatzungen, ob das Ortsrecht oder das Heimatsrecht, d. h. das Recht des Ortes, an welchem sich der Fremde gerade aufhält, oder das Recht seiner Heimat entscheiden solle.

Es sind verschiedene Auffassungen der Staaten in Bezug auf diese Rechte der Fremden möglich. Der Trieb der eigenen Macht drängt in jedem Staate dahin, nur das eigene Recht gelten zu lassen. Aber es ist ein tieferes Rechtsbewusstsein, in den sittlichen Verhältnissen, welche das Recht der Ausländer erzeugt und getragen haben, dem Individuellen nachzugeben und das Sittliche in dieser Eigenthümlichkeit zu wahren, so weit nicht ein wesentliches Recht des den Schutz des Fremden leistenden Staates widerstreitet. So erscheint es als eine höhere Stufe des sich gemeinsam vollendenden Rechts, als eine Achtung für die Stetigkeit des Privatrechts, wenn der Staat in den bürgerlichen Stand eines Fremden, in die Rechtsverhältnisse der Familie, wie bei Erbschaften, nicht nach eigenem Recht eingreift, sondern darin das Heimatsrecht des Fremden (die Personalstatuten) gewähren lässt und aufrecht hält. Andere Fälle können andere Betrachtungen berechtigen. Es bedarf einer positiven Norm, und es ist wichtig, sie gegenseitig zu regeln, damit das geschehe, was das Sittliche in allen Landen fördere, und nicht bloss was dem einen Staat zusage, der gerade die Gewalt über den Fremden hat.

Im Criminalrecht steigt der Conflikt durch mögliche politische Beziehungen. Wenn ein Fremder wegen eines Verbrechens in der Heimat von seinem heimischen Gericht verfolgt wird, so fragt sich, wie weit der Staat, bei welchem der Verbrecher eine Zuflucht gesucht hat, ihn auszuliefern verpflichtet oder befugt sei. Das sogenannte Asylrecht hat sich früh aus religiösem Mitleid, das man mit dem ins Elend gegangenen und um Schutz fliehenden Flüchtling empfand, wie ein Gastrecht gebildet und in politischen Dingen durch politische Vorstellungen befestigt. Es ist kein persönliches Recht des Verfolgten, sondern ein Recht, das sich der Staat mit seiner Macht über Alles, was auf seinem Gebiete ist, zuschreibt. Inwiefern dies Recht den Lauf der Gerechtigkeit aufhält, oder gar zu Verbrechen im andern Staate Muth macht, so erscheint es als ein Unrecht der doch um der Gerechtigkeit willen bestehenden und mit einander verbundenen Staaten. Wenn es aber dennoch ein Recht ist, so fragt es sich, welche Seite des Sittlichen darin gewahrt werde.

Man unterscheidet wol gemeine und politische Verbrechen und will das Asylrecht auf die politischen einschränken. Aber es ist schwer, zwischen beiden eine Grenze zu ziehen, und die politischen, welche man unter den Verbrechen durch vorausgesetzte höhere Motive zu adeln pflegt, können an zerstörender, alles Sittliche gefährdender Wirkung den gemeinen gleichstehen und selbst vorangehen (§. 217).

Man kann das Asylrecht zunächst vom Standpunkt der Selbsterhaltung betrachten, welcher zwischen Staaten und Staaten, ehe sich über ihnen ein höheres Sittliches gebildet hat, der nothgedrungene ist. Darnach werden diejenigen Verbrechen, an deren Tilgung jedem Staate aus eigenem Interesse liegen muss, keinen Schutz im andern Staate finden dürfen, und die Auslieferung wird in einem solchen Falle, wenn nicht der fremde Staat sich mit der Bestrafung befassen will, nothwendig. Indessen können fremde politische Verbrecher als Feinde des andern Staates für Freunde des eigenen gelten und die Schwächung des fremden in innerer Zwietracht für eine Stärkung des eigenen. Dies selbstische Motiv, über fremden politischen Verbrechern als über bereiten Mitteln zu Wirren im fremden Lande die Hand zu halten, ist noch keine ethische Begründung eines Rechtes, welches darauf geht, der Gerechtigkeit im andern Staate Abbruch zu thun. Wäre es gewiss, dass wirklich im fremden Staate nicht bloss einer Satzung, sondern der ewigen Gerechtigkeit Gewalt geschehen, wäre es gewiss, dass auch von der Seite des verletzten fremden Staates nur Recht und nicht Willkür geübt sei und dass derselbe Staat, im politischen Verbrechen an der reizbarsten Stelle gekränkt, in der Bestrafung nur Recht vollziehen und nicht Rache ausüben werde: so würde sich trotz alles Mitgefühles mit dem Verfolgten das Asylrecht da nicht halten können, wo es im Sinne eines höhern Sittlichen gilt, die Selbsterhaltung, welche lediglich die eigene Macht sucht, nur so weit anzuerkennen, als sie zugleich einer Gliederung des Ganzen zu dienen vermag.

Inzwischen ist das Asylrecht ein ethischer Nothbehelf, ein Bekenntniss des Misstrauens zum fremden Recht und zur fremden Rechtspflege, ein Bekenntniss von den Gebrechen der menschlichen Gerechtigkeit überhaupt, ein Provisorium des Rechts, aber ein zur Zeit und wahrscheinlich für alle Zeiten nothwendiges. Weil das bedingt Gerechte — das Gerechte nach einer bestehenden Verfassung — nicht immer mit dem schlechthin Gerechten zusammenfällt (§. 48. §. 212), und weil das politische Verbrechen, das zu untersuchen dem fremden Staate weder obliegt, noch möglich ist, so erscheinen kann, als habe es nur gegen das bedingt, aber nicht gegen das schlechthin Gerechte gefehlt, oder als habe es gar nur Gewalt gegen Gewalt, nur List gegen Willkür gesetzt: so übt man gegen fremde politische Verbrecher ein Gastrecht und schützt sie, zumal dem Flüchtigen faktisch schon die Strafe des Elends (der Verbannung) auf dem Fusse gefolgt ist. Insbesondere wirkt bei der Ausübung des Asylrechts Wahlverwandtschaft politischer Sympathien und der Stolz auf Macht und auf Freiheit der Meinungen mit. Jedes Volk ist in die Rechtsanschauungen, die ihm lieb sind, eingelebt und hält sie daher leicht für das schlechthin Gerechte. Die flüchtigen Fremden können ihm als Martyrer dieses bessern Rechts erscheinen.

Das Asylrecht, als Schutz besiegter Parteien von sittlichem Werth, als Schutz wirklicher politischer Verbrecher von zweifelhafter Bedeutung, schlägt da in politisches Unrecht des einen Staates gegen den andern um, wo es zum Schirm und zur

Decke wird, um die Zufluchtsstätte zu einem Herde für Feuerbrände zu machen, die in fremde Länder sollen geworfen werden, wo es zu einem Stützpunkt von Verschwörungen oder Versuchen zum Meuchelmord wird. Das gastliche Asylrecht bedarf daher strenger Gesetze zur Wahrung seines Sinnes gegen den Missbrauch immer gährender, selten beschwichtigter politischer Leidenschaften.

§. 222. In den Beziehungen aller der Thätigkeiten, durch welche (§. 219) sich die Völker mit einander verbinden, wird es zur Wahrung und Förderung des gemeinsamen Gutes eines vereinbarten gemeinsamen Rechtes bedürfen — und es bildet sich darin ein internationales Privatrecht.

Der Handel verlangt zuerst, wohin er geht, ein sicheres und promtes Recht überhaupt; ohne ein solches fehlt ihm Lust und Muth, weil die Möglichkeit, Pläne zu berechnen (§. 165); wenn dann dies sichere und promte Recht in dem Inhalt seiner Bestimmungen unter den Nationen so gemeinsam wird, wie es der Natur der Sache entspricht, z. B. im Concurs (§. 116), im Wechselrecht (§. 166), im Seerecht (§. 167): so erleichtert und belebt das den Handel von Neuem. In dieselbe Richtung gehört auch die gemeinsame Fürsorge für die Erleichterung des Verkehrs und für eine Beschleunigung des Zeichens von Land zu Land.

Da die Erfindungen sammt und sonders die menschlichen Kräfte nach bestimmten Richtungen verstärken, so zeigt sich in den Gesetzgebungen der Nationen ein Trieb, sie als ein Geheimniss zu behüten und in dem Wettlauf der Völker um die Macht sie ausschliessend für sich auszubeuten. Eine Nation kann die in ihr gemachte Erfindung als einen Zuwachs ihrer Macht bewahren wollen, auf ähnliche Weise, wie eine Werkstatt für die grössere Vollendung und für die grössere Wohlfeilheit ihrer Waaren ihre erprobten Methoden für sich behält, um auf dem grossen Markte den Wetterwerb desto günstiger zu bestehen. Insbesondere gilt dies von den nächsten Mitteln der Macht. Im römischen Recht wurde noch in der späteren

Kaiserzeit bei Todesstrafe verboten, Barbaren die ihnen vorher unbekannte Kunst des Schiffbaues zu lehren (*cod.* IX, 47, 25. vgl. *cod. Theodos.*). Der hanseatische Bund schloss den Schiffbau in sich ab und bei Strafe der Confiscation durfte kein Schiff einem Ausserhanseatischen verkauft werden. Auf dem Gebiete der Bewaffnung wachen die Völker eifersüchtig über die verbessernden, die Wehrkraft verstärkenden Erfindungen. Wer sie verräth, verräth ein Stück der nationalen Macht. Es liegt dies Letzte im Sinne der abgeschlossenen Selbstständigkeit, welche dem Staate das Erste sein muss. Im Uebrigen bricht in den Erfindungen, welche ihrer Natur nach aus der universellen und nicht aus der individuellen Richtung des Geistes hervorgehen, die allgemein menschliche Bedeutung durch und im Fortschritt der Zeit muss die Beschränkung doch aufgegeben werden. Es liegt den Nationen daran, dem Urheber der Erfindungen, wie dem Urheber von Büchern und Kunstwerken, die Frucht seiner schöpferischen Kraft nicht zu entziehen und ihm, der für die Menschheit arbeitete, auch über den Staat hinaus allgemein die ihm gebührenden Vortheile zu verschaffen. Wenn sie dafür nicht sorgen, so kommen sie mit den Denkmälern in Erz zu spät, welche sie Erfindern errichten.

In allen diesen Richtungen bewegt sich das aus Verträgen entspringende internationale Recht, das in demselben Masse vollkommener wird, als es den innern Zweck der Sache gemeinsam wahrt und fördert. Es wächst dadurch über die ganze Erde die Anerkennung des Geistigen und Sittlichen.

Schwieriger sind die Verbindungen, welche sich durch die Religion unter den Völkern anknüpfen. Es liegt in der Natur der Sache. Denn die Religionen und Confessionen gehören dergestalt dem individuellsten Gefühl der Völker an, dass ihre Beziehungen einen ausschliessenden und reizbaren Charakter annehmen. Die eine Religion oder Confession ist zu keiner Verbindung mit einer andern Religion oder Confession geneigt, so dass sich in ihnen nur verstärkend Gleiches mit Gleichem, aber nicht ergänzend Ungleiches mit Ungleichem verbindet. Trotz aller gemeinsamen

Cultur, welche den Unterschied der religiösen Bekenntnisse verkleidet, wirken Religion und Confession fort und fort in der Staatenbildung mit. Bei Auswanderungen und Kolonisirungen, in welchen sich der freie Zug der Menschen kund giebt, übt selbst, wo Religionsfreiheit gesucht wird, im Grossen und Ganzen das ursprüngliche religiöse Bekenntniss die mächtigste Anziehung aus. Hiernach werden die Beziehungen der Religion sehr spröde und zwar zwischen den Individuen wie zwischen den Staaten, wie die Religionskriege davon ein Zeugniss sind; und es ist ein Verdienst der Staaten, wenn sie, die durch so viele andere Dinge auf einander hingewiesen sind, unter Andersdenkenden die Duldsamkeit gegen Glaubensgenossen vertreten und in diesem Sinn gegenseitige Rechtsordnungen bilden, welche bestimmt sind, den individuellsten Quell des Sittlichen, den freien Glauben, zu wahren.

Das Christenthum hat in den Jahrhunderten seine völkerverbindende Kraft bewiesen; es gab Zeiten, wo es fast allein das Band zwischen den Ländern knüpfte; aber wo die Kirche von einem fremden Centrum aus in den einzelnen Staat eingreift, bedarf es Vorkehrungen, dass der Staat Herr im eigenen Hause bleibe. Es bedarf der Grenzbestimmungen, damit weder das geistliche Element mit der Gewalt über die Gläubigen eine Gewalt über die Gesetze des Staates werde, noch der Staat das Ansehen und die Ordnung der Kirche verkehre. An diesem Kreuzungspunkt bildet sich ein Recht, das zum Völkerrecht gehört, wo die Kirche, in sich selbst concentrirt, als eine äussere Macht dem Staate gegenüber erscheint.

§. 223. Wo die Staaten sich als Mensch im Grossen, als die „kanonische“ Gestalt des Menschen fühlen, wo sie inne werden, dass sie die Reiniger und Wächter der sittlichen Begriffe und über den kleinen Eigennutz der Einzelnen erhaben zu grösserer Auffassung der Ethik berufen sind: da kann im Völkerrecht durch gegenseitigen Vertrag selbst eine Völkerethik zu Stande kommen, wie in neuerer Zeit im Verbot und in der Verhinderung des Sklavenhandels. Nur in der Gemeinschaft, nur wenn alle Staaten dem Eigennutz entsagen, und daher keiner von dem entsagenden Edelsinn des andern seinen Vortheil zieht, ist der Barbarei zu steuern, welche zwar unter andern Gestalten immer wiederkehren, aber auch am ehesten in der Gemeinschaft Widerstand finden wird. Es ist die Aufgabe der Staatengemeinschaft, der erfinderischen Habgier und dem hartherzigen Stolz ihre Opfer zu entziehen und den Begriff der Person, der im Sklaven verletzt wird, als einen allgemeinen Begriff des Menschen mit dem Nachdruck des strengen Gesetzes zu wahren. Die ethische Lehre von der Persönlichkeit des Menschen, ein Fundamentalartikel der Moral, bleibt trotz ihrer Wahrheit so lange eine schwebende Vorstellung, welche immer wieder den Spiegelbildern der Selbstsucht erliegt, bis das Gesetz sie auf seine Macht gründet. Wie das Recht, das sich bildet, auf ethischem Bewusstsein beruht, so schafft es umgekehrt, wenn es durchgreift, dem ethischen Bewusstsein Allgemeinheit und Kraft.

§. 224. Es bildet sich das Völkerrecht in diesen Richtungen wesentlich durch Verträge. Der Gegenstand selbst hat, wenn er ethisch nothwendig ist, eine tiefere Berechtigung, als diese Form willkürlicher Vereinbarung zu erkennen giebt. Aber es fehlt in dem Verhältniss der Staaten zu einander jene höhere zwingende Macht, welche den Individuen gegenüber der sittliche Staat besitzt und die gemeinsamen Rechtsnormen über den Vertrag hinaushebt. Wenn in frühern Zeiten die Kirche eine solche Stellung ansprach, so büsste sie in demselben Masse ihre eigentliche und eigenthümliche Kraft ein, als sie sich ins weltliche Recht einliess und ein Reich von dieser Welt wurde. Es ist die langsam fortschreitende Arbeit der Friedensschlüsse und S t a a t s v e r t r ä g e, allmählich die gemeinsamen Rechtsnormen zu befestigen, welche bestimmt sind, die Bedingungen des Sittlichen nicht bloss in einzelnen Staaten, sondern auch im Verkehr der Menschheit zu wahren.

Es reicht hiernach das Allgemeine der Verträge in diese Beziehungen von Staaten zu Staaten hinein. Aber die Staatsverträge sind von Privatverträgen wesentlich verschieden, indem weder eine höhere zwingende Macht sie unter solche allgemeine Normen fasst, an welche im Staat die Privatverträge gebunden sind (§. 100. 107), noch ihre Erfüllung schützt. Die Analogien der Privatverträge schlagen daher nicht allenthalben durch; und wer sich auf sie mit anscheinender Klarheit beruft, wird von dem tiefer gehenden Scharfsinn, der die specifische Differenz auffasst, nicht selten widerlegt. So sind z. B. im Privatrecht Verträge, welche durch Einschüchterung zu Stande gebracht wurden, ungültig und ohne Schutz (§. 100). Im Staatsrecht sind die meisten Friedensschlüsse erzwungen und in Verträgen zur Friedenszeit muss kein Staat müssen. Daher kann im Staatsrecht ein Vertrag darum nicht für ungültig gehalten werden, weil er nicht aus freiem Willen geschlossen sei. Im Privatrecht kann Verjährung, als Zeichen stillschweigender Einwilligung angesehen, an die Stelle von Verträgen treten (§. 99. §. 114). Dieselben Motive, welche das Recht der Verjährung im Verkehr der Einzelnen bedingen, lassen sich im Völkerrecht denken. Aber die Ausführung, wie z. B. die Bestimmung und der Schutz von Verjährungsfristen, ist nur in einem abgeschlossenen, präcisen Rechtssystem möglich. Daher fehlt die Verjährung in den Beziehungen der Völker, es sei denn, dass sich unter ihnen engere Rechtsvereine, wie z. B. ein Staatenbund oder Bundesstaat, bilden, in welchen sie zur Geltung kommen kann.

Die Staatsverträge unterscheiden sich vornehmlich dadurch von den Privatverträgen, dass es keine über den Parteien stehende Macht giebt, welche die Verletzung verbietet und die Erfüllung gewährleistet. Ueber die Staaten giebt es keinen Richter und daher ist immer im Verzuge Gefahr. Der Staat, dessen Natur es ist, im Verkehr mit andern Staaten nur an seine Macht zu denken, ist wie der natürliche Mensch, der nur sich will, selbstsüchtig, indem er die Schwächeren dienstbar macht; eifersüchtig, weil er die Machtvermehrung und Begünstigung, die ein anderer erfährt, als eigene Schwächung empfindet; undankbar, weil jeder Dank für eine Wohlthat die

Erinnerung an eine frühere Abhängigkeit und insofern ein Gefühl der Demüthigung mit sich führt; je nach den Umständen gewaltthätig und listig, um die Zeitläufte bestens auszubeuten. Wie sich im Naturzustande Jeder fürchten müsste, seines Theils zuerst einen Vertrag zu erfüllen, weil er sich dadurch in Nachtheil setzen würde: so sind die Staaten gegen einander auf der Hut, um sich durch einseitige Leistung des Versprochenen nicht selbst zu schaden. Die Verträge sind oft nur eine Decke, unter welcher heimlich die Selbstsucht fortspielt. Es kann geschehen, dass selbst der eine Theil, der noch äusserlich bei dem Vertrage geblieben, schon innerlich abgefallen ist und daher der andere, will er nicht der Betrogene sein, ihm zuvorkommen muss, selbst auf die Gefahr hin, dass der Schein des Treubruches auf ihn falle. Die Treue der Verträge erscheint dann als gutmüthige Schwäche und der Treubruch zur rechten Zeit als Grundlage neuer Macht und neuen Rechtes. Ob ein Vertrag gebrochen sei und ob der gebrochene durch Zwang zu sühnen oder herzustellen, bleibt zuletzt dem Ermessen, dem Willen und dem Können des verletzten Theiles überlassen. Es regiert die Selbsthülfe, welche sonst das Gegentheil des Rechts ist. Es ist ein Widerspruch zwischen dem Verhalten des Staates nach innen, wo seine Gesetze die Wächter des Sittlichen sind, und dem Naturzustande nach aussen, in welchem er selbst ungerecht und rechtlos wird; und es ist der sittliche Trieb, der nach aussen eine Sicherung der die gemeinsamen Rechtsnormen begründenden Verträge sucht.

Es giebt darin nur auf doppeltem Wege eine Hülfe. Die eine liegt in der öffentlichen Meinung, welche, obwol in den Einzelnen ruhend, auch zwischen den Staaten eine Macht ist, da diese sich zuletzt immer auf die Einzelnen stützen müssen; die andere in einer Verbündung der Staaten, welche durch die Theile selbst eine höhere Macht gründet, als der einzelne Theil besitzt.

§. 225. Die öffentliche Meinung (§. 210) hat im Völkerrecht, wenn sie das sittliche Urtheil darstellt, immer ein Gewicht, weil sie Ehre oder Schande giebt, welche selbst dem Mächtigsten nicht gleichgültig sind, und weil sie die Menschen, deren der Mächtigste zu Werkzeugen bedarf, hebt oder herabdrückt, belebt oder verstimmt. Aber sie bedeutet im Völkerrecht weniger, als innerhalb desselben Staates. Denn wer die Macht in der Hand hat, vertrauet dem Erfolge und schlägt auch wol der öffentlichen Meinung ins Gesicht, in der Hoffnung, sie durch den Erfolg wieder an sich zu ziehen. In der Oeffentlichkeit drückt sich zwar ein Allgemeines aus, aber nur für den empfindlich, der es empfinden will. Daher bedarf es auch unter den Staaten zur Gewähr der Verträge einer realen Macht. Diese liegt in der Verschlingung der Staaten in einander, dergestalt, dass der verletzte Staat an den übrigen seine Hülfe gegen die Verletzung hat. Eine solche hat die Geschichte bald enger und beschränkt in einem Staatenbund oder Bundesstaat, bald loser, aber allgemeiner in einer Staatenfamilie oder einem Staatensystem dargestellt.

§. 226. Staatenbund und Bundesstaat sind Ausdrücke für zwei verschiedene Stufen dauernder Einigung von Staaten unter einander. Der Staatenbund besteht aus eigentlich unabhängigen oder als unabhängig gedachten Theilen, welche das höhere Ganze, den Bund, als eine Macht über ihren Willen nur in bedingten Richtungen anerkennen. Der Bundesstaat hingegen ist aus Theilen, welche nur im Ganzen Bestand haben, in strengerer Einheit gebildet. Der Staatenbund lässt die souveränen Staaten bestehen und kehrt nur das Ganze gegen den äussern und innern Feind militärisch und polizeilich; das Motiv seines Daseins ist die Verneinung eines fremden Eingriffes, aber nicht die Bejahung einer gemeinsamen Gesetzgebung und gemeinsamen Verwaltung, oder einer gemeinsamen Entwickelung durch beide. Wenn er aus einem Ganzen entstanden ist, das durch die übermächtig gewordenen Theile aus einander getrieben in sich zerfiel, um das ursprüngliche die Theile zusammenhaltende Ganze durch ein Ganzes zu ersetzen, das vielmehr die Theile zusammenhalten; wenn das Aggregat eines Staatenbundes an die Stelle eines geschichtlichen Reiches getreten ist und wiederum in diesem Aggregat die Macht an die einzelnen Staaten ungleich vertheilt ist: so haben die Theile, namentlich die grösseren, immer das Gelüste, wo es geht, sich auf die eigene Kraft zu stellen. Ein solcher Staatenbund wird zum Staatenbündel und überdauert einen grossen Stoss nicht, komme er von innen oder von aussen; denn in den Tagen der Gefahr fehlt ihm die Executive des Ganzen gegen die Theile.

Ein Bundesstaat ist fester gegründet, wenn er, wie z. B. Nordamerika, so aus der Geschichte hervorgegangen ist, dass das Gefühl des Ganzen uranfänglich grösser war, als die Machtempfindung der Theile; wenn die weitere Fortbildung so geschieht, dass die Theile, die neuen Staaten, nur auf dem Boden und durch den Schutz des Ganzen entstehen, so dass nach dieser Richtung wirklich das Ganze vor den Theilen ist; wenn die Gründung einer Verfassung gelang, welche in den Theilen, die sich selbst regieren, den Gesetzen des Centrums Geltung zu verschaffen weiss, indem sie für diese die Einzelnen und nicht bloss die Staaten verantwortlich zu machen versteht; wenn von Anfang an die Staaten sich nicht souverän, sondern nur als beschränkte Selbstmacht (halbsouverän) gewusst haben. Sogar in solchen Bundesstaaten droht die Entzweiung, wenn es misslingt, den äusserlichen Bestand durch innere Entwickelung zu stützen und die gierige Machterweiterung zu einer besonnenen Gliederung überzuführen, oder wenn Grundfragen der Gesetzgebung, welche, wie in Nord-Amerika die Sklavenfrage, durch die Sitte und das Gewissen des Volkes durchgreifen, im entgegengesetzten Sinn beantwortet werden, und dadurch die Gemüther entfremden und die Staaten aus einander treiben.

Die Verwandlung eines Staatenbundes in einen Bundesstaat, in Zeiten gemeinsamer Demüthigung als Bedürfniss empfunden, aber in bessern Tagen bald vergessen, hat in der ungleichen Machtstellung einzelner Staaten, in der unmöglichen Unterordnung überlegener Theile unter die Mehrheit der schwächern, in dem allen Theilen, auch den kleinsten, innewohnenden Gefühle der Souveränetät, in der Unbeweglichkeit des Ganzen, die da herauskommt, wo man alle Interessen schonen will, die grössten Hindernisse. Eine Verfassung, welche, um zu bestehen, um guten Willen bitten muss, ist keine; denn der Staat ist in Macht gegründet. Nach der Bewegung der sich selbst suchenden Theile wird leichter aus einem Bundesstaat ein Staatenbund, als aus einem Staatenbund ein Bundesstaat.

Das Bundesrecht, sei es in einem Staatenbunde oder in einem Bundesstaate, hat in dem inneren Zweck, dem Zweck der Einheit und dem ihr angemessenen Verhältniss der Machtstellungen, seinen sittlichen Gehalt, und es ist da, wie alles Recht, um die Bedingungen des Sittlichen zu wahren, welches für den Bestand und das Leben des Ganzen die Unterordnung der Theile unter das Ganze, im Bundesstaate strenger und durchgreifend, im Staatenbunde bedingter, fordert. In jedem Bundesrecht wird es darauf ankommen, die Kreuzungspunkte in dem Recht und der Macht des Ganzen und dem Recht und der Macht der Theile zu behüten, und dort mächtige Normen zur Geltung zu bringen, welche nach den gegebenen Machtstellungen beiden gerecht werden, aber immer das Ganze über die Theile stellen.

Mögen Staatenbund und Bundesstaat unter den verbundenen Staaten den Streit über Verträge schlichten und den Frieden wahren, nach aussen stehen sie wiederum wie Staaten gegen Staaten, nur auf ihre vereinte Macht gestellt.

§. 227. Man versteht unter dem Recht der Intervention (dem Recht des Einschrittes) das Recht eines Staates, unter Umständen in das, was im Innern eines andern Staates geschieht, in die Gesetzgebung, in die Verfassungsveränderungen, mit zwingender Gewalt einzugreifen. An sich widerspricht es dem Recht der in sich selbstständigen Staaten, dass ein Staat sich in den andern einmische (§. 199). Nur durch besondere Verträge der Gewährleistung oder durch die Einordnung in einen Bundesstaat oder Staatenbund, durch welche die Selbstständigkeit der Staaten beschränkt wird, kann ein solches Recht entstehen; und es muss im Bundesrecht vorgesehen werden, wie weil ein Staat gegen den andern oder das Ganze der Staaten gegen den einzelnen das Recht des Einschrittes habe, damit nicht die sittliche Selbstbestimmung der Staaten gehemmt und die innere Entwickelung unterdrückt werde.

In mächtigern Staaten fehlt der Anreiz nicht, religiöse oder politische Bewegungen, welche ihnen nicht gemäss sind, in den Nachbaren niederzuschlagen. Denn die Bewegungen des einen Volkes ziehen die Bewegungen des andern in Mitleidenschaft. Der Staat will sein Recht, seine Verfassung, seine Richtung in dem andern bestätigt sehen und dadurch in sich selbst befestigt wissen. In sein Recht, in seine Verfassung, in seine Richtung eingewohnt, sieht er in entgegengesetzten Bewegungen nur Unrecht. Es folgt dies aus den Affekten des natürlichen Menschen, welche zunächst zwischen Staaten und Staaten herrschen. Jedermann will seine Vorstellungen in den Vorstellungen des Andern bejahen; denn darin fühlt er seine Eigenmacht wachsen, so wie durch Widerspruch gemindert. Aber diesem Trieb des natürlichen Menschen im Staate ist weder ein Recht einzuschreiten gegeben, noch wird der beabsichtigte Erfolg erreicht. Was das Letzte betrifft, so lässt sich der einschreitende Staat in das Parteiwesen des andern ein. Es ist gegen die Natur der Dinge, dass eine fremde Macht innerhalb eines fremden Staates Sieger und Besiegte schaffe; und das nationale Gefühl wird durch ein solches Missverhältniss gegen die fremde Macht wach gerufen. Indem diese der einen Partei zum Siege verhilft, giebt sie ihr eine vorübergehende Herrschaft. Wenn sie den Rücken kehrt, kehrt das unterdrückte Uebel wieder; wenn sie hingegen im Lande wie ein Wächter verbleibt, so einigen sich entweder die Parteien gegen sie, indem sie einstweilen ihres Zwistes vergessen, und werfen sie aus dem Lande, oder sie endet mit der Unterdrückung des Volkes, für dessen Ordnung sie einschritt. Daher würde das Recht der Intervention, wenn es ohne Weiteres im Völkerrecht anerkannt würde, zum Unrecht. Was so heisst, ist faktisch zumeist ein Gelüste der Uebermacht.

§. 228. Der Begriff einer Staatenfamilie, welche etwa die christlichen Völker Europas bilden, einer Familie, welche ohne Krieg ihren Streit unter sich zum friedlichen Austrag bringe, ist ein Begriff, der anzeigt, was sein sollte, aber noch nicht ist. Das Gleichgewicht der Staaten, das die kleinen gegen die grossen und die grossen gegen die grossen sichern soll, indem jede Verletzung von Einer Seite als Störung des Gleichgewichts empfunden werde und alle andern zur Herstellung auffordere, ist eine mechanische Vorstellung der faktischen zur Ruhe gekommenen Machtverhältnisse. Es beruht zunächst dies Gleichgewicht auf Selbsterhaltung. In der Machterweiterung des einen Staates sieht der andere sich gefährdet, ähnlich wie in Neid und Eifersucht die Wachsamkeit des natürlichen Menschen sich kund giebt. Einer schliesst sich an den Andern an, um des Dritten wachsende Macht niederzuhalten. Hinter diesem Bollwerk, das aus dem Affekt des natürlichen Menschen die Staaten erfunden haben und an dem sie seit drei Jahrhunderten bauen, ohne es unüberwindlich zu machen, mag etwas Besseres sich bilden, als es selbst ist, da es vorläufig dient, den Frieden zu erhalten. Aber so lange nur die Gerechtigkeit des Neides und der Eifersucht die schützende Macht dieser Ruhe ist, so lange nur mechanisch Gewicht und Gegengewicht berechnet wird, damit Jeder wisse, es sei auf der andern Seite so viel Kraft zum Widerstande, als auf der seinen zum Angriff, so lange das Gleichgewicht nicht auf einem sittlichen Schwerpunkt ruht: so lange kann jeder Staat, dessen Kraft wächst oder der die Gewichte anders zu vertheilen weiss, das Gleichgewicht verrücken, und so lange ist in letzter Linie jeder Staat zur Wahrung seines Rechts auf seine eigene Macht gestellt und der Krieg entscheidet; denn es giebt noch kein Völkertribunal.

§. 229. Wo der Krieg entscheidet, ist das Ethische ins Physische, das geistige Recht in den Kampf der Fäuste zurückgeworfen. Der Krieg ist Selbsthülfe der Völker. Aber wie selbst im Staate das Recht, wo die schützende Macht unmöglich geworden, wieder dem Schutz des Einzelnen überlassen wird

(§. 56), so wird unter Staaten, wenn die richtende oder schlichtende Macht fehlt, Selbsthülfe Recht. Die Gerechtigkeit eines Krieges beruht auf dem Bewusstsein eines im sittlichen Sinne nothwendigen Zwanges. Freilich ist dies Bewusstsein zunächst nur das Bewusstsein der Partei und kein richterliches Erkenntniss; aber wird das Bewusstsein sittlicher Glaube des Volkes, so liegt darin eine Bürgschaft des Rechts und eine Stärke der Sache ohne ihres Gleichen.

Zwischen den Staaten herrschte fortgesetzt Willkür und Gewalt, wenn nicht der Krieg zur Anerkennung des Rechts und dadurch zu dauerndem Recht zwänge. Ueberhaupt ist in der sittlichen Welt nicht bloss der Bestand, sondern der anerkannte Bestand eine wesentliche Forderung. Denn erst dadurch wird der Bestand, der sich sonst nur physisch durch die räumlich und zeitlich gegenwärtige Macht behaupten könnte, eine ethische Macht, eine allgemeine Macht über den Willen, indem der anerkannte Zweck des Einen zu einer zugestandenen Pflicht des Andern wird, sei es ihn zu unterstützen oder ihn gewähren zu lassen, indem überhaupt durch die Anerkennung Pflicht und Recht gegenseitig werden. Wenn man die Anerkennung in die Elemente ihres Begriffs zurückführt, so sieht man darin Zwang und Freiheit wechselseitig gebunden. Es ist möglich, dass darin die Freiheit überwiegt, wie in der zur Verehrung oder Bewunderung gesteigerten Anerkennung. Aber auf dem Gebiete des Rechts hat die Freiheit einen strengern Grund. Im Theoretischen liegt hinter der Anerkennung einer nothwendigen Wahrheit zunächst der Zwang des bündigen Beweises, der sich als Zwang, als das Nichtanderskönnen in der indirekten Form am augenscheinlichsten darlegt; und dann die Freiheit der Zustimmung, welche zuletzt auf der eigensten Natur unsers Geistes, auf seiner Gemeinschaft mit den Principien der Sache beruht. Im Praktischen liegt hinter der Anerkennung der Zwang der Macht und der zustimmende oder doch der sich fügende Wille. Die Unterwerfung allein thut's nicht; der beitretende Wille muss hinzukommen; wodurch der augenblickliche Akt der Unterwerfung, denn dem Willen wird Consequenz zugemuthet, in ein Allgemeines und dadurch Dauerndes erhoben wird. In diesem zustimmenden Willen liegt ein Moment der Freiheit, das nur erzwungen auf einer Stufe steht, welche wenig Gewähr bietet, aber selbst erzwungen die Gründung eines Rechts bedingt. Das Bekenntniss überlegener Macht, das der Krieg abnöthigt, ist das Zeugniss nicht anders zu können und daher ein Anfang des zustimmenden Willens.

Wenn man sich den thatsächlichen Besitzstand rechtlich geordnet und anerkannt denkt, so wird zunächst nur ein Krieg zur Abwehr eines Eingriffs, zur Vertheidigung gegen einen Angriff, zur Erzwingung einer Verbindlichkeit als gerecht erscheinen, mögen darin nur äussere Güter oder die Gedanken, auf welchen der Staat ruht, angetastet sein. In einem solchen Falle ist der Zwang des Krieges der zwingenden Vollstreckung eines Urtheils analog; denn es gilt, die Bedingungen eines bestehenden Sittlichen zu wahren. Andere Kriege, welche dahin zielen, neue für die Entwickelung der Kräfte unentbehrliche Bedingungen des Lebens zu erwerben, treten aus der Analogie mit dem den Besitzstand erhaltenden Recht heraus, aber können dennoch, wenn das Erforderte nicht gewährt wird, eine unvermeidliche Nothwendigkeit in sich tragen und insofern sittlich sein. Werdende Staaten schaffen in der Geschichte auf diesem Wege ihrem Lebensprincipe Freiheit und Mittel, und grosse Entwickelungen im Staat wie in der Religion erfolgen selten ohne harten Zusammenstoss. *Pia arma quibus nulla nisi in armis relinquitur spes* (*Liv.* IX, 1). Solche Kriege stehen mit selbstsüchtigen Eroberungs- und wilden Zerstörungskriegen nicht auf Einer Linie. Ob der Krieg gerecht oder ungerecht sei, ist eine sittliche Frage. Während der gerechte Krieg der Vollstreckung eines Urtheils gleicht, gleicht der ungerechte dem Verbrechen des Raubes oder der Erpressung. Aber es giebt vom Kriege, sei er gerecht oder ungerecht, keine Appellation; er ist die letzte Instanz des Völkerrechts, in welcher die Gerechtigkeit zur Tapferkeit des Volkes wird, aber der Sieg nicht nothwendig dem Rechte zufällt.

Im Kriege wird der Staat auf seine Wurzel (§. 152), die Macht, zurückgewiesen, und in den Tagen des Krieges erscheint jede Thätigkeit, welche innere Bedeutung sie auch sonst habe, gegen die Macht bedeutungslos.

Es ist in den menschlichen Dingen nicht ohne Beispiel, dass die Seitenwirkungen, welche ausserhalb der Absicht liegen und nur nebenbei, wenn auch nothwendig, erfolgen, den eigentlichen Zweck weit übertreffen und eine grössere Bedeutung gewinnen, als die erreichte oder fehlgeschlagene Absicht. Es geschieht dies im Kriege durch die Spannung und Bewegung der Kräfte, welche der Krieg fordert, durch die für das gefährdete Ganze aufgerufenen Tugenden.

Indem der Krieg jenen thätigen Muth, welchen das Menschenleben in verschiedenem Grade und in mannigfaltiger Gestalt zu allem Guten und Bedeutenden fordert, bis zur letzten Spannung hervortreibt, in Gefahren und Mühseligkeiten erprobt und stählt, und in dem gewaltigsten Ausdruck zur allgemeinen Empfindung bringt, hebt er den Geist und stärkt er den Charakter der Nation, und in edlem Sinne geführt, hat er in weiten Kreisen einen belebenden Einfluss.

Im Frieden erzeugt sich die Moral des wohl verstandenen und wohl berechneten Interesse und jene nationalökonomische Ansicht, welche die produktive Energie des Eigennutzes auch für das dem Ganzen Erspriesslichste hält. Aber der Krieg treibt im starken Zuge der Thatsachen auf das Ganze hin und bringt die Grundlehre alles Ethischen, dass das Ganze vor den Theilen ist, zur Anschauung und allgemeinen Empfindung. Die politische Werthschätzung, vom Ganzen ausgehend, siegt in der allgemeinen Betrachtung über die nationalökonomische (§. 155) und im gerechten Kriege wird die politische in vorzüglichem Sinne ethisch. Denn der Krieg ist für die Nation eine That der Gemeinschaft; und wie es überhaupt Eine Seite der Tugenden ist, dass sie einigen, weil sie aus dem allgemeinen Wesen der Menschen entspringen, so verlangt der Krieg im Volke die einigenden Tugenden, vor Allem Gerechtigkeit und

Treue, Hingabe und Gehorsam. Der Friede verweichlicht, aber der Krieg erzeugt Männer; der Friede mit seinem Glück und Genuss macht übermüthig, aber der Krieg besonnen und gemeinsinnig. Der Friede erzeugt im befestigten Besitz das Gefühl der Sicherheit und dadurch Trägheit, aber der erschütternde Stoss des Krieges rüttelt die Kräfte aus dem Schlaf; der künstliche Credit fällt, und das Vertrauen zur eigenen Kraft steigt. Im Frieden bilden sich trennende Schranken, aber der Krieg hebt sie weg, er einigt und verschmilzt das Volk in gemeinsamer Gefahr und gemeinsamer That. Im Kriege wird das Künstliche auf's Einfache, das Entbehrliche auf's Unentbehrliche zurückgeführt. Im gerechten Kriege geht in Noth und Tod ein grosser Geist über das starke Volk hin. Der Krieg sorgt, dass der Heldenmuth der Völker nicht sterbe, und Namen, wie Thermopylä und Salamis, klingen wie unsterbliche Gesänge in der Menschheit wieder. „Der Sieger ist nicht der Held, aber der Held ein Sieger".

Es bedarf für den Krieg, wenn er nur Durchgang und nicht dauernd ist, so wenig einer Theodicee, als für das reinigende Ungewitter, sobald man nicht die Individuen, die zerschmettert und zermalmt werden, sondern die Völker und Staaten im Ganzen auffasst. Es ist bis jetzt der Weg der Völker in ihrer Geschichte, im Kriege zu erwerben und im Frieden das Erworbene anzubauen, im Frieden zu schaffen und im Kriege das Geschaffene zu behaupten.

§. 230. Das Recht, das aus der sittlichen Natur des Menschen fliesst, ist dem Menschen so nothwendig, dass selbst da, wo die Entscheidung über das Recht auf die Spitze des Degens genommen und insofern in das Gebiet des Zufalls versetzt wird, also selbst im Kriege, welcher das Recht in Frage stellt, ein neues Recht, das Kriegsrecht, sich bildet.

Die Kriege sind Kriege der Staaten, und Kriege von Theilen des Staates unter einander, wie z. B. Kriege der Vasallen vor dem Landfrieden, oder von Theilen des einen Staates gegen Theile eines andern heben die Gewalt des Regiments auf, das unveräusserliche Attribut der Staaten in ihrem Innern (§. 176 f.). Es handelt sich im Kriege darum, den Willen eines Staates als solchen zu nöthigen und zu einem dauernden Einverständniss zu bewegen, worin es nothwendig liegt, dass der Krieg, was auch immer sein Zweck sei, um des Friedens willen geführt werde. Durch diesen inneren Zweck sind die Gewaltthätigkeiten des Krieges bedingt und begrenzt.

Je reiner und lebendiger der Gedanke, dass es darauf ankommt, den Willen des Staates zu beugen, und dass des Krieges letzte Absicht der dauernde Friede ist, in das Bewusstsein der Völker tritt: desto mehr heisst er im Kriege das auszuscheiden und zu meiden, was mehr aus der erregten Leidenschaft und der Habgier der Einzelnen stammt, als aus der Nothwendigkeit des strengen Zweckes. In dieser Richtung liegt der sittliche Inhalt, welchen das fortschreitende Völkerrecht des Krieges anerkennt und wahrt. In diesem Sinne unterscheidet man die thätige Wehrkraft als das eigentliche Werkzeug des Krieges und die übrige Bevölkerung, über welche der Krieg kommt. Indem der Kriegführende die feindliche Kriegsmacht, durch welche der Staat seinen Willen durchsetzt, zu vernichten unternimmt, um sich diesen Willen zu unterwerfen: enthält er sich nach dem zur Geltung kommenden Kriegsrecht der Gewaltthätigkeiten gegen die einzelnen Privaten als solche; denn selbst in dem demokratischsten Staate hat der Wille des Staates nicht in den vereinzelten Bürgern seinen Sitz. Freilich lassen sich die Grenzen nicht scharf ziehen; denn da Furcht den Willen beugt und was den Einzelnen in der Bevölkerung geschieht, des Eindruckes im Mittelpunkt des Ganzen nicht entbehrt: so kann der über die Einzelnen verbreitete Schrecken dazu beitragen, den Willen des Staates zu lähmen; und eine dem Handel beigebrachte Niederlage kann ausser den Vortheilen, welche ein anderer Handelsweg dem eigenen Volke bieten mag, die Hülfsquellen des feindlichen Staates empfindlich treffen. Aber diese indirekten Wirkungen werden nie mit der direkten, dem Sieg über die Wehrkraft des Staates, in einem solchen Verhältniss stehen, dass dadurch Misshandlungen und Plünderungen Einzelner und Wehrloser nöthig würden.

Es wird den Staaten, welche das Bewusstsein des Sittlichen in sich tragen, wichtig sein, für den Zweck des Krieges in den Soldaten nicht Räuber auszubilden oder gar die gewaltthätige Habgier in Einzelnen anzustacheln und zu sanctioniren, wie dies da geschieht, wo Kaperbriefe an Private ertheilt werden, um den kleinen Krieg gegen das Eigenthum Einzelner zwar im Namen des Staates, aber auf eigene räuberische Rechnung zu führen, und wo in den Prisengerichten selbst das Recht missbraucht wird, um den Fang des fremden Eigenthums den Freibeutern zuzusprechen. Es ist der Vortheil des neuern Krieges, der die Kriegsmacht in Massen zusammenzieht und in Massen gegen einander führt, dass dadurch der kleine Krieg gegen die Einzelnen von selbst zurücktritt. Wo jedoch einem auf die See hingewiesenen Staate Seemacht fehlt, wird er bei ausbrechendem Seekriege zu Freibriefen für Kapern und Korsaren seine Zuflucht nehmen.

In der Geschichte der Kriegsgefangenschaft zeigt sich in einem anschaulichen Beispiel, wie der innere Begriff des Krieges, den Willen des Staates zu beugen, immer schärfer hervortritt und die Seitenwirkungen des Krieges auf die Einzelnen mildert. Was früher nur Sache des Mitleids oder der Grossmuth Einzelner war, wurde aus dem nach und nach durchdringenden Masse des eigentlichen Zweckes allgemeine Sitte und Kriegsgebrauch. Nach altem Völkerrecht war kriegsgefangen, wer, bewaffnet oder unbewaffnet, fechtend oder wehrlos, in des Feindes Hand fiel, und der Kriegsgefangene konnte getödtet oder als Sklave verkauft werden. Der Krieg war ein Volkskrieg, der so gut gegen die Einzelnen geführt wurde, als gegen das Haupt des Staates. Die Aussicht, die Gefangenen zu Sklaven zu machen, trug sogar dazu bei, die Wuth der Kriegenden zu mässigen und zur Schonung des Lebens zu bewegen. Im Mittelalter blieb die Grausamkeit ungezügelt. Die Kirche musste verbieten, Christen zu Sklaven zu machen (1170).

Nach dem heutigen Kriegsrecht beschränkt sich die Kriegsgefangenschaft auf diejenigen, welche der feindlichen Streitmacht angehören, und der Feind, der widerstandslos und wehrlos geworden ist, wird seiner Freiheit beraubt und in Sicherheit gebracht, um ihn unschädlich zu machen. Im Uebrigen achtet selbst der Feind an dem Feinde die Tapferkeit und die von ihm im Kampf erfüllte Pflicht. Der allgemeine Geist des Kriegsrechts ist dadurch ritterlicher geworden.

Aehnlich verhält es sich in Bezug auf die Eigenthumsrechte mit dem Begriff der Beute. In den frühern Zeiten der Vernichtungskriege, in welchen mehr die Völker gegen die Völker in ihren Individuen, als die Staaten gegen die Staaten Krieg führten, war der Begriff der Beute auf jedes dem Feinde abgenommene Gut ausgedehnt; in neuerer Zeit beschränkt er sich mehr auf das Gut, das die feindliche Kriegsmacht bei sich führt. In den Pandekten findet sich der Ausspruch des römischen Rechtslehrers Celsus, dass das Eigenthum des Feindes, das in unserer Hand sei, im Kriege verfalle und zwar nicht dem Staate, sondern denen, die es nehmen (*dig.* XLI, 1, 51. *Quae res hostiles apud nos sunt, non publicae sed occupantium fiunt).* Wenn man diesen Rechtssatz von privatem Eigenthum des Feindes in unserm Lande versteht (*apud nos*) und nicht von der Beute im Felde, so ist die Regel schon in Bezug auf die eigenen Bürger gefährlich; denn sie lehrt Treu und Glauben brechen und die Conjunktur öffentlicher Verhältnisse für unrechtlichen Eigennutz ausbeuten. Je mehr die Länder mit ihren Bedürfnissen und ihren Produkten sich in einander verschlingen und dabei die Privaten des einen Landes sich auf die Privaten des andern stützen müssen: desto mehr ist es nöthig, dass Treu und Glauben unveräusserlich durch die Welt gehe. Abgesehen vom Krieg oder Frieden, muss an sich jedem Staat daran liegen, seine Bürger zur Treue gegen jeden Vertrag zu erziehen. Daher ist es zu verwerfen, wenn in frühern Zeiten bei Entstehung eines Krieges Schuldforderungen und kaufmännische Wechsel aus Feindes Land für erloschen betrachtet oder von der Obrigkeit für null und nichtig erklärt wurden. Schon die eigene Sittlichkeit verlangt es, den Einzelnen als Einzelnen so wenig als möglich zu einem Krieg gegen den Einzelnen als solchen anzureizen.

Weil es sich im Recht der Staaten unter einander um die Anerkennung der Willen handelt, welche betheiligt sind, so ist das im Kriegszug eroberte Land nicht durch diese Thatsache Eigenthum des Siegers, sondern es geht zunächst jede Eroberung nur darauf, um den in seinen Mitteln geminderten Willen des Staates zu zwingen, und erst im Friedensschluss, in welchem sich die Willen einigen, kann ein Recht des Eigenthums entstehen. Daraus folgt Wesentliches für die Art, wie ein im Kriegszug erobertes Land in seinen Rechtszuständen zu behandeln ist.

Wenn nach allen diesen Richtungen das Kriegsrecht in jedem einzelnen Falle ohne den Schutz einer höhern Macht ist (§. 224) und der Krieg in der entbundenen Leidenschaft und in der Noth des Augenblicks zum Bruch des aus dem Wilden zum Edeln aufstrebenden Kriegsrechts verlockt: so bleibt der Wächter des in Friedensschlüssen begrenzten Kriegsgebrauchs und Kriegsrechts allein die nationale Ehre und die Furcht vor der Vergeltung in den Wechselfällen des Krieges, namentlich vor Repressalien und Retorsion an denjenigen Unterpfändern, welche in Feindes Hand sind. Im Völkerrecht gewinnt ungeachtet dieses Mangels an zwingenden Antrieben dennoch das Allgemeine Gewalt und es entsteht ein Recht, das schon durch seinen Gedanken Macht hat.

§. 231. In das Kriegsrecht reicht das Recht der Neutralität als ein Recht des Friedens hinein. Neutral *(medius in bello)* ist der Staat, welcher in dem Kriege keine Partei zu nehmen erklärt und daher mit keiner der kriegführenden Mächte im Kriege, mit beiden in Frieden steht. Der Anspruch auf das Recht der Neutralität fliesst aus der anerkannten Persönlichkeit des Staates und dem ihr zustehenden freien Entschluss. Ohne das Recht der Neutralität wäre der autonome Staat in jedem Augenblick durch den Zwist anderer bedroht und in seiner Geschichte von der Kriegslust anderer abhängig. Der Staat setzt daher jeder Zumuthung, ihn wider seinen Willen in den Krieg zu verwickeln, das „Rühr mich nicht an" seiner Macht entgegen. Aus dem Begriff des dem Staate einwohnenden persönlichen Willens entspringend und keines andern Ursprungs, z. B. keines Vertrages, zur Begründung bedürfend, wahrt das Recht der Neutralität eine Freistätte des Friedens, indem es den Bereich des Krieges, die Brandstätte der Leidenschaften, umgrenzt. Aus der Anerkennung des neutralen Willens müssen die Rechte und Pflichten gefolgert werden, welche diese Beziehungen beherrschen.

Hiernach bestehen die Rechte des Friedens, z. B. im Handelsverkehr, zwischen den Neutralen und Neutralen unberührt fort; aber zwischen den Neutralen und den Kriegführenden müssen sie sich so weit beschränken, als ihre Ausübung etwas in sich schliesst, was den Neutralen zur Partei macht. Sie nehmen daher strenge Rücksichten in sich auf. Pflicht und Recht des Neutralen entsprechen einander; und die Erfüllung der Pflicht ist die Bedingung des Rechts. Was der Neutrale dem einen Theile an Kriegshülfe oder Verstärkung leisten, was er an Raum dem Kriege auf eigenem Gebiete gestatten würde, widerspräche dem Begriff der von ihm behaupteten Neutralität. Daher ist der neutrale Staat schuldig, sich alles dessen zu enthalten, was einen der kriegführenden Theile begünstigt und dem andern schadet, und dafür Sorge zu tragen, dass sie die Grenzlinie seines Gebietes einhalten.

So entspringt namentlich für die Neutralen die Pflicht, sich eine Beschränkung im Handel aufzuerlegen. Sie werden weder Kriegsmaterial zuführen noch die Fracht von Kriegsmannschaft übernehmen dürfen. Was in dieser Beziehung von dem Handel der Neutralen ausgeschlossen bleiben muss, wird im Völkerrecht mit dem Namen der Kriegscontrebande bezeichnet. Der Begriff ist nothwendig, aber sein Umfang streitig. Im Sinne der Handelsfreiheit sucht man ihn zu verengen und solche

Gegenstände von ihm auszuschliessen, welche nicht eine thatsächliche, sondern nur eine mögliche Beziehung zum Kriege haben. Die kriegführende Partei, welche sich beeinträchtigt hält, sucht ihn hingegen auszudehnen; sie zieht z. B. Materialien hinein, welche vielleicht für den Krieg verwandt werden könnten, wie z. B. Eisen, Kupfer, Schiffsbauholz, Pferde, Lebensmittel aller Art, baare Geldsendungen, und legt ihnen ohne Weiteres eine feindselige Bestimmung bei. In der Willkür des Begriffs und seiner Handhabung leidet der neutrale Handel Niederlagen. Ohne Frage hat der kriegführende Theil das Recht, der Kriegscontrebande, in welcher die Neutralität verletzt wird, zu wehren. Wenn er dies Recht der Abwehr in die Befugniss zu strafen verwandelt, die Kriegscontrebande mit Confiscation belegt und die Einziehung derselben durch Prisengerichte in die Form des Rechtsganges bringt: so kann die Anschauung der Strafe statt der faktischen Abwehr nur in der consequenten Voraussetzung begründet sein, dass der neutrale Staat als neutraler seinen Unterthanen Begünstigung der kriegführenden Parteien verboten habe; aber die Handhabung durch fremde und feindliche Prisengerichte widerspricht der den Neutralen schuldigen Gerechtigkeit. Die Befugniss, der sogenannten Kriegscontrebande zu wehren, zieht im Seerecht die Befugniss, das Handelsschiff anzuhalten und zu durchsuchen, nach sich. Wenn die dadurch unvermeidliche Belästigung des Handels nicht in ungerechte Willkür ausarten, wenn sie nicht zur Zerstörung des Handels der Neutralen missbraucht werden soll: so muss der Begriff der sogenannten Kriegscontrebande scharf umgrenzt, der Seebereich, innerhalb welches das Recht der Durchsuchung soll geübt werden, fest bestimmt, und ein entscheidendes Gericht ausserhalb der Parteien gebildet werden.

Wenn der Begriff von Kriegscontrebande aus dem Verhältniss der Neutralen von selbst folgt, so folgt daraus keineswegs, dass das Schiff einer neutralen Nation kein feindliches Gut führen solle. Es ist kein Grund, den Handel der Neutralen weiter zu beschränken, als er die Neutralität verletzt.

Daher ist es billig, dass die neutrale Flagge die Waare decke. Ueberhaupt ist der Begriff des feindlichen Gutes, durch welchen das Eigenthum eines dem feindlichen Staate angehörigen Unterthanen für Seebeute erklärt wird, von zweifelhafter Bedeutung. Wie im Landkriege sich der Begriff der Kriegsbeute allmählich eingeschränkt hat, so wird in derselben Richtung der Begriff der Seebeute, dem noch etwas vom Seeraub anklebt, sich verengen müssen. Es ist ein Anfang höherer Rücksichten, dass Unternehmungen der Feinde mit solchen Zwecken, welche allen gesitteten Völkern gemeinsam angehören und daher Gegenstand gemeinsamer Fürsorge sein müssen, wie z. B. wissenschaftliche Expeditionen, als neutral gelten und ungehindert ihren Weg verfolgen. Wenn man in der Wegnahme des feindlichen Gutes den Handel der feindlichen Nation zerstören und dem eigenen Handel Vortheile zuwenden will, so führt man eigentlich mit Privaten für Private Krieg. Man spielt den Handel, der fremden Privaten entwunden wird, den eigenen in die Hand. Auf Umwegen mag diese Jagd auf Seebeute dazu dienen, in Feindes Land Schrecken zu verbreiten und des Feindes Willen zu beugen; und daher wird es schwer halten, der im Seekrieg versteckten Absicht, dem Handel einen günstigern Lauf zu geben, den Vorwand zu nehmen. Aber es ist ein schreiender Widerspruch, den Handel des Neutralen in diese Niederlage zu verwickeln. Wie die Sachen faktisch stehen, ist in den Rechten der Neutralen der Begriff der unbehelligten Neutralität noch nicht zu seinem Rechte gekommen, obwol Friedensschlüsse an dem Bessern arbeiten. Die thatsächliche Macht dominirt und Satzungen, welche sie als ihre Maximen verkündet, gelten statt bleibender Gesetze. Wer im Streit befangen ist, zieht Alles an sich und ist geneigt nur den zu achten, der mit seiner Leidenschaft gemeinschaftliche Sache macht, und den gering zu schätzen, der unbetheiligt daneben stehen will. Daher bedarf das Recht der Neutralen einer starken Gewähr, einer muthigen Vertheidigung des Betroffenen und einer Bereitschaft aller neutralen Mächte für Eine und Einer für alle. Erst wenn das

Recht der Neutralen die Ehre der Kriegführenden ist, wird es ein Zeichen sein, dass in der Menschheit Friede und Gerechtigkeit mehr wiegen, als Gewalt und Selbstsucht.

§. 232. Jeder **Friedensschluss** bestätigt alte und gründet neue Rechte. Wo im Friedensschluss die Völker nur über das Mein und Dein markten, wo sie nur den augenblicklichen Stand des Waffenglückes und nicht die bleibende Natur der Völkerverhältnisse zur Grundlage nehmen, vergessen sie den grossen Sinn eines Friedensschlusses, der insofern Ursprung eines neuen Rechtes sein soll, als er die gegenwärtigen Machtstellungen zum Schutz sittlicher Verhältnisse wendet und darin anerkennt. Das neue Recht ist nur Recht, wenn es, was der Begriff des Rechts ist, in den Grenzlinien, welche es zieht, Sittliches wahrt oder weiterbildet. Wenn der Friede den Banden, welche den Staat einigen, namentlich der Nationalität und der Religion der Völker Gewalt anthut, wenn er mehr Elemente des Zwiespaltes als der Eintracht enthält, wenn er zerreisst, was innig verwachsen ist, wenn er die Entwickelung dessen hemmt, was zusammengehört, wenn er einen listigen Hinterhalt in sich versteckt: so stellt er das Vertragsrecht in Widerspruch mit den Bedingungen seiner Erfüllung, ja mit dem Begriff des eigentlichen Rechtes. Ein solcher Friede wird oft nur zum Waffenstillstand und trägt den Anreiz zum neuen Kriege immer in sich. Der rechte Friede soll zum Gedeihen beider Völker dienen, zur Gliederung der Menschheit beitragen und das Völkerrecht befestigen und menschlicher gestalten. Ohne einen solchen Zweck und Inhalt ist das Menschenblut umsonst vergossen, und hat die alte Formel: *ut pax pia aeterna sit*, keinen Sinn.

§. 233. Die Aufgabe des Friedens, Rechtsverhältnisse wiederherzustellen, welche der gewaltthätige Krieg unterbrochen, erzeugt auf dem juristischen Gebiete das sogenannte *ius postliminii*. Das Recht der Herstellung kann sich theils auf Personen, z. B. Gefangene, theils auf Sachen, z. B. die im Krieg genommenen, theils auf Gesetze und Eigenthumsrechte der Staaten beziehen.

So lange der Gefangene als Sklave galt, so lange ferner das Gesetz nur den Freien Rechte zusprach und den Sklaven für rechtlos erklärte: so lange hatte die Herstellung der Gefangenen und die rechtliche Anerkennung dessen, was sie in der Gefangenschaft als Sklaven verfügt hatten, Schwierigkeiten und verwickelte das Recht auf seinem consequenten Gange in Fiktionen (vgl. *Grotius de iure belli ac pacis* 1625. III, 9). Mit der menschlicheren Auffassung der Gefangenen und der Tilgung der Sklaverei hat sich auch das Recht der Herstellung vereinfacht. Die Privatrechte des Gefangenen erlöschen nicht; er gilt als Abwesender. Wo das Recht den Unterschied des Freien und Sklaven, als wäre er ein sittlicher, nicht mehr zu wahren hat, fallen auch die Consequenzen dieses Unterschiedes weg. Wenn das römische Recht in dem gefangenen freien Römer zunächst nur einen Sklaven sah, der kein Recht hat, so lag darin ein politischer Sporn zur Tapferkeit, sich dem Feinde nicht zu ergeben, und insofern blickt ein ethisches Motiv durch.

Die Herstellung der Privaten in das Eigenthum an Sachen wird in demselben Masse allgemeiner, als der Begriff der Kriegsbeute, durch welchen die Sache ihren Herrn schlechthin wechselt und welcher ein Rest der Vorstellung ist, als ob die Staaten auch mit den Privaten Krieg führen, an Umfang abnimmt.

Die Herstellung der alten Rechtsordnung im Staate oder einem Theile desselben, nachdem ein Eroberer Regierungsakte vollzogen hat, ist mit grössern Schwierigkeiten verknüpft, und es fragt sich, inwiefern Regierungshandlungen eines durch den Krieg dem Lande aufgedrungenen Zwischenherrschers für den rückkehrenden rechtmässigen Regenten verbindlich sind. Die allgemeine Betrachtung, welche das Recht begründen möchte, schwankt in dieser Frage hin und her, weil das Sittliche, dessen bestimmenden Inhalt das Recht zu wahren hätte, zweifelhaft geworden und schwer auszuscheiden ist; sie führt in ähnliche Bedenken, wie die Frage über den Rechtsbestand bei einer durch Revolution herbeigeführten Zwischenregierung (§. 216). Das Für und Wider, das dort angedeutet ist, überträgt sich leicht auf den vorliegenden Fall und lässt es zu keiner allgemeinen, im Voraus sichern Norm kommen. Auf der einen Seite würde man die Regierung des Zwischenherrschers zu grösserer Willkür ermuntern, wenn es vorher feststände, dass ihr Schalten und Walten anerkannt bliebe. Wo es zweifelhaft ist, wie weit Verträge der Zwischenregierung in der Zukunft gültig sind, ist sie in ihren Unternehmungen und Rechtsgeschäften gehemmt; denn man scheuet sich, sich mit ihr einzulassen. In der Ungewissheit liegt daher ein stillschweigender Widerstand gegen die Willkür, z. B. gegen den Verkauf von Staatsgütern, von Anleihen auf Rechnung des eroberten Landestheils. Es soll in den Unterthanen das Gefühl der unrechtmässigen, nur gewaltsam aufgezwungenen Obrigkeit bleiben. Auf der andern Seite bedarf das Land, aus welchem der Krieg die rechtmässige Macht verdrängt hat, einer Obrigkeit, und die Einwohner müssen sich der faktischen Gewalt fügen. Wo gar Gesetze oder Regierungshandlungen nicht den Eigennutz des Zwischenherrschers, sondern das Beste des Landes im Auge hatten, wo z. B. die gemachte Schuld für den Staat selbst nothwendig war und für die Substanz des Staates verwandt wurde, ist es unbillig, ja unedel, hinterher die Anerkennung zu versagen. Wenn auf solche Weise die allgemeinen Gründe hierhin und dorthin gezogen werden können, so kommt es auf die eigenthümliche Gestalt des Thatsächlichen an, um billig zu entscheiden, was die Anerkennung verdiene, was nicht. Es ist die Aufgabe eines umsichtigen Friedens, diese Bestimmung nicht dem Ermessen des Einen Theiles zu überlassen, sondern gemeinsam festzustellen.

§. 234. In der Wechselbeziehung der Staaten haben die Gesandten (Diplomaten) eine eigenthümliche Verrichtung und es bildet sich aus der Idee ihres Wesens ein eigenes Gesandtenrecht. In der einfachen Aufgabe eines für einen besondern Zweck, z. B. für eine Bundesgenossenschaft, für einen Friedensschluss, abgeordneten Gesandten wurde schon früh die ethische Rechtsidee herausgefühlt, welche dem Gesandtenverkehr, so sehr er sich auch mit der völkerverbindenden Geschichte erweiterte, für alle Zeiten zum Grunde liegt. Insbesondere wird in dem Gesandten mitten im Kriege die Idee des Friedens als die eigentlich berechtigte angeschaut. Wenn die Gesandten nicht unverletzlich wären, so würde es Niemanden geben, der das Band des Friedens wieder anknüpfte. Seit es stehende Gesandtschaften giebt, hat sich aus diesem Gedanken die Fiktion der sogenannten Exterritorialität als Norm des Rechtes gebildet. Die Repräsentanten der souverainen Staaten, obwol unter dem Schutze des Staates stehend, zu welchem sie geschickt sind, sind der Staatsgewalt des Landes enthoben und nur dem eigenen Lande verantwortlich; sie werden angesehen, als wären sie mitten in der Fremde gleichsam im eigenen Lande. Ohne eine solche Unabhängigkeit entbehrte der Gesandte nicht bloss der Würde, sondern auch der Freiheit, ohne welche er seine Vollmacht zum Besten beider Staaten nicht ausführen kann. In diesem allgemeinen Rechte ist die Unverletzbarkeit des Gesandten und seiner Wohnung und die Befreiung von den Gerichten des Landes, in welches er abgeordnet ist, enthalten.

Diese eminenten Rechte hat der Gesandte für seine Pflichten und um seiner Pflichten willen. Rechte und Pflichten fliessen auch hier aus der Idee zumal; und die Idee des diplomatischen Berufes erhebt sich zu der Höhe, auf welcher die Geschichte in ihrem Weltdrama die Rollen und die Geschicke der handelnden Völker bestimmt. Wird der Beruf des Diplomaten, der die Beziehungen der Staaten wahrt und ausgleicht, im höchsten Sinne aufgefasst, so arbeitet er an dem letzten Problem, an der Gliederung der Menschheit. Mit den innern Beziehungen seines Vaterlandes vertraut, hat der Gesandte seinen staatsmännischen Blick nach aussen gerichtet und erstrebt auf dem Tummelplatz der Staaten dem seinigen die rechte Stelle. Seine Grösse liegt in der Aufgabe, den grossen vielseitigen Menschen, den wir Staat nennen, im fremden Lande zu vertreten, indem er die Landsleute schützt und ihre Beziehungen fördert, die Verträge behütet und das Recht zwischen beiden Staaten weiterbildet, dem Vaterlande Ansehen und Ehre schafft und die ihm feindliche Politik durchschauet und abwendet. Der Boden, auf welchem er steht, ist das Recht seines Staates; und von diesem aus sucht er im Völkerverkehr die sittlichen Lebensbedingungen seines Vaterlandes zu steigern und zu mehren, und auf diesem Wege dem Rechte durch das Recht neuen Inhalt zu erwerben. Indem er sich mit dem Wechsel der Dinge verständigen muss, behält er festen Sinnes das Eine Ziel, das Heil und die Ehre seines Vaterlandes, im Auge. Seine Aufgabe ist schwierig, weil persönlich. Sie liegt da, wo die grosse Politik sich in die persönlichsten Empfindungen der Mächtigen, in Zuneigung und Abneigung, in Selbstgefühl und Eitelkeit, in Ehrgeiz der Männer und Intriguen der Weiber, in die Listen der Schwäche und den Uebermuth der Macht verflicht und aus dem dunkeln, blinden Grunde dieser einander hemmenden oder sich verbindenden Leidenschaften einen Theil ihrer Kräfte zieht. Der Diplomat arbeitet da, wo aus diesem Getriebe heraus das Gute der Gemeinschaft sich erheben soll, und damit er es heben helfe, bedarf er eines durchdringenden Blickes, eines sichern Willens und eines reinen Charakters von allgemeinem Ansehen. Selbst ein Wächter des Geheimnisses, soll er fremde Geheimnisse durchschauen, um von den Ereignissen nicht überrascht zu werden; denn es ist eines seiner Geschäfte, dem Steuermann seines Staates das politische Fahrwasser zu sondiren. Der Diplomat bewegt sich mit seiner nationalen Aufgabe in Kreisen, welche durch das Zusammentreffen der verschiedensten nationalen Vertreter das Nationale abstreifen; er bewegt sich in einer Welt, in welcher statt der Sache das Zeichen regiert, die einzelne Person nicht der Fürst ist, aber den Fürsten vorstellt, statt der Macht der Vortritt erscheint, statt des lebendigen Grusses die glatte Visitenkarte gilt, wo der kleiner gesinnte Mann, Sache und Zeichen verwechselnd, an dem Symbol des Ceremoniells seine Lust sättigt, wo es Feinheit heisst, mit dem geringsten Mass der Reibung Ehrgeiz und Eitelkeit geltend zu machen. Es ist an ihm, in dieser Feinheit das Ursprüngliche des eigenen Charakters zu behaupten, in diesen abgeschliffenen Formen die gute Seite des nationalen Wesens edel darzustellen, in der Staatsklugheit das gemein Pfiffige zu verschmähen, in den Staatsgeschäften das Grosse und Eigene zu suchen und die Vielgeschäftigkeit, die im Kleinen gross ist, zu meiden, gerade und wahr der List und Lüge den Weg zu verlegen, nimmer die Dinge für einen trüben Vortheil zu verwirren, überhaupt die Ehre des Vaterlandes im Rechten und Offenen zu suchen.

Der Gesandte hat um dieser grossen Aufgabe willen solche Rechte, wie kein anderer Bürger und kein anderes Organ des Staates. Die Verzerrung der Idee, welche seinem Wesen innewohnt, Intriguen unter dem Schirm einer im fremden Lande unbeengten Stellung und Verkäuflichkeit unter erheucheltem Schein des Patriotischen richten sich selbst, wo sie ans Licht gezogen werden. Hohle Meisterschaft im diplomatischen Ceremoniell wird selbst lächerlich. Die Gesetze, welche sonst dem Missbrauch der Rechte und der Entartung der Verrichtungen entgegentreten, um den sittlichen Kern zu wahren, kommen dem Unrecht in diesen Kreisen selten bei.

Es kann nicht fehlen, dass das Recht der Exterritorialität, welches schwer zu begrenzen ist und einen Trieb in sich hat, sich bis zur eigenen Gerichtsbarkeit auszudehnen, mit dem Recht und der Rechtsgewalt des Landes, in welchem es geübt wird, in Widerstreit geräth. An solchen Kreuzungspunkten zweier Rechtssysteme entscheidet sonst ein höheres Recht über beiden stehend. Es liegt in der Natur des Verhältnisses und in den Beziehungen der souverainen Staaten, dass dieser Ausweg hier nicht möglich ist. Es bleibt nur nach den Umständen eine Verhandlung zwischen den Staaten oder eine Beschwerde bei dem Staate, der den Gesandten abordnete, oder ein Abbruch des diplomatischen Verkehres übrig.

Der Geist der Diplomatie folgt dem Geist der Politik, welche die Völker betreiben. Wo das Staatsleben grösser und lichter wird, erneuert sich die Diplomatie in demselben Geiste, und an der edlern und bedeutendern Diplomatie wird man das fortschreitende Menschliche in den Staaten und ihrer Gemeinschaft messen.

§. 235. Es ist möglich, dass nach Jahrhunderten oder Jahrtausenden eine philosophische Betrachtung, welche von dem Recht der Einzelnen anhebt und durch die Familie und die Gemeinschaften im Staate zu einem Recht der Völker fortschreitet, mit dem Recht der sich gliedernden Menschheit schliesse (§. 218). Bis jetzt liegt diese prophetische Idee nur im Geist des Philosophen und er schauet sie nur in der fernsten Perspective der Geschichte. Die fortschreitende Weltgeschichte ist die fortschreitende Verwirklichung des Menschen in der Mannigfaltigkeit seiner Formen. Was im Keime des vernünftigen Menschen liegt, was die Anlage des Menschengeschlechts an reicher Möglichkeit in sich trägt, muss nach allen Seiten sich entwickeln und auf allen Stufen und in allen Gestalten, in welchen sich die Idee des menschlichen Wesens mit den gegebenen Bedingungen der Erde durchdringen kann, zu wirklicher Thätigkeit kommen. Diese wachsende Vollendung des idealen Menschen in der Geschichte, jenes Menschen, der das göttliche Ebenbild in sich trägt, vollzieht sich nur durch die gegenseitige Ergänzung der Völker, welche an leiblichen und geistigen Gütern einander ihr Bestes bringen und von einander ihr Bestes nehmen; denn die isolirten Völker sind wie Massen schier der Natur preisgegeben.

In diesem Sinne strebt die Menschheit zu einander und wird vielleicht einst Ein Individuum sein, dessen Glieder für das Eine Leben Aller ihre eigenthümlichen Geschäfte verrichten. Dann erst würde der Begriff des Staatensystems einen organischen Sinn haben, während er jetzt nur den mechanischen hat, den Sinn eines äusserlichen Gleichgewichtes, eines Gegensatzes zwischen dem Beharrungsvermögen der Staaten, eines Widerspiels ihrer Strebungen. Erst in der Menschheit als einem solchen Individuum könnte der ewige Friede sein, so dass nur innerhalb des Ganzen und durch das Ganze das Unrecht der Organe ausgeglichen würde. Erst dann bräche das goldene

Zeitalter des Rechtes an, das Gegentheil des Krieges Aller gegen Alle im Anfang des Menschengeschlechtes. Wir wollen nicht fragen, ob die Menschen je des Krieges entbehren können, in welchem sie Tapferkeit lernen, die Nothwendigkeit des Gehorsams empfinden und die strenge Zucht der Unterordnung an sich erfahren. Die Kraft müsste sich nach innen wenden und sich im Kampf mit den Elementen und in der gemeinsamen Unterwerfung der Natur kund geben. Wir fragen so nicht. Denn die Zeit liegt fern.

Aber dennoch ist der ewige Friede früh die Sehnsucht der weisern Menschen gewesen, und sie hoffen ihn, wenn der Mensch gut wird. Der Prophet Jesaias (II, 2 ff.) verkündet eine letzte Zeit, da die Völker ihre Schwerter zu Pflugscharen und ihre Spiesse zu Sicheln machen werden. Aber sie kommt erst dann, wenn der Berg, da des Herrn Haus ist, höher denn alle Berge sein wird und Alle im Lichte des Herrn wandeln. Der Stoiker Zenon denkt an ein Weltalter, da die Völker wie Eine Heerde auf einer gemeinsamen Weide unter gemeinsamen Gesetzen leben werden, und ein stoischer Dichter singt hoffnungsreich selbst von einer römischen Zeit: *tunc genus humanum positis sibi consulat armis inque vicem gens omnis amet.* Kant schreibt als die Bedingung „zum ewigen Frieden", dass die Politik Moral werde (neue Auflage 1796. S. 96). Aus der Ethik soll der ewige Friede kommen, und das Recht wird nur helfen, ihn herbeizuführen und zu erhalten, sofern es selbst ethisch ist.

Ungeachtet der sittlichen Quelle, aus welcher das Recht fliesst, ist seine Kraft beschränkt. Die Macht des Ganzen bildet es, um sittliches Dasein zu behaupten und die Einzelnen zu weisen und zu warnen, damit innerhalb der strengen Grenzlinien die das Leben anbauenden Thätigkeiten fröhlich gedeihen. Aber das Recht bleibt hinter seinem Ziel zurück, wenn nicht der Sinn und die Sitte der Einzelnen ihm entgegenkommen und in den Einzelnen derselbe sittliche Geist schon überwiegt, welchen es gegen Alles, was ihm widerspricht, zu wahren unternimmt. Das Recht schneidet Auswüchse ab und stärkt dadurch das gesunde Leben, aber es kann keine innere Krankheit heilen. Wenn der Widerspruch üppig nachwächst, so erlahmt das Recht. Die feste Schale bleibt, aber der Kern, den sie schützen sollte, verkümmert inwendig. Roms Recht blieb, aber das Volk verkam. In Rom wurden die Gesetze wider den Unterschleif von der Habgier der Magistrate, die *leges Juliae* von dem allgemeinen Laster, die Gesetzgebung der Testamente von Erbschleichern überholt — und vergebens versuchte das wahrende Recht die Uebel zu besiegen. Der Krebs frisst auch die Rechtspflege an und der Gesetzgebung entsinkt der Muth zur starken Arzenei. Wie das Recht aus dem sittlichen Triebe des Volkes, sittliches Dasein zu erhalten, als ein besonderes Organ hervorgebracht wird, aber keine Macht ausser dem Volke ist, sondern mit seinem gesunden oder kranken Leben in Wechselwirkung bleibt, von dem gesunden mit getragen, von dem kranken mit ergriffen: so kann es zwar einen wesentlichen Theil beitragen, um die sittliche Substanz zu schützen und zu erneuern, aber es reicht zuletzt nicht aus, den innern Untergang aufzuhalten, der, wenn Organ auf Organ sittlich abstirbt, mit beschleunigter Bewegung erfolgt. Dieser Untergang des Ganzen ist das göttliche Gericht, wenn das menschliche gegen die Einzelnen vergeblich geworden. Die Völker sterben, wenn sie der Natur verfallen, statt den sittlichen Geist zu behaupten und die Stimme ihres Rechtes zu hören.

So lange das Volk gesunde Schosse treibt, fühlt es sein Recht vom Sittlichen beseelt und ahnet in den geschriebenen Gesetzen die ungeschriebenen. Sein Glaube an sein gutes Recht verschmilzt ihm mit der Zuversicht zu dem gerechten Gott; und sein Glaube trügt nicht; denn das alte Wort hat ewige Bedeutung: „alle menschlichen Gesetze nähren sich von dem Einen göttlichen“.

www.ingramcontent.com/pod-product-compliance
Lightning Source LLC
Chambersburg PA
CBHW020854210326
41598CB00018B/1666

* 9 7 8 3 7 4 1 1 5 8 3 2 2 *